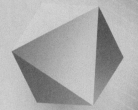

Cepheid

세페이드

사람은 누구나 창의적이랍니다.
창의력 과학의 세계로 오심을 환영합니다!

세페이드 시리즈의 구성

이제 편안하게 과학공부를 즐길 수 있습니다.

1F
중등과학 기초

2F
중등과학 완성

3F
고등과학 Ⅰ

4F
고등과학 Ⅱ

5F
실전 문제 풀이

세페이드
모의고사

세페이드
고등 통합과학

세페이드
고등학교 물리학 Ⅰ

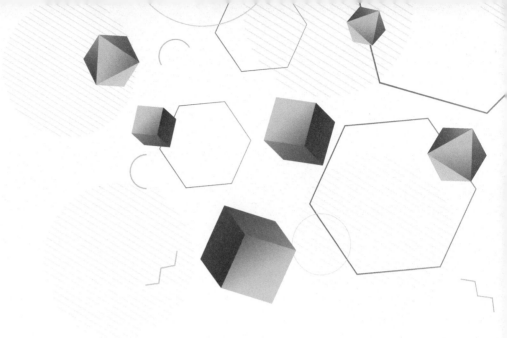

창의력과학의 대표 브랜드

과학 학습의 지평을 넓히다!
특목고 | 영재학교 대비 | 내신 심화
창의력과학 세페이드 시리즈!

imagine
Infinite!

무한 상상하는 법

1. 고개를 숙인다.
2. 고개를 든다.
3. 뛰어간다.
4. 무한상상한다.

창의력과학
세페이드

4F. 생명과학 (하)

단원별 내용 구성

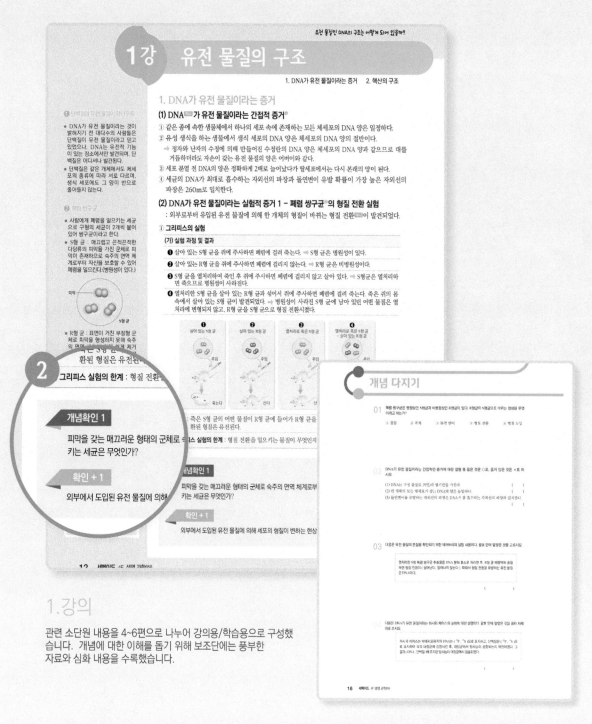

1.강의

관련 소단원 내용을 4~6편으로 나누어 강의용/학습용으로 구성했습니다. 개념에 대한 이해를 돕기 위해 보조단에는 풍부한 자료와 심화 내용을 수록했습니다.

2.개념확인, 확인+

강의 내용을 이용하여 쉽게 풀고 내용을 정리할 수 있는 문제로 구성하였습니다.

3.개념다지기

관련 소단원 내용을 전반적으로 이해하고 있는지 테스트합니다. 내용에 국한하여 쉽게 해결할 수 있는 문제로 구성하였습니다.

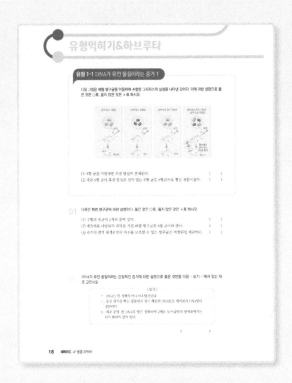

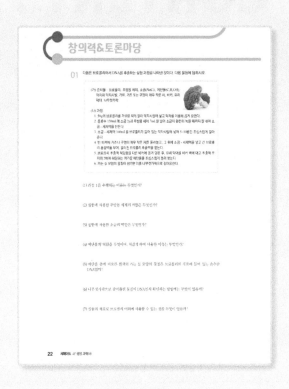

4. 유형익히기 하브루타

관련 소단원 내용을 유형별로 나누어서 각 유형에 따른 대표 문제를 구성하였고, 연습문제를 제시하였습니다.

5. 창의력 & 토론 마당

주로 관련 소단원 내용에 대한 심화 문제로 구성하였고, 다른 단원과의 연계 문제도 제시됩니다.
논리 서술형 문제, 단계적 해결형 문제 등도 같이 구성하여 창의력과 동시에 논술, 구술 능력도 향상할 수 있습니다.

6. 스스로 실력 높이기

A단계(기초) - B단계(완성) - C단계(응용) - D단계(심화)로 구성하여 단계적으로 자기주도 학습이 가능하도록 하였습니다.

7. Project

대단원이 마무리될 때마다 읽기 자료, 실험 자료 등을 제시하여 서술형/논술형 답안을 작성하도록 하였고, 단원의 주요 실험을 자기주도 적으로 실시하여 실험보고서 작성을 할 수 있도록 하였습니다.

CONTENTS | 목차

4F 생명과학(상)

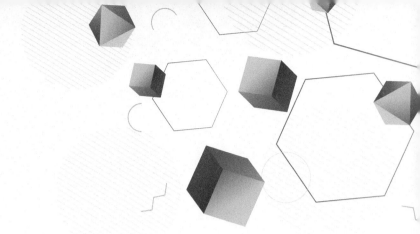

4F 생명과학(하)

I

유전자와 생명 공학 기술

II

생물의 진화

I

유전자와 생명 공학 기술

DNA가 어떻게 생명 현상을 구현할 수 있을까?

성장 중인 합성 생물학

1강 유전 물질의 구조

1. DNA가 유전 물질이라는 증거   2. 핵산의 구조

1. DNA가 유전 물질이라는 증거

(1) DNA가 유전 물질이라는 간접적 증거

① 같은 종에 속한 생물체에서 하나의 세포 속에 존재하는 모든 체세포의 DNA 양은 일정하다.

② 유성 생식을 하는 생물에서 생식 세포의 DNA 양은 체세포의 DNA 양의 절반이다.

➡ 정자와 난자의 수정에 의해 만들어진 수정란의 DNA 양은 체세포의 DNA 양과 같으므로 대를 거듭하더라도 자손이 갖는 유전 물질의 양은 어버이와 같다.

③ 세포 분열 전 DNA의 양은 정확하게 2배로 늘어났다가 딸세포에서는 다시 본래의 양이 된다.

④ 세균의 DNA가 최대로 흡수하는 자외선의 파장과 돌연변이가 유발 확률이 가장 높은 자외선의 파장은 260㎚로 일치한다.

(2) DNA가 유전 물질이라는 실험적 증거 1 – 폐렴 쌍구균의 형질 전환 실험

: 외부로부터 유입된 유전 물질에 의해 한 개체의 형질이 바뀌는 형질 전환이 발견되었다.

① 그리피스의 실험

(가) 실험 과정 및 결과

❶ 살아 있는 S형 균을 쥐에 주사하면 폐렴에 걸려 죽는다. ➡ S형 균은 병원성이 있다.

❷ 살아 있는 R형 균을 쥐에 주사하면 폐렴에 걸리지 않는다. ➡ R형 균은 비병원성이다.

❸ S형 균을 열처리하여 죽인 후 쥐에 주사하면 폐렴에 걸리지 않고 살아 있다. ➡ S형균은 열처리하면 죽으므로 병원성이 사라진다.

❹ 열처리한 S형 균을 살아 있는 R형 균과 섞어서 쥐에 주사하면 폐렴에 걸려 죽는다. 죽은 쥐의 몸 속에서 살아 있는 S형 균이 발견되었다. ➡ 병원성이 사라진 S형 균에 남아 있던 어떤 물질은 열처리에 변형되지 않고, R형 균을 S형 균으로 형질 전환시켰다.

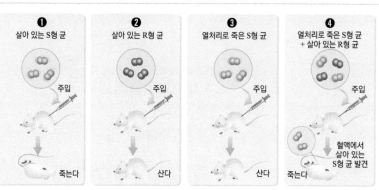

(나) 결론 : 죽은 S형 균의 어떤 물질이 R형 균에 들어가 R형 균을 S형 균으로 형질 전환시켰으며, 전환된 형질은 유전된다.

(다) 그리피스 실험의 한계 : 형질 전환을 일으키는 물질이 무엇인지 알아내지 못했다.

개념확인 1

피막을 갖는 매끄러운 형태의 군체로 숙주의 면역 체계로부터 자신을 보호할 수 있어 폐렴을 일으키는 세균은 무엇인가? (   )

확인 + 1

외부에서 도입된 유전 물질에 의해 세포의 형질이 변하는 현상을 무엇이라고 하는가? (   )

---

❶ 단백질이 유전 물질이 아닌 이유

● DNA가 유전 물질이라는 것이 밝혀지기 전 대다수의 사람들은 단백질이 유전 물질이라고 믿고 있었으나, DNA는 유전적 기능이 있는 장소에서만 발견되며, 단백질은 어디서나 발견된다.

● 단백질은 같은 개체에서도 체세포의 종류에 따라 서로 다르며, 생식 세포에도 그 양이 반으로 줄어들지 않는다.

❷ 폐렴 쌍구균

● 사람에게 폐렴을 일으키는 세균으로 구형의 세균이 2개씩 붙어 있어 쌍구균이라고 한다.

● S형 균 : 매끄럽고 끈적끈적한 다당류의 피막을 가진 군체로 피막이 존재하므로 숙주의 면역 체계로부터 자신을 보호할 수 있어 폐렴을 일으킨다.(병원성이 있다.)

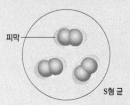

● R형 균 : 표면이 거친 부정형 군체로 피막을 형성하지 못해 숙주의 면역 세포에 의해 쉽게 제거되므로 감염되어도 폐렴을 유발하지 않는다.(비병원성이다.)

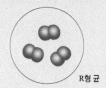

미니사전

DNA (deoxyribonucleic acid) 핵산의 일종으로 염기(A, G, C, T), 당(디옥시리보스), 인산으로 구성된 수많은 뉴클레오타이드가 연결된 고분자 물질

형질 전환 [形 형상 質 바탕 –] 한 생물의 유전 형질이 외부로부터 도입된 유전 물질에 의해 변하는 현상

② 에이버리의 실험

(가) 실험 과정 및 결과

㉠ 열처리하여 죽은 S형 균을 부수어 세포 추출물을 얻었다.

㉡ 세포 추출물을 여러 개로 나누어 각각 단백질 분해 효소, 다당류 분해 효소, RNA 분해 효소, DNA 분해 효소로 처리하여 살아 있는 R형 균과 함께 배양한 후, 쥐에게 주입하였다.

㉢ 단백질 분해 효소, 다당류 분해 효소, RNA 분해 효소에 의해 분해된 세포 추출물을 주입한 쥐는 죽었으며 죽은 쥐에서는 살아 있는 S형 균이 발견되었고, DNA 분해 효소에 의해 분해된 세포 추출물을 주입한 쥐는 살았으며 S형 균이 발견되지 않았다.

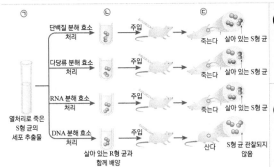

(나) 결론 : 죽은 S형 균의 DNA가 R형균으로 들어가 R형 균을 S형 균으로 형질 전환시켰으므로 형질 전환을 일으키는 물질은 DNA이다.

(다) 실험의 한계 : 세균이 유전자를 가지고 있는지 밝혀지지 않았으므로 유전 물질의 연구에 큰 영향을 미치지 못했다.

(3) DNA가 유전 물질이라는 실험적 증거 2 – 박테리오파지[3]의 증식[4] 실험

▶ 허시와 체이스의 실험

(가) 실험 과정 및 결과

❶ 방사성 동위 원소 ^{32}P이 포함된 배지와 ^{35}S가 포함된 배지에서 각각 파지를 배양하여 DNA가 ^{32}P로 표지된 파지와 단백질이 ^{35}S로 표지된 파지를 얻었다.[5]

❷ 방사성 동위 원소로 표지된 각각의 파지를 보통 배지에서 배양한 대장균(미니)에 감염시키고, 몇 분 뒤 믹서로 세게 돌려(원심 분리) 대장균의 표면에서 파지가 떨어져 나가게 한다.

❸ ^{32}P으로 표지된 파지를 대장균에 감염시킨 경우 원심 분리관의 아랫부분(대장균 ; 크고 무거움)에서, ^{35}S으로 표지된 파지를 대장균에 감염시킨 경우 원심 분리관의 윗부분(파지의 껍질(단백질) ; 가벼움)에서 방사능이 검출되었다.

❹ 추가 실험을 통해 ^{32}P으로 표지한 파지를 감염시킨 대장균에서 새로 만들어진 파지의 일부는 방사능을 띠었지만, ^{35}S으로 표지한 파지를 감염시킨 대장균에서 새로 만들어진 파지는 방사능을 띠지 않았음을 확인하였다.

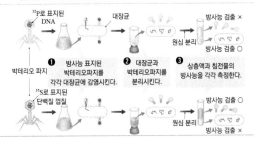

(나) 결론 : 파지의 DNA만이 대장균 안으로 들어가며, DNA가 다음 세대의 파지를 만드는 유전 물질이다.(새로운 박테리오파지의 생성에 필요한 유전 정보는 DNA에 저장되어 있다.)

③ 박테리오파지
- 파지는 그리스 어로 '먹는다'라는 뜻으로 박테리오파지는 '세균을 잡아먹는다'라는 뜻을 가진다.
- 스스로 복제하는 능력이 없기 때문에 세균(박테리아)의 표면에 달라붙어 자신의 유전 물질을 세포 내로 주입한 후 세균(숙주 세포)의 물질대사 기구를 이용하여 증식하므로 세균에 기생하는 세균성 바이러스이다.

④ 박테리오파지의 증식 과정
① 대장균 내로 파지의 DNA가 들어가고, 단백질 껍질은 대장균 표면에 그대로 남는다.
② 파지의 DNA는 대장균의 효소들을 이용해서 자기와 같은 DNA 분자를 합성한다.
③ DNA는 파지의 단백질 껍질을 만들고, 그 껍질 속으로 들어가 들어간다. → 새로운 파지가 생긴다.
④ 새로 만들어진 파지는 대장균을 파괴하고 밖으로 나온다.

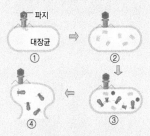

⑤ ^{32}P로 표지하는 DNA와 ^{35}S로 표지하는 단백질
DNA에는 구성 원소로 인(P)이 존재하고 황(S)은 존재하지 않으므로 방사성 동위 원소 ^{32}P를 사용하여 표지하고, 단백질에는 구성 원소인 황(S)이 존재하고 인(P)은 존재하지 않으므로 방사성 동위 원소 ^{35}S을 사용하여 표지한다.

개념확인 2

정답 및 해설 02 쪽

죽은 S형균의 세포 추출물을 여러 가지 효소로 처리하고 형질 전환을 일으키는지 알아봄으로써 DNA가 형질 전환을 일으키는 물질이라는 것을 증명한 실험은 누구의 실험인가?

(   )

확인 + 2

스스로 복제하는 능력이 없어 숙주 세포에 유전 물질을 주입하여 기생하는 세균성 바이러스는 무엇인가?

(   )

미니사전

대장균 [大 크다, 腸 창자 菌 세균] 포유류의 장내에서 서식하는 막대기 모양의 세균

❶ 뉴클레오타이드의 구조

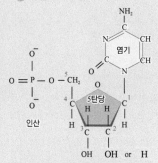

당의 5번 탄소(5')에 인산이, 1번 탄소 (1')에 염기가 결합해 있는 구조이다.

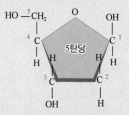

▲ DNA를 구성하는 당(디옥시리보스)
디옥시리보스 : 5탄당의 2번 탄소에 산소가 한 개 제거되었다는 의미이며 산소가 제거되지 않았으면 리보스이다.

❷ DNA의 X선 회절 사진

● 중앙의 X자 형태는 DNA가 나선형이라는 것을 보여준다
● 위, 아래의 반복되는 어두운 부분은 어떤 특정 구조가 반복된다는 것을 나타낸다.

❸ 뉴클레오타이드의 중합

● 뉴클레오타이드가 중합하여 폴리뉴클레오타이드를 형성할 때는 한 뉴클레오타이드 당의 5' 인산이 다른 뉴클레오타이드 당의 3' C-OH 에 연결됨으로써 당 – 인산의 축이 형성된다.
● 뉴클레오타이드의 한쪽 끝은 인산이 위치한 5번 탄소 방향으로 5' 말단이며, 반대 쪽 끝은 3번 탄소 방향으로 3' 말단이다.

미니사전

회절 [回 돌아오다 折 꺾다] 파동이 장애물을 만났을 때 장애물의 뒤쪽으로 꺾여 들어가는 현상

2. 핵산의 구조

(1) 핵산 : 세포에서 유전 현상과 단백질 합성에 관여하는 물질이다. 수많은 뉴클레오타이드가 연결(폴리뉴클레오타이드)된 중합체이다. ㉔ DNA, RNA

(2) DNA를 구성하는 뉴클레오타이드❶ : 기본 단위로 당, 염기, 인산이 1 : 1 : 1로 결합된다.

당	· 5개의 탄소로 이루어진 5탄당이며 고리 구조인 디옥시리보스이다. · 1번 탄소(1')에 염기가, 5번 탄소(5')에 인산이 결합된 구조이다.	
염기	· 질소와 탄소로 구성된 고리를 가지는 고리형 염기성 물질이다.	
	퓨린 계열 염기	**피리미딘 계열 염기**
	2중 고리 구조	단일 고리 구조
	아데닌(A), 구아닌(G)	사이토신(C), 타이민(T)
	아데닌(A)　　구아닌(G)	사이토신(C)　　타이민(T)
인산 (H_3PO_4)	· 중앙에 인을 가지며, 5탄당의 5번 탄소와 연결되어 있다. · 수용액 상태에서 산성을 띠기 때문에 DNA도 용액 상태에서 산성을 띤다.	

(3) DNA의 입체 구조를 밝히기까지의 과정

① **샤가프의 법칙(1950년)** : 생물 종에 따라 DNA를 구성하는 각 염기의 조성 비율은 다르지만, 한 생물 종의 DNA에서는 항상 염기 A과 T의 양이 거의 같고, G과 C의 양이 거의 같다는 것을 알아내었다. ⇨ DNA의 염기쌍에 대한 규칙성 발견

$$A = T, G = C \qquad A + G = T + C = 50\% \qquad (A + G) : (T + C) = 1 : 1 \qquad \frac{A + G}{T + C} = 1$$

② **X선 회절 자료(1952년)** : 윌킨스와 프랭클린은 DNA 결정의 X선 회절 사진❷을 얻음으로써, DNA는 나선형이며 어떤 구조가 규칙적으로 반복된다는 것을 알아내었다.

③ **왓슨과 크릭의 DNA 모형(1953년)** : 왓슨과 크릭은 샤가프의 법칙과 X선 회절 사진을 해석하여 DNA는 바깥쪽에 인산 - 당 - 인산 - 당의 골격을 갖고 있으며, 안으로는 염기가 서로 마주보는 2중 나선 구조임을 밝혔다.

(4) 폴리뉴클레오타이드의 형성 : 뉴클레오타이드를 구성하는 5탄당의 3번 탄소(3')와 다른 뉴클레오타이드의 5' 인산기가 공유 결합으로 연결되어 폴리뉴클레오타이드❸를 형성한다.

▶ 개념확인 3

뉴클레오타이드의 구성 성분이 아닌 것을 고르시오. (2개)

① 인산　　　　② S(황)　　　　③ T(타이민)　　　　④ 당　　　　⑤ ATP

▶ 확인 + 3

A + G = T + C = 50%의 관계가 성립한다는 것을 발견함으로써 DNA 이중 나선 구조 모델의 근간이 된 법칙을 무엇이라 하는가?　　　　　　　　　　　　　(　　　　　　　)

(5) DNA의 2중 나선 구조

① DNA는 두 가닥의 폴리뉴클레오타이드 사슬이 하나의 축을 중심으로 서로 마주 보며 꼬여 있는 2중 나선 구조[4]이다.

② 인산과 당은 공유 결합으로 연결되어 2중 나선의 바깥쪽에 골격을 형성하며, 염기는 당에 결합하여 안쪽을 향해 배열되어 있다.

③ 전체 폭은 2.0nm이고, 한 염기쌍에서 다음 염기쌍까지의 거리는 0.34nm이다.

④ **역평행 구조** : DNA 분자를 이루는 한쪽 폴리뉴클레오타이드 사슬이 5' → 3' 의 결합 방향성을 가지며, 다른 쪽 사슬은 반드시 3' → 5' 의 결합 방향성을 가진다.

⑤ **염기의 상보적** ^{미니} **결합** : A은 항상 T과 이중 수소 결합을 하고, G은 항상 C과 삼중 수소 결합을 하며, 각 염기 사이에서 형성되는 수소 결합의 각도 차이에 의해서 DNA 사슬[5]은 나선형 구조를 이룬다.

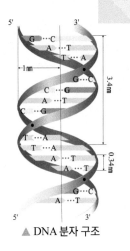

▲ DNA 분자 구조

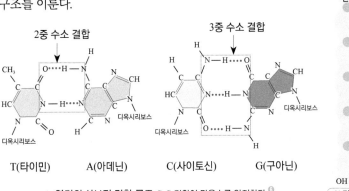

2중 수소 결합 / 3중 수소 결합

T(타이민) A(아데닌) C(사이토신) G(구아닌)

▲ 염기의 상보적 결합 구조 C-G 결합이 많을수록 안정하다. [6]

▲ DNA의 역평행 구조 한 가닥이 5'→3' 방향이면 다른 가닥은 3'→5' 방향 결합이다.

(6) DNA와 RNA의 비교

구분		DNA	RNA
공통점		· 구성 단위 : 뉴클레오타이드 · 유전 정보를 담고 있다. · 인산 : H_3PO_4	
차이점	당	디옥시리보스	리보스
	염기	A, G, C, T	A, G, C, U[7]
	분자 구조	2중 나선 구조	단일 가닥 구조
	분포	염색사, 엽록체, 미토콘드리아 (주로 핵 속의 염색사에 존재)	인, 리보솜, 세포질 등
	기능	유전 정보의 저장 (유전자의 본체 역할)	· DNA의 유전 정보 전달(mRNA) · 리보솜 구성(rRNA) · 아미노산 운반(tRNA)

정답 및 해설 02 쪽

개념확인 4

DNA는 두 가닥의 폴리뉴클레오타이드 사슬이 하나의 축을 중심으로 서로 마주 보며 꼬여 있는 (   )구조이다.

확인 + 4

DNA 2중 나선의 각 가닥에서 서로 마주 보는 염기끼리는 수소 결합으로 연결되어 있어 A과 T, G과 C은 서로 (   )으로 결합한다.

---

④ 2중 나선 구조의 특징

나선식 계단과 같이 각 염기가 인접한 염기쌍과 약 36°씩 빗겨서 놓여 있어 두 폴리뉴클레오타이드 사슬이 DNA의 분자 축을 따라 3.4nm, 염기 결합 10개마다 완전히 한 바퀴씩 꼬인다.

⑤ DNA 사슬(가닥) 구조

각각의 폴리뉴클레오타이드 사슬은 탄소에 −OH가 붙어 있는 3'말단과 다른 쪽 끝의 탄소에 인산기가 붙어 있는 5' 말단을 가지며 각 뉴클레오타이드의 3'-OH에 다른 뉴클레오타이드의 5' 인산이 결합되어 있는 형태이다.

⑥ 염기 결합의 안정성

수소 결합이 많을수록 결합력이 강하므로 A=T의 결합보다 G≡C의 결합이 많을수록 DNA 구조가 더 안정된 상태가 된다.

⑦ RNA를 구성하는 염기

RNA를 구성하는 염기에는 퓨린 계열의 A과 G, 피리미딘 계열의 C과 U이 있다.

▲ U(유라실)구조 RNA는 DNA를 구성하는 염기 중 T 대신 U(유라실)을 가진다.

미니사전

상보적 [相 서로 保 보전하다 的 과녁] 서로 모자란(부족한) 부분을 보충하는 관계

01 폐렴 쌍구균은 병원성인 S형균과 비병원성인 R형균이 있다. R형균이 S형균으로 바뀌는 현상을 무엇이라고 하는가?

① 접합 ② 복제 ③ 돌연 변이 ④ 형질 전환 ⑤ 형질 도입

02 DNA가 유전 물질이라는 간접적인 증거에 대한 설명 중 옳은 것은 ○표, 옳지 않은 것은 ×표 하시오.

(1) DNA는 구성 물질로 P(인)과 염기만을 가진다. ( )
(2) 한 개체의 모든 체세포가 갖는 DNA의 양은 동일하다. ( )
(3) 돌연변이를 유발하는 자외선의 파장은 DNA가 잘 흡수하는 자외선의 파장과 일치한다.
( )

03 다음은 유전 물질의 본질을 확인하기 위한 에이버리의 실험 내용이다. 괄호 안에 알맞은 것을 고르시오.

열처리한 S형 폐렴 쌍구균 추출물을 DNA 분해 효소로 처리한 후, R형 균 배양액에 혼합하면 형질 전환이 (일어난다, 일어나지 않는다). 따라서 형질 전환을 유발하는 유전 물질은 DNA이다.

( )

04 다음은 DNA가 유전 물질이라는 허시와 체이스의 실험에 대한 설명이다. 괄호 안에 알맞은 것을 골라 차례대로 쓰시오.

허시와 체이스는 박테리오파지의 DNA는 (^{32}P , ^{35}S)으로 표지하고, 단백질은 (^{32}P , ^{35}S)으로 표지하여 각각 대장균에 감염시킨 후, 대장균에서 방사능이 검출되는지 확인하였다. 그 결과 (DNA , 단백질)에 표지한 방사능이 대장균에서 검출되었다.

( )

05 다음 DNA에 대한 설명 중 옳은 것은 ○표, 옳지 않은 것은 ×표 하시오.

(1) DNA를 구성하는 당은 디옥시리보스이다.   (   )

(2) DNA를 이루는 두 가닥의 사슬은 수소 결합으로 서로 결합된다.   (   )

(3) DNA를 구성하는 뉴클레오타이드는 염기와 당으로만 구성되어 있다.   (   )

06 다음 중 DNA를 구성하는 염기가 <u>아닌</u> 것은?

① A(아데닌)   ② U(유라실)   ③ T(티민)
④ G(구아닌)   ⑤ C(사이토신)

07 DNA 2중 나선 구조에 대한 설명으로 옳은 것은?

① DNA를 구성하는 염기는 5종류이다.
② 인산과 당은 2중 나선의 안쪽 골격을 형성한다.
③ A(아데닌)의 비율이 20%라면 T(티민)의 비율은 30%이다.
④ 퓨린 계열의 염기와 피리미딘 계열의 염기의 비율은 1 : 2이다.
⑤ 염기 A과 T은 이중 수소 결합을, G과 C은 삼중 수소 결합을 한다.

08 A, G, C, U 4개의 염기와 리보스, 인으로 구성되며 단일 가닥 구조를 가지는 것은 무엇인가?

(   )

유형익히기&하브루타

유형 1-1 DNA가 유전 물질이라는 증거 1

다음 그림은 폐렴 쌍구균을 이용하여 수행한 그리피스의 실험을 나타낸 것이다. 이에 대한 설명으로 옳은 것은 ○표, 옳지 않은 것은 ×표 하시오.

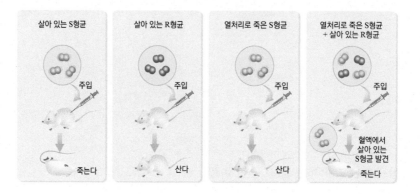

(1) S형 균을 가열하면 유전 물질이 분해된다. ( )
(2) 죽은 S형 균의 유전 물질은 살아 있는 R형 균을 S형균으로 형질 전환시켰다. ( )

01 다음은 폐렴 쌍구균에 대한 설명이다. 옳은 것은 ○표, 옳지 않은 것은 ×표 하시오.

(1) 구형의 세균이 2개씩 붙어 있다. ( )
(2) 매끄러운 다당류의 피막을 가진 폐렴 쌍구균은 S형 균이라 한다. ( )
(3) 숙주의 면역 체계로부터 자신을 보호할 수 있는 쌍구균은 비병원성 세균이다. ( )

02 DNA가 유전 물질이라는 간접적인 증거에 대한 설명으로 옳은 것만을 다음 < 보기 > 에서 있는 대로 고르시오.

〈 보기 〉
ㄱ. DNA는 한 개체의 어디서나 발견된다.
ㄴ. 유성 생식을 하는 생물에서 생식 세포의 DNA양은 체세포의 DNA양의 절반이다.
ㄷ. 세포 분열 전 DNA의 양은 정확하게 2배로 늘어났다가 딸세포에서는 다시 본래의 양이 된다.

( )

유형 1-2 DNA가 유전 물질이라는 증거 2

다음 그림은 박테리오파지를 이용한 허시와 체이스의 실험을 나타낸 것이다. (가), (나)의 A, B 중 방사능이 검출된 곳을 각각 고르시오.

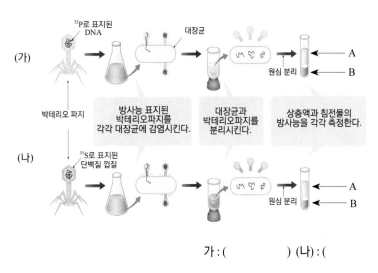

가 : (   ) (나) : (   )

03 다음 그림은 박테리오파지의 구조를 나타낸 것이다. 박테리오파지를 ^{32}P로 표지하였을 때 표지되는 물질은 (가), (나) 중 어느 것인가?

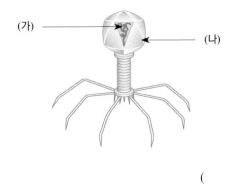

(   )

04 다음은 박테리오파지의 증식 과정에 대한 설명이다. 옳은 것은 ○표, 옳지 않은 것은 ×표 하시오.

(1) 대장균 내로 파지의 DNA와 단백질 껍질이 들어간다.   (   )

(2) 새로 만들어진 파지는 밖으로 나올 때 대장균을 파괴하지 않는다.   (   )

(3) 파지의 DNA는 대장균의 효소를 이용하여 자기와 동일한 DNA 분자를 합성한다.   (   )

유형 1-3 핵산의 구조 1

다음 그림은 DNA를 구성하는 염기를 나타낸 것이다. 퓨린 계열과 피리미딘 계열로 분류하시오.

A(아데닌)   C(사이토신)   U(유라실)   T(타이민)   G(구아닌)

퓨린 계열 염기 : (   )
피리미딘 계열 염기 : (   )

05 다음은 왓슨과 크릭의 DNA 모형에 대한 설명 중 옳은 것은 ○표, 옳지 않은 것은 ×표 하시오.

(1) DNA의 분자 구조를 밝히고자 DNA 모형을 만들었다.   ( )

(2) 샤가프의 법칙과 X선 회절 사진을 해석하여 DNA가 2중 나선 구조임을 밝혔다.   ( )

(3) DNA의 안쪽은 당과 염기가 서로 마주보고 있고, 바깥쪽은 인산이 골격을 구성하는 구조임을 밝혔다.   ( )

06 DNA가 유전 물질의 본질이라는 증거가 되는 것만을 다음 < 보기 > 에서 있는 대로 고르시오.

〈 보기 〉
ㄱ. 생식 세포의 DNA양은 체세포의 절반이다.
ㄴ. DNA를 구성하는 염기는 A, G, C, T의 네 가지 종류이다.
ㄷ. 박테리오파지를 대장균에 감염시키면 파지의 DNA만 대장균 내에서 발견된다.
ㄹ. S형 폐렴 쌍구균 추출물에 DNA 분해 효소를 처리하면 형질 전환을 일으키지 않는다.

(   )

유형 1-4 핵산의 구조 2

다음 표는 염기쌍의 수가 같은 2중 나선 DNA (가) ~ (라)의 염기 조성을 나타낸 것이다. ㉠ ~ ㉤에 들어갈 염기 조성 비율을 각각 구하시오. (단, DNA (라)에서 염기의 비율은 $\dfrac{A+T}{G+C} = \dfrac{1}{4}$ 이다.)

구분	염기 조성 비율(%)				계(%)
	A	G	C	T	
(가)	23	?	㉠	?	100
(나)	?	?	30	㉡	100
(다)	㉢	?	?	22	100
(라)	㉣	㉤	?	?	100

(   )

07 2중 나선 DNA의 한쪽 가닥의 염기 배열 순서가 다음과 같을 때, 이와 결합하는 다른 쪽 가닥의 염기 배열 순서를 쓰시오.

5' - A T G A T C G T T C G - 3'

(   )

08 < 보기 > 에서 RNA에 대한 설명만을 있는 대로 고르시오.

─── 〈 보기 〉 ───
ㄱ. 2중 나선 구조이다.
ㄴ. 염색사에 주로 존재한다.
ㄷ. 염기 A, G, C, U을 갖는다.

(   )

01 다음은 브로콜리에서 DNA를 추출하는 실험 과정을 나타낸 것이다.

(가) 준비물 : 브로콜리, 주방용 세제, 소금(NaCl), 에탄올(C_2H_5OH), 막자와 막자사발, 가위, 거즈 또는 구멍이 매우 작은 체, 비커, 유리 막대, 나무젓가락

(나) 과정
1. 50g의 브로콜리를 가위로 작게 잘라 막자사발에 넣고 막자를 이용해 곱게 으깬다.
2. 증류수 150mL에 소금 2g과 주방용 세제 7mL을 넣어 소금이 완전히 녹을 때까지 잘 섞어 소금 - 세제액을 만든다.
3. 소금 - 세제액 100mL를 브로콜리가 들어 있는 막자사발에 넣어 5~10분간 조심스럽게 갈아준다.
4. 빈 비커에 거즈나 구멍이 매우 작은 체를 올려놓고, 그 위에 소금 - 세제액을 넣고 간 브로콜리 혼합액을 부어, 걸러진 브로콜리 추출액을 얻는다.
5. 브로콜리 추출액 적당량을 다른 비커에 옮겨 담은 후, 유리 막대를 비커 벽에 대고 추출액 부피의 2배에 해당하는 차가운 에탄올을 조심스럽게 흘려 붓는다.
6. 가는 실 모양의 물질이 생기면 이를 나무젓가락으로 감아올린다.

(1) 과정 1을 수행하는 이유는 무엇인가?

(2) 실험에 사용한 주방용 세제의 역할은 무엇인가?

(3) 실험에 사용한 소금의 역할은 무엇인가?

(4) 에탄올의 역할을 무엇이며, 차갑게 하여 사용한 이유는 무엇인가?

(5) 에탄올 층에 떠오른 흰색의 가는 실 모양의 물질은 브로콜리의 세포에 들어 있는 순수한 DNA일까?

(6) 나무젓가락으로 감아올린 물질이 DNA인지 확인하는 방법에는 무엇이 있을까?

(7) 실험의 재료로 브로콜리 이외에 사용할 수 있는 것을 무엇이 있을까?

02 다음은 DNA 분자 모형 만들기 과정을 나타낸 것이다.

(가) 다음 그림과 같은 뉴클레오타이드 쌍 모형을 10장 이상 복사하여 실선을 따라 오리고, 표시선을 따라 접는다.

```
───── 접는 선
┈┈┈┈┈ 칼로 자르는 선
▭▭▭▭▭ 풀칠을 하는 곳
   ∘  철사를 꿰는 구멍
  ⬡  피리미딘계 염기
  ⬠⬡ 퓨린계 염기
```

수소 결합
(A과 T의 결합일 경우 위, 아래 두 개의 선을 빨간색으로 그어 2중 수소 결합을 완성하고, C과 G의 결합일 경우 3개의 선을 빨간색으로 그어 3중 수소 결합을 완성하시오.)

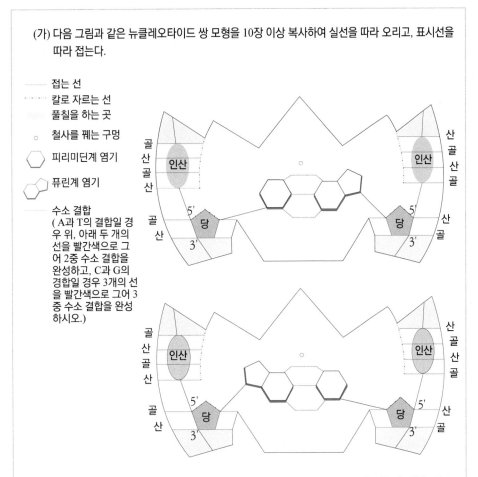

(나) 퓨린계 염기 부분에 A 또는 G을 적고, 피리미딘계 염기 부분에 T 또는 C을 적는다. 이때, 각 뉴클레오타이드 쌍에는 A과 T, G과 C이 상보적으로 결합되도록 적는다.

(다) 1m 정도의 철사를 뉴클레오타이드 쌍의 철사 구멍에 끼운 후, 1cm 길이로 자른 빨대를 끼우고 다시 뉴클레오타이드 쌍을 끼운다.

(라) 2개의 뉴클레오타이드 쌍을 포갠다. 이때 왼쪽의 위아래 뉴클레오타이드 연결을 위해서는 아래쪽 뉴클레오타이드의 3' 말단에 위쪽 뉴클레오타이드의 5'에 연결된 인산 부분을 포개어 풀로 붙이며, 오른쪽의 위아래 뉴클레오타이드 연결을 위해서는 위쪽 뉴클레오타이드의 3' 말단에 아래쪽 뉴클레오타이드의 5'에 연결된 인산 부분을 포개어 풀로 붙인다.

(마) 과정 (나) ~ (다)를 반복하면서 뉴클레오타이드 쌍을 임의의 순서로 연결하여 DNA의 이중 나선 구조 모형을 완성한다.

(1) 이 실험에서 철사와 빨대를 끼우는 이유는 무엇인지 서술하시오.

(2) DNA 2중 나선을 어떤 방향으로 회전하는지 서술하시오.

(3) DNA 2중 나선이 1회전할 때 필요한 뉴클레오타이드 쌍은 몇 개인가?

03 다음 그래프는 세 종류의 생물 (가) ~ (다)에서 추출한 DNA 용액에 열을 가하여 온도를 높이면서 자외선의 흡수도를 측정한 결과를 나타낸 것이다.

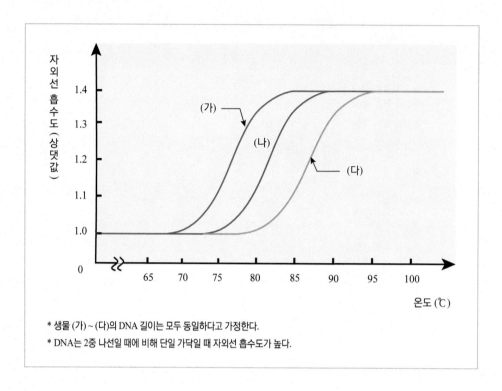

* 생물 (가) ~ (다)의 DNA 길이는 모두 동일하다고 가정한다.
* DNA는 2중 나선일 때에 비해 단일 가닥일 때 자외선 흡수도가 높다.

(1) DNA 2중 나선을 구성하는 염기쌍 중 C + G의 % 값이 큰 순서대로 쓰시오.

(2) 85℃에서 DNA의 $\dfrac{\text{2중 나선의 양}}{\text{단일 가닥의 양}}$ 의 값이 큰 순서대로 쓰시오.

(3) 95℃ 이상이 되면 생물 (가) ~ (다)의 DNA는 어떠한 상태가 되는지 서술하시오.

04 다음 표는 100개의 염기쌍으로 이루어진 어떤 2중 나선 DNA의 각 가닥 (가)와 (나)에 대한 염기 조성과, 이 두 가닥 중 한 가닥으로부터 정상적으로 전사된 mRNA 가닥의 염기 조성을 나타낸 것이다.

(단, 이 2중 나선 DNA에서 염기의 비율은 $\dfrac{A+T}{G+C} = \dfrac{3}{2}$ 이며, 주형으로 사용된 DNA 가닥의 모든 염기가 mRNA로 전사되었다.)

구분		염기 조성 (개)					계
		A	G	C	U	T	
DNA	(가)	㉠	17	㉡	?	?	100
	(나)	33	㉢	?	?	㉣	100
mRNA		㉤	?	㉥	27	?	100

※ 전사 : DNA의 한쪽 가닥을 주형으로 하여 RNA가 합성되는 과정으로 DNA의 유전 정보가 RNA로 전달되는 것이다.

※ 주형 : 어떤 일정한 형태를 만드는 틀을 의미한다. DNA 2중 나선에서 분리된 두 가닥은 새로 만들어지는 사슬의 염기 서열을 결정하는 틀로 작용하기 때문에 이를 주형 가닥이라고 한다. (염기과 상보적 결합을 할 수 있는 틀)

(1) ㉠ + ㉡ + ㉢ + ㉣의 값을 구하시오.

(2) mRNA가 만들어질 때 주형으로 사용된 DNA 가닥은 (가), (나) 중 어느것인가?

(3) ㉤, ㉥을 각각 구하시오.

01 다음 그림은 폐렴 쌍구균을 이용한 그리피스의 실험을 나타낸 것이다.

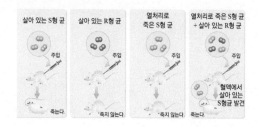

이에 대한 설명으로 옳은 것만을 <보기>에서 있는 대로 고른 것은?

〈 보기 〉

ㄱ. 형질 전환을 일으키는 물질은 열에 의해 기능을 잃지 않는다.
ㄴ. 살아 있는 S형 균은 병원성이며, 살아 있는 R형 균은 비병원성이다.
ㄷ. 이 실험을 통해 폐렴 쌍구균의 유전 물질이 DNA라는 것을 확인할 수 있다.
ㄹ. 죽은 S형 균의 어떤 물질은 살아 있는 R형 균을 S형 균으로 형질 전환시킬 수 있다.

① ㄱ, ㄴ　　② ㄱ, ㄷ　　③ ㄷ, ㄹ
④ ㄱ, ㄴ, ㄹ　　⑤ ㄴ, ㄷ, ㄹ

02 다음 중 DNA가 유전 물질임을 뒷받침하는 증거로 옳지 않은 것은?

① DNA의 구성 원소에는 P이 있다.
② 생식 세포의 DNA 양은 체세포의 절반이다.
③ 같은 종류의 개체 내 체세포 속에 들어 있는 DNA 양은 일정하다.
④ 세포 분열 전 DNA 양은 2배로 늘어났다가 딸세포에서는 다시 원래의 양이 된다.
⑤ DNA가 가장 잘 흡수하는 파장 260㎚의 자외선에서 돌연변이가 일어날 확률이 높다.

03 다음 중 핵산에 대한 설명으로 옳은 것은?

① 핵 속에만 존재한다.
② 리보스 또는 디옥시리보스라는 당이 있다.
③ 단백질 합성에는 관여하지 않는 물질이다.
④ 당, 염기, 인산이 1 : 2 : 1의 비율로 결합한다.
⑤ 구성하는 뉴클레오타이드의 종류는 총 4가지이다.

04 박테리오파지를 대장균에 감염시키는 경우, 대장균 내로 삽입되는 물질에 대한 설명으로 옳은 것을 모두 고르시오. (2개)

① 대장균의 DNA를 파괴시킨다.
② 물질대사에서 촉매 역할을 한다.
③ 구성 단위는 뉴클레오타이드이다.
④ 박테리오파지의 증식에 필요한 성분이다.
⑤ 식물의 세포막, 세포벽 성분과 동일한 종류이다.

05 다음 그림은 DNA의 분자 구조를 나타낸 것이다.

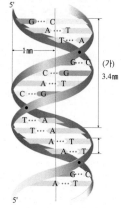

이에 대한 설명으로 옳지 않은 것은?

① DNA 2중 나선의 폭은 2㎚이다.
② DNA에서 염기쌍 사이의 거리는 0.34㎚이다.
③ (가) 구간에 염기 G이 2개 있다면, C은 8개가 있다.
④ DNA 2중 나선의 두 가닥은 서로 반대 방향을 향하고 있다.
⑤ DNA 2중 나선의 폭이 일정하게 유지되는 이유는 퓨린 계열 염기와 피리미딘 계열 염기가 상보적으로 결합하고 있기 때문이다.

06 어떤 식물의 DNA에서 염기 조성 비율을 조사한 결과 A(아데닌)이 23%로 나타났다. 이에 대한 설명으로 옳은 것은?

① G(구아닌)은 23%이다.
② C(사이토신)은 23%이다.
③ 퓨린계 염기의 비율은 46%이다.
④ 피리미딘계 염기의 비율은 54%이다.
⑤ 타이민과 사이토신의 조성 비율의 합은 50이다.

07 다음 그림은 폐렴 쌍구균을 이용한 에이버리의 실험을 나타낸 것이다.

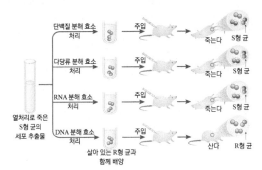

이에 대한 설명으로 옳은 것은?

① S형 균의 유전 물질은 열에 약하다.
② 죽은 쥐의 체내에서는 살아 있는 S형 균이 검출된다.
③ 단백질 분해 효소는 S형 균 추출물의 유전 물질을 분해한다.
④ R형균을 S형 균으로 형질 전환시키는 물질은 R형 균의 DNA이다.
⑤ DNA 분해 효소를 처리한 시험관에는 S형 균의 단백질이 분해된다.

08 다음 중 DNA와 RNA에 대한 설명으로 옳지 않은 것은?

① RNA에는 T 대신 U이 있다.
② DNA와 RNA는 단백질 합성에 관여한다.
③ RNA는 2종류의 뉴클레오타이드로 구성된다.
④ DNA는 2중 나선 구조이고, RNA는 단일 가닥 구조이다.
⑤ DNA와 RNA를 구성하는 당은 5개의 탄소로 이루어진 5탄당이다.

09 다음은 2중 나선 DNA의 한쪽 가닥의 염기 배열 순서를 나타낸 것이다.

$$3' - A C G T T C C A G G T G - 5'$$

이 사슬을 주형으로 합성된 RNA의 염기 서열과 방향을 옳게 나타낸 것은?

① 5' - A C G U U C C A G G U G - 3'
② 5' - C A C C U G G A A C G U - 3'
③ 5' - U G C U U G G U C C U C - 3'
④ 5' - U G C A A G G U C C A C - 3'
⑤ 5' - G U G G A C C U U G C A - 3'

10 다음 그림은 핵산의 기본 구조를 나타낸 것이다.

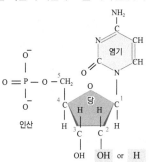

이에 대한 설명으로 옳은 것만을 <보기>에서 있는 대로 고른 것은?

〈 보기 〉

ㄱ. RNA의 당은 리보스이다.
ㄴ. 핵산에는 5종류의 염기가 있다.
ㄷ. 핵산은 뉴클레오타이드로 구성되어 있다.
ㄹ. DNA의 당은 2번 탄소에 -OH가 붙어있다.

① ㄱ, ㄴ   ② ㄱ, ㄷ   ③ ㄴ, ㄷ
④ ㄱ, ㄴ, ㄷ   ⑤ ㄴ, ㄷ, ㄹ

B

11 다음 그림은 허시와 체이스가 박테리오파지의 증식 방법을 이용해 유전 물질이 무엇인지 알아보기 위해 수행한 실험을 나타낸 것이다.

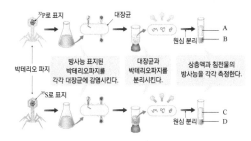

이에 대한 설명으로 옳은 것만을 <보기>에서 있는 대로 고른 것은?

〈 보기 〉

ㄱ. B와 D에서 박테리오파지의 DNA가 있다.
ㄴ. ^{32}P는 B에서 검출되며, ^{35}S는 C에서 검출된다.
ㄷ. B와 D를 각각 방사성 물질이 없는 배지에서 배양할 때 두 경우 모두 새롭게 증식된 박테리오파지의 일부에서 방사능이 검출된다.

① ㄱ   ② ㄴ   ③ ㄱ, ㄴ
④ ㄴ, ㄷ   ⑤ ㄱ, ㄴ, ㄷ

12 다음 그림은 박테리오파지의 증식 과정을 나타낸 것이다.

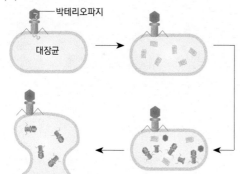

이에 대한 설명으로 옳지 <u>않은</u> 것은?

① 박테리오파지는 대장균을 숙주로 이용한다.
② 박테리오파지는 대장균에서 나올 때 대장균을 파괴한다.
③ 박테리오파지의 DNA는 대장균의 효소를 이용하여 증식한다.
④ 대장균 내로 들어가는 것은 박테리오파지의 단백질과 DNA이다.
⑤ 대장균 내에서 박테리오파지의 DNA는 단백질 껍질을 만들고 그 안으로 들어간다.

13 다음 그림은 DNA를 구성하는 염기 사이의 결합을 나타낸 것이다.

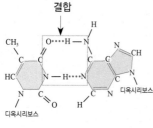

T(타이민)   A(아데닌)

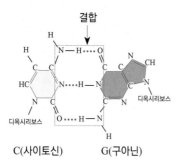

C(사이토신)   G(구아닌)

이에 대한 설명으로 옳은 것만을 있는 대로 고르시오.

① 한번 결합하면 잘 풀어지지 않는 결합이다.
② 폴리뉴클레오타이드의 골격을 형성하는 결합이다.
③ 이 결합이 많을수록 돌연변이 발생률은 낮아진다.
④ 이 결합에 의해 두 개의 폴리뉴클레오타이드 가닥이 연결된다
⑤ C과 G의 결합보다 A과 T의 결합 비율이 높을수록 DNA는 안정적이다.

14 다음 중 DNA 2중 나선을 구성하는 염기의 조성을 표현한 것으로 옳지 <u>않은</u> 것은?

① $T + A = C + G$ ② $\dfrac{G + A}{C + T} = 1$

③ $(G + T) : (A + C) = 1 : 1$ ④ $\dfrac{T}{A} = \dfrac{C}{G}$

⑤ 피리미딘계 염기 수 = 퓨린계 염기 수

15 다음 중 DNA와 RNA에 대한 설명으로 옳은 것은?

① DNA와 RNA는 2중 나선 구조이다.
② RNA는 주로 핵 속의 염색사에 존재한다
③ DNA와 RNA는 모두 유전 정보를 담고 있다.
④ RNA를 구성하는 염기에는 A, G, C, T, U이 있다.
⑤ DNA는 유전 정보를 전달하며, RNA는 유전 정보를 저장하는 기능을 한다.

16 다음 표는 같은 길이의 DNA (가), (나)를 구성하는 염기 C, T의 비율과 각 DNA가 단일 가닥으로 분리될 때의 온도를 상댓값으로 나타낸 것이다.

DNA	염기(%)		DNA가 단일 가닥으로 분리되는 온도(상댓값)
	C	T	
(가)	33	17	높음
(나)	21	29	낮음

이에 대한 설명으로 옳은 것만을 <보기>에서 있는 대로 고른 것은?

〈 보기 〉

ㄱ. 수소 결합의 수는 (가) > (나)이다.
ㄴ. 퓨린 계열 염기의 양은 (가) = (나)이다.
ㄷ. DNA는 A의 비율보다 G의 비율이 높을수록 고온에서 안정적이다.

① ㄱ   ② ㄴ   ③ ㄱ, ㄴ
④ ㄴ, ㄷ   ⑤ ㄱ, ㄴ, ㄷ

17 어떤 생물의 DNA를 분석하였을 때 총 48쌍의 염기로 이루어져 있으며 $\dfrac{A + T}{G + C} = \dfrac{2}{1}$ 이다. 이 DNA 속 사이토신은 모두 몇 개인가?

① 8개   ② 16개   ③ 18개
④ 32개   ⑤ 64개

18 다음 중 뉴클레오타이드에 대한 설명으로 옳지 않은 것은?

① 5개의 탄소로 이루어진 당을 가진다.
② 인은 당의 5번 탄소와 연결되어 있다.
③ 퓨린 계열 염기 2개와, 피리미딘 계열 염기 2개가 존재한다
④ 퓨린 계열 염기는 2중 고리 구조이며, 피리미딘 계열 염기는 단일 고리 구조이다.
⑤ 뉴클레오타이드가 산성을 띠는 이유는 인이 수용액 상태에서 산성을 띠기 때문이다.

19 다음 중 사람과 닭의 DNA 2중 나선을 구성하는 염기 조성에 대한 설명으로 옳지 않은 것은?

① 사람과 닭의 DNA는 $\dfrac{T}{A}$ 이 같다.
② 사람과 닭의 심장을 구성하는 세포의 DNA는 $\dfrac{C}{G}$ 이 같다.
③ 사람의 폐와 간을 구성하는 세포의 DNA는 $\dfrac{C}{A}$ 이 같다.
④ 닭의 심장과 간을 구성하는 세포의 DNA는 $\dfrac{T}{G}$ 이 같다.
⑤ 사람의 위와 닭의 위를 구성하는 세포의 DNA는 $\dfrac{T+A}{C+G}$ 이 같다.

20 다음 그림과 같이 박테리오파지에 방사성 동위 원소를 표지한 후, 대장균에 감염시켰을 때 방사선 동위원소가 관찰되는 위치에 대한 설명으로 옳은 것은 ?

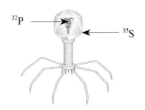

① ^{35}S만 대장균 내부에서 검출되었다.
② ^{32}P만 대장균의 외부에서 검출되었다.
③ ^{32}P만 대장균의 내부에서 검출되었다.
④ ^{35}S, ^{32}P 모두 대장균의 내부에서 검출되었다.
⑤ 증식한 박테리오파지에서 ^{35}S, ^{32}P 모두 검출되었다.

C

21 다음 표는 폐렴 쌍구균 S형 균과 R형 균을 서로 다른 조건으로 처리하여 건강한 쥐에 주입한 후 쥐의 생존 여부를 나타낸 것이다.

처리	R형 균	R형 균 + 가열한 S형 균	R형 균 + S형 균	S형 균	가열한 S형 균
생존 여부	○	×	×	(가)	○

이에 대한 설명으로 옳은 것만을 <보기>에서 있는 대로 고른 것은?

< 보기 >

ㄱ. (가)는 '×'이다.
ㄴ. 가열한 S형균은 병원성을 유지한다.
ㄷ. R형 균은 비병원성이며, S형 균은 병원성이다.
ㄹ. R형 균과 가열한 S형 균을 혼합하여 쥐에 주입한 경우 죽은 쥐의 몸에서 살아 있는 S형 균이 관찰된다.

① ㄱ, ㄴ   ② ㄱ, ㄷ   ③ ㄷ, ㄹ
④ ㄱ, ㄷ, ㄹ   ⑤ ㄴ, ㄷ, ㄹ

22 다음은 DNA와 RNA의 구조 일부를 각각 모식도로 나타낸 것이다.

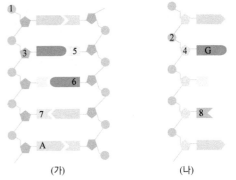

(가)   (나)

이에 대한 설명으로 옳은 것만을 <보기>에서 있는 대로 고른 것은?

< 보기 >

ㄱ. 3은 디옥시리보스, 4는 리보스이다.
ㄴ. 염기들 사이의 수소 결합 수는 총 5개이다.
ㄷ. 염기 5 + 7의 개수와 6 + 8의 개수는 같다.
ㄹ. 8과 상보적으로 결합할 수 있는 염기는 T(타이민)이다.

① ㄱ, ㄴ   ② ㄱ, ㄷ   ③ ㄷ, ㄹ
④ ㄱ, ㄷ, ㄹ   ⑤ ㄴ, ㄷ, ㄹ

23 다음은 양파에서 DNA를 추출하는 실험 과정을 나타낸 것이다.

> (가) 믹서기에 양파를 넣고 갈아 양파액을 얻는다.
> (나) 비커에 증류수, 소금, 주방용 세제를 섞은 혼합 용액을 만든다.
> (다) (가)의 양파액과 (나)의 혼합 용액을 섞은 후 10분간 두었다가 거름 종이로 거른다.
> (라) (다)의 여과액에 차가운 에탄올을 천천히 넣어 DNA를 추출한다.
> (마) (라)에서 추출한 DNA를 제한 효소로 처리한 후 전기 영동을 수행한다.
>
> * 전기 영동은 아주 작은 격자 무늬가 있는 젤리 같은 아가로스 젤을 이용하여 단백질이나 핵산 등을 길이, 크기, 전하(-, +) 등에 의해 물리적으로 분리하는 방법이다.

이에 대한 설명으로 옳은 것만을 <보기>에서 있는 대로 고른 것은?

> 〈 보기 〉
> ㄱ. 소금은 단백질의 침전을 돕는다.
> ㄴ. DNA는 에탄올에 의해 엉기게 된다.
> ㄷ. 주방용 세제는 양파 세포의 핵막을 녹인다
> ㄹ. (마)의 결과, 길이가 긴 DNA일수록 느리게 이동한다.
> ㅁ. (마)에서 전기 영동 할 때 DNA는 (-)극 쪽으로 이동한다.

① ㄱ, ㄴ   ② ㄷ, ㅁ   ③ ㄱ, ㄴ, ㄷ
④ ㄴ, ㄷ, ㄹ   ⑤ ㄴ, ㄷ, ㅁ

24 다음 표는 바이러스 (가), (나)의 유전 물질의 염기를 분석한 결과를 나타낸 것이다.

(가)	(나)
· 염기 A : U의 비율 = 2 : 1 · 염기 G : C의 비율 = 2 : 1 · 염기 U : G의 비율 = 2 : 1	· 총 염기 개수 : 100개 · 염기의 종류 : A, G, C, T · 염기 C : G의 비율 = 1 : 4

이에 대한 설명으로 옳은 것만을 <보기>에서 있는 대로 고른 것은?

> 〈 보기 〉
> ㄱ. (나)의 유전 물질은 두 가닥이다.
> ㄴ. 바이러스 (가)와 (나)의 유전 물질의 종류는 같다.
> ㄷ. (가)의 유전 물질을 이루는 당의 종류는 리보스이다.
> ㄹ. (가)에서 유전 물질을 구성하는 염기 중 C의 양이 가장 적다.

① ㄱ, ㄴ   ② ㄱ, ㄷ   ③ ㄷ, ㄹ
④ ㄱ, ㄷ, ㄹ   ⑤ ㄴ, ㄷ, ㄹ

25 그리피스는 폐렴 쌍구균인 S형 균(병원성 세균)과 R형 균(비병원성 세균)을 이용한 실험을 수행하였다. 열처리된 S형 균과 살아 있는 R형 균을 혼합하여 쥐에 주입하였을 때 쥐는 죽고, 쥐 혈액에서 살아 있는 S형 균이 발견되었기 때문에 죽은 S형 균에 의해 R형균이 S형 균으로 형질 전환되었다는 결론을 얻었다. 이때 DNA가 유전 물질임을 증명하기 위해 추가로 해야 할 실험으로 옳은 것은?

① 죽은 R형 균과 S형 균을 함께 배양하여 형질 전환이 일어나는지 확인한다.
② 살아 있는 S형 균과 R형 균을 함께 배양하여 형질 전환이 일어나는지 확인한다.
③ 살아 있는 R형 균을 DNA 분해 효소로 처리한 후 죽은 S형 균과 함께 배양하여 형질 전환이 일어나는지 확인한다.
④ 죽은 S형 균을 DNA 분해 효소로 처리할 후 살아 있는 R형 균과 함께 배양하여 형질 전환이 일어나는지 확인한다.
⑤ 살아 있는 S형 균을 DNA 분해 효소로 처리할 후 살아 있는 R형 균과 함께 배양하여 형질 전환이 일어나는지 확인한다.

26 다음 그림은 염기쌍의 수가 같은 2중 나선 DNA (가) ~ (다)의 염기 조성을 나타낸 것이며, 표는 (가) ~ (다)의 2중 나선이 단일 가닥으로 분리되는 상대적인 온도를 나타낸 것이다.

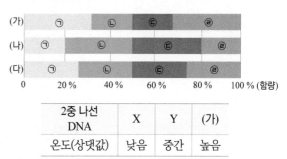

2중 나선 DNA	X	Y	(가)
온도(상댓값)	낮음	중간	높음

이에 대한 설명으로 옳은 것만을 <보기>에서 있는 대로 고른 것은? (단, ㉠ ~ ㉣은 각각 네 종류의 염기 중 하나에 해당하며, 2중 나선 DNA에서 ㉠ + ㉡은 항상 50 %이다.)

> 〈 보기 〉
> ㄱ. X는 (나)이다.
> ㄴ. G(구아닌)의 비율이 가장 높은 것은 (가)이다.
> ㄷ. (다)의 염기 ㉠과 ㉡은 3중 수소 결합, ㉢과 ㉣ ㉡은 2중 수소 결합에 의해 상보적으로 결합할 수 있다.

① ㄱ   ② ㄴ   ③ ㄱ, ㄴ
④ ㄴ, ㄷ   ⑤ ㄱ, ㄴ, ㄷ

심화

27 다음 표는 세 가지 생물의 DNA 염기 조성을 분석하여 얻은 결과를 나타낸 것이다.

생물	염기 X / 염기 Y	염기 Z / 사이토신	염기 X / 염기 Z	염기 Y / 사이토신
사람	1.62	1.71	0.98	1.04
옥수수	1.04	1.03	1.01	1.00
초파리	1.21	1.23	0.99	1.00

이에 대한 설명으로 옳은 것만을 <보기>에서 있는 대로 고른 것은? (단, 염기 Z는 RNA에서 발견되지 않는다.)

〈 보기 〉
ㄱ. 염기 X는 2개의 고리 구조를 가진다.
ㄴ. 옥수수에서 염기 Y와 사이토신의 합은 전체 염기량의 50%이다.
ㄷ. $\dfrac{T + A}{C + G}$의 값이 가장 작은 DNA를 가진 생물 은 옥수수이다.
ㄹ. 세 가지 생물 중 DNA를 구성하는 각 염기의 조성 비율이 가장 비슷한 것은 옥수수이다.

① ㄱ, ㄴ   ② ㄱ, ㄹ   ③ ㄴ, ㄷ
④ ㄱ, ㄴ, ㄹ   ⑤ ㄱ, ㄷ, ㄹ

28~29 다음은 DNA의 분자 구조를 밝히는데 중요한 단서가 된 과학적 발전에 대한 설명이다.

(가) 1950년 샤가프는 서로 다른 여러 생물체에서 얻은 DNA는 염기 비율이 서로 다르며, 모든 생물체에서는 A과 T의 양이 거의 같고, G과 C 의 양이 거의 같다는 것을 알아냈다.

(나) 윌킨스와 프랭클린은 다음 그림과 같이 DNA 의 X선 회절 사진을 찍었다.

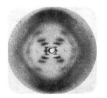

28 샤가프의 발견으로 알 수 있는 DNA 분자 구조의 특징을 서술하시오.

29 윌킨스와 프랭클린이 찍은 X선 회절 사진을 통해 알 수 있는 DNA 분자 구조의 특징을 DNA의 바깥축 형성과 연관지어 서술하시오.

30 다음 표는 여러 가지 생물의 DNA 2중 나선을 추출하여 각 염기 조성을 분석한 것을 나타낸 것이다.

생물의 조직		염기 조성(mol %)			
		C	T	A	G
사람	간	19.9	30.3	30.3	19.5
	가슴샘	19.8	29.4	30.9	19.9
돼지	간	20.5	29.6	29.4	20.5
	가슴샘	20.7	28.9	30.0	20.4
소	간	21.1	29.0	28.9	21.0
	가슴샘	21.2	28.6	29.0	21.2
밀		22.8	27.2	27.3	22.7
연어		20.4	29.1	29.7	20.8
효모		17.1	32.9	31.3	18.7

이 자료에 대한 해석이나 추론으로 옳지 않은 것은?

① 효모의 DNA는 밀의 DNA보다 열에 약하다.
② 연어의 DNA는 효모의 DNA보다 열에 강하다.
③ 같은 종의 경우 조직이 달라도 염기의 비율은 거의 일정하다.
④ DNA 2중 나선을 구성하는 각 사슬에서 염기 A 과 T의 수는 항상 같다.
⑤ DNA를 구성하는 염기 T + C의 비율은 생물의 종에 관계없이 거의 일정하다.

2강 DNA 복제

1. DNA 복제 필요성과 방식에 대한 가설 2. 메셀슨과 스탈의 DNA 복제 실험 3. DNA 복제 과정

1. DNA 복제 필요성과 방식에 대한 가설

(1) DNA 복제[1]의 필요성 : 생물은 체세포 분열을 통해 생장하므로 체세포 분열 과정에서 한 개의 모세포로부터 만들어진 두 개의 딸세포 DNA에는 모세포와 동일한 유전 물질이 필요하다. 따라서 딸세포와 모세포의 DNA 양과 유전 정보가 동일하기 위해서는 복제가 필요하다.

⇒ 체세포 분열이 일어나기 전(S기)[2]에 세포는 본래 DNA와 똑같은 DNA가 복제되어 2분자의 DNA가 된다.

(2) DNA 복제 방식에 대한 가설 : 왓슨과 크릭은 DNA 두 가닥이 벌어지면서 각 가닥에 상보적인 염기가 붙는 방식으로 복제될 것이라 예상하였다.

복제 방식	특징
㉠ 보존적 복제	복제가 되어 만들어진 두 분자의 DNA 중 한 분자는 본래의 DNA 2중 나선이고, 다른 한 분자는 본래의 DNA 2중 나선 전체를 주형(미니) 으로 하여 새롭게 만들어진 2중 나선이다. 　DNA 2중 나선 전체를 주형으로 하여 새로운 DNA 2중 나선을 만들기 때문에 본래의 DNA 2중 나선의 두 가닥 모두 보존되는 방식이다.
㉡ 반보존적 복제	복제가 되어 만들어진 두 분자의 DNA는 각각 한 가닥은 본래 DNA의 가닥이며, 나머지 한 가닥만이 새로 만들어진 것이다. 　DNA 2중 나선의 각 가닥이 새로 만들어질 DNA 가닥의 주형이 되므로 본래의 가닥에 새롭게 합성된 가닥이 합쳐져 새로운 DNA 2중 가닥이 된다. 본래의 2중 나선의 두 가닥 중 한 가닥만 보존되는 방식이다.
㉢ 분산적 복제	본래 DNA 가닥이 뉴클레오타이드로 분해된 후 새롭게 만들어진 뉴클레오타이드와 섞여 두 분자의 DNA가 만들어진다.(작은 조각으로 분해되었다가 복제 후 다시 연결된다.) 　새롭게 만들어진 DNA의 각 가닥은 본래의 DNA 조각과 새로 합성된 조각이 섞여서 연결되어 있다. 본래의 DNA 가닥을 구성하던 뉴클레오타이드가 새로 만들어진 DNA 분자의 재료로 사용되지만, 복제가 거듭될수록 새롭게 첨가되는 뉴클레오타이드의 수가 많아진다.

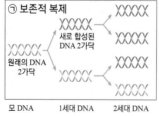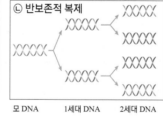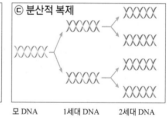

▲ DNA 복제 방식에 대한 3가지 가설

❶ DNA 복제

DNA의 복제는 합성이 아니라 본래의 DNA와 정확하게 같은 DNA 분자를 한 개 더 만드는 것이다.

❷ S기

세포 주기에서 핵 분열기(전기, 중기, 후기, 말기) 전에 일어나는 간기(G_1기, S기, G_2기) 중 DNA가 정확히 2배로 복제되는 시기이다.

미니사전

주형 [鑄 쇠를 부어 만들다 型 거푸집, 모형] : 어떤 일정한 형태를 만드는 틀을 의미한다. DNA 2중 나선에서 분리된 두 가닥은 새로 만들어지는 사슬의 염기 서열을 결정하는 틀로 작용하기 때문에 이를 주형 가닥이라고 한다. (염기과 상보적 결합을 할 수 있는 틀)

개념확인 1

세포 분열이 일어나기 전에 세포의 본래 DNA와 완전히 동일한 DNA를 만드는 것을 무엇이라 하는가?　　　　　　　　　　　　　　　　　　(　　　　　　　)

확인 + 1

DNA 복제 방식에 대한 3가지 가설을 쓰시오.　　　　(　　　　　　　　　　　　　　　)

2. 메셀슨과 스탈의 DNA 복제 실험

(1) 메셀슨과 스탈의 DNA 복제 실험 과정[1]

① 무거운 질소(^{15}N)를 포함한 $^{15}NH_4Cl$이 들어 있는 배양액에서 대장균[2]을 여러 세대에 걸쳐 배양하여 ^{15}N를 포함한(^{14}N가 포함되지 않는) DNA만 가지는 어버이 세대 대장균(P)을 얻는다. 그리고 이 대장균 [미니]에서 DNA를 추출하여 원심 분리한다.

② P세대 대장균의 일부를 가벼운 질소(^{14}N)가 들어 있는 배양액으로 옮기고 1회 분열시켜 1세대(G_1)를 얻은 후 이 대장균에서 DNA를 추출하여 원심 분리한다.

③ 1세대(G_1) 대장균을 가벼운 질소(^{14}N)가 들어 있는 배양액에서 1회 더 분열시켜 2세대(G_2)를 얻은 후 이 대장균에서 DNA를 추출하여 원심 분리한다.

(2) 메셀슨과 스탈의 실험 결과 및 해석[3]

① 어버이 세대(P)의 DNA는 ^{15}N - ^{15}N(무거운 DNA) 위치에 하나의 띠로 나타난다.
　⇒ DNA 2중 나선의 두 가닥 모두 ^{15}N를 포함(^{15}N - ^{15}N DNA)하기 때문이다.

② 1세대(G_1)의 DNA는 ^{14}N - ^{15}N(중간 무게의 DNA) 위치에 하나의 띠로 나타난다.
　⇒ 새롭게 만들어진 DNA 두 가닥 중 한 가닥은 본래의 것 (^{15}N)이고, 다른 한 가닥은 배양액에서 새롭게 합성된 것(^{14}N)이기 때문이다.

· 보존적 복제 방식에 따르면 1세대에서 DNA 띠는 ^{15}N - ^{15}N와 ^{14}N - ^{14}N(가벼운 DNA) 위치에 하나씩 나타나고 ^{14}N - ^{15}N 위치에는 나타나지 않아야 하므로 보존적 복제 방식은 기각된다.
　⇒ **반보존적 복제 방식 또는 분산적 복제 방식에 따라 DNA의 복제가 일어난다고 할 수 있다.**

③ 2세대(G_2)의 DNA는 ^{14}N - ^{14}N와 ^{15}N - ^{14}N 위치에 각각 하나씩 띠로 나타난다. 1세대의 ^{14}N - ^{15}N DNA 두 가닥의 각 가닥을 주형으로 ^{14}N 가닥이 새롭게 합성되기 때문이다.

· 분산적 복제 방식에 따르면 2세대에서 ^{15}N보다 ^{14}N가 더 많이 포함된 DNA가 만들어지며, DNA 띠는 ^{14}N - ^{15}N와 ^{14}N - ^{14}N 위치 사이에 나타나야 하므로 분산적 복제 방식은 기각된다.
　⇒ **반보존적 복제 방식에 따라 DNA 복제가 일어난다고 할 수 있다.**

(3) 메셀슨과 스탈의 실험 결론

: DNA 복제는 DNA 2중 나선의 각 나선을 주형으로 하여 새로운 DNA 가닥이 합성되므로 새롭게 만들어진 DNA 1분자 2가닥에 본래 DNA 1가닥이 남아 있게 되는 반보존적 복제 방식을 가진다.

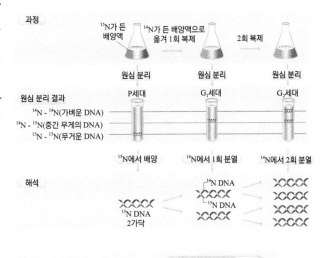

▶ 메셀슨과 스탈의 DNA 복제 실험

정답 및 해설 **09** 쪽

개념확인 2

메셀슨과 스탈이 DNA 복제 방식을 증명하기 위해 사용한 동위 원소는 무엇인가? (2개)
　(　　　　)

확인 + 2

메셀슨과 스탈이 밝힌 DNA 복제 방식은 무엇인가?
　(　　　　)

① DNA 복제 실험에서 질소(N)의 동위 원소를 사용한 이유
- 기존 DNA와 복제되어 만들어진 DNA를 구분하기 위해 질소 동위 원소(^{14}N, ^{15}N)를 사용하였다. ^{15}N를 포함한 DNA가 더 무거우므로 시험관에 넣어 원심 분리할 때 ^{14}N를 포함한 DNA보다 시험관의 더 아래쪽에 띠 모양으로 나타난다.
- 질소(N)는 DNA를 구성하는 A, G, C, T 네 종류 염기의 구성 원소이다.

② 대장균으로 실험할 때의 장점
- 단세포 생물인 대장균은 한 번 세포 분열을 할 때마다 DNA를 한 번씩 복제하므로 (분열이 곧 증식) 새롭게 복제된 DNA를 가진 대장균을 통해 DNA의 무게 변화를 쉽게 알 수 있다.
- 대장균은 한 세대가 짧아 37℃에서 20분에 한 번 분열한다. 따라서 실험 결과를 빨리 확인할 수 있다.

③ 메셀슨과 스탈의 실험에서 세대별 DNA의 ^{14}N, ^{15}N의 양 비율
- P 세대 : ^{15}N - ^{15}N 만 존재
- 1세대(G_1) : ^{15}N - ^{15}N 각 가닥이 ^{14}N으로 복제되므로 ^{15}N - ^{14}N 만 존재
- 2세대(G_1) : ^{15}N - ^{14}N 각 가닥이 ^{14}N으로 복제되므로 ^{15}N - ^{14}N : ^{14}N - ^{14}N = 1 : 1
- 3세대(G_3) : ^{15}N - ^{14}N와 ^{14}N - ^{14}N 각 가닥이 ^{14}N으로 복제되므로 복제 결과 ^{15}N - ^{14}N, ^{14}N - ^{14}N, ^{14}N - ^{14}N, ^{14}N - ^{14}N의 이중 가닥이 나타나며 ^{14}N - ^{14}N : ^{14}N - ^{15}N = 3 : 1

미니사전
대장균 [大 크다, 腸 창자 菌 세균] 포유류의 장내에서 서식하는 막대기 모양의 세균

① 복제 원점(origin of replicaiton)

- DNA의 복제가 일어나기 위해서는 2중 나선을 이루는 두 가닥의 사슬이 서로 분리되어야 한다. 이때 두 가닥은 특정 부위에서 처음 분리되기 시작하는데, 이 부위를 복제 원점이라 한다.
- 진핵 생물의 DNA는 긴 선 모양이며, 염기쌍이 많기 때문에 여러 개의 복제 원점에서 동시에 복제가 시작된다.
- 대장균과 같은 원핵 생물의 DNA는 짧고, 원형 모양이며, DNA에 한 개의 복제 원점을 가지고 있다. 복제 원점의 좌우 양 방향으로 분기점이 이동하며 복제가 이루어진다.

② 프라이머(primer) - 시발체

- DNA 중합효소는 풀어진 주형 가닥에서 상보적으로 복제되는 새로운 가닥의 합성을 시작할 수 없고, 가닥의 말단에 뉴클레오타이드를 붙이는 방식이므로 시발점이 되는 새로운 조각이 필요한데 그것을 프라이머(시발체)라고 한다.
- RNA 조각 또는 DNA 조각이 모두 될 수 있다.
- DNA 합성에 사용되는 프라이머는 RNA 프라이머이다.

③ 풀어진 2중 나선 유지

- 헬리케이스에 의해 풀어진 2중 나선의 각 가닥에 단일가닥 결합단백질(single-strand binding protein)이 붙게 되어 복제가 일어나는 동안 DNA 주형 가닥이 다시 2중 나선 구조를 이루는 것을 방지한다.
- 단일가닥 결합단백질은 새로운 상보적인 가닥의 합성을 위한 주형 가닥으로 이용될 때까지 DNA를 안정화시키는 작용을 하는 단백질이다.

미니사전

신장 [伸 펴다 長 길다] : 길이 따위를 길게 늘림

---

3. DNA 복제 과정

(1) DNA의 반보존적 복제 과정 : DNA의 반보존적 복제는 2중 나선을 이루던 두 가닥의 염기쌍 사이의 수소 결합이 풀어지고, 각 가닥이 주형이 되어 각 가닥에 상보적 염기를 가지는 새로운 뉴클레오타이드가 생성-신장 [미니] 하여 복제된다.

① **DNA 2중 나선의 분리** : 복제 원점[1]에서 **헬리케이스(helicase)효소**가 두 가닥의 폴리뉴클레오타이드 사슬을 연결하고 있던 염기 사이의 수소 결합을 풀어 주어 두 사슬이 서로 떨어지기 시작한다. 염기 결합의 풀림은 복제 원점에서부터 Y자 모양을 띠며 좌우 양 방향으로 진행된다. 분리된 각 가닥은 **단일가닥 결합단백질**에 의해 안정화된다.

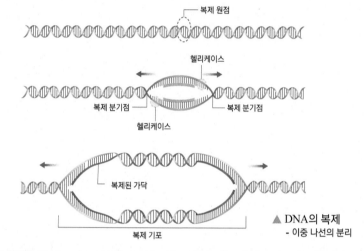

▲ DNA의 복제
- 이중 나선의 분리

② **RNA 프라이머(시발체) 합성** : DNA 중합 효소는 부모 뉴클레오타이드의 3번 탄소(3')에 -OH가 있을 경우에만 딸 뉴클레오타이드의 인산을 결합시키며 복제할 수 있다. 3'-OH기를 제공하는 짧은 뉴클레오타이드 사슬을 프라이머(primer)[2]라고 하며 **프라이메이스(primase)효소**에 의해 합성된다. 이중 나선의 분리 후 복제 개시 과정에서 아래 그림(복제 기포의 절반)과 같이 여러 효소가 관여한다.

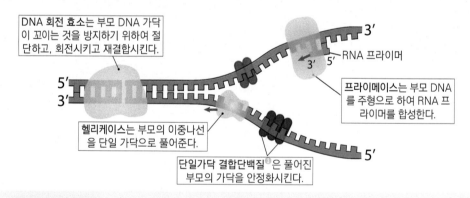

> DNA 회전 효소는 부모 DNA 가닥이 꼬이는 것을 방지하기 위하여 절단하고, 회전시키고 재결합시킨다.

> RNA 프라이머

> 프라이메이스는 부모 DNA를 주형으로 하여 RNA 프라이머를 합성한다.

> 헬리케이스는 부모의 이중나선을 단일 가닥으로 풀어준다.

> 단일가닥 결합단백질[3]은 풀어진 부모의 가닥을 안정화시킨다.

개념확인 3

DNA 복제가 일어날 때, 2중 나선은 특정 부위에서 분리가 시작된다. 이 부위를 무엇이라고 하는가?

(   )

확인 + 3

DNA 복제는 3'-OH기에 인산을 결합시키며 일어나는데, 처음에 3'-OH기를 제공하는 짧은 뉴클레오타이드 사슬을 무엇이라 하는가?

(   )

③ **뉴클레오타이드의 결합과 DNA 사슬의 신장 :** DNA 중합 효소(DNA polymerase)는 풀어진 각 사슬을 주형으로 상보적인 염기를 가진 뉴클레오타이드를 프라이머의 3'-OH에 차례대로 결합시켜 새로운 DNA 사슬을 신장한다.

❹ DNA 뉴클레오타이드
• DNA 합성에 사용되는 디옥시리보뉴클레오타이드이다.
• ATP와 같이 3개의 인산이 고에너지 결합된 형태이며 결합 시 2개의 인산이 떨어져 나오면서 발생하는 에너지는 뉴클레오타이드 사이의 3'-OH와 인산 간의 공유 결합을 이루는 데 사용된다.
• DNA 중합 효소에 의한 3'-OH와 인산 간의 공유 결합은 DNA의 당-인산-당-인산의 단단한 축을 형성한다.

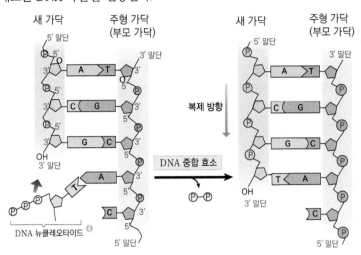

④ **DNA 복제 방향 :** DNA 중합 효소(DNA polymerase)는 합성 중인 폴리뉴클레오타이드의 3'-OH에만 새로운 뉴클레오타이드를 결합시킬 수 있으므로 항상 5' → 3' 방향으로만 복제를 진행할 수 있다. 즉, DNA 복제는 항상 5' → 3' 방향으로만 일어난다. DNA의 두 가닥은 한꺼번에 복제가 일어나며, 역평행 구조로 되어 있으므로, 두 가닥의 복제가 일어날 때 복제의 방향은 서로 반대 방향으로 일어난다.

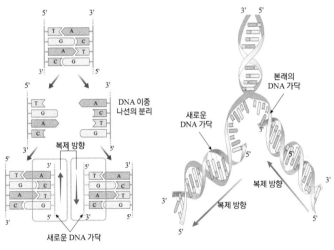

▲ DNA 복제 방향 : DNA 복제는 5'→3' 방향으로 일어나며 두 가닥에서 동시에 서로 반대 방향으로 일어난다.

개념확인 4

정답 및 해설 **09** 쪽

풀어진 각 사슬을 주형으로 상보적인 염기를 가진 뉴클레오타이드를 프라이머의 3'-OH에 차례대로 결합시켜 새로운 DNA 사슬을 신장하는 효소는 무엇인가? (   )

확인 + 4

DNA 복제로 새롭게 만들어지는 DNA 가닥은 항상 (5' → 3' 방향, 3' → 5' 방향)으로만 합성이 일어난다.

⑤ 선도 가닥 VS 지연 가닥

- 선도 가닥(leading strand) : 복제 과정에서 연속적으로 합성되는 DNA 가닥
- 지연 가닥 (lagging strand) : 오카자키 절편이 합성된 다음 연결되어 불연속적으로 합성되는 가닥

⑥ 오카자키 절편

복제 분기점에서부터 지연 가닥으로 합성되는 짧고 분리된 DNA 조각을 발견한 자의 이름을 따 오카자키 절편이라고 한다.

⑤ **선도 가닥과 지연 가닥**[⑥] : DNA 중합 효소는 5' → 3' 방향으로만 새로운 가닥을 합성한다. DNA의 두 가닥은 복제될 때 복제 원점을 시발점으로 하여 Y자 형태로 떨어지기 때문에 역평행 구조인 두 가닥 중 한 가닥이 5' → 3' 방향으로 새로운 가닥이 합성되며 복제가 진행되지만 다른 한 가닥은 당-인산의 연결 방향이 이와 반대이므로 연속적으로 합성되지 않는다. 당의 연결 방향이 반대인 다른 한 가닥은 이중 나선이 조금씩 풀릴 때마다 프라이메이스에 의해 프라이머가 순차적으로 여러 개 생성되고, 각 프라이머마다 짧은 DNA 조각(이것을 오카자키 절편이라 함)이 DNA 중합 효소에 의해 신장된다. 이때 연속적으로 복제가 진행되는 가닥을 선도 가닥, 불연속적인 DNA 조각에 의해 복제가 진행되는 가닥을 지연 가닥이라고 한다. 복제 기포 전체적으로 볼 때 복제 원점을 중심으로 좌우 대칭으로 복제 과정이 일어난다.

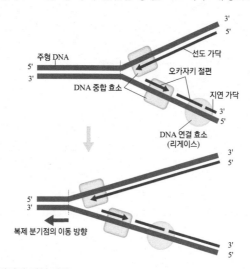

▲ **선도 가닥과 지연 가닥**
왼쪽의 복제 분기점을 놓고 볼 때, 5'→3' 방향으로 연속적인 복제가 진행되는 선도 가닥이 있고, 불연속적인 DNA 조각(오카자키 절편[⑥])의 연결에 의해 5'→3' 방향이지만 선도 가닥과 반대 방향으로 복제가 진행되는 지연 가닥이 있다.

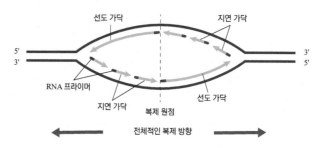

▲ **복제 기포**
복제 기포를 전체적으로 볼 때 복제 원점을 중심으로 좌우 대칭 구조로 복제가 일어난다.

개념확인 5

DNA 복제 과정에서 연속적으로 합성되는 가닥을 무엇이라고 하는가?

(   )

확인 + 5

지연 가닥의 (한 개, 여러 개)의 짧은 DNA 조각은 (DNA 중합 효소, 프라이메이스)에 의해 신장된다.

⑥ **복제 완료**[●] : 이중 가닥의 한 가닥은 5'→3' 방향으로 복제 분기점을 향해 복제가 진행되고, 다른 가닥은 반대 방향으로 복제가 진행된다(5'→3' 방향). 복제 기포 전체적으로 볼 때, 두 가닥 모두 선도 가닥과 지연 가닥이 존재하며, 지연 가닥에서는 이중 나선이 풀릴 때마다 순차적으로 여러 개의 RNA 프라이머가 발생하여 DNA 조각(오카자끼 절편)이 신장하게 되며, 다른 DNA 조각을 만나면 DNA 중합 효소에 의해 RNA 프라이머가 제거되고 DNA 뉴클레오타이드가 대신 부착되어 틈을 채우게 되며, DNA 연결 효소 (DNA ligase)에 의해 연결되어 하나의 긴 새로운 DNA 가닥이 된다.

⇨ 새로 만들어진 DNA 사슬의 염기 서열은 주형이 된 사슬의 반대쪽 사슬과 똑같으므로 DNA 복제가 완료되면 결과적으로 본래의 DNA와 똑같은 염기 서열을 가지는 이중 나선 DNA 2분자가 된다.

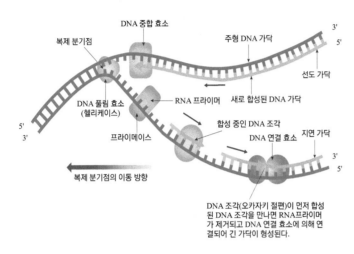

❼ 복제에 관여하는 효소

● 헬리케이스(DNA 풀림 효소 ; helicase) : DNA 2중 나선을 이루는 염기 사이의 수소 결합을 풀어 단일 가닥으로 분리하는 효소이다.

● 프라이메이스(primase) : 3'-OH 말단을 제공하는 짧은 RNA 조각인 프라이머를 합성하는 효소이다.

● DNA 중합 효소(DNA polymerase) : DNA 사슬의 한쪽 끝 3'에서부터 새로운 뉴클레오타이드를 한 개씩 붙여 나가는 효소이다. DNA를 교정 수선하는 기능도 있다.

● DNA 연결 효소(DNA ligase) : DNA 조각의 중간에서 두 뉴클레오타이드 사이의 당과 인산을 결합시켜 연결하는 효소이다.

(2) DNA 오류와 수선[●]

① DNA 복제 과정은 신속하고 매우 정확하게 일어나지만, 낮은 비율의 오류가 일어날 수 있으며, 유전자의 변형을 야기시킬 수 있다.

② DNA 중합 효소는 뉴클레오타이드를 첨가하는 기능뿐만 아니라 교정 기능을 가지고 있어, 복제 과정 중 잘못된 염기 결합이 일어난 뉴클레오타이드를 제거하고, 새로운 뉴클레오타이드를 합성한다.

③ 모든 세포는 복제 후에도 방사선 혹은 독성 화학 물질에 의해 손상된 DNA를 수선할 수 있는 시스템을 확보하고 있다. DNA 중합 효소와 DNA 연결 효소가 관여하여 DNA 변화가 돌연변이로 되기 전에 수선한다.

④ 대부분은 자체적인 안정 장치에 의해 오류와 손상이 교정될 수 있지만, DNA 복제가 잘못되거나 복제 후 손상된 DNA가 수선되지 않을 경우 세포 유전체에 해로운 돌연변이를 일으키게 되어 여러 질병이 발생할 수 있다.

❽ 텔로미어(telomeres)

● DNA 복제가 일어날 때 DNA의 양 끝의 프라이머는 복제 후 제거되는데, 이 부분에는 DNA 중합 효소가 이용할 3' 말단이 없으므로 복제가 일어나지 않는다. 따라서 복제가 반복되면 될수록 DNA는 점점 짧아지게 된다. 이와 같은 문제를 극복하기 위해 DNA에는 **텔로미어**라고 하는 반복적으로 존재하는 짧은 뉴클레오타이드 (염기 서열 TTAGGG, AATCCC 등)를 가지는데, 이 텔로미어로 복제가 일어나지 않은 양끝 부분을 채워 길이가 짧아지지 않게 한다.

● 텔로미어는 유전 정보를 가지지 않으며, 반복되는 DNA 복제로 인한 손상으로부터 생물체의 유전자를 보호한다.

● 텔로미어의 길이가 짧아지는 것은 노화와 관련이 있다.

개념확인 6

정답 및 해설 **09** 쪽

DNA 복제 과정에서 DNA 조각이 신장하다가 다른 DNA 조각을 만났을 때 서로를 연결해 주는 효소는 무엇인가? ( )

확인 + 6

DNA 복제 과정에서 잘못된 염기 쌍이 있으면 뉴클레오타이드를 제거하고 새로운 뉴클레오타이드를 다시 합성하며, 복제 후에도 잘못된 염기 쌍이 있으면 효소에 의해 제거된다. 이처럼 DNA 오류를 수정하는 과정은 ( )를 방지하기 위한 것이다.

01 DNA에 표지 가능한 동위 원소가 <u>아닌</u> 것은?

① ^{32}P　　　　② ^{14}N　　　　③ ^{15}N　　　　④ ^{35}S　　　　⑤ ^{3}H

02 다음 DNA 복제에 대한 설명 중 옳은 것은 ○표, 옳지 않은 것은 ×표 하시오.

(1) 생물은 분열을 하기 위해 DNA 복제를 해야 한다.　　　　　　　　(　)

(2) 세포 분열이 일어나기 전 전기에 DNA 복제를 한다.　　　　　　　(　)

(3) 모세포로부터 만들어진 딸세포는 모세포와 유전적으로 동일하다.

　　　　　　　　　　　　　　　　　　　　　　　　　　　　　(　)

03 다음은 메셀슨과 스탈이 실험을 통해 증명한 DNA 복제 방식에 대한 결론이다. 괄호 안에 알맞은 것을 고르시오.

> DNA 복제는 DNA 2중 나선의 각 나선을 주형으로 하여 새로운 DNA 가닥이 합성된다. 따라서 DNA는 새롭게 만들어진 DNA에 본래 DNA 가닥이 남아 있는 (㉠ 보존적, ㉡ 반보존적, ㉢ 분산적) 복제 방식을 가진다.

(　　　　　　)

04 다음은 DNA 두 가닥을 주형으로 복제가 일어나는 과정에 대한 설명이다. 괄호 안에 알맞은 것을 골라 차례대로 쓰시오.

> DNA의 복제는 두 사슬을 주형으로 하여 (① 순차적으로, ② 동시에) 진행된다. DNA 2중 나선의 두 사슬은 역평행 구조이지만, DNA 중합 효소는 (③ 5' → 3', ④ 3' → 5')방향으로만 합성할 수 있다.

(　　　　　　)

05 다음 DNA 복제 방식에 대한 설명 중 옳은 것은 ○표, 옳지 않은

(1) 본래의 가닥에 새롭게 합성된 가닥이 합쳐져 새로운 DNA 2중 가닥이 된다.   (   )
(2) 분산적 복제는 DNA 가닥이 작은 조각으로 분해되었다가 복제 후 다시 연결되는 복제 방식이다.   (   )
(3) DNA 2중 나선 전체를 주형으로 새로운 DNA 2중 나선을 만드는 방식은 반보존적 복제 방식이다.   (   )

06 다음은 DNA 복제 과정을 나타낸 그림이다.

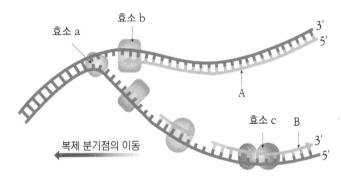

(1) DNA 중합 효소를 나타낸 것은 효소 a~c 중 무엇인가?
(2) 새로 합성되는 가닥 A와 B의 이름을 각각 쓰시오.
(3) 가닥 A와 B의 합성 방향은 서로 반대이다. 그 이유를 쓰시오.

07 메셀슨과 스탈의 DNA 복제 증명 실험에서 대장균을 사용하는 이유에 대해 옳은 것만을 있는 대로 고르시오.

① 한 세대가 짧기 때문이다.
② 다세포 생물이기 때문이다.
③ ^{15}N은 표지되고 ^{14}N은 표지되지 않기 때문이다.
④ 어버이(P) 세대의 개체수를 최소한으로 얻을 수 있기 때문이다.
⑤ 한 번 세포 분열 할 때마다 DNA를 한 번씩 복제하기 때문이다.

08 어떤 대장균의 DNA 염기 조성을 분석하였더니 타이민(T)의 함량이 전체 염기의 15% 였다. 이 DNA가 1회 복제되어 생긴 DNA에서 구아닌(G)의 함량은 몇 % 이겠는가? (단, 대장균의 DNA는 100% 복제되었다고 가정한다.)

유형익히기&하브루타

유형 2-1 DNA의 복제의 필요성과 방식에 대한 가설

다음 (가) ~ (다)는 각각 DNA의 복제 방식에 대한 가설을 나타낸 모식도이며, (라)는 메셀슨과 스탈의 실험 결과를 나타낸 것이다. 다음 각 물음에 답하시오.

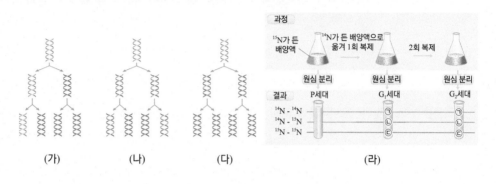

(1) (가) 가설이 맞다면 G_1세대 DNA 띠는 ㉠과 ㉡에서 나타날 것이다. ( )

(2) (가) 가설이 맞다면 G_2세대 DNA 띠는 ㉠과 ㉢에서 나타날 것이다. ( )

(3) (나) 가설이 맞다면 G_1세대 DNA 띠는 ㉡에서만 나타날 것이다. ( )

(4) (나) 가설이 맞다면 G_2세대 DNA 띠는 ㉠과 ㉢에서 나타날 것이다. ( )

(5) (다) 가설이 맞다면 G_1세대, G_2세대 DNA 띠는 ㉡에서 나타날 것이다. ( )

---

01 다음은 DNA 복제 방식의 가설에 대한 설명이다. 옳은 것은 ○표, 옳지 않은 것은 ×표 하시오.

(1) 복제 시 본래의 2중 나선 중 한 가닥만 보존되는 방식은 보존적 복제 방식이다. ( )

(2) 분산적 복제는 복제가 거듭될수록 새롭게 첨가되는 뉴클레오타이드의 수가 많아진다.
( )

(3) 반보존적 복제는 DNA 2중 나선 전체를 주형으로 하여 새로운 DNA 2중 나선을 만드는 복제 방식이다. ( )

---

02 DNA의 반보존적 복제 방식에 관한 설명으로 옳은 것만을 다음 <보기>에서 있는 대로 고르시오.

─── 〈 보기 〉 ───

ㄱ. 보존적 복제 방식을 보완하는 복제 방식이다.
ㄴ. DNA 2중 나선의 두 가닥이 풀려 각각의 가닥이 주형으로 작용한다.
ㄷ. 복제가 일어난 DNA 2중 나선 중 한 가닥은 본래 DNA가 갖는 가닥이 고 다른 한 가닥은 새로 합성된 가닥이다.

( )

유형 2-2 메셀슨과 스탈의 DNA 복제 실험

메셀슨과 스탈은 ^{15}N가 들어 있는 배지에서 대장균을 배양하여 ^{15}N를 포함하는 DNA만 가지는 어버이세대(P) 대장균을 얻었다. 이 어버이 세대 대장균을 ^{14}N가 들어 있는 배지에서 배양하였을 때 나타나는 결과에 대한 설명으로 옳은 것은 ○표, 옳지 않은 것은 ×표 하시오. (상층 : ^{14}N - ^{14}N, 중층 : ^{14}N - ^{15}N, 하층 : ^{15}N - ^{15}N)

(1) 1세대의 DNA 원심 분리 결과 DNA 띠는 1개 나타난다. ( )

(2) 2세대의 DNA 원심 분리 결과 DNA 띠는 1개 나타난다. ( )

(3) 3세대의 DNA 원심 분리 결과 DNA 띠는 2개 나타난다. ( )

(4) 2세대의 DNA 원심 분리 결과 DNA 양은 상층 : 중층 : 하층 = 2 : 1 : 0로 나타난다. ( )

(5) 3세대의 DNA 원심 분리 결과 DNA 양은 상층 : 중층 : 하층 = 3 : 0 : 1로 나타난다. ( )

03 다음은 메셀슨과 스탈의 DNA 복제 방식 증명 실험에 대한 설명이다. 옳은 것은 ○표, 옳지 않은 것은 ×표 하시오.

(1) 대장균을 배양하여 DNA 복제를 이용하였다. ( )

(2) 방사성 동위 원소 ^{14}N를 포함하는 배지를 이용하였다. ( )

(3) 복제 결과 생성된 DNA 가닥의 무게 차이를 이용하여 결과를 분석하였다. ( )

04 위 실험 모식도를 통해 알 수 있는 메셀슨과 스탈이 수행한 DNA 복제 방식 증명 실험에 대한 설명으로 옳은 것은 ○표, 옳지 않은 것은 ×표 하시오.

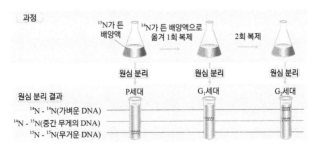

(1) G_2세대에서 ^{14}N - ^{14}N과 ^{14}N - ^{15}N의 DNA양은 2 : 1이다. ( )

(2) 메셀슨과 스탈이 수행한 DNA 복제 방식 증명 실험을 통해 알 수 있는 DNA 복제 방식은 반보존적 복제 방식이다. ( )

유형 2-3 DNA 복제 과정 1

다음은 진핵 세포의 DNA 복제 과정을 나타낸 모식도이다. 이에 대한 설명으로 옳은 것은 ○표, 옳지 않은 것은 ×표 하시오.

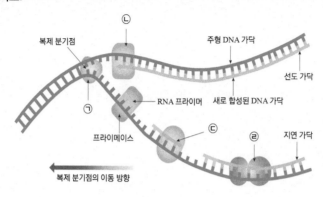

(1) ⊙은 2중 나선을 풀어주는 효소이다.　　　　　　　　　　　　　　　(　)

(2) ⓛ은 DNA 한쪽 사슬의 끝에 뉴클레오타이드를 한 개씩 차례로 결합시킨다.　(　)

(3) ⓒ이 합성될 때 새로운 뉴클레오타이드는 ⓒ의 5' 말단에 첨가된다.　　　　(　)

(4) ⓔ은 새로 생성된 DNA 조각을 연결하는 효소이다.　　　　　　　　　(　)

05 DNA 복제 과정에 대한 설명 중 옳은 것은 ○표, 옳지 않은 것은 ×표 하시오.

(1) DNA 복제가 일어날 때는 2중 나선을 이루던 두 가닥이 각각 주형 가닥으로 작용한다.
　　　　　　　　　　　　　　　　　　　　　　　　　　　　　　　(　)

(2) DNA 복제가 완료된 후 만들어진 DNA 2중 나선 중 한 가닥은 본래의 DNA의 것이다.
　　　　　　　　　　　　　　　　　　　　　　　　　　　　　　　(　)

(3) DNA 복제가 일어날 때 프라이메이스에 의해 2중 나선의 염기쌍 사이의 수소 결합이 풀린다.
　　　　　　　　　　　　　　　　　　　　　　　　　　　　　　　(　)

06 다음은 DNA 2중 나선의 분리에 대한 설명이다. 빈칸에 알맞은 말을 쓰시오.

> · (　⊙　)이라는 특별한 위치에 헬리케이스라는 효소가 염기 사이의 수소 결합을 풀어 주어 2중 나선이 두 사슬로 떨어지기 시작한다.
> · 2중 나선 구조가 풀어지기 시작하는 DNA 부위는 지퍼가 열리듯 Y자 모양이 되며, 이 부위를 (　ⓛ　)이라고 한다.
> · 염기 결합의 풀림은 (　⊙　)에서부터 좌우 양 방향으로 진행된다.

⊙ (　　　　　) ⓛ (　　　　　)

유형 2-4 DNA 복제 과정 2

다음은 DNA 복제 과정의 방향성을 나타낸 모식도이다. 이에 대한 설명으로 옳은 것은 ○표, 옳지 않은 것은 ×표 하시오.

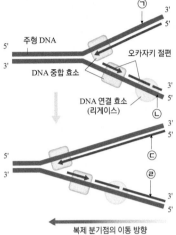

(1) ⓛ과 ⓒ은 상보적이다.   (   )

(2) ⓒ은 선도 가닥, ⓔ은 지연 가닥이다.   (   )

(3) ㉠과 ⓔ은 염기 서열 및 방향이 동일하다.   (   )

(4) ⓒ은 5'에서 3' 방향으로 합성되며, ⓔ은 3'에서 5' 방향으로 합성된다.   (   )

07 2중 나선 DNA의 한쪽 가닥의 염기 배열 순서가 다음과 같을 때, 이 가닥을 주형으로 합성이 일어나는 방향과 염기 배열 순서를 쓰시오.

3'-ATGGACGATCC-5'

(   )

08 다음은 DNA 복제 과정을 순서 없이 나열한 것이다. 복제가 진행되는 순서대로 배열하시오.

─────〈 보기 〉─────

ㄱ. DNA 이중 나선이 풀린다.
ㄴ. RNA 프라이머가 합성되어 주형 가닥에 부착된다.
ㄷ. 단일가닥 결합단백질이 풀린 DNA 가닥을 안정화시킨다.
ㄹ. DNA 중합 효소에 의해 프라이머에 DNA 뉴클레오타이드
　　가 추가된다.

(   )

01 다음 그림 (가), (나)는 DNA 복제 과정을 나타낸 것이다. (단, (가)와 (나)는 각각 진핵 생물과 원핵 생물 중 하나이다.)

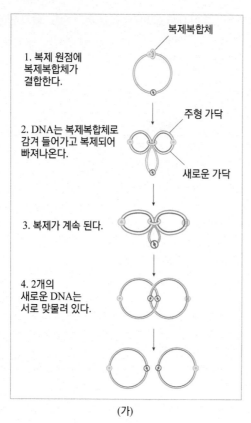

(가)

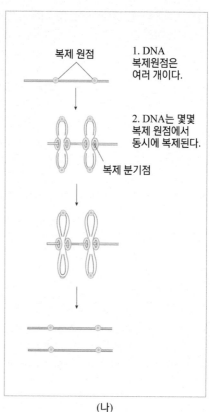

(나)

(1) (가), (나) DNA 복제 과정은 각각 진핵 생물과 원핵 생물 중 어느것에 속하는지 이유와 함께 서술하시오.

(2) (나)와 같은 복제가 진행될 때 어떤 문제점이 발생할 수 있는지 서술하시오.

02 대장균을 ^{14}N를 함유한 배지 A, ^{15}N를 함유한 배지 B에서 각각 배양하였다. 이후 각 배지의 조건을 달리하면서 배양한 대장균의 DNA를 추출하여 원심 분리하였다. 실험 결과가 아래 그래프와 같을 때 그래프 (가) ~ (마)는 각각 보존적 복제 방식과 반보존적 복제 방식 중 어떤 복제 방식으로 복제가 되었으며, 어떤 조건으로 대장균을 배양하였을 때의 실험 결과인지 서술하시오. (단, 1회 분열시 DNA 상댓값은 1이다.)

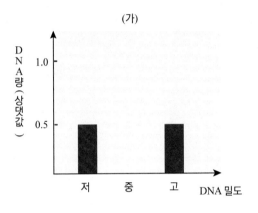

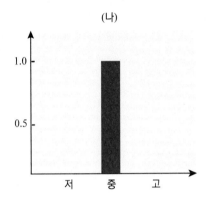

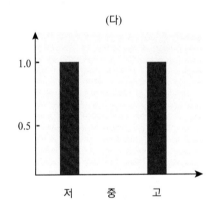

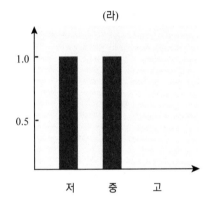

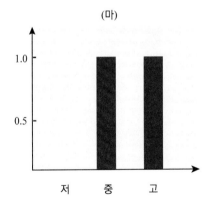

03 다음은 배양 중인 사람 세포에서 관찰된 결과를 나타낸 것이다.

A. 배양 중인 사람 세포의 핵에는 길이 2.04 m의 DNA가 들어있다.

B. 세포 주기에서 S기의 기간은 5시간이다.

C. DNA의 합성은 각 복제 분기점에서 분당 2,500 염기쌍(bps[*])의 속도로 이루어진다.

[*] bps : base pairs

위 자료를 통해서 해석하면, 배양 중인 각 사람 세포의 핵 안에서 요구되는 최소한의 복제 원점 숫자는 몇 개이어야 하는가? (단, DNA는 0.34nm 당 하나의 염기쌍이 존재한다.)

04 온도 민감성 돌연변이 대장균(*E.coli*)를 연구하던 중, 30℃에서는 정상적인 DNA 복제가 일어나지만, 42℃에서는 DNA 복제에 이상이 발생하는 3 종류의 온도 민감성 돌연변이체들을 발견하였다. 이들 3 종류의 돌연변이체들은 각각 복제 개시 단백질, DNA helicase, DNA ligase에 돌연변이가 처음 발생 했음을 알 수 있었고, 복제 중 혹은 복제 시작 전의 *E.coli* 에서 다음과 같은 결과를 얻었다.

돌연변이체		복제 정지 시간 (42℃로 온도 상승 시)		돌연변이 단백질
		복제 중인 *E. coli*	복제 시작 전의 *E. coli*	
QS*	1	약 3초	복제 개시 안됨	(가)
SS*	2	다음 복제 개시 안됨	다음 복제 개시 안됨	(나)
	3	다음 복제 개시 안됨	복제 개시 안됨	(다)

* QS : quick stop, 온도 상승 후 DNA 복제가 빨리 멈추는 돌연변이체

* SS : slow stop, 온도 상승 후 DNA 복제가 천천히 멈추는 돌연변이체

* 복제 정지 시간 : 42℃로 온도 상승 후 DNA 복제가 멈추는 데 걸리는 시간

※ 개시 : RNA 중합 효소가 프로모터에 결합함으로써 전사가 시작되는 것이다.

※ 프로모터 : DNA에서 전사가 시작되는 서열보다 앞쪽에 위치하는 특정 서열로 RNA 중합 효소 가 결합하는 위치이다.

※ 전사 : DNA의 한쪽 가닥을 주형으로 하여 RNA가 합성되는 과정으로 DNA의 유전 정보가 RNA로 전달되는 것이다.

(가) ~ (다)에 해당하는 단백질은 제시된 3종류의 단백질 중 무엇일지 이유와 함께 서술하시오.

스스로 실력높이기

A

01 다음은 메셀슨과 스탈이 DNA 복제 원리를 알아보기 위해 수행한 실험을 나타낸 모식도이다.

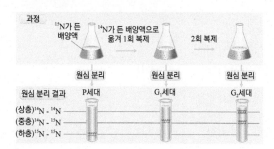

위 자료에 대한 설명으로 옳은 것만을 <보기>에서 있는 대로 고른 것은?

〈 보기 〉

ㄱ. N 대신 S의 동위 원소를 사용할 수 있다.

ㄴ. G_3 세대의 DNA 원심 분리 결과는
$$\frac{^{14}N - {}^{14}N \text{ DNA양}}{^{14}N - {}^{15}N \text{ DNA양}} = 3 \text{ 이다.}$$

ㄷ. G_3 세대의 상층 DNA는 전부 $^{14}N - {}^{14}N$ DNA 로부터 복제된 것이다.

① ㄱ   ② ㄴ   ③ ㄱ, ㄴ

④ ㄴ, ㄷ   ⑤ ㄱ, ㄴ, ㄷ

02 DNA 복제 과정에 대한 설명 중 옳은 것은 ○표, 옳지 않은 것은 ×표 하시오.

(1) 지연 가닥의 합성에는 1개의 프라이머가 사용된다. ( )

(2) 짧은 원형의 염색체는 단일 복제 원점에서 복제된다. ( )

(3) DNA 연결 효소는 DNA 프라이머와 DNA 절편 사이의 틈을 연결해준다. ( )

03 DNA 복제 과정에 대한 설명 중 옳은 것은 ○표, 옳지 않은 것은 ×표 하시오.

(1) 복제가 끝난 후 새로 만들어진 두 가닥의 염기 서열은 서로 상보적이다. ( )

(2) 헬리케이스는 복제가 일어나는 동안 DNA 주형 가닥을 안정화시키는 작용을 한다. ( )

(3) 복제 진행 중인 DNA를 변성시키면 짧은 단편의 폴리 뉴클레오타이드 사슬을 얻을 수 있다.

( )

04 다음 <보기>는 진핵 생물의 DNA 복제 순서를 순서 없이 나열할 것이다.

〈 보기 〉

ㄱ. DNA 가닥이 연결된다.

ㄴ. RNA 프라이머가 합성된다.

ㄷ. DNA가 복제 원점에서 풀린다.

ㄹ. DNA 가닥이 단일 가닥의 형태로 분리된다.

ㅁ. 선도 가닥과 지연 가닥에서 DNA가 합성된다.

ㅂ. RNA 프라이머가 제거된 자리에 뉴클레오타이드가 채워진다.

복제가 진행되는 순서대로 옳게 나열한 것은?

① ㄷ → ㄹ → ㅁ → ㄴ → ㄱ → ㅂ

② ㄷ → ㄴ → ㄹ → ㄱ → ㅁ → ㅂ

③ ㄷ → ㄹ → ㄴ → ㅁ → ㅂ → ㄱ

④ ㄹ → ㄷ → ㄴ → ㅁ → ㅂ → ㄱ

⑤ ㄹ → ㄷ → ㄴ → ㅂ → ㅁ → ㄱ

05 다음은 혼성화되어 있는 DNA를 나타낸 것이다.

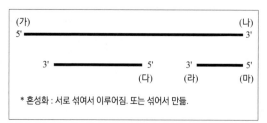

* 혼성화 : 서로 섞여서 이루어짐. 또는 섞여서 만듦.

대장균 DNA 중합 효소에 의해 복제가 시작될 수 있는 부위만을 있는 대로 고르시오.

① (가)   ② (나)   ③ (다)

④ (라)   ⑤ (마)

06 DNA 복제에 대한 설명으로 옳지 <u>않은</u> 것은?

① 세포 주기 중 간기에 일어난다.
② 2중 나선의 두 가닥은 모두 연속적으로 합성된다.
③ DNA 중합 효소에 의해 뉴클레오타이드가 결합한다.
④ 새로 만들어지는 DNA는 항상 5'에서 3' 방향으로 합성된다.
⑤ 주형 가닥이 되는 DNA에 상보적인 염기를 갖는 뉴클레오타이드가 결합한다.

07 어떤 DNA의 염기 조성을 조사한 결과 G(구아닌)의 함량이 30%였다. 이 DNA가 2회 복제되어 만들어진 DNA의 염기를 조사한다면 T(티민)의 함량은 몇 %인가? (단, 전체 DNA가 손상 없이 완전히 복제되었다고 가정한다.)

① 60%　　② 40%　　③ 30%
④ 25%　　⑤ 20%

08 세포 주기가 24시간인 어떤 동물 세포를 ^{15}N배지에서 여러 세대 배양하면서 세포 주기를 G_1기로 일치시켰다. 이 세포들을 ^{14}N배지로 옮겨 72시간 동안 증식시킨 뒤 DNA를 추출하였다. 추출한 DNA의 조성을 바르게 짝지은 것은?

	$^{14}N-^{14}N$	$^{14}N-^{15}N$	$^{15}N-^{15}N$
①	50%	25%	25%
②	25%	75%	0%
③	50%	50%	0%
④	75%	25%	0%
⑤	0%	25%	75%

09 다음은 DNA 복제에 대한 설명을 나타낸 것이다.

> A. 프라이머는 선도 가닥의 합성과 지연 가닥의 합성에 모두 필요하다.
> B. RNA 프라이머에 뉴클레오타이드를 연결하는 효소는 DNA 중합 효소이다.
> C. 지연 가닥이 만들어질 때에는 선도 가닥과는 달리 3' → 5' 방향으로 DNA 합성이 일어난다.
> D. 지연 가닥에서 짧은 DNA 조각(오카자키 절편)이 만들어질 때에는 제한 효소가 필요하다.

위 설명 중 옳은 것만을 있는 대로 고른 것은?

① A, B　　② A, D　　③ B, C
④ B, D　　⑤ A, B, D

10 DNA 복제 과정에 대한 설명 중 옳은 것은 ○표, 옳지 않은 것은 ×표 하시오.

(1) DNA 복제 시 DNA 프라이머가 필요하다.
　　　　　　　　　　　　　　　(　　)
(2) 선도가닥의 합성에는 1개의 프라이머만 사용된다.　　　　　　　　　　(　　)
(3) DNA 중합 효소는 주형 가닥의 5'에서 3'으로 움직인다.　　　　　　　(　　)

B

11 세균에는 없으나 진핵 생물에는 염색체 텔로미어라는 특별한 구조가 필요한 이유는 무엇인가?

① 진핵 생물은 다세포 생물이기 때문이다.
② 진핵 생물의 DNA는 2중 나선이기 때문이다.
③ 진핵 생물은 복수의 염색체를 갖고 있기 때문이다.
④ 진핵 생물은 원형의 염색체를 갖고 있기 때문이다.
⑤ 진핵 생물은 직선형의 염색체를 갖고 있기 때문이다.

12 다음은 DNA가 복제되는 과정을 나타낸 모식도이다.

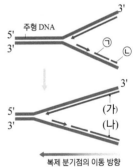

이에 대한 설명으로 옳은 것만을 <보기>에서 있는 대로 고른 것은?

> ─── 〈 보기 〉 ───
> ㄱ. DNA 복제는 ㉠이 ㉡보다 먼저 합성된다.
> ㄴ. (가)의 합성에는 DNA 중합 효소가 필요하며, (나)의 합성에는 DNA 연결 효소와 DNA 중합 효소가 필요하다.
> ㄷ. 새로 합성되는 가닥에서 뉴클레오타이드 결합이 (가)는 복제 분기점 쪽으로 진행되며, (나)는 복제 분기점으로부터 멀어지는 쪽으로 진행된다.

① ㄱ　　　　② ㄴ　　　　③ ㄱ, ㄴ
④ ㄴ, ㄷ　　⑤ ㄱ, ㄴ, ㄷ

13~15 다음 (가) ~ (라)는 DNA 복제 과정을 순서대로 나타낸 것이다.

> (가) DNA 2중 나선이 풀어진다.
> (나) RNA 프라이머가 합성된다.
> (다) 새로운 뉴클레오타이드가 한 개씩 결합한다.
> (라) DNA 복제가 완료된다.

13 (가)와 (나) 단계에서 작용하는 효소를 옳게 짝지은 것은?

	(가)	(나)
①	DNA 중합 효소	프라이메이스
②	DNA 중합 효소	DNA 연결 효소
③	프라이메이스	DNA 중합 효소
④	헬리케이스	프라이메이스
⑤	헬리케이스	DNA 연결 효소

14 (다)와 (라) 단계에서 작용하는 효소를 옳게 짝지은 것은?

	(다)	(라)
①	DNA 연결 효소	프라이메이스
②	DNA 중합 효소	DNA 연결 효소
③	DNA 중합 효소	프라이메이스
④	헬리케이스	DNA 중합 효소
⑤	DNA 연결 효소	헬리케이스

15 (가) ~ (라)에 대한 설명으로 옳은 것만을 <보기>에서 있는 대로 고른 것은?

> ─── 〈 보기 〉 ───
> ㄱ. (다)에서 새로운 뉴클레오타이드는 복제되는 사슬의 5' 말단에 결합한다.
> ㄴ. (나)로 인해 복제가 완료되어 새로 만들어진 DNA에는 RNA 뉴클레오타이드가 포함되어 있다.
> ㄷ. (가)에서 뉴클레오타이드 사이의 당 - 인산 결합이 끊어지면서 DNA 가 두 가닥으로 분리된다.
> ㄹ. (라)에서 새로 만들어진 2중 나선 DNA 2개는 본래의 2중 나선 DNA와 염기 서열 및 방향이 동일하다.

① ㄱ ② ㄹ ③ ㄱ, ㄷ
④ ㄴ, ㄹ ⑤ ㄱ, ㄷ, ㄹ

16~17 ^{15}N 가 들어 있는 배양액에서 대장균을 여러 세대 동안 배양하여 ^{15}N로 표지된 DNA만 갖는 대장균(P)을 얻은 후, ^{14}N가 들어 있는 배양액으로 옮겨서 세 번 분열시킨 세대(G_3)를 얻었다.

16 세 번 분열한 세대의 대장균에서 DNA의 ^{14}N -^{14}N, ^{14}N -^{15}N, ^{15}N -^{15}N의 비율로 옳은 것은?

① ^{14}N -^{14}N : ^{14}N -^{15}N : ^{15}N -^{15}N = 1 : 1 : 0
② ^{14}N -^{14}N : ^{14}N -^{15}N : ^{15}N -^{15}N = 2 : 1 : 0
③ ^{14}N -^{14}N : ^{14}N -^{15}N : ^{15}N -^{15}N = 3 : 1 : 0
④ ^{14}N -^{14}N : ^{14}N -^{15}N : ^{15}N -^{15}N = 1 : 1 : 1
⑤ ^{14}N -^{14}N : ^{14}N -^{15}N : ^{15}N -^{15}N = 2 : 1 : 1

17 G_3세대의 대장균을 2,400개체 얻었다면, 이 중에서 ^{15}N DNA 가닥을 갖는 대장균은 몇 개체인가? (단, 대장균은 1분자의 DNA를 갖고 있다고 가정한다.)

① 400개체 ② 600개체 ③ 1,200개체
④ 1,800개체 ⑤ 2,000개체

18~19 다음은 DNA 2중 나선의 각 가닥의 염기 서열을 나타낸 것이다.

> (가) 가닥 : 3' … A A G A ㉠ G A T C A … 5'
> (나) 가닥 : 5' … ㉡ T A A G C T A G T … 3'
> ← 복제 분기점의 이동 방향

18 (가) 가닥을 주형으로 복제가 되어 만들어진 DNA 가닥의 염기 서열을 말단의 방향과 함께 쓰시오.

(   )

19 위 자료에 대한 설명으로 옳은 것만을 <보기>에서 있는 대로 고른 것은?

> ─── 〈 보기 〉 ───
> ㄱ. (가) 가닥을 주형으로 복제되는 가닥은 지연 가닥이다.
> ㄴ. ㉠과 ㉡에 들어갈 염기 서열은 3' - T T C - 5'으로 같다.
> ㄷ. (나) 가닥을 주형으로 복제될 때 DNA 연결 효소가 필요하다.

① ㄱ ② ㄴ ③ ㄱ, ㄴ
④ ㄴ, ㄷ ⑤ ㄱ, ㄴ, ㄷ

20 다음 중 생체의 노화 현상을 설명한 가설로 가장 거리가 먼 것은?

① 텔로미어의 길이는 노화와 관련이 있다.
② 환경 오염이나 잘못된 식생활 등도 노화의 원인이 된다.
③ 세포 분열을 반복하는 동안 DNA가 손상되거나 잘못 복제되어 일어난다.
④ 체내에서 생성된 활성 산소가 세포를 공격하여 세포막을 파괴하게 되어 노화를 촉진시킨다.
⑤ 활성화된 텔로미어 효소가 염색체의 말단 부위인 텔로미어를 다시 복구시키면서 노화가 촉진된다.

C

21 다음은 80쌍의 염기로 이루어진 어떤 DNA의 복제 과정을 나타낸 것이다. 이 DNA에 있는 염기 G(구아닌)의 수는 30개이다.

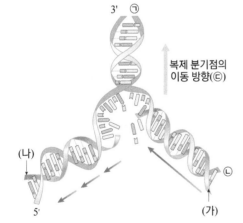

이에 대한 설명으로 옳은 것만을 <보기>에서 있는 대로 고른 것은?

─── 〈 보기 〉 ───
ㄱ. 사슬 (나)의 합성 방향은 ⓒ과 같다.
ㄴ. 사슬 (가)는 사슬 (나)보다 합성 속도가 빠르다.
ㄷ. 이 과정은 세포 주기 S기에 일어나는 과정이다.
ㄹ. 복제 완료 후 사슬 (가)와 사슬 (나)에 있는 염기 A + T의 수는 20개이다.

① ㄱ, ㄴ   ② ㄴ, ㄷ   ③ ㄷ, ㄹ
④ ㄱ, ㄴ, ㄷ   ⑤ ㄴ, ㄷ, ㄹ

22 다음 표는 DNA 복제 원리를 알아보기 위해 ^{15}N 배지에서 여러 세대 배양한 대장균을 ^{14}N 배지로 옮기고, 30분마다 DNA를 추출한 후 원심 분리한 결과를 나타낸 것이다.

DNA양 (%)	0분	30분	60분
(가) $^{15}N - {}^{15}N$ DNA	100	0	0
(나) $^{14}N - {}^{15}N$ DNA	0	100	50
(다) $^{14}N - {}^{14}N$ DNA	0	0	50

이 실험을 바탕으로 120분에 추출한 DNA를 원심 분리하였을 때의 결과를 옳게 예상한 것은?

	(가)	(나)	(다)
①	0%	75%	25%
②	0%	50%	50%
③	25%	25%	50%
④	0%	12.5%	87.5%
⑤	25%	0%	75%

23 DNA 복제에 관여하는 효소의 기능에 대한 설명으로 옳지 않은 것은?

① 프라이메이스 : 5'에서 3' 방향으로 RNA 프라이머를 합성한다.
② DNA 중합 효소 : 상보적인 뉴클레오타이드 간의 수소 결합이 형성되게 한다.
③ 단일 가닥 결합 단백질 : 복제 원점에서부터 풀어진 DNA를 안정화시킨다.
④ DNA 연결 효소 : 짧은 DNA 절편(오카자키 절편)을 지연 가닥의 말단에 연결한다.
⑤ DNA 풀림 효소(헬리케이스) : 복제 원점에서부터 DNA 2중 가닥이 두 가닥으로 풀리게 한다.

24 다음은 DNA 복제 원리를 알아보기 위한 실험을 나타낸 것이다.

A. ^{32}S이 포함된 배지에서 배양한 후 ^{35}S를 포함한 배지로 옮겨 대장균을 1세대 더 배양하였다.
B. 대장균을 분리하여 ^{14}N를 포함한 배지에서 배양한 후 ^{15}N을 포함한 배지로 옮긴 후 1세대 더 배양하였다.
C. 대장균에서 DNA를 추출한 후 원심 분리하였다.
D. 원심 분리한 시험관에서 무게에 따라 나타나는 DNA 띠를 관찰하였다.

시험관 D에서 몇 개의 DNA 띠를 관찰할 수 있는가?

① 1개   ② 2개   ③ 3개
④ 4개   ⑤ 5개

25 그림은 DNA의 복제 중에 나타나는 복제 기포를 모식적으로 나타낸 것이다.

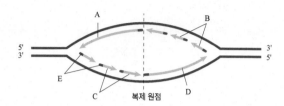

이에 대한 설명으로 옳은 것만을 <보기>에서 있는 대로 고른 것은?

— 〈 보기 〉 —
ㄱ. 복제 원점으로부터 양쪽으로 복제가 진행된다.
ㄴ. A와 B는 선도 가닥, C와 D는 지연 가닥이다.
ㄷ. E는 DNA 중합 효소가 인산을 첨가할 수 있도록 해준다.

① ㄱ   ② ㄴ   ③ ㄱ, ㄴ
④ ㄱ, ㄷ   ⑤ ㄱ, ㄴ, ㄷ

26 다음 표는 DNA X가 복제되는 과정을 나타낸 것이다. DNA X'는 X가 50% 복제되었을 때의 모습이고 표는 DNA X'에 대한 설명이다.

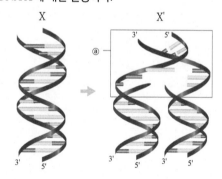

〈DNA X'〉
ⅰ. 새로 합성된 DNA 가닥의 A+T의 함량은 30%이다.
ⅱ. 복제되지 않은 부분 ⓐ의 G+C의 함량은 25%이다.
ⅲ. X'를 구성하는 뉴클레오타이드의 개수는 1200개이다.

이에 대한 설명으로 옳은 것만을 <보기>에서 있는 대로 고른 것은?

— 〈 보기 〉 —
ㄱ. X에서 염기 G의 개수는 190개이다.
ㄴ. X에서 염기 사이의 수소 결합의 총 개수는 1980개이다.
ㄷ. X의 뉴클레오타이드의 총 개수는 800개이다.

① ㄱ   ② ㄱ, ㄴ   ③ ㄱ, ㄷ
④ ㄴ, ㄷ   ⑤ ㄱ, ㄴ, ㄷ

27 그림은 DNA의 복제 과정을 나타낸 것이다. 단, A, B, C는 각각 DNA의 복제에 관여하는 효소이다.

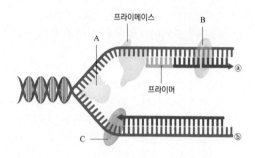

이에 대한 설명으로 옳은 것만을 <보기>에서 있는 대로 고른 것은?

— 〈 보기 〉 —
ㄱ. A는 당-염기의 공유 결합을 끊어서 이중 가닥을 분리한다.
ㄴ. B와 C는 뉴클레오타이드 간의 당-인산의 공유결합을 촉매한다.
ㄷ. ⓐ는 5'말단 방향이고, ⓑ는 3' 말단 방향이다.

① ㄱ   ② ㄴ   ③ ㄱ, ㄴ
④ ㄴ, ㄷ   ⑤ ㄱ, ㄴ, ㄷ

28 그림은 DNA 한 가닥에서 복제되어 새로 생기는 DNA 조각을 나타낸 것이다.

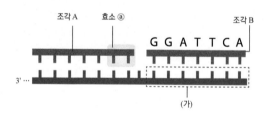

이에 대한 설명으로 옳은 것만을 <보기>에서 있는 대로 고른 것은?

— 〈 보기 〉 —
ㄱ. 조각 A는 조각 B보다 나중에 합성되었다.
ㄴ. 효소 ⓐ는 조각 A와 B를 연결시켜준다.
ㄷ. (가) 부분에는 퓨린 계열 염기 수가 피리미딘 계열 염기 수보다 많다.

① ㄱ   ② ㄴ   ③ ㄱ, ㄷ
④ ㄴ, ㄷ   ⑤ ㄱ, ㄴ, ㄷ

29 다음은 DNA 복제 원리를 알아본 실험이다.

(가) 대장균을 ^{14}N가 들어 있는 배지에서 배양하였다.
(나) 이 대장균을 ^{15}N가 들어 있는 배지로 옮겨 2번 배양하여 2세대까지 얻었다.
(다) (가)와 (나) 과정에서 얻은 각 세대의 DNA를 추출하여 원심 분리한 후, 무게에 따라 DNA양을 분석하여 다음과 같은 결과를 얻었다.

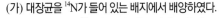

(나)의 대장균 2세대의 DNA양을 분석한 결과로 적절한 것은?

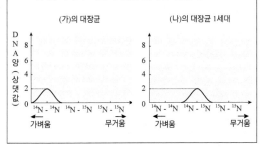

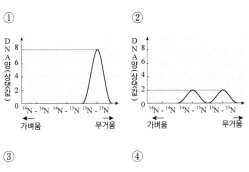

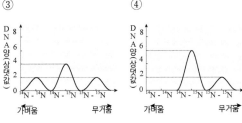

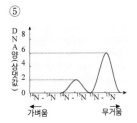

30 다음은 DNA 복제에 대한 실험을 나타낸 것이다.

＜실험 과정＞
A. 대장균을 ^{15}N가 들어 있는 배지에서 배양하여 모든 DNA가 ^{15}N로 표지되도록 한다.
B. A에서 배양한 대장균(G_0)의 일부를 ^{14}N가 들어 있는 배지로 옮겨 배양하여 1세대 대장균(G_1)과 2세대 대장균(G_2)을 얻는다.
C. B의 G_2를 다시 ^{15}N가 들어 있는 배지로 옮겨 배양하여 3세대 대장균(G_3)과 4세대 대장균(G_4)을 얻는다.
D. G_0 ~ G_4의 DNA를 추출하고 각각 원심 분리하여 상층, 중층, 하층에 존재하는 2중 나선 DNA의 상대량을 확인한다.

＜실험 결과＞
· G_0의 DNA를 원심 분리한 결과는 그림과 같았다.

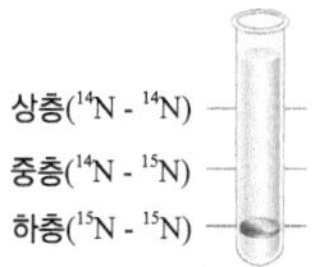

상층(^{14}N - ^{14}N)
중층(^{14}N - ^{15}N)
하층(^{15}N - ^{15}N)

· D에서 ⓒ층에는 DNA가 없고, ⓛ층과 ㉠층의 DNA 상대량의 비가 5 : 3으로 나타나는 세대가 있었다. (㉠ ~ ⓒ층은 각각 상층, 중층, 하층 중 하나이다.)

이에 대한 설명으로 옳은 것만을 ＜보기＞에서 있는 대로 고른 것은?
[평가원 모의고사 유형]

── ＜ 보기 ＞ ──

ㄱ. G_0에서 ^{15}N는 DNA의 구성 성분 중 5탄당에 존재한다.
ㄴ. ㉠층 2중 나선 DNA 중 한 가닥에는 반드시 ^{15}N가 존재한다.
ㄷ. D에서 ⓒ층에는 DNA가 없고, ㉠층과 ⓛ층의 DNA 상대량의 비가 1 : 1로 나타나는 세대가 있다.

① ㄱ   ② ㄴ   ③ ㄱ, ㄷ
④ ㄴ, ㄷ   ⑤ ㄱ, ㄴ, ㄷ

31 DNA 복제가 일어날 때 지연 가닥이 생기는 이유를 서술하시오.

32 텔로미어의 선형 복제 시 텔로미어가 짧아지는 이유에 대해 서술하시오.

3강 유전자 발현 1

1. 유전자와 형질 발현   2. 유전 정보의 중심 원리   3. 전사 – RNA 합성

1. 유전자와 형질 발현

(1) 유전자와 단백질 : 유전자[미니]는 특정 단백질이 합성되도록 하며, 합성된 단백질에 의해 생물의 형질[미니]이 나타난다. ⇒ 생물의 형질은 유전자에 의해서 결정된다.

(2) 형질 발현 : 유전자로부터 형질이 나타나기까지의 과정이다.

· 유전자에 의해 단백질이 만들어지며, 이 단백질은 특정 기능을 수행하는 일련의 과정(단백질 합성 등)을 거쳐야만 생물의 형질이 나타나게 된다.

(3) 1유전자 1효소설 : 하나의 유전자는 하나의 효소[1]를 합성하는 데 관여하며, 이 효소의 작용으로 형질이 발현된다. ⇒ 유전자가 단백질 합성에 관여한다. 예 비들과 테이텀의 붉은빵곰팡이 실험 (각 유전자가 합성한 효소에 의해 오르니틴이 합성되지 않으면 시트룰린이 합성되지 않고, 시트룰린이 합성되지 않으면 생장에 필수적인 아르지닌이 합성되지 않는다.)

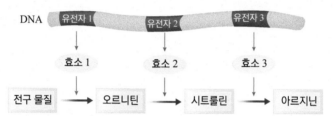

▲ 아르지닌 합성에 관여하는 유전자와 효소[2] 아르지닌은 붉은빵곰팡이의 생장에 꼭 필요한 아미노산이며 전구 물질[미니]→오르니틴→ 시트룰린→ 아르지닌 순으로 합성된다.

(4) 1유전자 1효소설의 발전

① **1유전자 1단백질설** : 유전자가 효소 외에 머리카락을 구성하는 케라틴, 호르몬인 인슐린과 같은 단백질을 만드는 데에도 적용될 수 있다는 생각으로 확대되었다. ⇒ 1유전자 1효소설은 하나의 유전자가 하나의 단백질을 지정한다는 1유전자 1단백질설로 수정되었다.

② **1유전자 1폴리펩타이드설** : 적혈구 속 헤모글로빈[3]은 α 사슬 2개와 β 사슬 2개로 구성되어 있고, α 사슬과 β 사슬은 각각 다른 유전자에 의해 합성된다는 것이 밝혀졌다. 이는 2개의 유전자가 2종류의 폴리펩타이드[미니](4개)를 형성하도록 하는 것이다. ⇒ 1유전자 1단백질설은 1유전자 1폴리펩타이드설로 수정되었다.

③ **1유전자 1폴리펩타이드설 수정** : 현재는 1유전자 1폴리펩타이드설과도 맞지 않는 현상이 발견되고 있다. 예 DNA의 유전자 하나로부터 유전 정보가 전달되는 과정에서 밀접하게 관련된 몇 개의 폴리펩타이드를 형성하도록 가공되기도 한다.

> 1유전자 1효소설 ⇒ 1유전자 1단백질설 ⇒ 1유전자 1폴리펩타이드설 ⇒ …

⇒ 유전자가 단백질의 생산을 결정한다는 점은 분명하며, 이러한 사실은 유전자가 단백질의 합성을 통해 생명체의 형질을 결정한다는 것을 의미한다. 즉, 유전자의 산물은 단백질이다.

개념확인 1

유전자로부터 형질이 나타나기까지의 과정을 무엇이라 하는가?   (   )

확인 + 1

다음은 1유전자 1효소설의 발전을 순서대로 나타낸 것이다. 빈칸에 알맞은 가설을 쓰시오.

1유전자 1효소설 → (   ) → 1유전자 1폴리펩타이드설

---

① 유전자와 효소의 관련성

DNA가 유전 물질이라는 것이 밝혀지기 전 영국의 의사 개롯은 알캡톤뇨증과 같은 선천성 대사 이상에 의한 질환은 생화학적 반응에 필요한 특정 효소가 결핍되어 생긴다는 관찰로부터 유전자는 효소와 밀접한 관련이 있다고 주장하였다.

② 오르니틴, 시트룰린, 아르지닌

● 오르니틴과 시트룰린 : 아르지닌을 합성할 때의 중간체 아미노산이다.
● 아르지닌 : 요소 합성(오르니틴 회로)과 같은 생체 내의 대사 경로의 구성 성분으로서 단백질을 구성하는 아미노산 중 하나로 생물의 생장에 필요한 아미노산이다.
붉은빵 곰팡이 실험에서 전구 물질→오르니틴→시트룰린 →아르지닌 순으로 합성된다.

③ 헤모글로빈의 구조

헤모글로빈(hemoglobin)은 적혈구 내의 철을 포함하는 붉은색 단백질로 산소를 운반하는 역할을 한다.

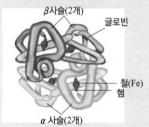

β 사슬(2개)
글로빈
철(Fe)
헴
α 사슬(2개)

미니사전

유전자 [遺 남기다 傳 전하다 子 아들] : 생물체의 개개의 유전 형질을 발현시키는 원인이 되는 인자이다.

형질 [形 형상 質 바탕] : 동식물의 눈동자 색깔, 피부색, 혈액형, 크기, 모양, 성질 따위를 나타내는 고유한 특성이다.

폴리펩타이드(polypeptide) 여러 개의 아미노산이 펩타이드 결합에 의해 길게 연결된 화합물로서 단백질은 1개 또는 여러 개의 폴리펩타이드로 구성된다.(분자량이 작은 단백질을 가리킨다.)

전구 물질 [前 앞 驅 몰다] : 생체 내에서 생성되는 어떤 대사 산물이 생성되기 이전 상태의 물질이다.(=선구물질)

---

2. 유전 정보의 중심 원리

(1) 유전 정보 : DNA[1]의 유전 정보에 따라 단백질이 합성된다는 것은 DNA의 유전 암호에 특정 단백질을 합성하기 위한 정보가 들어 있다는 것이다.

① 단백질은 아미노산으로 구성되어 있으며, 아미노산의 종류와 배열에 의해 고유한 입체 구조와 기능을 나타낸다.

② **DNA의 유전 암호** : 특정 단백질을 합성하기 위해 어떤 순서로 아미노산들이 결합할 것인지를 결정하는 정보이다.

(2) 유전 정보의 중심 원리[2](central dogma)

① 1958년 크릭은 DNA의 유전 정보는 또 다른 핵산인 RNA에 전달되고, 이 RNA가 단백질 합성에 관여한다는 유전 정보의 중심 원리를 발표하였다.[3]

· DNA의 유전 정보는 스스로 복제되거나 또 다른 핵산 분자인 RNA로 상보적으로 전달된다.

· RNA는 핵에서 세포질로 이동하여 최종적으로 세포질에서 단백질 합성을 위한 주형으로 쓰여 궁극적으로 아미노산 서열을 결정한다.

$$\text{DNA} \xrightarrow{\text{전사}} \text{RNA} \xrightarrow{\text{번역}} \text{단백질}$$

② **전사** : DNA의 유전 정보가 RNA로 전달되는 과정으로 핵 속에서 일어난다.
   · 단백질 합성에 관한 유전 정보를 담고 있는 RNA를 mRNA(messenger RNA)라고 한다.

③ **번역** : mRNA의 유전 정보에 따라 단백질이 합성되는 과정으로 세포질의 리보솜에서 일어난다.

④ **진핵 세포** : DNA가 핵 속에 있으므로 전사는 핵 속에서 일어나며, 번역은 세포질에서 일어난다.
   ⇒ RNA의 합성은 핵 속에서, 단백질의 합성은 세포질에서 일어난다.

⑤ **원핵 세포** : 핵막이 존재하지 않아 유전 물질인 DNA가 세포질에 존재하기 때문에 전사와 번역 모두 세포질에서 동시에 일어난다.

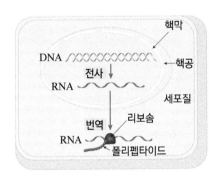

▲ 진핵 세포에서의 central dogma

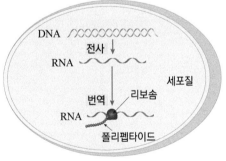

▲ 원핵 세포의 central dogma

> **① DNA가 직접 단백질 합성에 관여하지 않음으로써 얻는 이점**
>
> 유전 정보를 mRNA에 전달하여 단백질 합성을 지시하기 때문에 핵 밖으로 이동하지 않아도 된다. 따라서, 핵 속에 존재하는 유전 정보를 보호할 수 있다.

> **② 유전 정보의 중심 원리**
>
>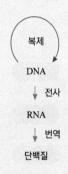
>
> ▲ 유전 정보는 'DNA → RNA → 단백질' 순서로 전달된다는 학설이다.

> **③ 역전사 : 유전 정보의 중심 원리 예외**
>
> AIDS를 유발하는 HIV(사람 면역 결핍 바이러스)와 같이 RNA를 유전 물질로 갖는 일부 바이러스는 RNA로부터 DNA를 합성한다. 이와 같은 작용은 전사와 반대로 일어나므로 역전사라고 한다.

정답 및 해설 **16** 쪽

개념확인 2

진핵 세포의 DNA는 (핵 안 , 세포질)에 존재하고, 단백질 합성은 (핵 안 , 세포질)에서 일어난다.

확인 + 2

mRNA의 유전 정보에 따라 단백질이 합성되는 과정을 (전사 , 번역)이라 한다.

● 전사의 장점
● RNA를 중간 물질로 활용하므로 유전자 발현을 용이하게 조절할 수 있다.
（예） 하나의 유전자로부터 여러 가닥의 RNA를 생성하여 단기간에 충분한 양의 단백질을 생성할 수 있다.
● 유전 정보를 담고 있는 DNA가 직접 단백질을 생성하면 반응성이 큰 아미노산 등에 의해 유전 정보가 손상될 수 있으나 전사 단계를 거치므로써 유전 정보를 보호할 수 있다.

② 합성되는 RNA 염기 서열
합성되는 RNA 가닥의 염기 서열은 주형 DNA 가닥의 염기 서열과 상보적이며, 방향은 반대이다.

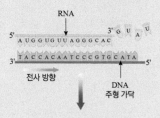

3. 전사 - RNA 합성

(1) 전사 : DNA를 주형으로 RNA가 만들어지는 유전자 발현의 첫 단계로 DNA의 유전 정보가 RNA로 전달되는 것이다.

(2) 전사 과정①

⑴ **개시**

① RNA 중합 효소[미니]가 DNA의 특정 부위인 **프로모터**[미니]에 결합한 다음 DNA의 상보적 염기 사이의 수소 결합을 끊어 DNA 2중 나선이 부분적으로 풀어진다.

② RNA 중합 효소가 한 주기 정도의 DNA 나선을 풀어 두 가닥이 분리되도록 하여 염기가 드러나면 여기서부터 전사가 시작된다.

⑵ **신장**

① RNA 중합 효소에 의해 두 가닥의 DNA 사슬 중 한 가닥을 주형으로 하여 이에 상보적인 염기를 가진 리보뉴클레오타이드(RNA 뉴클레오타이드)가 차례로 결합하면서 RNA 가닥이 만들어진다.

② RNA 중합 효소는 3' -OH에만 새로운 뉴클레오타이드의 인산을 결합시키므로 RNA 합성은 5' → 3' 방향으로 일어난다.

③ 리보뉴클레오타이드를 구성하는 염기는 A(아데닌), G(구아닌), C(사이토신), U(유라실)이므로(타이민 대신 유라실 존재) A(아데닌)은 U(유라실)과 결합한다.

④ 전사가 끝난 부분의 DNA는 다시 꼬여서 본래의 DNA 2중 나선을 형성한다.

⑶ **종결**

① 주형 DNA 사슬을 따라 이동하면서 RNA를 합성하던 RNA 중합 효소는 DNA 주형 사슬 내의 특별한 염기 부분인 종결 신호에 도달하면 더 이상 RNA를 합성하지 못하고 DNA로부터 떨어져 나온다.

② 새로 만들어진 RNA 가닥도 주형 DNA로부터 떨어져 나온다.

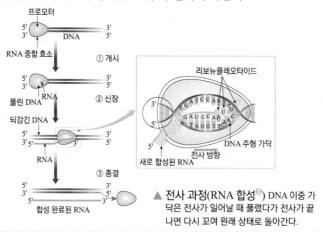

▲ 전사 과정(RNA 합성②) DNA 이중 가닥은 전사가 일어날 때 풀렸다가 전사가 끝나면 다시 꼬여 원래 상태로 돌아간다.

개념확인 3

전사 과정은 '개시 → (   ) → 종결' 의 순서로 일어난다.

확인 + 3

리보뉴클레오타이드를 구성하는 염기 중 하나는 DNA를 구성하는 염기 중 하나인 (타이민 , 유라실) 대신 (타이민 , 유라실)이므로 아데닌은 (타이민 , 유라실)과 결합한다.

미니사전

프로모터 (promoter) : DNA에 존재하는 특수한 염기 서열로서 RNA 중합 효소가 결합하여 전사가 시작되는 곳이다.

RNA 중합효소 (RNA polymerase) : DNA 2중 가닥 중 한 가닥만을 주형으로 상보적인 염기를 가지는 리보뉴클레오타이드를 한 개씩 순서 대로 결합시켜 RNA 가닥을 만드는 효소이다.

(3) DNA 복제와 전사의 비교

구분	DNA 복제	전사
염기	T(타이민) 이용	U(유라실) 이용
주형 가닥	DNA 2중 가닥 모두 주형으로 작용	DNA 2중 가닥 중 한 가닥만 주형으로 작용
프라이머	필요	불필요
중합 효소	DNA 중합 효소	RNA 중합 효소
특징	· 반보존적 복제 : 새롭게 만들어진 DNA 가닥과 주형 DNA 가닥이 2중 나선을 이룬다.	· 전사가 진행되는 부분의 DNA만 풀려 RNA가 합성된다. · 전사가 끝난 DNA 가닥은 다시 2중 나선을 형성한다. · 새롭게 합성된 RNA는 단일 가닥으로 남는다.

(4) RNA의 종류와 기능[3] : RNA에는 전령 RNA(messenger RNA, mRNA), 리보솜 RNA(ribosomal RNA, rRNA), 운반 RNA(transfer RNA, tRNA), 소형 RNA 등이 있다. mRNA, rRNA, tRNA는 단백질 합성에 관여하며, 소형 RNA는 DNA 또는 mRNA에 결합하여 전사 또는 번역을 억제함으로써 유전자 형질 발현 조절에 관여한다.

① **mRNA** : 단백질 합성에 필요한 DNA의 유전 정보를 전달하는 RNA로, 세 개의 염기가 조합(코돈 ; codon)[미니]을 이루어 하나의 아미노산을 암호화한다.

② **rRNA** : 여러 단백질과 함께 리보솜을 구성(두 종류의 단위체로 구성 → 각각 다른 종류의 rRNA와 리보솜 단백질)하는 RNA로, 단백질 합성 시 mRNA의 코돈과 tRNA의 안티코돈[미니]을 결합(염기와 상보적으로 결합)시키는 역할을 한다.

③ **tRNA** : 단백질 합성 시 아미노산을 mRNA-리보솜 복합체에 전달해 주는 역할을 하는 RNA로 비교적 작은 분자이며, 한 종류의 tRNA는 특정 아미노산만 운반한다.

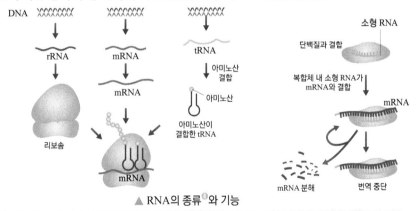

▲ RNA의 종류[4]와 기능

정답 및 해설 16 쪽

개념확인 4

전사는 DNA 2중 가닥 중 (한 가닥, 두 가닥)을 주형으로 작용한다.

확인 + 4

단백질 합성에 관여하는 RNA의 종류에는 mRNA, (   ), tRNA가 있다.

---

[3] 전사 후 RNA의 가공

● 진핵 세포에서는 처음 만들어진 RNA는 단백질을 암호화하지 않는 부분(인트론)도 포함하기 때문에 바로 단백질 합성에 이용할 수 없다.

● 따라서 전사 후 RNA는 핵을 빠져나오기 전에 단백질을 암호화하지 않는 부위가 제거되고 암호화하는 부위(엑손)끼리 연결되어 연속적으로 암호화된 서열을 가지는 성숙한 mRNA가 된다. 따라서 성숙한 mRNA는 처음 만들어진 RNA보다 길이가 짧다.

● 세균 등 원핵 세포의 RNA에는 비암호화 부위가 존재하지 않아 RNA 가공이 필요하지 않고, 전사와 번역이 세포질에서 동시에 일어난다.

[4] RNA의 종류

RNA에는 mRNA, rRNA, tRNA 3종류만 있는 것으로 알려졌으나 이 외에 다양한 소형 RNA가 있다.

● 최근 22개 정도의 뉴클레오타이드로 이루어진 siRNA(small interfering RNA ; 짧은 간섭 RNA), miRNA(micro RNA ; 마이크로 RNA)와 같은 소형 RNA의 존재가 밝혀졌다.

● 소형 RNA는 DNA 또는 mRNA에 결합하여 전사 또는 번역을 억제함으로써 유전자 발현 조절에 매우 중요한 역할을 하는 것으로 밝혀지고 있다.

따라서, 단백질을 암호화하는 것으로서의 유전자를 정의하는 것을 수정해야 한다는 의견이 제시되고 있다. 실제로 인간 유전체를 구성하는 약 30억 쌍의 염기 중 단 1.5%만이 단백질을 암호화하고 있으며 나머지 부분 중 극히 일부는 rRNA, tRNA, 소형 RNA로 전사되고 있다.

미니사전

코돈(codon) : 3개의 염기로 이루어진 mRNA의 유전 암호이다.

안티 코돈(anticodon) : mRNA의 특정 코돈을 인식하여 상보적으로 결합하는 tRNA의 염기 조합(3개)이다.

(탐구) 비들과 데이텀의 붉은빵곰팡이 실험 – 1유전자 1효소설

(1) 실험 과정

① 야생종 붉은빵곰팡이❶의 포자에 X선 또는 자외선을 쪼여 돌연변이주❷를 얻었다.
② 최소 배지❸에 오르니틴, 시트룰린, 아르지닌 중 한 가지를 각각 넣어주고 야생종❹과 돌연변이주 Ⅰ~Ⅲ형의 생장을 관찰하였다.

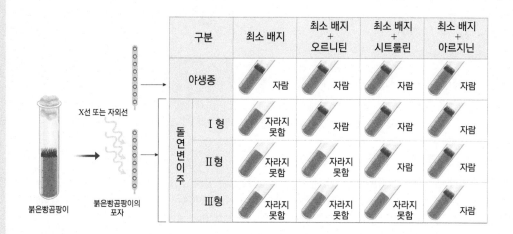

구분		최소 배지	최소 배지 + 오르니틴	최소 배지 + 시트룰린	최소 배지 + 아르지닌
	야생종	자람	자람	자람	자람
돌연변이주	Ⅰ형	자라지 못함	자람	자람	자람
	Ⅱ형	자라지 못함	자라지 못함	자람	자람
	Ⅲ형	자라지 못함	자라지 못함	자라지 못함	자람

붉은빵곰팡이 / X선 또는 자외선 / 붉은빵곰팡이의 포자

(2) 실험 결과 및 해석

① 야생종은 최소 배지, 최소 배지에 오르니틴, 시트룰린, 아르지닌이 각각 첨가된 배지에서 자랐다.
② 돌연변이주 Ⅰ형은 최소 배지에서는 자라지 못했으나, 최소 배지에 오르니틴, 시트룰린, 아르지닌이 각각 첨가된 배지에서는 자랐다.
　➡ 선구 물질로부터 오르니틴을 합성하지 못하는 것으로 보아 오르니틴의 합성에 관여하는 (효소 1)을 만들지 못한다.
③ 돌연변이주 Ⅱ형은 최소 배지에 시트룰린, 아르지닌이 첨가된 배지에서만 각각 자랐다.
　➡ 오르니틴으로부터 시트룰린을 합성하지 못하는 것으로 보아 시트룰린의 합성에 관여하는 (효소 2)를 만들지 못한다.
④ 돌연변이주 Ⅲ형은 최소 배지에 아르지닌이 첨가된 배지에서만 자랐다.
　➡ 시트룰린으로부터 아르지닌을 합성하지 못하는 것으로 보아 아르지닌의 합성에 관여하는 (효소3)을 만들지 못한다.

▶ 탐구 확인 문제

① 비들과 데이텀은 실험에서 (　　　　　) 돌연변이를 일으키기 위해 붉은빵곰팡이에 X선 또는 자외선을 쪼여 주었다.

② 붉은빵곰팡이가 살아가는데 (　　　　　) 은 꼭 필요한 물질 중 하나이다.

③ 붉은빵곰팡이의 아르지닌 합성 경로는 선구 물질 → (　　　　　) → (　　　　　) → 아르지닌이다.

④ 붉은빵곰팡이의 돌연변이주 Ⅲ형은 (　　　　　)을 (　　　　　)으로 전환하는 데 관여하는 효소와 관련된 (　　　　　)에 이상이 있다.

---

❶ 붉은빵곰팡이

자낭균류에 속하는 곰팡이의 일종으로 돌연변이가 일어나면 당대에서 바로 형질이 나타나므로 돌연변이와 형질 발현의 관계를 쉽게 알 수 있다.

❷ 돌연변이주

특정 물질을 최소 배지에 넣어주어야만 생장할 수 있는 돌연 변이 개체로 영양 요구주라고도 한다.
(예)로 아르지닌 요구주 : 배지에 반드시 아르지닌이 있어야 정상적으로 생장한다.
Ⅰ형은 오르니틴 요구주, Ⅱ형은 시트룰린 요구주, Ⅲ형은 아르지닌 요구주이다.

❸ 최소 배지

생물이 살아가는 데 필요한 최소한의 영양 물질이 들어있는 배지로 당, 무기 염류, 비타민이 포함되어 있다.

❹ 야생종

자연 상태에서 자란 종으로, 돌연변이가 일어나지 않은 것이다.

(3) 탐구 과정 능력

① 붉은빵 곰팡이를 재료로 사용한 이유 : 돌연변이가 일어나면 바로 표현형으로 발현되는 특성이 있어 형질과 돌연변이와의 관계를 쉽게 알 수 있다.
② 붉은빵곰팡이의 생장에 반드시 필요한 물질 : 아르지닌 ➡ 각 돌연변이주가 아르지닌을 첨가한 배지에서는 잘 자랐기 때문이다.
③ 돌연변이주의 물질대사에 결함이 나타나는 이유 : 돌연변이에 의해 유전자에 이상이 생기면 물질대사에 필요한 효소를 정상적으로 합성하지 못하기 때문이다.
④ 붉은빵곰팡이에서 아르지닌이 합성되는 순서 및 효소와 유전자와의 관계

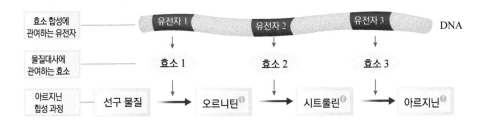

(4) 결론

붉은빵곰팡이의 돌연변이주는 유전자에 이상이 발생하여 특정 효소를 만들지 못하는 표현형을 나타내었다. ➡ 하나의 특정 유전자가 하나의 특정 효소를 합성한다. (1유전자 1효소설)

〈응용 문제〉

다음 표는 야생형 붉은빵곰팡이의 포자에 X선을 쬐어 3종류의 영양 요구성 돌연변이를 얻은 후 최소 배지에 물질 A, B, C를 각각 첨가하여 배양한 결과를 나타낸 것이다. (+는 생장함이고, -는 생장하지 못함이다.) 이에 대한 설명으로 옳은 것만을 〈보기〉에서 있는 대로 고르시오.

첨가 물질		A	B	C
돌연변이주	Ⅰ형	+	+	+
	Ⅱ형	-	+	-
	Ⅲ형	+	+	-

〈 보기 〉
ㄱ. 물질이 합성되는 과정은 C→A→B이다.
ㄴ. 붉은빵곰팡이의 생장에 반드시 필요한 물질은 B이다.
ㄷ. 돌연변이주 Ⅰ형은 물질 C를 A로 합성하는데 필요한 효소를 만들지 못한다.

⑤ 붉은빵곰팡이의 돌연변이주 Ⅱ형은 (   )을 (   )으로 전환하는 데 관여하는 효소와 관련된 유전자에 이상이 있다.

⑥ 붉은빵곰팡이의 돌연변이주 Ⅰ형은 (   )의 합성에 관여하는 효소와 관련된 유전자에 이상이 있다.

⑦ (   )에 의하면 하나의 특정 유전자는 하나의 특정 효소 합성에 관여한다.

⑤ 오르니틴
염기성 아미노산으로서 식물, 동물, 미생물 중에서 널리 발견되는 성분이다. 단백질을 구성하는 아미노산은 아니다.

⑥ 시트룰린
오르니틴 회로에서 오르니틴과 다른 화합물로부터 만들어지는 아미노산이다. 아르지닌을 합성할 때의 중간체 아미노산이다.

⑦ 아르지닌
요소 합성(오르니틴회로)과 같은 생체 내의 대사 경로의 구성 성분으로서 단백질을 구성하는 아미노산 중 하나로 생물의 생장에 필요한 아미노산이다.

[응용 문제 해설] 물질이 만들어지는 순서는 선구 물질→C→A→B이다.
따라서 붉은빵곰팡이의 생장에 꼭 필요한 물질은 B이다.
돌연변이주 Ⅰ형은 모든 배지에서 생장했으므로 C의 합성에 관여하는 효소를 만들지 못한다.
돌연변이주 Ⅲ형은 A, B를 첨가한 배지에서만 생장했으므로 A의 합성에 관여하는 효소를 만들지 못한다.
돌연변이주 Ⅱ형은 B를 첨가한 배지에서만 생장했으므로 B의 합성에 관여하는 효소를 만들지 못한다.
[정답] ㄱ, ㄴ

[탐구 확인 문제 정답]
① 영양 요구성
② 아르지닌
③ 오르니틴, 시트룰린
④ 시트룰린, 아르지닌, 유전자
⑤ 오르니틴, 시트룰린
⑥ 오르니틴
⑦ 1유전자 1효소설

01 유전자와 형질 발현에 대한 설명으로 옳지 않은 것은?

① 유전자는 단백질 합성에 관여한다.
② 합성된 단백질에 의해 생물의 형질 발현이 된다.
③ 하나의 유전자는 오직 하나의 폴리펩타이드 생성에만 관여한다.
④ 비들과 테이텀은 붉은빵곰팡이를 이용한 실험을 통해 유전자와 효소의 관계를 밝혔다.
⑤ 하나의 유전자가 머리카락을 구성하는 케라틴을 만드는 데 관여한다는 것은 1유전자 1 단백질설을 뒷받침해준다.

02 다음은 1유전자 1효소설의 발전에 대한 순서를 나타낸 것이다. 괄호 안에 알맞은 것을 골라 차례대로 쓰시오.

> 1유전자 1효소설 → 1유전자 (㉠ 1단백질설 , ㉡ 1폴리펩타이드설) → 1유전자
> (㉠ 1단백질설 , ㉡ 1폴리펩타이드설)

(   )

03 유전 정보가 DNA에서 RNA로, RNA에서 단백질로 전달되어 발현되는 흐름을 무엇이라 하는가?

(   )

04 다음은 유전 정보의 이동에 대한 설명이다. 괄호 안에 알맞은 것을 골라 차례대로 쓰시오.

> DNA에 들어 있는 유전 정보는 (① 전사 , ② 번역)(을)를 통해 mRNA로 전달되고,
> mRNA의 유전 정보는 (③ 전사 , ④ 번역)(을)를 통해 단백질로 합성된다.

(   )

05 특정 방사성 동위 원소로 표지한 아미노산을 세포에 공급하여 추적함으로써 단백질 합성이 세포질의 리보솜에서 일어난다는 것을 발견하였다. 이때 아미노산에 표지 가능한 동위 원소가 <u>아닌</u> 것은?

① ^{35}S ② ^{14}C ③ ^{15}N ④ ^{32}P ⑤ ^3H

06 유전 정보의 중심 원리에 대한 설명으로 것은 ○표, 옳지 않은 것은 ×표 하시오.

(1) DNA의 유전 정보가 mRNA로 전달되는 과정은 번역이라 한다.   (   )

(2) mRNA의 유전 정보에 따라 단백질이 합성되는 과정은 전사라고 한다.   (   )

(3) 원핵 세포는 전사와 번역이 모두 세포질에서 일어나며, 진핵 세포는 각각 핵과 세포질에서 일어난다.

(   )

07 다음은 전사 과정에 대한 설명이다. 괄호 안에 알맞은 것을 골라 차례대로 쓰시오.

> · RNA 중합 효소가 DNA에 존재하는 프로모터에 결합한 다음 DNA 2중 나선이 부분적으로 풀리는 과정을 (① 신장 ② 개시 ③ 종결)(이)라 한다.
> · 주형 DNA에 RNA 뉴클레오타이드가 차례로 결합하여 RNA 가닥이 만들어지는 것을 (① 신장 ② 개시 ③ 종결)(이)라 한다.
> · RNA 중합 효소가 DNA 주형 사슬 내에 존재하는 특정 염기 부분에 도달하면 더 이상 RNA를 합성하지 못하고 RNA 가닥이 주형 DNA로부터 떨어져 나오는 것을 (① 신장 ② 개시 ③ 종결)(이)라 한다.

(   )

08 다음 RNA 종류와 기능에 대한 설명 중 옳은 것은 ○표, 옳지 않은 것은 ×표 하시오.

(1) 여러 단백질과 함께 리보솜을 구성하는 RNA는 rRNA이다.   (   )

(2) DNA의 유전 정보를 전달하는 역할을 하는 RNA는 mRNA이다.   (   )

(3) 단백질 합성 시 단백질을 운반해 주는 역할을 하는 RNA는 tRNA이다.   (   )

유형 3-1 유전자와 형질 발현

다음 그림은 붉은빵곰팡이의 아르지닌 합성에 관여하는 효소와 유전자의 관계를 나타낸 것이다. 이에 대한 설명으로 옳은 것은 ○표, 옳지 않은 것은 ×표 하시오. (단, 전구 물질은 최소 배지에 있는 물질이다.)

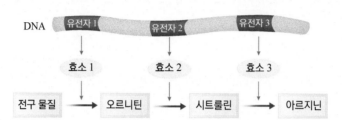

(1) 효소 1이 결핍되더라도 최소 배지에서 생장할 수 있다. ( )

(2) 효소 2가 결핍되면 오르니틴이 축적된다. ( )

(3) 유전자 1, 2, 3 중 한 가지에 돌연변이가 일어나 효소가 만들어지지 않으면 최소 배지에서 붉은빵곰팡이가 생장할 수 없다. ( )

(4) 붉은빵곰팡이의 생장에는 반드시 아르지닌이 필요한 것은 아니다. ( )

(5) 1유전자 1단백질설을 나타낸 것이다. ( )

01 하나의 유전자는 하나의 효소를 합성하여 이 효소의 작용으로 인해 생물의 형질이 나타나게 된다는 가설은 무엇이라 하는가?

( )

02 다음은 1유전자 1효소설의 발전에 대한 설명이다. 옳은 것은 ○표, 옳지 않은 것은 ×표 하시오.

(1) 호르몬인 인슐린을 만드는 데에 유전자가 적용될 수 있다는 것은 1유전자 1폴리펩타이드설을 나타내는 것이다. ( )

(2) 적혈구 속 헤모글로빈을 구성하는 α 사슬 2개와 β 사슬 2개가 각각 다른 유전자에 의해 합성된다는 것은 2개의 유전자가 2종류의 폴리펩타이드를 형성한다는 것을 의미한다.

( )

(3) 유전자가 단백질을 생산한다는 것은 명백한 사실이지만, 한 개의 유전자가 반드시 한 개의 폴리펩타이드를 만든다고 할 수는 없다. ( )

유형 3-2 유전 정보의 중심 원리

다음 그림은 DNA에 존재하는 유전 정보가 전달되는 과정을 나타낸 것이다. 이에 대한 설명으로 옳은 것은 ○표, 옳지 않은 것은 ×표 하시오.

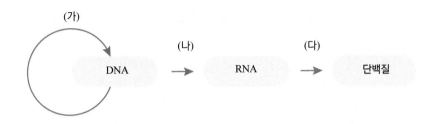

(1) (가)는 복제, (나)는 전사, (다)는 번역이다. ( )
(2) 진핵 세포의 핵에서 (나)와 (다)가 일어난다. ( )
(3) (가)는 진핵 세포, 원핵 세포 모두 세포질에서 일어난다. ( )

03 다음 복제와 전사, 번역에 대한 설명으로 옳은 것은 ○표, 옳지 않은 것은 ×표 하시오.

(1) mRNA에는 전사에 필요한 유전 정보가 들어 있다. ( )
(2) 원핵 세포에서는 복제, 전사, 번역 모두 세포질에서 일어난다. ( )
(3) 단백질 합성에 관한 유전 정보를 담고 있는 RNA를 messenger RNA(mRNA)라고 한다.
( )

04 진핵 생물은 DNA로부터 단백질이 합성되기 위해서 mRNA가 (핵 , 세포질)(으)로부터 (핵 , 세포질)(으)로 이동한다.

유형 3-3 전사 – RNA 합성 1

다음은 어떤 진핵 세포에서 유전 정보가 전달되는 일부 과정을 나타낸 모식도이다.

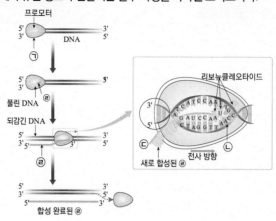

(1) ㉠은 RNA 중합 효소이다.   (   )
(2) ㉡은 '디옥시리보스'라는 당을 가진다.   (   )
(3) ㉢은 3' 말단이다.   (   )
(4) ㉣은 유라실(U)이라는 염기를 가지며, 합성이 끝나면 2중 나선을 형성한다.   (   )

05 다음은 어떤 물질에 대한 설명인가?

> DNA 2중 가닥 중 한 가닥을 주형으로 상보적인 염기를 가지는 리보뉴클레오타이드를 결합시킴
> 으로써 RNA 가닥을 만드는 효소이다.

(   )

06 단백질 합성에 필요한 유전 정보가 들어있는 DNA의 한쪽 가닥의 염기 배열 순서가 다음과 같을 때, 이
가닥을 주형으로 합성된 mRNA의 염기 서열과 방향을 함께 쓰시오.

> 3' - A T G G A C G A T C C - 5'

(   )

유형 3-4 전사 - RNA 합성 2

다음은 RNA의 종류와 기능을 나타낸 모식도이다. 이에 대한 설명으로 옳은 것은 ○표, 옳지 않은 것은 ×표 하시오.

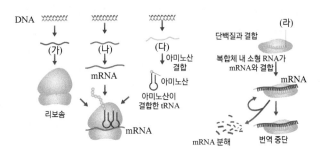

(1) 리보솜을 구성하는 RNA인 (가)는 rRNA이다. ( )

(2) (나)는 번역 과정에 관여하며, (다)는 번역 과정에 관여하지 않는다. ( )

(3) (다)는 리보솜과 (나)로 이루어진 복합체에 아미노산을 운반해주는 tRNA이다. ( )

(4) (가)~(라) 모두 단백질 합성에 관여하는 RNA이다. ( )

07 다음 DNA 복제와 전사에 대한 설명으로 옳은 것은 ○표, 옳지 않은 것은 ×표 하시오.

(1) 전사 과정이 끝난 DNA 가닥은 다시 2중 나선을 형성한다. ( )

(2) 전사 과정이 진행되는 부분의 DNA만 풀려 RNA가 합성된다. ( )

(3) DNA 복제 결과 새롭게 만들어진 DNA 가닥은 주형 DNA 가닥과 2중 나선을 이루며, 전사 결과 새롭게 합성된 RNA는 단일 가닥이다. ( )

08 다음 DNA 복제와 전사에 대한 설명으로 옳은 것은 ○표, 옳지 않은 것은 ×표 하시오.

(1) DNA 복제와 전사에는 프라이머가 필요하다. ( )

(2) DNA 복제에는 염기 T이 이용되고, 전사에는 염기 U이 이용된다. ( )

(3) DNA 복제에는 DNA 중합 효소가 관여하며, 전사에는 RNA 중합 효소가 관여한다. ( )

(4) DNA 복제는 DNA 2중 나선의 모든 가닥이 주형으로 작용하지만, 전사는 DNA 2중 나선 중 한 가닥만이 주형으로 작용한다. ( )

01 다음은 비들과 테이텀의 붉은빵곰팡이 돌연변이주의 영양 요구성 실험을 나타낸 것이다.

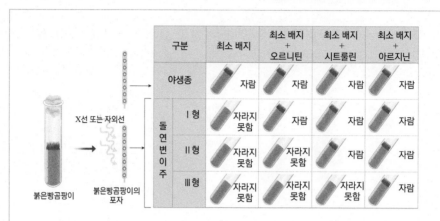

구분		최소 배지	최소 배지 + 오르니틴	최소 배지 + 시트룰린	최소 배지 + 아르지닌
야생종		자람	자람	자람	자람
돌연변이주	I형	자라지 못함	자람	자람	자람
	II형	자라지 못함	자라지 못함	자람	자람
	III형	자라지 못함	자라지 못함	자라지 못함	자람

(가) 붉은빵곰팡이의 야생종은 최소 배지에서 필요한 물질을 스스로 합성하여 자랄 수 있다.

(나) 붉은빵곰팡이의 포자에 자외선 혹은 X선을 쪼여 완전 배지에서는 자랄 수 있지만 최소 배지에서는 자라지 못하는 돌연변이주를 얻었다.

(다) 비들과 테이텀은 위 표와 같이 붉은빵곰팡이의 야생종과 돌연변이 영양 요구주 3가지를 분리하여 시험관에 나누어 넣고, 각 시험관의 최소 배지에 서로 다른 한 종류의 영양분만 첨가하여 각 영양 요구주의 생장 여부를 조사하였다.

(라) 돌연변이주를 분석한 결과 각 돌연변이주는 서로 다른 한 유전자에 이상이 생겼다는 것을 알았다.

<결과 해석 >
· 돌연변이주 I형은 오르니틴의 합성에 관여하는 효소를 만들지 못한다.
· 돌연변이주 II형은 시트룰린의 합성에 관여하는 효소를 만들지 못한다.
· 돌연변이주 III형은 아르지닌의 합성에 관여하는 효소를 만들지 못한다.

* 야생종 : 자연 상태에서 자란 종으로 돌연변이가 일어나지 않은 종이다.
* 최소 배지 : 생물체나 생물체의 세포가 증식할 수 있는 최소한의 영양 조성만을 가진 배지(살아가는 데 꼭 필요한 재료가 되는 포도당, 질소원, 무기 염류, 비타민 등의 물질만을 갖추어 미생물을 배양하는 배지)이다. 최소 배지에 사는 생물체는 물질대사 경로에 필요한 모든 물질(아미노산, 핵산 등)을 스스로 합성해야 한다.
* 돌연변이주 : 최소 배지에 아미노산과 비타민 같은 특정 영양소를 공급하지 않으면 자랄 수 없다. 이러한 돌연변이주를 영양 요구주라고 한다.
* 영양 요구주 : 생장에 꼭 필요한 어떤 물질을 만들지 못하는 돌연변이체로서, 배양할 때 이 물질을 첨가해 주어야 생장 가능하다.
* 완전 배지 : 생물체나 생물체의 세포가 최대의 생장과 증식을 하는 데 필요한 모든 영양 물질을 포함한 배지(세포의 생존에 필요한 아미노산이 모두 첨가되어 있는 배지)로 모든 생물체가 서식 가능한 조건이다.

(1) 붉은빵곰팡이를 재료로 사용한 이유는 무엇인지 서술하시오.

(2) 붉은빵곰팡의 생장에 꼭 필요한 물질은 무엇인지 그 이유와 함께 서술하시오.

(3) 돌연변이주의 물질대사에 결함이 나타난다는 것은 무엇을 의미하는 것인가?

(4) 이 실험으로부터 이끌어낼 수 있는 결론은 무엇인지 서술하시오.

02 DNA의 유전 암호는 단백질로 전환되어 형질 발현이 된다. 이 과정에서 DNA의 암호는 RNA를 경유해서 단백질로 전달된다. 다음 실험은 이와 같은 과정을 증명한 것이다.

<실험 과정>
(가) 대장균에 T4 파지를 감염시킨다.
(나) 다양한 시간 동안 ^{3}H- uridine을 첨가한다.
(다) 세균을 파쇄하고 RNA를 분리한 후 필터 종이에 붙어있는 T4 파지 DNA와 대장균 DNA에 각각 혼성화시킨 후 세척한다.
(라) T4 파지 DNA와 대장균 DNA가 붙어있는 필터 종이에서 방사성을 조사한다.

<실험 결과>

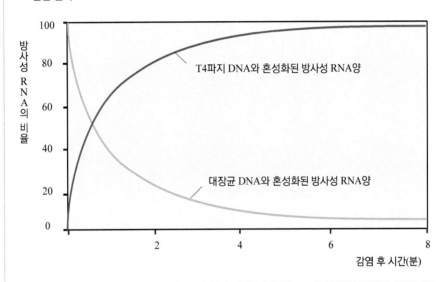

* T4 파지 : 선상 2중 가닥 DNA가 있는 대장균 파지이다. 대장균의 내부의 DNA를 이용하여 증식하며, 대장균 세포막을 뚫고 밖으로 나올 때 대장균은 파괴된다.
* uridine (유리딘) : 피리미딘 뉴클레오타이드(유라실과 리보스로 이루어진 뉴클레오타이드)의 하나로 리보핵산인 RNA 구성 성분의 하나이다.

대장균 DNA와 혼성화되는 방사성 RNA양이 감소하는 이유에 대해 T4 파지 증식 과정을 참고하여 서술하시오.

03 전사의 기작이 밝혀지지 않았을 때, 한 과학자는 DNA로부터 전사되어 단백질의 아미노산 서열을 결정하는 RNA는 mRNA가 아닌 rRNA이고, 각각의 리보솜은 이러한 고유의 rRNA를 가지고 있어 한 개의 리보솜은 계속해서 같은 단백질만을 번역한다는 가설을 세웠다. 이 가설이 옳은지 확인하기 위해 다음과 같은 실험을 수행하였다.

(가) 대장균을 일정 시간 동안 ^{15}N, ^{13}C가 들어있는 배지에서 배양하였다.

(나) 배양한 대장균은 ^{14}N, ^{12}C 및 ^{32}P가 들어있는 배지로 옮겨 T4파지를 감염시켰다.

(다) 몇 분의 시간 경과 후, 대장균으로부터 리보솜을 정제하고 밀도차 원심분리를 수행하여 대장균 속에서 전사되고 있는 파지의 RNA가 검출되는 위치를 관찰하였다.

(라) 예상되는 결과는 A 또는 B 그래프였다.

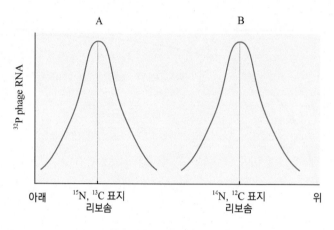

▲ 원심 분리 후 시험관에서의 위치

* N, C는 단백질의 구성 원소이고 P, C는 DNA, RNA의 구성원소이다.

* T4파지는 대장균의 내부에서 대장균의 DNA를 이용해 증식한다.

(1) 위 과학자의 가설이 옳다면 표지된 파지의 RNA는 어느 위치에서 나타날 것인지 그래프 A, B와 함께 서술하시오.

(2) DNA로부터 전사되어 단백질의 아미노산 서열을 결정하는 RNA가 mRNA일 경우 위 실험에서 파지의 RNA는 어느 위치에서 나타날 것인지 서술하시오.

04 다음은 RNA가 가공되는 과정을 나타낸 것이다.

<RNA 가공>
· 진핵 세포에서 DNA로부터 전사된 RNA는 바로 단백질을 합성하는 데 이용될 수 없다. 이는 진핵 세포의 전사된 RNA에는 단백질을 지정하는 염기 서열만 있는 것이 아니기 때문이다.
· DNA의 아미노산 암호화 부위와 비암호화 부위는 모두 DNA로부터 RNA로 전사되지만, RNA가 핵을 떠나기 전에 비암호화 부위는 제거되고 암호화 부위끼리 연결되어 연속적으로 암호화된 서열을 갖는 성숙한 mRNA가 된다. 이러한 과정을 RNA 가공(RNA splicing)이라고 한다.
· 전사가 끝난 다음에 RNA 가공을 거쳐야만 비로소 필요한 유전 정보만을 가진 한 가닥의 mRNA가 완성된다. 즉, 단백질을 암호화하는 부위끼리만 연결된다.
· 핵에서 세포질로 이동하기 전에 RNA 가공이 일어나기 때문에 진핵 세포에서 핵을 떠나는 성숙한 mRNA는 유전자보다 길이가 짧다.

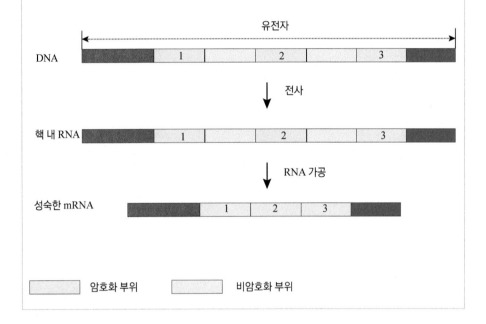

(1) 원핵 세포와 진핵 세포의 RNA 가공에 대해 비교 설명하시오.

(2) 아미노산 비암호화 부위가 존재하는 이유는 무엇일지 서술해 보시오.

01 다음은 동물 세포의 구조와 유전 정보의 흐름을 나타낸 것이다. (A는 막으로 싸여있지 않은 세포 소기관이다.)

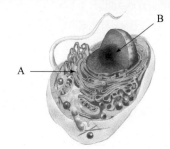

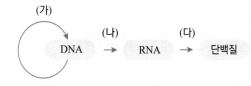

이에 대한 설명으로 옳은 것만을 <보기>에서 있는 대로 고른 것은?

〈 보기 〉

ㄱ. (가)와 (나)는 B에서 일어난다.
ㄴ. (나)를 통해 mRNA, tRNA, rRNA가 만들어진다.
ㄷ. A를 구성하는 물질은 (나) 또는 (다)를 통해서 합성된다.

① ㄱ   ② ㄴ   ③ ㄱ, ㄴ
④ ㄴ, ㄷ   ⑤ ㄱ, ㄴ, ㄷ

02 다음 중 전사에 대한 설명으로 옳지 않은 것은?

① RNA의 합성은 5'에서 3' 방향으로만 일어난다.
② DNA 복제와는 달리 RNA 프라이머가 필요하지 않다.
③ RNA 중합 효소가 프로모터에 결합하여 DNA의 2중 나선을 푼다.
④ 합성에 이용되는 뉴클레오타이드의 염기 종류에는 A, G, C, U이 있다.
⑤ 두 가닥의 DNA 중 한 가닥만을 주형으로 하여 양 방향으로 전사된다.

03 어떤 곰팡이의 야생종은 다음 모식도와 같은 반응을 통해 최소 배지에서 D를 합성하여 생장하지만, 이 야생종에 X선을 쪼여 발생한 돌연변이주는 D를 합성하지 못하여 최소 배지에서 살지 못한다.

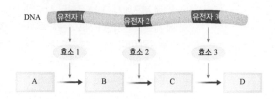

이에 대한 해석으로 옳은 것은?

① 유전자 2는 B를 합성하는 데 필요한 효소를 암호화한다.
② 효소 3이 결핍되면 최소 배지에 D를 첨가하더라도 곰팡이는 살지 못한다.
③ 효소 1이 결핍되면 최소 배지에 C를 첨가하는 경우에만 곰팡이가 살 수 있다.
④ 유전자 1, 2, 3 중 하나라도 이상이 발생하면 D 합성에 필요한 효소가 모두 결핍된다.
⑤ 최소 배지에 B를 첨가하면 살지 못하지만, C 또는 D를 첨가하면 살 수 있는 돌연변이주는 유전자 2에 이상이 생긴 것이다.

04 다음 표는 어떤 DNA의 2중 나선을 분리하여 얻은 두 가닥과 그 중 한 가닥으로부터 전사된 mRNA의 염기 조성 비율을 나타낸 것이다.

핵산 가닥	염기 조성 비율(%)					
	A	C	T	G	U	계
(가)	20	26	30	24	0	100
(나)	30	24	20	26	0	100
(다)	20	26	0	24	30	100

이에 대한 해석으로 옳은 것은?

① (나)는 DNA 가닥이며, (다)는 mRNA 이다.
② (가)를 주형으로 하여 (다)가 합성되었다.
③ (가)와 (다)는 결합하여 2중 나선을 이룬다.
④ (나)에서 염기 A은 T과, C은 G과 각각 개수가 같다.
⑤ 주형 DNA 가닥의 염기 G + T의 비율은 mRNA의 G + U의 비율과 같다.

05 다음은 단백질 합성에 필요한 유전 정보가 들어있는 DNA의 한쪽 가닥의 염기 배열 순서를 나타낸 것이다.

> 3' - A C G T T C C A G G T G - 5'

이 사슬을 주형으로 합성된 mRNA의 염기 서열과 방향을 옳게 나타낸 것은?

① 5' - A C G U U C C A G G U G - 3'
② 5' - C A C C U G G A A C G U - 3'
③ 5' - U G C U U G G U C C U C - 3'
④ 5' - G U G G A C C U U G C A - 3'
⑤ 5' - U G C A A G G U C C A C - 3'

06~07 다음 표는 붉은빵곰팡이 야생종과 영양 요구 돌연변이주를 최소 배지와 최소 배지에 대사 중간 산물을 첨가한 배지에서 배양하면서 생장 여부를 관찰한 결과이다.

물질	최소 배지	최소 배지 + 오르니틴	최소 배지 + 시트룰린	최소 배지 + 아르지닌
야생종	+	+	+	+
영양 요구 돌연변이주 Ⅰ형	-	+	+	+
Ⅱ형	-	-	+	+
Ⅲ형	-	-	-	+

(+ : 생장함, - : 생장 못함)

06 붉은빵곰팡이의 영양 요구주를 재료로 한 위 실험에 대한 설명 중 옳은 것은 ○표, 옳지 않은 것은 ×표 하시오.

(1) 각 영양 요구주는 하나의 유전자에 이상이 발생하여 나타난 돌연변이주이다. ( )

(2) 모든 영양 요구주 붉은빵곰팡이는 최소 배지로부터 아르지닌을 합성할 수 있다. ( )

(3) 붉은빵곰팡이의 생장에 필요한 최종 산물은 아르지닌이다. ( )

07 최소 배지에서부터 물질이 합성되는 과정을 순서대로 쓰시오.

( )

08~09 다음은 붉은빵곰팡이가 야생형에 자외선을 쪼여 영양 요구주를 얻어 실험한 내용을 나타낸 것이다.

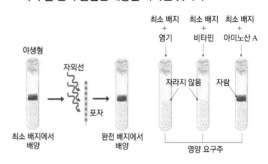

08 이 영양 요구주에 대한 설명으로 옳은 것만을 <보기>에서 있는 대로 고른 것은? (단, 완전 배지는 당, 염기, 비타민, 아미노산 등 붉은빵곰팡이가 생장하는 데 필요한 물질이 모두 포함된 배지이다.)

〈 보기 〉

ㄱ. 최소 배지에서 자라지 못한다.
ㄴ. 아미노산 A를 스스로 합성하지 못한다.
ㄷ. 염기와 비타민의 합성에 관여하는 유전자에 각각 돌연변이가 일어났다.

① ㄱ   ② ㄴ   ③ ㄷ
④ ㄱ, ㄴ   ⑤ ㄴ, ㄷ

09 다음 표는 위 실험을 통해 얻은 붉은빵곰팡이 영양 요구주를 여러 가지 배지에서 배양한 결과를 나타낸 것이다.

구분	최소 배지	최소 배지 + 오르니틴	최소 배지 + 시트룰린	최소 배지 + 아르지닌
야생형	+	+	+	+
영양 요구주	-	-	-	+

(+ : 생장함, - : 생장 못함)

이에 대한 설명으로 옳은 것은?

① 이 영양 요구주는 완전 배지에서 자랄 수 없다.
② 야생형은 최소 배지에서 아르지닌을 합성할 수 있다.
③ 이 영양 요구주는 야생형보다 생존에 불리하지 않다.
④ 이 영양 요구주는 최소 배지에서 아르지닌을 합성할 수 있다.
⑤ 이 영양 요구주는 시트룰린을 합성하는 유전자에 돌연변이가 발생한 것이 아니다.

10 DNA 복제와 전사에 대한 설명으로 옳은 것만을 <보기>에서 있는 대로 고른 것은?

〈 보기 〉

ㄱ. DNA 복제와 RNA 합성 방향은 모두 5'→ 3'이다.
ㄴ. DNA 복제와 전사 과정에는 프라이머가 반드시 필요하다.
ㄷ. 전사가 일어날 때 DNA 2중 나선은 두 가닥으로 풀리면서 각각 주형으로 작용한다.
ㄹ. 원핵 세포의 복제와 전사는 모두 세포질에서 일어나며, 진핵 세포의 복제와 전사는 모두 핵에서 일어난다.

① ㄱ, ㄴ   ② ㄴ, ㄷ   ③ ㄱ, ㄹ
④ ㄱ, ㄴ, ㄷ   ⑤ ㄴ, ㄷ, ㄹ

B

11 유전 정보의 중심 원리에 대한 설명 중 옳은 것은 ○표, 옳지 않은 것은 ×표 하시오.

(1) 진핵 세포의 전사와 번역 장소는 각각 다르다.
( )
(2) 원핵 세포의 전사와 번역은 같은 공간에서 동시에 진행된다.
( )
(3) 일부 바이러스는 RNA로부터 DNA가 합성되는 역전사 과정이 진행되기도 한다. ( )

12 RNA 전사 과정에 대한 설명으로 옳은 것은?

① 프로모터는 RNA에 존재한다.
② 전사는 항상 DNA 사슬의 말단에서 시작된다.
③ 전사 과정에서 RNA는 5'에서 3' 방향으로 신장된다.
④ 프로모터에 DNA 중합 효소가 결합하면 전사가 시작된다.
⑤ DNA 2중 나선으로부터 두 가닥의 RNA가 동시에 전사된다.

13 다음 표는 어떤 진핵 생물의 DNA로부터 전사되어 만들어지는 RNA의 종류와 특징에 대해 나타낸 것이다.

RNA 종류	특징
(가)	리보솜 형성
(나)	아미노산과 결합
(다)	단백질 합성 시 리보솜과 결합

이에 대한 설명으로 옳은 것만을 <보기>에서 있는 대로 고른 것은? (단, (가) ~ (다)는 mRNA, rRNA, tRNA를 순서 없이 나타낸 것이다.)

〈 보기 〉

ㄱ. (가)는 핵에서 합성된다.
ㄴ. (가) ~ (다) 모두 단백질 합성에 관여한다.
ㄷ. (나)에는 (다)의 염기와 상보적으로 결합하는 부분이 존재한다.

① ㄱ   ② ㄴ   ③ ㄱ, ㄴ
④ ㄴ, ㄷ   ⑤ ㄱ, ㄴ, ㄷ

14 어떤 물질을 영양 요구주로 가지는 돌연변이 곰팡이에 다음 표와 같은 특정 물질을 추가하여 최소 배지에서 배양하였다. (단, 1유전자 1효소설이 적용된다고 가정한다.)

영양 요구주구	㉠종	㉡종	㉢종
최소 배지 + 안스레닐산	-	-	-
최소 배지 + 트립토판	+	-	+
최소 배지 + 일돌	-	-	+
최소 배지 + 니코틴산	+	+	+

(+ : 생장함, - : 생장 못함)

위 결과를 근거로 한 생화학적 경로에서 선구 물질로부터 색소가 합성되는 순서로 옳은 것은?

① 트립토판 → 일돌 → 트립토판 → 안스레닐산
② 안스레닐산 → 트립토판 → 일돌 → 니코틴산
③ 안스레닐산 → 일돌 → 트립토판 → 니코틴산
④ 니코틴산 → 트립토판 → 일돈 → 안스레닐산
⑤ 일돌 → 안스레닐산 → 트립토판 → 니코틴산

15 다음은 DNA 전사 과정을 나타낸 것이며, 표는 ㉠~㉢ 가닥의 염기 비율을 각각 나타낸 것이다.

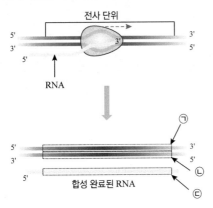

전사 단위

RNA

합성 완료된 RNA

구분	염기 조성 비율(%)					
	A	G	C	T	U	계
Ⅰ	20	?	25	29	?	100
Ⅱ	29	?	?	(가)	20	100
Ⅲ	?	?	(나)	20	0	100

이에 대한 설명으로 옳은 것만을 <보기>에서 있는 대로 고른 것은?(단, Ⅰ~Ⅲ는 각각 ㉠~㉢ 중 하나이다.)

〈 보기 〉

ㄱ. Ⅰ은 ㉠이다.
ㄴ. (가)는 0이다.
ㄷ. (나)는 23이다.
ㄹ. Ⅲ은 전사가 일어나는 주형 DNA이다.

① ㄴ ② ㄱ, ㄷ ③ ㄱ, ㄹ
④ ㄱ, ㄴ, ㄷ ⑤ ㄴ, ㄷ, ㄹ

16~17 다음 모식도는 생물체 내 유전 정보의 흐름을 나타낸 것이다.

㉠ DNA ⇄ RNA ㉣→ 단백질 ㉤→ 형질 발현
㉡ ㉢

16 다음 중 옳은 것은?

① ㉠은 전사이다.
② ㉡ 과정에서 DNA의 모든 유전 정보는 mRNA로 전달된다.
③ ㉢ 과정에 관여하는 효소는 모든 생물에 존재한다.
④ ㉣ 과정은 리보솜에서 일어난다.
⑤ ㉤ 과정은 단백질이 효소로 작용하는 경우에만 일어난다.

17 ㉠과 ㉡ 과정에서 각각 관여하는 효소를 <보기>에서 있는 대로 고르시오.

〈 보기 〉

ㄱ. 헬리케이스 ㄴ. RNA 중합 효소
ㄷ. DNA 중합 효소 ㄹ. DNA 연결 효소

㉠ ( ) ㉡ ( )

18 다음은 DNA의 한쪽 가닥의 염기 배열 순서를 나타낸 것이다.

3' - A C G T T C C A G G T G - 5'

이 사슬의 반대쪽 사슬을 주형으로 mRNA가 전사되었다면 mRNA의 염기 서열과 방향으로 옳은 것은?

① 5' - U G C A A G G U C C A C - 3'
② 5' - A C G U U C C A G G U G - 3'
③ 3' - U G C A A G G U C C A C - 5'
④ 3' - A C G U U C C A G G U G - 5'
⑤ 5' - C A C C U G G A A C G U - 3'

19 다음 표는 DNA 2중 나선을 분리한 사슬과 이 DNA로부터 전사된 mRNA의 염기 조성 비율을 나타낸 것이다.

사슬	염기 조성 비율(%)					
	A	C	T	G	U	계
㉠	?	19.2	?	24.3	0	100
㉡	?	?	30.8	19.2	0	100
㉢	25.7	?	0	?	30.8	100

이에 대한 설명으로 옳은 것만을 <보기>에서 있는 대로 고른 것은?

〈 보기 〉

ㄱ. mRNA에서 $\dfrac{G + A}{C + U}$ =1이다.

ㄴ. mRNA의 주형 사슬은 ㉠이다.

ㄷ. ㉡의 A + T의 비율은 ㉢의 A + U의 비율과 같다.

① ㄱ   ② ㄴ   ③ ㄱ, ㄴ
④ ㄴ, ㄷ   ⑤ ㄱ, ㄴ, ㄷ

20 다음은 진핵 세포에서 전사가 진행되는 과정을 나타낸 것이다.

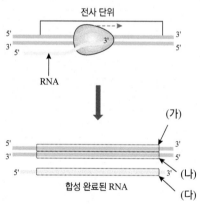

이에 대한 설명으로 옳은 것만을 <보기>에서 있는 대로 고른 것은?

〈 보기 〉

ㄱ. RNA 중합 효소는 (가)에 존재하는 프로모터에 결합한다.

ㄴ. (나)를 구성하는 염기 중 A의 개수는 (다)를 구성하는 염기 중 U의 개수와 같다.

ㄷ. (다)의 5' 말단에는 프라이머가 존재한다.

① ㄱ   ② ㄴ   ③ ㄷ
④ ㄱ, ㄴ   ⑤ ㄴ, ㄷ

C

21 야생형 붉은빵곰팡이에 X선을 처리하여 페닐알라닌을 필요로 하는 여러 돌연변이주 (가) ~ (다)를 얻었다. 다음 표는 페닐알라닌 합성 과정의 중간 산물을 최소 배지에 각각 첨가하였을 때 얻은 붉은빵곰팡이의 생장 결과이다.

구분	최소 배지	최소 배지 + 페닐 알라닌	최소 배지 + 페닐 피루브산	최소 배지 + 코리슴산	최소 배지 + 프리펜산
야생종	+	+	+	+	+
(가)	-	+	+	-	+
(나)	-	+	-	-	-
(다)	-	+	+	-	-

(+ : 생장함, - : 생장 못함)

이에 대한 설명으로 옳은 것만을 <보기>에서 있는 대로 고른 것은? (단, (가) ~ (다)는 각각 유전자 1 ~ 3 중 하나에만 돌연변이가 일어난 것이다.)

[평가원 모의고사 유형]

〈 보기 〉

ㄱ. 프리펜산은 코리슴산의 전구 물질이다.

ㄴ. (가)는 유전자 1에 돌연변이가 일어난 것이다.

ㄷ. (다)는 유전자 2에 돌연변이가 일어난 것이다.

ㄹ. 페닐알라닌 합성 과정 순서는 코리슴산 → 프리펜산 → 페닐피루브산 → 페닐알라닌이다.

① ㄱ, ㄴ   ② ㄴ, ㄷ   ③ ㄱ, ㄹ
④ ㄱ, ㄴ, ㄹ   ⑤ ㄴ, ㄷ, ㄹ

22 다음은 진핵 세포의 핵 속에서 일어나는 전사 과정의 일부를 나타낸 모식도이다.

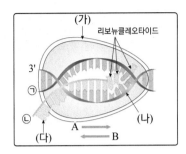

이에 대한 설명으로 옳은 것만을 <보기>에서 있는 대로 고른 것은?

〈 보기 〉
ㄱ. 전사 방향은 A이다.
ㄴ. ㉠과 ㉡은 5' 말단이다.
ㄷ. (가)는 RNA 중합 효소이다.
ㄹ. (나)에서 염기 T의 비율과 (다)에서 염기 U의 비율은 같다.

① ㄱ, ㄴ   ② ㄴ, ㄷ   ③ ㄱ, ㄹ
④ ㄱ, ㄴ, ㄷ   ⑤ ㄴ, ㄷ, ㄹ

23 다음은 DNA 복제와 전사에 대해 학생들이 대화한 내용이다.

무우 : DNA복제에는 프라이머가 반드시 필요하지만 전사 과정에서는 프라이머가 필요하지 않아.
상상 : DNA 합성과 전사 과정은 모두 5'→ 3' 방향으로 일어나는 공통점이 있어.
알알 : 진핵 세포의 경우 복제와 전사가 모두 핵 속에서 일어나.
제이 : 복제와 전사는 모두 DNA 2중 나선이 풀리면서 두 가닥이 각각 주형으로 작용해.

옳은 의견을 제시한 학생만을 있는 대로 고른 것은?

① 무우, 상상   ② 상상, 제이
③ 무우, 제이   ④ 무우, 상상, 알알
⑤ 무우, 상상, 제이

24 어떤 곰팡이에 X선을 쪼여 전구 물질로부터 특정한 영양소 (라)를 필요로 하는 4종류의 돌연변이주를 얻었다. 다음 표는 최소 배지에 물질 (가) ~ (라)를 각각 첨가한 배지에서 이 돌연변이주들을 배양하면서 생장을 관찰한 결과를 나타낸 것이다.

돌연변이주	배지에 첨가한 물질			
	(가)	(나)	(다)	(라)
Ⅰ형	-	+	-	+
Ⅱ형	+	+	-	+
Ⅲ형	+	+	+	+
Ⅳ형	-	-	-	+

(+ : 생장함, - : 생장 못함)

이에 대한 설명으로 옳은 것만을 <보기>에서 있는 대로 고른 것은?

〈 보기 〉
ㄱ. (라)의 생성 순서는 전구 물질 → (다) → (가) → (나) → (라)이다.
ㄴ. 최소 배지에 (라)를 첨가하면 돌연변이는 모두 잘 자란다.
ㄷ. 돌연변이주 Ⅱ형은 (가)로 전환시키는 효소를 합성하지 못한다.
ㄹ. 돌연변이주 Ⅲ형은 전구 물질을 (다)로 전환시키는 효소를 합성하지 못한다.

① ㄱ, ㄴ   ② ㄴ, ㄹ   ③ ㄱ, ㄴ, ㄷ
④ ㄴ, ㄷ, ㄹ   ⑤ ㄱ, ㄴ, ㄷ, ㄹ

25 전사에 대한 설명 중 옳은 것은 ○표, 옳지 않은 것은 ×표 하시오.

(1) mRNA의 염기 3개의 조합을 코돈이라 한다.
(   )

(2) 프로모터가 DNA와 결합하면 전사가 시작된다.
(   )

(3) RNA 중합 효소는 프라이머에 뉴클레오타이드를 1개씩 결합시키는 역할을 한다. (   )

26~27 다음 모식도는 붉은빵곰팡이의 아르지닌 합성 과정을 나타낸 것이며, 표는 최소 배지와 최소 배지에 첨가된 물질 ㉠~㉢에 따른 붉은빵곰팡이의 영양 요구성 돌연변이주 (가)~(다)의 생장 여부를 나타낸 것이다. ㉠~㉢은 각각 오르니틴, 시트룰린, 아르지닌 중 하나이다.

구분	야생종	(가)	(나)	(다)
최소 배지	+	-	-	-
최소 배지 + ㉠	+	+	-	-
최소 배지 + ㉡	+	+	+	+
최소 배지 + ㉢	+	+	-	+

(+ : 생장함, - : 생장 못함)

26 이에 대한 설명으로 옳은 것만을 <보기>에서 있는 대로 고른 것은?

― 〈 보기 〉 ―
ㄱ. ㉡은 아르지닌이다.
ㄴ. (가)는 오르니틴을 시트룰린으로 합성할 수 있다.
ㄷ. (나)는 효소 3을 가지고 있다.
ㄹ. (다)는 아르지닌 합성에 필요한 유전자에 의한 효소 합성이 일어난다.

① ㄱ, ㄴ 　　② ㄴ, ㄷ 　　③ ㄱ, ㄹ
④ ㄱ, ㄴ, ㄹ 　　⑤ ㄴ, ㄷ, ㄹ

27 다음 설명으로 옳은 것은?

① (가)에서 유전자 1은 정상적으로 작용한다.
② (가)에서 유전자 2와 3은 정상적으로 작용한다.
③ (나)에서 유전자 3은 정상적으로 작용한다.
④ (다)에서 유전자 1의 작용에 이상이 생겼다.
⑤ (다)에서 유전자 2는 정상적으로 작용한다.

심화

28 다음 표는 상보 결합한 100쌍의 염기로 이루어진 어떤 2중 나선 DNA의 각 가닥 (가)와 (나)의 염기 조성과, 이 두 가닥 중 한 가닥으로부터 정상적으로 전사된 mRNA 가닥의 염기 조성을 나타낸 것이다. (2중 나선 DNA에서 염기의 비율은 $\dfrac{T+A}{C+G} = \dfrac{3}{2}$ 이다.)

구분	염기 조성 비율(%)					
	A	C	T	G	U	계
(가)	?	?	?	22	?	100
(나)	?	?	15	?	?	100
mRNA	?	?	?	㉠	15	100

이에 대한 설명으로 옳은 것만을 <보기>에서 있는 대로 고른 것은? (단, 주형으로 사용된 DNA 가닥의 모든 염기는 mRNA로 전사되었다.)

― 〈 보기 〉 ―
ㄱ. ㉠의 개수는 18이다.
ㄴ. (나)에서 퓨린 계열 염기의 합은 63이다.
ㄷ. mRNA 합성에 사용된 주형 DNA는 (가)이다.

① ㄱ 　　② ㄴ 　　③ ㄱ, ㄴ
④ ㄴ, ㄷ 　　⑤ ㄱ, ㄴ, ㄷ

29 다음 표는 어떤 식물의 돌연변이형 (가) ~ (다)에 다양한 색소를 첨가하여 길렀을 때 이 식물의 꽃 색깔을 나타낸 것이다.

구분	선구 물질 (흰색 색소)	선구 물질 + 노란색 색소	선구 물질 + 보라색 색소	선구 물질 + 붉은색 색소
돌연변이형 (가)	흰색	보라색	보라색	보라색
돌연변이형 (나)	붉은색	붉은색	보라색	붉은색
돌연변이형 (다)	노란색	노란색	보라색	보라색

위 결과를 근거로 하여 생화학적 경로에서 선구 물질로부터 색소가 합성되는 순서를 쓰고, 돌연변이 (가) ~ (다)는 각각 어느 단계에 돌연변이가 일어났는지 서술하시오. (단, 각각의 돌연변이는 유전자 한 군데에서만 발생하였다.)

30 다음은 세포의 유전 정보 중심 원리를 나타낸 모식도이다. 이 세포는 진핵 세포인지 또는 원핵 세포인지 유전 정보의 흐름과 관련지어 서술하시오.

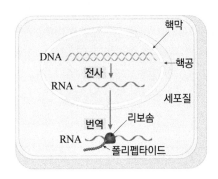

31 다음 그림은 전사가 일어나는 과정의 일부를 나타낸 것이다. 전사가 일어날 때 작용하는 RNA 중합 효소를 복제가 일어날 때 작용하는 DNA 중합 효소와 비교하여 서술하시오. (주형, 프라이머, 합성 방향, 뉴클레오타이드의 종류에 대한 내용이 포함되도록 서술하시오.)

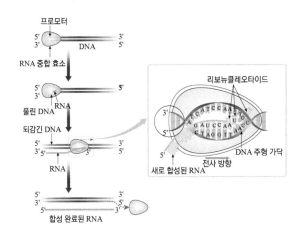

32 다음은 단백질 합성에 관여하는 3종류의 RNA (가)~(다)를 모식적으로 나타낸 것이다. (가)~(다)는 각각 mRNA, tRNA, rRNA 중 하나이다.

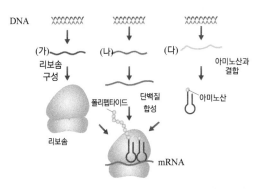

(가)~(다)에 해당하는 RNA는 무엇인지 각각 쓰고, 특징을 1가지씩 쓰시오.

4강 유전자 발현 2

1. 유전 암호 2. 번역 – 단백질 합성 3. 번역 – 단백질 합성 과정

1. 유전 암호

[탐구] 유전 암호의 해독 (니런버그의 실험)

니런버그는 mRNA의 유전암호(코돈)을 해독하기 위한 실험을 하였다.

인공 mRNA

단백질 합성계
각종 효소, 리보솜
각종 아미노산, tRNA
합성된 폴리펩타이드

① 대장균으로부터 리보솜, 효소 tRNA, 아미노산 등을 추출하여 단백질 합성계를 얻었다.
② 여기에 유라실(U)로만 이루어진 mRNA를 넣었더니 페닐알라닌(Phe)으로만 구성된 폴리펩타이드가 합성되었다.

mRNA
UUU,UUU,UUU
폴리펩타이드 Phe─Phe─Phe

⇨ UUU는 페닐알라닌을 지정하는 코돈이다.

③ ②와 같은 방법으로 아데닌(A)과 사이토신(C)으로만 이루어진 mRNA를 만들어 단백질 합성계에 넣었더니 각각 라이신(Lys), 프롤린(Pro)으로만 구성된 폴리펩타이드가 합성되었다.
⇨ AAA는 라이신을 지정하는 코돈이고, CCC는 프롤린을 지정하는 코돈이다.

④ 아데닌(A)과 사이토신(C)이 무작위로 섞인 mRNA를 만들어 단백질 합성계에 넣었더니 아스파라진, 글루타민, 히스티딘, 트레오닌, 프롤린, 라이신으로 구성된 폴리펩타이드가 합성되었다.
⇨ A와 C로 만들 수 있는 3개의 염기 코돈은 AAA, AAC, ACA, ACC, CAA, CAC, CCA, CCC의 8개(2^3개)이며, 각각 아미노산을 지정한다.

AAA	라이신	CAA	글루타민
AAC	아스파라진	CAC	히스티딘
ACA	트레오닌	CCA	프롤린
ACC	트레오닌	CCC	프롤린

⇨ 염기 2가지의 결합으로 6가지의 아미노산이 지정되므로, 하나의 유전 암호가 작용하려면 최소한 mRNA의 염기 3개가 필요하다는 것을 알 수 있다.

(1) 유전 암호 : DNA와 RNA에는 3개의 염기로 이루어진 조합이 하나의 아미노산을 결정하는 방식으로 유전 정보가 암호화되어 있다. ⇨ DNA와 RNA에 각각 존재하는 염기 4종류의 배열 순서에 따라 단백질을 구성하는 20종류의 아미노산 서열이 결정된다.

(2) 3염기 조합 – 트리플렛 코드(triplet code) : 3개의 염기로 구성된 DNA의 유전 암호이다.

1954년 가모브는 3개의 염기가 한 조를 이루어 아미노산을 지정하면 64개의 조합이 생기므로 단백질을 구성하는 20종의 아미노산을 모두 지정할 수 있다고 하였다.
⇨ **3염기설** : 3개의 염기가 한 조를 이루어 유전 정보로 작용한다는 학설이다.

(3) 코돈(codon) : 3개의 염기로 구성된 mRNA의 유전 암호이다.

① **코돈** : A, G, C, U 4종류의 염기가 3개씩 모여 이루어진 암호이므로 4^3 = 64종이 존재한다. → 64개의 코돈 중 61개는 아미노산에 대한 유전 암호로 사용되며, 3개의 코돈은 종결 코돈으로 사용된다.

② **개시 코돈(AUG)** : 단백질 합성을 시작하도록 하는 코돈(번역이 시작되는 위치)이다.
⇨ 개시 코돈이 지정하는 아미노산은 메싸이오닌이다.

③ **종결 코돈(UAA, UAG, UGA)** : 단백질 합성이 끝나도록 하는 코돈이다. ⇨ 지정하는 아미노산이 존재하지 않는다.

④ **아미노산 지정 코돈** : 64개의 코돈 중 3개의 종결 코돈을 제외한 61개 코돈(개시 코돈 포함)은 아미노산을 각각 지정한다.

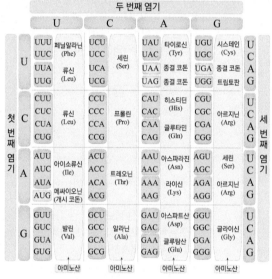

▲ mRNA의 유전 암호 해독 틀

(4) 유전 암호의 해독 틀

1961년 니런버그와 그의 동료들은 인공 mRNA를 이용하여 시험관에서 단백질을 합성하는 데 성공함으로써 3개의 염기 조합에 유전 암호가 들어 있다는 3염기설이 옳다는 것을 확인하였으며, 그 이후 많은 과학자들이 유사한 방법으로 연구하였다.
⇨ 64개의 코돈에 각각 대응하는 아미노산을 밝힘으로써 유전 암호를 해독하였다.

(5) 안티코돈(anticodon) : mRNA의 특정 코돈을 인식하여 상보적으로 결합하는 3개의 염기로 구성된 tRNA의 유전 암호이다.

개념확인 1

3개의 염기로 구성된 DNA의 유전 암호를 무엇이라 하는가? ( )

확인 + 1

3개의 염기로 구성된 mRNA의 유전 암호는 (코돈 , 안티 코돈)이라 하며, mRNA의 특정 코돈을 인식하여 상보적으로 결합하는 3개의 염기로 구성된 tRNA의 유전 암호는 (코돈 , 안티코돈)이라 한다.

2. 번역 - 단백질 합성

(1) 번역 : mRNA 유전 정보에 따라 tRNA에 의해 운반된 아미노산이 펩타이드 결합으로 연결되어 단백질이 합성되는 과정이다.

① 단백질은 아미노산으로 구성되어 있으며, 아미노산의 종류와 배열에 의해 고유한 입체 구조와 기능을 나타낸다.

② **DNA의 유전 암호** : 특정 단백질을 합성하기 위해 어떤 순서로 아미노산들이 결합할 것인지를 결정한다.

(2) 단백질 합성 기구 : mRNA, tRNA, 리보솜, 아미노산, 관련 효소, ATP 등이 필요하다.

⑴ **tRNA[1]** : 세포질에 있으며, 비교적 짧은 길이의 단일 가닥 RNA로 mRNA의 코돈을 번역하여 유전 정보에 따라 아미노산을 리보솜으로 운반한다.

① tRNA에는 mRNA의 코돈과 상보적으로 결합하는 안티코돈이 있으며, 3'말단에는 아미노산이 결합하는 자리가 존재한다. 만약 코돈이 5'-ACU-3'이면, tRNA의 안티코돈은 3'-UGA-5'이며, ACU(트레오닌)이 tRNA과 결합한다.

② tRNA마다 특정 안티코돈을 가지며, 안티코돈의 종류에 따라 결합할 수 있는 아미노산의 종류가 정해져 있다. ➡ 특정 tRNA는 특정 아미노산만을 선택하여 결합하고, 단백질 합성에 필요한 20종류의 아미노산이 각각 서로 다른 tRNA에 의해 운반된다.

⑵ **아미노산을 tRNA에 붙여 주는 효소** : tRNA와 특정 아미노산의 결합은 세포질에 존재하는 효소에 의해 ATP가 소모되면서 일어나며, 아미노산과 결합한 tRNA는 효소로부터 떨어져 확산하다가 리보솜에 도달한다.

⑶ **아미노산** : 단백질을 구성하는 기본 단위이며, 20종류가 있다.

① 모든 아미노산은 탄소 원자에 아미노기($-NH_2$), 카복시기($-COOH$), 수소 원자(H)와 다양한 곁사슬(R)이 결합된 공통적인 구조를 가진다.

② 곁사슬(R)은 아미노산의 종류에 따라 다르기 때문에 아미노산은 20종류로 나뉜다.

⑷ **리보솜** : 단백질이 합성되는 장소로, rRNA와 여러 종류의 단백질로 구성되어 있다.

① 2개의 단위체(소단위체, 대단위체)로 구성되어 있으며, 소단위체에는 mRNA 결합 부위가 존재하며, 대단위체에는 tRNA와 결합하는 부위(3개의 자리)가 존재한다.

② 소단위체와 대단위체는 분리되어 있다가 mRNA와 결합하여 완전한 리보솜을 형성한다.

대단위체에 tRNA가 결합하는 부위(3개의 자리)	
A 자리 (Aminoacyl site)	폴리펩타이드 사슬에 새로 첨가될 아미노산을 운반하는(아미노산이 붙어 있는) tRNA의 결합 자리
P 자리 (Peptidyl site)	펩타이드 결합[2]으로 연결되어 신장되는 폴리펩타이드 사슬이 붙어 있는 tRNA 자리
E 자리 (Exit site)	tRNA가 리보솜을 빠져나가기 전 잠시 머무는 자리

정답 및 해설 **23** 쪽

개념확인 2

mRNA 유전 정보에 따라 tRNA에 의해 운반된 아미노산이 펩타이드 결합으로 연결되어 단백질이 합성되는 과정을 무엇이라 하는가? ( )

확인 + 2

다음 중 단백질 합성 기구가 <u>아닌</u> 것은?

① mRNA　　② tRNA　　③ 소형 RNA　　④ 리보솜　　⑤ 아미노산

❶ tRNA의 구조

● 단일 가닥의 tRNA는 일부분이 꼬이고 접혀서 다른 부분과 염기 간 수소 결합을 이루는 2중 가닥을 곳곳에 형성하여 여러 개의 고리와 쌍을 이루지 않은 부위가 만들어진다.

● 접힌 부분의 끝에 있는 한 가닥으로 된 고리 부분에 3개의 염기로 이루어진 안티코돈이 있으며, 이는 mRNA의 특정 코돈을 인식하여 코돈과 상보적인 염기 결합을 하는 부위이다.

● 다른 쪽 끝은 아미노산이 결합하는 부위로 tRNA의 공통적인 염기서열 CCA를 가진다.

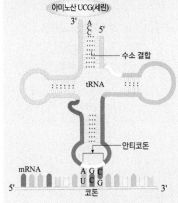

▲ tRNA의 2차원 모습

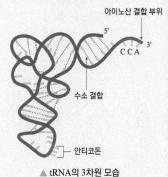

▲ tRNA의 3차원 모습

❷ 신장되는 아미노산 사이의 펩타이드 결합

● 하나의 아미노산의 아미노기와 다른 하나의 아미노산의 카복시기 사이에서 물 1분자가 빠져나오면서 두 아미노산이 연결되어 생긴 공유 결합 [미니] 이다.

● 리보솜을 구성하고 있는 rRNA에 의해 촉매된다.

미니사전

공유 결합 [共 함께하다 有 있다 結 묶다 合 합하다] : 한 쌍 이상의 전자를 두 원자가 함께 공유하여 이루어지는 화학 결합

① 리보솜의 자리

리보솜에는 tRNA가 결합하는 자리가 2개(A 자리, P 자리)있고, E 자리에서는 tRNA가 리보솜으로부터 분리된다.

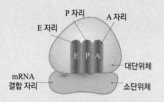

② tRNA의 개수

아미노산을 암호화하는 코돈이 61종이 있어야 하지만 코돈의 세 번째 염기는 그에 결합하는 안티코돈과 약하게 짝을 이루기 때문에 유연하게 한 개 이상의 염기와 결합한다. 따라서, tRNA의 종류는 61개보다 적지만 61종의 코돈과 모두 짝을 이루고 아미노산을 운반할 수 있다.

③ mRNA, tRNA와 결합한 리보솜의 이동

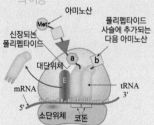

P 자리의 아미노산 a가 A 자리의 아미노산 b에 펩타이드 결합하면 리보솜이 3' 방향으로 1코돈만큼 이동한다.

④ 리보솜의 촉매 효소

리보솜에는 아미노산 사이의 펩타이드 결합을 촉매하는 효소가 있다.

⑤ 코돈과 안티코돈의 방향성

mRNA의 코돈은 5'에서 3' 방향으로 읽는다. 따라서 결합하는 안티코돈은 mRNA의 3'에서 5' 방향으로 진행된다.

3. 번역 – 단백질 합성 과정 1

(1) 개시 : 번역에 필요한 모든 구성 요소들이 집합하는 과정이다.

① **mRNA와 리보솜 소단위체의 결합(mRNA-리보솜 복합체 형성)** : 유전 정보를 전달하는 mRNA가 핵공을 통해 세포질로 빠져나와 리보솜①의 소단위체와 결합함으로써 단백질 합성이 시작된다.

② **개시 tRNA의 결합** : 소단위체가 mRNA를 지나면서 개시 코돈(5' -AUG- 3')이 있으면 메싸이오닌(Met)과 결합한 개시 tRNA가 운반되어 mRNA의 개시 코돈과 결합한다.

③ **리보솜 대단위체의 결합** : 리보솜의 대단위체가 소단위체와 결합함으로써 완전한 리보솜이 형성되어 본격적인 번역이 시작되며, 이때 개시 tRNA는 리보솜 대단위체의 P 자리에 위치한다.

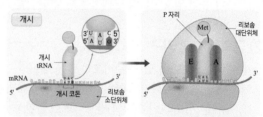

① mRNA가 리보솜 소단위체와 결합하고, 메싸이오닌(Met)을 운반해 온 개시 tRNA가 mRNA의 개시 코돈과 결합한다.

② 리보솜 대단위체가 결합하여 번역 개시 복합체가 완성된다. 이때 개시 tRNA는 리보솜의 P자리에 위치한다.

(2) 신장 : mRNA의 유전 암호에 따라 모든 아미노산이 순서대로 길게 연결되어 폴리펩타이드를 만드는 과정이다.

⑴ **두 번째 tRNA 결합(아미노산 운반)** : 아미노산을 부착한 두 번째 tRNA②가 리보솜의 A자리에 들어와 mRNA의 코돈과 상보적으로 결합한다.

⑵ **펩타이드 결합** : 개시 코돈에 결합된 첫 번째 tRNA가 운반해 온 메싸이오닌과 두 번째 tRNA가 운반해 온 아미노산 사이에 펩타이드 결합이 일어난다.

⑶ **리보솜의 이동③** : 개시 tRNA가 메싸이오닌과 분리되고 리보솜④은 mRNA를 따라 하나의 코돈⑤(3개의 염기)만큼 이동한다.

① 아미노산+tRNA 가 A자리에서 결합

② P자리 아미노산과 추가 아미노산 결합

③ P자리 아미노산이 분리되고 A자리에만 아미노산이 붙어있다.

④ 리보솜 이동→A자리 tRNA가 P자리로 이동

① 리보솜은 mRNA의 5'말단에서 3'말단 방향으로 이동한다. ⇨ 번역 방향 역시 mRNA의 5' → 3' 방향으로 일어난다.

▶ **개념확인 3**

번역에 필요한 모든 구성 요소들이 집합하는 과정을 무엇이라 하는가?　（　　　　　　）

▶ **확인 + 3**

mRNA의 유전 암호에 따라 모든 아미노산이 순서대로 길게 연결되어 폴리펩타이드를 만드는 과정을 무엇이라 하는가?　（　　　　　　）

② 리보솜의 이동으로 인해 A 자리에 있는 tRNA가 P 자리로 이동하므로 A자리는 비어 있게 되어 새로운 tRNA가 들어올 수 있는 자리가 생긴다. P 자리에 있던 tRNA는 E 자리로 이동한 후 리보솜 외부로 떨어져 나간다.

(4) 폴리펩타이드 사슬의 신장

① 비어 있는 A 자리에 세 번째 tRNA가 들어와 mRNA의 코돈과 결합하고, 두 번째 아미노산과 세 번째 아미노산 사이에 펩타이드 결합이 일어나면 두 번째 tRNA는 아미노산과 분리되고, 또 다시 리보솜은 하나의 코돈만큼 이동한다.

② 그 결과 P 자리에 있던 두 번째 tRNA가 E 자리로 이동한 후 리보솜을 떠나고, 새로운 tRNA가 아미노산을 운반해 와 펩타이드 결합을 하는 과정이 계속 반복되면서 폴리펩타이드의 길이는 점차 길어진다.

③ 폴리펩타이드 신장은 리보솜의 A 자리에 종결 코돈이 나타날 때까지 계속된다.

(3) 종결 : 단백질 합성이 종결되고, 단백질 합성에 사용되었던 요소들이 분리된다.

(1) 단백질 합성 종결

① 리보솜이 종결 코돈에 도달하면 상보적으로 결합할 수 있는 안티코돈을 가진 tRNA가 없어 방출 인자가 대신 붙으며 단백질 합성은 종결된다.

② 종결 코돈은 UAA, UAG, UGA의 세 종류가 있으며, A 자리에 tRNA가 없으면 신장은 중지된다.

(2) 리보솜의 분리(mRNA-리보솜 복합체 분리) : 단백질 합성이 끝나면 폴리펩타이드가 리보솜에서 떨어져 나가고, mRNA, tRNA, 리보솜 대단위체와 소단위체가 분리된다.

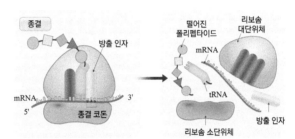

① A 자리에 종결 코돈이 나타나면 결합할 수 있는 tRNA가 없어 폴리펩타이드의 신장이 중지된다.

② 폴리펩타이드가 리보솜에서 떨어져 나가고 리보솜의 각 단위체, mRNA, tRNA 등도 서로 분리된다.

(4) 단백질의 형질 발현

① 합성된 폴리펩타이드는 소포체와 골지체에서 각각 독특한 입체 구조를 이루어 구성 단백질이나 효소 등으로 쓰이게 됨으로써 유전자의 형질이 발현된다.

② 형질이 제대로 발현되기 위해서는 단백질을 필요한 만큼 합성할 수 있어야 한다. 단백질 합성이 일어날 때 리보솜이 이동하여 개시 코돈이 비어있게 되면 새로운 리보솜이 mRNA에 결합할 수 있으므로, 하나의 mRNA에 여러 개의 리보솜(폴리리보솜)이 결합하여 똑같은 폴리펩타이드를 연속해서 여러 개 만들 수 있다.

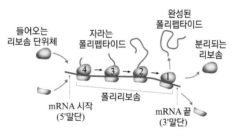

▲ 폴리리보솜(폴리솜) mRNA에 1번 리보솜이 결합하여 3'말단으로 이동을 시작하면, 2,3,4번 리보솜이 차례로 결합하여 3'말단으로 이동하며 폴리펩타이드를 각각 만들어낸다.

정답 및 해설 **23** 쪽

개념확인 4

번역 과정은 ' 개시 → 신장 → (   ) ' 의 순서로 일어난다.

확인 + 4

합성된 폴리펩타이드는 독특한 입체 구조를 이루어 단백질이나 효소 등으로 쓰이게 됨으로써 유전자의 형질이 (   )된다.

---

⑥ 단백질 합성 완료 후 과정

- 리보솜이 종결 코돈에 도달하면 리보솜의 A자리에는 tRNA 대신 tRNA와 구조가 비슷한 방출 인자가 결합한다.
- 방출 인자는 폴리펩타이드에 아미노산 대신 물 분자를 첨가하여 P 자리에 있는 tRNA와 폴리펩타이드의 마지막 아미노산 사이의 결합을 가수 분해한다. 그 결과 폴리펩타이드가 리보솜에서 떨어져 나간다.
- 합성이 완료되면 효소에 의해 메싸이오닌이 떨어져나가기도 한다.
- 합성된 사슬은 다양한 입체 구조를 나타낸다.

⑦ 리보솜의 분리

- 단백질을 합성하지 않을 때에는 리보솜의 대단위체와 소단위체는 서로 분리되어 존재한다.
- 분리된 리보솜의 대단위체와 소단위체는 다른 단백질 합성 과정에 재사용된다.

개념 다지기

01 다음 유전 암호에 대한 설명 중 옳은 것은 ○표, 옳지 않은 것은 ×표 하시오.

(1) 3개의 염기로 이루어진 DNA의 유전 암호를 안티코돈이라고 한다. ( )

(2) mRNA에서 하나의 아미노산을 지정하는 염기 3개의 조합을 코돈이라고 한다. ( )

(3) 코돈과 상보적으로 대응하는 tRNA의 염기 3개의 조합을 트리플렛 코드라고 한다.

( )

02 다음 코돈에 대한 설명 중 옳은 것은 ○표, 옳지 않은 것은 ×표 하시오.

(1) 각 아미노산을 지정하는 코돈은 한 가지뿐이다. ( )

(2) 종결 코돈이 지정하는 아미노산은 존재하지 않는다. ( )

(3) 개시 코돈은 한가지 뿐이며, 메싸이오닌을 지정한다. ( )

03 단백질 합성 과정에서 최초로 리보솜에 결합하는 아미노산은 무엇인가?

( )

04 단백질 합성에 필요한 유전 정보가 들어있는 DNA의 한쪽 가닥을 주형으로 합성된 mRNA의 염기 서열을 나타낸 것이다. 이 서열를 통해 폴리펩타이드가 합성되었다면, 몇 개의 아미노산으로 이루어지는가?

5'-AUGGACGATTAUUAG-3'

( )

05 다음 중 리보솜에 대한 설명으로 옳은 것은?

① 여러 단백질과 rRNA로 구성되어 있다.
② 소단위체에는 tRNA 결합 부위가 존재한다.
③ 대단위체에는 mRNA 결합 부위가 존재한다.
④ 소단위체와 대단위체는 항상 결합되어 존재한다.
⑤ 폴리펩타이드는 A자리에 위치한 tRNA에 결합해 있다.

06 단백질 합성 과정에 대한 설명으로 옳은 것은 ○표, 옳지 않은 것은 ✕표 하시오.

(1) 단백질 합성은 3'에서 5' 방향으로 진행된다.   (   )
(2) 단백질 합성은 개시, 신장, 종결 순으로 일어난다.   (   )
(3) tRNA는 리보솜의 P, A, E 자리 순으로 이동한다.   (   )

07 다음은 번역 과정을 순서 없이 나타낸 것이다. 순서대로 나열하시오.

> (가) 리보솜 소단위체와 mRNA가 결합한다.
> (나) 리보솜이 소단위체와 대단위체로 분리된다.
> (다) 리보솜이 종결 코돈에 도달하면 번역이 종결된다.
> (라) 개시 tRNA의 안티코돈이 mRNA의 코돈과 상보적으로 결합한다.
> (마) tRNA에 의해 운반된 아미노산 사이에 펩타이드 결합으로 폴리펩타이드가 형성된다.

(   )

08 단백질의 형질 발현에 대한 설명으로 옳은 것은 ○표, 옳지 않은 것은 ✕표 하시오.

(1) 하나의 mRNA에 여러 개의 리보솜이 결합하더라도 똑같은 폴리펩타이드를 여러 개 만
들 수는 없다.
(2) 합성된 단백질에 의한 형질이 제대로 발현되기 위해서는 단백질을 필요한 만큼 합성할
수 있어야 한다.   (   )
(3) 단백질 합성 시 리보솜이 이동하여 개시 코돈이 비어있게 되면 새로운 리보솜이 mRNA
에 결합할 수 있다.   (   )

유형 4-1 유전 암호

다음은 DNA 염기 서열과 코돈표(mRNA의 유전 암호)를 나타낸 것이다. 다음 물음에 답하시오.

$$3' - T A C G A T A A G T A G A A T A C T - 5'$$

코돈	UUA	UUC	GUU	AUC
아미노산	류신	페닐알라닌	발린	아이소류신

코돈	AAG	UGA	AUG	CUA
아미노산	라이신	종결 코돈	메싸이오닌	류신

(1) 이 DNA로부터 전사와 번역을 거쳐 합성된 단백질은 총 5 종류의 아미노산으로 구성된다.

(   )

(2) 이 DNA로부터 전사와 번역을 거쳐 만들어진 폴리펩타이드에는 총 5개의 펩타이드 결합
이 있다.   (   )

(3) 이 DNA로부터 전사와 번역을 거쳐 만들어진 폴리펩타이드의 세 번째 아미노산은 페닐알
라닌이다.   (   )

01 DNA 트리플렛 코드 5' - AGT - 3' 에 대응되는 mRNA의 코돈과 결합하는 tRNA의 안티코돈의 염
기 서열을 방향과 함께 쓰시오.

(   )

02 다음은 유전 암호에 대한 설명이다. 괄호 안에 알맞은 것을 골라 기호로 답하시오.

3개의 DNA 염기가 한 조가 되어 하나의 아미노산을 지정하는 DNA의 유전 암호를 (① 코돈 ② 트리플
렛 코드)(이)라 하고 mRNA의 유전 암호는 (③ 안티코돈 ④ 코돈)이라 한다. mRNA의 유전 암호를 인
식하여 상보적으로 결합하는 3개의 염기로 구성된 tRNA의 유전 암호는 (⑤ 코돈 ⑥ 안티코돈)이라고
한다.

(   )

유형 4-2 번역 – 단백질 합성 기구

다음 그림은 tRNA의 2차원 구조를 나타낸 것이다. 이에 대한 설명으로 옳은 것은 ○표, 옳지 않은 것은 ×표 하시오.

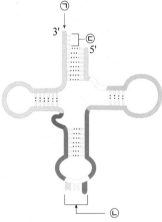

(1) ㉠은 아미노산이 결합하는 부위이다.　　　　　　　　　　（　　）
(2) ㉡은 모든 tRNA가 공통적으로 갖는 염기 서열이다.　　　（　　）
(3) ㉢은 tRNA와 결합할 아미노산의 종류를 결정한다.　　　（　　）

03 다음 중 단백질 합성 기구가 <u>아닌</u> 것은?

① mRNA　　　　② rRNA　　　　③ ATP　　　　④ DNA　　　　⑤ 아미노산

04 다음 그림은 진핵 세포 내에서 일어나는 유전 정보의 흐름을 나타낸 것이다. 이에 대한 설명으로 옳은 것은 ○표, 옳지 않은 것은 ×표 하시오.

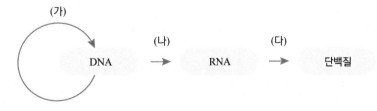

(1) tRNA는 (나)를 통해 만들어진다.　　　　　　　　　　　　（　　）
(2) (다)는 유전 정보가 염기 서열에서 아미노산 서열로 전달되는 과정이다.　（　　）
(3) 원핵 세포는 과정 (가), (나), (다) 모두 세포질에서 일어나며, 진핵 세포의 세포질에서는 (나)와 (다)가 일어난다.　　　　　　　　　　　　　　（　　）

유형 4-3 번역 – 단백질 합성 과정 1

다음은 진핵 세포의 리보솜에서 단백질 합성이 일어나는 과정 중 일부를 나타낸 모식도이다.

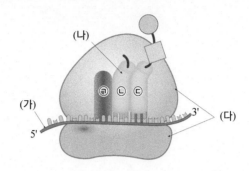

(1) 리보솜은 5'에서 3'방향으로 이동한다. ( )

(2) ⓒ은 ⓒ보다 리보솜에서 먼저 방출된다. ( )

(3) (가), (나), (다) 모두 핵 속에서 합성되었다. ( )

05 다음 각 기호에 해당하는 단백질 합성 기구를 쓰시오.

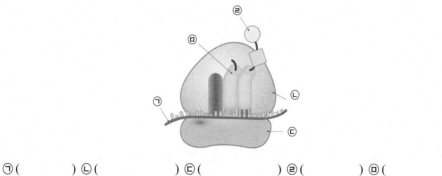

㉠ ( ) ㉡ ( ) ㉢ ( ) ㉣ ( ) ㉤ ( )

06 다음 단백질 합성 과정에 대한 설명으로 옳은 것은 ○표, 옳지 않은 것은 ×표 하시오.

(1) 아미노산을 운반하는 tRNA는 리보솜의 P, A, E 자리를 차례로 거쳐 방출된다. ( )

(2) mRNA의 개시 코돈에 메싸이오닌이 결합하고 리보솜의 대단위체가 소단위체와 결합하여 완전한 리보솜이 형성된다. ( )

(3) 메싸이오닌 다음으로 운반된 아미노산이 메싸이오닌과 펩타이드 결합을 하면, 리보솜은 mRNA의 5' 말단에서 3' 말단 방향으로 3개 염기 만큼 이동한다. ( )

정답 및 해설 24 쪽

유형 4-4 번역 - 단백질 합성 과정 2

다음은 단백질 합성 과정의 일부를 나타낸 모식도이다. 이에 대한 설명으로 옳은 것은 ○표, 옳지 않은 것은 ×표 하시오.

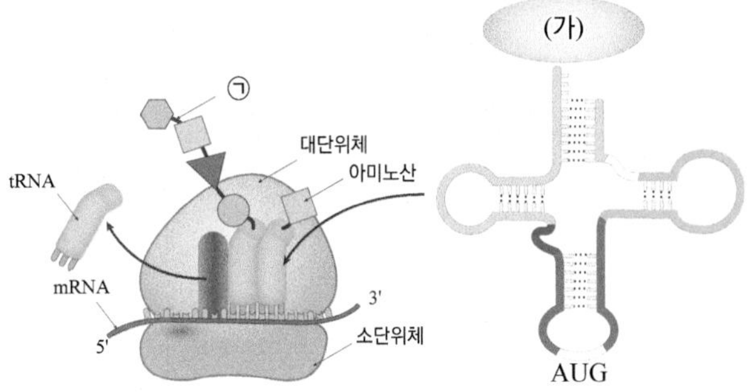

(1) ㉠은 수소 결합이다. ( )

(2) (가)를 암호화하는 코돈은 5' - UAC - 3'이다. ( )

(3) 리보솜은 mRNA의 3'에서 5' 방향으로 3개의 코돈만큼 이동한다. ( )

07 다음 단백질 합성에 대한 설명으로 옳은 것은 ○표, 옳지 않은 것은 ×표 하시오.

(1) 폴리펩타이드 신장은 리보솜의 A 자리에 종결 코돈이 나타날 때까지 계속된다. ( )

(2) 단백질 합성 후 분리된 리보솜의 대단위체와 소단위체는 다른 단백질 합성 과정에 재사용된다. ( )

(3) mRNA의 코돈은 5'에서 3' 방향으로, 코돈에 결합하는 안티코돈은 mRNA의 3'에서 5' 방향으로 진행된다. ( )

08 다음 ㉠ ~ ㉥은 단백질 합성 과정을 순서 없이 나타낸 것이다. 순서대로 나열하시오.

㉠ 리보솜의 A자리에 종결 코돈이 위치한다.
㉡ 리보솜의 소단위체와 mRNA가 결합한다.
㉢ 리보솜이 소단위체와 대단위체로 분리된다.
㉣ 아미노산 사이에 펩타이드 결합을 형성한다.
㉤ 아미노산과 결합된 개시 tRNA가 리보솜의 P 자리에 위치한다.
㉥ 리보솜의 A 자리에 아미노산과 결합된 두 번째 tRNA가 위치한다.

( )

01 다음은 DNA 가닥(Ⅰ)의 염기 서열 및 폴리펩타이드(Ⅱ)의 아미노산 서열과 이 DNA가닥(Ⅰ)에서 ②
과 ⑩의 위치에 각각 1개의 뉴클레오타이드가 삽입되어 합성된 폴리펩타이드(Ⅲ)의 아미노산 서열을
나타낸 것이며, 표는 유전 암호의 일부를 나타낸 것이다. (단, DNA 가닥 Ⅰ으로부터 전사된 mRNA의
길이는 DNA 가닥 Ⅰ의 길이와 같으며, ⑤ ~ ⑩은 각각 염기 A, G, C, T 중 하나이다.)

< 표 >

코돈	아미노산
AAA AAG	라이신(Lys)
AUG	메싸이오닌(Met)
AAU AAC	아스파라진(Asn)
AUU AUC AUA	아이소류신(Ile)
CCC	프롤린(Pro)
CUU	류신(Leu)
GAU GAC	아스파트산(Asp)
GAA	글루탐산(Glu)
GGU GGC GGA GGG	글라이신(Gly)
UUC UUU	페닐알라닌(Phe)
UGG	트립토판(Trp)
UAU UAC	타이로신(Tyr)
UAA	종결 코돈

・DNA 가닥 (Ⅰ) : 3' - ⑤ⓛⓒ ATA TAT ACC TAT TTT ATT - 5'

・폴리펩타이드 (Ⅱ) : Met - Tyr - Ile - X - Ile - Lys

・폴리펩타이드 (Ⅲ) : Met - Tyr - Asn - Asp - Gly

(1) ⑤, ⓛ, ⓒ은 각각 무엇인가?

(2) 폴리펩타이드 (Ⅱ)의 X는 무엇인가?

(3) 폴리펩타이드 (Ⅲ)는 ②, ⑩에 각각 무엇이 삽입되었는가?

(4) 메싸이오닌을 운반하는 tRNA의 안티코돈을 방향과 함께 쓰시오.

(5) 유전자가 전사될 때 DNA 가닥 Ⅰ은 주형 가닥으로 이용되었는가?

02 다음은 어떤 세포에 방사성 동위 원소로 표지된 ^{14}C-leucine(류신 : 단백질 합성에 사용되는 필수 아미
노산)을 첨가한 후 각 시간별로 리보솜과 소포체를 추출하여 방사선량을 측정하였다. 동위 원소를 투
여하고 약 5분 경과 후, 세포에 단백질 번역 저해제를 처리하였을 때 다음과 같은 그래프를 얻을 수 있
었다.

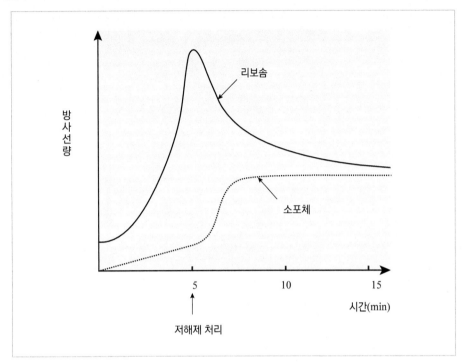

실험 결과 리보솜, 소포체에서 나타나는 현상을 그 이유와 함께 서술하시오.

03 다음 (가)는 폴리리보솜(polyrivosome) 구조를 나타낸 모식도이며, (나)는 어떤 생물의 세포 내 전사, 번역 과정을 나타낸 모식도이다.

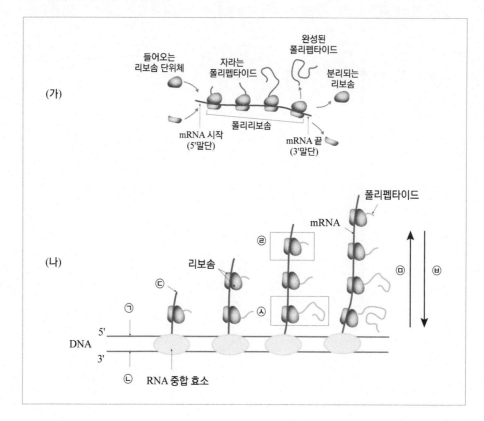

(1) ㉠, ㉡ 중 전사 과정에서 주형 가닥으로 사용된 것은 무엇인가?

(2) ㉢은 mRNA의 3' 말단과 5' 말단 중 어느 것인가?

(3) ㉣과 ㉥ 중 먼저 mRNA에 결합한 리보솜은 무엇인가?

(4) ㉤, ㉿ 중 리보솜의 이동 방향을 어느 것인가?

(5) 위 생물의 번역은 언제 시작되는지 서술하시오.

04 다음은 어떤 유전자의 절편과 이 유전자로부터 전사된 mRNA를 섞어 가열, 냉각한 분자 모양을 전자 현미경으로 관찰한 결과에 대한 모식도이다. (단, 가열하면 상보적인 결합이 떨어지고, 냉각하면 상보적인 결합을 한다.)

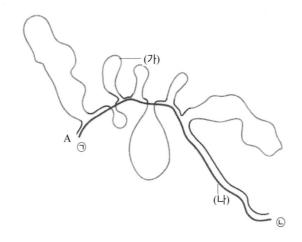

(1) (가), (나)는 각각 무엇을 나타낸 것인지 서술하시오.

(2) 이 유전자의 절편에는 인트론(비암호화 부위)가 몇 개 존재하는가?

(3) 이와 같은 결과를 얻을 수 있는 생물은 원핵 생물과 진핵 생물 중 어느 것인가?

(4) (가)의 3' 말단이 A라면 (나)의 5'말단과 3' 말단은 ㉠, ㉡ 중 각각 어느 것인가?

A

01 유전 암호에 대한 설명으로 옳지 <u>않은</u> 것은?

① 코돈은 모두 64가지 존재한다.
② 코돈은 1개의 아미노산을 지정하는 유전 암호이다.
③ 개시 코돈이 지정하는 아미노산은 메싸이오닌이다.
④ UAA는 종결 코돈이며, 아미노산을 지정하지 않는다.
⑤ 번역 과정에서 1개의 염기가 3개의 코돈에 겹쳐 사용된다.

02 코돈에 대한 설명으로 옳은 것만을 <보기>에서 있는 대로 고른 것은?

─── 〈 보기 〉 ───
ㄱ. 모든 코돈은 아미노산을 암호화한다.
ㄴ. 한 종류의 아미노산을 지정하는 코돈은 1개 이상이다.
ㄷ. 코돈은 mRNA의 염기 3개의 조합으로 이루어진 유전 암호이다.

① ㄱ   ② ㄴ   ③ ㄱ, ㄷ
④ ㄴ, ㄷ   ⑤ ㄱ, ㄴ, ㄷ

03 리보솜에 대한 설명으로 옳지 <u>않은</u> 것은?

① 펩타이드 결합이 일어나는 장소이다.
② RNA와 여러 단백질로 구성되어 있다.
③ tRNA와 아미노산이 결합하는 장소이다.
④ 대단위체와 소단위체는 각각 단독으로는 기능을 수행하지 못한다.
⑤ 소단위체에는 mRNA의 결합 자리가 있으며, 대단위체에는 tRNA의 결합 자리가 존재한다.

04 다음 모식도 (가)는 단백질 합성 과정의 일부를, (나)는 세포의 구조를 나타낸 것이다.

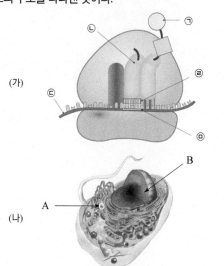

이에 대한 설명으로 옳은 것만을 <보기>에서 있는 대로 고른 것은? (단, A는 막이 없는 세포 소기관이다.)

─── 〈 보기 〉 ───
ㄱ. ㉡과 ㉢은 B에서 만들어진다.
ㄴ. (가)과정은 A에서 일어난다.
ㄷ. ㉣은 코돈, ㉤은 안티코돈이다.
ㄹ. ㉠과 ㉢은 세포질에서 결합한다.

① ㄱ, ㄴ   ② ㄴ, ㄷ   ③ ㄱ, ㄹ
④ ㄱ, ㄴ, ㄹ   ⑤ ㄴ, ㄷ, ㄹ

05 다음은 DNA의 유전 정보로부터 단백질이 합성되는 과정의 일부를 순서 없이 나열한 것이다.

(가) mRNA와 리보솜 소단위체가 결합한다.
(나) 메싸이오닌을 운반하는 tRNA가 개시 코돈에 결합한다.
(다) 3번째 아미노산과 4번째 아미노산 사이에 펩타이드 결합을 한다.
(라) P 자리에 있던 개시 tRNA가 E 자리로 이동한 후 리보솜을 떠난다.
(마) 리보솜이 mRNA를 따라 이동하다가 A자리에 종결 코돈이 놓인다.

단백질 합성 과정을 순서대로 옳게 나타낸 것은?

① (가) - (나) - (다) - (마) - (라)
② (나) - (가) - (다) - (라) - (마)
③ (나) - (가) - (라) - (다) - (마)
④ (가) - (나) - (라) - (다) - (마)
⑤ (나) - (가) - (다) - (마) - (라)

06 다음과 같은 염기 서열을 가지는 DNA로부터 폴리펩타이드가 합성될 때 필요한 tRNA는 몇 개인가? (단, 개시 코돈은 AUG, 종결 코돈은 UGA, UAG, UAA이다.)

3' - A C C G T C T T A C T G A A T C G T - 5'

① 2개   ② 3개   ③ 4개
④ 5개   ⑤ 6개

07 동물의 단백질을 인공적으로 합성하기 위해 mRNA는 돼지, tRNA는 쥐, 리보솜은 소, 효소는 양, ATP는 개에서 각각 추출하였다면, 합성된 단백질은 어느 동물의 것인가?

(   )

08 다음은 진핵 생물의 핵에서 전사된 mRNA가 핵공을 빠져나가 리보솜에서 단백질 합성이 일어나는 과정의 일부를 나타낸 모식도이다.

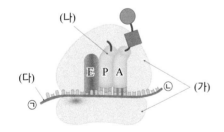

이에 대한 설명으로 옳은 것만을 있는 대로 고르시오.

① ㉠ → ㉡ 방향은 3' → 5'이다.
② (나)와 (다)는 전사 과정을 통해 만들어졌다.
③ A 자리는 아미노산과 결합한 tRNA가 리보솜에 들어와 결합하는 자리이다.
④ E 자리는 tRNA가 리보솜을 빠져나가기 전 잠시 머무는 자리이다.
⑤ tRNA가 떨어져나갈 때마다 리보솜은 mRNA를 따라 3개의 코돈만큼 이동한다.

09 다음 표는 합성 mRNA를 이용하여 얻은 폴리펩타이드에 관한 자료를 나타낸 것이다.

mRNA 염기 서열	합성된 폴리펩타이드
- GUGUGUGUGUGU -	시스테인과 발린이 반복된 한 종류의 폴리펩타이드
-UGGUGGUGGUGG -	글라이신, 트립토판, 발린으로만 이루어진 세 종류의 폴리펩타이드

이 표를 토대로 추론할 때 같은 아미노산을 지정하는 코돈으로 옳은 것은?

	발린	시스테인
①	UGU	GUG
②	GUG	UGU
③	GUG	UGG
④	UGU	GGU
⑤	GUG	GGU

10 유전 암호가 지정하는 아미노산을 알아내기 위해 인공적으로 합성한 mRNA와 대장균 추출물을 준비하여 섞은 후 생성되는 아미노산을 확인하였다. 대장균 추출물 속에 꼭 포함되어 있어야 하는 물질만을 <보기>에서 있는 대로 고른 것은?

〈 보기 〉

ㄱ. 리보솜   ㄴ. RNA 중합 효소   ㄷ. tRNA
ㄹ. 프라이머   ㅁ. DNA 중합 효소   ㅂ. ATP

① ㄱ, ㄴ, ㄷ   ② ㄱ, ㄴ, ㅂ   ③ ㄱ, ㄷ, ㄹ
④ ㄱ, ㄷ, ㅁ   ⑤ ㄱ, ㄷ, ㅂ

B

11 코돈에 대한 설명으로 옳은 것은?

① 코돈의 종류는 총 61가지이다.
② DNA가 갖는 3개의 염기 조합이다.
③ 번역의 개시와 종결을 알리는 코돈은 정해져 있다.
④ 한 종류의 아미노산을 지정하는 코돈은 1개 뿐이다.
⑤ 아미노산이 암호화되지 않는 코돈은 존재하지 않는다.

12 다음과 같은 염기 서열을 갖는 DNA로부터 폴리펩타이드가 합성될 때 필요한 tRNA는 몇 개인가? (단, 개시 코돈은 AUG, 종결 코돈은 UGA, UAG, UAA이다.)

5' - A C C G T C T T A G T G A A T C A T - 3'

① 2개   ② 3개   ③ 4개
④ 5개   ⑤ 6개

13 다음 리보솜에서 단백질이 합성되는 과정에 대한 설명으로 옳지 <u>않은</u> 것은?

① 개시 코돈을 지정하는 아미노산은 한 개뿐이다.
② 리보솜은 mRNA를 따라 한 번에 1개의 코돈만큼 이동한다.
③ 추가되는 tRNA-아미노산 복합체는 리보솜의 A자리로 들어온다.
④ 생성된 폴리펩타이드를 구성하는 아미노산 수는 전사된 mRNA의 코돈 수보다 적다.
⑤ 종결 코돈에 상보적인 tRNA가 결합하면 합성된 단백질이 리보솜으로부터 방출된다.

14 다음은 DNA로부터 전사된 mRNA의 염기 서열 일부를 나타낸 것이다. 이 mRNA의 30번째 염기부터 155번째 염기는 단백질로 번역되었다.

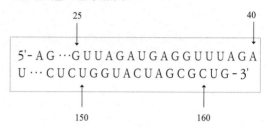

이에 대한 해석으로 옳은 것만을 <보기>에서 있는 대로 고른 것은?

〈 보기 〉

ㄱ. 종결 코돈은 5' - UAC - 3'이다.
ㄴ. 번역 직후 총 42개의 아미노산으로 구성된 폴리펩타이드가 존재한다.
ㄷ. 번역이 완료되기 위해 필요한 mRNA의 염기 수는 총 129개이다.

① ㄱ   ② ㄴ   ③ ㄱ, ㄷ
④ ㄴ, ㄷ   ⑤ ㄱ, ㄴ, ㄷ

15 다음은 진핵 생물의 폴리리보솜을 나타낸 모식도이다.

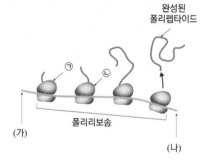

이에 대한 설명으로 옳은 것만을 <보기>에서 있는 대로 고른 것은?

〈 보기 〉

ㄱ. (가)는 DNA의 3' 말단이다.
ㄴ. ㉠과 ㉡은 동시에 결합한다.
ㄷ. 단백질 합성은 (가)에서 (나) 방향으로 진행된다.
ㄹ. mRNA의 코돈과 그로부터 합성된 폴리펩타이드의 아미노산의 개수는 같다.

① ㄷ   ② ㄱ, ㄴ   ③ ㄴ, ㄷ
④ ㄷ, ㄹ   ⑤ ㄱ, ㄴ, ㄷ, ㄹ

16 다음은 특정 유전자에서 DNA의 주형 가닥 일부의 염기 서열을 나타낸 것이다. (단, 주어진 염기 서열의 모든 염기는 전사와 번역이 진행된다.)

> 5' - A C C G T C T A G G T G A A T G T A - 3'

이 자료를 이용한 분석으로 옳은 것만은 <보기>에서 있는 대로 고른 것은?

〈 보기 〉

ㄱ. 전사된 mRNA에는 개시 코돈이 포함되어 있다.
ㄴ. 주어진 mRNA 사슬 부위로부터 생성될 수 있는 아미노산은 6개이다.
ㄷ. 전사 결과 생성된 mRNA는 3' - U G G C A G A U C C A C U U A C A U - 5'이다.

① ㄱ   ② ㄴ   ③ ㄱ, ㄷ
④ ㄴ, ㄷ   ⑤ ㄱ, ㄴ, ㄷ

17 다음 (가) ~ (다)는 각각 DNA로부터 전사되어 만들어진 RNA이며, 모두 단백질 합성에 관여한다.

RNA	기능
(가)	아미노산과 결합
(나)	리보솜 소단위체와 결합
(다)	단백질과 결합

이에 대한 설명으로 옳은 것만을 <보기>에서 있는 대로 고른 것은?

〈 보기 〉

ㄱ. (가)에는 안티코돈이 있다.
ㄴ. (나)는 단백질 합성에 필요한 유전 정보를 전달한다.
ㄷ. (다)는 리보솜을 구성한다.

① ㄱ   ② ㄴ   ③ ㄱ, ㄷ
④ ㄴ, ㄷ   ⑤ ㄱ, ㄴ, ㄷ

18~19 다음 표는 mRNA 유전 암호의 일부를 나타낸 것이다.

첫 번째 염기	두 번째 염기				세 번째 염기
	U	C	A	G	
U	페닐알라닌	세린	타이로신	시스테인	C
			종결코돈	종결코돈	A
	류신			트립토판	G
C	류신	프롤린	히스티딘	아르지닌	C
			글루타민		A
					G
A	아이소류신	트레오닌	아스파라진	세린	C
					A
	메싸이오닌		라이신	아르지닌	G

18 이 표로부터 알 수 있는 사실로 옳지 않은 것은?

① 유전 물질은 아미노산이다.
② 종결 코돈에 해당하는 아미노산은 없다.
③ 아미노산의 종류는 코돈의 개수보다 적다.
④ 3개의 염기가 1개의 아미노산을 결정한다.
⑤ UCA와 AGC는 세린을 지정하는 코돈이다.

19 다음은 단백질 형질 발현에 사용된 DNA 사슬의 염기 서열을 나타낸 것이다.

> 3' - T G T T A C T G C A C C G T C A T C G - 5'

이 DNA 사슬의 서열 부분이 전사, 번역되었을 때 생성될 폴리펩타이드의 아미노산 서열로 옳은 것은?

① 트레오닌 - 메싸이오닌 - 트레오닌 - 글루타민
② 트레오닌 - 메싸이오닌 - 트립토판 - 글루타민
③ 메싸이오닌 - 트레오닌 - 트립토판 - 글루타민
④ 메싸이오닌 - 트레오닌 - 트립토판 - 아이소류신
⑤ 트레오닌 - 메싸이오닌 - 트레오닌 - 트립토판 - 글루타민

20 다음은 단백질의 합성에 필요한 유전 암호를 갖는 DNA 2 중 나선의 각 사슬의 염기 서열과 번역 결과 만들어진 폴리펩타이드의 아미노산 서열을 나타낸 것이다. (단, AUG 는 개시 코돈이며, UAG, UAA, UGA는 종결 코돈이다.)

· DNA(Ⅰ) : A C G T A C T G A A T C T A - ㉠
· DNA(Ⅱ) : T G C A T G A C T T A G A T - ㉡
· 아미노산 : 메싸이오닌 + 트레오닌

이에 대한 설명으로 옳지 **않은** 것은?

① 주형 DNA는 Ⅰ이다.
② 2개의 tRNA가 필요하다.
③ 3개의 안티코돈이 존재한다.
④ ㉠은 5′말단이며, ㉡은 3′ 말단이다.
⑤ DNA로부터 암호화되는 염기의 개수는 9개이다.

C

21 다음은 진핵 생물의 폴리리보솜을 나타낸 모식도이다.

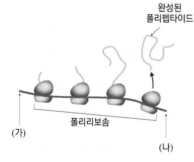

이에 대한 설명으로 옳은 것만을 <보기>에서 있는 대로 고른 것은?

─── 〈 보기 〉 ───

ㄱ. (가)는 mRNA의 5′ 말단이다.
ㄴ. 각각의 리보솜은 mRNA의 서로 다른 위치에서 번역을 개시한다.
ㄷ. 폴리리보솜을 통해 하나의 mRNA로부터 다양한 종류의 폴리펩타이드가 합성된다.

① ㄱ   ② ㄴ   ③ ㄱ, ㄷ
④ ㄴ, ㄷ   ⑤ ㄱ, ㄴ, ㄷ

22 다음은 리보솜에서 일어나는 번역 과정을 나타낸 모식도이다.

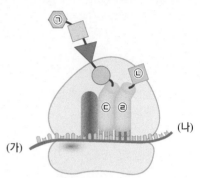

이에 대한 설명으로 옳은 것만을 <보기>에서 있는 대로 고른 것은?

─── 〈 보기 〉 ───

ㄱ. ㉠과 ㉡은 펩타이드 결합으로 연결된다.
ㄴ. ㉢은 ㉣보다 나중에 mRNA와 결합한다.
ㄷ. 리보솜의 이동 방향은 (가)에서 (나)이다.

① ㄱ   ② ㄴ   ③ ㄷ
④ ㄱ, ㄴ   ⑤ ㄱ, ㄴ, ㄷ

23 다음은 인공적으로 합성한 mRNA의 염기 서열을 나타낸 것이며, 표는 이 mRNA를 단백질 합성계에 넣어 얻은 세 종류의 폴리펩타이드 ㉠~㉢을 나타낸 것이다.

인공 mRNA : 5′- U U U U U C C C C U - 3′

합성된 폴리펩타이드	아미노산 서열
㉠	● - ▲
㉡	● - ● - ▲
㉢	● - ★ - ■

이에 대한 설명으로 옳은 것만을 <보기>에서 있는 대로 고른 것은? (단, ●, ★, ■, ▲는 각각 아미노산을 나타낸 것이며, 개시 코돈과 종결 코돈은 고려하지 않는다.)

─── 〈 보기 〉 ───

ㄱ. 코돈 CCU는 ■를 지정한다.
ㄴ. ㉡은 두 번째 염기부터 번역된 것이다.
ㄷ. 코돈 UUU와 UUC는 같은 아미노산을 지정한다.

① ㄱ   ② ㄴ   ③ ㄱ, ㄷ
④ ㄴ, ㄷ   ⑤ ㄱ, ㄴ, ㄷ

24 다음은 어떤 세포의 유전자 발현을 나타낸 모식도이다.

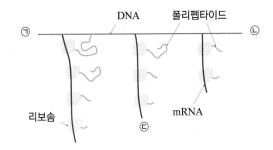

이 모식도에 대한 설명으로 옳은 것만을 <보기>에서 있는 대로 고른 것은?　　　　　　　　[평가원 모의고사 유형]

―――〈 보기 〉―――

ㄱ. ⓒ는 mRNA의 3'말단이다.
ㄴ. 전사는 ㉠에서 ㉡방향으로 진행된다.
ㄷ. 전사가 완료되기 전에 번역이 시작된다.

① ㄱ　　　　　　② ㄴ　　　　　　③ ㄴ
④ ㄱ, ㄴ　　　　⑤ ㄱ, ㄴ, ㄷ

25 다음은 폴리펩타이드 (가)를 암호화하는 DNA 주형 가닥 (나)의 염기 서열을 나타낸 것이다. 이 주형 가닥에 1개의 뉴클레오타이드 (㉠)가 삽입되면 종결 코돈이 형성되어 2개의 아미노산으로 구성된 폴리펩타이드가 합성된다.

(나) : 3' - A T A C T G A T G A A C C A T T - 5'

이에 대한 설명으로 옳은 것만을 <보기>에서 있는 대로 고른 것은? (단, 개시 코돈은 AUG, 종결 코돈은 UAA, UGA, UAG이며, 합성이 끝난 폴리펩타이드의 메싸이오닌은 떨어져 나갔다.)　　[평가원 모의고사 유형]

―――〈 보기 〉―――

ㄱ. ㉠의 염기는 T이다.
ㄴ. 폴리펩타이드 (가)는 3개의 아미노산으로 이루어져 있다.
ㄷ. (가)의 두 번째 아미노산을 운반하는 tRNA의 안티코돈의 3'쪽 첫 번째 염기는 U이다.

① ㄱ　　　　　　② ㄴ　　　　　　③ ㄱ, ㄷ
④ ㄴ, ㄷ　　　　⑤ ㄱ, ㄴ, ㄷ

26 다음은 mRNA의 코돈을 나타낸 것이며, 표는 이 mRNA와 돌연변이가 된 mRNA로부터 번역된 아미노산의 서열을 나타낸 것이다.

| 5' - A U A U G A G G A G A G A A U G A A - 3' |
| 염기번호 1 2 3 4 5 6 7 8 9 10 11 12 13 14 15 16 17 18 |

mRNA	염기의 변화	아미노산 서열
(가)	아무런 변화가 없음	● - ▲ - ★ - ■
(나)	한 개의 염기가 U로 전환됨	● - ▲ - ★
(다)	한 개의 염기가 G으로 전환되었고, 두 개의 염기 A와 U이 첨가됨	● - ▲ - ▲ - ■ - ●

이에 대한 설명으로 옳은 것만을 <보기>에서 있는 대로 고른 것은? (단, AUG는 개시코돈이며, UAA, UAG, UGA는 종결 고돈이다.)

―――〈 보기 〉―――

ㄱ. (나)에서 12번 염기가 U로 전환되었다.
ㄴ. (다)에서 G로 전환된 염기 번호는 9번이다.
ㄷ. (다)에서 13번과 14번 사이에 U가, 16번과 17번 사이에 A가 첨가되었다.

① ㄱ　　　　　　② ㄴ　　　　　　③ ㄱ, ㄷ
④ ㄴ, ㄷ　　　　⑤ ㄱ, ㄴ, ㄷ

심화

27 다음은 DNA 2중 나선의 염기 서열과 DNA의 유전 정보에 따라 합성된 폴리펩타이드의 아미노산 서열을 나타낸 것이다.

DNA I	5' - A T G T C A T T C G T T A C G C A T A T C - 3'
DNA II	3' - T A C A G T A A G C A A T G C G T A T A G - 5'
아미노산	메싸이오닌 - 아르지닌 - 아스파라진 - 글루탐산

이에 대한 설명으로 옳은 것만을 <보기>에서 있는 대로 고른 것은? (단, 개시 코돈은 AUG, 종결 코돈은 UAA, UAG, UGA이다.)

〈 보기 〉
ㄱ. DNA II는 mRNA의 전사에 주형으로 사용되었다.
ㄴ. 아르지닌을 암호화하는 코돈의 첫 번째 염기는 C이다.
ㄷ. 이 펩타이드의 합성을 종결하는 코돈은 5' - UGA - 3'이다.

① ㄱ   ② ㄴ   ③ ㄱ, ㄷ
④ ㄴ, ㄷ   ⑤ ㄱ, ㄴ, ㄷ

28 다음은 유전 암호를 알아내기 위한 실험 과정의 일부를 나타낸 것이다.

〈실험 과정〉
(가) 각각 UG, UUG, UCG, UUCG, UCUG의 반복이 있는 인공 mRNA를 만든다.
(나) 만들어진 mRNA를 이용해 폴리펩타이드를 합성한다.
(다) 합성된 폴리펩타이드에 포함된 아미노산을 분석한다.

〈실험 결과〉

인공 mRNA	반복 염기 서열	특징
㉠	UG	poly(시스테인 - 발린)
㉡	UUG	poly(발린), poly(류신), poly(시스테인)
㉢	UCG	poly(발린), poly(세린), poly(아르지닌)
㉣	UUCG	poly(페닐알라닌 - 발린 - 아르지닌 - 세린)
㉤	UCUG	poly(세린 - 발린 - 시스테인 - 류신)

* 개시 코돈과 종결 코돈은 고려하지 않는다.
* poly( )는 반복 아미노산 서열을 나타낸다.

이에 대한 설명으로 옳은 것만을 <보기>에서 있는 대로 고른 것은?

〈 보기 〉
ㄱ. 코돈 UUG는 류신을 지정한다.
ㄴ. ㉠ ~ ㉤에서 발린을 지정하는 코돈은 2종류이다.
ㄷ. CUGU가 5회 반복되는 mRNA로부터 합성된 폴리펩타이드 1개에 포함된 류신과 세린은 각각 2개씩이다.

① ㄱ   ② ㄴ   ③ ㄱ, ㄷ
④ ㄴ, ㄷ   ⑤ ㄱ, ㄴ, ㄷ

29 다음은 임의의 단백질의 mRNA 염기 서열과 아미노산 서열을 나타낸 것이고, 표는 일부 코돈이 지정하는 아미노산 서열을 나타낸 것이다.

코돈 번호	…	13	14	15	16	17	18
mRNA 염기 서열	…	AUA	UCA	CGA	GAA	UUG	AAA
아미노산 서열	…	아이소류신	세린	아르지닌	글루탐산	류신	라이신

코돈	아미노산	코돈	아미노산
UCC	세린	AAU	아스파라진
UAC	타이로신	CAC	히스티딘
GAG	글루탐산	UGA (종결코돈)	-

14번 코돈에서 뉴클레오타이드 1개가 결실되었을 때 나타나는 결과로 옳은 것은?(단, 13번 이전에는 돌연변이와 종결 코돈이 없다.)

① 원래보다 긴 단백질이 만들어진다.
② 14번 아미노산은 세린, 타이로신, 히스티딘 중 하나이다.
③ 15번 코돈이 지정하는 아미노산은 아스파라진 이다.
④ 16번 코돈은 지정하는 아미노산이 없는 종결 코돈이다.
⑤ 만들어진 단백질에는 16개의 펩타이드 결합이 있다.

30~31 다음은 어떤 mRNA로부터 폴리펩타이드를 합성하는 실험 과정과 그 결과를 나타낸 것이다.

〈실험 과정〉
시험관에 mRNA와 번역에 필요한 물질을 넣고 반응시켰더니 폴리펩타이드가 생성되었다. (단, AUG는 개시 코돈이다.)

〈실험 결과〉
합성된 폴리펩타이드의 아미노산 서열을 분석한 결과 다음 표와 같았다.

mRNA의 염기 서열
5'-TAUGCCUCUAAUCCAUUAAG-3'

폴리펩타이드의 아미노산 서열
(가)

[유전 암호]

코돈	CUA UUA	AUG	CCU	CAU	UAA	AUC
아미노산	Leu	Met	Pro	His	-	Ile

30 mRNA 이외에 시험관에 넣어 주어야 할 번역에 필요한 물질을 그 기능을 함께 서술하시오.

31 합성된 폴리펩타이드로부터 완성된 단백질을 구성하는 아미노산은 모두 몇 개인지 그 이유와 함께 서술하시오. 단, 합성이 완료되면 메싸이오닌은 떨어져 나간다.

5강 유전자 발현 조절 1

1. 원핵 생물의 유전자 발현 조절 2. 젖당 오페론

1. 원핵생물의 유전자 발현 조절

(1) 유전자 발현 조절의 필요성 : 유전자 발현[1] 조절에 의해 세포가 분화하고 기관이 형성됨으로써 수정란으로부터 완전한 개체가 형성되어 정상적인 생명 활동을 할 수 있게 된다.

① 생명체의 세포는 모두 수정란의 세포 분열에 의해 만들어지며, 가지고 있는 유전자도 동일하지만, 유전자 발현의 차이로 인하여 모습이나 기능이 완전히 다르게 나타난다.
   ⇒ 세포, 조직, 기관이 제각기 고유의 구조와 기능을 나타내도록 특수화되는 것은 적절한 시기에 특정 유전자에 의해 형질 [미니] 발현 [미니] 이 조절되기 때문이다.
② 특정 시기에 특정 세포에서만 유전자가 발현되는 것은 불필요한 물질을 합성하는 데 소모되는 에너지를 절약할 수 있어 정상적인 생명 활동을 통해 생명을 유지하는 데 매우 중요하다.

(2) 원핵생물의 유전자 발현[2] 조절의 특징

① 원핵생물은 한 가지 대사 경로 [미니] 에 관여하는 모든 효소는 세포에 함께 존재하며, 모두 한꺼번에 합성이 조절된다.
② 원핵생물에서 한 가지 물질대사가 일어날 때에는 진핵 생물과 마찬가지로 여러 단계를 거쳐 반응이 진행된다.
③ 원핵생물의 물질대사 각 진행 단계에서 작용하는 효소를 암호화하는 유전자는 하나의 집단을 이루고 있어서 모두 같은 조절 부위에 의해 조절된다.

(예) 세균은 전구 물질로부터 트립토판 [미니] 을 합성하는 과정에서 5개의 유전자에 의해 합성된 3가지 효소에 의한 여러 단계가 필요하다. 5개의 유전자 중 하나라도 형질이 발현되지 않으면 트립토판은 합성될 수 없다. ⇒ 일련의 물질대사에 관여하는 5개의 유전자를 동시에 조절하는 방식으로 동시에 필요한 여러 개의 전등을 하나의 스위치로 켜거나 끄는 것에 비유할 수 있다.

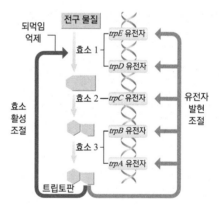

▲ 원핵생물의 트립토판 대사 경로의 조절

개념확인 1

생명체의 세포는 모두 수정란의 세포 분열에 의해 만들어지며 가지고 있는 유전자는 (동일하고 , 다르고), 유전자 발현 결과 생명체의 모습이나 기능은 완전히 (동일하게 , 다르게) 나타난다.

확인 + 1

세포, 조직, 기관이 제각기 구조와 기능을 나타내도록 (일반화 , 특수화)되는 것은 적절한 시기에 (특정 , 일반)유전자가 기능하도록 유전자의 형질 발현이 조절되기 때문이다.

---

❶ 유전자 발현과 형질 발현

유전자 발현은 유전 정보에 따라 단백질이나 RNA가 합성되는 것이고, 형질 발현은 유전자의 정보에 따라 결정되는 형질이 개체의 표현형으로 나타나는 것이다.

❷ 원핵생물의 전사와 번역

세균 등의 원핵생물의 유전체는 세포질에 있으며, 유전자에 단백질을 암호화하지 않는 부위(인트론)가 없으므로 전사 후 RNA 가공이 일어나지 않고, 전사와 복제가 동시에 일어난다.

미니사전

형질 [形 형상 質 바탕] : 동식물의 눈동자 색깔, 피부색, 혈액형 등을 나타내는 고유한 특성

발현 [發 일어나다 現 나타나다] : 속에 있거나 숨은 것을 밖으로 나타나게 하는 것

대사 경로 : 단순한 물질에서 복잡한 물질을 합성하거나 복잡한 물질을 분해하는 연속된 효소 반응

트립토판(tryptophan) : 단백질을 구성하는 아미노산의 한 종류

---

(3) 오페론(operon) : DNA에서 프로모터와 작동 부위 및 구조 유전자들이 모여 있는 유전자 집단이다.

(1) **오페론** : 일련의 대사 과정에 필요한 여러 유전자들이 모여 있으며, 하나의 조절 유전자에 의해 발현을 조절받는다. ⇨ 원핵생물의 대표적인 유전자 발현 조절 방식이다.

(2) **오페론의 구성 요소**[3] : 원핵생물은 서로 연관된 유전자들이 모여 오페론을 형성하며, 이를 통해 형질 발현이 조절된다.

① **프로모터** : RNA 중합 효소가 최초로 결합하여 전사가 시작되는 부위이다.

② **작동 부위(작동 유전자)** : 프로모터와 구조 유전자 사이에 존재하며 억제자(억제 단백질)가 결합하는 부위이다. 프로모터에 RNA 중합 효소가 결합하는 것을 조절하여 전사를 통제한다.
   ⇨ 한 가지 물질대사에 관계된 유전자들의 전사를 동시에 조절하는 스위치 역할을 한다.

③ **구조 유전자(암호화 부위)** : 단백질 합성에 필요한 유전 암호가 존재하는 부위로서 mRNA로 전사되며, 하나의 물질대사 과정에 필요한 여러 가지 효소를 암호화하는 다수의 유전자로 구성된다.

(3) **조절 유전자(조정 요소, 조절 서열)** : 오페론의 밖(앞부분)에 존재하므로 오페론의 구성 요소가 아니다. 억제자(억제 단백질)[미니]의 유전 정보를 암호화하며, 지속적으로 발현되어 억제 단백질을 합성한다. ⇨ 억제 단백질[4]이 작동 부위에 결합하면 RNA 중합 효소가 프로모터에 결합하지 못하므로 구조 유전자의 전사가 일어날 수 없다. 억제 단백질이 작동 부위에 결합하지 않을 때에만 전사가 일어날 수 있다.

(4) 자코브와 모노의 오페론설

① 대장균은 보통 포도당을 섭취하여 살아가지만 젖당만 있는 환경에서는 젖당 분해 효소를 합성하여 젖당을 에너지원으로 이용한다. 젖당이 없으면 젖당 분해 효소를 만들지 않는다.

② 1961년 자코브와 모노는 대장균이 유전자의 발현 조절을 통해 젖당 분해에 관여하는 효소의 생산을 조절한다는 설을 제시하였다. ⇨ **젖당 오페론설(*lac* operon)**

❸ 오페론의 구성 요소

오페론 = 프로모터 + 작동 부위 + 구조 유전자

❹ 조절 유전자와 억제 단백질

조절 유전자는 오페론과는 별도로 독자적인 프로모터가 존재하여 mRNA를 느린 속도로 계속 전사한다.
⇨ 억제 단백질은 세포당 약 10분자 수준으로 일정하게 유지된다.

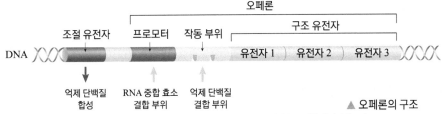

▲ 오페론의 구조

ⅰ. 오페론은 (프로모터+작동 부위+구조 유전자)의 집단이며 조절 유전자는 포함되지 않는다.

ⅱ. 단백질 합성에 대한 유전 정보를 가진 구조 유전자 1~3은 프로모터와 작동 부위에 의해 동시에 발현 또는 억제된다.

개념확인 2

정답 및 해설　**30 쪽**

DNA에서 프로모터와 작동 부위 및 구조 유전자들이 모여 있는 유전자 집단을 무엇이라 하는가?

(　　　　　　　　)

확인 + 2

오페론의 앞부분에 존재하며, 항상 발현되어 억제자(억제 단백질)가 지속적으로 합성되도록 하는 것을 무엇이라 하는가?

(　　　　　　　　)

미니사전

억제자(repressor, 억제 단백질)
: 작동 부위에 결합하여 RNA로의 전사를 막는 단백질이며, 억제자를 암호화하는 유전자는 오페론 밖에 존재한다.

2. 젖당 오페론(*lac* operon)

(1) 젖당 오페론 : 젖당[1] 분해에 필요한 효소의 생산에 관여하는 오페론이다. 대장균[2]은 젖당의 유무에 따라 젖당 분해에 필요한 효소의 생산을 조절한다.

(2) 젖당 오페론의 구조 : 대장균이 배지에 있는 젖당을 흡수하여 에너지원으로 사용하기 위해서는 젖당 분해 효소, 젖당 투과 효소, 아세틸기 전이 효소(3가지 효소)가 필요하며, 이 효소들의 유전자는 동시에 발현되거나 억제된다.

① **젖당 분해 효소(β 갈락토시데이스)** : 젖당을 포도당과 갈락토스로 분해한다. 젖당 분해 효소를 암호화하는 구조 유전자는 *lacZ*이다.

② **젖당 투과 효소** : 젖당을 세포 내로 효율적으로 흡수한다. 젖당 투과 효소를 암호화하는 구조 유전자는 *lacY*이다.

③ **아세틸기 전이 효소** : 기능이 아직까지 명확하게 밝혀지지 않았으나 젖당을 분해할 때 보조 기능을 한다. 아세틸기 전이 효소를 암호화하는 구조 유전자는 *lacA*이다.

⇒ 3가지 유전자 *lacZ*, *lacY*, *lacA*는 단 하나의 조절 부위(프로모터와 작동 부위)에 연결되어 한번에 발현이 조절되며, 이와 같은 프로모터, 작동 부위, 구조 유전자 복합체를 젖당 오페론이라 한다.

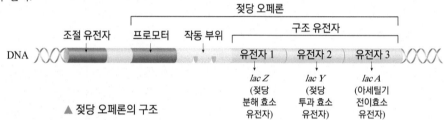

▲ 젖당 오페론의 구조

(3) 젖당 오페론의 작용 원리

① **배지에 젖당이 없을 경우** : 조절 유전자에 의해 만들어진 억제 단백질이 작동 부위에 결합하여 RNA 중합 효소가 프로모터에 붙는 것을 방해한다. 그 결과 구조 유전자로부터 mRNA가 전사되지 않아 젖당 대사에 관여하는 효소가 합성되지 않는다.

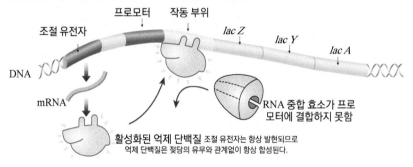

▲ 젖당이 없을 때 오페론의 작용

개념확인 3

대장균이 배지에 있는 젖당을 에너지원으로 사용하기 위해서는 (   ), 젖당 투과 효소, 아세틸기 전이 효소가 필요하다.

확인 + 3

배지에 젖당이 (없을 , 있을)경우 RNA 중합 효소가 프로모터에 결합하지 못하므로 구조 유전자의 전사는 일어나지 않는다.

---

① 젖당

포도당과 갈락토스가 결합한 이당류이며, 우유 안에 많이 함유되어 있다.

② 대장균의 에너지원

- 대장균은 포도당과 젖당 모두 에너지원으로 사용한다.
- 포도당은 단당류이므로 흡수하여 직접 이용한다.
- 젖당은 포도당과 갈락토스로 이루어진 이당류이므로 직접 이용할 수 없기 때문에 효소를 이용해 흡수한 젖당을 포도당과 갈락토스로 분해한 후 포도당을 에너지원으로 이용한다.

❶ 조절 유전자에 의해 합성된 억제 단백질이 작동 부위에 결합한다.

❷ RNA 중합 효소가 프로모터에 결합하지 못한다.

❸ 구조 유전자의 전사가 일어나지 않아 mRNA가 합성되지 않는다.

② **배지에 젖당만 있고 포도당이 없을 경우** : 배지에 포도당이 존재하지 않고 젖당만 존재하면 젖당 유도체가 억제 단백질에 결합하여 억제 단백질을 불활성화시키고 작동 부위에 결합하지 못하게 한다. 따라서, RNA 중합 효소가 프로모터에 결합하여 구조 유전자의 전사가 일어나 mRNA가 합성된다.

⇨ 합성된 mRNA는 젖당 대사에 관여하는 3가지 효소를 합성하는 유전자를 모두 가지고 있으며, 번역 과정을 거쳐 젖당 대사에 관여하는 3가지 효소를 모두 합성할 수 있다.

⇨ 젖당 대사에 관여하는 효소가 합성되어 젖당이 소모되면 배지의 젖당 농도가 점차 감소한다.

⇨ 외부로부터 계속 젖당이 공급되지 않는다면 효소에 의해 세포 내의 젖당은 모두 분해된다.

⇨ 젖당 유도체❸와 억제 단백질의 결합은 가역 [미니]적이어서 젖당 유도체의 농도가 낮아지면 억제 단백질에 결합했던 젖당 유도체도 분해된다.

⇨ 자유롭게 된 억제 단백질은 다시 작동 부위에 결합하여 전사를 중지시킨다. 즉, 젖당이 없어져 효소가 더 이상 필요하지 않게 되면 젖당 오페론의 작동은 자동적으로 멈춘다.

❸ 젖당 유도체 - 알로락토스
● 억제 단백질과 결합하여 억제 단백질을 불활성화시키는 물질은 젖당 자체가 아니라 젖당 유도체인 알로락토스이다.
● 배지의 젖당이 세포 내부로 들어갈 때 젖당의 이성질체인 알로락토스가 소량 만들어진다.
● 젖당이 없으면 알로락토스도 만들어지지 않는다.
● 젖당 오페론의 젖당 유도체인 알로락토스는 유도자이다.(유도자는 억제 단백질과 결합하여 구조 유전자의 전사를 유도하는 물질을 통칭하는 용어이다.)

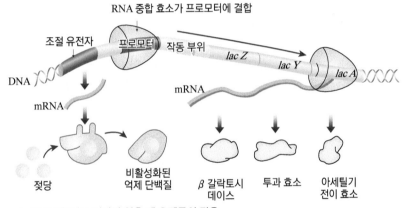

▲ 포도당은 없고 젖당만 있을 때 오페론의 작용

❶ 젖당 유도체가 억제 단백질과 결합 ⇨ 억제 단백질이 작동 부위에 결합하지 못한다.

❷ RNA 중합 효소에 의해 구조 유전자의 전사가 일어나서 mRNA가 합성된다.

❸ 번역 과정을 거쳐 젖당 분해에 필요한 효소가 합성되어 젖당을 분해한다.

개념확인 4

정답 및 해설 **30** 쪽

젖당 대사에 관여하는 효소가 합성될수록 배지의 젖당 농도는 점차 (감소 , 증가)한다.

확인 + 4

배지에 젖당이 (없을 , 있을)경우 RNA 중합 효소가 프로모터에 결합하므로 구조 유전자의 전사가 일어난다.

미니사전

가역 [可 옳다 逆 거스르다] : 물질의 상태가 한 번 바뀐 다음 다시 본래 상태로 돌아갈 수 있는 것 (시간에 따라 진행하는 어떤 과정에서, 시간의 방향에 따른 순과정과 역과정이 동일하게 일어나는 것)

01 오페론에 대한 설명 중 옳은 것은 ○표, 옳지 않은 것은 ×표 하시오.

(1) 모든 생물에 존재하는 유전자 발현 조절 기구이다. ( )
(2) 오페론 밖에 존재하는 조절 유전자는 항상 발현된다. ( )
(3) RNA 중합 효소는 프로모터에 결합하여 전사를 시작한다. ( )

02 젖당만 존재하는 배지에서 대장균을 배양할 경우, 대장균의 젖당 오페론에서 일어나는 작용에 대한 설명으로 옳은 것은 ○표, 옳지 않은 것은 ×표 하시오.

(1) 작동 유전자(부위)에 활성화된 억제 물질이 결합한다. ( )
(2) 젖당 오페론이 발현되면 한 종류의 단백질만 생산된다. ( )
(3) 젖당이 억제 단백질에 결합하여 억제 단백질이 활성화된다. ( )

03 원핵생물의 유전자 발현 조절 과정에서 한 가지 대사 경로에 관여하는 모든 효소는 세포에 함께 존재하며, (동시에 , 따로따로) 합성이 조절된다.

( )

04 원핵생물의 유전자 발현 조절의 특징에 대한 설명 중 옳은 것은 ○표, 옳지 않은 것은 ×표 하시오.

(1) 효소를 암호화하는 유전자가 여러 집단을 이루고 있다. ( )
(2) 한 가지 물질대사가 일어날 때 여러 단계를 거쳐 반응이 진행된다. ( )
(3) 한 가지 대사 경로에 관여하는 모든 효소는 한꺼번에 합성이 조절된다. ( )

05 포도당을 에너지원으로 사용하는 대장균을 젖당만 존재하는 배지에 넣으면 젖당 오페론에 의해 젖당이 분해되며, 젖당이 모두 소모되면 억제 단백질은 자유롭게 되어 다시 (작동 부위 , 암호화 부위)에 결합하여 전사를 중지시킨다.

(   )

06 다음 괄호 안에 알맞은 말을 고르시오.

> 젖당 유도체와 억제 단백질의 결합은 (가역 , 비가역)적이어서 젖당 유도체의 농도가 낮아지면 젖당 유도체는 (분해 , 결합) 된다.

(   )

07 다음 중 오페론의 구성 요소를 <u>모두</u> 고르시오. (3개)

① 조절 유전자   ② 구조 유전자   ③ 프로모터   ④ 작동 부위   ⑤ 조절 인자

08 배지에 젖당이 있을 때 젖당 오페론에 대한 설명으로 것은 ○표, 옳지 않은 것은 ×표 하시오.

(1) 억제 단백질은 활성화된다.   (   )
(2) 젖당 유도체가 억제 단백질에 결합한다.   (   )
(3) 젖당이 모두 분해되면 젖당 오페론의 작동은 자동적으로 중지된다.   (   )

유형 5-1 원핵생물의 유전자 발현 조절

다음은 원핵생물의 오페론의 구조를 나타낸 모식도이다. 이에 대한 설명으로 옳은 것은 ○표, 옳지 않은 것은 ×표 하시오.

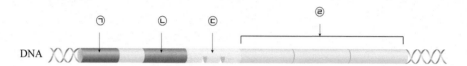

(1) ㉠은 오페론의 구성 요소 중 하나이다. ( )

(2) ㉡은 RNA 중합 효소가 결합하는 자리이다. ( )

(3) ㉢은 억제자와 프라이머가 결합하는 부위이다. ( )

(4) ㉣에는 mRNA 합성에 필요한 유전 암호가 존재한다. ( )

01 다음은 원핵생물의 오페론을 나타낸 모식도이다. ㉠ ~ ㉣에 해당하는 명칭을 쓰시오.

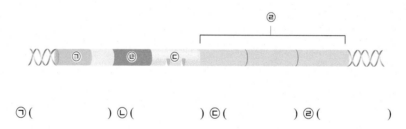

㉠ ( ) ㉡ ( ) ㉢ ( ) ㉣ ( )

02 다음은 오페론에 대한 설명이다. 괄호 안에 알맞은 것을 골라 차례대로 쓰시오.

> RNA 중합 효소가 결합하는 부위는 (① 작동 부위 , ② 프로모터)이며, 오페론 밖에 존재하며 억제 단백질에 대한 유전 정보를 갖는 DNA 부위는 (③ 조절 유전자 , ④ 구조 유전자)이다.

( )

유형 5-2 오페론

다음은 원핵생물의 오페론을 나타낸 모식도이다. 다음 각 물음에 답하시오.

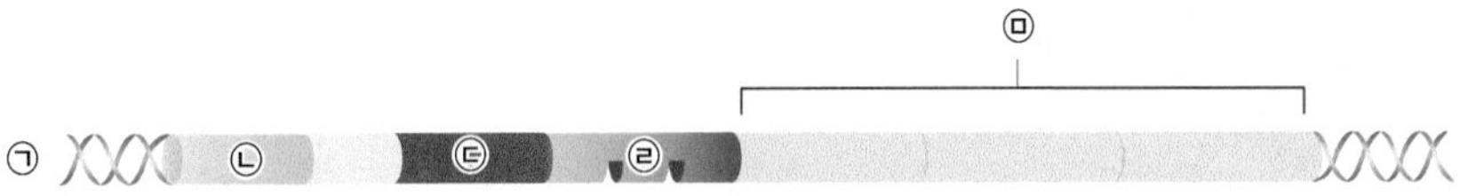

(1) ㉠은 RNA이다. ( )

(2) ㉡으로부터 억제 단백질이 합성된다. ( )

(3) ㉢, ㉣, ㉤은 오페론의 구성 요소이다. ( )

(4) ㉡, ㉤에는 각각 mRNA의 합성에 필요한 유전 암호가 존재한다. ( )

03 다음은 무엇에 대한 설명인지 쓰시오.

> 1961년 자코브와 모노가 주장한 가설로 대장균이 유전자의 발현 조절을 통해 젖당 분해에 관여하는 효소의 생산을 조절한다는 것이다.

( )

04 다음 중 대장균의 에너지원은?

① 다당류 ② 락토오스 ③ 젖당 ④ 수크로스 ⑤ 포도당

유형 5-3 젖당 오페론 1

다음은 젖당 오페론의 구조와 조절 원리를 나타낸 모식도이다. 이에 대한 설명으로 옳은 것은 ○표, 옳지 않은 것은 ×표 하시오.

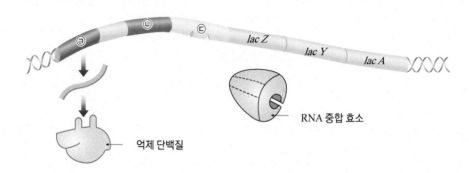

(1) 젖당의 유무에 관계없이 억제 단백질은 항상 ©에 결합한다. ( )

(2) ㉠은 오페론의 앞쪽에 존재하는 유전자이다. ( )

(3) RNA 중합 효소는 젖당이 없을 때 ㉡에 결합한다. ( )

05 다음 젖당 오페론에 대한 설명으로 옳은 것은 ○표, 옳지 않은 것은 ×표 하시오.

(1) 구조 유전자로부터 3가지 효소가 합성된다. ( )

(2) 젖당 유무에 상관없이 RNA 중합 효소는 프로모터에 결합한다. ( )

(3) 젖당 오페론이 정상적으로 작용하기 위해서 필요한 mRNA는 2종류이다. ( )

06 다음은 젖당 오페론에 대한 설명이다. 괄호 안에 알맞은 것을 골라 차례대로 쓰시오.

RNA 중합 효소가 결합하여 합성되는 효소 중 *lac A* 유전자에 의해 합성되는 효소는 (① 젖당 분해 효소 ② 아세틸기 전이 효소 ③ 젖당 투과 효소)이며 *lac Y* 유전자에 의해 합성되는 효소는 (① 젖당 분해 효소 ② 아세틸기 전이 효소 ③ 젖당 투과 효소), *lac Z* 유전자에 의해 합성되는 효소는 (① 젖당 분해 효소 ② 아세틸기 전이 효소 ③ 젖당 투과 효소)이다.

유형 5-4 젖당 오페론 2

다음 대장균에서 젖당 오페론의 작동이 조절되는 원리에 대한 설명으로 옳은 것은 ○표, 옳지 않은 것은 ×표 하시오.

(1) 진핵 세포에는 오페론이 존재한다. ( )

(2) 젖당은 분해 효소의 생성을 유도한다. ( )

(3) 조절 유전자는 젖당의 유무와는 상관없이 항상 형질이 발현된다. ( )

(4) 억제 단백질과 RNA 중합 효소는 동시에 오페론에 결합할 수 있다. ( )

(5) 억제 단백질이 젖당 유도체와 결합하면 RNA 중합 효소가 프로모터에 결합할 수 없다. ( )

07 다음은 젖당 오페론에 대한 설명이다. 괄호 안에 알맞은 것을 골라 차례대로 쓰시오.

> · 배지에 젖당이 없을 때 (① RNA 중합 효소 ② 억제 단백질) (이)가 (③ 작동 부위 ④ 프로모터)에 결합한다.
>
> · 배지에 포도당은 없고, 젖당만 존재할 때 (① RNA 중합 효소 ② 억제 단백질) (이)가 (③ 작동 부위 ④ 프로모터)에 결합한다.

( )

08 다음 원핵생물에 존재하는 젖당 오페론에 대한 설명으로 옳은 것은 ○표, 옳지 않은 것은 ×표 하시오.

(1) 젖당 오페론은 젖당이 없을 때 활성화된다. ( )

(2) 오페론은 구조 유전자, 프로모터, 조절 유전자로 구성된다. ( )

(3) 젖당 분해에 필요한 효소의 유전 정보를 갖는 유전자는 RNA 중합 효소에 의해 전사된다.

( )

01 다음은 여러 배양 조건에서 대장균의 성장 곡선과 젖당 오페론의 작용을 나타낸 것이다.

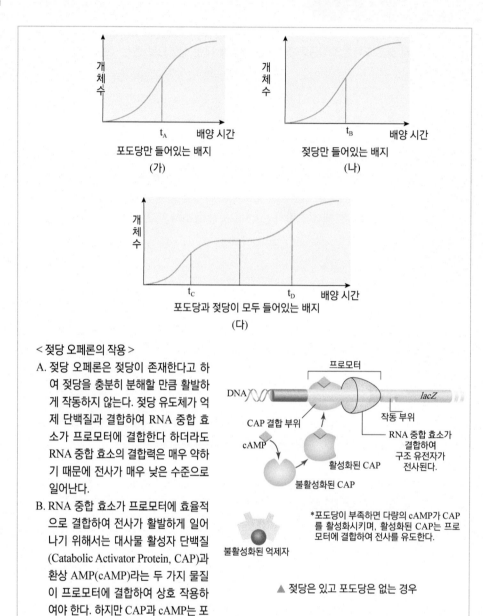

< 젖당 오페론의 작용 >

A. 젖당 오페론은 젖당이 존재한다고 하여 젖당을 충분히 분해할 만큼 활발하게 작동하지 않는다. 젖당 유도체가 억제 단백질과 결합하여 RNA 중합 효소가 프로모터에 결합한다 하더라도 RNA 중합 효소의 결합력은 매우 약하기 때문에 전사가 매우 낮은 수준으로 일어난다.

B. RNA 중합 효소가 프로모터에 효율적으로 결합하여 전사가 활발하게 일어나기 위해서는 대사물 활성자 단백질 (Catabolic Activator Protein, CAP)과 환상 AMP(cAMP)라는 두 가지 물질이 프로모터에 결합하여 상호 작용하여야 한다. 하지만 CAP과 cAMP는 포도당이 없을 때에만 프로모터에 결합하기 때문에 젖당이 있더라도 포도당이 있을 때는 젖당 오페론이 거의 작동하지 않으며, 젖당만 존재할 때는 젖당 오페론이 활발하게 작동한다.

(1) 그래프 (나)에서 t_B 일 때 발현되는 젖당 오페론의 유전자와 동일한 때는 그래프 (다)의 t_C, t_D 중 어느 때인가?

(2) 그래프 (다)에서 배지에 들어 있는 포도당의 양을 증가시킨다면, 젖당 오페론이 활성화되는 시점은 빨라질 것인지 늦어질 것인지 그 이유와 함께 서술하시오.

(3) 그래프 (가)의 t_A일 때의 배지를 (나)의 t_B일 때의 배지에 혼합한 후 배양한다면, (나)에서 대장균 내 존재하는 cAMP의 양은 감소할 것인지 증가할 것인지 그 이유와 함께 서술하시오.

02 다음은 대장균의 트립토판 오페론에 대한 설명이다.

> 트립토판 오페론은 대장균에 존재하는 유전자 발현 조절 단위로써 아미노산의 하나인 트립토판의 생성에 관여하는 효소의 합성을 조절한다.
>
> A. 트립토판이 없을 경우
> : 조절 유전자에서 만든 억제 단백질은 불활성화되어 있으므로 그 자체로는 작동 부위에 결합하지 못한다. 따라서 작동 부위는 비어 있고, RNA 중합 효소는 프로모터에 결합하여 전사가 일어나게 된다. 트립토판 오페론의 프로모터는 RNA 중합 효소에 대한 결합력이 커서 활성화 단백질 없이도 RNA 중합 효소와 효율적으로 결합하여 mRNA를 생성한다. 그 결과 트립토판 합성에 관여하는 효소들이 만들어져 트립토판이 합성된다.

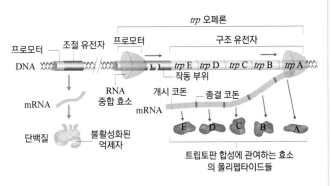

▲ 트립토판이 없는 경우

> B. 트립토판이 있을 경우 : 대장균이 배지에서 흡수한 트립토판은 억제 단백질에 결합하여 불활성 상태의 억제 단백질을 활성화시킨다. 활성화된 억제 단백질은 작동 부위에 결합할 수 있게 된다. 활성화된 억제 단백질이 작동 부위에 결합하면 RNA 중합 효소가 프로모터에 결합할 수 없게 되어 구조 유전자의 전사가 일어나지 않는다. 그 결과 트립토판 합성에 관여하는 효소가 만들어지지 않는다.

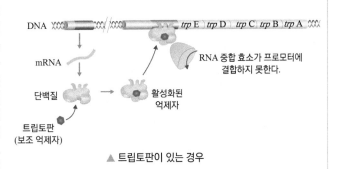

▲ 트립토판이 있는 경우

> ⇨ 대장균은 일반적으로 배지에 트립토판이 존재하면 트립토판 합성에 관여하는 효소의 유전자가 발현되지 않지만, 트립토판이 존재하지 않으면 트립토판 합성에 관여하는 효소의 유전자가 발현된다.

(1) 트립토판은 오페론을 촉진하는가, 억제하는가?

(2) 트립토판의 합성이 조절됨으로써 얻을 수 있는 이점에 대해 서술하시오.

03 다음은 사람에게 감염되어 후천성 면역 결핍증후군인 AIDS(에이즈)를 유발하는 HIV의 증식 과정(생활사)을 나타낸 모식도이다.

A. 유전 정보의 중심 원리에 따르면 DNA로부터 RNA가 합성되어 유전 정보가 전달지지만, 모든 생물이 유전 정보를 DNA에서 RNA로만 전달하는 것은 아니다. DNA의 전사와는 반대로 RNA를 주형으로 하여 DNA가 만들어지는 과정(RNA → DNA)이 일어나기도 한다.
⇒ 역전사(reverse transcription)

B. 바이러스는 일반적인 생물과는 달리 숙주 세포 속에서 자신의 유전자와 몸을 구성하는 단백질을 만들어 증식한다. 바이러스는 유전 물질로 DNA와 RNA 둘 중 한 가지만 가지는데, RNA 바이러스 중 일부는 숙주 세포에 감염된 후 역전사 과정을 거쳐 자신의 RNA에 대한 상보적 DNA(complementary DNA ; cDNA)를 합성하여 DNA 분자를 매개로 하여 증식한다.
⇒ 이와 같은 바이러스를 역전사 바이러스(retrovirus ; 레트로바이러스)라고 하며, 역전사 바이러스는 RNA 주형에 따라 DNA를 합성하는 역전사 반응을 촉매하는 역전사 효소를 가지고 있다.

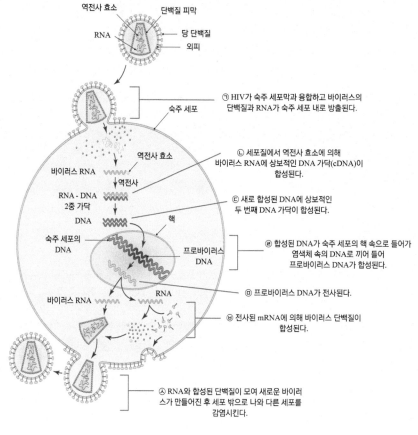

▲ HIV 증식 과정 모식도

C. 사람에게 감염되어 후천성 면역 결핍 증후군(AIDS ; 에이즈)을 유발하는 HIV(사람 면역 결핍 바이러스)와 같이 RNA를 유전 물질로 갖는 일부 바이러스는 RNA로부터 DNA를 합성하는 대표적인 레트로바이러스이다.

숙주 내에서 HIV 바이러스의 유전자가 역전사(ⓛ ~ ⓔ)되고 이 DNA로부터 mRNA가 전사(ⓜ), 해독되어 바이러스와 관련된 단백질이 합성(ⓗ)된다. 외부 물질인 바이러스의 침입에 따른 숙주와 바이러스 간 어떤 저항 기작이 존재할지 서술하시오.

04 다음 (가)는 젖당 오페론의 구조를, (나)는 포도당과 젖당이 모두 첨가된 배지에서 자란 야생형 대장균의 생장 곡선을, (다)는 돌연변이가 일어난 대장균의 종류를 나타낸 것이다.

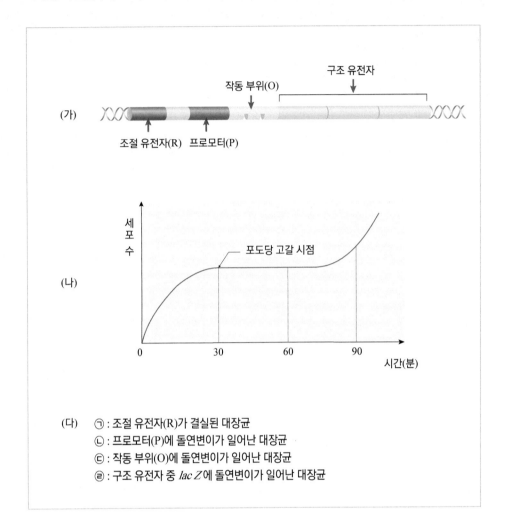

(가)

구조 유전자

작동 부위(O)

조절 유전자(R) 프로모터(P)

(나)

세포수

포도당 고갈 시점

0   30   60   90   시간(분)

(다)   ㉠ : 조절 유전자(R)가 결실된 대장균
㉡ : 프로모터(P)에 돌연변이가 일어난 대장균
㉢ : 작동 부위(O)에 돌연변이가 일어난 대장균
㉣ : 구조 유전자 중 *lac Z*에 돌연변이가 일어난 대장균

젖당 오페론의 각 부위에 각각 돌연변이가 일어난 대장균(㉠ ~ ㉣)을 포도당과 젖당이 모두 첨가된 배지에서 각각 배양했을 때 대장균의 생장에 대해 각각 서술하시오. (단, 모든 배양 조건은 야생형 대장균과 같다.)

A

01 오페론을 구성하는 요소만를 <보기>에서 있는 대로 고른 것은?

─〈 보기 〉─
ㄱ. 조절 유전자　ㄴ. 억제 단백질　ㄷ. 프로모터
ㄹ. 작동 유전자　ㅁ. 구조 유전자

① ㄱ, ㄴ, ㄷ　　② ㄱ, ㄷ, ㄹ　　③ ㄴ, ㄷ, ㄹ
④ ㄴ, ㄹ, ㅁ　　⑤ ㄷ, ㄹ, ㅁ

02 젖당 오페론에 대한 설명으로 옳은 것은 ○표, 옳지 않은 것은 ×표 하시오.

(1) 오페론은 핵 속에 존재한다. 　　　　(　)
(2) RNA 중합 효소가 프로모터에 결합하면 억제 단백질이 합성된다. 　　　　(　)
(3) 억제 단백질은 젖당 유도체와 결합한 후 DNA의 작동 부위에 결합한다. 　　　　(　)

03 젖당 오페론이 발현되는 경우로 옳은 것만을 <보기>에서 있는 대로 고른 것은?

─〈 보기 〉─
ㄱ. 젖당만 존재하는 배지에서 배양할 경우
ㄴ. 포도당만 존재하는 배지에서 배양할 경우
ㄷ. 조절 유전자에 돌연변이가 발생하여 억제 단백질 발현이 불가능할 경우

① ㄱ　　　　② ㄴ　　　　③ ㄷ
④ ㄱ, ㄷ　　　⑤ ㄴ, ㄷ

04 젖당만 있는 배지에서 배양 중인 대장균의 젖당 오페론에서 일어나는 작용으로 옳지 않은 것은?

① 조절 유전자가 발현된다.
② 구조 유전자의 전사가 일어난다.
③ 억제 단백질이 작동 부위에 결합한다.
④ 젖당 유도체가 억제 단백질과 결합한다.
⑤ RNA 중합 효소가 프로모터에 결합한다.

05 젖당 오페론에서 젖당 대사에 관여하는 효소의 발현에 대한 설명으로 옳은 것만을 <보기>에서 있는 대로 고른 것은?

─〈 보기 〉─
ㄱ. 억제 단백질은 젖당 유도체가 없어도 합성된다.
ㄴ. 구조 유전자로부터 전사 및 번역 과정은 동시에 진행된다.
ㄷ. 프로모터에는 젖당 분해 효소를 암호화하는 염기 서열이 존재한다.
ㄹ. 억제 단백질은 젖당 유도체 또는 DNA의 작동 부위에 결합할 수 있다.

① ㄱ, ㄹ　　② ㄴ, ㄷ　　③ ㄱ, ㄴ, ㄹ
④ ㄴ, ㄷ, ㄹ　　⑤ ㄱ, ㄴ, ㄷ, ㄹ

06 젖당 오페론에 대한 설명으로 옳은 것은 ○표, 옳지 않은 것은 ×표 하시오.

(1) RNA 중합 효소는 RNA의 프로모터에 결합한다. 　　　　(　)
(2) 작동 부위는 억제 단백질이 결합하는 DNA 부위이다. 　　　　(　)
(3) 구조 유전자는 한 개의 단백질 정보를 암호화하고 있다. 　　　　(　)

07~08 다음은 포도당은 없고 젖당만 존재하는 배지에서 배양 중인 대장균의 젖당 오페론을 나타낸 모식도이다.

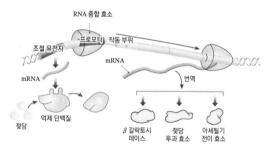

07 젖당이 없는 배지에서 배양 중인 대장균의 젖당 오페론에서 일어나는 작용으로 옳은 것만을 <보기>에서 있는 대로 고른 것은?

─〈 보기 〉─
ㄱ. 구조 유전자의 전사가 일어난다.
ㄴ. 억제 단백질이 작동 부위에 결합한다.
ㄷ. RNA 중합 효소가 프로모터에 결합한다.

① ㄱ　　　　② ㄴ　　　　③ ㄷ
④ ㄱ, ㄴ　　　⑤ ㄴ, ㄷ

08 젖당 오페론에 대한 설명 중 옳은 것은 ○표, 옳지 않은 것은 ×표 하시오.

(1) 조절 유전자는 mRNA로 전사된다. ( )

(2) 조절 유전자는 젖당이 존재하면 발현되지 않는다.

( )

(3) 오페론의 조절 과정은 진핵 생물에도 존재한다.

( )

09 다음은 대장균을 포도당과 젖당이 섞여 있는 배지에서 배양한 결과 시간에 따른 포도당과 젖당의 농도 변화를 나타낸 것이다.

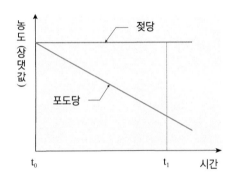

이에 대한 설명으로 옳은 것만을 <보기>에서 있는 대로 고른 것은?

─── 〈 보기 〉───

ㄱ. t_0 보다 t_1에서 세포 내 cAMP와 CAP의 농도가 높다.

ㄴ. 대장균은 젖당보다 포도당의 동화 작용을 선호한다.

ㄷ. t_0 ~ t_1 시기에 세포 내 젖당 분해 효소의 농도는 감소한다.

① ㄱ   ② ㄴ   ③ ㄷ
④ ㄱ, ㄴ   ⑤ ㄱ, ㄴ, ㄷ

10 오페론에 대한 설명 중 옳은 것은 ○표, 옳지 않은 것은 ×표 하시오.

(1) 원핵생물의 유전자 발현 조절 방식이다.

( )

(2) 조절 유전자의 산물이 작동 부위에 결합하면 구조 유전자의 전사가 일어난다. ( )

(3) 한 대사 경로에 관여하는 몇 가지 효소가 따로따로 합성되거나 합성이 억제될 수 있다.

( )

B

11~12 다음은 젖당 오페론의 구조를 나타낸 모식도이다.

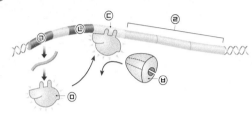

11 젖당 오페론의 작용에 대한 설명으로 옳은 것만을 있는 대로 고르시오.

① ㉠은 젖당이 있을 때에만 형질이 발현된다.

② ㉡은 DNA 중합 효소가 결합하는 부위이다.

③ ㉤은 젖당 유도체와 결합하여 ㉡에 결합한다.

④ ㉢은 젖당이 없을 때 억제 단백질이 결합하는 부위이다.

⑤ ㉥이 오페론에 결합하면 젖당 분해에 관여하는 세 가지 효소를 암호화하는 ㉣이 전사된다.

12 ㉠이 결실되었을 때 나타나는 현상으로 옳은 것은 ○표, 옳지 않은 것은 ×표 하시오.

(1) 프로모터에 RNA 중합 효소가 결합한다.( )

(2) 구조 유전자로부터 억제 단백질이 합성된다.

( )

(3) 젖당이 존재하지 않아도 구조 유전자로부터 전사가 진행된다. ( )

13 다음은 젖당 오페론이 발현되는 과정을 나타낸 것이다.

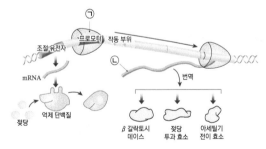

이에 대한 설명으로 옳은 것만을 <보기>에서 있는 대로 고른 것은?

─── 〈 보기 〉───

ㄱ. 젖당은 β 갈락토시데이스에 의해 분해된다.

ㄴ. ㉠은 DNA 2중 나선 중 한 가닥을 주형으로 RNA를 합성한다.

ㄷ. ㉡이 합성되는 장소와 단백질의 번역 장소는 핵막에 의해 분리되어 있다.

① ㄱ   ② ㄴ   ③ ㄷ
④ ㄱ, ㄴ   ⑤ ㄴ, ㄷ

14 포도당은 없고 젖당만 있는 배지에서 배양하는 대장 균 내 젖당 오페론에서 일어나는 작용으로 옳은 것은?

① 젖당 유도체는 작동 부위에 결합한다.
② 억제 단백질은 젖당 유도체와 결합한다.
③ RNA 중합 효소는 프로모터에 결합하지 못한다.
④ 구조 유전자로부터 mRNA 전사가 일어나지 않는다.
⑤ 조절 유전자로부터 mRNA 전사가 일어나지 않는다.

15 오페론에 대한 설명으로 옳지 <u>않은</u> 것은?

① 구조 유전자는 mRNA로 전사되는 부위이다.
② 프로모터는 RNA 중합 효소가 결합하는 부위이다.
③ 조절 유전자는 항상 발현되어 억제 단백질을 합성한다.
④ 하나의 조절 부위에 의해 여러 유전자의 형질 발현이 조절된다.
⑤ 조절 유전자로부터 생성된 억제 단백질은 유도 물질이 존재할 때 작동 부위에 결합한다.

16 다음은 젖당 분해 효소의 발현에 관여하는 유전자에 돌연 변이가 일어난 대장균 A ~ C를 나타낸 것이다.

대장균	돌연변이 발생 부위	결과
A	작동 부위	억제 단백질이 작동 부위에 결합하지 못한다.
B	조절 유전자	억제 단백질이 합성되지 못한다.
C	구조 유전자	젖당 분해 효소를 합성하지 못한다.

이에 대한 설명으로 옳은 것만을 <보기>에서 있는 대로 고른 것은? (단, 표에서 제시된 돌연변이 외 다른 돌연변이는 일어나지 않았다.)

〈 보기 〉
ㄱ. A는 포도당만 있는 배지에서 젖당 분해 효소를 생성하지 못한다.
ㄴ. B는 젖당 오페론에 돌연변이가 발생한 것이다.
ㄷ. C는 억제 단백질을 합성한다.

① ㄱ   ② ㄴ   ③ ㄷ
④ ㄱ, ㄴ   ⑤ ㄱ, ㄴ, ㄷ

17 다음은 포도당과 젖당을 섞어 놓은 배지에 존재하는 대장 균의 시간에 따른 개체 수 변화와 젖당 분해 효소량을 나타낸 것이다.

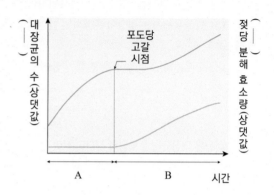

이에 대한 설명으로 옳은 것만을 <보기>에서 있는 대로 고른 것은?

〈 보기 〉
ㄱ. B 구간일 때 억제 단백질의 합성은 일어나지 않는다.
ㄴ. A 구간에서 대장균은 포도당을 에너지원으로 사용한다.
ㄷ. B 구간에서 RNA 중합 효소에 의한 젖당 오페론의 구조 유전자 전사가 활발하게 일어난다.

① ㄱ   ② ㄴ   ③ ㄷ
④ ㄴ, ㄷ   ⑤ ㄱ, ㄴ, ㄷ

18 젖당 오페론의 구조와 조절 원리에 대한 설명으로 옳지 않은 것은?

① RNA 중합 효소는 프로모터에 결합한다.
② 젖당이 없을 때 구조 유전자로부터 유전자가 발현된다.
③ 젖당 유도체-억제 단백질 복합체는 작동 부위에 결합할 수 없다.
④ 억제 단백질에는 젖당 유도체와 결합하는 부위, DNA와 결합하는 부위가 모두 존재한다.
⑤ 젖당만 공급되는 배지에서 RNA 중합 효소는 프로모터에 결합된 후 구조 유전자로 이동한다.

19 젖당 오페론의 작용에 관여하는 요소에 대한 설명으로 옳은 것만을 <보기>에서 있는 대로 고른 것은?

〈 보기 〉

ㄱ. 조절 유전자에는 억제 단백질에 대한 유전 정보가 암호화되어 있다.
ㄴ. 젖당 분해 효소의 아미노산 서열 정보는 구조 유전자에 저장되어 있다.
ㄷ. 젖당 유도체는 억제 단백질의 입체 구조를 변형시켜 억제 단백질이 DNA에 결합하지 못하도록 한다.

① ㄷ   ② ㄱ, ㄴ   ③ ㄱ, ㄷ
④ ㄴ, ㄷ   ⑤ ㄱ, ㄴ, ㄷ

20 오페론을 조절하는 조절 유전자가 결실된 대장균에 대한 설명으로 옳은 것만을 <보기>에서 있는 대로 고른 것은?

〈 보기 〉

ㄱ. 배지에 젖당만 존재할 경우 젖당 분해 효소가 합성되지 못한다.
ㄴ. 배지에 젖당이 존재하지 않더라도 구조 유전자의 전사가 일어난다.
ㄷ. 포도당이 존재하는 배지에서는 살 수 있으나, 포도당은 없고 젖당만 존재하는 배지에서는 살 수 없다.

① ㄱ   ② ㄴ   ③ ㄷ
④ ㄱ, ㄴ   ⑤ ㄴ, ㄷ

21 다음은 젖당 오페론이 작동하지 않는 경우를 나타낸 모식도이다.

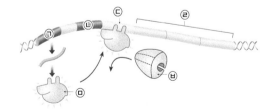

이에 대한 설명으로 옳은 것만을 있는 대로 고르시오.

① ㉠은 ㉤을 암호화한다.
② ㉡, ㉢, ㉣은 오페론을 구성한다.
③ ㉢에 ㉥이 결합하면 ㉣이 전사된다.
④ ㉡은 ㉥이 결합하는 DNA 부위이다.
⑤ ㉢에는 젖당 유도체와 결합한 ㉤의 결합 부위이다.

C

22 다음은 젖당 오페론의 구조와 포도당과 젖당이 섞여 있는 배지에서 대장균을 배양한 결과를 나타낸 것이다.

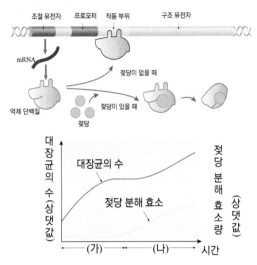

이에 대한 설명으로 옳은 것만을 <보기>에서 있는 대로 고른 것은?

〈 보기 〉

ㄱ. (가) 구간에는 포도당이 모두 소모되는 시점이 존재한다.
ㄴ. (나) 구간에서는 젖당 오페론이 작동한다.
ㄷ. (나) 구간에서는 포도당이 존재하지 않는다.

① ㄱ   ② ㄱ, ㄴ   ③ ㄱ, ㄷ
④ ㄴ, ㄷ   ⑤ ㄱ, ㄴ, ㄷ

23 다음은 대장균을 포도당과 젖당이 함께 들어 있는 배지에서 배양할 경우 시간에 따른 대장균 개체 수 변화와 젖당 분해 효소량을 나타낸 것이다.

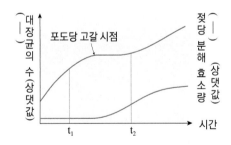

젖당 오페론의 작용에 대한 설명으로 옳지 <u>않은</u> 것은?

① t_2에서 포도당의 이화 작용이 일어난다.
② t_1에서 대장균은 젖당을 에너지원으로 이용한다.
③ t_1에서 대장균은 포도당을 에너지원으로 이용한다.
④ t_2에서 젖당은 젖당 분해 효소의 합성을 유도한다.
⑤ t_1과 t_2에서 젖당 오페론의 조절 유전자는 발현된다.

24 다음은 젖당 오페론의 조절 과정의 모식도와 정상 대장균, 돌연변이 대장균을 젖당이 있는 배지와 젖당이 없는 배지에서 각각 배양했을 때 젖당 분해에 관여하는 효소의 발현 여부를 나타낸 것이다. (돌연변이 (가), (나)는 각각 구조 유전자와 조절 유전자 중 한 곳에 돌연변이가 일어났으며, 다른 곳에는 돌연변이가 일어나지 않았다.)

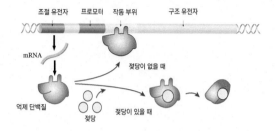

젖당 유무	정상 대장균	돌연변이 대장균 (가)	돌연변이 대장균 (나)
	젖당 분해에 관여하는 효소의 발현 유무		
없음	발현 안됨	발현 안됨	발현됨
있음	발현됨	발현 안됨	발현됨

이에 대한 설명으로 옳지 않은 것은?

① (가)는 구조 유전자에 돌연변이가 일어났다.
② (나)는 조절 유전자에 돌연변이가 일어났다.
③ (가)는 젖당을 에너지원으로 사용할 수 없다.
④ (나)는 젖당이 없어도 억제 물질이 작동 부위에 결합하지 못한다.
⑤ (가)는 젖당이 있어도 RNA 중합 효소가 프로모터에 결합하지 못한다.

25 대장균의 오페론에는 젖당 오페론 이외에 트립토판 오페론도 존재한다. 다음은 젖당 오페론과 트립토판 오페론의 작용을 모식도를 나타낸 것이다. (젖당 오페론의 구조 유전자는 젖당 분해에 관여하는 효소를 암호화하며, 트립토판 오페론의 구조 유전자는 트립토판 합성에 관여하는 효소를 암호화한다.)

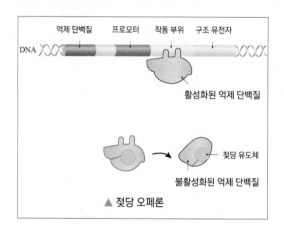

▲ 젖당 오페론

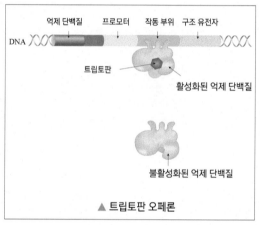

▲ 트립토판 오페론

이에 대한 설명으로 옳지 않은 것은?

① 트립토판은 구조 유전자의 전사를 유도한다.
② 젖당 유도체는 구조 유전자의 전사를 유도한다.
③ 트립토판은 억제 단백질이 작동 부위에 결합하는 것을 촉진한다.
④ 젖당 유도체는 억제 단백질이 작동 부위에 결합하는 것을 억제한다.
⑤ 트립토판 오페론에서 억제 단백질은 트립토판과 작동 부위에 동시에 결합한다.

26 다음은 포도당과 젖당이 섞여 있는 배지에서 대장균을 배양하였을 때 대장균의 수를 나타낸 그래프이다.

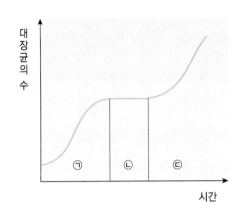

구간 ㉠ ~ ㉢에 대한 설명으로 옳지 않은 것은?

① 구간 ㉡에서 젖당 농도는 감소되기 시작한다.
② 구간 ㉢에서 젖당의 농도는 급격하게 감소한다.
③ 구간 ㉠에서 포도당 농도는 급격하게 감소한다.
④ 구간 ㉡에서 억제 단백질은 오페론의 작동 부위에 결합된 상태로 유지된다.
⑤ 구간 ㉢에서는 젖당이 포도당과 갈락토스로 분해되는 작용이 활발하게 일어난다.

🔵 심화

27 다음은 대장균의 배양 조건에 따른 젖당 분해 효소의 생성 여부를 나타낸 것이다.

		시험관 A	시험관 B
배양 조건	젖당	있음	없음
	포도당	없음	있음
젖당 분해 효소 생성 여부		생성	미생성

이에 대한 설명으로 옳은 것만을 <보기>에서 있는 대로 고른 것은?

⟨ 보기 ⟩

ㄱ. 시험관 A와 B에서 대장균은 생장할 수 있다.
ㄴ. 시험관 B에는 젖당 오페론의 억제 단백질이 합성된다.
ㄷ. 시험관 A에는 아세틸기 전이 효소의 mRNA가 존재한다.

① ㄱ   　　② ㄱ, ㄴ   　　③ ㄱ, ㄷ
④ ㄴ, ㄷ   　　⑤ ㄱ, ㄴ, ㄷ

28 다음은 젖당은 있고 포도당은 없는 경우 조절 단백질(CAP)에 의한 젖당 오페론의 조절 과정을 나타낸 것이다.

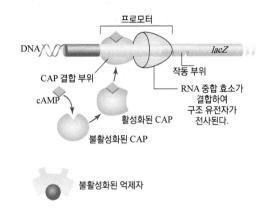

CAP-cAMP 복합체에 대한 설명으로 옳은 것만을 있는 대로 고르시오.

① CAP는 조절 유전자의 발현을 조절한다.
② CAP-cAMP 복합체는 억제 단백질의 합성을 유도한다.
③ 젖당만 존재할 때 CAP-cAMP 복합체가 프로모터에 결합한다.
④ 포도당이 있을 때 CAP-cAMP 복합체가 프로모터에 결합한다.
⑤ CAP-cAMP 복합체는 RNA 중합 효소의 프로모터 결합을 촉진한다.

29 포도당과 젖당이 함께 존재하는 배지에서 생장하는 대장균이 필요한 에너지원을 얻는 방법에 대해 서술하시오.

30 젖당 오페론의 구성 요소 중 한 곳에서 돌연변이가 일어나더라도 젖당 오페론이 정상적으로 작동할 수 있는 경우에 대해 서술하시오.

6강 유전자 발현 조절 2

1. 진핵생물의 유전자 발현 조절의 특징   2. 진핵생물의 유전자 발현 조절
3. 세포 분화와 유전자 발현 조절   4. 기관의 형성과 유전자 발현 조절

1. 진핵생물의 유전자 발현 조절의 특징

(1) 진핵생물의 유전자 구조 : 진핵생물의 유전자 구조는 원핵생물과 다르기 때문에 진핵생물의 유전자 발현은 원핵생물[1]과 다른 특징을 가진다.

⇒ 진핵생물은 유전자 발현 과정이 원핵생물에 비해 훨씬 복잡하며, 환경에 반응하여 다양한 방법으로 유전자 발현을 선택적으로 조절한다.

① 염색체가 여러 개 존재하며, 유전체[미니] 자체가 크기 때문에 자원을 낭비하지 않기 위해 한 번에 자신이 가진 모든 유전자를 발현시키지 않으며 단백질도 한 번에 모두 만들지 않는다.

⇒ 진핵 생물의 각각의 세포는 동일한 유전자를 가졌으나 세포 종류에 따라 유전자가 차별적으로 발현되어 다양한 구조와 기능을 나타낸다.

② DNA[2]는 핵 안에 응축되어 있으므로 전사가 일어나기 전에 응축된 염색체를 풀어야 단계적으로 전사와 번역이 진행된다.

③ 유전자가 개별적으로 존재하고, 각 유전자의 전사는 공통 신호 인자에 의해 조절되며, 유전자의 발현을 조절하는 염기 서열인 조절 요소(조절 서열)도 훨씬 많다.

④ 염색체에는 아미노산을 암호화하는 부위(엑손) 사이에 아미노산을 암호화하지 않는 부위(인트론)가 곳곳에 존재한다.

· 엑손(exon) : 아미노산을 암호화하는 DNA 부위이다.
   ⇒ 전사된 후 번역 과정을 통해 단백질로 합성된다.
· 인트론(intron) : 아미노산을 암호화하지 않는 DNA 부위이다.
   ⇒ RNA로 전사되지만 RNA가 핵을 떠나기 전에 제거된다.

▲ 진핵 생물의 기본적인 유전자 구조

(2) 진핵생물의 유전자 발현 조절 : 전사와 번역이 다른 시기에 다른 장소에서 일어나므로 전사, 전사 후, 번역, 번역 후의 각 단계에서 유전자 발현이 조절[3]된다.

① 진핵생물에서 유전자가 발현될 때는 DNA의 유전 정보에 따라 RNA가 1차 전사되고, 전사된 RNA는 가공 과정을 거쳐 성숙한 mRNA가 된다.

② 핵공을 통해 세포질로 나온 성숙한 mRNA는 번역 과정을 거쳐 단백질로 합성된다.

---

① 원핵생물의 유전자 발현 조절

- 한 가지 대사에 관련된 여러 유전자가 한 염색체 안에 오페론 형태로 모여 있기 때문에 유전자 발현이 쉽게 조절된다.
- 전사와 번역이 같은 장소에서 동시에 일어난다.

② 진핵 세포의 DNA

- 진핵 세포의 염색체 1개는 1개의 DNA 분자이다.
- 진핵생물은 이러한 염색체를 여러 개 가진다.(사람의 체세포 46개)
- 이러한 각 염색체의 DNA를 풀면 길이가 엄청난데, 사람의 경우 총 길이는 3m나 된다.
- 그러므로 진핵 세포의 DNA는 히스톤 단백질과 결합하여 응축된 상태로 핵 속에 존재한다.

③ 진핵생물의 유전자 발현 조절

최종적으로 기능하는 단백질의 양을 조절하는 것이다.

미니사전

유전체 (genome ; 게놈) : 유전자 (gene)와 세포핵 속에 있는 염색체(chromosome)의 합성어로 (염색체에 담긴 유전자), 한 생물이 가지는 모든 유전 정보

▷ **개념확인 1**

(엑손 , 인트론)은 전사된 후 번역 과정을 통해 단백질로 합성되며, (엑손 , 인트론)은 RNA로 전사되지만 RNA가 핵을 떠나기 전에 제거된다.

▷ **확인 + 1**

진핵 세포에서 유전자 발현 조절 과정은 '전사 조절 → (   ) → 번역 조절 → (   )'의 순서로 일어난다.

2. 진핵생물의 유전자 발현 조절[1]

(1) 염색질 구조 조절

① **염색질 구조 조절** : 진핵 세포의 핵 속에 존재하는 DNA는 히스톤 단백질에 감겨서 뉴클레오솜을 이루며 이들이 연결, 응축되어 염색질[2] 구조를 가진다. 염색질 구조가 풀리면 RNA 중합 효소를 비롯하여 전사에 관여하는 인자들이 결합하여 유전자 발현이 일어날 수 있지만, 염색질이 응축되어 있으면 전사에 관여하는 인자가 결합할 수 없어 유전자 발현이 일어날 수 없다.

⇒ 염색질 구조의 조절을 통해 유전자의 발현을 조절할 수 있다.

② **염색질의 탈응축(히스톤의 아세틸화)** : 뉴클레오솜을 구성하는 히스톤의 변형은 염색질의 응축에 영향을 준다.

⇒ 히스톤에 아세틸기($-COCH_3$)가 결합하면 DNA와의 결합이 약해져 염색질은 느슨해지며, 아세틸기가 제거되면 염색질은 응축된다.

③ **DNA의 메틸화** : DNA의 메틸화는 염색질 구조에 영향을 준다. DNA를 구성하는 염기 중 하나인 사이토신(C)이 메틸기($-CH_3$)와 결합하여 메틸화되면 전사가 잘 일어나지 않게 된다.

(2) 전사 개시 조절

(1) **진핵생물의 전사** : DNA에는 유전자마다 RNA 중합 효소가 결합하는 프로모터가 각각 존재한다. (원핵생물의 오페론은 여러 유전자들이 집단으로 존재한다.)

① RNA 중합 효소가 결합하여 전사가 일어나기까지 다양한 전사 인자(전사 조절 인자)[mini]들에 의해 조절되며, 전사 인자에는 전사를 촉진하는 전사 촉진 인자와 전사를 억제하는 전사 억제 인자가 있다.

② 원핵생물의 RNA 중합 효소와 달리 진핵생물의 RNA 중합 효소는 스스로 프로모터에 결합할 수 없다. ⇒ 진핵생물의 RNA 중합 효소는 전사 촉진 인자의 도움을 받아야만 비로소 전사를 시작할 수 있다.

(2) **전사 인자의 기능**

① 일반적으로 진핵생물 유전자의 프로모터 앞쪽에는 전사 인자가 결합하는 조절 요소(조절 서열)가 여러 개 존재하며, 세포의 종류 또는 시기에 따라 여러 종류의 전사 인자들이 다른 조합으로 결합하여 함께 작용함으로써 유전자의 발현을 유도한다.

② **전사 촉진 인자** : 염색질의 구조를 풀어 주고 RNA 중합 효소가 프로모터에 잘 결합하도록 도와주며 결합한 RNA 중합 효소의 활성을 자극하는 등 다양한 작용을 통해 전사 개시를 촉진한다.

③ **전사 억제 인자** : RNA 중합 효소 복합체의 결합을 막거나 결합한 전사 촉진 인자가 작용하지 못하도록 하여 전사를 억제한다.

정답 및 해설 **36** 쪽

개념확인 2

진핵 생물 유전자의 프로모터 앞쪽에는 전사 인자가 결합하는 조절 요소가 (한 개 , 여러 개) 존재한다.

확인 + 2

진핵 세포의 핵 속에 존재하는 DNA는 히스톤 단백질에 감겨서 (염색질 , 뉴클레오솜)을 이루며, 이는 응축되어 (염색질 , 뉴클레오솜) 구조를 가진다.

---

❶ 유전자 발현과 그 조절

● 유전자 발현은 전사 조절(염색질 구조 조절, 전사 개시 조절), 전사 후 조절, 번역 조절(mRNA 분해, 번역 속도 조절), 번역 후 조절(단백질 가공, 단백질 분해)등 여러 단계에서 조절된다.

● 전사 조절이 특히 중요한 역할을 한다.

❷ 염색질

● 진핵 생물의 핵에 존재하는 염기성 물질이다.

● DNA와 히스톤이 결합한 뉴클레오솜(염색질 기본 단위)들이 연결되어 이루어진다.(DNA와 히스톤이 결합한 핵 단백질[mini]로 구성되어 있다.)

● 염색질의 응축 정도에 따라 전사 여부가 결정된다.

● 응축된 염색질 → 전사 불가능

히스톤의 변형
(아세틸화)

뉴클레오솜   아세틸기

● 풀어진 염색질 → 전사 가능

▲ 히스톤의 아세틸화 - 염색질의 탈응축

미니사전

전사 인자(transcription factor) : 유전자의 전사 조절 부위에 결합하여 RNA 중합 효소의 활성을 제어함으로써 유전자의 전사를 조절하는 단백질 (=전사 조절 인자)

핵 단백질(nucleoprotein) : 핵산과 단백질이 결합한 복합체

③ 유전자의 선택적 발현

	간세포	수정체 세포
알부민 [미니] 유전자	○	○
크리스탈린 [미니] 유전자	○	○
알부민 유전자 발현에 필요한 전사 촉진 인자	○	×
크리스탈린 유전자 발현에 필요한 전사 촉진 인자	×	○
발현 유전자	알부민	크리스탈린

④ RNA 전사체

- DNA의 유전자에서 전사되어 만들어진 1차 전사체이다. (=1차 mRNA, mRNA 전구체)
- DNA로부터 전사된 인트론이 포함되어 있다.
- 스플라이싱 과정을 거쳐 인트론이 제거될 후, 가공되어 안정된 상태가 되어야만 번역에 사용될 수 있는 성숙한 mRNA가 된다.

⑤ RNA 스플라이싱

RNA 전사체에서 인트론이 제거되고 엑손이 연결되어 접합되는 과정이다.

⑥ 원핵생물의 mRNA 분해 조절

세균의 mRNA는 세포 내에 존재하는 효소에 의해 몇 분 이내에 분해된다.

③ **전사 개시 복합체 형성** : 유전자의 전사는 프로모터에 여러 가지 전사 인자와 중개자로 알려진 복잡한 단백질과 RNA 중합효소가 결합하여 전사 개시 복합체를 조립함으로써 시작된다.

④ **유전자의 선택적 발현** : 진핵 세포에서는 여러 개의 조절 요소와 전사 인자를 사용함으로써 수만 개에 달하는 많은 유전자를 선택적으로 발현[3]시킬 수 있다.

(3) 전사 후 조절 - mRNA 가공 : DNA로부터 전사된 RNA 전사체[4]는 5' 말단에 구아닌(G) 뉴클레오타이드의 모자를 씌우고, 3' 말단에는 아데닌(A) 뉴클레오타이드로 구성된 긴 꼬리가 첨가된 후, 인트론을 제거하고 엑손끼리 연결하는 RNA 스플라이싱[5]을 거쳐 성숙한 mRNA가 완성된다.

(4) mRNA 분해 조절[6]

① 합성되는 단백질의 양은 번역이 가능한 mRNA의 양에 따라 달라진다.

② 세포질 내에서 mRNA 수명은 세포에서 단백질 합성 수준을 결정하는 데 매우 중요하다.

③ 세포에는 mRNA를 분해하는 효소가 있으며, 일반적으로 진핵생물의 mRNA의 수명은 몇 시간, 며칠 또는 몇 주 동안 유지될 수 있을 정도로 안정적이다.

(5) 번역 속도 조절 : mRNA 번역에는 리보솜, 아미노산-tRNA 복합체, 번역에 관여하는 다양한 인자가 모두 필요하다. ⇒ 이 요소들의 접근성에 따라 번역 속도가 결정되며, 그에 따라 유전자 발현이 영향을 받게 된다.

　예 항원에 노출된 세포는 리보솜을 mRNA에 붙게 하여 번역을 돕는 번역 개시 인자들의 접근성을 높여 단백질(항체) 합성 속도가 약 7~10배 빨라진다.

(6) 번역 후 조절

⑴ **단백질 가공** : 번역이 끝나 완성된 폴리펩타이드는 가공 후 활성화되어야만 특정 기능을 갖는 단백질이 된다. 이 과정을 조절함으로써 세포 내 단백질의 양을 조절할 수 있다.

　예 인슐린은 처음에는 하나의 긴 폴리펩타이드로 만들어지지만 이 상태는 기능을 할 수 없다. 중간 부분이 잘려 두 개의 짧은 폴리펩타이드가 연결된 상태가 되어야만 비로소 활성화된 인슐린이 된다.

⑵ **단백질 분해**

① 세포의 필요에 따라 단백질을 선별적으로 분해함으로써 단백질의 종류와 양을 적절하게 변화시킨다.

② 세포는 분해될 특정 단백질을 표지하며, 표지된 단백질은 선택적으로 분해된다.

⇒ 전사 촉진 인자가 프로모터에서 멀리 떨어져 있는 인핸서(원거리 조절 요소)에 결합하면 DNA가 휘어져 프로모터 근처에서 전사 촉진 인자가 다른 전사 인자, 중개자 단백질, RNA 중합 효소와 결합하여 전사 개시 복합체를 형성하며 프로모터에 결합하여 전사가 시작된다.

▲ 전사 개시 복합체 형성

개념확인 3

DNA의 유전자에서 전사되어 만들어진 RNA 전사체에는 엑손과 (　　　　)이 존재하며, 스플라이싱 과정을 거쳐 (　　　　)이 제거된 후, 가공되면 성숙한 mRNA가 된다.

확인 + 3

mRNA 번역에는 리보솜, 아미노산-tRNA 복합체, 번역에 관여하는 다양한 인자들의 접근성에 따라 번역 (속도 , 시기)가 결정되며, 그에 따라 유전자 발현이 영향을 받게된다.

미니사전

알부민 [albumin] 세포나 체액 속에 존재하는 단백질이다. 몸 근육의 주성분이며 면역력을 담당한다.

크리스탈린 [crystallin] 안구의 수정체와 각막을 이루는 수용성 구조 단백질

(요약) 진핵 세포에서 유전자 발현 조절 과정

〈표〉 진핵 세포에서 유전자 발현 조절 과정

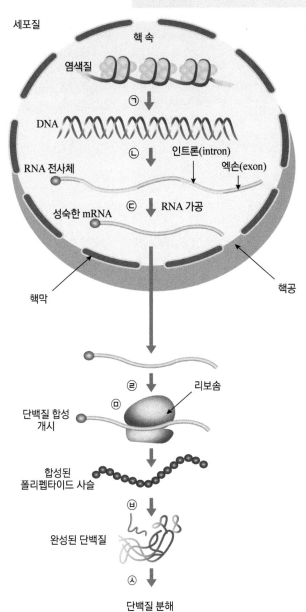

▲ 진핵 세포에서 유전자 발현 조절 과정

전사 조절	전사될 유전자를 결정하는 단계	
	㉠ 염색질 구조 재조정	어떤 유전자가 전사될지 결정하고 그 유전자가 전사될 수 있도록 염색질 구조가 느슨하게 풀린다.
	㉡ 전사 개시 조절	전사 인자가 결합하여 유전자 발현을 조절한다.
전사 후 조절	번역될 mRNA의 종류와 유효성을 결정하는 단계	
	㉢ RNA 가공 조절	인트론은 제거되고, 엑손끼리 선택적으로 연결되어 mRNA의 종류를 결정한다.
번역 조절	단백질 합성을 결정하는 단계	
	㉣ mRNA 분해 조절	mRNA의 분해 속도를 조절하여 합성되는 단백질의 양을 결정한다.
	㉤ 번역 속도 조절	단백질 합성 개시 및 합성 속도를 조절한다.
번역 후 조절	단백질의 활성을 결정하는 단계	
	㉥ 단백질 가공 과정 조절	단백질이 활성화되도록 일부 아미노산이 절단되거나 첨가되는 것을 조절한다.
	㉦ 단백질 분해 조절	단백질이 분해되는 속도를 선별적으로 조절함으로써 단백질의 종류와 양을 조절한다.

정답 및 해설 36 쪽

개념확인 4

(RNA 전사체 , 성숙한 mRNA)는 스플라이싱 과정에서 인트론이 제거되고, 엑손끼리 선택적으로 연결된다.

확인 + 4

진핵 세포에서 유전자 발현 조절 과정 중 단백질의 합성을 결정하는 단계에는 번역 속도 조절과 mRNA (   ) 조절이 있다.

3. 세포 분화와 유전자 발현 조절

(1) 세포 분화 : 하나의 수정란으로부터 만들어진 세포들이 각각의 구조와 기능을 갖게 되는 과정

(2) 세포 분화와 유전자의 동일성[1] : 세포 분화가 일어나더라도 세포가 가지는 DNA의 유전자는 분화되기 전과 동일하다. ⇒ 분화된 세포의 구조와 기능의 차이는 유전자 구성의 차이가 아니라 유전자 발현 조절의 차이로 나타난다.

예 식물 뿌리 세포를 이용하여 캘러스[미니]를 얻은 후, 시험관 배지에 옮겨 조직 배양을 통해 잎, 줄기, 뿌리를 가지는 하나의 개체를 만드는 데 성공했다.

당근의 뿌리 세포를   세포 분열을 함   어린 개체   완전한 개체
배양액에서 배양   로 성장한다.

· **분화된 세포가 서로 다른 특성을 가지는 이유** : 분화된 세포들은 모두 동일한 DNA를 가지지만 세포의 종류에 따라 발현되는 유전자가 달라, 세포 특성에 맞는 단백질이 생성되기 때문이다.

예 헤모글로빈 유전자와 크리스탈린 유전자는 모든 세포에 존재하지만 각각 적혈구와 (눈의)수정체에서만 발현된다.

(3) 세포 분화 과정에서 유전자 발현의 조절 : 세포 분화 과정에서 유전자는 변하지 않지만, 특정 유전자가 발현되려면 핵심 조절 유전자가 발현되거나 전사 인자의 조합이 필요하다.

① **핵심 조절 유전자[2]** : 필요한 유전자만 선택적으로 발현시키는 조절 유전자 중 가장 상위의 조절 유전자이다. 핵심 조절 유전자가 발현되면 하위 조절 유전자들이 연속적으로 발현된다.

예 마이오디(*myo D*)유전자 : 근육 세포 분화 과정의 핵심 조절 유전자

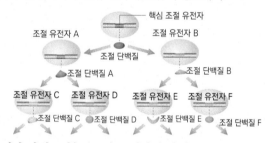

② **세포 분화와 유전자 발현의 예** : 핵심 조절 유전자 마이오디(*myo D*) 유전자의 발현

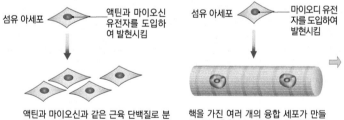

섬유 아세포 ← 액틴과 마이오신 유전자를 도입하여 발현시킴

액틴과 마이오신과 같은 근육 단백질로 분화되었지만 세포 융합은 일어나지 않았다. → 근육 세포는 형성되지 않는다.

섬유 아세포 → 마이오디 유전자를 도입하여 발현시킴

핵을 가진 여러 개의 융합 세포가 만들어졌고, 융합 세포에서 근육 단백질이 생성되었다.→ 근육 세포가 생성된다.

⇒ 마이오디 단백질을 제외한 다른 전사 촉진 인자들은 존재하고 있기 때문에 마이오디 유전자만 발현되면 하위의 조절 유전자들이 연속적으로 발현되기 때문이다.→ 마이오디 유전자가 핵심 조절 유전자로 작용한다.

개념확인 5

하나의 수정란으로부터 만들어진 세포들이 각각 특수한 구조와 기능을 갖게 되는 과정을 무엇이라 하는가? (   )

확인 + 5

가장 상위의 조절 유전자인 이 유전자가 발현되면 하위 조절 유전자들이 연속적으로 발현된다. 이 유전자를 무엇이라 하는가? (   )

---

❶ 동물 세포의 분화와 유전자의 동일성

1950년대 브릭스와 킹은 개구리 미수정란에서 핵을 제거한 후, 올챙이 소장 세포에서 얻은 핵을 여기에 주입하여 복제 개구리를 만드는 데 성공하였다.

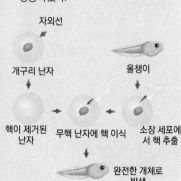

자외선

개구리 난자   올챙이

핵이 제거된 난자   무핵 난자에 핵 이식   소장 세포에서 핵 추출

완전한 개체로 발생

⇒ 분화된 동물 세포도 수정란과 유전자 구성이 동일하며, 세포 분화 과정에서 유전자 구성이 변하지 않는다는 것을 알 수 있다.

❷ 핵심 조절 유전자와 진화

● 동물의 형태는 발생 과정에서 결정된다.
● 발생 과정은 핵심 조절 유전자에 의해 조절된다.
● 핵심 조절 유전자는 다양한 동물에서 공통적으로 발견된다.
⇒ 다양한 동물이 하나의 공통 조상에서 진화하였음을 의미하는 것으로 여겨지고 있다.

미니사전

캘러스 [callus] 분화되지 않은 세포들이 뭉친 덩어리

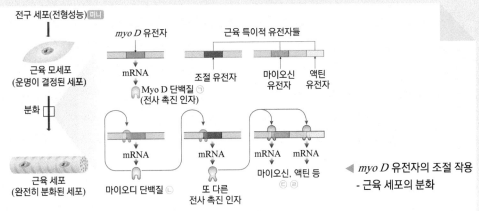

▲ myo D 유전자의 조절 작용
- 근육 세포의 분화

③ **다양한 전사 인자의 조합** : 세포 분화가 일어나기 위해서는 특정 유전자가 발현되어야 하며(특별한 조절 단백질의 조합 필요), 유전자 발현 여부와 함께 여러 전사 인자들이 어떻게 조합되는가에 따라 세포 분화에 따른 세포의 종류가 결정된다.

4. 기관의 형성과 유전자 발현 조절

(1) 기관 형성과 유전자 발현 조절
: 핵심 조절 유전자는 발생 초기의 배아 단계에서 활성화되어 각 기관 형성에 필요한 여러 유전자의 발현을 조절함으로써 기관 형성을 유도한다.

(2) 기관 형성과 유전자 발현 조절의 예

① **초파리의 눈 형성** : 초파리의 눈을 형성하는 아이 유전자(ey)는 전사 촉진 인자인 Ey 단백질을 합성하도록 하여 눈 형성에 관련된 다른 전사 촉진 인자의 유전자와 눈 형성에 필요한 단백질의 유전자 발현을 조절한다. ⇨ 초파리 배아에 인위적인 조작을 하여 다리가 될 부분에 초파리의 눈 형성 유전자(ey)를 삽입하여 배아를 발생시키면, 성체의 다리에 눈과 같은 구조가 형성될 수 있다.

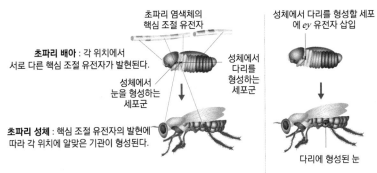

초파리 배아 : 각 위치에서 서로 다른 핵심 조절 유전자가 발현된다.

초파리 성체 : 핵심 조절 유전자의 발현에 따라 각 위치에 알맞은 기관이 형성된다.

초파리 염색체의 핵심 조절 유전자

성체에서 눈을 형성하는 세포군

성체에서 다리를 형성하는 세포군

성체에서 다리를 형성할 세포에 ey 유전자 삽입

다리에 형성된 눈

▲ 초파리의 핵심 조절 유전자　　　▲ 유전자 발현과 초파리의 돌연변이

② 각 기관을 형성하는 데 핵심적인 역할을 하는 조절 유전자에 이상이 발생할 경우 기관 형성에 이상이 생긴 돌연변이가 나타나는 것을 발견하였다. ⇨ 기관의 형성과 같은 발생 과정에서는 여러 전사 인자들의 연쇄적 작용으로 나타나는 유전자 발현 양상이 매우 중요하다.

정답 및 해설　**36**쪽

개념확인 6

다세포 생물의 발생 과정에서 다양한 구조와 기능을 갖는 세포가 모여 (　　⊙　　)을 형성하고, (　⊙　)이 모여 독특한 기능을 수행하는 (　　⊙　　)을 형성하여 생물의 형태가 만들어진다.

확인 + 6

(　　　　　　　　)는 발생 초기의 배아 단계에서 활성화되어 각 기관 형성에 필요한 여러 유전자의 발현을 조절함으로써 기관 형성을 유도한다.

⊙ 근육 모세포에서 마이오디 유전자가 가장 먼저 발현되어 전사 촉진 인자인 마이오디 단백질이 생성된다.

ⓒ 생성된 마이오디 단백질은 마이오디 유전자 자신과 또다른 유전자의 발현을 촉진하여 또다른 전사 촉진 인자가 생성된다.

ⓒ 생성된 전사 촉진 인자가 마이오신, 액틴 등 근육 세포 특유의 단백질 생성을 촉진한다.

ⓔ 근육 단백질의 생성으로 근육 모세포가 근육 세포로 분화된다.

❸ 세포 분화와 유전자 발현

사람의 근육 세포, 모근 세포, 적혈구 모두 가지고 있는 유전자가 수정란과 같지만, 발현되는 유전자의 차이로 세포의 형태와 기능이 달라진 결과이다.

유전자		근육 세포	모근 세포	적혈구
액틴	있음	O	O	O
	발현	O	X	X
케라틴	있음	O	O	O
	발현	X	O	X
헤모글로빈	있음	O	O	O
	발현	X	X	O

❹ 핵심 조절 유전자의 이상과 돌연변이

초파리의 핵심 조절 유전자에 이상이 생기면 더듬이가 생겨야 할 부분에 다리가 생기거나 날개가 더 많이 생기는 돌연변이가 일어나기도 한다.

미니사전

전형성능 식물 세포의 조직이 세포 전체의 형태를 형성하거나 식물체를 재생하는 능력

01 진핵생물의 유전자 구조 중 유전자 정보를 가지지 않아 아미노산을 비암호화하고 있는 DNA 영역을 무엇이라고 하는가?

(   )

02 진핵생물의 유전자 발현 조절에 대한 설명 중 옳은 것은 ○표, 옳지 않은 것은 ×표 하시오.

(1) 단백질 분해 조절이 가장 중요한 단계이다. (   )

(2) 단백질 합성 후에는 형질 발현 조절이 일어나지 않는다. (   )

(3) 유전자 발현은 풀어진 염색질 상태일 때 활발하게 일어난다. (   )

03 진핵생물의 유전자 발현 단계에 대한 설명 중 옳은 것은 ○표, 옳지 않은 것은 ×표 하시오.

(1) 염색질은 응축되어야 유전자의 전사가 시작될 수 있다. (   )

(2) 진핵생물의 전사 과정은 다양한 전사 인자들에 의해 조절된다. (   )

(3) 전사 촉진 인자가 원거리 조절 요소에 결합하면 DNA는 휘어져 전사 개시 복합체를 형성한다. (   )

04 진핵생물의 유전자 발현 단계에 대한 설명 중 옳은 것은 ○표, 옳지 않은 것은 ×표 하시오.

(1) 유전자를 선택적으로 발현시킬 수 있다. (   )

(2) 번역이 끝난 직후 폴리펩타이드는 특정 기능을 갖게 된다. (   )

(3) 합성되는 단백질의 양은 번역 가능한 mRNA의 양에 따라 달라진다. (   )

05 세포 분화에 대한 설명 중 옳은 것은 ○표, 옳지 않은 것은 ×표 하시오.

(1) 분화된 세포가 가지는 유전 물질은 분화 이전과 동일하다. (   )

(2) 다양한 세포의 분화 과정은 세포가 가지는 다양한 전사 조절 인자의 조합에 의해 결정된다.

(   )

(3) 분화된 세포들은 세포 특성에 맞는 단백질을 합성함으로써 고유한 형태와 기능을 갖게 된다. (   )

06 다음 괄호 안에 알맞은 말을 쓰시오.

(   ) 유전자는 근육 모세포가 근육 모세포로 분화되는 데 관여하여 근육 특이적인 다른 유전자의 발현을 유도한다.

(   )

07 기관의 형성과 유전자 발현에 대한 설명으로 것은 ○표, 옳지 않은 것은 ×표 하시오.

(1) 기관의 형성과 개체의 발생은 유전자 발현의 조절에 의해 일어난다. (   )

(2) 초파리 배아의 눈 형성 세포군과 다리 형성 세포군의 유전자 구성은 다르다. (   )

(3) 초파리의 돌연변이 실험 결과를 통해 하나의 유전자 발현의 변화만으로도 기관의 형성이 영향을 받음을 알 수 있다. (   )

08 세포 분화와 기관 형성에 대한 설명으로 것은 ○표, 옳지 않은 것은 ×표 하시오.

(1) 발현되는 유전자의 종류에 따라 다른 종류의 기관이 형성된다. (   )

(2) 분화된 세포는 완전한 개체 형성에 필요한 유전자를 모두 갖는다. (   )

(3) 세포가 분화될 때 작용하는 전사 인자의 종류는 모든 세포에서 동일하다. (   )

유형 6-1 진핵 생물의 유전자 발현 조절 1

다음은 진핵 생물의 유전자 구조를 나타낸 모식도이다. 다음 각 물음에 답하시오.

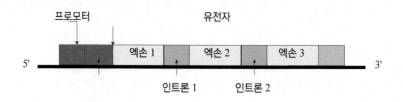

(1) 인트론은 전사 과정을 거친다. ( )

(2) 유전자에는 단백질을 암호화하는 엑손이 존재한다. ( )

(3) 유전자에는 아미노산을 암호화하지 않는 부위가 존재하지 않는다. ( )

01 다음 진핵 생물의 유전자 발현 과정에 대한 설명으로 옳은 것은 ○표, 옳지 않은 것은 ×표 하시오.

(1) 인트론은 전사 후 번역 과정을 통해 단백질로 합성된다. ( )

(2) 엑손은 RNA로 전사되지만 RNA가 핵을 떠나기 전에 제거된다. ( )

(3) 핵 속에 존재하는 DNA는 탈응축되어야 전사와 번역이 진행될 수 있다. ( )

02 다음 진핵 생물의 유전자 발현에 대한 설명으로 옳은 것은 ○표, 옳지 않은 것은 ×표 하시오.

(1) mRNA는 세포질에서 번역 과정이 일어난다. ( )

(2) 인트론은 RNA가 핵공을 통해 빠져나간 후 제거된다. ( )

(3) 유전자로부터 전사된 RNA는 가공 과정을 거쳐 성숙한 mRNA가 된다. ( )

유형 6-2 진핵 생물의 유전자 발현 조절 2

다음은 진핵 생물의 세포에서 유전 정보가 전달되어 발현되는 과정을 나타낸 모식도이다. 이에 대한 설명으로 옳은 것은 ○표, 옳지 않은 것은 ×표 하시오.

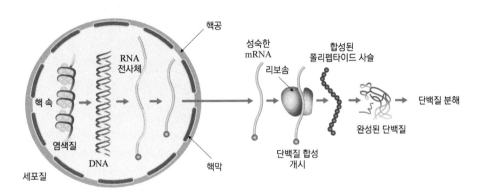

(1) 성숙한 mRNA에는 인트론만 남는다. ( )

(2) 염색질이 응축되어 있을 때 전사는 활발하게 일어날 수 없다. ( )

(3) 폴리펩타이드는 가공 과정을 거쳐 기능을 갖는 단백질이 된다. ( )

03 다음 진핵 세포의 유전자 발현 조절 과정 중 번역 후 조절 과정에서 일어나는 것은?

① mRNA 분해 조절   ② 단백질 분해 조절   ③ 번역 속도 조절
④ 염색질 구조 재조정   ⑤ RNA 가공 조절

04 다음 진핵 생물의 유전자 발현에 대한 설명으로 옳은 것은 ○표, 옳지 않은 것은 ×표 하시오.

(1) 진핵 세포의 mRNA는 원핵 생물의 mRNA보다 안정적이다. ( )

(2) 합성된 폴리펩타이드는 가공 과정 없이 특정 기능을 갖는 단백질이 된다. ( )

(3) 전사 인자와 조절 요소를 통해 많은 유전자를 선택적으로 발현시킬 수 있다. ( )

유형 6-3 세포 분화, 기관 형성과 유전자 발현의 조절 1

1996년 윌머트가 암양의 젖샘 세포를 떼어내 증식시키고, 이를 다른 혈통의 암양으로부터 얻은 난모 세포에서 핵을 제거하여 얻은 젖샘 세포와 융합시켰다. 융합된 세포를 대리모에 이식하여 완전한 개체인 복제양 돌리를 얻었다. 다음 각 물음에 답하시오.

(1) 복제 양은 젖샘 세포를 제공한 양과 유전적으로 동일한 형질을 가진다.　　　　　(　　)

(2) 난자의 핵에는 완전한 개체를 형성하는 데 필요한 유전자가 모두 들어있다.　　　（　　)

(3) 분화된 세포에서 특정 유전자를 제외한 나머지 유전자는 조건이 어떠한 조건에서도 다시
발현되지 않는다.　　　　　　　　　　　　　　　　　　　　　　　　　（　　)

05 다음 세포 분화와 유전자 발현의 조절에 대한 설명으로 옳은 것은 ○표, 옳지 않은 것은 ×표 하시오.

(1) 필요한 유전자만 선택적으로 발현되어 분화된다.　　　　　　　　　　　（　　)

(2) 핵심 조절 유전자는 가장 상위의 조절 유전자이다.　　　　　　　　　　（　　)

(3) 하위 조절 유전자들은 핵심 조절 유전자에 의해 불연속적으로 발현된다.　　（　　)

06 다음 세포 분화에 대한 설명 중 괄호 안에 알맞은 말을 고르시오.

> 세포 분화의 첫 번째는 어떤 세포가 될 것인지 정해지는 결정 단계로 결정된 세포는 (가역
> , 비가역)적으로 운명이 정해진다.

（　　　　　　）

유형 6-4 세포 분화, 기관 형성과 유전자 발현의 조절 2

다음은 마이오디(*myo D*) 유전자의 조절 작용을 나타낸 모식도이다. 다음 물음에 답하시오.

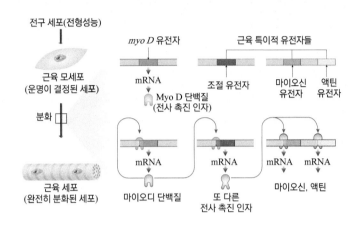

(1) *myo D* 유전자는 근육 세포를 형성하도록 한다. ( )

(2) *myo D* 유전자는 근육 세포의 분화 과정의 중간 조절 유전자이다. ( )

(3) Myo D 단백질은 조절 요소에 결합하여 다른 전사 인자 유전자의 발현을 촉진한다. ( )

07 특정 유전자의 발현이 세포 분화에 어떻게 영향을 미치는지 알아보기 위해 섬유 아세포에 액틴 필라멘트 유전자와 마이오신 유전자를 도입한 결과 근육 단백질까지만 생성되었고, 섬유 아세포에 *myo D* 유전자를 도입한 결과 근육 세포가 생성되었다. 다음 물음에 답하시오. (섬유 아세포는 자연적으로는 근육 세포로 분화하지 않는다.)

(1) 특정 유전자의 발현에 의해 세포 분화가 일어날 수 있다. ( )

(2) 섬유 아세포에 도입된 액틴 유전자는 형질이 발현되었다. ( )

(3) *myo D* 유전자는 분화를 유도하는 핵심 조절 유전자이다. ( )

08 다음 기관의 형성과 유전자 발현의 조절에 대한 설명으로 옳은 것은 ○표, 옳지 않은 것은 ×표 하시오.

(1) 핵심 조절 유전자는 기관 형성을 유도한다. ( )

(2) 기관 형성 과정에서 여러 전사 인자들은 불연속적으로 작용한다. ( )

(3) 초파리의 배아에서 다리가 될 부분에 초파리의 눈 형성 유전자를 삽입하여 발생시키면 성체의 다리에 눈과 같은 구조가 형성될 수 있다. ( )

01 다음은 바소체에 대한 설명이다.

성 염색체 XX를 가지는 암컷에서 두 개의 X 염색체 상의 유전자가 모두 활성화된다면, X 염색체를 한 개만 가지는 수컷에 비해 2배 많은 유전자 산물이 합성될 것이다. 수컷은 XY 염색체 중 하나의 X에서 단백질을 만드는 데 비해, 암컷은 X 염색체가 2개이므로 단백질도 2배로 만들게 된다.

하지만, 단백질이 정상보다 많이 만들어지면 문제가 발생한다. 예를 들어 다운 증후군은 21번 염색체가 정상인들에 비해 한 개가 더 많은 3개이므로 남들보다 1.5배 더 많은 단백질을 만든다. 이때 단백질을 많이 만드는 것은 물질과 호르몬의 불균형을 초래한다.

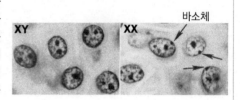

▲ 다운 증후군 (21번 염색체 3개)

암컷(XX)은 수컷(XY)에 비해 X 염색체가 하나 더 많으므로 불균형이 일어나게 될 것이다. 따라서, 암컷의 성염색체는 이와 같은 불균형의 문제를 방지하기 위한 방법을 가지게 되는데, 2개의 X 염색체 중 하나를 바소체로 만들어 영원히 응축시킴으로써 이를 해결한다. 즉, XX 중 하나의 X는 유전 정보가 나타나지 않는 바소체가 되는 것이다.

사람을 비롯한 모든 포유류 암컷에는 바소체(Barr body)가 발견된다. 바소체는 두 개의 X 염색체 중 하나가 응축되어 기능적으로 불활성화된 상태이다. 불활성화된 염색체의 유전 정보는 발현되지 않는다. 배 발생 시에 X 염색체는 불활성화되며 이러한 현상은 각 체세포에 있는 두 개의 X 염색체 중 하나에서 무작위적으로 일어난다.

바소체는 사실 유전과 관련된 일을 하진 못하지만 성호르몬과 관련된 일은 한다. (발현되는 X가 성호르몬을 조절하는 작용은 미미하다.) 이것은 바소체가 필요한 이유이다. 바소체는 유전 정보만 읽지 않을 뿐이다.

Y 염색체는 X 염색체와 비교했을 때 매우 작으며, 유전자를 거의 가지지 않기 때문에 수컷이 암컷에 비해 Y 염색체를 하나 더 가지고 있더라도 큰 문제가 발생하지 않는다.

바소체의 조절을 진핵 생물의 유전자 발현 단계와 관련지어 서술하시오.

02 다음 표 (가)는 초파리에서 발현되는 유전자 P를 구성하는 5개의 엑손(exon) A ~ E를, 표 (나)는 유전자 P에서 전사되는 성숙한 mRNA에서 poly A 꼬리를 제외한 길이를 발생 시기에 따라 측정한 것을 나타낸 것이다. (단, 단백질의 번역 후 가공과 돌연변이 등은 고려하지 않는다.)

(가)		A	B	C	D	E
	길이 (kbp)	0.5	0.7	1.1	1.3	2.6

(나)		알	애벌레	번데기	성체
	길이 (kbp)	6.2	5.5	4.4	5.7

* 대체 스플라이싱(alternative splicing) : 진핵 생물의 mRNA 전구체는 RNA 가공 단계에서 약 20개 중 1개 꼴로 어떤 DNA 조각을 엑손으로 취급하는지에 따라 두 가지 이상의 방식으로 스플라이싱되어 서로 다른 단백질을 암호화하는 2개 이상의 대체 mRNA를 생성한다.

(1) 알, 애벌레, 번데기일 때 성숙 mRNA에 공통으로 포함되는 엑손은 무엇인가?

(2) 초파리에서 발현되는 유전자 P는 어떤 발생 단계에서 대체 스플라이싱이 일어났는지 서술하시오.

03 다음은 초파리의 발생이 진행됨에 따라 침샘의 거대 염색체에서 일어나는 특정 유전자 부위의 변화를
나타낸 것이다.

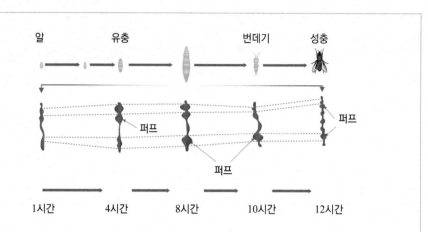

곤충의 유충 시기는 유전자의 활성이 활발하게 일어나는 시기이다.
초파리 유충의 침샘에서 발견되는 거대 염색체를 관찰하면 유전자가 위치한 자리에 가로 무늬의 띠가
나타난다. 가로 무늬 띠 중 특히 부풀어 오른 부위를 퍼프(puff)라고 한다. 퍼프 부분은 유전자가 활성화
되어 다량의 RNA가 합성되는 부위(전사가 활발하게 일어나는 부위)이다.

(1) 초파리의 거대 염색체에서 퍼프가 나타나지 않는 부위에서의 염색질 상태는 어떠한지 그
이유와 함께 서술하시오.

(2) 초파리 발생 시간에 따른 퍼프의 위치가 변하는 이유에 대해 서술하시오.

(3) 퍼프의 위치 변화는 진핵 생물에서 일어나는 유전자 발현 조절 방식(전사 조절, 전사 후 조
절, 번역 조절, 번역 후 조절) 중 어떤 단계에서의 조절인지 그 이유와 함께 서술하시오.

04 세포의 노화 시 발현되는 유전자 Z는 두 개의 전사 촉진 인자 ⊙과 ⓒ에 의해 조절된다. (가)는 유전자 Z의 프로모터를 부분 삭제하여 ⊙와 ⓒ의 전사 활성 테스트를 실시한 결과를 나타낸 것이며, (나)는 유전자 Z의 프로모터 DNA를 ⊙ 혹은 ⓒ, 또는 모두와 혼합하여 전기영동한 결과와 각 경우에 DNA 이동 방향을 나타낸 것이다. 실험 결과의 설명이나 추론에 대한 다음 물음에 답하시오.

(가)

유전자 Z의 프로모터 결실 부위	⊙와 ⓒ이 동시에 없을 때	⊙와 ⓒ이 동시에 있을 때
1	+	+ + +
2	+	+
3	+	+ + +
4	-	-
5	-	-
6	+	+ + +

(+++ : 전사 활성 매우 강함, + : 전사 활성 약함, - : 전사 활성 없음)

(나)

⊙	-	-	+	+
ⓒ	-	+	-	+

(+ : 있음, - : 없음)

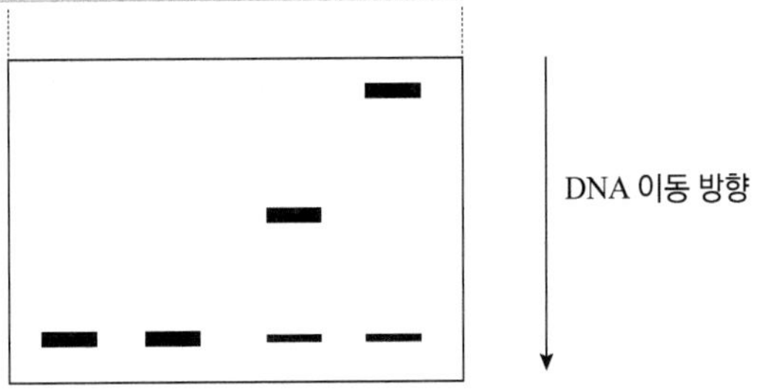

DNA 이동 방향

(1) 촉진 인자 ⊙와 ⓒ의 상관관계에 대해 서술하시오.

(2) 기저 수준의 유전자 발현에 필수적인 지역이 아닌 부위를 고르시오.

(3) 전사 활성에 필요한 핵심 프로모터(core promoter) 부위를 고르시오.

A

01 다음 원핵 세포와 진핵 세포의 유전 물질과 유전자 발현 조절 과정에 대한 설명으로 옳은 것만을 <보기>에서 있는 대로 고른 것은?

〈 보기 〉

ㄱ. 진핵 세포의 유전 물질은 세포질에 흩어져 존재한다.
ㄴ. 진핵 세포의 전사와 번역은 공간적으로 분리되어 있다.
ㄷ. 원핵 세포와 진핵 세포에서의 유전자 발현 조절은 오페론에 의해 일어난다.

① ㄱ   ② ㄴ   ③ ㄱ, ㄷ
④ ㄴ, ㄷ   ⑤ ㄱ, ㄴ, ㄷ

02 다음 세포 분화와 기관 형성에서의 유전자 발현 조절에 대한 설명으로 옳은 것만을 <보기>에서 있는 대로 고른 것은?

〈 보기 〉

ㄱ. 발현되는 유전자의 종류에 따라 서로 다른 기관이 형성된다.
ㄴ. 분화된 세포는 분화 전 세포와 동일한 유전 정보를 가진다.
ㄷ. 분화된 세포들은 특성에 맞는 단백질을 생성하여 고유한 형태와 기능을 가진다.

① ㄱ   ② ㄴ   ③ ㄱ, ㄷ
④ ㄴ, ㄷ   ⑤ ㄱ, ㄴ, ㄷ

03 다음은 초파리 배아의 다리를 형성하는 세포군에 *ey* 유전자를 발현시킨 결과 성체의 다리에 눈이 만들어졌다. 이에 대한 설명으로 옳은 것만을 <보기>에서 있는 대로 고른 것은?

〈 보기 〉

ㄱ. *ey* 유전자는 초파리의 다리 형성을 위한 핵심 조절 유전자이다.
ㄴ. 배 발생 과정에서 유전자의 발현이 비정상적으로 일어나면 돌연변이 개체가 형성될 수 있다.
ㄷ. 초파리 배아의 눈을 형성하는 세포군과 다리를 형성하는 세포군은 서로 다른 유전자 구성을 가진다.

① ㄱ   ② ㄴ   ③ ㄱ, ㄷ
④ ㄴ, ㄷ   ⑤ ㄱ, ㄴ, ㄷ

04 근육 모세포에 존재하는 마이오디(*myo D*) 유전자의 작용으로 인한 근육 세포의 분화 과정을 나타낸 모식도이다.

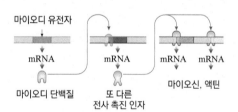

이에 대한 설명으로 옳은 것만을 <보기>에서 있는 대로 고른 것은?

〈 보기 〉

ㄱ. 마이오디는 근육 세포에만 존재하는 유전자이다.
ㄴ. 마이오신과 액틴 유전자는 또 다른 전사 인자를 암호화한다.
ㄷ. 마이오디 유전자는 다른 유전자의 발현에 영향을 미치는 단백질을 암호화한다.

① ㄱ   ② ㄷ   ③ ㄱ, ㄴ
④ ㄴ, ㄷ   ⑤ ㄱ, ㄴ, ㄷ

05 다음은 당근 뿌리로부터 얻은 세포를 영양 배지에서 배양하여 당근 개체를 얻는(조직 배양) 과정을 나타낸 모식도이다.

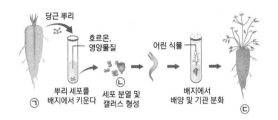

당근 뿌리
호르몬, 영양물질
어린 식물
뿌리 세포를 배지에서 키운다 ㉠
세포 분열 및 캘러스 형성 ㉡
배지에서 배양 및 기관 분화 ㉢

이에 대한 설명으로 옳은 것만을 있는 대로 고르시오.

① ㉡은 분화된 세포이다.
② 세포가 분화될 때 유전자의 변화가 일어난다.
③ ㉠과 ㉢을 구성하는 세포의 유전자 구성은 동일하다.
④ 분화된 세포는 특정 세포에 필요한 유전자만 존재한다.
⑤ 캘러스는 당근을 형성하는 데 필요한 모든 유전 정보를 갖는다.

06 진핵 세포에서 RNA 전사체가 성숙한 mRNA가 되는 과정에 대한 설명으로 옳은 것만을 있는 대로 고르시오.

① 원핵 세포에서도 관찰되는 과정이다.
② RNA 중합 효소에 의해 일어나는 과정이다.
③ RNA 전사체에는 인트론이 존재하지 않는다.
④ 성숙한 mRNA에는 인트론이 존재하지 않는다.
⑤ 성숙한 mRNA에는 번역에 참여하는 엑손이 존재한다.

07 다음은 세포의 형질 발현 조절의 일부에 대한 설명이다.

(가) RNA에서 인트론이 제거된다.
(나) 염색질의 히스톤 단백질이 변형된다.
(다) 인슐린이 활성화되기 위해서는 긴 폴리펩타이드가 절단된 후, 두 개의 짧은 폴리펩타이드가 서로 연결되어야 한다.

이에 대한 설명으로 옳은 것만을 <보기>에서 있는 대로 고른 것은?

〈 보기 〉
ㄱ. (가)는 모든 생물에서 나타난다.
ㄴ. (나)는 유전자의 전사 여부에 영향을 준다.
ㄷ. (다)를 통해 세포 내 단백질의 분해 속도가 조절된다.

① ㄱ   ② ㄴ   ③ ㄱ, ㄷ
④ ㄴ, ㄷ   ⑤ ㄱ, ㄴ, ㄷ

08 다음 (가)는 섬유 아세포에 근육 단백질을 형성하는 유전자를, (나)는 섬유 아세포에 전사 촉진 인자 유전자인 마이오디 유전자를 도입하여 발현시킨 결과를 나타낸 모식도이다.

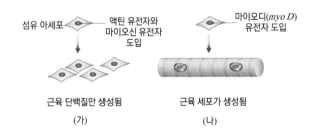

섬유 아세포
액틴 유전자와 마이오신 유전자 도입
마이오디(myo D) 유전자 도입
근육 단백질만 생성됨
(가)
근육 세포가 생성됨
(나)

이에 대한 설명으로 옳은 것만을 있는 대로 고르시오.

① 근육 단백질이 생성되면 근육 세포로 분화된다.
② 세포에 인위적으로 도입시킨 유전자도 발현될 수 있다.
③ 마이오디 유전자의 발현은 근육 세포 분화에 핵심적인 역할을 한다.
④ 마이오디 유전자는 액틴 유전자와 마이오신 유전자의 발현을 촉진한다.
⑤ 각 세포에 특이적인 단백질을 생성하게 되면 항상 세포 분화와 기관 형성이 일어난다.

09 다음은 초파리 발생 과정에서 나타나는 현상 중 하나를 나타낸 모식도이다.

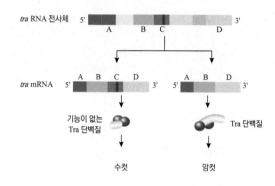

이에 대한 설명으로 옳은 것만을 <보기>에서 있는 대로 고른 것은?

〈 보기 〉

ㄱ. *tra* RNA 전사체에서 A, B, C, D는 엑손이다.
ㄴ. *tra* RNA 전사체에 C가 포함되면 번역이 일어 나지 않도록 조절된다.
ㄷ. *tra* 유전자의 전사 후 과정에서의 선택적 RNA 스플라이싱은 초파리의 성 결정에 중요 한 역할을 한다.

① ㄱ   ② ㄷ   ③ ㄱ, ㄷ
④ ㄴ, ㄷ   ⑤ ㄱ, ㄴ, ㄷ

10 원핵 세포와 진핵 세포의 유전 물질과 유전자 발현 조절 과정에 대한 설명으로 옳은 것은?

① 원핵 세포는 전사 후 RNA 가공 과정을 거친다.
② 원핵 세포의 DNA에는 하나의 프로모터에 하나 의 유전자만 존재한다.
③ 원핵 세포의 DNA는 단일 가닥 구조이며, 진핵 세포의 DNA는 2중 나선 구조이다.
④ 원핵 세포의 유전자에는 인트론이 없으며, 진핵 세포의 유전자에는 인트론이 존재한다.
⑤ 진핵 세포의 유전자에는 엑손이 있으며, 원핵 세포의 유전자에는 엑손이 존재하지 않는다.

B

11 다음 중 생물의 유전자 발현 조절에 대한 설명으로 옳은 것은?

① 대장균의 유전자 발현 조절에는 mRNA 가공이 필요하다.
② 오페론은 모든 생물이 갖는 유전자 발현 조절 방식이다.
③ 염색질이 탈응축되면 RNA 중합 효소의 작용이 억제된다.
④ 진핵 세포의 DNA에는 아미노산을 암호화하지 않는 부위가 존재한다.
⑤ 진핵 세포는 기능이 연관된 여러 개의 유전자가 하나의 프로모터에 의해 조절된다.

12 다음은 진핵 세포에서 염색질 구조의 변화를 나타낸 모식 도이다.

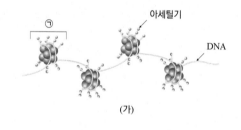

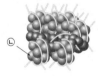

* 메틸기가 DNA의 염기에 많이 결합하면 (나)와 같은 상태를 유지한다.

(나)

이에 대한 설명으로 옳은 것만을 <보기>에서 있는 대로 고른 것은?

〈 보기 〉

ㄱ. ㉠은 뉴클레오솜이며, ㉡은 히스톤이다.
ㄴ. DNA에 메틸기가 많이 결합하면 RNA 합성이 억제된다.
ㄷ. 히스톤에 아세틸기가 결합하면 (가)에서 (나) 상태가 된다.

① ㄱ   ② ㄴ   ③ ㄱ, ㄴ
④ ㄴ, ㄷ   ⑤ ㄱ, ㄴ, ㄷ

13 다음은 초파리의 배 발생 과정에서 유전자 발현에 따른 기관 형성의 일부를 나타낸 모식도이다.

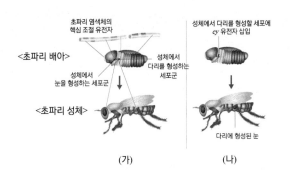

초파리 염색체의
핵심 조절 유전자

성체에서 다리를 형성할 세포에
ey 유전자 삽입

<초파리 배아>

성체에서
다리를 형성하는
세포군

성체에서
눈을 형성하는 세포군

<초파리 성체>

다리에 형성된 눈

(가)　　　　　　(나)

이에 대한 설명으로 옳은 것만을 <보기>에서 있는 대로 고른 것은?

〈 보기 〉

ㄱ. 초파리 배아의 다리 형성 세포군과 눈 형성 세포군에서는 서로 다른 유전자가 발현된다.
ㄴ. 초파리 배아의 다리 형성 세포군과 눈 형성 세포군에는 서로 다른 유전자 구성을 가진다.
ㄷ. 초파리의 배 발생 과정에서 유전자 발현이 비정상적으로 발생하면 돌연변이 개체가 될 수 있다.

① ㄱ　　　　② ㄷ　　　　③ ㄱ, ㄷ
④ ㄴ, ㄷ　　　⑤ ㄱ, ㄴ, ㄷ

14 다음은 Myo D 단백질의 작용으로 근육 세포의 분화 과정을 나타낸 모식도이다.

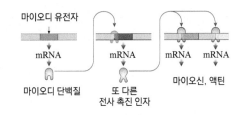

마이오디 유전자

mRNA　　　　mRNA　　　mRNA　　mRNA

마이오디 단백질　또 다른
전사 촉진 인자　　마이오신, 액틴

이에 대한 설명으로 옳은 것만을 있는 대로 고르시오.

① Myo D 단백질은 전사 촉진 인자로 작용한다.
② *Myo D* 유전자는 근육에 특이적으로 존재한다.
③ 근육 세포로 분화될 때 마이오신과 액틴이 합성된다.
④ *Myo D* 유전자에 마이오신에 대한 유전 정보가 들어 있다.
⑤ Myo D 단백질은 마이오신과 액틴 유전자의 전사를 직접 촉진한다.

15 다음 표는 애기장대 꽃의 4가지 기관으로 분화될 꽃 형성 부위의 미분화 조직에서 발현되는 전사 조절 인자 유전자 ㉠ ~ ㉢을 나타낸 것이다.(㉠ ~ ㉢은 각각의 전사 인자를 암호화하며, 전사 인자는 꽃 형성 과정에서 각 기관에 필요한 유전자의 전사를 조절하는 데 관여한다.)

꽃 형성 부위(기관)	꽃받침	꽃잎	수술	암술
발현되는 전사 (조절) 인자 유전자	㉠	㉠, ㉡	㉡, ㉢	㉢

이에 대한 설명으로 옳은 것만을 <보기>에서 있는 대로 고른 것은?

〈 보기 〉

ㄱ. 수술로 분화될 미분화 세포들은 전사 조절 유전자 ㉠을 가지지 않는다.
ㄴ. 전사 조절 유전자 ㉡이 손상되어 발현되지 않는 돌연변이 개체는 수술을 만들지 못한다.
ㄷ. 꽃 형성 부위의 미분화 세포는 발현되는 전사 조절 유전자의 조합에 따라 특정 꽃 기관으로의 분화가 결정된다.

① ㄱ　　　　② ㄴ　　　　③ ㄱ, ㄷ
④ ㄴ, ㄷ　　　⑤ ㄱ, ㄴ, ㄷ

16 다음은 진핵생물의 유전자 발현 조절에 대한 설명이다.

> (가) 염색질의 응축 부위가 달라진다.
> (나) RNA 전사체에서 인트론이 제거된다.
> (다) 세포마다 단백질을 선별적으로 분해한다.

이에 대한 설명으로 옳은 것만을 <보기>에서 있는 대로 고른 것은?

〈 보기 〉

> ㄱ. (가)에 의해 어떤 유전자가 전사될 것인지 결정된다.
> ㄴ. (나)는 세포질에서 일어난다.
> ㄷ. (다)에 의해 세포 내 단백질의 종류 및 양이 조절된다.

① ㄱ   ② ㄴ   ③ ㄱ, ㄷ
④ ㄴ, ㄷ   ⑤ ㄱ, ㄴ, ㄷ

17 다음은 섬유 아세포에 근육 단백질을 생성하는 유전자와 마이오디(*myo D*) 유전자를 각각 도입하여 발현시킨 결과를 나타낸 모식도이다.

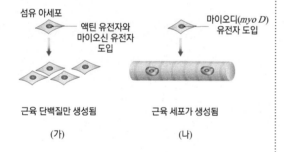

근육 단백질만 생성됨   근육 세포가 생성됨

(가)   (나)

이에 대한 설명으로 옳은 것만을 <보기>에서 있는 대로 고른 것은?

〈 보기 〉

> ㄱ. (가)에서는 DNA 유전 정보의 일부가 결실되었다.
> ㄴ. 마이오신 유전자는 섬유 아세포에서 형질이 발현되었다.
> ㄷ. (나)는 전사 인자가 특정 유전자의 전사를 조절하여 세포 분화가 일어난 것이다.

① ㄱ   ② ㄷ   ③ ㄱ, ㄴ
④ ㄴ, ㄷ   ⑤ ㄱ, ㄴ, ㄷ

18 다음은 초파리의 발생 단계에 따라 동일한 염색체에서 퍼프(puff)가 생기는 부위를 나타낸 모식도이다.

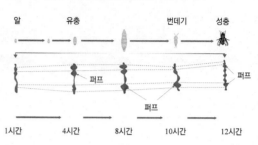

이에 대한 설명으로 옳은 것만을 <보기>에서 있는 대로 고른 것은?

〈 보기 〉

> ㄱ. 발생 단계에 따라 발현되는 유전자가 달라진다.
> ㄴ. 초파리는 발생 단계에 따라 유전자 구성이 달라진다.
> ㄷ. 퍼프는 RNA로 전사가 활발하게 일어나는 부위를 나타낸다.
> ㄹ. 퍼프가 나타나지 않는 부위에서의 염색질은 응축되어 있다.

① ㄱ, ㄴ   ② ㄴ, ㄹ   ③ ㄱ, ㄷ, ㄹ
④ ㄴ, ㄷ, ㄹ   ⑤ ㄱ, ㄴ, ㄷ, ㄹ

19 포유류 암컷은 성염색체 X를 2개 가지고 있다. 그러나 2개 중 1개의 X 염색체는 응축되어 바소체를 형성한다. 다음 중 바소체에 대한 설명으로 옳은 것만을 있는 대로 고르시오.

① 기능이 불활성화된 상태이다.
② 암컷의 특징이 나타나도록 한다.
③ 모계로부터 온 X 염색체가 응축되었다.
④ 암컷의 X 염색체로부터 전사된 RNA의 양이 수컷의 2배가 되도록 한다.
⑤ 수컷의 X 염색체로부터 만들어진 단백질에 비해 암컷의 X 염색체로부터 만들어진 단백질이 2배가 되는 것을 방지한다.

20 다음은 눈 형성에 관여하는 초파리의 *ey* 유전자와 생쥐의 *pax* 6 유전자에 대한 자료이다.

· 초파리의 눈은 낱눈이 모여서 된 겹눈이며, 생쥐의 눈은 한 개의 수정체로 된 카메라눈이다.
· *ey* 유전자는 전사 인자 Ey를, *pax 6* 유전자는 전사 인자 Pax 6를 암호화한다.
· 초파리 배아의 눈 형성 부위에서는 Ey가, 생쥐 배아의 눈 형성 부위에서는 Pax 6가 발현된다.
· *ey*가 결실된 초파리와 *pax 6*가 결실된 생쥐에는 눈이 형성되지 않는다.
· 초파리 배아의 다리 형성 부위에 *ey*를 발현시키면 성체 초파리의 다리에 겹눈 구조가 형성된다.
· 초파리 배아의 다리 형성 부위에 생쥐의 *pax 6*를 발현시키면 성체 초파리의 다리에 겹눈 구조가 형성된다.

이에 대한 설명으로 옳은 것만을 <보기>에서 있는 대로 고른 것은?   [평가원 모의고사 유형]

〈 보기 〉

ㄱ. Ey는 초파리의 눈 형성에 필요한 전사 인자이다.
ㄴ. 초파리의 다리에는 눈 형성에 필요한 유전자가 없다.
ㄷ. Pax 6는 초파리에서 겹눈 구조 형성에 필요한 유전자 발현을 조절할 수 있다.

① ㄱ   ② ㄴ   ③ ㄱ, ㄷ
④ ㄴ, ㄷ   ⑤ ㄱ, ㄴ, ㄷ

C

21 다음은 진핵생물의 유전자 발현 조절의 몇 가지 예를 나타낸 자료이다.

(A) 애기장대에서 FLC 유전자에 있는 히스톤 단백질에 아세틸기가 결합하면 유전자가 발현되어 개화가 억제되며, FLC 유전자로부터 아세틸기를 제거하면 개화가 일어난다.
(B) 길이가 21 ~ 25 뉴클레오타이드 정도 되는 소형 RNA는 특정 mRNA 분자와 상보적인 결합을 하여 쌍을 이룬 후 mRNA를 분해한다.
(C) 항원에 노출된 세포는 리보솜을 mRNA에 붙게 하여 번역 개시 인자들의 접근성을 높힘으로써 단백질 합성량을 7 ~ 10배 정도 증가시키므로 T 림프구의 증식이 일어난다.

이에 대한 설명으로 옳은 것만을 <보기>에서 있는 대로 고른 것은?

〈 보기 〉

ㄱ. 애기장대의 FLC 유전자는 개화를 억제하는 기능을 한다.
ㄴ. (B)는 mRNA의 분해, (C)는 mRNA의 합성을 촉진함으로써 유전자 발현을 조절한다.
ㄷ. (A) ~ (C)의 유전자 발현 조절을 통해 세포 내 특정 단백질의 생성 및 양을 조절할 수 있다.

① ㄱ   ② ㄴ   ③ ㄱ, ㄷ
④ ㄴ, ㄷ   ⑤ ㄱ, ㄴ, ㄷ

22 진핵생물에서 유전자의 단백질 번역이 활발한 경우로 옳은 것만을 <보기>에서 있는 대로 고른 것은?

〈 보기 〉

ㄱ. RNA 분해 작용이 활발하다.
ㄴ. 전사 촉진 인자가 많이 존재한다.
ㄷ. 염색질이 염색체로 응축되어 있다.

① ㄱ   ② ㄴ   ③ ㄱ, ㄷ
④ ㄴ, ㄷ   ⑤ ㄱ, ㄴ, ㄷ

23 다음은 생쥐의 세포 분화에 대한 자료 설명이다.

> · 마이오신은 근육 세포의 주요 구성 성분이며, 근육 세포는 근육 모세포로부터 분화된다.
> · 유전자 a는 DNA에 결합하는 전사 인자 A를, 유전자 b는 DNA에 결합하는 전사 인자 B를 암호화하며, A는 B의 발현을 촉진한다.
> · 근육 모세포가 ㉠ 근육 세포로 분화되는 과정에서 B가 마이오신의 발현을 촉진한다.
> · ㉡ 간세포에서는 A와 마이오신이 발현되지 않는다.
> · ㉢ A를 인위적으로 발현시킨 간세포에서는 마이오신이 발현된다.

이에 대한 설명으로 옳은 것만을 <보기>에서 있는 대로 고른 것은? [평가원 모의고사 유형]

〈 보기 〉

ㄱ. ㉠에 있는 모든 전사 인자는 ㉡에도 있다.
ㄴ. ㉡에는 b와 마이오신을 암호화하는 유전자가 모두 있다.
ㄷ. ㉢에는 A가 결합하는 DNA 부위가 있다.

① ㄱ 　　　　② ㄴ 　　　　③ ㄱ, ㄷ
④ ㄴ, ㄷ 　　　　⑤ ㄱ, ㄴ, ㄷ

24 다음은 진핵 세포의 유전자 발현과 조절 과정을 나타낸 모식도이다.

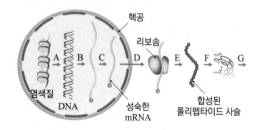

이에 대한 설명으로 옳은 것만을 <보기>에서 있는 대로 고른 것은?

〈 보기 〉

ㄱ. B 과정으로 합성된 RNA는 주형 DNA 가닥과 전체 길이가 같다.
ㄴ. mRNA에 소형 RNA가 상보적으로 결합한다면 D 과정이 억제될 수 있다.
ㄷ. 단백질의 선택적 분해 과정은 G에 해당한다.

① ㄱ 　　　　② ㄷ 　　　　③ ㄱ, ㄴ
④ ㄴ, ㄷ 　　　　⑤ ㄱ, ㄴ, ㄷ

25 다음은 진핵 세포의 전사 개시 복합체 형성을 나타낸 모식도이다.

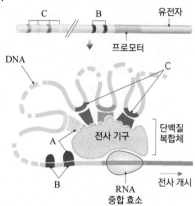

이에 대한 설명으로 옳은 것만을 <보기>에서 있는 대로 고른 것은?

〈 보기 〉

ㄱ. A는 같은 종류의 단백질이다.
ㄴ. B 부위의 유전 정보는 mRNA로 전사된다.
ㄷ. B와 C 두 부위는 서로 다른 염기 서열로 되어 있다.

① ㄱ 　　　　② ㄷ 　　　　③ ㄱ, ㄴ
④ ㄴ, ㄷ 　　　　⑤ ㄱ, ㄴ, ㄷ

26 다음은 초파리에 존재하는 특정 유전자의 발현 조절에 관한 실험을 나타낸 것이다.(Antp, Ubx, Ey 단백질은 모두 전사 인자이다.)

> (A) 초파리 배아에서 ubx 유전자에 돌연변이가 발생하면 날개가 2쌍이 된다.
> (B) 초파리 배아에서 더듬이 형성에 관여하는 $antp$ 유전자에 돌연변이가 발생하면 더듬이가 생겨야 할 부위에 다리가 생긴다.

이에 대한 설명으로 옳은 것만을 <보기>에서 있는 대로 고른 것은?

〈 보기 〉

ㄱ. $antp$ 유전자는 세포 특이적인 단백질을 암호화한다.
ㄴ. ubx 유전자는 초파리의 모든 세포에 존재하는 조절 유전자이다.
ㄷ. 배아 발생단계에서 특정 유전자의 발현 여부에 따라 기관이 형성된다.

① ㄱ 　　　　② ㄷ 　　　　③ ㄱ, ㄴ
④ ㄴ, ㄷ 　　　　⑤ ㄱ, ㄴ, ㄷ

27~28 다음은 진핵 세포의 유전자 발현 조절 과정의 일부를 나타낸 모식도이다.

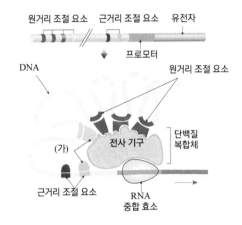

27 위 모식도는 유전자 발현 조절 과정 (전사 조절, 전사 후 조절, 번역 조절, 번역 후 조절) 중 어떤 단계의 조절을 나타낸 것인지 서술하시오.

28 프로모터 앞쪽에 존재하며 조절 요소에 결합하는 (가)는 무엇인지 그 역할과 함께 서술하시오.

29 적혈구의 헤모글로빈 형성 과정 중 글로빈 유전자에 의해 합성된 단백질이 헴과 결합하여 헤모글로빈을 형성하는 과정은 유전자 발현 조절 과정 중 어떤 단계에 해당하는지 그 이유와 함께 서술하시오.

30 초파리의 배 발생 단계에서 어떤 유전자에 돌연변이가 발생하면 기관 형성이 제대로 일어나지 않는다. 어떤 유전자는 무엇인지 쓰고 그 유전자가 기관 형성에 미치는 영향을 서술하시오.

7강 생명 공학 기술

1. 유전자 재조합   2. 단일 클론 항체   3. 중합 효소 연쇄 반응(PCR)
4. DNA 염기 서열 분석   5. 줄기 세포와 장기 이식

1. 유전자 재조합

(1) 유전자 재조합 기술
한 생물에서 추출한 특정 DNA를 다른 생물의 DNA에 삽입하여 재조합 DNA를 만든 후, 대장균과 같은 숙주에 주입하여 유전자를 복제하거나 형질을 발현시키는 기술이다.

이용 예 ① 인슐린, 생장 호르몬, 인터페론, 간염 백신, 혈액 응고 방지 물질 등의 단백질을 대량 생산하여 의약품으로 이용
② 세포 내 특정 유전자를 조작하여 대량으로 복제한 후, 유전자에 대한 기초 연구에 이용
③ 인공적으로 특정 유전자를 삽입한 유전자 변형 생물(GMO) [미니] 을 생산하며, 다른 생물의 유전자를 도입시켜 본래의 형질과는 다른 형질을 가지게 되는 동물(형질 전환 동물)을 생산

(2) 유전자 재조합에 필요한 요소

목적 DNA (유용한 유전자)	유전자 재조합으로 얻을 유용한 유전자이다. 예 사람의 인슐린 유전자
DNA 운반체 (벡터)	목적 DNA와 재조합되어 목적 DNA를 숙주 세포로 운반한다. 예 플라스미드[1] : 세균 속에 존재하는 고리 모양의 DNA 바이러스[2] : 감염 경로를 통해 유전자를 숙주 세포 속으로 도입 ▲ 세균의 플라스미드
제한 효소[1]	· **제한 효소 자리**[3]라고 하는 DNA의 특정 염기 서열을 인식하여 그 부위를 선택적으로 절단하는 효소로서 두 가닥의 DNA를 자른다. · **점착 말단** : 제한 효소로 절단된 DNA의 말단 부위이며, 상보적인 염기 서열을 가지는 다른 DNA 말단과 수소 결합할 수 있는 단일 가닥 부분이다. ⇒ 한 종류의 제한 효소는 언제나 같은 염기 서열을 인식하여 DNA를 절단하므로 어떤 생물 종의 DNA라도 같은 제한 효소로 자른 DNA 절편의 점착 말단은 모두 동일하다.
DNA 연결 효소 (리게이스)	· 제한 효소가 절단한 DNA 절편을 연결하는 효소이다. · 목적 DNA와 DNA 운반체를 연결하여 재조합 DNA를 만든다.
숙주 세포	재조합 DNA가 이식되는 살아 있는 세포로서, 대장균이 널리 이용된다. ⇒ 증식 속도가 빨라 짧은 시간 동안 필요한 물질을 대량 생산할 수 있다.

▶ **개념확인 1**

한 생물에서 추출한 특정 DNA를 다른 생물의 DNA에 삽입하여 재조합 DNA를 만든 후, 이것을 세균과 같은 숙주에 주입하여 유전자를 복제하거나 형질을 발현시키는 기술을 무엇이라 하는가?

(   )

▶ **확인 + 1**

DNA 재조합에 필요한 요소가 <u>아닌</u> 것은?

① 제한 효소   ② 숙주 세포   ③ 목적 DNA   ④ DNA 연결 효소   ⑤ ATP

---

① 운반체로 플라스미드를 이용하는 이유

- 플라스미드는 대장균과 같은 일부 세균에 주염색체와 별도로 존재(생존에 필수적이지 않다)하는 고리 모양의 작은 원형 DNA로 분리와 조작이 쉬워 다른 세포 내로 쉽게 도입될 수 있다.
- 복제 원점을 갖고 있어 스스로 복제 가능하다.
- 제한 효소 자리가 존재하므로 제한 효소로 절단할 수 있다.
- 항생제 [미니] 내성 유전자를 가지고 있는 경우가 많아 재조합 DNA가 도입된 형질 전환 세균을 선별할 때 유용하다.

② 운반체(벡터)로 바이러스를 이용할 수 있는 이유

해롭지 않은 바이러스를 이용하면 바이러스가 생물에 감염되는 과정을 통해 유용한 유전자를 숙주 세포의 염색체 속으로 도입할 수 있다.

③ 제한 효소마다 절단 부위(제한 효소 자리)가 다르다.

EcoRI

5' ▮CTTAAG▮ 3'
3' ▮GAATTC▮ 5'

HindⅢ

5' ▮CTTAAG▮ 3'
3' ▮GAATTC▮ 5'

BamHI

5' ▮AGGACT▮ 3'
3' ▮TCAGGA▮ 5'

④ 세균과 제한 효소

세균은 한 종류 이상의 제한 효소를 생성한다.
세균은 외부로부터 들어온 이질 물질의 DNA를 절단하여 스스로를 보호하는 역할을 한다.

미니사전

GMO (Genetically Modified Organism) : 특정 생물로부터 유용한 유전자를 기존의 다른 생물에 도입함으로써 그와 동일한 유전자 기능을 발휘하도록 조작된 유전자 변형 생물

항생제 [抗 대항하다 生 살다 濟 배합하다] : 살아 있는 미생물의 생장을 억제하거나 죽이는 물질

(3) 유전자 재조합 기술로 형질 전환 대장균을 얻는 과정

① **DNA 절단** : 목적 DNA(유용한 유전자)와 대장균의 플라스미드를 같은 제한 효소로 자른다.
② **재조합 DNA 생성** : 같은 제한 효소로 자른 DNA를 섞은 후 DNA 연결 효소로 처리하면 목적 DNA가 포함된 DNA와 DNA 운반체가 연결되어 재조합 DNA가 만들어진다.
③ **재조합 DNA 도입** : 재조합 DNA를 숙주 세포인 대장균에 도입하여 형질 전환된 대장균을 얻는다.
④ **유용한 단백질 생산** : 형질 전환 대장균이 증식하면서 유용한 단백질을 생산한다.

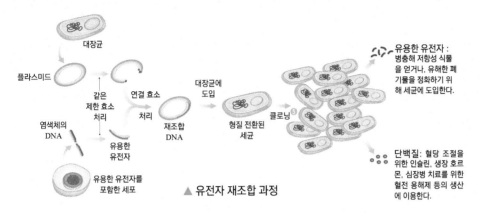

▲ 유전자 재조합 과정

(4) 형질 전환 대장균의 선별 방법
유전자 재조합 기술을 이용해 형질 전환 숙주 세포(대장균)를 만들 때 플라스미드가 전부 재조합되지는 않으며, 재조합 플라스미드도 일부 숙주 세포에만 도입된다. 따라서 정상적인 클로닝을 위해 정상적인 재조합 플라스미드가 도입된 숙주 세포를 선별하는 과정이 필요하다. 숙주 세포를 플라스미드가 도입되지 않은 것(A), 재조합되지 않은 플라스미드가 도입된 것(B), 정상적으로 재조합 DNA가 도입된 것(C) 으로 나누어 생각한다.

㉠ 항생제(엠피실린) 내성 유전자와 젖당 분해 효소 유전자를 모두 가진 플라스미드를 이용할 때

❶ 플라스미드의 젖당 분해 효소 유전자 부위를 잘라내고, 그 자리에 목적 DNA를 삽입하고 숙주 세포에 넣는다.
❷ 숙주 세포를 젖당 분해 효소에 의해 푸른색으로 변하는 물질(X-gal)과 엠피실린❻ 둘 다 넣은 배지에서 배양한다.
❸ [결과] **항생제 내성 유전자가 없는 A** : 엠피실린에 의해 죽는다.
젖당 분해 효소 유전자가 잘려나가지 않은 B : 젖당 분해 효소❼에 의해 X-gal 이 푸르게 변해 푸른색 군체를 형성한다.
엠피실린 내성 유전자가 있고 젖당 분해 효소 유전자는 잘려나간 C : 젖당 분해 효소 유전자 부위에 목적 DNA가 삽입되었으므로 젖당 분해 효소가 발현되지 않아 X-gal이 푸르게 변하지도 않고 엠피실린 내성이 있으므로 죽지도 않아 흰색 군체를 형성한다.
❹ [선별] 흰색 군체만 선별하면 형질 전환 대장균❽(숙주 세포)을 얻을 수 있다.

정답 및 해설 **42** 쪽

개념확인 2 유전자 재조합에 대한 설명으로 옳으면 ○, 틀리면 × 표시 하시오.

(1) 숙주로 대장균을 사용하는 이유는 번식력이 뛰어나기 때문이다.   (   )
(2) DNA 운반체인 플라스미드는 대장균의 주염색체이다.   (   )
(3) 재조합 DNA는 DNA 운반체에 목적 DNA가 삽입된 것을 말한다.   (   )

확인 + 2

DNA 재조합 과정에서 DNA의 특정 염기 서열을 인식하여 절단하는 효소를 무엇이라 하는가?

(   )

---

❺ 클로닝

한 세포는 세포분열을 통해서 유전적으로 동일한 클론(유전적 복제품)을 만들며, 클론을 대량으로 복제하는 과정을 (유전자)클로닝(gene cloning)이라고 한다.

❻ 엠피실린

기도 감염, 요로감염증, 수막염, 살모넬라증, 심장내막염 등 수많은 병균 감염을 예방하고 치료하기 위해 사용되는 항생 물질이다.

❼ 젖당 분해 효소

젖당을 포도당과 갈락토스로 분해하는 효소이다. 그의 흰색 물질인 X-gal을 가수 분해하여 푸른색의 물질로 변화시킨다.

❽ 형질 전환 대장균의 선별

플라스미드는 항생제 내성 유전자와 젖당 분해 효소를 모두 가지고 있었으나 재조합 과정에서 젖당 분해 효소 유전자 부위가 제거되었으므로 정상적인 재조합 플라스미드는 항생제 내성이 있고, 젖당은 분해할 수 없다.
따라서 A는 플라스미드가 도입되지 않았으므로 항생제 내성이 없으며, B는 재조합되지 않은 플라스미드가 도입되었으므로 젖당 분해 효소가 있어 젖당을 분해할 수 있으며, C는 정상적으로 재조합된 플라스가 도입되었으므로 항생제(엠피실린)에 내성이 있으며, 젖당 분해 효소가 없으므로 젖당을 분해할 수 없다.

❶ 세포 융합 기술의 이용 예

● 식물의 세포를 융합하여 포마토(토마토 + 감자), 무추(무 + 배추), 가자(가지 + 감자) 등을 만든다.
● 동물 세포를 융합하여 병의 진단과 치료에 이용되는 단일 클론 항체(B림프구 + 암세포)를 생산하는 데 이용된다.

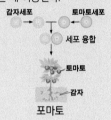

포마토

❷ B 림프구, 암세포, 잡종 세포의 비교

구분	B 림프구	암세포	잡종 세포
항체 생성 능력	있음	없음	있음
수명	10일 이내	반영구적	반영구적
체외 배양	분열하지 않음	빠르게 분열	빠르게 분열
완전 배지	생존	생존	생존
선택 배지	생존	죽음	생존

❸ 임신 진단 키트

HCG(인간 융모성 생식선 자극 호르몬 : 임신 초기 소변에 섞여 배출된다.)를 항원으로 인식하는 단일 클론 항체를 만들어 발색 물질을 부착시켜 놓은 장치이다.

미니사전

항원 결정기 : 항원에 항체를 형성하게 하는 부분으로, 항체는 항원 결정기를 인식하여 결합한다.
클론 (clone) : 하나의 세포로부터 유래된 유전적으로 동일한 세포 집단

2. 단일 클론 항체

(1) 세포 융합 기술 : 서로 다른 두 종류의 세포를 융합시켜 두 세포의 특징을 모두 가지는 새로운 잡종 세포를 만드는 기술이다.❶

(2) 항체의 형성(생산) : 하나의 항원에는 항체를 형성하게 하는 작은 부분의 항원 결정기 [미니] 가 여러 개 존재(항원은 매우 크고 복잡하여 여러 항원 결정기를 가진다.)하여 여러 종류의 항체를 만들 수 있다. ⇒ 항원이 체내로 들어오면 각각의 항원 결정기에 대응하는 항체가 만들어지며, 하나의 항원 결정기에 결합하는 한 종류의 항체를 단일 항체라고 한다.

(3) 단일 클론 항체 : 인위적으로 만들어진 클론에 의해 생산되는 특정 단일 항체로, 세포 융합 기술로 대량으로 생산할 수 있다. ⇒ 한 가지 항원 결정기에만 결합하기 때문에 특정 항원을 인식하는 특이성이 매우 높다.

　⑩ B 림프구(항체 생산)와 암세포(반 영구적으로 분열)를 융합하여 인위적으로 만든 잡종 세포❷의 클론에서 대량으로 단일 클론 항체를 생산한다.

⑴ **단일 클론 항체의 형성(생성) 과정** : 쥐에 항원을 주사한 후 지라를 떼어내 B 림프구를 분리한다. ⇒ B 림프구를 암세포와 융합하여 잡종 세포를 만든다. ⇒ 특정 항체를 생성하는 잡종 세포를 선별, 배양하여 단일 클론 [미니] 항체를 얻는다.

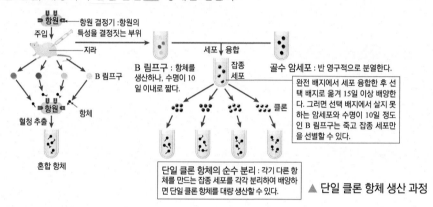

▲ 단일 클론 항체 생산 과정

⑵ **단일 클론 항체의 이용** : 단일 클론 항체는 특정 항원을 인식하는 특이성이 매우 높으므로 암, 바이스러스나 병원균에 의한 질병의 진단 및 치료, 임신 진단, 환경 오염 물질 확인 등에 이용된다.

① **암 치료** : 암 치료를 위한 항암제는 암세포뿐만 아니라 정상 세포에도 치명적인 영향을 준다. 따라서 특정 암세포에만 특이적으로 결합하는 단일 클론 항체에 항암제를 결합시켜 환자에게 투여하면, 단일 클론 항체가 암세포의 항원 결정기와 특이적으로 결합함으로써 항암제가 암세포에 집중적으로 작용(암세포만을 선택적으로 파괴)할 수 있게 되므로 정상 세포의 손상을 최소화할 수 있다.

② **임신 진단** : 임신 초기에 소변에 섞여 배출되는 호르몬인 HCG(태반에서 분비)에 결합하는 단일 클론 항체를 이용한 임신 진단 키트❸를 통해 임신 여부를 확인할 수 있다.

▶ **개념확인 3**

B 림프구와 암세포를 융합하여 인위적으로 만든 잡종 세포의 클론에서 대량으로 생산되는 특정 항체를 (　　　　　　　　)라고 한다.

▶ **확인 + 3**

서로 다른 두 세포의 특징을 모두 가지는 새로운 잡종 세포를 만드는 기술을 무엇이라고 하는가?

(　　　　　　　　)

3. 중합 효소 연쇄 반응(PCR ; Polymerase Chain Reaction)

(1) 중합 효소 연쇄 반응과 이용

⑴ **중합 효소 연쇄 반응(PCR)** : DNA의 특정 염기 서열을 반복적으로 복제하여 증폭시키는 기술이다.
  ➡ 어떤 생물의 유전체 또는 미량의 DNA로부터 특정 DNA 단편만을 선택적으로 대량 증폭시킬 때 사용한다.

⑵ **중합 효소 연쇄 반응의 이용**
① 유전자를 조작하는 모든 실험에 이용한다. ➡ 재조합 DNA를 만들 때 표적 유전자만을 골라내 증폭하면 다량의 표적 유전자를 얻을 수 있다.
② 친자(혈연 관계) 확인, 범인 판별, 유전적 질병(유전 질환)이나 세균, 바이러스 등에 의한 감염성 질환의 진단 등을 위해 필요한 시료의 충분한 양을 확보할 수 있다.

(2) 중합 효소 연쇄 반응(PCR) 과정
① PCR에 필요한 요소

목적(표적) DNA	· PCR을 통해 다량으로 증폭시키고자 하는 DNA
프라이머	· DNA 합성 과정에서 새로운 뉴클레오타이드가 결합하기 위한 3' 말단을 제공하여 출발점 역할을 하는 짧은 단일 DNA 가닥이다. · 2가지 프라이머를 사용하며, 각각의 프라이머는 목적 DNA의 양쪽 가닥 말단과 상보적(DNA의 특정 염기 서열에만 결합)이다.
dNTP **(디옥시 리보뉴클레오타이드)**	· 3개의 인산이 결합된 디옥시리보뉴클레오타이드로 DNA를 구성하는 기본 단위체이다. · 4가지 염기(A, G, C, T)를 모두 제공해야 하므로 dATP, dGTP, dCTP, dTTP 4종류를 모두 넣어주어야 한다.
DNA 중합 효소	· 주형 가닥의 DNA에 상보적인 dNTP를 결합시켜 DNA를 합성하는 효소이다. · Taq DNA 중합 효소 (열저항성 DNA 중합 효소) : 고온에서도 변성되지 않으므로 증폭 주기마다 효소를 넣어줄 필요가 없다.

② PCR 과정

❶ DNA 변성

90 ~ 96℃의 높은 온도에서 DNA를 가열하여 2중 나선 DNA를 단일 가닥으로 분리한다. ➡ 분리된 두 가닥의 DNA는 각각 새로운 DNA 합성을 위한 주형 가닥이다.

❷ 프라이머 결합

50 ~ 65℃로 온도를 낮추어 분리된 DNA 양쪽 가닥 말단에 각각 프라이머가 결합하게 한다. ➡ 표적 DNA만을 선택적으로 증폭시킬 수 있다.

❸ DNA 합성(신장)

72℃ 정도로 온도를 높이면, DNA 중합 효소에 의해 주형 DNA 가닥에 상보적인 디옥시리보뉴클레오타이드(dNTP)가 차례로 결합하여 새로운 DNA 가닥을 합성한다.

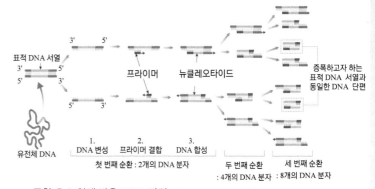

▲ 중합 효소 연쇄 반응(PCR) 과정 : 한 분자의 DNA로 PCR을 n회 반복하면 DNA는 2^n 배로 증폭된다.

정답 및 해설 **42** 쪽

개념확인 4

PCR에 필요한 요소가 <u>아닌</u> 것은?

① 프라이머 ② dNTP ③ 목적 DNA ④ 제한 효소 ⑤ DNA 중합 효소

확인 + 4

PCR 과정은 'DNA 변성 → (   ) → DNA 신장'의 순서로 일어난다.

---

❶ PCR을 이용한 DNA 지문 검사

● DNA 지문 : 개인마다 가지는 독특한 DNA 염기 서열이다. DNA를 제한 효소로 잘라 젤 전기 영동을 하면 DNA 절편의 크기에 따라 분리되는 위치가 달라서 띠 모양으로 순서대로 나타난다.
● DNA 지문 검사 원리 : 사람의 DNA 중 유전자들 사이(비유전자 부분)에 짧은 염기 서열이 여러 번 반복되는 부위가 존재한다. 이 부위의 반복 횟수와 반복 서열의 길이는 사람마다 다르다.
  ➡ DNA 반복 서열 부위를 PCR로 증폭시킨 뒤, 제한 효소로 잘라 젤 전기 영동법으로 분리하면 사람마다 띠(DNA 조각)의 위치가 다르게 나타나므로(제한 효소에 의해 잘린 길이와 개수가 사람마다 다르다.) 개인을 식별할 때 이용된다.

❷ dNTP(디옥시리보뉴클레오타이드)

DNA를 합성하는 데 사용되는 기본 단위체로 dATP, dGTP, dCTP, dTTP 4종류가 있다.

❶ dNTP와 ddNTP(디디옥시리보뉴클레오타이드)의 차이

dNTP는 3' 탄소에 -OH가 연결되어 계속해서 다른 뉴클레오타이드가 연결될 수 있지만, ddNTP는 3' 탄소에 -H가 연결되어 있어 다른 뉴클레오타이드의 인산과 결합할 수 없다.

❷ 젤 전기 영동
(Gel electrophoresis)

• DNA의 인산은 음(-)전하를 띠고 있어 전기장 속에서 (+)극 쪽으로 이동한다. 이때 이동 속도는 물질의 크기에 따라 다르다.
• DNA 절편을 형광 물질로 표지하여 젤의 한쪽 끝에 놓고 전기를 걸어 주면 젤 내에서 DNA가 크기에 따라 분리된다. 이와 같은 물질 분리 방법을 젤 전기 영동이라 한다.

4. 인간 유전체 사업(DNA 염기 서열 분석)

(1) DNA 염기 서열 분석 DNA 복제는 주형 DNA에 상보적인 dNTP가 결합하여 이루어지는데, dNTP 대신 ddNTP❶가 결합하면 DNA 복제가 중단되는 원리를 이용하여 DNA 염기 서열을 밝히는 것이다. 유전 정보는 DNA에 저장되어 있으므로, DNA의 염기 서열을 밝히는 것은 곧 유전 정보를 알아내는 것이다.

(2) DNA 염기 서열 분석 방법(과정) 합성된 DNA 절편(조각)을 전기 영동하여 형광 검출기를 이용하면 염기 서열을 읽을 수 있다.

❶ DNA 복제	염기 서열을 알고자 하는 DNA 조각의 단일 가닥에 dNTP와 서로 다른 색의 형광 물질로 표지된 4종류의 ddNTP, DNA 중합 효소, 프라이머를 첨가하여 DNA 복제를 시작한다.
❷ 형광 표지 및 DNA 조각 형성	ddNTP가 붙는 부분에서 복제가 중단되면 말단에 형광 표지된 ddNTP가 붙은 다양한 길이의 DNA 조각이 형성된다.
❸ 전기 영동	새롭게 합성된 DNA 조각을 젤 전기 영동❷하면 길이에 따라 DNA 조각(절편)이 나열된다.(길이가 짧을수록 멀리까지 이동한다.)
❹ 형광 검출을 통한 염기 서열 분석	형광 검출기로 스캔하면 분광 사진으로 출력되며, 출력된 사진의 형광 표지 색은 DNA 가닥 끝에 위치한 염기의 종류이다. ⇒ 순서대로 DNA 복제가 끝난 부분의 염기 서열을 읽으면 알고자 하는 주형 DNA의 상보적인 염기 서열을 알 수 있다.

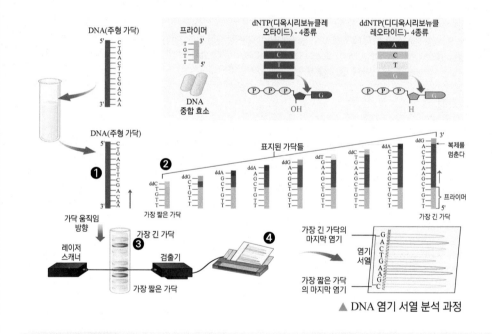

▲ DNA 염기 서열 분석 과정

개념확인 5

염기 서열 분석에 필요한 요소가 아닌 것은?

① DNA 운반체　　② dNTP　　③ 목적 DNA　　④ ddNTP　　⑤ DNA 중합 효소

확인 + 5

염기 서열 분석 시 DNA 복제는 주형 DNA에 상보적인 (　　　　　　　)가 결합하여 이루어지며, DNA 복제 과정에서 (　　　　　)가 삽입되면 DNA 복제가 중단된다.

(3) 인간 유전체 사업과 이용

(1) **인간 유전체 사업** : 인간 유전체에 있는 모든 DNA의 염기 서열을 알아내고 유전자의 위치를 지도화하는 사업이다.

① **유전체(genome)** : 한 개체의 유전 형질을 나타내는 모든 유전 정보 전체를 의미한다.

② **인간 유전체 분석 역사** : 1970년대 생어(Sanger, F.)는 디디옥시리보뉴클레오타이드를 이용한 염기 서열 분석법을 개발하였다.

➡ 자동 염기 서열 분석기가 개발되면서 인간과 여러 생물 개체가 가지는 유전체 염기 서열을 분석하는 유전체 사업에 많은 나라가 참여하게 되었다.

➡ 2003년 4월 인간의 염기 서열(약 32억 쌍)이 완전히 밝혀졌다.

➡ 현재까지 인간을 비롯한 여러 생물이 지니는 유전체 염기 서열이 밝혀졌다.

③ **인간 유전체 분석 결과** : 인간의 유전자 수는 25,000 ~ 30,000개이며, 유전체 중 2% 미만이 단백질을 합성하는 유전자에 해당한다는 것이 밝혀졌다. (나머지는 단백질을 암호화하지 않는 비유전자 부분)

➡ 유전체에 있는 유전자를 확인하고 발현 과정과 기능을 밝히는 연구가 뒤이어 이루어지고 있다.

(2) **인간 유전체 사업의 이용** : 인간 유전자의 종류와 기능을 밝히고 이를 통해 개인 간, 인종 간, 환자와 정상인 간의 차이를 비교하여 질병의 원인을 규명하고, 알아낸 유전 정보를 이용하여 질병을 진단하거나 난치병 예방, 신약 개발, 개인별 맞춤형 치료 등에 이용될 수 있다.

5. 줄기 세포와 장기 이식

(1) **줄기 세포** : 적절한 환경에서 스스로 계속 분열하여 몸을 구성하는 여러 기관이나 조직으로 분화할 수 있는 미분화된 세포이다.

➡ 제 기능을 하지 못하는 세포나 장기를 대체할 수 있어 심장병, 근육 위축증, 신경 질환 등 다양한 난치병 치료에 이용하려는 연구가 활발하다.

(2) **배아 줄기 세포** : 배반포[1] 시기 배아의 내부 세포 덩어리로부터 분리해 낸 줄기 세포이다. 성체의 심장, 간, 피부, 신경 등 모든 기관을 구성하는 세포로 분화할 수 있는 능력(전분화능)이 있는 줄기 세포이다.

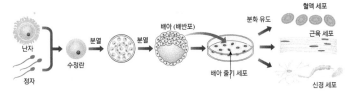

▲ 배아 줄기 세포의 분화

① **핵치환** : 핵을 제거한 난자에 체세포에서 꺼낸 핵을 넣어 발생시키는 기술이다.

➡ 핵을 제공한 개체와 유전적으로 동일한 유전자를 가지는 개체를 만들 수 있다.

㉓ 장기 이식용 동물 생산, 멸종 위기의 희귀 동물 보전, 우량 동물의 보존과 번식 등

개념확인 6   정답 및 해설 **42** 쪽

정자와 난자의 수정으로 생긴 수정란이 난할을 거듭하는 과정에서 중앙에 빈 공간을 둘러싸고 배열되는 시기의 배아를 무엇이라고 하는가?   (   )

확인 + 6

한 개체의 유전 형질을 나타내는 모든 유전 정보 전체를 무엇이라 하는가?   (   )

---

③ 유전체(genome)

● 유전자(gene)와 염색체(chromosome)의 합성어
➡ 염색체 한 조(n)가 갖는 유전 정보이다.

● 유전체는 한 개체가 가지는 유전 정보 전체를 의미하며, 생물체는 유전체를 2쌍(2n)씩 가지고 있다.

① 배반포

● 정자와 난자의 수정으로 생긴 수정란이 난할을 거듭하는 과정에서 중앙에 빈 공간을 둘러싸고 배열되는 시기의 배아이다. 포배라고도 한다.

● 이 시기 배아의 내부 세포 덩어리는 태아(배아 ; 다세포 생물의 발생 초기 단계, 사람의 경우 임신 8주까지)로 성장하며, 바깥층 세포 덩어리는 태반이 된다.

● 태아로 성장할 내부 세포 덩어리가 배아 줄기 세포이다.

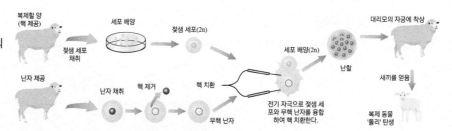

▶ 핵치환 기술을 이용한 복제 동물 '돌리'의 탄생

❷ 환자 자신의 체세포에서 핵 추출

환자 자신의 정상 세포에서 추출한 핵을 이식하면 환자에게 거부 반응을 일으키지 않는 장기를 얻을 수 있다.

② **핵치환 기술을 이용한 복제 배아 줄기 세포 생성** : 환자의 체세포에서 핵을 추출[2]한 다음 핵을 제거한 난자에 이식하고 배양하여 환자와 유전적으로 동일한 줄기 세포를 얻는다.

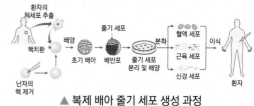

▲ 복제 배아 줄기 세포 생성 과정

③ **배아 줄기 세포의 장단점**
· 장점 : 신체의 모든 기관으로 분화할 수 있는 만능(전형성능) 줄기 세포를 얻을 수 있다.
· 단점 : 인간을 복제할 수 있는 가능성이 있다. 줄기 세포를 얻기 위해 발생 중인 배아를 희생시켜야 한다. ⇨ 생명 윤리 문제

(3) 성체 줄기 세포 : 조직이나 기관의 분화된 세포들 사이에서 발견되는 미분화 세포로, 성체가 된 후에도 남아 있는 줄기 세포이다.

❸ 제대혈

● 출산 때 탯줄에서 나오는 탯줄 혈액이다.
● 백혈구, 적혈구, 혈소판 등을 만드는 조혈모 세포를 다량 함유한다.
● 연골과 뼈, 근육, 신경 등을 만드는 줄기 세포도 갖고 있다.

▲ 성체 줄기 세포

① **성체 줄기 세포의 특징 및 이용**
: 사람의 피부, 골수, 제대혈(탯줄의 혈액)[3] 등에서 얻을 수 있다. 모든 기관을 구성하는 세포로는 분화하지 못한다.
⇨ 피부, 근육의 힘줄, 혈구 등으로만 분화할 수 있다(다분화능).

② **성체 줄기 세포의 장단점**
· 장점 : 거부 반응이 없으며, 생명 윤리 문제를 일으키지 않는다.
· 단점 : 소량으로 존재하므로 분리해 내기가 쉽지 않고, 쉽게 분화되는 경향이 있으며 분화될 수 있는 조직 또는 기관이 제한적이다.

❹ 역분화

● 이미 분화된 세포가 다시 미분화 상태로 되돌아가는 것이다.
● 일반적인 세포는 분화되어 운명이 결정되면 미분화 상태가 될 수 없지만, 분화된 체세포에서 몇 개의 전사 조절 인자를 발현시켜 다양한 분화 능력을 갖춘 줄기 세포를 만드는 데 성공함으로써 역분화가 가능해졌다.

(4) 역분화[4] 줄기 세포 : 사람의 체세포에 조절 유전자를 도입하여 줄기 세포에서 중요한 기능을 하는 것으로 알려진 전사 조절 인자를 발현시켜 만든, 다양한 분화 능력을 가지는 줄기 세포이다.

개념확인 7

(　　　　　　　　　)는 스스로 계속 분열하면서 적절한 환경에서 몸을 구성하는 여러 기관이나 조직으로 분화할 수 있는 미분화된 세포이다.

확인 + 7

(배아 줄기 세포 , 성체 줄기 세포 , 역분화 줄기 세포)는 조직이나 기관의 분화된 세포들 사이에서 발견되는 미분화 세포이다.

· 장점 : 환자 자신의 세포를 사용하기 때문에 거부 반응이 없으며 윤리적 문제도 없다.

· 단점 : 아직은 성공 확률이 낮으며 안전성이 확인되지 않았다. 또한, 성공하여 얻은 줄기 세포의
분화 능력에 대해서도 충분히 검증되지 않았다.

(5) 장기 이식 : 어떤 조직이나 장기의 훼손된 기능을 대체할 목적으로 한 개체에서 다른 개체로 조직이나 장기를 옮기는 것이다.

① 장기 이식 방법

기증자의 장기 이식	· 이식에 필요한 장기 중 간이나 콩팥을 제외하고는 일반적으로 뇌사자나 사망한 사람으로부터 얻는다. · 단점 : 이식을 필요로 하는 사람에 비해 기증자가 부족하므로 많은 사람이 혜택을 받지 못하며, 이식 과정에서 나타나는 면역 거부 반응[5] 때문에 이식에 어려움이 많다.
기계식 인공 장기	· 심장, 콩팥, 관절 등의 기계식 인공 장기가 개발되어 있으나 장기의 역할을 완벽하게 수행하지 못한다. ⇒ 주로 장기 이식을 기다리는 동안 생명을 연장하는 보조 기능을 하는 경우가 많다. · 단점 : 수술 후 기계식 인공 장기에 적응하지 못하여 이상이 생기거나 체내에 삽입된 기계식 인공 장기의 기능에 이상이 있을 경우 심각한 후유증이 발생할 수 있다.

② 생명 공학 기술을 이용한 생체 인공 장기의 개발

줄기 세포 이용	· 환자 자신의 조직에서 세포를 분리하거나 골수, 피부, 혈관의 줄기 세포를 이용해 면역 거부 반응이 없는 생체 인공 장기를 만들려는 노력이 이루어지고 있다. · 단점 : 복잡한 장기는 아직 줄기 세포를 이용해 만들기 어렵다. 예 환자의 피부 세포에서 얻은 피부 줄기 세포로 인공 피부 조직 생성, 환자의 골수에서 채취한 줄기 세포로 인공 기관지 생성 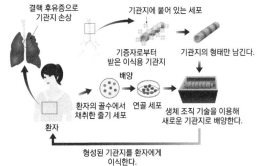 ◀ 줄기 세포를 이용한 인공 장기 생산
형질 전환 동물 이용	· 사람의 유전자를 삽입하거나 유전자를 조작하여 만든 형질 전환 동물로부터 생체 인공 장기를 얻을 수 있다. · 단점 : 면역 거부 반응이 일어날 수 있으며 동물에 감염된 병원체가 전염될 수 있다. ⇒ 이를 해결하기 위해 유전자 조작으로 면역 거부 반응을 없앤 무균 미니 돼지[6]를 생산하기도 한다.

⑤ 면역 거부 반응

장기를 이식할 때 주로 나타나는 반응으로 조직 또는 기관을 이식 받은 사람의 면역 체계가 이식된 조직이나 기관을 외부 물질로 인식하고 공격하거나 제거하려 하는 반응이다.

⑥ 장기 생산에 미니 돼지를 이용하는 이유

미니 돼지는 번식률이 높고, 장기의 크기 및 구조가 인간과 유사하기 때문이다.

개념확인 8

정답 및 해설 42 쪽

어떤 조직이나 장기의 훼손된 기능을 대체할 목적으로 한 개체에서 다른 개체로 조직이나 장기를 옮기는 것을 무엇이라 하는가?   (   )

확인 + 8

다음 중 면역 거부 반응이 없는 이식 방법만을 있는 대로 고르시오.

① 기증자의 장기 이식   ② 인공 신장 이식   ③ 성체 줄기 세포 이용
④ 형질 전환 동물 이용   ⑤ 역분화 줄기 세포 이용

개념 다지기

01 다음 유전자 재조합에 대한 설명 중 옳은 것은 ○표, 옳지 않은 것은 ×표 하시오.

(1) 대장균에 플라스미드가 없으면 생존할 수 없다. ( )

(2) 플라스미드와 목적 DNA는 같은 제한 효소로 자른다. ( )

(3) 플라스미드에 목적 DNA를 연결할 때 DNA 중합 효소를 이용한다. ( )

02 다음은 유전자 재조합 과정을 순서 없이 나타낸 것이다. 순서대로 나열하시오.

> (가) 재조합 DNA를 대장균에 삽입한다.
> (나) 대장균을 증식시켜 유용한 단백질을 대량 생산한다.
> (다) 제한 효소로 유용한 유전자와 DNA 운반체를 절단한다.
> (라) DNA 연결 효소로 유용한 유전자와 DNA 운반체를 연결한다.

( )

03 단일 클론 항체는 특정 세포에만 결합하는 특성이 있어 질병의 진단과 치료에 이용될 수 있다. 단일 클론 항체를 생산하는 데 직접적으로 이용되는 생명 공학 기술을 <보기>에서 있는 대로 고르시오.

〈 보기 〉

ㄱ. DNA 재조합   ㄴ. 중합 효소 연쇄 반응(PCR)
ㄷ. 세포 융합   ㄹ. 형질 전환

( )

04 PCR에 대한 설명 중 옳은 것은 ○표, 옳지 않은 것은 ×표 하시오.

(1) DNA의 특정 부분을 증폭시키는 기술이다. ( )

(2) 변성 단계에서 DNA 2중 나선의 염기 사이의 수소 결합이 끊어져 단일 가닥이 된다.

( )

(3) 디옥시리보뉴클레오타이드가 결합하여 새로운 DNA 사슬을 합성할 때 DNA 중합 효소가 필요하다. ( )

05 DNA 염기 서열 분석에 사용되는 ddNTP에 대한 설명 중 옳은 것은 ○표, 옳지 않은 것은 ×표 하시오.

(1) ddNTP를 구성하는 염기에는 4종류가 있다. ( )

(2) ddNTP를 구성하는 3번 탄소에는 -OH가 결합되어 있다. ( )

(3) DNA 합성 과정에서 ddNTP가 삽입되면 DNA 합성이 중단된다. ( )

06 다음 줄기 세포에 대한 설명 중 옳은 것은 ○표, 옳지 않은 것은 ×표 하시오.

(1) 성체에서도 줄기 세포를 얻을 수 있다. ( )

(2) 모든 줄기 세포는 신체의 장기로 분화될 능력이 있다. ( )

(3) 핵치환 기술을 통해 얻은 장기는 누구에게나 거부 반응을 일으키지 않는다. ( )

07 장기 이식과 관련된 내용으로 옳은 것만을 있는 대로 고르시오.

① 현재 기계식 인공 장기로 대체할 수 없는 장기는 없다.

② 장기 이식은 필요량에 비해 기증자의 수가 적어 문제가 되고 있다.

③ 이식에 사용할 장기를 생산하는 동물은 무균 상태에서 사육해야 한다.

④ 동물로부터 얻은 장기를 이식하면 면역 거부 반응이 일어나지 않는다.

⑤ 폐기될 수정란으로부터 줄기 세포를 얻으면 거부 반응이 없는 이식용 장기를 대량 생산할 수 있다.

08 DNA 절편을 형광 물질로 표지하여 젤의 한쪽 끝에 놓고 전기를 걸어 DNA를 크기 별로 분리하는 물질 분리 방법을 무엇이라고 하는가?

( )

유형 7-1 DNA 재조합

다음은 DNA 재조합 과정을 나타낸 모식도이다. 이에 대한 설명으로 옳은 것은 ○표, 옳지 않은 것은 ×표 하시오.

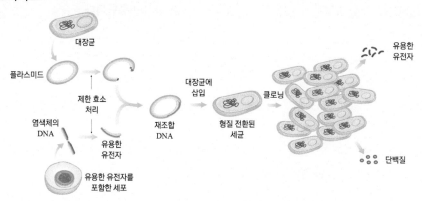

(1) 대장균이 증식할 때 재조합 DNA도 함께 복제된다.   (   )
(2) 유용한 유전자가 포함된 DNA와 플라스미드는 각각 다른 제한 효소로 자른다.   (   )
(3) 유전자 재조합 과정을 거친 대장균은 모두 형질 전환이 되어 단백질을 생산한다. (   )

01 다음 DNA 재조합에 대한 설명으로 옳은 것은 ○표, 옳지 않은 것은 ×표 하시오.

(1) 대장균은 한 주기가 짧아 숙주 세포로 적합하다.   (   )
(2) 재조합 DNA를 만들 때에는 DNA 중합 효소가 필요하다.   (   )
(3) DNA 운반체로 사용하는 플라스미드는 대장균의 주염색체이다.   (   )

02 DNA 재조합 과정에서 대장균을 숙주로 사용하는 이유로 타당한 것만을 <보기>에서 있는 대로 고르시오.

〈 보기 〉

ㄱ. 증식 속도가 빠르다.   ㄴ. 무성적으로 증식한다.
ㄷ. 유전자를 조작하기 쉽다.   ㄹ. 항생제 내성을 가지는 유전자가 존재한다.

(   )

유형 7-2 단일 클론 항체

다음은 단일 클론 항체를 생산하는 과정을 나타낸 모식도이다. 이에 대한 설명으로 옳은 것은 ○표, 옳지 않은 것은 ×표 하시오.

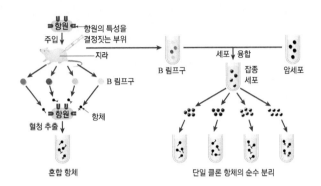

(1) 단일 클론 항체는 항암제와 항원-항체 반응을 한다. ( )

(2) 쥐에 항원을 주입하는 이유는 항체를 얻기 위해서이다. ( )

(3) 잡종 세포를 선별할 때 선택 배지에서 오래 배양하면 융합되지 않은 암세포와 B 림프구가 제거된다. ( )

03 다음은 단일 클론 항체를 만드는 과정에서 이용되는 융합 세포에 대한 설명이다. 괄호 안에 알맞은 것을 골라 차례대로 쓰시오.

암세포와 B 림프구가 융합된 세포는 수명이 (① 짧고 , ② 길고), 항체 생산이 (③ 가능 , ④ 불가능)하다.

( )

04 다음 단일 클론 항체 생산에 사용하는 암세포와 B 림프구에 대한 설명으로 옳은 것은 ○표, 옳지 않은 것은 ×표 하시오.

(1) 암세포는 항체를 합성할 수 있다. ( )

(2) B 림프구는 암세포보다 수명이 짧다. ( )

(3) 암세포를 사용하는 이유는 계속해서 분열할 수 있기 때문이다. ( )

유형 7-3 PCR과 DNA 염기 서열 분석

다음은 중합 효소 연쇄 반응(PCR)을 이용하여 DNA를 증폭시키는 과정을 나타낸 모식도이다. 설명 중 옳은 것은 ○표, 옳지 않은 것은 ×표 하시오.

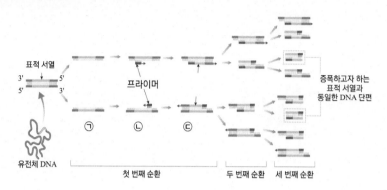

(1) ㉠은 95℃ 정도의 고온에서 진행되는 과정이다.   (   )

(2) ㉡은 ㉠보다 고온에서 진행되어야 한다.   (   )

(3) ㉠ ~ ㉢ 과정이 5회 반복되면 DNA는 5^2배 증폭된다.   (   )

05 PCR에 대한 설명 중 옳은 것은 ○표, 옳지 않은 것은 ×표 하시오.

(1) 두 종류의 프라이머가 필요하다.   (   )

(2) 프라이머는 첫 번째 순환 과정에만 이용된다.   (   )

(3) PCR 매 순환마다 DNA 중합 효소를 첨가하여야 한다.   (   )

06 다음은 DNA 염기 서열 분석 방법에 대한 설명이다. 괄호 안에 알맞은 말을 차례대로 고르시오.

(dNTP , ddNTP) 대신 (dNTP , ddNTP)가 결합하면 DNA 복제가 (시작 , 중단)되므로 다양한 길이의 DNA 가닥이 만들어지는 원리를 이용하여 DNA 염기 서열을 밝히는 것이다.

                             (   )

유형 7-4 줄기 세포

다음은 줄기 세포를 만드는 과정을 나타낸 모식도이다. 이에 대한 설명으로 옳은 것은 ○표, 옳지 않은 것은 ×표 하시오.

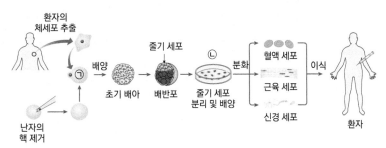

(1) ㉠의 염색체 수는 23쌍이다. ( )

(2) ㉠은 유전자 재조합 기술이 이용되었다. ( )

(3) ㉡의 유전자 구성은 체세포를 제공한 환자와 동일하다. ( )

(4) 이 방법으로 얻은 줄기 세포는 역분화 줄기 세포이다. ( )

07 다음은 어떤 줄기 세포에 대한 설명이다. 괄호 안에 알맞은 말을 고르시오.

> (배아 줄기 세포, 성체 줄기 세포, 역분화 줄기 세포)는 사람의 체세포에 조절 유전자를 도입하여 전사 조절 인자를 발현시켜 만든, 다양한 분화 능력을 가지는 줄기 세포이다.

( )

08 미수정란에서 핵을 제거한 난자에 체세포에서 꺼낸 핵을 넣어 발생시키는 줄기 세포 기술에 대한 설명으로 옳은 것은 ○표, 옳지 않은 것은 ×표 하시오.

(1) 환자가 여자일 때에만 가능한 방법이다. ( )

(2) 줄기 세포는 신체의 모든 장기를 이루는 세포로 분화될 수 있다. ( )

(3) 줄기 세포를 분화시켜 얻은 조직을 난자를 제공한 사람에게 이식하면 면역 거부 반응이 일어나지 않는다. ( )

01 다음 (가)는 항생제 내성 유전자와 효소 생성 유전자의 이용에 대한 설명이며, (나)는 재조합 플라스미드의 제작에 필요한 요소를 나타낸 모식도와 재조합 플라스미드를 대장균에 도입하는 실험 및 결과를 나타낸 것이다.

(가) 항생제 내성 유전자와 효소 생성 유전자의 이용

어떤 플라스미드는 앰피실린 내성 유전자와 *lac Z* 유전자를 가진다. *lac Z* 유전자는 젖당 분해 효소인 β 갈락토시데이스를 암호화하며, 이 효소는 흰색의 X-gal이라는 화합물을 분해하여 푸른색으로 변화시킨다. 제한 효소로 *lac Z* 유전자를 절단한 후, 목적 DNA를 삽입하여 만든 재조합 DNA는 앰피실린에 대해서는 내성을 갖지만, *lac Z* 유전자가 절단되어 β 갈락토시데이스는 합성하지 못하므로 배지에 X-gal이 존재하더라도 푸른색으로 변화시키지 않는다. 따라서, 앰피실린과 X-gal을 포함하는 배지에서 배양하였을 때 플라스미드를 갖지 않는 대장균은 죽고, 재조합되지 않은 플라스미드를 가지는 대장균은 푸른색 균체를 형성하며, 재조합 플라스미드를 가지는 대장균은 흰색 균체를 형성한다.

(나) [실험] 다음의 공여체 DNA와 플라스미드를 유전자 조합하여 *lac Z* 유전자를 가지는 재조합 플라스미드 Y를 만들고자 한다.

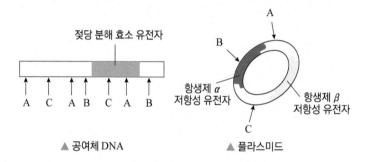

▲ 공여체 DNA   ▲ 플라스미드

* A ~ C는 공여체 DNA와 플라스미드에 작용하는 제한 효소의 절단 부위이다.

[실험 과정 및 결과]
· 공여체 DNA와 플라스미드를 A ~ C 중 한 군데 절단한다.
· 절단된 DNA를 플라스미드에 삽입시켜 재조합 플라스미드 Y를 만든다.
· Y를 숙주 대장균에 도입시켜 X-gal을 포함한 여러 배지에서 배양한 결과는 다음 표와 같다.

배지 종류	정상 배지 + X-gal	정상 배지 + X-gal + 항생제 α	정상 배지 + X-gal + 항생제 β
대장균 군체	푸른색 군체 생존	㉠	㉡

---

(1) A ~ C 중 Y의 제작에 사용된 제한 효소는 무엇인가?

(2) ㉠, ㉡에 해당하는 대장균 군체에 생존 여부에 대해 그 이유와 함께 서술하시오. (단, Y의 도입에 이용된 숙주 대장균에는 젖당 분해 효소 유전자, 항생제 α 저항성 유전자, 항생제 β 저항성 유전자가 없다.)

02 다음은 중합 효소 연쇄 반응(PCR)에서 첫 번째 순환의 일부를 나타낸 모식도이다.

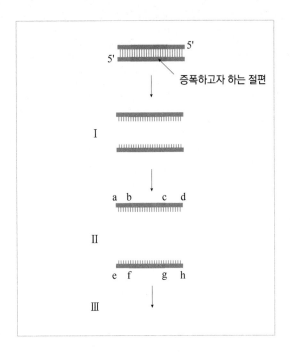

(1) Ⅱ 단계에서 필요한 요소는 무엇인지 쓰고 a ~ h 중 어디에 결합하는지 쓰시오.

(2) 증폭하고자 하는 DNA 단편이 8개 만들어지는 시기는 몇 번째 순환인가?

03 다음 그림 (가)는 대립 유전자 P와 p를 특정 제한 효소로 처리하여 얻은 DNA 절편을 전기 영동하여 크기순으로 나타낸 결과이며, 그림 (나)는 어떤 가계에서 대립 유전자 P와 p를 (가)에서 사용한 제한 효소로 처리하여 얻은 DNA 절편을 전기 영동하여 크기순으로 나타낸 것이다.

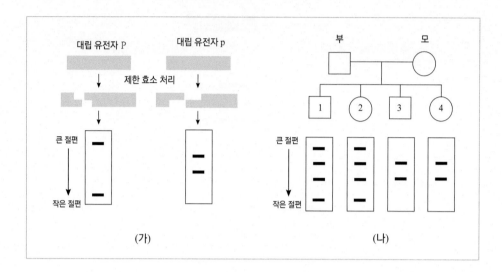

다음 중 그림 (나)에서 부모의 유전자형과 그에 해당하는 DNA 절편의 크기순 배열로 옳은 것을 고르고 그 이유를 서술하시오.

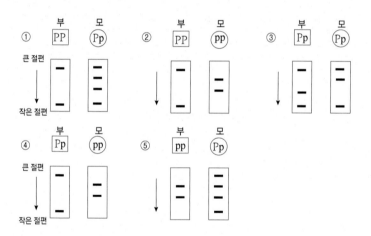

04 다음은 DNA의 지문에 이용하는 실험을 나타낸 것이다.

1. 회색 토끼의 무핵 난자에 흰색 토끼의 체세포 핵을 이식하여 후 줄기 세포로 배양하였다.

2. 흰색 토끼의 체세포, 회색 토끼의 체세포, 1.에서 만든 줄기 세포에서 각각 미토콘드리아와 핵의 DNA를 추출한 후 제한 효소로 처리하여 DNA 지문법으로 분석한 결과는 다음과 같다.

㉠ ~ ㉢은 각각 무엇에 해당하는지 그 이유와 함께 서술하시오.

A

01 다음은 생명 공학 기술을 활용하여 생산한 물질을 나타낸 것이다. DNA 재조합 기술이 활용된 물질에 해당하는 것만을 <보기>에서 있는 대로 고르시오.

―――――――― 〈 보기 〉 ――――――――

ㄱ. 인슐린　　　　　　ㄴ. GMO 식품
ㄷ. 잘 무르지 않는 토마토　ㄹ. 포마토

(　　　　　　　　　)

02 다음 DNA의 염기 서열을 분석할 때 필요한 요소만을 <보기>에서 있는 대로 고르시오.

―――――――― 〈 보기 〉 ――――――――

ㄱ. 단일 가닥 DNA　　ㄴ. DNA 중합 효소
ㄷ. ddNTP　　　　　　ㄹ. DNA 연결 효소
ㅁ. 이중 가닥 DNA　　ㅂ. 프라이머

(　　　　　　　　　)

03 DNA 재조합 과정에서 플라스미드를 유전자의 운반체로 사용하는 이유를 두 가지 이상 쓰시오.
(　　　　　　　　　　　　　)

04 다음은 단일 클론 항체를 만드는 과정을 나타낸 모식도이다.

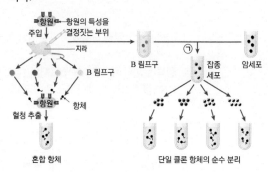

이에 대한 설명으로 옳은 것만을 <보기>에서 있는 대로 고른 것은?

―――――――― 〈 보기 〉 ――――――――

ㄱ. B 림프구는 항체 생성 능력이 있다.
ㄴ. ㉠ 과정에서 핵치환 기술이 이용되었다.
ㄷ. ㉠ 과정 이후 한 종류의 잡종 세포만 선별한다.

① ㄱ　　　　② ㄴ　　　　③ ㄱ, ㄷ
④ ㄴ, ㄷ　　　⑤ ㄱ, ㄴ, ㄷ

05 다음 생체 인공 장기를 개발하기 위해 미니 돼지의 체세포에서 면역 거부 반응을 일으키는 유전자를 제거한 후 무핵 난자에 미니 돼지의 체세포 핵을 주입하여 형질 전환된 미니 돼지를 만드는 과정에 대해 옳은 것만을 <보기>에서 있는 대로 고른 것은?

―――――――― 〈 보기 〉 ――――――――

ㄱ. 핵치환 기술을 이용하여 미니 돼지를 생산한다.
ㄴ. 형질 전환된 미니 돼지의 장기를 사람에게 이식할 경우 거부 반응을 일으키지 않는다.
ㄷ. 이식용 장기를 얻기 위해 미니 돼지를 사용하는 이유는 사람과 장기와 크기, 기능이 비슷하기 때문이다.

① ㄱ　　　　② ㄴ　　　　③ ㄱ, ㄷ
④ ㄴ, ㄷ　　　⑤ ㄱ, ㄴ, ㄷ

06 다음은 어떤 줄기 세포를 만드는 과정을 나타낸 모식도이다.

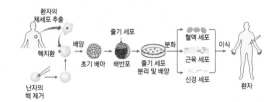

이에 대한 설명으로 옳은 것만을 <보기>에서 있는 대로 고른 것은?

〈 보기 〉
ㄱ. 줄기 세포의 유전자 구성은 환자와 동일하다.
ㄴ. 이 줄기 세포는 분화될 수 있는 조직이나 기관이 제한적이다.
ㄷ. 줄기 세포를 누구에게 이식하더라도 거부 반응을 일으키지 않는다.

① ㄱ　　　　② ㄴ　　　　③ ㄱ, ㄷ
④ ㄴ, ㄷ　　　⑤ ㄱ, ㄴ, ㄷ

07 DNA 지문에 대한 설명으로 옳지 않은 것은?

① 단일 염기 변이를 구분할 수 없다.
② 친자 확인, 범인 판별에 이용된다.
③ 제한 효소로 자른 DNA 절편을 전기 영동한다.
④ 시료가 소량일 경우 PCR을 통해 증폭시켜 DNA 지문을 얻는다.
⑤ 핵치환 기술을 통해 얻은 양이 복제 양인지 확인할 때 이용할 수 있다.

08 다음 중합 효소 연쇄 반응(PCR)에 포함되는 요소에 대한 설명으로 옳은 것만을 <보기>에서 있는 대로 고른 것은?

〈 보기 〉
ㄱ. 2종류의 프라이머가 사용된다.
ㄴ. 증폭시킨 DNA 절편의 두 가닥은 모두 주형이다.
ㄷ. 매 순환의 신장 단계에서 DNA 중합 효소를 첨가해야 한다.
ㄹ. Taq DNA 중합 효소는 DNA 변성 단계에서 변성되지 않는다.

① ㄱ, ㄴ　　　② ㄴ, ㄷ　　　③ ㄷ, ㄹ
④ ㄱ, ㄴ, ㄹ　　⑤ ㄱ, ㄷ, ㄹ

09 다음 중 인간 유전체에 대한 설명으로 옳지 않은 것은?

① 개인 맞춤형 치료에 이용될 수 있다.
② 유전자 발현을 연구하는 학문의 발달에 도움이 된다.
③ 유전체의 염기 서열을 비교하여 유전병 여부를 진단할 수 있다.
④ 유전체 연구를 통해 인간의 유전자 종류와 기능을 밝힐 수 있다.
⑤ 인간 유전체 사업이 완성된 후 염기 서열 분석법이 개발되었다.

10 다음은 줄기 세포를 만드는 어떤 방법에 대한 설명이다.

(가) 핵을 제거한 난자에 남성 환자의 체세포의 핵을 주입하였다.
(나) 난자의 난할을 유도하여 줄기 세포를 만들었다.

이에 대한 설명으로 옳은 것만을 <보기>에서 있는 대로 고른 것은?

〈 보기 〉
ㄱ. 성체 줄기 세포를 만드는 과정이다.
ㄴ. 이 줄기 세포에는 X 염색체가 존재한다.
ㄷ. 이 줄기 세포의 핵형은 추출한 난자의 핵형과 동일하다.

① ㄱ　　　　② ㄴ　　　　③ ㄱ, ㄷ
④ ㄴ, ㄷ　　　⑤ ㄱ, ㄴ, ㄷ

B

11 다음 중 DNA 재조합 기술에 필요한 요소에 대한 대한 설명으로 옳은 것만을 <보기>에서 있는 대로 고른 것은?

─── 〈 보기 〉───

ㄱ. 제한 효소는 DNA의 특정한 염기 서열을 인식하여 자른다.
ㄴ. 연결 효소는 DNA 사슬 두 가닥의 염기 사이의 수소 결합을 촉매한다.
ㄷ. DNA 운반체는 유용한 유전자를 숙주 세포로 운반하는 데 이용된다.
ㄹ. 숙주 세포는 재조합 DNA를 증식시키는 데 이용되므로 증식 속도가 빠른 것이 좋다.

① ㄱ, ㄹ   ② ㄴ, ㄷ   ③ ㄷ, ㄹ
④ ㄱ, ㄴ, ㄹ   ⑤ ㄱ, ㄷ, ㄹ

12 다음 인간 이외의 동물로부터 장기 또는 조직을 공급받는 과정에서 고려해야 할 점을 <보기>에서 있는 대로 고른 것은?

─── 〈 보기 〉───

ㄱ. 동물은 무균 상태에서 사육해야 한다.
ㄴ. 사람의 장기와 똑같은 양의 단백질로 만들어져야 한다.
ㄷ. 이식 받은 사람에게 면역 거부 반응이 일어나지 않도록 해야 한다.
ㄹ. 환자의 체세포 핵을 동물의 핵이 없는 난자에 이식하여 복제 동물을 만들어야 한다.

① ㄱ, ㄷ   ② ㄴ, ㄹ   ③ ㄷ, ㄹ
④ ㄱ, ㄴ, ㄹ   ⑤ ㄴ, ㄷ, ㄹ

13 다음 중 제한 효소에 대한 설명으로 옳은 것만을 <보기>에서 있는 대로 고른 것은?

─── 〈 보기 〉───

ㄱ. 세균은 한 종류 이상의 제한 효소를 생성한다.
ㄴ. 모든 제한 효소가 인식하는 염기 서열과 점착 말단 부위는 같다.
ㄷ. 세균은 외부로부터 들어온 DNA를 절단하여 스스로를 보호하는 역할을 한다.

① ㄱ   ② ㄴ   ③ ㄱ, ㄷ
④ ㄴ, ㄷ   ⑤ ㄱ, ㄴ, ㄷ

14 다음은 DNA 염기 서열 분석에 필요한 요소와 DNA 염기 서열 분석 과정을 나타낸 모식도이다.

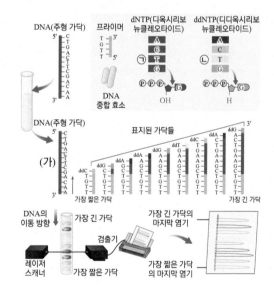

위 자료에 대한 설명으로 옳은 것만을 고르시오.

① 단일 가닥의 주형 DNA와 두 종류의 프라이머가 필요하다.
② 새롭게 합성된 DNA의 염기 서열은 주형 가닥의 염기 서열과 동일하다.
③ ㉠은 (가)와 상보적으로 결합할 수 있으나, ㉡은 (가)와 상보적으로 결합할 수 없다.
④ DNA 염기 서열 분석으로 얻은 가닥들의 길이가 서로 다른 이유는 ddNTP 때문이다.
⑤ DNA 염기 서열 분석 결과 얻은 가닥들을 전기 영동시킬 경우 DNA 가닥이 짧을수록 멀리 이동한다.

15 다음은 DNA 재조합 과정을 순서 없이 나타낸 것이다.

> (가) 재조합시킨 DNA를 대장균에 삽입한다.
> (나) 재조합 DNA를 갖는 대장균을 선별한다.
> (다) 유용한 유전자 또는 단백질을 대량으로 생산
> 한다.
> (라) 제한 효소로 DNA 운반체와 유용한 유전자를
> 자른다.
> (마) 연결 효소를 사용하여 유용한 유전자를 DNA
> 운반체에 연결한다.

DNA 재조합 과정을 순서 대로 옳게 나열한 것은?

① (라) → (마) → (가) → (다) → (나)
② (마) → (가) → (나) → (다) → (마)
③ (라) → (마) → (가) → (나) → (다)
④ (가) → (나) → (다) → (마) → (라)
⑤ (가) → (라) → (가) → (나) → (다)

16 다음 중 단일 클론 항체를 이용해 암을 치료하는 것에 대한 설명으로 옳은 것만을 <보기>에서 있는 대로 고른 것은?

───── 〈 보기 〉 ─────

ㄱ. 단일 클론 항체가 암세포를 제거한다.
ㄴ. 단일 클론 항체는 B 림프구에서 만들어진다.
ㄷ. 단일 클론 항체는 항암제와 특이적으로 결합
하여 항원-항체 반응을 한다.
ㄹ. 단일 클론 항체는 암세포에만 존재하는 항원
결정기와 반응하도록 만들어져야 효과가 있다.

① ㄱ   ② ㄹ   ③ ㄱ, ㄴ
④ ㄷ, ㄹ   ⑤ ㄴ, ㄷ, ㄹ

17 다음 그림은 DNA 염기 서열 분석 결과를 나타낸 모식도 이다.

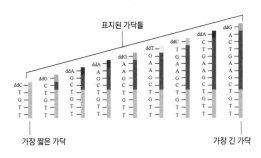

DNA 주형 가닥의 염기 서열을 옳게 나타낸 것은? (단, 프라이머 결합 부위까지 포함함.)

① 3' - TTGTCGAAGTCAG - 5'
② 5' - AACAGCTTCAGTC - 3'
③ 5' - TTGTGCTTCAGTC - 3'
④ 3' - CTGACTTCGTGTT - 5'
⑤ 5' - CTGACTTCGACAA - 3'

18 다음은 생명 공학 분야에서 널리 이용되는 PCR을 통해 원하는 DNA를 증폭시키는 과정을 나타낸 것이다.

> (가) 증폭하고자 하는 염기 서열이 있는 DNA 시료
> 를 90 ~ 95℃ 정도로 가열한다.
> (나) DNA의 각 가닥에 프라이머가 결합하도록 온
> 도를 50 ~ 65℃ 정도로 낮춘다.
> (다) 특정 온도에서 DNA가 합성되어 DNA가 2배
> 로 증폭된다.
> (라) (가) ~ (다)의 과정을 30 ~ 40회 정도 반복한다.

이에 대한 설명으로 옳은 것만을 <보기>에서 있는 대로 고른 것은?

───── 〈 보기 〉 ─────

ㄱ. (가) ~ (다)의 과정은 5회 반복하면 DNA는 약
50배 증폭된다.
ㄴ. (가) 과정에서 DNA의 G + C 함량이 높을수록
온도를 높게 설정해야 한다.
ㄷ. (다) 과정은 DNA 중합 효소가 활성을 나타내
므로 사람의 체온 범위를 유지해야 한다.

① ㄱ   ② ㄴ   ③ ㄱ, ㄷ
④ ㄴ, ㄷ   ⑤ ㄱ, ㄴ, ㄷ

19 다음은 중합 효소 연쇄 반응(PCR) 실험을 나타낸 것이다.

> (가) 시험관에 증폭시킬 2중 나선 DNA 1분자, 프라이머, DNA 중합 효소, dNTP를 넣는다.
> (나) PCR 기계에 넣어 다음 그래프와 같은 반응을 반복한다.

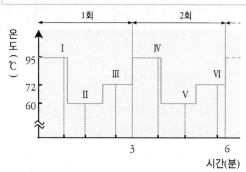

이에 대한 설명으로 옳은 것만을 <보기>에서 있는 대로 고른 것은?

> ─── 〈 보기 〉 ───
> ㄱ. DNA 중합 효소는 Ⅱ, Ⅴ에서 활발하다.
> ㄴ. 1시간이 되었을 때 시험관 속 DNA 분자는 2^{20}개이다.
> ㄷ. dNTP 혼합물은 dATP, dGTP, dCTP, dTTP로 구성되어 있다.

① ㄱ   ② ㄴ   ③ ㄱ, ㄷ
④ ㄴ, ㄷ   ⑤ ㄱ, ㄴ, ㄷ

20 그림은 무우네 가족의 DNA 지문을 조사한 결과이다.

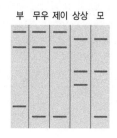

이에 대한 설명으로 옳은 것만을 <보기>에서 있는 대로 고른 것은? 단, 무우, 상상, 제이 중 두 사람은 1란성 쌍둥이이다.

> ─── 〈 보기 〉 ───
> ㄱ. 무우와 제이는 1란성 쌍둥이이다.
> ㄴ. 상상이와 제이는 유전적으로 동일한 부모에게서 태어났다.
> ㄷ. 자식의 DNA 지문은 부모의 DNA 지문을 합한 것과 같다.

① ㄱ   ② ㄴ   ③ ㄱ, ㄷ
④ ㄴ, ㄷ   ⑤ ㄱ, ㄴ, ㄷ

21 다음은 해충 저항성 유전자 D를 감자에 도입하여 형질 전환 감자를 만드는 실험 과정을 순서 없이 나열한 것이다.

> (가) 재조합 DNA를 세균에 주입한다.
> (나) 유전자 ㉠ D가 들어간 감자 세포를 조직 배양하였다.
> (다) 형질 전환된 세균을 ㉡ 감자 세포에 감염시켰다.
> (라) 어떤 식물로부터 유전자 D를 분리하여 플라스미드에 삽입하여 재조합 DNA를 만들었다.

이에 대한 설명으로 옳은 것만을 <보기>에서 있는 대로 고른 것은? [평가원 모의고사 유형]

> ─── 〈 보기 〉 ───
> ㄱ. ㉠과 ㉡의 유전자 구성은 일치한다.
> ㄴ. 실험 순서는 (라) → (가) → (다) → (나)이다.
> ㄷ. (라) 과정에서 DNA 중합 효소가 사용되었다.

① ㄱ   ② ㄴ   ③ ㄱ, ㄷ
④ ㄴ, ㄷ   ⑤ ㄱ, ㄴ, ㄷ

C

22 다음은 무르지 않는 토마토를 만들기 위한 실험 과정이다.

> (가) PCR을 통해 유전자 P를 증폭시킨다.
> (나) 재조합 DNA를 토양 세균에 주입한다.
> (다) 토마토 세포에 형질 전환된 토양 세균을 감염시킨다.
> (라) 개체로 성장한 토마토로부터 형질 발현을 확인한다.
> (마) 유전자 P를 포함하고 있는 토마토 세포를 조직 배양한다.
> (바) 플라스미드에 유전자 P를 삽입하여 재조합 DNA를 만든다.

실험 순서를 옳게 나열한 것은? (단, 유전자 A는 토마토의 껍질을 무르게 만드는 효소를 암호화하며, 유전자 P는 유전자 A의 발현을 억제하는 단백질을 암호화한다.)

① (가) → (바) → (나) → (마) → (다) → (라)
② (마) → (라) → (가) → (바) → (나) → (다)
③ (가) → (바) → (나) → (다) → (마) → (라)
④ (가) → (나) → (마) → (다) → (바) → (라)
⑤ (마) → (나) → (다) → (라) → (가) → (바)

23 다음 그림 (가)는 유전자 재조합 기술을 이용하여 대장균 I ~ III을 얻는 과정을, (나)는 (가)의 대장균 I ~ III을 섞어 항생제를 첨가하지 않은 배지와 2종류의 항생제 중 하나를 첨가한 각각의 배지에서 배양한 결과를 나타낸 것이다.

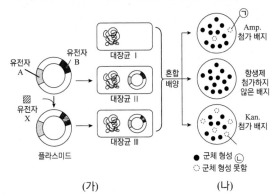

(가)   (나)

이에 대한 설명으로 옳은 것만을 <보기>에서 있는 대로 고른 것은? (단, 유전자 A와 B는 각각 Amp. 저항성 유전자와 Kan. 저항성 유전자 중 하나이며, (나)에서 동일한 대장균은 각 배지에서 동일한 위치에 존재한다.)

[평가원 모의고사 유형]

― 〈 보기 〉 ―

ㄱ. (나)에서 ㉠은 I 의 군체이다.
ㄴ. 유전자 X는 Amp. 저항성 유전자 자리에 삽입되었다.
ㄷ. 대장균 II는 Kan.이 들어간 배지에서 군체를 형성한다.

① ㄱ   ② ㄷ   ③ ㄱ, ㄴ
④ ㄱ, ㄷ   ⑤ ㄱ, ㄴ, ㄷ

24 그림은 복제 개를 만드는 과정이다. 이에 대한 설명으로 옳은 것만을 <보기>에서 있는 대로 고른 것은?

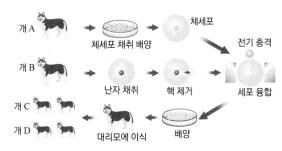

― 〈 보기 〉 ―

ㄱ. 융합된 세포는 개 B와 유전 형질이 같다.
ㄴ. 개 C와 D는 개 A와 유전 형질이 같다.
ㄷ. 이러한 방법으로 멸종 위기의 희귀 동물 보전이 가능하다.

① ㄱ   ② ㄷ   ③ ㄱ, ㄴ
④ ㄴ, ㄷ   ⑤ ㄱ, ㄴ, ㄷ

25 다음은 제한 효소(X, Y, Z)와 연결 효소를 이용해 DNA 조각을 플라스미드에 재조합하는 과정을 나타낸 것이다.

(가) 제한 효소 X와 Y로 절단된 조각 A, 제한 효소 X와 Z로 절단된 조각 B, 제한 효소 X와 Z로 절단된 플라스미드 C를 준비하였다.

(나) A ~ C를 섞은 후 연결 효소를 첨가하여 반응시켜 재조합 플라스미드를 만들었다.

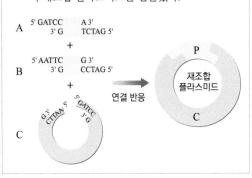

플라스미드 C에 재조합될 수 있는 DNA 조각 P로 가능한 것을 <보기>에서 있는 대로 고른 것은? (제한 효소에 의해 형성된 DNA 조각 말단의 단일 가닥은 서로 상보적이며, DNA 조각은 연결 효소에 의해 연결된다.)

[평가원 모의고사 유형]

― 〈 보기 〉 ―

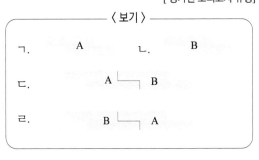

① ㄱ, ㄴ   ② ㄱ, ㄷ   ③ ㄱ, ㄹ
④ ㄴ, ㄹ   ⑤ ㄷ, ㄹ

26~27 재조합 DNA를 만들기 위해서는 제한 효소와 플라스미드가 필요하다. 다음 그림은 어떤 플라스미드를 나타낸 것이며, 표는 이 플라스미드를 제한 효소 ㉠ ~ ㉢로 각각 처리하였을 때 생성된 DNA 절편을 나타낸 것이다. (단, 1 ~ 10은 알파벳 순서와 무관하게 나타낸 것이다.)

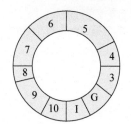

제한 효소	DNA 절편
㉠	BH, CIG, EAD, FJ
㉡	BCI, DFJG, AEH
㉢	JGI, EHBC, FDA

26 3 ~ 10에 해당하는 알파벳을 순서대로 나열하시오.

(   )

27 플라스미드에 제한 효소 ㉡, ㉢을 동시에 처리할 경우 만들어지는 DNA 절편을 알파벳으로 나타내시오.

(   )

28 그림은 DNA를 증폭시키는 PCR 기술을 나타낸 것이다.

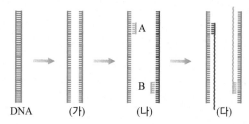

이에 대한 설명으로 옳은 것만을 <보기>에서 있는 대로 고른 것은?

〈 보기 〉
ㄱ. (가)는 (나)보다 온도가 높은 상태에서 일어난다.
ㄴ. A와 B는 염기 서열이 같은 DNA 조각이다.
ㄷ. (다)는 DNA 중합 효소가 관여하는 과정으로 사람의 체온 범위에서 일어난다.

① ㄱ   ② ㄴ   ③ ㄱ, ㄷ
④ ㄴ, ㄷ   ⑤ ㄱ, ㄴ, ㄷ

29 다음은 중합 효소 연쇄 반응 실험을 나타낸 것이다.

(가) 시험관에 증폭시킬 2중 나선 DNA 1분자, 프라이머, DNA 중합 효소, dNTP를 넣는다.
(나) PCR 기계에 넣어 다음 그래프와 같은 반응을 반복한다.

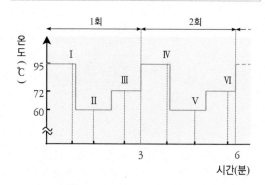

이에 대한 설명으로 옳은 것만을 <보기>에서 있는 대로 고른 것은?

[평가원 모의고사 유형]

〈 보기 〉
ㄱ. PCR 반응에서 DNA는 보존적으로 복제되어 증폭된다.
ㄴ. 수소 결합을 하고 있는 염기쌍의 수는 Ⅲ일 때가 Ⅰ일 때보다 많다.
ㄷ. DNA 합성에 사용되지 않고 남아 있는 dNTP의 양은 Ⅲ일 때가 Ⅵ일 때보다 많다.

① ㄱ   ② ㄴ   ③ ㄱ, ㄷ
④ ㄴ, ㄷ   ⑤ ㄱ, ㄴ, ㄷ

심화

30 다음 그림 (가)는 유전자 재조합 기술을 이용하여 대장균
Ⅰ~Ⅳ를 얻는 과정을, (나)는 (가)의 대장균 Ⅰ~Ⅳ을 섞어
3종류의 항생제 중 하나를 첨가한 각각의 배지에서 배양
한 결과를 나타낸 것이다.

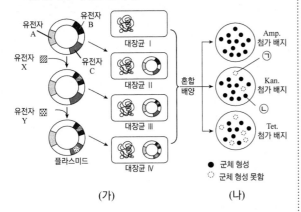

(가)   (나)

● 군체 형성
○ 군체 형성 못함

이에 대한 설명으로 옳은 것만을 <보기>에서 있는 대로
고른 것은? (단, 유전자 A ~ C는 각각 Amp. 저항성 유전
자, Kan. 저항성 유전자, Tet. 저항성 유전자 중 하나이며,
(나)에서 동일한 대장균은 각 배지에서 동일한 위치에 존
재한다.)

[평가원 모의고사 유형]

── 〈 보기 〉 ──

ㄱ. A는 Amp. 저항성 유전자이다.
ㄴ. (나)에서 ㉠은 Y의 단백질을 생산한다.
ㄷ. X가 삽입된 위치는 Tet. 저항성 유전자 자리이다.

① ㄱ   ② ㄷ   ③ ㄱ, ㄴ
④ ㄱ, ㄷ   ⑤ ㄱ, ㄴ, ㄷ

31 다음은 어떤 DNA를 이용한 중합 효소 연쇄 반응(PCR)
실험을 나타낸 것이다.

(가) 증폭하고자 하는 DNA의 염기 서열은 다음과
같다.
X 가닥 : 5' - AGCTTCGATCGGTGTACT - 3'
Y 가닥 : 3' - TCGAAGCTAGCCACATGA - 5'

(나) 프라이머 ㉠은 X 가닥과, 프라이머 ㉡은 Y 가
닥과 상보적으로 결합하며, 프라이머는 각각 5
개의 뉴클레오타이드로 구성된다.

(다) 다음 표와 같이 DNA 가닥 X, Y와 프라이머
㉠, ㉡을 시험관 Ⅰ ~ Ⅲ에 넣고 PCR에 필요한
혼합물을 충분히 넣고 DNA 변성, 프라이머 결
합, DNA 신장의 세 과정을 30회 반복하였다.

구분	Ⅰ	Ⅱ	Ⅲ
DNA 가닥	X 1분자, Y 1분자	X 1분자	X 1분자, Y 1분자
프라이머	㉠, ㉡	㉠, ㉡	㉠

(라) 시험관 Ⅰ에서 DNA 2중 가닥을 2^{30}개 얻었다.

이에 대한 설명으로 옳은 것만을 <보기>에서 있는 대로
고른 것은?

[평가원 모의고사 유형]

── 〈 보기 〉 ──

ㄱ. 시험관 Ⅱ에서 얻은 DNA 2중 가닥의 수는
2^{29}이다.
ㄴ. 시험관 Ⅲ에서 얻은 DNA 2중 가닥의 수는 1
개이다.
ㄷ. 프라이머 ㉠에는 피리미딘 계열의 염기가 퓨
린 계열의 염기보다 많다.

① ㄱ   ② ㄷ   ③ ㄱ, ㄴ
④ ㄱ, ㄷ   ⑤ ㄱ, ㄴ, ㄷ

32 핵치환 기술을 이용해 만들어진 줄기 세포로부터 태어
난 양이 복제 양인지 알아보기 위한 방법에 대해 서술하
시오.

33 복제 양의 탯줄로부터 얻은 줄기 세포와 배아 줄기 세포
의 공통점 및 차이점에 대해 서술하시오.

8강 생명 공학 기술의 활용과 전망

1. 생명 공학 기술의 발달 과정   2. 생명 공학 기술의 활용 1
3. 생명 공학 기술의 활용 2   4. 생명 공학과 생명 윤리

1. 생명 공학 기술의 발달 과정

❶ 발효 제품

▲ 치즈와 포도주

▲ 젓갈과 메주

고대의 생명 공학	· 고대 이집트에서 효모를 이용한 발효❶ 기술로 포도주, 치즈, 요구르트, 빵, 맥주 등의 발효 식품을 제조하였다. · 우량 가축과 종자의 선별, 여러 형질의 동식물을 교배하여 더 나은 품종을 얻는 육종법이 발달하였다. · 우리나라도 오래전부터 발효 기술을 이용한 김치, 된장, 고추장, 식초, 간장, 젓갈, 술을 담가왔다. ⇒ 축적된 경험에 의존하였으므로 발효 식품을 만드는 데 사용된 미생물(유산균, 효소 등)의 존재에 대해서는 알지 못했다.
미생물의 발견	· 17세기 현미경의 발달로 미생물의 존재가 알려졌다. · 18세기 후반 발효의 과학적 원리가 파스퇴르에 의해 밝혀졌으며, 코흐와 파스퇴르에 의해 미생물이 질병의 원인이 될 수 있다는 사실이 입증되었다. ⇒ 살균법과 멸균법의 개발로 세균 감염을 예방할 수 있게 되었다.
항생제의 발견과 대량 생산	· 1928년 플레밍이 푸른곰팡이에서 최초의 항생제인 페니실린을 발견하였다. · 1940년대 페니실린을 대량 생산하게 되면서 미생물을 대규모로 배양하여 유용한 물질을 상업적으로 생산할 수 있게 되었다. ⇒ 세균 감염으로 발생하는 질병을 항생 물질로 치료하는 길이 열리게 되었다.
유전학의 발전 (유전자의 본질에 대한 이해)	· 1863년 멘델의 유전 법칙 발견 이후 1900년대 초 멘델의 유전 법칙이 재발견되면서 유전에 대한 관심이 증가하였다. · 1926년 모건의 유전자설이 발표되었으며, 1928년 그리피스와 에이버리, 1952년 허시와 체이스에 의해 DNA가 유전 물질이라는 것이 밝혀진 후, 1953년 왓슨과 크릭에 의해 DNA의 이중 나선 구조가 밝혀졌다. · 1968년 니런버그에 의해 유전 암호가 해독되어 단백질 합성 과정, 유전자의 형질 발현 원리가 밝혀짐에 따라 모든 생물의 유전 정보 전달 방식과 유전 암호가 같다(동일한 유전 암호 체계)는 것이 알려졌다. ⇒ DNA를 분자 수준에서 이해하기 시작하였다.
DNA 재조합 기술의 개발	· 1973년 플라스미드와 제한 효소를 이용한 DNA 재조합 기술이 개발되면서 유용한 물질을 대량으로 생산할 수 있게 되었다. ⇒ DNA를 직접 조작하는 길이 열렸다.
생명 공학 기술의 지속적인 발달	· 1975년 세포 융합 기술, 1977년 DNA 염기 서열 분석법, 1983년 DNA를 증폭시키는 PCR 등이 차례로 개발됨으로써 생명 공학은 비약적으로 발전하게 되었다. · 1990년 인간의 모든 유전 정보를 규명하고자 인간 유전체 사업이 시작되었고, 생명 공학 기술의 발달로 인해 2003년 유전체 사업(genome project)이 예상보다 빨리 완성되었다. · 1997년 최초의 체세포 복제를 통한 포유 동물❷이 탄생하여 상업적 이용 단계에까지 이르렀다.
생명 공학 기술의 응용	· 오늘날 생명 공학 기술은 농축산물 개발, 의약품 생산, 산업 바이오, 환경 오염 개선 등 다양한 분야에 응용되고 있어 이를 바탕으로 인류의 노화, 질병, 환경 문제 등을 해결할 수 있을 것으로 기대되고 있다. · 오늘날 생명 공학 기술의 발전은 국가 경쟁력을 좌우할 정도로 산업에 대한 막강한 파급 효과를 가지는 반면, 윤리적·사회적 문제뿐만 아니라 법적·기술적 문제가 대두되고 있다.

❷ 복제 양 돌리 (1997년, Scotland)

6년생 암양의 체세포를 이용한 유전자 조작 기술에 의해 태어난 복제 양 돌리(Dolly)는 '완전히 성장한 체세포는 분화할 수 없다.'는 기존의 이론을 뒤집어 생명 공학 분야에 돌풍을 일으켰다.

개념확인 1

생명 공학 기술들 (㉠ PCR, ㉡ DNA 재조합 기술, ㉢ DNA 염기 서열 분석)의 발달을 순서대로 나열하시오. (   )

확인 + 1

다음 중 발효 식품이 아닌 것은?

① 식초   ② 포도주   ③ 간장   ④ 맥주   ⑤ 우유

2. 생명 공학 기술의 활용 1

(1) 식품과 농축산물의 개발 : 기존의 번식 방법으로는 나타날 수 없는 형질이나 유전자를 지닌 생물체가 DNA 재조합 기술 등에 의해 개발되어 농·축·수산물의 생산량과 영양가를 높이는 데 응용되고 있다.

① **형질 전환 생물** : 자연적으로 가질 수 없는 유전 물질이 도입되어 형질이 바뀐 생물을 형질 전환 생물이라고 하며, DNA 재조합 등의 기술을 통해 교배를 통해서는 나타날 수 없는 형질이나 유용한 유전자를 가지도록 인위적인 방법으로 유전자를 삽입하여 만든 생물을 유전자 변형 생물(GMO)이라고 한다.

② **형질 전환 식물❶의 생산** : 유전자 운반체를 이용하여 재조합 플라스미드를 만들어 세균에 넣은 후 식물 세포에 감염시키거나, 유전자총❸을 이용하여 식물의 체세포에 유전자를 삽입하고 조직을 배양하여 형질 전환 개체를 얻는다.

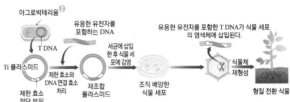

▲ 식물의 형질 전환 과정

③ **형질 전환 동물❹의 생산** : 유전자를 난자 또는 수정란에 직접 주사(주입)함으로써 동물의 유전체에 유전자를 삽입한 후, 이 수정란을 자궁에 착상시켜 형질 전환 개체를 얻는다. ➡ 유전자 조작 기술

▲ 동물의 형질 전환 과정

④ **유전자 변형 생물(GMO)의 유익한 점, 문제점**

유익한 점	문제점
· 식량 문제 해결 : 영양을 개선하고, 병충해에 강한 품종의 수확량을 높여 농산물의 보존 기간을 연장할 수 있다. · 농가 소득 향상 : 적은 노동력으로 수확이 가능하며, 생산비가 절감된다. · 환경 오염 문제 해결 : 살충제, 제초제 등의 사용 감소로 환경 오염 문제를 완화할 수 있다. · 농경지 부족 문제 해결 : 척박한 환경에서도 농작물을 수확할 수 있다. · 농 · 축 · 수산물의 품질 향상·치료에 필요한 단백질을 생산하는 형질 전환 동물의 이용으로 값비싼 의약품의 대량 생산이 가능하다.	· 인체나 가축에 대한 안전성이 충분히 검증되지 않았다. ➡ 독성 또는 알레르기 반응의 가능성이 있다. · GMO 작물에 도입된 제초제 내성 유전자가 잡초에 전달되어 새로운 유전 형질을 갖는 슈퍼 잡초(어떤 제초제로도 제거할 수 없는 잡초)의 등장 가능성이 있으며, 생산성과 재배의 편리성 때문에 단일 품종의 GMO 재배로 인한 생물의 다양성이 파괴되어 생태계 교란이 발생할 수 있다. · 해충을 죽이는 독소 유전자가 삽입된 작물에 의해 다른 곤충이 피해를 입을 수 있다.

정답 및 해설 **49** 쪽

개념확인 2

DNA 재조합 등의 기술을 통해 교배를 통해서는 나타날 수 없는 형질이나 유용한 유전자를 가지도록 유전자를 삽입하여 만든 생물을 (   )이라고 한다.

확인 + 2

동물의 유전체에 유전자를 삽입한 후, 이 수정란을 자궁에 착상시켜 얻은 개체를 무엇이라 하는가?

(   )

---

❶ 형질 전환 식물의 활용

제초제 저항성 콩과 밀, 잘 무르지 않는 토마토, B형 간염 백신을 생산하는 감자, 해충을 죽이는 물질을 생산하는 해충 저항성 옥수수, 베타카로틴[미니]이 함유되어 프로비타민 A를 생산하는 황금쌀(비타민 A가 강화된 쌀), 염분이 많은 토양에서도 자랄 수 있는 벼, 냉해와 가뭄에 강한 벼, 낱알이 많이 열리는 벼 등이 개발되었다. 또한, 단일 클론 항체(B 림프구 + 암세포)를 생산하는 데에도 이용된다.

❷ 아그로박테리움

● 토양 미생물의 일종으로 토양에 양분이 부족해지면 식물에 침투하여 기생한다.
● Ti 플라스미드에는 T DNA라 불리는 부분이 존재하며, 이 부위가 식물의 유전체에 삽입되면 형질 전환을 일으켜 줄기 또는 뿌리에 비정상적인 혹이 생긴다.

❸ 유전자총

● 재조합 DNA를 만들어 금속으로 코팅한 후 식물 세포를 향해 금속 입자와 함께 쏘아 식물체 핵 내의 염색체에 외래 DNA가 삽입되도록 하는 기기이다.
● 따로 재조합한 여러 종류의 DNA를 섞어서 발사하기 때문에 여러 유전자를 한 번에 이식할 수 있다.

❹ 형질 전환 동물의 활용

수정란에 생장 호르몬 유전자를 주입하여 만든 슈퍼 생쥐, 사람의 혈액 응고 단백질을 생산하는 흑염소, 락토페린(사람의 모유 성분)을 생산하는 젖소, 성장 촉진 인자를 주입하여 일반 연어보다 생장 속도가 더 빠르며 훨씬 크게 자라는 슈퍼 연어, 더 좋은 양모를 갖는 양이나 더 부드러운 육질을 갖는 소 등이 개발되었다.

미니사전

베타카로틴(beta-carotene) : 적혈구의 활성을 증가시키고, 우리 몸 속에서 비타민 A로 전환되어 시력을 좋게 하는 항산화제

❶ 바이오 의약품 생산의 예

인슐린, 생장 호르몬, 인터페론 미니 (암, 바이러스 치료제), 혈전 용해제 TPA, 택솔 미니 (난소암 치료제), B형 간염 백신, 적혈구 생성 인자 EPO(빈혈 치료제), 혈액 응고 인자(혈우병 치료제), 신경 성장 인자 등

❷ 유전자 치료 방법의 문제점 및 부작용

- 바이러스를 운반체로 사용하므로 삽입 부위, 발현 시기, 발현 장소를 적절히 조절하는 일이 어렵다.
- 바이러스 운반체가 혈액 세포 증식과 관련된 유전자 부위에 삽입되면 비정상적으로 백혈구의 수가 늘어나 백혈병이 진행될 수 있다.
- 치료 목적 외에 유전자 조작을 통한 인간 형질 변화에 쓰일 가능성이 있어 사용 범위에 대한 엄격한 규정과 윤리적 책임이 필요하다.

❸ p53 유전자

- 세포가 끊임없이 증식하거나 돌연변이를 일으키는 것을 억제하고, 암세포가 사멸되도록 유도하는 유전자이다.
- p53 유전자가 존재하지 않거나 돌연변이로 염기 서열이 바뀌어 제 기능을 하지 못하면, 세포가 비정상적으로 분열만을 반복하게 되어 암세포가 된다.

❹ 암진단 키트

암세포 표면 단백질과 특이적으로 결합하는 단일 클론 항체를 이용하여 만든 진단 키트를 만들어 암 진단에 사용한다.

---

3. 생명 공학 기술의 활용 2

(2) 질병 치료와 진단(의약 분야)

⑴ **바이오 의약품 생산❶** : 유전자 재조합 기술을 이용하여 유용한 유전자를 미생물 또는 동물의 염색체에 끼워 넣은 형질 전환 생물을 이용하여 사람의 질병을 치료하는 희귀 의약품을 대량 생산한다. ⇒ 생장 호르몬, 인슐린 등 사람의 체내에서 극소량 만들어지는 유용한 단백질을 DNA 재조합 기술에 의해 대량 생산할 수 있다.

⑵ **유전자 치료 방법❷** : 사람의 정상 유전자를 가지는 바이러스를 직접 환자의 몸에 넣어 준다(A).

또는 바이러스를 이용하여 환자의 체세포에 정상적인 유전자를 넣어 준 후 정상 유전자로 치환된 세포를 배양하여 환자의 몸에 넣어 준다(B).

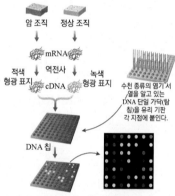

▲ 유전자 치료 과정

⇒ 환자 몸에 들어간 정상 유전자를 가지는 바이러스가 치료 단백질을 생산함으로써 질병을 치료할 수 있다.

· 한계 : 성공 확률이 낮으며, 정상 유전자로 치환된 체세포의 수명에 한계가 있어 주기적으로 정상 유전자를 가지는 세포를 주사해야 한다. 또한, 환자의 생식 세포의 유전자가 바뀌는 것은 아니므로 자손에게 유전되는 유전병을 막을 수는 없다.

⑶ **암 치료** : 암 발생을 억제하는 종양 억제 유전자인 p53 유전자❸가 없는 암세포가 스스로 자살하도록 하는 항암 물질이 개발되었다.

⑷ **줄기 세포와 이식용 장기의 생산** : 체세포의 핵을 이식하여 만든 복제 배아 줄기 세포나 역분화 줄기 세포를 이용하여 이식용 장기를 만드는 연구와 치료 시도가 지속되고 있다.

⑸ **질병 진단** : DNA 칩 또는 단백질 칩을 이용하여 당뇨, 암 등을 진단❹, 유전병 또는 돌연변이 탐색, 유전자의 손상 여부를 알아낼 수 있으며, 병원균의 감염 여부 등을 파악할 수 있다.

① DNA 칩 : 유리 기판에 서열이 알려진 몇 개의 염기로 이루어진 수백~수만 종류의 단일 가닥 DNA 탐침 미니을 정해진 위치에 부착시킨 것이다.

② 단백질 칩 : 현미경 덮개 유리와 비슷한 크기의 작은 기판에 극소량의 단백질을 수만 개 집적 미니한 것으로 암의 진행 정도에 따라 생성되는 특이 표지자를 판별함으로써 암을 조기에 진단할 수 있다.

⇒ 분석하고자 하는 특정 세포에서 mRNA를 분리하고 이로부터 형광 표지된 단일 가닥 cDNA를 역전사하여 단일 가닥 DNA가 붙어있는 DNA 칩에 넣으면, DNA 가닥과 상보적인 염기가 있는 cDNA는 수소 결합을 하여 형광을 나타내므로 암 조직에서만 발현되는 유전자를 구별하여 암 여부를 진단할 수 있다.

▲ DNA 칩을 이용한 암 진단 과정

개념확인 3

생명 공학 기술을 이용하여 생산된 바이오 의약품이 _아닌_ 것은?

① p53   ② 택솔   ③ 혈액 응고 인자   ④ 인터페론   ⑤ 생장 호르몬

확인 + 3

유리 기판에 단일 가닥 DNA 탐침을 정해진 위치에 부착시킨 것을 무엇이라 하는가?

(   )

미니사전

택솔(taxol) : 주목나무의 뿌리, 줄기, 잎, 종자 중에 존재하는 물질로 항암 작용을 한다.

인터페론(interferon) : 바이러스에 감염된 동물의 세포에서 생산되는 항바이러스성 단백질

집적 [集 모으다 積 쌓다] : 조밀하게 모여있는 상태

탐침(probe) [探 찾다 針 바늘] : 유전자를 찾기 위해 사용하는 침

(3) 산업 바이오[⑤] : 미생물이나 식물로 연료나 플라스틱 등의 화학 제품을 만드는 기술 분야이다.

(4) 환경 분야

① **오염 물질 제거** : 유전자 재조합 기술을 이용하여 선박 사고로 유출된 기름을 분해하는 미생물, 폐수 속에 함유된 오염 물질을 분해하는 미생물, 가축 분뇨의 악취를 제거하는 미생물, 발암 물질인 메틸렌클로라이드를 분해하는 미생물, 중금속을 흡수하는 식물 등을 개발하였다.

② **미생물 농약**[⑥] : 방선균 미니, 곰팡이, 고초균 미니 등의 미생물을 형질 전환시켜 이들이 분비하는 항생 물질을 대량으로 얻어 미생물 농약을 만든다.

(5) 법의학 : 범죄 현장에서 얻은 소량의 DNA를 PCR을 이용하여 증폭시킨 후 DNA 지문을 얻어 개인을 식별하고 범인을 검거하는 데 이용하며 대형 사고 현장에서 피해자의 DNA를 확보하고, 가족의 DNA와 비교하여 사망자의 신원을 확인하는데 이용한다.

4. 생명 공학과 생명 윤리

(1) 유전자 치료와 생명 윤리

① **장점** : 혈우병 등 선천적으로 유전적 결함이 있는 사람들을 치료하여 고통을 덜어줄 수 있다.

② **단점** : 성공 확률이 낮으며 모든 유전병에 적용할 수 없다. 그리고 정상 유전자가 원하는 부위가 아닌 곳에 삽입되면 심각한 질병을 유발할 수 있다. 또한, 치료 목적 이외에 사람의 형질을 바꾸는 데 이용할 경우 윤리적인 문제가 발생한다.

(2) 복제 배아 줄기 세포의 이용과 생명 윤리

① **장점** : 줄기 세포를 손상된 뇌신경, 척수 등에 넣으면 재생될 수 있으므로 장기 이식 시 발생할 수 있는 면역 거부 반응을 해결할 수 있다.

② **단점** : 배아를 하나의 생명체로 본다면 윤리적인 문제가 된다. 성공 확률이 낮으므로 많은 수정란과 배아가 필요하다. 인간의 생명 자체를 상업화할 가능성이 있어 인간의 존엄성이 위협받을 수 있으며, 복제 배아를 대리모에 착상시켜 복제 인간이 탄생할 가능성이 존재한다. 또한, 사람의 유전자를 도입한 돼지로부터 장기를 이식받을 경우, 돼지에서만 감염되는 병원체가 사람에게 감염될 위험성이 있다.

(3) 유전자 검사 및 인간 유전체 정보의 이용과 생명 윤리

① **장점** : DNA 지문으로 범인을 식별할 수 있으며, 태아에게 나타날 유전병을 예측할 수 있고, 병의 진단 및 발병 가능성을 예측할 수 있다. 유전자 치료의 기초를 제공한다. 또한, 개인 맞춤 의약이 가능하게 되어 부작용을 극소화할 수 있다.

② **단점** : 출산 전 태아의 선별로 태아의 생존권이 위협받을 수 있다. 그리고 유전 정보를 근거로 보험료를 높게 요구하거나 취업 시 불이익을 받을 가능성이 있다. 또한, 개인 유전 정보의 공개가 새로운 종류의 사생활 침해와 차별을 초래할 수 있다.

정답 및 해설 **49** 쪽

개념확인 4

생명 공학 기술이 활용되는 분야가 <u>아닌</u> 것은?

① 암 치료   ② 산업 바이오   ③ 의약품 생산   ④ 신경망 반도체 개발   ⑤ 법의학

확인 + 4

가족의 DNA와 비교하여 사망자의 신원을 확인하는데 이용하는 생명 공학 기술의 활용 분야를 무엇이라 하는가?   (   )

---

⑤ 바이오 산업의 예

나무 껍질, 밀, 사탕 수수, 옥수수 등을 원료로 생산(발효)한 바이오 에너지인 에탄올을 얻음으로써 자동차, 냉난방 연료로 사용하고, 자연 상태에서 미생물에 의해 쉽게 분해될 수 있는 생분해성 플라스틱 등이 개발되었다.

⑥ 미생물 농약의 장·단점

● 장점 : 저독성이며, 생태계 파괴와 환경 오염의 우려가 적다. 또한, 무한한 부존 자원 미니 이며, 화학 농약에 대한 내성이 있는 병충해에 대해서도 방제 효과가 있다.

● 단점 : 적용 범위가 소수의 종에 한정되며, 효력이 늦게 나타난다. 또한, 미생물의 안전성이 바뀔 가능성이 있다.(생태계 영향)

미니사전

방선균 [放 내놓다 線 줄 菌 세균] : 곰팡이의 균사처럼 세포가 실 모양으로 연결되어 발육하며 그 끝에 포자를 형성하는 세균

고초균 [枯 마르다 草 잡초 菌 세균] : 자연계에 널리 분포하는 호기성 세균의 일종

부존 자원 [賦 거두다 存 있다 資 자본 源 근원] : 경제적 목적에 이용될 수 있는 모든 천연 자원

01 다음 과학적 업적에 해당하는 과학자를 각각 바르게 연결하시오.

(1) 유전 암호 해독 · · (A) 플레밍

(2) 페니실린 발견 · · (B) 니런버그

(3) DNA 구조 규명 · · (C) 파스퇴르

(4) 질병의 원인 물질로 미생물 발견 · · (D) 왓슨과 크릭

(5) DNA가 유전 물질임을 밝힘 · · (E) 허시와 체이스

02 다음은 DNA 재조합 기술에 대한 설명이다. 빈칸에 알맞은 말을 쓰시오.

> 1973년 세균으로부터 추출한 (㉠)와 DNA의 특정 서열 부위를 절단하는
> (㉡)를 이용한 DNA 재조합 기술이 개발되면서 유용한 물질을 대량으로
> 생산할 수 있게 되었다.

㉠ ( ) ㉡ ( )

03 다음 생명 공학 기술에 대한 설명 중 옳은 것은 ○표, 옳지 않은 것은 ×표 하시오.

(1) 잘 무르지 않는 토마토는 세포 융합 기술을 이용한 것이다. ( )

(2) 체세포의 유전자 치료를 통해 유전병이 치료된 환자로부터 태어난 자손은 유전병이 나
타나지 않는다. ( )

(3) 자연 상태에서 미생물에 의해 쉽게 분해될 수 있는 생분해성 플라스틱을 개발하는 것을
산업 바이오라고 한다. ( )

04 GMO의 유익한 점이 <u>아닌</u> 것은?

① 슈퍼 잡초가 등장할 수 있다.
② 수확량이 많은 종을 얻을 수 있다.
③ 적은 노동력으로 수확이 가능하다.
④ 농산물의 보존 기간을 연장할 수 있다.
⑤ 살충제, 제초제 등의 사용을 감소시킬 수 있다.

05 생명 공학 기술의 활용에 대한 설명 중 옳은 것은 ○표, 옳지 않은 것은 ×표 하시오.

(1) 미생물 농약은 생태계의 안전성을 보장한다. ( )

(2) 바이오 의약품 생산에 DNA 재조합 기술이 사용된다. ( )

(3) 범죄 현장에서 얻은 소량의 DNA를 증폭시키는 데 PCR 기술이 사용된다. ( )

06 다음 괄호 안에 알맞은 말을 쓰시오.

> 암 진단 키트는 암세포 표면 단백질과 특이적으로 결합하는 항체인 ( )를 이용하여 진단 키트를 만들어 암 진단에 사용한다.

( )

07 생명 공학 기술과 생명 윤리에 대한 설명 중 장점은 '장', 단점은 '단'이라고 쓰시오.

(1) 복제 인간이 탄생할 수 있다. ( )

(2) 많은 수정란과 배아가 필요하다. ( )

(3) 병을 진단하고 발병 가능성을 예측할 수 있다. ( )

08 석유 화학 산업에 이용되는 원료에서부터 최종 제품에 이르기까지 다양한 생산 단계에 생명 공학 기술을 도입하는 것을 통틀어 무엇이라고 하는가?

( )

유형 8-1 형질 전환 생물(GMO)

다음은 형질 전환 식물을 만드는 과정을 나타낸 모식도이다.

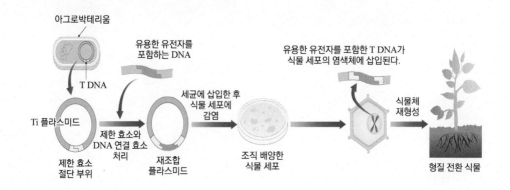

(1) Ti 플라스미드는 유용한 유전자를 운반한다. ( )

(2) T DNA는 식물의 줄기나 뿌리에 혹을 만드는 유전자이다. ( )

(3) 재조합 플라스미드가 들어간 재조합 식물의 뿌리에는 혹이 생긴다. ( )

01 다음 중 형질 전환 생물의 유익한 점에 대한 설명으로 옳은 것은 ○표, 옳지 않은 것은 ×표 하시오.

(1) 농작물의 보존 기간을 연장할 수 없다. ( )

(2) 척박한 환경에서 농작물을 수확할 수 있다. ( )

(3) 인체 또는 동물에 대한 충분한 안전성이 검증되었다. ( )

02 유전자를 난자 또는 수정란에 직접 주사한 후, 이 수정란을 자궁에 착상시켜 얻을 수 있는 동물을 무엇이라 하는가?

( )

유형 8-2 유전자 치료

다음은 환자의 골수 세포를 이용한 유전자 치료 과정을 나타낸 모식도이다. 이에 대한 설명으로 옳은 것은 ○표, 옳지 않은 것은 ×표 하시오.

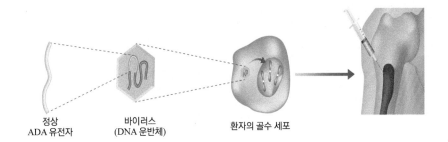

정상
ADA 유전자   바이러스
(DNA 운반체)   환자의 골수 세포

(1) 바이러스는 정상 유전자의 운반체로 사용되었다.   (   )
(2) 바이러스에 삽입되는 정상 유전자는 환자로부터 얻은 것이다.   (   )
(3) 이와 같은 방법으로 치료한 환자는 자손에게 유전병 유전자를 물려주지 않는다.   (   )

03 다음 중 유전자 치료의 한계 및 문제점에 대한 설명으로 옳지 않은 것은?

① 성공 확률이 낮다.
② 모든 유전병을 치료할 수 있다.
③ 백혈병이 진행될 가능성이 있다.
④ 유전자 삽입 부위, 발현 시기, 발현 장소를 조절해야 한다.
⑤ 유전자 조작을 통해 인간 자체를 변형할 경우 윤리적인 문제가 발생한다.

04 정상 유전자를 환자의 골수 세포에 삽입하는 방법으로 병을 치료하는 유전자 치료에 대한 설명으로 옳은 것은 ○표, 옳지 않은 것은 ×표 하시오.

(1) 골수 세포 속에서 빠르게 증식하는 바이러스를 사용한다.   (   )
(2) 환자의 골수 세포에 삽입된 정상 유전자는 체내에서 형질이 발현된다.   (   )
(3) 환자의 골수 세포를 사용하는 이유는 거부 반응이 일어나지 않도록 하기 위해서이다. (   )

유형 8-3 질병 진단

다음은 DNA 칩을 이용하여 병을 진단하는 과정을 나타낸 모식도이다. 이에 대한 설명 중 옳은 것은 ○표, 옳지 않은 것은 ×표 하시오.

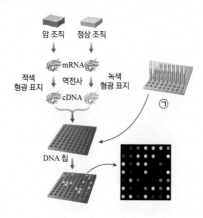

(1) ㉠에는 단일 가닥 DNA를 붙인다. ( )

(2) ㉠의 모든 지점에 존재하는 DNA 절편은 염기 서열이 동일하다. ( )

(3) 이와 같은 방법으로 암 여부를 진단할 수 있다. ( )

05 DNA 칩을 이용한 질병 진단에 대한 설명 중 옳은 것은 ○표, 옳지 않은 것은 ×표 하시오.

(1) 역전사 효소가 필요하다. ( )

(2) cDNA는 2중 나선 구조이다. ( )

(3) DNA 칩에서 나타나는 형광은 조직에서 발현된 유전자이다. ( )

06 다음은 질병 진단에 대한 설명이다. 괄호 안에 공통으로 들어갈 말을 쓰시오.

DNA (   ) 또는 단백질 (   )을 이용하면 당뇨, 암 등을 진단할 수 있으며, 유전병이나 돌연변이를 탐색할 수 있다. 또한, 유전자의 손상과 병원균의 감염 여부 등을 파악할 수 있다.

(   )

유형 8-4 생명 공학 기술과 생명 윤리

다음은 복제 배아 줄기 세포를 만드는 과정을 나타낸 모식도이다. 이에 대한 설명 중 옳은 것은 ○표, 옳지 않은 것은 ×표 하시오.

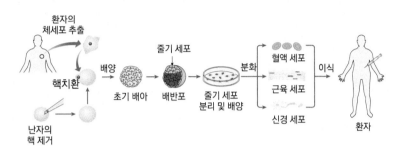

(1) 성공 확률이 매우 높다. ( )
(2) 이와 같은 방법은 윤리적인 문제가 되지 않는다. ( )
(3) 복제 배아 줄기 세포를 손상된 척수, 뇌신경 등에 넣어주면 체내에서 재생될 수 있다. ( )

07 생명 공학 기술에 대한 설명으로 옳은 것은 ○표, 옳지 않은 것은 ×표 하시오.

(1) 복제 배아 줄기 세포의 핵에는 난자를 제공한 여성의 유전자도 포함된다. ( )
(2) 유전자 치료는 선천적으로 유전적 결함을 가진 사람들에게 근본적인 치료가 된다. ( )
(3) 유전자 검사를 통해 태아의 유전병을 확인하고 발병 가능성 여부를 예측할 수 있다. ( )

08 생명 공학 기술에 대한 설명으로 옳은 것은 ○표, 옳지 않은 것은 ×표 하시오.

(1) 복제 배아 줄기 세포에는 Y 염색체가 존재할 수 없다. ( )
(2) 유전체 정보를 근거로 불이익을 받을 가능성이 낮아진다. ( )
(3) 유전자를 치료할 때 정상 유전자가 원하는 부위에 삽입되지 않으면 심각한 질병을 유발할 수 있다. ( )

01 다음은 토마토에 들어 있는 효소와 유전자의 기능에 대한 설명을 나타낸 것이다.

(가) 토마토 개체는 열매가 익으면 폴리갈락튜로네이스(PG)라고 불리는 효소가 작용한다.

(나) 토마토 속에 들어 있는 다당류의 하나인 펙틴은 PG에 의해 분해되어 토마토의 껍질이 연해진다.

(다) FLAVR SAVR라는 유전자는 PG 유전자와 결합할 수 있으며, 결합 후 PG의 발현을 억제하는 기능을 가진다.

* PG(polygalacturonase ; 폴리갈락튜로네이스) : 세포벽 성분인 펙틴을 분해하는 효소이다. 식물에 존재하는 PG는 펙틴을 분해하여 식물 조직 또는 열매의 껍질이 연해지면서 물러지게 한다.

(1) 잘 무르지 않는 토마토를 생산하고자 한다. 그 과정을 다음 그림에서 골라 순서대로 완성하시오.

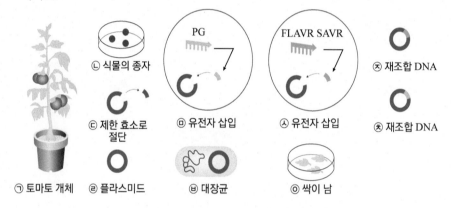

(2) 잘 무르지 않는 토마토에서의 PG와 FLAVR SAVR 유전자의 존재와 발현 유무에 대해서 서술하시오.

02 다음은 중증 복합성 면역결핍 장애 (SCID)에 대한 설명이다.

(가) 희귀 선천성 증후군의 한 종류인 중증 복합성(합병성) 면역결핍 장애(Severe Combined Immunodeficiency (SCID))는 면역반응 결핍을 일으키는 특징을 갖는다. 이 질환이 생기면 환절기에 감기에 자주 걸리는 등 감염이 자주 반복된다. 따라서 SCID 질환을 앓고 있는 환자들은 세균, 바이러스, 곰팡이와 같은 감염성 항원에 의해 생기는 감염에 대단히 취약하다. 또한, 유전성이 강하기 때문에 가족 중에도 비슷한 양상으로 나타나는 경우가 있다.

(나) < SCID의 종류 >
· 상염색체 열성 중증 복합성 면역결핍
· X 염색체 연관 열성 중증 복합성 면역결핍
· 아데노신 디아미네이스(ADA) 결핍
· 무표지림프구증후군
· 백혈구 감소증을 동반한 중증 복합성 면역결핍
· 스위스 형 무감마글로불린혈증
⇒ 각각의 SCID는 각기 다른 유전적 결손에 의해 발생하며, 공통적으로는 면역 기능이 결핍되어 있고 모두 유전 질환이다.

(다) 중증 복합성 면역결핍 장애 환자의 약 50%가 X-연관 열성으로 유전된다. SCID는 상염색체 열성 형질로 유전되기도 하는데, 상염색체 열성으로 유전되는 중증 면역결핍 장애의 50%에서 아데노신 디아미네이스(ADA:Adenosine Deaminase)의 부족이 나타난다. 아데노신 디아미네이스(ADA: Adenosine Deaminase) 부족 중증 복합성 면역결핍증은 ADA의 결핍이 원인이며, 이 효소의 유전자는 20번 유전자에 존재한다.

* ADA : 혈액 속의 독성 대사 산물을 제거하는 효소이다. ADA가 결핍되면 백혈구가 파괴되는 등 면역 기능에 이상이 발생하므로 지속적인 감염으로 인해 일찍 사망하게 된다.

(1) ADA 결핍으로 발생한는 SCID 환자를 치료하기 위한 방법과 그 과정을 서술하시오.

(2) ADA 결핍 환자를 치료하는 방법의 장점과 단점에 대해서 서술하시오.

03 다음은 바이러스를 이용하여 암을 치료하는 방법과 모식도를 나타낸 것이다.

< 아데노 바이러스를 이용한 릴렉신 처방 치료 >

(가) 아데노 바이러스는 감기를 유발하는 바이러스이다.

(나) 릴렉신은 임신 중 난소의 황체에서 분비되어 골반을 벌어지게 하고 인대 조직을 이완시키는 역할을 하는 호르몬이며, 암세포를 죽이는 기능을 가진다.

(다) 암세포에만 결합하도록 개조된 아데노 바이러스는 암세포에만 공통적으로 활성화되어 있는 텔로머레이스 효소를 찾아 침투하는 기능을 가지고 있으므로 암세포(종양)에만 선택적으로 작용한다.

(라) 아데노 바이러스에 치사 유전자인 릴렉신을 주입하면 이 바이러스가 암세포로 깊숙하게 침투하여 하나의 암세포에 바이러스를 1만 배이상 증식시키면서 암세포를 파괴한다.

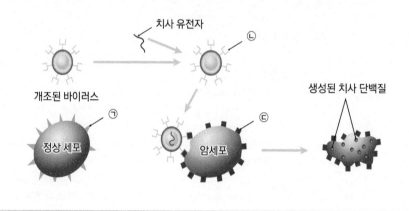

다음 중 아데노 바이러스를 이용한 릴렉신 처방 치료 방법에 대한 설명으로 옳은 것만을 골라 그 이유와 함께 서술하시오.

---

(1) 운반된 릴렉신 유전자는 암세포 안에서 발현된다.

(2) 릴렉신 유전자는 단백질 ㉠을 ㉢으로 형질 전환시킨다.

(3) ㉡은 특이적으로 암세포에 존재하는 ㉢을 인식할 수 있다.

(4) 아데노 바이러스의 릴렉신 단백질이 암세포로 유입됨으로써 암세포가 죽는다.

---

04 다음은 DNA 칩을 이용하여 암을 진단하는 과정을 나타낸 것이다.

(가) 암을 유발하는 유전자를 분리한 후 단일 가닥의 DNA 조각 ㉠으로 만든다.
(나) ㉠을 각각 작은 유리 기판 위에 붙여 DNA 칩을 만든다.
(다) 암 검사 대상자의 세포로부터 DNA를 추출하여 단일 가닥의 DNA 조각을 만든다.
(라) (다)의 DNA 조각을 DNA 칩에 뿌려 반응시켜 형광 반응을 관찰한다.

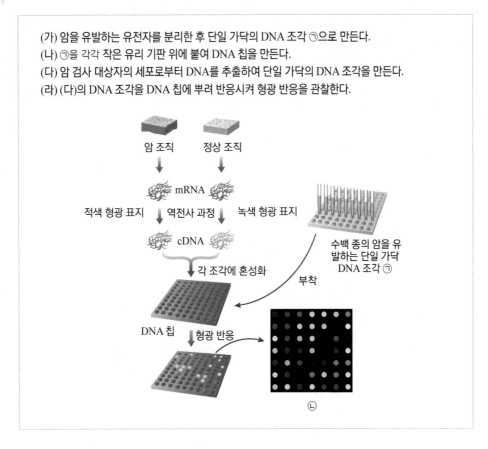

(1) 다음 DNA 칩을 이용한 암 진단에 대한 설명으로 옳은 것만을 골라 그 이유와 함께 서술하시오.

1. 암 조직에 존재하는 유전자는 ㉡에서 모두 적색으로 나타난다.

2. (가)에서 암 유발 유전자의 염기 서열은 밝혀져 있지 않은 것이다.

3. (나)에서 유리 기판에 붙이는 DNA 조각의 염기 서열은 모두 동일하다.

4. (라)에서 상보적으로 결합하여 황색으로 나타나는 부분이 많을수록 암 검사 대상자는 암 유발 유전자를 가지고 있을 가능성이 높다.

(2) cDNA를 사용하는 이유에 대해서 서술하시오.

A

01 다음 <보기>는 생명 공학 기술의 발달 과정에서 밝혀진 사실을 순서 없이 나타낸 것이다. 연대 순으로 나열하시오.

─── 〈 보기 〉 ───

ㄱ. PCR 개발
ㄴ. 페니실린 발견
ㄷ. 단백질 합성 과정 밝힘
ㄹ. DNA 염기 서열 분석법 개발

(   )

02 다음은 여러 가지 생명 공학 기술을 응용한 사례를 나타낸 것이다. 이에 대한 설명 중 옳은 것은 ○표, 옳지 않은 것은 ×표 하시오.

(1) 암 진단 키트를 만들기 위해서는 단일 클론 항체를 이용한다.   (   )
(2) 선천성 유전병을 치료하기 위해서는 DNA 재조합 기술이 필요하다.   (   )
(3) 병충해에 강한 작물을 개발하기 위해서는 세포 융합 기술이 필요하다.   (   )

03 다음은 생명 공학의 측면을 나타낸 것이다. 생명 공학에 대한 긍정적인 측면은 '긍', 부정적인 측면은 '부'라고 쓰시오.

(1) 형질 전환 생물(GMO)는 인체에 대한 안전성이 검증되지 않았다.   (   )
(2) 태아 유전자 검사를 통한 선택적 출산은 태아의 생존권에 위협이 된다.   (   )
(3) 기름을 분해하는 미생물을 이용하면 바다에 유출된 원유를 제거할 수 있다.   (   )

04 다음 <보기>는 생명 공학 기술을 이용하여 개발된 사례를 나타낸 것이다. 다음 중 DNA 재조합 기술을 이용해 개발된 사례만을 모두 고르시오.

─── 〈 보기 〉 ───

ㄱ. 복제양 돌리   ㄴ. 제초제 저항성 작물
ㄷ. 암 진단 키트   ㄹ. 냉해와 가뭄에 강한 벼

(   )

05 다음 그림은 토양 세균인 아그로박테리움을 이용한 식물 유전자 재조합 과정을 나타낸 것이다. (단, T DNA는 식물 세포로 들어가 뿌리에 혹을 만들게 하는 유전자이며, X는 해충 저항성 유전자이다.)

이에 대한 설명으로 옳은 것만을 <보기>에서 있는 대로 고른 것은?

─── 〈 보기 〉 ───

ㄱ. ㉠ 과정에서 제한 효소와 DNA 연결 효소가 사용된다.
ㄴ. ㉡ 과정에서 유전자 X는 식물체에 도입된다.
ㄷ. ㉢ 과정에서 식물 세포가 증식될 때 유전자 X가 복제된다.

① ㄱ   ② ㄴ   ③ ㄱ, ㄷ
④ ㄴ, ㄷ   ⑤ ㄱ, ㄴ, ㄷ

06 유전자 조작 기술을 이용해 형질 전환 동물을 얻은 예만을 <보기>에서 있는 대로 고른 것은?

───〈 보기 〉───

ㄱ. 더 좋은 양모를 갖는 양
ㄴ. 락토페린을 생산하는 젖소
ㄷ. 사람의 혈액 응고 단백질을 만드는 흑염소
ㄹ. 양질의 우유를 생산하는 우량 젖소의 복제 젖소

① ㄱ, ㄹ   ② ㄴ, ㄷ   ③ ㄷ, ㄹ
④ ㄱ, ㄴ, ㄷ   ⑤ ㄱ, ㄷ, ㄹ

07 다음 중 미생물 농약의 장점만을 <보기>에서 있는 대로 고르시오.

───〈 보기 〉───

ㄱ. 적용 범위가 넓다.
ㄴ. 환경 오염이 적다.
ㄷ. 안전성이 보장된다.
ㄹ. 효과가 빠르게 나타난다.

(   )

08 다음 사례에서 적용된 생명 공학 기술을 <보기>에서 각각 바르게 짝지은 것은?

(가) 복제양 돌리가 탄생하였다.
(나) 무추(무 + 배추)를 만들었다.
(다) 단일 클론 항체를 생산하였다.
(라) 인슐린을 대량으로 생산하였다.
(마) 당근의 뿌리 세포를 영양 배지에서 배양하여 완전한 개체를 얻었다.

───〈 보기 〉───

ㄱ. 조직 배양   ㄴ. 세포 융합 기술
ㄷ. 핵 치환 기술   ㄹ. DNA 재조합 기술

① (가) - ㄴ   ② (나) - ㄷ   ③ (다) - ㄴ
④ (라) - ㄱ   ⑤ (마) - ㄹ

09 다음은 형질 전환 염소를 만드는 과정을 나타낸 것이다.

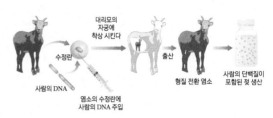

대리모의 자궁에 착상시킨다   수정란   출산   사람의 DNA   염소의 수정란에 사람의 DNA 주입   형질 전환 염소   사람의 단백질이 포함된 젖 생산

이에 대한 설명으로 옳은 것만을 <보기>에서 있는 대로 고른 것은?

───〈 보기 〉───

ㄱ. 핵치환 기술이 이용되었다.
ㄴ. 수정란의 난할 과정에서 유전자도 복제된다.
ㄷ. 사람의 DNA에서 유전자를 분리할 때 제한 효소가 필요하다.
ㄹ. 수정란의 핵과 형질 전환 염소의 체세포의 핵은 유전적으로 모두 동일하다.

① ㄱ, ㄹ   ② ㄴ, ㄷ   ③ ㄷ, ㄹ
④ ㄱ, ㄴ, ㄹ   ⑤ ㄱ, ㄷ, ㄹ

10 다음은 유전병 A를 가지고 태어난 환자에게 유전자 치료를 하는 과정을 나타낸 모식도이다.

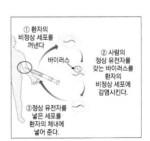

① 환자의 비정상 세포를 꺼낸다
바이러스
② 사람의 정상 유전자를 갖는 바이러스를 환자의 비정상 세포에 감염시킨다.
③ 정상 유전자를 넣은 세포를 환자의 체내에 넣어 준다.

유전자 치료의 한계점에 대한 설명으로 옳은 것만을 <보기>에서 있는 대로 고른 것은?

───〈 보기 〉───

ㄱ. 성공 확률이 높다.
ㄴ. 유전병 A는 자손에게 전달된다.
ㄷ. 환자에게 넣은 체세포의 수명은 영구적이다.

① ㄱ   ② ㄴ   ③ ㄱ, ㄷ
④ ㄴ, ㄷ   ⑤ ㄱ, ㄴ, ㄷ

B

11 환자의 복제 배아로부터 얻은 줄기 세포를 배양한 조직이나 장기는 환자에게 이식할 수 있다. 이와 같은 치료 방법에 대한 설명으로 옳은 것만을 <보기>에서 있는 대로 고른 것은?

〈 보기 〉

ㄱ. 환자의 선천적 유전병을 치료할 수 있다.
ㄴ. 환자에게 이식하여도 면역 거부 반응이 일어나지 않는다.
ㄷ. 복제 배아를 대리모의 자궁에 착상시켜도 복제 인간이 탄생되지 않는다.
ㄹ. 혈액형이 동일한 환자에게도 이식할 수 있으며 면역 거부 반응을 일으키지 않는다.

① ㄴ　　　　　　② ㄹ　　　　　　③ ㄴ, ㄹ
④ ㄱ, ㄷ, ㄹ　　　⑤ ㄴ, ㄷ, ㄹ

12 다음 그림은 토양 세균인 아그로박테리움을 이용한 식물 유전자 재조합 과정을 나타낸 것이다. (단, T DNA는 식물 세포로 들어가 뿌리에 혹을 만들게 하는 유전자이며, X는 해충 저항성 유전자이다.)

위 과정을 통해 만들어진 형질 전환 식물에 대한 설명으로 옳은 것만을 있는 대로 고르시오.

① 형질 전환된 식물은 뿌리에 혹이 만들어진다.
② Ti 플라스미드는 유전자 X의 운반체로 사용되었다.
③ 아그로박테리움에서 합성되는 모든 단백질이 발견된다.
④ T DNA는 형질 전환된 식물 세포의 염색체에 삽입되었다.
⑤ 유전자 X는 형질 전환된 식물 세포 내에서 발현되어 해충에 대한 저항성을 가진다.

13 다음은 유전병 A를 갖고 태어난 환자에게 유전자 치료를 하는 과정 (가), (나)를 나타낸 모식도이다.

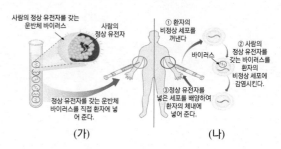

(가)　　　　　　　　　(나)

유전자 치료 방법의 문제점 및 부작용에 대한 설명으로 옳은 것만을 <보기>에서 있는 대로 고른 것은?

〈 보기 〉

ㄱ. 치료 목적 외에 유전자 조작이 가능하다.
ㄴ. 환자의 치료에 면역 거부 반응이 일어날 수 있다.
ㄷ. 환자의 체세포에 바이러스를 감염시킬 때 바이러스의 삽입 위치, 발현 시기 및 장소를 적절하게 조절하기 용이하다.

① ㄱ　　　　　　② ㄷ　　　　　　③ ㄱ, ㄴ
④ ㄴ, ㄷ　　　　　⑤ ㄱ, ㄴ, ㄷ

14 다음 중 생명 공학 기술을 이용한 예에 대한 설명으로 옳은 것만을 <보기>에서 있는 대로 고른 것은?

〈 보기 〉

ㄱ. 혈흔을 남기고 간 범인을 잡기 위해 DNA 칩을 이용하였다.
ㄴ. DNA 재조합 기술을 통해 아그로박테리움의 유전자를 식물 세포에 도입하였다.
ㄷ. 암 치료를 위해 암세포 치사 유전자를 주입한 아데노바이러스를 운반체로 사용하였다.

① ㄱ　　　　　　② ㄴ　　　　　　③ ㄱ, ㄷ
④ ㄴ, ㄷ　　　　　⑤ ㄱ, ㄴ, ㄷ

15 다음 중 생명 공학 기술을 이용할 때 나타나는 긍정적인 측면이라고 할 수 없는 것은?

① 중금속을 흡수하는 식물을 만들 수 있어 토양 오염을 감소시킬 수 있다.
② DNA 재조합 기술을 이용하면 해충 저항성 유전자를 갖는 식물을 만들 수 있다.
③ 성체 줄기 세포를 이용하면 우수한 유전자를 가진 맞춤형 아기가 태어날 수 있다.
④ 증식 속도가 빠른 미생물을 이용하면 질병 치료 물질을 대량으로 생산할 수 있다.
⑤ 환자로부터 얻은 줄기 세포는 면역 거부 반응을 일으키지 않아 환자 맞춤형 장기를 만들 수 있다.

16 다음은 DNA 칩을 이용한 생명 공학 기술에 대한 자료를 나타낸 것이다.

(가) 염기 서열을 이미 알고 있는 DNA 단일 가닥 조각을 유리 기판 위에 배열하여 고정시켜 DNA 칩을 만든다.
(나) 확인하고자 하는 특정 세포로부터 mRNA를 분리하고 역전사 과정에서 형광 표지된 뉴클레오타이드를 사용하여 형광 표지된 cDNA를 만든다.
(다) cDNA 절편을 DNA 칩에 뿌리고 반응시켜 형광 물질의 발현 여부를 확인한다.

DNA 칩을 활용할 수 있는 분야를 <보기>에서 있는 대로 고른 것은?

〈 보기 〉

ㄱ. 개인 식별   ㄴ. 유전자 돌연변이의 탐색
ㄷ. 유전병 치료   ㄹ. DNA 염기 서열 분석

① ㄱ   ② ㄴ   ③ ㄱ, ㄴ
④ ㄴ, ㄷ   ⑤ ㄱ, ㄴ, ㄷ

17 다음 (가), (나)는 줄기 세포를 얻는 과정을 나타낸 것이며, (다)는 두 줄기 세포 중 하나로부터 분화된 세포를 나타낸 모식도이다.

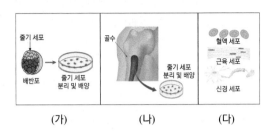

(가)   (나)   (다)

위 자료에 대한 설명으로 옳은 것만을 <보기>에서 있는 대로 고른 것은?

〈 보기 〉

ㄱ. (가)는 (나)보다 윤리적으로 문제가 된다.
ㄴ. (다)의 세포는 (나)의 줄기 세포로부터 분화된 세포이다.
ㄷ. (가)는 복제 배아 줄기 세포이며, (나)는 역분화 줄기 세포이다.

① ㄱ   ② ㄷ   ③ ㄱ, ㄴ
④ ㄴ, ㄷ   ⑤ ㄱ, ㄴ, ㄷ

18 다음 중 생명 공학 기술을 이용할 때 나타나는 부정적인 측면이라고 할 수 없는 것은?

① 유전체 정보에 대한 보안 문제
② 식물의 조직 배양을 통한 슈퍼 잡초의 탄생
③ 유전자 변형 농작물에 의한 생태계 교란
④ 유전자 치료의 오류에 의한 암 유발 가능성
⑤ 개인의 유전체 정보의 노출로 인한 사생활 침해

19 다음 중 생명 공학 기술을 이용한 예에 대한 설명으로 옳은 것만을 <보기>에서 있는 대로 고른 것은?

〈 보기 〉

ㄱ. DNA 칩은 바이러스의 돌연변이체를 검색하는데 이용된다.
ㄴ. 사람의 유전체의 염기 서열을 분석하기 위해서는 중합 효소 연쇄 반응(PCR)이 이용된다.
ㄷ. 생분해 플라스틱을 생산하는 미생물을 얻기 위해서는 DNA 재조합 기술이 필요하다.

① ㄱ ② ㄷ ③ ㄱ, ㄴ
④ ㄴ, ㄷ ⑤ ㄱ, ㄴ, ㄷ

20 다음은 ADA 유전자가 결핍된 중증복합면역결핍증(SCID) 환자를 치료하는 과정을 나타낸 모식도이다.

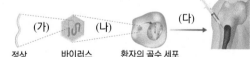

정상 ADA 유전자　바이러스 (DNA 운반체)　환자의 골수 세포　(다)
　　(가)　　　(나)

이에 대한 설명으로 옳은 것만을 <보기>에서 있는 대로 고른 것은?

〈 보기 〉

ㄱ. (가) 과정에는 연결 효소가 필요하다.
ㄴ. (다) 과정에서 환자는 면역 거부 반응이 없다.
ㄷ. 환자의 ADA 유전자는 자손에게 유전되지 않는다.

① ㄱ ② ㄷ ③ ㄱ, ㄴ
④ ㄴ, ㄷ ⑤ ㄱ, ㄴ, ㄷ

C

21 다음 (가), (나)는 신문에 실린 기사를 요약한 것이다.

(가) 국내 한 연구소에서는 혈우병 치료 물질인 빌리브란트 인자가 젖에 함유된 형질 전환 돼지를 생성하는 데 성공하였다고 발표하였다.
 * 빌리브란트 인자 : 혈액 응고에 관여하는 단백질

(나) 곡물에 존재하는 피탄산을 직접 분해할 수 있는 돼지를 만들었다고 발표하였다.
 * 피탄산 : 돼지가 먹는 곡물 사료에 많이 존재하는 유기 인산 화합물
 * 피탄산을 분해할 수 없는 돼지의 분뇨에는 인산이 많이 포함되어 있으므로 하천 등으로 흘러 들어가면 부영양화를 촉래한다.

위와 같은 돼지를 만들 때 사용된 생명 공학 기술에 대한 설명으로 옳은 것만을 있는 대로 고르시오.

① (가)는 돼지의 젖샘 세포에서 핵을 제거한 후 빌리브란트 인자의 유전자를 주입한 것이다.
② (가)의 돼지는 빌리브란트 인자 유전자가 주입된 수정란을 시험관에서 배양한 후 돼지의 자궁에 착상시킨 것이다.
③ (나)의 돼지는 돼지의 미수정란에서 핵을 제거하는 기술이 이용되었다.
④ (나)의 돼지에는 대장균에서 증식시킨 후 분리하여 얻은 피탄산 분해 효소 유전자가 존재한다.
⑤ (나)의 돼지를 만들기 위해서는 피탄산 분해 효소 유전자를 돼지의 염색체에 삽입할 수 있는 운반체가 필요하다.

22 다음은 생명 공학 기술로 환경 오염을 해결하는 방법을 나타낸 것이다.

> (가) 중금속으로 오염된 토양에서도 잘 자라는 식물 P를 찾았다.
> (나) 식물 P를 분석한 결과 중금속을 잘 흡수하는 단백질 A가 많다는 것을 확인하였고, 추운 곳에서만 잘 자랄 수 있다는 사실을 알았다.
> (다) 식물 P로부터 중금속을 잘 흡수하는 단백질 A의 유전자를 분리하였다.
> (라) 분리한 단백질 A 유전자를 식물 Q에 전달할 수 있는 유전자 운반체와 연결하였다.
> (마) 재조합된 유전자 운반체를 식물 Q의 염색체에 도입시켜 형질 전환 식물을 만들었다.
> (바) _____
> (사) 식물 P와 형질 전환 식물 Q를 중금속으로 오염된 토양에 심고 중금속 제거 정도를 각각 측정한다.

형질 전환 식물 Q를 실제로 이용하기 위해 과정 (바)에서 확인해야 하는 내용으로 옳은 것만을 <보기>에서 있는 대로 고른 것은? (단, 식물 Q에는 단백질 A가 없다.)

> ─── 〈 보기 〉 ───
> ㄱ. 형질 전환 식물 Q가 생태계에 미치는 영향을 연구한다.
> ㄴ. 형질 전환 식물 Q가 단백질 A를 합성할 수 있는지 확인한다.
> ㄷ. 형질 전환 식물 Q가 다양한 환경 조건에서 적응할 수 있는지 실험한다.
> ㄹ. 형질 전환 식물 Q에서 단백질 A가 중금속을 분해하는 생화학적 과정을 연구한다.

① ㄱ, ㄴ   ② ㄴ, ㄷ   ③ ㄷ, ㄹ
④ ㄱ, ㄴ, ㄷ   ⑤ ㄴ, ㄷ, ㄹ

23 다음은 생명 공학 기술을 이용하여 선천성 유전병 환자를 치료하는 과정을 나타낸 것이다.

> (가) 환자로부터 골수 세포를 추출한다.
> (나) 환자에게 비정상 유전자가 있음을 확인하였다.
> (다) 환자의 비정상 유전자를 정상 유전자로 치환한다.
> (라) 정상 유전자를 갖는 세포를 배양하여 환자의 골수에 주입한다.
> (마) 환자의 증세가 완화된다.

이에 대한 설명으로 옳은 것만을 <보기>에서 있는 대로 고른 것은?

> ─── 〈 보기 〉 ───
> ㄱ. (가) 과정에서 골수 세포 대신 혈액 속의 적혈구를 사용하여도 된다.
> ㄴ. (다) 과정에서 핵 치환 기술이 이용된다.
> ㄷ. (라) 과정에서 환자의 모든 골수 세포는 정상 유전자를 갖게 된다.
> ㄹ. (마) 과정을 거친 환자의 생식 세포에는 비정상 유전자가 존재한다.

① ㄴ   ② ㄹ   ③ ㄱ, ㄹ
④ ㄴ, ㄷ   ⑤ ㄴ, ㄷ, ㄹ

24 다음은 줄기 세포를 이용하여 장기를 만들어 이식하는 과정을 나타낸 모식도이다.

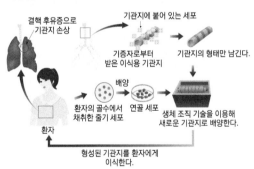

이에 대한 설명으로 옳은 것만을 <보기>에서 있는 대로 고른 것은?

> ─── 〈 보기 〉 ───
> ㄱ. 기증자로부터 얻은 기관의 세포는 연골 세포로 분화될 수 있다.
> ㄴ. 이식 받으려는 환자와 기증자의 면역 유형은 같지 않아도 된다.
> ㄷ. 면역 거부 반응이 없는 기관을 얻기 위해서는 환자의 줄기 세포가 필요하다.

① ㄱ   ② ㄷ   ③ ㄱ, ㄴ
④ ㄴ, ㄷ   ⑤ ㄱ, ㄴ, ㄷ

25 다음 표는 생명 공학 기술을 이용하여 항암 물질을 생성하는 유전자 A로 암을 치료하는 두 가지 방법을 나타낸 것이며, 그림은 암 치료 방법 (가), (나) 중 하나의 과정을 나타낸 모식도이다.

(가)	(나)
유전자 A를 암 세포 속에 넣어 암세포 내에서 항암 물질이 생성되도록 한다.	유전자 A를 이용하여 항암 물질을 생산한 후, 이를 환자에게 투여한다.

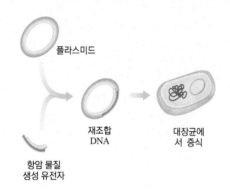

이에 대한 설명으로 옳은 것만을 <보기>에서 있는 대로 고른 것은?

─── 〈 보기 〉 ───

ㄱ. (가)에서 유전자 운반체로 바이러스가 이용되었다.

ㄴ. 그림의 암 치료 과정은 (나)의 방법을 나타낸 것이다.

ㄷ. (가)는 유전자의 직접 주입술을 (나)는 유전자 재조합 기술을 이용하였다.

① ㄱ   ② ㄴ   ③ ㄱ, ㄴ
④ ㄴ, ㄷ   ⑤ ㄱ, ㄴ, ㄷ

26 다음은 DNA 칩을 이용하여 암을 진단하는 과정을 나타낸 것이다.

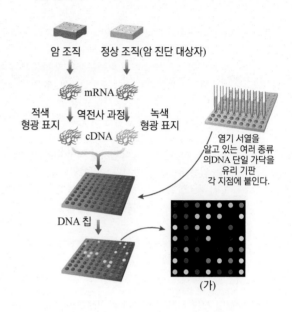

이에 대한 설명으로 옳은 것만을 <보기>에서 있는 대로 고른 것은?

─── 〈 보기 〉 ───

ㄱ. (가)에서 녹색은 암 조직에서 발현되지 않는 유전자이다.

ㄴ. 역전사된 단일 가닥 DNA를 DNA 칩에 반응시키면 염기 서열이 동일한 DNA 가닥에 결합한다.

ㄷ. 암 진단 대상자의 조직과 암 환자의 조직에서 공통으로 발현되는 유전자가 많을수록 황색을 띤다.

① ㄱ   ② ㄴ   ③ ㄱ, ㄷ
④ ㄴ, ㄷ   ⑤ ㄱ, ㄴ, ㄷ

심화

27 다음 그림은 토양 세균인 아그로박테리움을 이용한 식물 유전자 재조합 과정을 나타낸 것이다. (단, T DNA는 식물 세포로 들어가 뿌리에 혹을 만들게 하는 유전자이며, P는 제초제 저항성 유전자이다.)

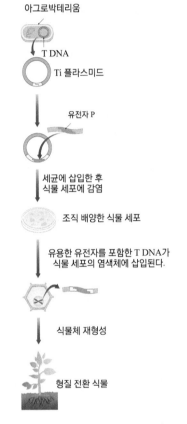

아그로박테리움

T DNA

Ti 플라스미드

유전자 P

세균에 삽입한 후
식물 세포에 감염

조직 배양한 식물 세포

유용한 유전자를 포함한 T DNA가
식물 세포의 염색체에 삽입된다.

식물체 재형성

형질 전환 식물

이와 같은 방법으로 GMO를 생산할 때 나타나는 문제점에 대해서 서술하시오.

28~30 다음은 어떤 유전자의 결합으로 면역에 필수적인 단백질을 생산하지 못하는 SCID 환자를 골수 세포를 이용하여 치료하는 방법을 나타낸 것이다.

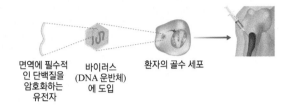

면역에 필수적
인 단백질을
암호화하는
유전자

바이러스
(DNA 운반체)
에 도입

환자의 골수 세포

28 이 과정에서 바이러스의 역할에 대해서 서술하시오.

29 이 과정에서 바이러스 대신 대장균의 플라스미드를 사용할 수 있는지 그 이유와 함께 서술하시오.

30 이 과정에서 환자의 골수 세포를 사용하는 이유에 대해서 서술하시오.

Project 1 논/구술

유전자를 자르는 가위?!

유전 공학이란 생물의 유전자를 조작하거나 가공하여 병의 치료나 이로운 산물의 대량 생산을 목적으로 하는 학문이다. 실제로 생물의 유전자를 분석하여 유전자 편집, 유전자 치료, 유전자 개량, 인공 장기 등을 만들 수 있고 그 외에도 피부, 뼈, 조직 생산이 가능하지만, 아직 윤리적으로 논란의 소지가 있다.

유전 공학의 실험 도구에는 무엇이 있는가?

유전자를 연구하는 과학자들은 단 1개의 세포로 이루어진 단순한 생명체인 세균의 핵에 들어있는 DNA를 대상으로 오래 전부터 많은 연구를 해왔다. 동시에 그들은 세균보다 더 단순한 생명체인 바이러스의 DNA 또는 RNA에 대해서도 조사했다. 과학자들은 세균의 유전자를 분자 단위에서 분석하고, 각 유전자를 다른 세균의 염색체 속에 집어넣는 등 연구를 해온 결과, '유전자 공학', '생명 공학', '분자 생물학'이라는 말들이 생겼다. 유전자 공학의 방법으로 가축, 농작물, 꽃의 새로운 품종, 제초제에 죽지 않는 옥수수와 콩 품종 등을 만들어 내기도 하고, 유전자를 화학적으로 자동 분석하는 컴퓨터 기계까지 등장하게 되었다. 범죄 수사 등에서 컴퓨터 분석기를 사용해서 유전자 감식을 할 때는 지극히 미량의 시료만 있어도 분석이 가능하다.

박테리아 유전자에서 찾은 유전자 가위 기술

바이러스는 인체나 다른 생명체에 기생하기도 하지만, 세균 안으로 들어가 그 속에서 계속 증식하여 세균을 죽게 만드는 '박테리아 킬러' 종류도 있다. 생명 공학자들은 세균의 몸속에 바이러스가 침입했을 때, 세균은 이에 대항하기 위해 효소를 만든다는 것을 알게 되었다. 이때 발견된 효소가 바로 '유전자 가위'이다.

■ 1세대 유전자 가위 ZFN

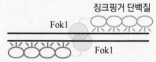

유전자 가위는 말 그대로 유전자를 자르는 기술을 의미하며, 현재까지 개발된 유전자 가위는 크게 세 가지가 존재한다.
첫 번째는 2003년 개발된 1세대 징크핑거 유전자 가위이다. '징크핑거'라는 단백질이 유전자를 인식하고, 이와 연결된 제한 효소(Fok1)가 유전자를 자른다. 징크핑거 단백질 1개는 염기 3개를 인식하며, 유전자 가위가 원하는 유전자에 붙으려면 9 ~ 18개의 염기를 인식해야 하므로 징크핑거 유전자 가위를 레고 블록처럼 조립하여 만들 수 있지만, 이 과정에서 단백질의 성질이 달라질 수 있으며 제작 비용 문제도 있었다.

■ 2세대 유전자 가위 TALEN

두 번째는 '탈렌'이라는 2세대 유전자 가위이다. TALE 단백질이 1개의 염기를 인식하고 제한 효소(Fok1)가 유전자를 자른다. 1세대보다 더 정밀하다. 과학자들이 탈렌(TALENs')이라는 유전자 가위를 말라리아 모기(*Anopheles gambiae*)몸에 집어넣자, 암컷 모기의 산란 기관에 이상이 생겨 알을 생산하는 능력이 없어졌다. 따라서 이 유전자 가위를 이용한다면 말라리아 모기뿐만 아니라 다른 해충을 퇴치하는 방법으로도 사용할 수 있다고 추정되었다. 하지만 탈렌은 단백질 조립이 더 복잡하며, 유전자 가위의 크기가 커서 세포 속에 넣기 어렵다. 특정 유전자 염기에 맞춰 단백질을 매번 설계하는 것 역시 풀기 어려운 숙제였다.

■ 3세대 유전자 가위 CRISPR CAS9

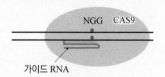

가이드 RNA

*출처 : 툴젠, 한국생명공학연구원 바이오세이프티

▲ 유전자 가위의 종류

구분	1세대 징크핑거 (ZFN)	2세대 탈렌 (TALEN)	3세대 크리스퍼 (CRISPR-CAS9)
유전자 인식	징크핑거 단백질	TALE(TAL effector) 단백질	가이드 RNA
유전자 절단	Fok1	Fok1	CAS9
유전자 인식 범위(염기쌍, bp)	18 ~ 36 bp	30 ~ 40 bp	23 bp
유전자 절단 성공률(%)	낮음(0 ~ 24%)	높음(0 ~ 99%)	높음(0 ~ 90%)
유전자 절단 시 변이 생성 효율(%)	대체로 낮음(0 ~ 10%)	높음(0 ~ 20%)	높음(0 ~ 20%)
원치 않은 유전자 절단 가능성	높음	낮음	다양함

* 출처 : 툴젠, 한국생명공학연구원 바이오세이프티

▲ 세대별 유전자 가위 기술의 특징

 Q1 과학자들은 지구상에서 모기와 같은 해충을 전멸시킬 수 있는 방법을 알고 있다. 하지만 박멸 작전을 펼치지 않는 이유는 무엇일까?

세 **번째**는 2세대 유전자 가위에 대한 어려움을 겪을 때, 혜성처럼 등장한 기술이 바로 크리스퍼(CRISPR) 유전자 가위('크리스퍼Cas9')이다. 크리스퍼는 본래 박테리아 유전자에서 반복하는 특이한 염기 구조(팔린드롬, 기러기처럼 염기 순서가 앞뒤로 같은 부분)를 가리키는 말이다. 크리스퍼의 기능은 20년 넘도록 그 기능이 밝혀지지 않았다가 2007년에서야 비로소 바이러스에 대항하는 박테리아의 '유전자 각인'이라는 사실이 확인되었다.

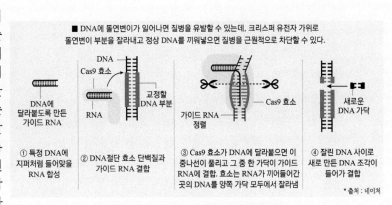

■ DNA에 돌연변이가 일어나면 질병을 유발할 수 있는데, 크리스퍼 유전자 가위로 돌연변이 부분을 잘라내고 정상 DNA를 끼워넣으면 질병을 근원적으로 차단할 수 있다.

① 특정 DNA에 지퍼처럼 들어맞게 RNA 합성

② DNA절단 효소 단백질과 가이드 RNA 결합

③ Cas9 효소가 DNA에 달라붙으면 이중나선이 풀리고 그 중 한 가닥이 가이드 RNA에 결합. 효소는 RNA가 끼어들어간 곳의 DNA를 양쪽 가닥 모두에서 잘라냄

④ 잘린 DNA 사이로 새로 만든 DNA 조각이 들어가 결합

* 출처 : 네이처

▲ 크리스퍼 유전자 가위의 작동 원리

'유전자 각인'이라는 능력을 어떻게 유전자 가위에 활용하는 것일까?

박테리아는 과거 자신을 위협한 바이러스 유전 정보를 자신의 크리스퍼 유전자에 '각인'시켜 후손에 물려준다. 만일 비슷한 유전자를 지닌 바이러스가 침투하면 박테리아는 이 '각인'에서 '가이드 RNA'를 만들어 바이러스 유전자를 인식하고, 제한 효소(Cas9)로 핵산(DNA)을 절단하여 돌연변이를 만들거나 바이러스가 죽도록 만든다. 크리스퍼 가위처럼 DNA를 절단해 놓으면 바이러스는 단백질을 생산하지 못해 죽게 되는 것이다. 크리스퍼 유전자 가위는 이 가이드 RNA와 제한 효소로 구성된다. '각인'이 아닌 특정 유전자에 붙도록 하는 가이드 RNA를 다양하게 바꿔가며 활용하는 것이다. 크리스퍼는 복잡한 단백질 구조인 기존 세대의 유전자 가위보다 구조적으로 간단하며 정교하고 뛰어난 유전자 교정 기능을 보유하고 있다.

크리스퍼(CRISPR) 유전자 가위 기술이 유전자 치료 기술에 미치는 영향

유전자 편집 기술의 장점과 윤리 논쟁의 불가피성

특정 유전자의 DNA를 잘라 유전자 기능을 교정하는 크리스퍼 유전자 가위를 이용하면 질병과 관련된 유전자의 염기 서열을 교정하거나 돌연변이가 일어난 특정 부분을 잘라내 원상 복구함으로써 질병을 근원적으로 차단할 수 있기 때문에 최근 크리스퍼를 이용한 유전자 치료 기술에 대한 관심이 높아지는 추세이다. 크리스퍼 유전자 기술을 이용한 유전자 치료 기술 개발이 연구계, 산업계 등에서 매우 활발하게 추진 중이며, 유전자 치료 기술뿐만 아니라 기초 연구, 멸종 동물의 복원, GMO등의 동·식물 품종 개발 등 다양한 분야에서 활용 가능하다. 특히 크리스퍼 기술은 GMO(Genetically modified organisms) 제작에 주요한 기술로 사용될 것으로 기대된다. 한편으로 유전자 편집 기술에 대한 윤리적 이슈, 활용 범위는 방대하나 남용의 우려 등이 크리스퍼 산업 성장을 저해할 것으로 보인다. 생물체의 유전자를 편집하는 기술이라는 측면에서 다양한 윤리적 관점의 논쟁이 진행 중이다.

크리스퍼 기술에 대한 윤리적 이슈에는 무엇이 있을지 서술하시오.

DNA 삽입 없이 농작물 유전자 교정의 성공

50년 전만 해도 바나나는 지금과는 사뭇 다른 모습이었다. 크고 껍질이 두껍고 단맛이 강했다. 하지만 지금은 그와 같은 바나나를 찾아볼 수 없다. 1960년 곰팡이 'TR1'이 일으킨 '파나마병'으로 불과 반세기 만에 이 품종이 지구상에서 사라졌기 때문이다. 바나나는 뿌리만 땅에 옮겨 심어도 쑥쑥 자라는데, 이 때문에 바나나의 맛과 모양이 일정할 수 있었다. 바나나는 대량 생산과 소비가 가능하다는 장점이 있지만 다양성 없는 '복제품' 바나나의 경우 단 하나의 곰팡이에도 속수무책으로 멸종당할 운명을 안고 있다. 지금 우리가 먹는 바나나는 'TR1'에 내성을 갖는 상업 재배 품종이다. 이것마저도 최근 강력한 변종 곰팡이(TR4)의 등장으로 멸종 위기를 맞았다.

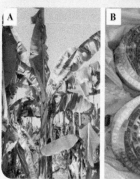

국내 연구진이 DNA를 집어넣지 않은 '유전자 편집'기술을 통해 농작물 유전자를 교정하는 데 세계 최초로 성공하였다. 외부 DNA를 사용한 유전자 변형이 아니기 때문에 유전자 변형 식물(GMO) 논란에서도 벗어날 수 있을 것으로 보인다. 크리스퍼 유전자 가위는 유전자의 특정 부위를 절단하여 교정을 가능하

▲ TR4 (파나마 질환)에 걸린 바나나

게 하는 RNA 기반 인공 제한 효소이다. 미생물 면역 체계에서 비롯되었으며, DNA를 자르는 Cas9과 DNA를 인식하는 가이드 RNA로 구성된다.

유전자 가위는 '바나나 암(TR4)'에 맞서게 될 인류의 '무기'인 셈이다. 유전자 가위를 이용하여 '바나나 구하기 프로젝트'를 추진하고 있는 IBS 유전체 교정 연구단의 박사는 '오늘날 바나나 품종은 1만 년 동안 품종 개량을 통해 얻었지만, 지금의 유전자 가위를 활용하여 짧은 시간에 'TR4' 내성 품종을 확보할 수 있다.'며, '유전자 변형 작물(GMO) 논란에서도 자유롭다.'고 하였다.

 크리스퍼가 GMO(유전자 변형 작물)의 논란에 자유로울 수 있는 이유는 무엇인지 서술하시오.

맞춤형 아기가 탄생할 우려

크리스퍼 유전자 가위는 지금까지 개발된 유전자 연구 도구 중 가장 정확하고 사용하기가 쉽다는 평가를 받고 있다. 문제는 아무리 좋은 도구라도 나쁜 사람의 손에 가면 흉기가 될 수 있다는 데 있다. 과학자들은 크리스퍼 유전자 가위로 유전자를 마음대로 바꿀 수 있게 되면 유전자 차별 사회가 올 수도 있다고 경고하였고, 징후는 이미 나타났다.

중국 과학자들은 크리스퍼 유전자 가위로 원숭이의 배아에서 특정 유전자를 바꿨다. 나중에 태어난 새끼 원숭이에서는 그 DNA가 바뀌어 있었다. 이를 사람에게 적용하면 정자나 난자의 DNA를 손봐서 원하는 유전자를 가진 아기를 낳을 수 있다는 말이다. 물론 대부분의 국가는 후대로 유전될 수 있는 생식 세포의 유전자 변형을 금지하고 있다. 하지만 이미 미국과 중국에서는 기초 연구 차원에서 사람의 생식 세포에 크리스퍼 유전자 가위를 적용한 연구가 진행 중인 것으로 알려졌다. 한번 생식 세포 연구가 시작되면 시험관 아기에게 적용되는 것은 시간 문제일 것이다.

유전자 가위 사용 가이드라인 마련의 필요성

일각에서는 사회적 합의가 이루어지 않은 상황에서 유전자 가위 기술의 진보가 너무 빠른 것이 아니냐는 우려가 나오고 있다. 중국 과학자들이 독자적으로 크리스퍼 유전자 가위 기술을 인간 수정란에 사용하면서 이와 같은 논란은 더욱 심해졌다. 비록 중국 연구팀은 연구 목적으로 폐기 수정란을 활용했다고 하지만, 과학계에서 금기시하던 '배아 유전자 조작'을 별다른 제재 없이 수행한 것이다. (주)툴젠의 소장은 '성인 유전자 교정은 그 세대에 국한되지만 배아 유전자를 교정하면 대대로 자손에게 전달된다. 유전병 치료에는 획기적인 대안이지만 우생학적 관점에서 본다면 난제다.'라고 하였다.

 맞춤형 아기 또는 돌연변이의 등장으로 인해 유전자 가위가 미치는 악영향에 대해서 서술하시오.

 앞으로 크리스퍼를 활용하여 개발할 수 있는 기술을 서술하시오.

성장 중인 합성 생물학

인류는 책을 쓰거나 작곡을 하거나 수학 문제를 풀기 오래 전부터 가죽을 만들었다. 원시 시대의 수렵 채취인들이 동물 가죽으로 지은 옷을 입었다는 증거가 있다. 안타깝게도 진화의 과정에서 몸을 보호해 주는 털이 사라진 인류의 조상으로서는 소나 양, 돼지의 가죽을 보존 처리하고 무두질하여 옷을 지을 수 있는 능력을 가지는 것이 살아남을 수 있는 방법이었을 것이다. 그러나 자연으로부터 얻는 것에는 한계가 있는 법이다. 무두질한 동물 가죽으로 멋진 부츠나 재킷, 핸드백을 만들 수는 있지만 그것은 여전히 동물의 가죽을 사용하는 것일 뿐이다. 지구상의 수많은 채식 주의자나 철저한 동물보호주의자나 의류와 식품을 생산하기 위해 수십 억 마리의 동물을 사육하는 데 따르는 환경 오염을 우려하는 사람이라면 동물 가죽으로 신발이나 옷을 만드는 사업은 절대 용납되지 않을 것이다.

합성 생물학이란?

합성 생물학이란 새로운 기능을 가진 생명체를 인공 합성하는 학문으로서, 인공 생물학이라고도 부른다. 정확히는 기존에 존재하는 자연 생태의 생물학적 시스템을 분석해서 새로운 생물학적 시스템이나 인공 생명체를 만드는 등이 목적인 재설계 기술(유전자를 인공으로 합성하여 살아 있는 세포에 이식)이다. 이 분야에 디지털 기술이 필요한데, 그 이유는 실제로 존재하는 DNA의 데이터를 수집, 분석해서 DNA에 맞는 장기를 만들어내야 심장병, 암 등 난치병 치료가 가능하기 때문이다. 목적에 맞는 생명체를 만들 수 있지만, 이 기술 역시 윤리적인 논란이 있다.

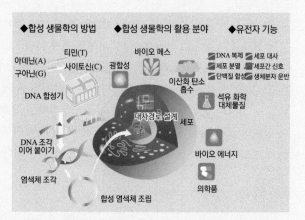

▲ 합성 생물학의 발전은 의약품의 원료나 대체에너지를 생산하는 미생물을 개발할 수 있을 것으로 기대된다.

가죽을 가죽답게 하는 것은 동물의 피부가 아니라 콜라겐이다?!

콜라겐은 동물 피부를 비롯해 연결 조직을 구성하는 질기고 섬유질이 많은 단백질이다. 콜라겐을 따로 만드는 방법이 있다면 가죽 생산이 얼마든지 이루어질 수 있다. 실제로 이와 같은 방식으로 가죽이 만들어지고 있다. 미국 뉴욕에는 생체 조직 합성공법으로 가죽을 만드는 스타트업 회사 모던 메도가 있다. 그곳에서는 60명의 직원이 미생물을 채취하여 DNA를 편집한다. 맥주 양조에 사용되는 효모가 곡물의 당분을 알코올로 전환시키듯이 미생물을 사용하여 콜라겐을 만드는 과정이다. 쉽게 말해 DNA를 개조한 세포를 대형 용기에서 증식시켜 콜라겐을 만들고 거기서 수확한 콜라겐을 처리하여 가죽으로 만드는 미생물 공장이다. 미생물로부터 만든 콜라겐은 제거해야 할 동물의 털이나 지방이 없으므로 처리하는 과정이 일반적인 가죽 무두질보다 훨씬 쉬우며, 무두질 과정이 끝나면 일반 가죽과 생물학적으로나 화학적으로 똑같은 물질이 된다. 제조 과정에서 동물을 도축할 필요가 없다는 것만 다를 뿐이다.

소나 양을 사육하는 것보다 훨씬 빠르게 미생물을 증식시켜 콜라겐을 생산할 수 있으며, 실제로는 이런 바이오 가공된 가죽이 동물 가죽보다 품질이 더 나을 수도 있다. 모던 메도의 창업자이자 CEO인 앤드라스 포가스는 '생물학과 공학의 융합'이라고 설명했으며, '우리는 자연의 방식과 다른 접근법으로 우리가 원하는 무엇이든 설계해서 만들 수 있다'고 덧붙였다. 이것이 합성 생물학이 우리에게 약속하는 가능성이다. 이 기술은 우리가 먹고 입고 연료를 사용하는 방식을 바꾸고 있으며, 심지어 앞으로는 우리 자신까지 개조할 수 있을지도 모른다. 유전자 하나를 제거하거나 종 사이에서 유전자를 이동시키는 정도의 기본적인 유전 공학은 수십 년 전부터 가능했고, 최근에는 과학자들이 유전자를 신속하게 분석하는 방법을 개발하였으며, 이제는 유전체를 편집하고 고유한 DNA를 처음부터 만들 수도 있다. 그런 능력으로 과학자들은 가장 기초적인 박테리아로부터 가장 복잡한 인간까지 지구상의 모든 생명체를 움직이는 기본 코드를 장악하게 되었다. 매사추세츠 공과대학(MIT)의 생물공학자로 합성생물학의 선구자 중 한명인 제임스 콜린스 교수는 '과거 유전 공학은 붉은색 전등을 녹색 전등으로 갈아 끼우는 것에 비유할 수 있지만, 지금의 합성 생물학은 전등이 켜지고 꺼지는 방식을 제어할 수 있는 새로운 회로를 만드는 것과 마찬가지다.'라고 하였다.

우리는 이와 같은 놀라운 제어 능력으로 자연으로부터 우리가 원하는 것을 얻고 그 과정에서 가장 긴급한 지속 가능성 위기를 해결할 수 있다. 예를 들어 세포를 합성하여 실험실에서 고기를 만들면 잔혹하고 환경을 오염시키는 산업형 농장이 사라지게 될 것이다. 박테리아의 DNA를 조작하여 석유를 생산하면 진정으로 재생 가능한 액체 연료원을 제공할 수 있을 것이다. 석유회사 엑슨모빌은 지속가능한 생물 연료를 생산할 수 있는 해조류의 종을 개발하는 과정에서 중대한 돌파구를 열었다고 한다.

효모의 DNA를 개조하면 자연적으로 개똥쑥에서만 얻을 수 있는 아르테미시닌을 대량으로 생산할 수 있어 지구상에서 말라리아를 퇴치할 수 있을 것이다. 스탠퍼드대학의 합성 생물학자 드루 앤디 교수는 '여기서 중요한 점은 문명을 파괴시키지 않고 인간이 필요한 모든 것을 만들어내는 방법을 찾는 것이다.'이라고 설명하였다. 이는 지구 위의 삶에서 지구와 함께하는 삶으로 전환할 수 있다는 것이다.

산업	적용 분야
바이오 / 제약	바이오 센서, 질병 진단기, 맞춤 약물 등
에너지	바이오 연료, 효소, 인공 잎 등
화학	생분해성 포장재, 강화/경량화 재료, 화학물질 검사 등
기타	신품종 개발, DNA 컴퓨팅, 나노 입자 생상 등

* 출처 : The Royal Acacemy of Enhineering

▲ 합성 생물학 적용 분야

그 모든 프로젝트가 여러 단계에서 진행 중이다. 인간 유전체 전부를 인공적으로 만든다는 마지막 목표는 과학의 신기원이 될 수 있다. 성공한다면 우리를 더 건강하고 똑똑하고 강하게 만들기 위한 인체 개조의 시대가 열릴 것이다. 그것이 '유전체 프로젝트 실행(GP-write)'의 목표 중 하나이다. 이 프로젝트는 인간을 포함해 대형 생물의 유전체를 합성할 수 있는 기술을 향후 10년 안에 개발하는 것을 목표로 합성 생물학자들이 발족시킨 국제 프로젝트이다. GP-write의 설립자 중 한명은 '대형 생물의 유전체를 만들 수 있다는 것은 자연선택과 인위선택에서 의도적인 설계로 옮겨간다는 의미이다.'라고 하였다.

이들의 목적은 인간 유전체가 어떻게 작동하는지 더 잘 이해하고, 가능하다면 더 효율적으로 작동하도록 만드는 방법을 알아내는 것이다.

 유전 공학, 합성 생물학, 스마트 의료 등 생명 과학 기술이 4차 산업혁명과 무슨 연관이 있는지 서술하시오.

 합성 생물학으로 인해 일어날 수 있는 부작용에 대해 서술하시오.

II

생물의 진화

생명은 언제 시작되어 현재와 같은 모습이 되었을까?

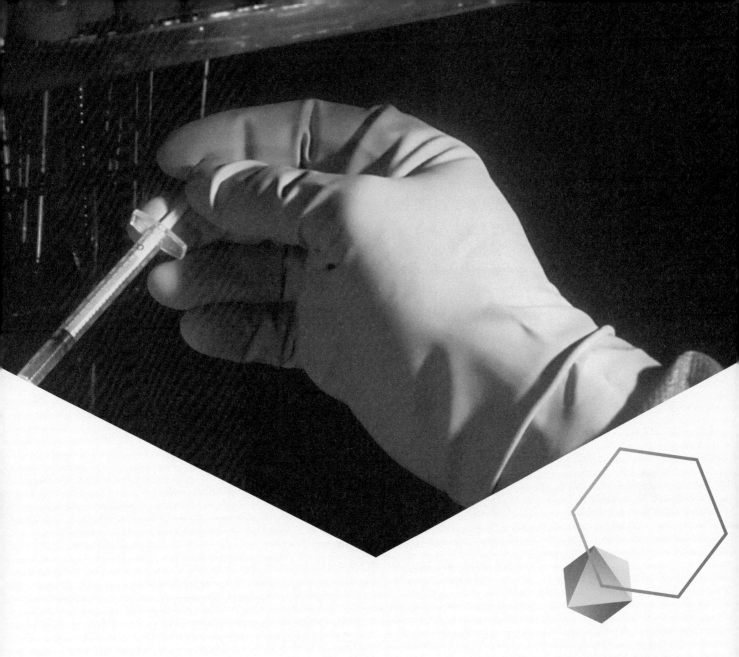

10강 생명의 기원

1. 생명 발생 실험　　2. 원시 지구와 유기물 생성　　3. 유기물 복합체 ➡ 원시 생명체
4. 원핵 생물의 출현　　5. 진핵 생물의 출현

1. 생명 발생 실험

(1) 생명 발생에 대한 논쟁

① **자연 발생설**[1] : 만물에 생기가 있고, 그 생기에 의해 무생물로부터 생물이 우연히 저절로 생겨 난다는 학설[미니]이다. ➡ 주장 학자 : 아리스토텔레스, 헬몬트[2], 니덤 등

② **생물 속생설** : 생물은 반드시 이미 존재하는 생물로부터만 생겨난다는 학설[미니]이다.
　　➡ 주장 학자 : 레디, 스팔란차니, 파스퇴르 등

(2) 생명 발생에 대한 실험

① **레디의 실험**[3] (1668년) : 역사상 최초의 대조 실험을 통해 생물 속생설을 주장하였다.
➡ 2개의 병 속에 각각 생선을 넣은 후 한쪽 병만 천으로 입구를 막았더니 막지 않은 병에서만 구더기가 생겼다.

▲ 레디의 실험

② **니덤의 실험(1745년)** : 미생물의 자연 발생설을 주장하였다.
➡ 양고기즙을 플라스크에 넣고 몇 분 동안 끓인 후 밀폐하였는데도 미생물이 생겼다.
➡ 미생물이 완전히 죽을 만큼 가열하지 않았거나, 완벽히 밀폐되지 않았 다는 비판을 받는다.

③ **스팔란차니의 실험(1765년)** : 니덤의 실험을 수정하여 실행하고 자연 발생설을 부정하고 생물 속생설을 주장하였다.
➡ 양고기즙을 플라스크에 넣고 몇 시간 동안 충분하게 끓인 후 완전히 밀폐하고 상온에 두었더니 미생물이 생기지 않았다.[4]

▲ 스팔란차니의 실험

④ **파스퇴르의 실험(1862년)** : 생물 속생설을 확립하였다.
· 끓인 고기즙이 식을 때 S자관에 물방울이 고여 미생물은 들어가지 못하고 공기만 공급되게 하 는 S자형 목의 플라스크를 도입하여 실험했더니 미생물이 생기지 않았다.
· 이후 고기즙을 지나치게 끓여 미생물이 생기지 않는다는 반박에 대해 플라스크의 목 부분을 잘라내어 공기에 노출시키면 고기즙이 부패한다는 것을 증명하였다.

고기즙 → 플라스크의 목을 길게 늘려 공기는 통과, 미생 물은 통과하지 못한다. → 끓인다. → 부패하지 않는 다.(멸균 상태) → 플라스크 목을 잘라 공기 에 노출하면 부패한다.
▲ 파스퇴르의 실험

> **개념확인 1**
>
> 다음 생명 발생 실험에 대한 설명 중 옳은 것은 ○표, 옳지 않은 것은 ×표 하시오.
>
> (1) 파스퇴르는 S자형 목의 플라스크를 이용하여 자연 발생설을 확립하였다. (　　)
> (2) 레디의 실험에서 구더기가 생기지 않은 병은 천으로 입구를 막은 병이다. (　　)
> (3) 니덤은 만물에 생기가 있어 무생물로부터 생물이 저절로 생긴다고 주장했다. (　　)

> **확인 +1**
>
> 생물은 반드시 이미 존재하는 생물로부터만 생겨난다는 학설은 무엇인가?
>
> 　　　　　　　(　　　　　　　)

---

❶ 자연 발생설의 유래

자연 발생설은 약 2천여 년 전 아 리스토텔레스를 비롯한 그리스인 으로부터 비롯된 학설이다.

❷ 헬몬트의 실험

1642년에 반 헬몬트가 밀 낱알과 땀으로 더러워진 옷에 기름과 우유 를 적셔 항아리에 넣고 창고에 방 치했더니 옷 아래에서 쥐가 나타나 는 것을 보고 자연 발생설의 증거 라 주장하였다.

❸ 레디의 예비 실험

레디는 대조 실험 이전에 먼저 구더 기를 따로 길러 구더기가 자라 변태 하면 파리가 된다는 것을 관찰하여 구더기가 파리의 애벌레라는 것을 확인하였다. 그후 파리가 들어가서 알을 낳은 병에서만 구더기가 생긴 다고 주장하였다. ➡ 생물 속생설

❹ 스팔란차니의 실험에 대한 자 연 발생설의 반박

스팔란차니의 발표에 대해 자연 발 생설 지지자들은 지나치게 오랫동 안 뜨겁게 가열하여 고기즙의 '생 기'가 파괴되었고, 완전히 밀봉된 플라스크 내에서 미생물이 숨을 쉴 수 없어 생겨나지 않았다고 반박했 다. 그래서 파스퇴르가 S자형 목을 가진 플라스크로 실험하여 공기는 통하지만 미생물의 출입을 막는 환 경을 조성하여 생물 속생설을 확립 하게 되었다.

미니사전

자연 발생설 [自 스스로 然 그 러하다 發 일어나다 生 살다 說 이야기] 생물이 무생물로부터 저절로 생겼다고 하는 학설

생물 속생설 [生 살다 物 만물 續 이어지다 生 살다 說 이야기] 생물이 생물로부터 이어져 생긴 다고 하는 학설

2. 원시 지구와 유기물 생성

(1) 화학 진화설 : 오파린(Oparin, A. I.)과 할데인(Haldane, J. B. S.)이 각각 비슷한 시기에 생명의 기원에 대해 발표한 학설이다. 원시 지구에서 화학 합성이 일어나 무기물로부터 간단한 유기물이 합성되었고, 이런 유기물이 오랜 세월 동안 복잡한 유기물로 합성되어 생명체가 생겼다는 내용이다.

(2) 원시 지구의 환경

① **원시 대기** : 다량의 수증기(H_2O), 메테인(CH_4), 암모니아(NH_3), 수소(H_2), 이산화 탄소(CO_2), 질소(N_2) 등의 환원성 대기[2]로 산소(O_2)는 거의 존재하지 않았다.[1]

② **풍부한 에너지원** : 활발한 화산 활동으로 수증기와 열이 방출되며, 대기가 불안정하여 번개와 같은 방전 현상이 빈번하게 이루어져 에너지원이 풍부하였고, 오존층이 형성되지 않아 태양의 강한 자외선과 우주 방사선이 지구 표면에 그대로 도달하였다.

(3) 간단한 유기물의 생성

① **밀러와 유리의 실험** : 높은 온도와 수증기가 가득한 원시 지구의 환경에서 전기 방전을 시켜 무기물에서 유기물[3]이 합성된다는 오파린의 화학 진화설을 입증하였다.

[실험 과정 및 결과] 밀러와 유리는 아래의 실험 장치를 꾸미고 1주일 동안 플라스크 내 암모니아 농도와 U자관 속 물질의 농도 변화를 분석하였다. 그 결과 U자관에서 알라닌, 글루탐산, 글라이신 등의 아미노산(유기물)과 사이안화 수소, 알데하이드 등의 간단한 유기물이 검출되었다.

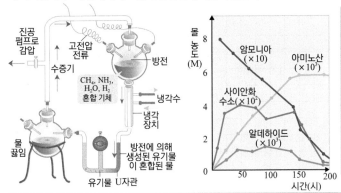

· 플라스크 속 혼합 기체 : 원시 지구의 대기
· 방전 : 원시 지구의 환경에서 번개 등과 같은 전기 에너지
· 냉각 장치를 통과한 물 : 비
· U자관에 고인 물 : 원시 지구의 바다
⇒ 원시 지구 조건과 유사한 고온, 고압의 환원성 대기를 만들어 방전으로 에너지를 공급하자 암모니아가 줄어들고 아미노산이 합성되었다.

◀ 밀러와 유리의 실험

[해석 및 결론]
· 물을 끓이는 이유 : 화산 폭발 등에서 나온 열에너지로 인한 고온 상태에서 수증기를 공급하는 것이다.
· 암모니아 농도가 시간에 따라 감소하는 이유 : 암모니아(무기물)가 화학 반응를 거쳐 사이안화 수소, 아미노산의 간단한 유기물로 합성되기 때문이다.
· 결론 : 원시 지구의 환경에서 무기물로부터 간단한 유기물이 합성될 수 있다.

정답 및 해설 **56 쪽**

개념확인 2

밀러와 유리의 실험에 대한 설명으로 옳은 것은 ○, 틀린 것은 ×로 표시하시오.

(1) 방전 후 U자관에는 암모니아나 메테인이 혼합된 물이 모인다. (　　　)

(2) 시간이 지남에 따라 암모니아 농도는 감소하고 아미노산의 농도는 증가한다. (　　　)

(3) 원시 지구 환경에서 무기물로부터 간단한 유기물이 합성될 수 있다. (　　　)

확인 + 2

다음 원시 지구와 유기물 생성에 대한 설명 중 빈칸에 알맞은 말을 쓰시오.

(1) 원시 지구의 대기는 다량의 수증기와 NH_4, CH_4 등의 (　　　　) 대기였을 것이다.

(2) 오파린과 할데인이 각각 비슷한 시기에 생명의 기원에 대해 발표한 학설은 (　　　　) 이다.

● 우주 기원설(천체비래설)
생명의 기원에 대한 또다른 가설로, 지금으로부터 약 35 ~ 40억 년 전 우주 생명체가 운석과 함께 지구에 유입되었으리라 추정하는 학설이다.

❶ 원시 대기의 구성
최근에는 원시 지구의 대기가 환원성도 산화성도 아닌 질소(N_2), 일산화 탄소(CO), 이산화 탄소(CO_2) 등의 기체들이 주로 이루었으리라는 여러 가지 증거가 나타나고 있다.

❷ 환원성 대기란?
스스로 산화하며 주위 물질을 환원시키는 수소(H)와 결합한 상태의 환원성 기체로 주로 이루어진 대기를 뜻한다. 무기물이 환원되면 유기물이 된다.

❸ 유기물, 무기물
한때는 유기물을 '생명체를 구성하는 물질'로 무기물은 '생명체를 구성하지 않는 그외의 물질'로 정의하였으나 지금은 유기물을 이산화 탄소, 탄산, 일산화 탄소 등의 무기물을 제외한 탄소 화합물로 정의한다.
유기물의 특징 : · 구성 원소가 C, H, O 외에 N, S, P 등을 포함한다.
· 태워서 물과 이산화 탄소가 발생한다.
· 자연 상태에서 화학적으로 분해된다.

❹ 심해 열수구

깊은 바다 밑 바닥에서 마그마의 열로 데워진 고온의 해수가 해저에서 분출되는 곳이다. 고온, 고압 상태이고 H_2, CH_4, NH_3 등의 환원성 기체가 풍부하여 원시 지구의 환경과 유사하고 무기물로부터 유기물이 합성될 수 있는 곳이라 추정된다.

❺ 프로테노이드

아미노산을 다량 함유하는 아미노산 혼합물을 가열하여 생기는 폴리아미노산을 말하며 세포의 효소를 사용하지 않고 합성할 수 있어 일종의 원시 단백질 후보로 보고 있다.

❶ 유기물 복합체 ≠ 생명

코아세르베이트, 마이크로스피어, 리포솜은 스스로 단백질을 만들지 못하고, 유전 물질을 가지고 있지 않기 때문에 원시 생명체라 할 수 없다.

❷ 콜로이드 → 코아세르베이트

고분자 물질의 주위를 물 분자가 둘러싸고 있는 형태의 혼합물인 콜로이드 상태에서 코아세르베이트가 생성된다.

단백질 분자들이 결합한 덩어리
(복잡한 유기물)
↓
물 층 형성
(콜로이드 상태)
↓
막 구조를 가지는 유기물 복합체인 코아세르베이트

▲ 코아세르베이트의 생성 과정

② **심해 열수구** : 유기물의 합성이 지구 대기가 아니라 심해 열수구❹에서 이뤄졌을 가능성이 제안된다.

· 원시 지구의 실제 대기에서는 화산에서 방출된 CO_2 같은 산화물이 산화 작용을 일으켜 유기물이 합성되기 어려웠을 것이다.

· 심해 열수구는 화산 활동으로 에너지가 풍부하고 환원 물질이 많으므로 유기물이 합성되기에 가장 적합한 장소로 여겨진다.

(4) 복잡한 유기물의 생성 : 간단한 유기물에서 더 복잡한 유기물이 생성되는 것이다.

① 원시 대기에서 합성된 유기물이 원시 바다로 흘러들어가 농축된 원시 지구 바다를 형성하고, 오랫동안 화학 반응을 거쳐 폴리펩타이드, 핵산 등의 복잡한 유기물로 합성되었다.

② **폭스의 실험** : 170℃의 고온 고압 상태에서 아미노산을 혼합하여 약 200개의 아미노산으로 이루어진 폴리펩타이드(프로테노이드❺)를 합성하였다.

3. 복잡한 유기물 → 유기물 복합체 → 원시 생명체

(1) 유기물 복합체 : 원시 바다의 복잡한 유기물들이 뭉쳐져 막을 형성한 것을 유기물 복합체라 하며, 원시 생명체의 기원이라 할 수 있다.❶

코아세르베이트 (오파린의 주장)	· 원시 바다에 축적된 유기물이 콜로이드 상태가 되면서 형성된 액상 유기물 복합체이다.❷ · 특성 : 물질 흡수, 생장, 분열, 간단한 대사 작용
마이크로스피어 (폭스의 주장)	· 합성된 폴리펩타이드를 물에 넣어 형성된, 단백질로만 이루어진 액상 유기물 복합체이다. · 특성 : 물질 흡수, 생장, 출아, 간단한 대사 작용 · 코아세르베이트보다 구조가 더 안정적이다.
리포솜	· 인지질을 물에 넣었을 때 형성되는 인지질 2중층으로 이루어진 방울 모양의 복합체이다. · 리포솜의 인지질 2중층은 세포막의 인지질 2중층과 구조적으로 같다. · 특성 : 물질 투과, 생장, 출아, 단순한 물질대사 · 초기 세포는 인지질 분자로 이루어진 리포솜과 유사했을 것으로 추정된다.

개념확인 3

다음 원시 생명체의 기원에 대한 설명 중 빈칸에 알맞은 말을 쓰시오.

(1) 복잡한 유기물이 뭉쳐져 막을 형성한 것을 (　　　　　)라고 한다.

(2) 인지질 2중층으로 이루어진 방울 모양의 유기물 복합체는 (　　　　　)이다.

확인 + 3

다음 원시 생명체의 탄생에 대한 설명 중 옳은 것은 ○표, 옳지 않은 것은 ×표 하시오.

(1) 코아세르베이트는 물질 흡수, 분열 등이 가능하며 유전 물질을 가진다. (　　)

(2) 리포솜의 인지질 2중층은 세포막의 인지질 2중층과 구조적으로 같다. (　　)

(3) 코아베르세이트, 마이크로스피어, 리포솜은 원시 생명체이다. (　　)

세페이드

[유기물 복합체의 막 구조 비교]

① **막의 구성 성분 :** 코아세르베이트는 물 성분의 막을, 마이크로스피어는 단백질 막을, 리포솜은 인지질로 된 막을 가진다.

② **현재의 세포막과의 비교 :** 코아세르베이트의 막은 물 분자로 싸여 주변과 경계를 이루는 액상의 막이고, 마이크로스피어의 막은 단백질로 된 2중층의 막이며, 리포솜의 막은 인지질 2중층의 막으로, 단백질을 부착할 수 있지만 막단백질이 존재하지 않는다. 현재 세포의 막은 인지질 2중층에 막단백질이 묻혀있는 구조이다. 따라서 현재의 세포막과 가장 유사한 막은 리포솜의 막이다.

(2) 원시 생명체(원시 세포)의 탄생 : 막을 형성한 유기물 복합체에 유전 물질인 핵산과 효소가 추가되어 자기 복제와 물질대사 능력이 있는 원시 생명체가 탄생하였다.

① **원시 생명체의 조건**③ **:** 유전 물질을 가지고, 막으로 둘러싸여 있으며 효소로 물질대사를 한다.

② **RNA 우선 가설 :** 최초의 유전 물질은 RNA였을 것이라는 가설이다. 그 중 리보자임이 최초의 유전 물질이라고 추정된다.

[최초의 유전 물질인 RNA-리보자임]

❶ 리보자임④은 매우 짧은 단일 가닥의 RNA 분자로 상보적인 염기 간 수소 결합이 발생하여 특이한 3차원 입체 구조를 만들 수 있다. 이 때문에 효소의 기능을 나타낼 수 있다.

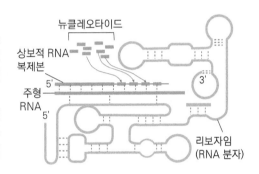

뉴클레오타이드
상보적 RNA 복제본
주형 RNA
5'
3'
5'
리보자임 (RNA 분자)

❷ 리보자임 중에는 RNA 중합 효소 기능을 가지는 것이 있어 뉴클레오타이드를 공급하면 주형 RNA로부터 상보적인 염기를 가지는 복제 RNA 가닥을 합성하기도 한다.

❸ 리보자임의 발견으로 최초의 원시 생명체에서 DNA보다 RNA가 최초로 유전 물질로서 자기 복제 체계를 갖추고, 효소 기능까지도 수행하였다는 RNA 우선 가설이 제시되었다.

③ **DNA 출현 :** 단백질 합성으로 효소가 만들어진 다음에 RNA보다 구조가 안정적이고 더 많은 유전 정보를 담을 수 있으며 정확한 복제가 가능한 DNA로 유전 정보를 저장하고 전달하도록 진화하였을 것이라 추정한다.

④ **유전 정보 체계의 변화 :** RNA가 유전 정보를 저장, 전달하고 효소 기능을 담당하는 RNA 기반 체계 ⇒ RNA가 효소 기능을 가진 단백질 합성을 지시하는 RNA-단백질 기반 체계 ⇒ DNA 유전 정보 저장, RNA 정보 전달하는 DNA-RNA-단백질 기반 체계

개념확인 4

정답 및 해설   **56** 쪽

다음은 원시 지구의 생명의 기원에 대한 화학 진화설의 순서이다. 빈칸에 알맞은 것을 쓰시오.

원시 대기(무기물) → 간단한 유기물 → (   ) → 유기물 복합체 → 원시 생명체

확인 + 4

진화 과정에서 유전 정보 체계의 변화에 대한 설명 중 빈칸에 알맞은 말을 쓰시오.

RNA가 유전 정보를 저장, 전달하고 효소 기능을 담당하는 (   ) 기반 체계
⇒ RNA가 효소 기능을 가진 단백질 합성을 지시하는 (   ) 기반 체계
⇒ DNA는 유전 정보 저장, RNA는 단백질 합성 정보 전달하는 (   ) 기반 체계로 유전정보 체계가 변화한 것으로 추정된다.

---

③ 생명체의 조건

● 유전 물질(핵산) : 유전 정보를 저장하고 자기 복제를 통해 자손에게 전달한다.
● 효소(단백질) : 생명체는 물질대사에 필요한 효소를 스스로 합성하여 생명 활동에 필요한 물질과 에너지를 얻는다.
● 세포막 : 인지질로 이루어진 얇은 막으로 생명체와 외부 환경을 구분하고 물질 출입을 조절한다.

④ 리보자임(Ribozyme)

RNA가 유전 정보 저장 기능과 효소의 기능을 모두 가지고 있어 RNA(Ribonucleic acid)와 효소(enzyme)를 합쳐 리보자임이라 이름 지어졌다.

4. 원핵생물의 출현

(1) 최초의 원시 생명체인 무산호 호흡 종속 영양 생물(원핵생물)의 출현 : 약 39억 년 전에 최초의 생명체는 유전 물질과 효소를 가지고, 막이 있어 물질 출입을 조절할 수 있으며, 핵막과 막성 세포 소기관을 가지지 않은 원핵 생물이었을 것이다.

① 원시 지구에는 O_2가 거의 없고 유기물이 풍부하였으므로 최초의 생명체는 무산소 호흡을 통해 유기물을 분해하여 에너지를 얻는 종속 영양 생물[1]이었을 것이다. ⇒ 원핵 생물

② 무산소 호흡 결과 CO_2가 발생하여 대기 중 CO_2의 농도가 증가하고 바다의 유기물의 양이 감소하였다.

(2) 무산소 호흡하는 독립 영양 생물(원핵생물)의 출현

① 바다의 유기물의 감소로 태양 에너지를 이용하여 유기물을 스스로 합성(광합성)하는 독립 영양 생물[2]이 출현하였다.

② 초기 독립 영양 생물인 **홍색황세균, 녹색황세균** 등의 광합성 세균은 황화 수소(H_2S)에서 수소를 얻어 광합성[3]을 하였다. H_2S는 H_2O보다 더 쉽게 수소를 내놓지만 H_2S와 빛에너지가 동시에 풍부한 지역은 한정되어 있어 이를 이용하는 광합성은 제한될 수밖에 없었다.

③ **남세균**[4] **출현 :** H_2S 대신 주변 환경의 풍부한 H_2O에서 수소를 얻어 광합성을 하였다.

④ 남세균의 광합성 결과 O_2가 발생하여 대기 중 O_2 농도가 증가하였다.

⑤ 원시 광합성 원핵생물은 약 35억 년 전에 생성된 암석층인 스트로마톨라이트[5]에서 화석 형태로 처음 발견되며, 오늘날의 남세균과 구조가 비슷하다.

(3) 산소의 생성이 미친 영향

① **대기 조성의 변화 :** 처음 광합성 세균에 의해 방출된 O_2는 물에 녹아 해양의 철 이온을 산화시켜 침전되게 하였고, 바다에 포화되자 O_2가 대기로 유입되어 다른 환원성 기체를 산화시킴으로써 더 이상 화학 진화를 통한 새로운 생명체가 출현할 수 없게 되었다.

② **오존층의 형성 :** 대기 중의 O_2가 자외선과 화학 반응을 하여 오존(O_3)을 만들었고, 대기의 상층부에서 오존층을 형성하여 생물에게 유해한 태양 광선을 차단함으로써 생물이 육지에서도 살 수 있는 환경이 조성되었다.

(4) 산소 호흡하는 종속 영양 생물(원핵생물)의 출현

① 대기 중의 O_2가 증가하면서 O_2를 이용하여 호흡하는 종속 영양 생물이 출현하였다.

② 산소 호흡[6]의 결과 생물권에 O_2와 CO_2의 농도가 일정하게 유지됨으로써 광합성 생물과 산소 호흡 생물이 공존하게 되었다.

왼쪽 여백

❶ 종속 영양 생물

유기물을 스스로 합성하지 못하고, 다른 생물이 만든 유기물을 섭취하거나 다른 생물을 먹어 영양소를 얻는 생물

❷ 독립 영양 생물

무기물을 이용하여 생명 활동에 필요한 유기물을 스스로 합성하는 생물

❸ 세균의 광합성 반응식

- 홍색황세균과 녹색황세균의 광합성
$6CO_2 + 12H_2S \longrightarrow C_6H_{12}O_6 + 12S + 6H_2O$

- 남세균의 광합성
$6CO_2 + 6H_2O \longrightarrow C_6H_{12}O_6 + 6O_2$

❹ 남세균(cyanobacteria)

엽록소 a와 남조소라는 고등 식물과 동일한 광합성 색소를 가지고 있는 독립 영양 생물로 O_2가 발생하는 광합성을 한다.

❺ 스트로마톨라이트

오스트레일리아에서 35억 년 전에 생성된 퇴적층으로, 원시 광합성 원핵생물로 이루어진 막에 퇴적물 알갱이가 부착되어 생성된 구조이다.

▲ 스트로마톨라이트

❻ 산호 호흡과 무산소 호흡 생물

산소 호흡이 무산소 호흡보다 에너지 효율이 높아 산소 호흡 생물이 빠르게 번성하였고, 남세균에 의해 대기 중 O_2 농도가 증가하면서 무산소 호흡을 하는 생물은 대부분 멸종하고 일부만 흙이나 토양 속 또는 동물의 장 속 등 산소가 없는 환경에서 사는 오늘날의 혐기성 세균으로 남게 되었다.

개념확인 5

다음 원시 생물에 대한 설명 중 옳은 것은 ○, 옳지 않은 것은 ×로 표시하시오.

(1) 최초의 원시 생명체는 광합성을 통해 유기물을 합성하였다. ( )

(2) 초기 독립 영양 생물인 홍색황세균, 녹색황세균에 의해 O_2가 생성되었다. ( )

(3) 산소 호흡이 무산소 호흡보다 효율이 좋아 산소 호흡 생물이 번성했다. ( )

확인 + 5

다음 원시 생명체의 진화 과정을 순서대로 나열하시오.

> ㄱ. 종속 영양 생물(산소 호흡)   ㄴ. 독립 영양 생물(무산소 호흡)   ㄷ. 종속 영양 생물(무산소 호흡)

( ) → ( ) → ( )

5. 진핵 생물의 출현

(1) 단세포 진핵생물의 출현 : 최초의 생명체인 원핵생물은 구조가 복잡한 진핵생물로 진화하였다. 진핵생물의 출현 과정은 막 진화설과 세포내 공생설로 설명하고 있다.

① **세포막 함입설(막 진화설) :** 원핵세포❶의 세포막이 안으로 접혀들어가 겹치면서 소포체, 골지체 등 막으로 둘러싸인 세포 소기관이 생겨났다고 보는 가설이다. 함입 ᴹᴵᴺᴵ 된 막의 일부는 유전 물질을 둘러싸서 핵막을 형성하였다고 본다.

② **세포 내 공생설❷ :** 독자적으로 생활하던 원핵생물들이 더 큰 세포의 내부로 들어가 공생 ᴹᴵᴺᴵ 하면서 미토콘드리아, 엽록체와 같은 새포 소기관으로 분화되었다고 보는 가설이다.

▲ 세포막 함입설과 세포내 공생설에 근거한 진핵생물의 출현 과정❸

(2) 다세포 진핵생물의 출현 : 독립된 단세포 진핵생물❹이 모여 군체를 형성한 후 환경에 적응하면서 세포의 형태와 기능이 분화되어 다세포 진핵생물로 진화하였다.

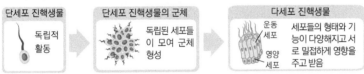

▲ 다세포 진핵생물의 출현 과정

(3) 육상 생물의 출현 : 산소(O_2)의 증가로 대기 중에 오존층이 형성되어 태양의 자외선이 차단되어 물속에서만 생활하던 생물이 육상으로 진출할 수 있게 되었다.

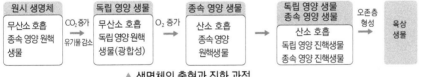

▲ 생명체의 출현과 진화 과정

정답 및 해설   56 쪽

개념확인 6

다음 중 세포 내 공생설의 근거로 옳은 것은 ○, 틀린 것은 ×로 표시하시오.

(1) 미토콘드리아와 엽록체는 자체적인 DNA와 리보솜을 가진다.   (   )

(2) 미토콘드리아와 엽록체의 내막은 진핵 세포의 막과 유사하다.   (   )

(3) 미토콘드리아와 엽록체의 DNA, 리보솜은 원핵 세포의 것과 유사하다.   (   )

확인 + 6

다음 생명체의 출현과 진화 과정을 순서대로 나열하시오.

ㄱ. 육상 생물   ㄴ. 다세포 진핵생물   ㄷ. 단세포 독립 영양 생물(산소 호흡)

(   ) → (   ) → (   )

---

❶ 원핵 세포와 진핵 세포의 비교

구분	원핵세포	진핵세포
핵막	없음	있음
막성 세포 소기관	없음	있음
리보솜	있음	있음
세포의 크기	1~5㎛	10~100㎛
속하는 생물	세균	식물, 동물, 균류 등

❷ 세포 내 공생설의 근거

ⅰ. 미토콘드리아와 엽록체는 자체적인 유전 물질과 단백질 합성을 위한 리보솜을 가진다.
⇒ 스스로 복제가 가능하고 단백질을 합성할 수 있다.

ⅱ. 미토콘드리아와 엽록체는 2중막 구조를 가지며 그 중 내막은 원핵 세포의 막과 유사하다.
⇒ 식세포 작용에 의해 숙주 세포가 삼킨 결과이다.

ⅲ. 미토콘드리아와 엽록체의 DNA, 리보솜은 진핵 세포보다 원핵 세포의 것과 유사하며, 원핵 세포와 유사한 방식으로 분열한다.
⇒ 원핵 세포와 발생 기원이 같다.

❸ 진핵생물의 출현 과정

산소 호흡 세균이 숙주 세포에 공생하면서 미토콘드리아로 분화되었고, 광합성 세균이 숙주 세포에 공생하면서 엽록체로 분화되었다.

❹ 진핵생물의 특징

미토콘드리아를 가지고 있어 산소 호흡을 하며, 막성 세포 소기관이 발달하여 원핵 세포보다 세포 내 물질대사가 효율적으로 이루어진다.

미니사전

함입 [陷 빠지다 入 들어가다]
빠져 들어감

공생 [共 하나로 生 살다] 다른 종의 생물이 서로 이익을 주고 받으며 함께 생활하는 방식

01 생명의 기원을 알아내기 위한 실험에서 레디는 2개의 병 속에 각각 생선을 넣은 후 한쪽 병만 천으로 입구를 막았더니, 막지 않은 병에서만 구더기가 생긴다는 것을 알게 되었다.

천을 덮음 → 구더기가 발생하지 않았다 (가)

천을 덮지 않음 → 구더기가 발생했다 구더기 (나)

이 실험에 대한 설명으로 옳은 것만을 <보기>에서 있는 대로 고른 것은?

〈 보기 〉

ㄱ. 레디는 구더기가 생기는 이유를 자연 발생설을 통해 설명하였다.
ㄴ. (가)에서 구더기가 발생하지 않은 것은 병 안의 생선 도막이 상했기 때문이다.
ㄷ. (나)에서 발생한 구더기는 생선 도막에 파리가 알을 낳아 생긴 것이다.

① ㄱ   ② ㄴ   ③ ㄷ   ④ ㄱ, ㄴ   ⑤ ㄴ, ㄷ

02 다음 설명 중 자연 발생설에 속하는 것은 '자', 생물 속생설에 속하는 것은 '생'이라 적으시오.

(1) 오직 살아있는 생물에서만 생물이 발생할 수 있다.   (   )
(2) 모든 물질에는 생기가 있어 무생물에서 생물이 저절로 발생한다.   (   )
(3) 끓인 고기즙을 공기가 통하지 않도록 밀폐했을 때 저절로 미생물이 생길 것이다.   (   )

03 다음은 파스퇴르의 실험을 나타낸 것이다. 괄호 안에 알맞은 말을 쓰거나 고르시오.

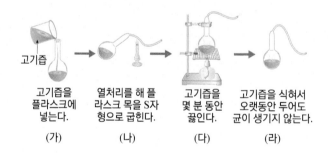

고기즙

고기즙을 플라스크에 넣는다. (가)

열처리를 해 플라스크 목을 S자 형으로 굽힌다. (나)

고기즙을 몇 분 동안 끓인다. (다)

고기즙을 식혀서 오랫동안 두어도 균이 생기지 않는다. (라)

(1) (가) ~ (라) 중에서 고기즙에 미생물이 존재하는 구간만을 있는 대로 고르시오.

(   )

(2) 본 실험의 (라) 부분에서 S자형 목 부분을 잘라내면 미생물이 (생긴다 , 생기지 않는다).

04 원시 지구에서 화학 합성이 일어나 간단한 유기물이 발생하고, 그것이 복잡한 유기물로 합성되는 과정을 거쳐 최초의 생명체가 생겼을 것이라 추정하는 학설은 무엇인가?

(   )

05 그림은 진핵 세포의 출현에 대한 가설을 나타낸 것이다. (가)와 (나)에 해당하는 가설을 쓰시오.

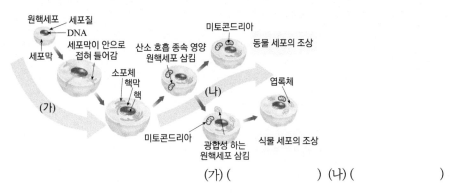

(가) (   )   (나) (   )

06 생명체에 대한 설명 중 옳은 것은 ○표, 옳지 않은 것은 ×표 하시오.

(1) 유전 정보를 담고 있는 유전 물질이 있어야 한다.   (   )

(2) 세포막으로 세포 내부와 외부를 구분하지 않아도 생물로 인정받을 수 있다.   (   )

(3) 단백질 효소를 스스로 생성하여 생명 활동에 필요한 에너지를 얻을 수 있다.   (   )

07 다음은 화학 진화설을 입증하기 위한 밀러와 유리의 실험과 그 결과를 나타낸 것이다. 이에 대한 설명으로 옳지 <u>않은</u> 것은?

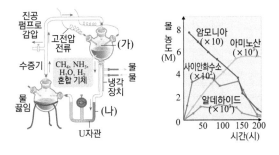

① (가) 방전관 내부에 O_2가 포함되어 있다.
② (가)에서 전류를 방전시킴으로써 에너지를 공급한다.
③ 장치를 충분히 가동한 후 (나)에서 아미노산이 검출되었다.
④ 장치를 가동하면 시간이 지나면서 방전관 내부의 암모니아 농도가 감소한다.
⑤ 물을 끓이는 이유는 수증기를 공급하고 높은 온도를 만들기 위해서이다.

08 다음 원시 생명체에 대한 설명 중 옳은 것만을 <보기>에서 있는 대로 고른 것은?

〈 보기 〉

ㄱ. 초기 독립 영양 생물인 홍색황세균의 수소 공급원은 H_2O였다.
ㄴ. 원시 지구의 대기에는 O_2가 거의 없어 최초의 생물은 무산소 호흡을 했을 것이다.
ㄷ. 남세균에 의해 O_2가 늘어나 환원성 기체를 산화시키자 화학 진화로 인한 새로운 생물의 출현이 불가능하게 되었다.

① ㄱ   ② ㄴ   ③ ㄱ, ㄴ   ④ ㄱ, ㄷ   ⑤ ㄴ, ㄷ

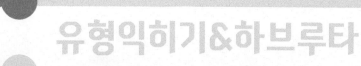

유형 10-1 생명 발생 실험

다음 중 (가)는 스팔란차니의 실험을, (나)는 파스퇴르의 실험을 나타낸 것이다. 이에 대한 설명 중 옳지 않은 것은?

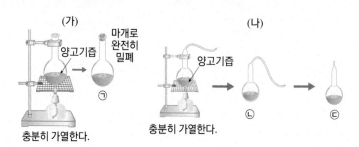

① ㉠과 ㉡의 플라스크는 공기가 전혀 통하지 않는다.
② ㉡의 플라스크는 충분히 오래 끓였기 때문에 미생물이 관찰되지 않았다.
③ 일정한 시간이 경과하면 ㉢ 상태의 플라스크에서만 미생물이 관찰된다.
④ 스팔란차니와 파스퇴르는 둘 다 생물 속생설을 주장하였다.
⑤ 고기즙을 충분히 가열한 것은 고기즙에 미리 포함되어 있던 미생물을 제거하기 위해서이다.

01 다음 생명 발생 실험에 대한 설명 중 옳은 것은 ○표, 옳지 않은 것은 ×표 하시오.

(1) 레디는 대조 실험의 기본 토대를 구축한 과학자이다. ( )
(2) 파스퇴르는 플라스크를 완전히 밀폐함으로써 생물 속생설을 증명하였다. ( )
(3) 니덤은 미생물은 자연 발생한다고 주장하였다. ( )

02 생명의 기원 학설에 대한 설명으로 옳은 것만을 <보기>에서 있는 대로 고른 것은?

―――― 〈 보기 〉 ――――
ㄱ. 생물 속생설은 생물이 반드시 생물로부터만 생겨난다고 주장한다.
ㄴ. 자연 발생설은 무생물로부터 생물이 우연히 저절로 생겨났다고 주장한다.
ㄷ. 생물 속생설에 따르면 병 입구를 막은 생선 도막에 구더기가 생겨날 것이다.

① ㄱ   ② ㄴ   ③ ㄷ   ④ ㄱ, ㄴ   ⑤ ㄱ, ㄷ

유형 10-2 원시 지구와 유기물 생성

다음은 초기 유기물의 생성에 대해 알아보기 위한 밀러와 유리의 실험 장치 그림과 시간이 경과하면서 측정한 물질의 농도 변화를 나타낸 그래프이다.

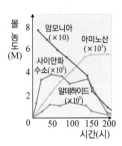

이에 대한 설명으로 옳은 것만을 <보기>에서 있는 대로 고른 것은?

〈 보기 〉

ㄱ. 150시간이 지나자 아미노산이 단백질로 합성되었다.
ㄴ. 방전관에는 메테인, 수소, 암모니아 등의 환원성 기체를 넣었다.
ㄷ. 이 실험을 통해 원시 지구의 대기에서 무기물이 단순한 유기물로 합성되었다고 추측하였다.

① ㄱ   ② ㄱ, ㄴ   ③ ㄱ, ㄷ   ④ ㄴ, ㄷ   ⑤ ㄱ, ㄴ, ㄷ

03 최근 과학자들은 밀러와 유리의 실험 조건이 원시 지구의 대기 환경과 달랐을 것이며, 심해 열수구와 같은 특정한 장소에서 유기물이 합성되었을 것이라고 제안하고 있다. 그 근거로 타당한 것만을 <보기>에서 있는 대로 고른 것은?

〈 보기 〉

ㄱ. 심해 열수구 주변은 온도가 높아 화학 반응에 필요한 에너지를 얻을 수 있다.
ㄴ. 원시 지구 대기에는 산소가 충분해서 화학 반응이 활발하지 않았을 것이다.
ㄷ. 원시 지구 대기는 환원성 대기로만 이루어져 있어 유기물 합성이 잘 일어나지 못했을 것이다.

① ㄱ   ② ㄴ   ③ ㄷ   ④ ㄱ, ㄴ   ⑤ ㄴ, ㄷ

04 폭스의 실험 중 170℃의 고온 고압 상태에서 약 200여개의 아미노산으로 합성되는 폴리펩타이드는 무엇인가?

(   )

유형 10-3 원시 생물체 탄생

다음은 원시 생명체의 기원으로 추정되는 유기물 복합체이다. 이에 대한 설명 중 옳지 않은 것은?

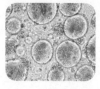
(가)

(나)

(다)

① (가)가 (나)보다 더 안정적인 구조를 하고 있다.
② (가)는 원시 바다의 유기물이 콜로이드 상태로 뭉친 복합체이다.
③ (나)는 단백질로만 형성된 복합체로 폭스의 실험 과정에서 확인되었다.
④ (다)는 인지질 2중층으로 이루어져 있으며 단순한 물질 대사가 가능하다.
⑤ 초기 세포는 인지질 분자로 이루어진 (다)와 가장 유사했을 것으로 추정된다.

05 원시 생명체에 대한 설명으로 옳은 것만을 <보기>에서 있는 대로 고른 것은?

⟨ 보기 ⟩
ㄱ. 최초의 유전 물질은 DNA였을 것으로 추정된다.
ㄴ. 막을 형성한 유기물 복합체 자체로 원시 생명체라 할 수 있다.
ㄷ. 유전 물질을 가지며 자기 복제를 통해 유전 물질을 자손에게 전달할 수 있다.

① ㄱ   ② ㄴ   ③ ㄷ   ④ ㄱ, ㄷ   ⑤ ㄴ, ㄷ

06 인지질을 물에 넣었을 때 형성된 인지질 2중층으로 이루어진 방울 모양의 복합체로 간단한 물질대사와 생장, 출아 등이 일어나며 초기 세포와 유사했을 것으로 추정되는 유기물 복합체는 무엇인가?

(   )

유형 10-4 진핵 생물의 출현

다음은 진핵 세포의 출현 과정에 대한 가설을 나타낸 그림이다. 이에 대한 설명 중 옳지 않은 것은?

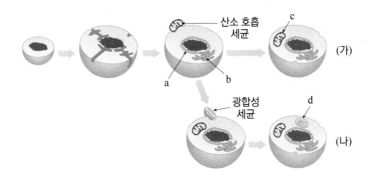

① (가) 세포는 산소 호흡을 하는 종속 영양 세포이다.
② (나) 세포는 스스로 유기물을 합성할 수 있다.
③ a와 b 소기관은 세포막이 세포 안으로 함입되어 생성된 것이다.
④ c는 외부의 광합성 세균이 원시 진핵 세포 내부에서 공생하다 분화된 것이다.
⑤ d는 독자적인 유전 물질을 가지고 있으며, 2중막으로 이루어져 있다.

07 다음 진핵생물의 출현에 대한 설명 중 옳은 것은 ○표, 옳지 않은 것은 ×표 하시오.

(1) 핵막과 소포체 등은 2중막으로 이루어진 세포 소기관이다. (　　)
(2) 최초의 독립 영양 진핵생물은 종속 영양 진핵생물보다 늦게 출현하였다. (　　)
(3) 다세포 진핵생물은 유전 정보가 서로 다른 단세포 생물들이 모여 형성되었다. (　　)

08 다세포 진핵 생물의 출현에 대한 설명으로 옳은 것만을 <보기>에서 있는 대로 고른 것은?

〈 보기 〉
ㄱ. 다세포 진핵생물은 환경에 적응하면서 세포의 형태와 기능이 분화되었다.
ㄴ. 독립된 단세포 진핵생물이 모여 군체를 형성한 후 다세포 진핵생물로 진화하였다.
ㄷ. 다세포 진핵생물은 생명 활동이 정교해 단세포 생물보다 더 적은 에너지를 필요로 한다.

① ㄱ　　　　② ㄱ, ㄴ　　　　③ ㄱ, ㄷ　　　　④ ㄴ, ㄷ　　　　⑤ ㄱ, ㄴ, ㄷ

01 통조림은 양철 등의 용기에 식품을 채우고 밀봉한 후 가열 살균을 하여 식품의 변질이나 부패를 막도록 한 저장 식품의 하나이다. 통조림 제조법의 원리는 1804년 니콜라스 아페르(Nicolas Appert)가 고안했는데, 입구가 넓은 유리병에 식품을 넣고 끓는 열탕에 담가 충분히 가열한 후 내용물이 뜨거울 때 코르크 마개로 단단히 밀봉하는 아주 간단한 방법이었다. 1795년 프랑스 황제 나폴레옹 1세가 군대에 공급하는 식품을 신선한 상태로 완전히 저장할 수 있는 좋은 방법을 현상 모집할 때 제안한 것으로, 식품 제조소, 포도주 제조장 등의 경영 경험을 살려 이 방법을 고안해냈다. 그는 프랑스 정부의 인정을 받아 1만 2000프랑의 상금을 받기도 했다.

▲ 음식을 오래 보관할 수 있는 통조림

(1) 레디, 니덤, 스팔란차니, 파스퇴르의 실험 중 통조림의 원리에 가장 가까운 것은 무엇인가?

(2) 현대에 음식물을 상하지 않게 보관하는 방법에는 또 어떤 것이 있을까?

02   40억 년 전 지구 생명체의 기원은 과학계의 풀리지 않는 가장 큰 미스터리 가운데 하나였다. 그런데 최근 연구에서 이 문제에 답을 제시할 수 있는 획기적인 진전이 이뤄졌다. 2014년 12월 8일 미국 국립과학원 회보에 실린 연구 결과에 의하면 '후기운석대충돌기'로 알려진 40억 년 ~ 38억 5천만 년 전 다량의 운석들이 지구를 비롯한 태양계 내부 행성에 쏟아져 충돌을 일으켰고, 이 충격으로 발생한 에너지가 지구에 존재하던 물질의 화학 반응을 촉발해 생명의 기원 물질이 탄생했으리라 추측되고 있다. 체코 과학아카데미의 화학자인 스바토플루크 치비스가 이끄는 연구진은 초기 지구에서 발생한 행성 충돌을 대신해 강력한 레이저로 이온화된 포름아마이드(초기 지구 대기에 존재한 것으로 믿어지는 분자)가스, 또는 플라즈마를 파괴했는데, 이때 섭씨 4,230도까지 높아지면서 충격파와 함께 강력한 자외선과 X선이 분출됐다. 그리고 놀랍게도 DNA와 RNA를 구성하는 다섯 개의 핵염기가 모두 만들어졌다. 다섯 개의 핵염기는 아데닌, 구아닌, 사이토신, 타이민, 우라실이다.

▲ 운석 충돌로 만들어진 핵염기

(1) 위의 연구 결과를 보고 원시 생명체의 유전 물질이 어떻게 만들어졌을지 서술하시오.

(2) 유기물 복합체가 원시 생명체가 되기 위한 조건은 무엇인지 서술하시오.

03 1981년 체크와 올트만은 어떤 원생생물에서 화학 반응을 촉진하는 효소처럼 작용하는 RNA를 발견하고 RNA 효소란 뜻의 리보자임이란 이름을 붙였다. 다음 자료는 DNA, RNA, 단백질을 비교한 표와, RNA의 일종인 리보자임의 구조와 기능을 나타낸 그림이다. 단일 사슬 구조인 RNA는 다양한 3차원 입체 구조를 만들 수 있으며, 이 입체 구조가 효소로서의 기능을 나타내기도 한다. 리보자임 중 일부는 뉴클레오타이드를 공급하면 효소로 작용하여 짧은 주형 RNA로부터 상보적인 염기 서열을 가지는 RNA 가닥을 합성할 수 있다. 다음 물음에 답하시오.

물질	DNA	RNA	단백질
정보 저장 능력	있다	있다	없다
자기 복제	가능	가능	불가능
입체 구조	일정	다양	다양
효소 기능	불가능	가능	가능

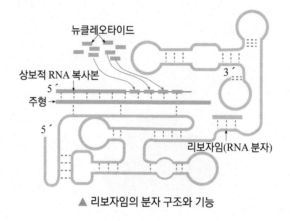

▲ 리보자임의 분자 구조와 기능

(1) 주어진 표에서 최초의 유전 물질로 사용되었을 가능성이 높은 물질을 고르고, 그 이유를 서술하시오.

(2) 리보자임은 원시 생명체의 탄생에 중요한 역할을 하였을 것이라 여겨진다. 그림을 참고로 하여 리보자임의 어떤 특성 때문인지 서술하시오.

(3) (1)의 최초의 유전 물질은 현재에도 주된 유전 물질로 사용되고 있는가? 그렇지 않다면, 그 이유는 무엇인가?

04 일반적으로 산소 분자(O_2)는 두 개의 산소 원자로 구성된 데 반해 오존 분자(O_3)는 세 개의 산소 원자로 구성되어 있다. 오존은 높은 에너지의 태양 자외선 복사에 의해 만들어지는데, 산소 분자가 자외선 복사에 의해 분해되어 산소 원자들이 만들어지며, 그 중 일부가 다른 산소 분자와 반응하여 오존을 형성한다. 대기권에 있는 오존의 약 90퍼센트 정도가 성층권에서 존재하며 이를 '오존층'이라고 부른다. 오존층 내에서도 오존은 매우 소량으로 존재한다. 20 ~ 25km 고도에서의 최대 농도도 10ppm(백만분의 일, parts per million) 정도일 뿐이다. 오존은 불안정한 분자로 태양의 고에너지 복사는 다시 오존을 붕괴시켜 산소 분자와 자유 산소 원자들을 생성시키기도 한다. 대기권 내 오존의 농도는 오존의 생성과 파괴가 연속되는 동적 평형을 통해 유지된다.

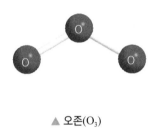

▲ 오존(O_3)

(1) 원시 지구에 최초로 오존층이 생긴 과정을 서술하시오.

(2) 오존층의 역할은 무엇이며, 이것이 지구의 원시 생물들에게 어떤 영향을 주었는가?

(3) 지표의 오존은 오존층과 달리 공해 물질로 분류된다. 그 이유는 무엇인가?

A

01 오파린이 원시 생명체의 기원으로 주장한 유기물 복합체로, 축적된 유기물이 콜로이드 상태가 되면서 막이 형성되었으며 물질 흡수와 생장, 분열 등이 가능한 것은 무엇인가?

(   )

02 유전 정보 저장과 효소의 촉매 역할을 함께할 수 있는 RNA 분자를 무엇이라 하는가?

(   )

03 밀러와 유리의 실험에서 원시 지구의 대기에 대해 밀러가 가정한 대기 성분에 포함되지 않은 것은?

① O_2 ② CH_4 ③ H_2
④ H_2O ⑤ NH_3

04 다음 원시 생명체의 진화에 대한 설명 중 옳은 것은 ○표, 옳지 않은 것은 ×표 하시오.

(1) 독립 영양 생물의 출현으로 대기 중에 O_2 농도가 급속히 줄어들었다. (   )

(2) 원시 바다의 유기물이 감소하면서 산소 호흡을 하는 생물이 출현하였다. (   )

05 다음은 생물 발생의 기원을 알아보기 위한 실험이다.

> (가) 3개의 병 A ~ C에 생선 도막을 넣고 A는 입구를 밀폐하고, B는 망으로 싸고, C는 열린 상태로 두었더니 병 C에서만 구더기가 발생하였다.
> (나) 고기즙을 유리병에 담고 마개를 한 다음 숯불 위에 올려놓아 적당히 가열한 후 식혔더니 얼마 후 고기즙에서 미생물이 번식했다.
> (다) 고기즙을 충분히 오래 끓인 다음 뜨거운 상태에서 병의 입구를 밀폐했더니 미생물이 생기지 않았다.

이들 중 "생물은 생물로부터만 생긴다."라는 학설을 증명하기 위한 것을 모두 고른 것은?

① (가)   ② (나)   ③ (가), (나)
④ (가), (다)   ⑤ (나), (다)

06 광합성 생물의 출현으로 인해 발생된 결과로 옳은 것만을 <보기>에서 있는 대로 고른 것은?

> ───── 〈 보기 〉 ─────
> ㄱ. 생물이 육상으로 진출하는 계기가 되었다.
> ㄴ. 산소 농도가 증가하고 오존 농도가 감소하였다.
> ㄷ. 지표면에 도달하는 태양의 자외선량이 감소하였다.

① ㄱ   ② ㄴ   ③ ㄷ
④ ㄱ, ㄴ   ⑤ ㄱ, ㄷ

07 다음은 원시 바다에서 형성되었다고 추정되는 유기물 복합체에 대한 설명이다. 괄호 안에 알맞은 말을 쓰시오.

(1) 리포솜은 (   ) 2중층으로 형성되어 있어 초기 세포와 구조적으로 유사했을 것이라 추정된다.

(2) 유기물 복합체는 간단한 물질 대사와 생장이 일어나지만 생명체가 되기 위해서는 물질 대사에 필요한 (   )와 유전 물질인 핵산이 추가되어야 한다.

08~09 (가) 그림은 밀러와 유리의 실험 장치를 나타낸 것이고 (나) 그래프는 그 결과이다. 다음 물음에 답하시오.

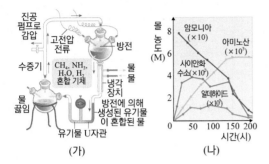

(가)   (나)

08 위 실험에 대한 설명 중 괄호 안에 알맞은 말을 고르시오.

(1) 실험 장치에서 방전관 안의 혼합 기체는 원시 (대기 , 바다)를, U자관은 원시 (대기 , 바다)에 해당한다.

(2) 실험 장치에서 방전관 안의 전기 방전은 원시 지구의 (번개 , 화산)에 해당한다.

09 실험 결과에 대한 설명으로 옳은 것만을 <보기>에서 있는 대로 고른 것은?

― 〈 보기 〉 ―
ㄱ. 150시간 진행했을 때 U자 관에서 단백질이 검출된다.
ㄴ. 암모니아는 화학 반응을 거쳐 아미노산으로 합성되었다.
ㄷ. 밀러와 유리는 원시 지구 대기에서 유기물이 합성되었을 것이라고 주장하였다.

① ㄱ   ② ㄱ, ㄴ   ③ ㄱ, ㄷ
④ ㄴ, ㄷ   ⑤ ㄱ, ㄴ, ㄷ

10 최근 과학자들은 밀러와 유리의 실험 조건이 원시 지구의 상태와 달랐을 것이라 보고 심해 열수구와 같은 다른 장소에서 유기물이 합성되었을 것이라 제안하고 있다. 그 근거로 옳은 것만을 <보기>에서 있는 대로 고른 것은?

― 〈 보기 〉 ―
ㄱ. 원시 지구 대기에서는 번개와 같은 방전이 일어나지 않았다.
ㄴ. 원시 지구 대기에는 화산 폭발로 CO_2 같은 산화성 기체도 많이 포함되어 있었다.
ㄷ. 무기물로부터 유기물이 합성될 때 효소가 필요하므로 물속에서 진행되었을 것이다.

① ㄱ   ② ㄴ   ③ ㄷ
④ ㄱ, ㄴ   ⑤ ㄴ, ㄷ

B

11 다음은 생명의 발생과 관련된 2가지 실험이다.

(가) 병에 생선 도막을 넣은 후 입구에 천을 씌운 병에서는 구더기가 생기지 않지만, 입구를 열어 둔 병 속에는 구더기가 생긴다.

(나) 양고기즙을 충분히 끓인 후 플라스크의 입구를 녹여 완전히 밀폐해 두면 미생물이 생기지 않고, 살짝 끓여 마개를 느슨하게 막아두면 부패한다.

이에 대한 설명으로 옳은 것만을 <보기>에서 있는 대로 고른 것은?

― 〈 보기 〉 ―
ㄱ. (가)는 자연 발생설, (나)는 생물 속생설을 증명하는 실험이다.
ㄴ. (가)를 통해 눈에 보이는 큰 생물은 생물로부터만 생긴다는 것이 증명되었다.
ㄷ. (나)를 통해 모든 생물은 생물로부터 생긴다는 것이 완전히 인정되었다.

① ㄱ   ② ㄴ   ③ ㄷ
④ ㄱ, ㄴ   ⑤ ㄴ, ㄷ

12 다음 원시 생명체의 진화에 대한 설명 중 빈칸에 알맞은 말을 차례대로 쓰시오.

광합성 생물에 의한 (　　　)의 증가로 지구의 대기는 산화성 대기로 변화되었고 대기권에 (　　　)이/가 형성되어 지표에 도달하는 유해한 자외선이 차단되자 (　　　) 생물이 출현하였다.

13~15 다음 (가)와 (나)는 생명의 기원을 알아보기 위한 실험을 나타낸 그림이다.

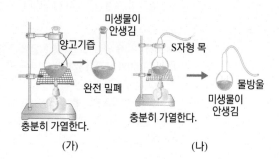

(가)   (나)

13 실험 (가)와 (나)를 실행한 과학자의 이름을 각각 쓰시오.

(1) (가) : (   )

(2) (나) : (   )

14 위 실험에 대한 설명 중 옳은 것은 ○표, 옳지 않은 것은 ×표 하시오.

(1) S자형 목을 통해서 산소가 플라스크 속으로 들어갈 수 있다.   (   )

(2) 고기즙을 끓이는 것은 고기즙 속의 생기를 파괴시키는 과정이다.   (   )

15 위 실험에 대한 설명으로 옳은 것은?

① 고기즙은 미생물의 생장에 필요한 양분을 제공한다.

② 공기 중의 미생물은 S자형 목 부분을 통해 플라스크 안으로 들어갈 수 있다.

③ 실험 (가), (나) 모두 일정한 시간이 경과하면 고기즙 안에서 미생물이 관찰된다.

④ 실험 (나)에서 고기즙을 끓이는 동안에는 수증기가 나가지 않도록 관을 막아야 한다.

⑤ 실험 (가), (나)는 미생물이 발생하기 위해서는 신선한 공기가 필요하다는 것을 알기 위한 실험이다.

16 다음은 생명의 기원에 대한 오파린의 가설이다. (단, ㉠과 ㉡은 각각 유기물과 무기물 중 하나이다.)

> 원시 지구에서 화학 합성이 일어나 ㉠으로부터 간단한 ㉡이 합성되었고, 이런 ㉡이 오랜 세월 동안 복잡한 ㉡로 합성되어 최초의 생명체가 출현하였다.

이에 대한 설명으로 옳은 것만을 <보기>에서 있는 대로 고른 것은?

───── 〈 보기 〉 ─────

ㄱ. ㉠에 아미노산이 포함된다.

ㄴ. ㉡은 모든 생물에 포함되어 있는 물질이다.

ㄷ. ㉠은 무기물이고 ㉡은 유기물이다.

① ㄱ   ② ㄴ   ③ ㄷ

④ ㄱ, ㄴ   ⑤ ㄴ, ㄷ

17 생명체로 인정받기 위한 조건으로 옳은 것만을 <보기>에서 있는 대로 고른 것은?

───── 〈 보기 〉 ─────

ㄱ. 막으로 싸여 내부와 외부 환경을 구분할 수 있어야 한다.

ㄴ. 유전 정보를 저장하고 복제하여 자손에게 전달할 수 있어야 한다.

ㄷ. 물질 대사에 필요한 단백질 효소를 스스로 합성할 수 있어야 한다.

① ㄱ   ② ㄱ, ㄴ   ③ ㄱ, ㄷ

④ ㄴ, ㄷ   ⑤ ㄱ, ㄴ, ㄷ

18 다음은 생명체의 기원에 대한 오파린의 가설, 밀러와 유리의 실험, 폭스의 실험을 토대로 원시 생명체가 형성되는 단계를 나타낸 것이다. (가), (나), (다)에 들어갈 내용으로 가장 적절하게 짝지어진 것은?

> 무기물 → (가) → (나) → (다) → 원시 세포

	(가)	(나)	(다)
①	아미노산	단백질	리포솜
②	아미노산	핵산	코아세르베이트
③	핵산	단백질	마이크로스피어
④	핵산	뉴클레오타이드	리포솜
⑤	뉴클레오타이드	단백질	코아세르베이트

19~20 그림은 지구의 탄생으로부터 생물이 존재한 기간을
나타낸 것이다.

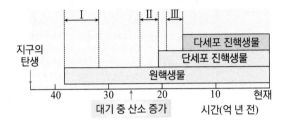

19 이에 대한 설명 중 옳은 것은 ○표, 옳지 않은 것은 ×
표 하시오.

(1) 대기 중 산소가 증가하는데 대해 원핵생물은
전혀 영향을 끼치지 않았다.   (   )

(2) 다세포 진핵생물은 단세포 진핵생물과 별도의
진화 과정을 통해 출현하였다.   (   )

20 이에 대한 설명으로 옳은 것만을 <보기>에서 있는 대로
고른 것은?

〈 보기 〉
ㄱ. Ⅰ시기에 나타난 최초의 생명체는 스스
로 유기물을 합성하였다.
ㄴ. Ⅱ시기에 최초로 무산소 호흡을 하는 생
물이 나타났다.
ㄷ. Ⅲ시기에는 세포 소기관을 가진 세포가
존재하였다.

① ㄱ   ② ㄴ   ③ ㄷ
④ ㄱ, ㄴ   ⑤ ㄱ, ㄷ

C

21 다음은 화학 진화설을 증명하기 위한 밀러의 실험에 대
한 세 학생의 대화 내용이다.

학생 A : 원시 대기 성분은 메테인, 수소, 암모니
아 등의 환원성 대기라고 생각했어.
학생 B : 원시 지구에서 암모니아가 단백질로 합
성될 수 있음을 증명했어.
학생 C : 전기 방전은 합성된 유기물이 물속에 녹
아있게 하기 위한 에너지를 공급했어.

밀러의 실험에 대해 옳게 설명한 학생만을 있는 대로 고
른 것은?

① A   ② B   ③ C
④ A, B   ⑤ B, C

22 다음은 진핵생물의 출현 과정을 설명하는 가설에 대한
근거이다. 이 가설에 해당하는 세포 소기관만을 있는
대로 고르시오.

· 해당하는 세포 소기관이 2중막을 가진다.
· 자체의 유전 물질과 단백질 합성을 위한 리보솜을
가진다.
· 해당하는 세포 소기관은 원핵 세포와 유사한 방
식으로 분열한다.

① 핵   ② 엽록체   ③ 소포체
④ 골지체   ⑤ 미토콘드리아

23 현대의 대부분 생물의 유전 물질은 DNA로 알려져 있지
만 초기 원시 생명체의 유전 물질은 RNA로 추정된다.
이에 대한 설명으로 옳은 것만을 <보기>에서 있는 대로
고른 것은?

〈 보기 〉
ㄱ. DNA는 RNA보다 유전 정보를 저장하기
에 불안정한 구조이다.
ㄴ. RNA는 단일 가닥으로 DNA보다 다양한
입체 구조를 가질 수 있다.
ㄷ. DNA는 효소와 같은 촉매 기능이 없고,
효소가 없이는 복제되지 않는다.

① ㄱ   ② ㄱ, ㄴ   ③ ㄱ, ㄷ
④ ㄴ, ㄷ   ⑤ ㄱ, ㄴ, ㄷ

24 다음 그림은 원시 지구에서 유기물 합성 여부를 알아본 밀러와 유리의 실험 장치이다.

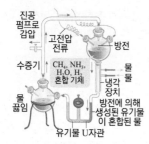

이에 대한 설명으로 옳은 것만을 <보기>에서 있는 대로 고른 것은?

〈 보기 〉

ㄱ. 실험 기구 안의 혼합 기체에는 O_2가 포함된다.
ㄴ. 실험 결과 U자 관에서 핵산이 검출되었다.
ㄷ. 실험 결과 실험 기구 안에서 암모니아의 양이 감소하였다.

① ㄱ   ② ㄷ   ③ ㄱ, ㄴ
④ ㄱ, ㄷ   ⑤ ㄴ, ㄷ

25 다음은 원시 생명체의 진화 과정을 나타낸 도식이다.

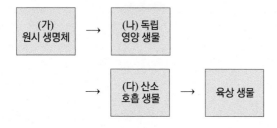

이에 대한 설명으로 옳은 것만을 <보기>에서 있는 대로 고른 것은?

〈 보기 〉

ㄱ. (가)의 원시 생명체는 원시 바다의 무기물을 호흡에 사용하였다.
ㄴ. (가)의 원시 생명체와 (다)의 산소 호흡 생물의 호흡 방식은 다르다.
ㄷ. (나)의 독립 영양 생물이 육상 생물의 출현에 영향을 끼쳤다.

① ㄱ   ② ㄱ, ㄴ   ③ ㄴ, ㄷ
④ ㄱ, ㄷ   ⑤ ㄱ, ㄴ, ㄷ

심화

26 다음은 원시 생명체의 출현 이후 지구 대기에서 일어난 화학 변화의 반응식을 나타낸 것이다.

$$CH_4 + 2O_2 \longrightarrow CO_2 + 2H_2O$$
$$4NH_3 + 3O_2 \longrightarrow 2N_2 + 6H_2O$$

이에 대한 설명으로 옳은 것만을 <보기>에서 있는 대로 고른 것은?

〈 보기 〉

ㄱ. 시간이 지나면서 대기의 환원성 기체가 산화되었다.
ㄴ. 이러한 대기 변화는 혐기성 생물의 수를 증가시켰다.
ㄷ. 최초의 종속 영양 생물이 출현한 후 나타난 변화이다.

① ㄱ   ② ㄴ   ③ ㄷ
④ ㄱ, ㄴ   ⑤ ㄱ, ㄷ

27 다음은 생명의 기원에 대한 오파린의 가설, 밀러와 폭스의 실험을 토대로 원시 생명체가 형성되는 과정을 나타낸 도식이다.

실험 A
무기물 → 아미노산 → 단백질 → (가) → 원시 세포
실험 B

이에 대한 설명으로 옳은 것만을 <보기>에서 있는 대로 고른 것은?

〈 보기 〉

ㄱ. 실험 A에서 산화성 기체를 사용하였다.
ㄴ. 실험 B는 폭스의 실험을 뜻한다.
ㄷ. (가)의 예로 폭스는 코아세르베이트를 제안하였다.

① ㄱ   ② ㄴ   ③ ㄷ
④ ㄱ, ㄴ   ⑤ ㄱ, ㄷ

28~29 그림은 세포 내 공생설에 따른 진핵 세포의 탄생 과정을 나타낸 것이다.

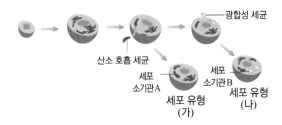

28 세포 소기관 A, B는 각각 무엇인지 명칭을 쓰시오.

29 이에 대한 설명으로 옳은 것만을 <보기>에서 있는 대로 고른 것은?

〈 보기 〉
ㄱ. A의 내막과 원핵 세포의 내막은 구조적으로 서로 유사하다.
ㄴ. B는 리보솜을 가진다.
ㄷ. (가)와 (나)는 종속 영양 진핵 세포이다.

① ㄱ   ② ㄴ   ③ ㄷ
④ ㄱ, ㄴ   ⑤ ㄱ, ㄴ, ㄷ

30 그림은 다세포 진핵생물의 출현 과정을 나타낸 것이다.

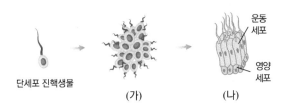

이에 대한 설명으로 옳은 것만을 <보기>에서 있는 대로 고른 것은?

〈 보기 〉
ㄱ. 미토콘드리아를 가진 생물은 (가) 이후에 출현하였다.
ㄴ. (나) 이후 군체를 이루는 생물은 모두 사라졌다.
ㄷ. (가)에서 (나)로 될 때 세포의 기능이 분화되었다.

① ㄱ   ② ㄴ   ③ ㄷ
④ ㄱ, ㄴ   ⑤ ㄱ, ㄴ, ㄷ

31 스팔란차니는 고기즙을 끓인 후 플라스크의 목을 녹여 완전히 밀봉해 두면 부패하지 않는 것을 보여주었지만 미생물의 자연 발생설을 믿는 사람들을 완전히 설득하지는 못하였다. 반박점은 무엇인지 서술하시오.

32 밀러와 유리가 제안했던 것과 달리 최근 연구에서는 유기물 합성이 원시 지구의 대기가 아닌 심해 열수구 같은 특정한 장소에서 일어났을 것이라고 추측하고 있다. 다음 물음에 답하시오.

(1) 유기물 합성이 지구의 대기에서 일어나지 않았을 것이라고 추정한 근거를 서술하시오.

(2) 심해 열수구에서 유기물의 합성이 가능했다는 근거를 서술하시오.

33 원시 세포의 탄생에서 유전 정보를 전달하는 최초의 유전 물질로 DNA가 아닌 RNA가 유력하게 여겨지는 이유는 무엇인가?

34 화학 진화설에 의하면 무기물로부터 유기물이 합성되고 유기물 복합체, 간단한 생물체로 화학 합성 과정을 통해 무기물에서 생물이 발생되었다고 한다. 현대에는 왜 이런 현상이 일어나지 않는가?

11강 생물의 진화

1. 생물 진화의 증거   2. 생물 진화의 과정   3. 인류의 진화

1. 생물 진화의 증거

(1) 화석상 증거

① 연대별로 발견되는 화석을 비교하여 과거 생물의 특징이나 생물의 진화 과정 등을 알 수 있다. 최근의 지층에서 발견된 화석일수록 몸의 구조가 복잡하고, 현존하는 생물과 유사하다.
  예 고래, 말 등의 조상 종의 화석
② 현존하는 두 종의 특징을 모두 가지는 중간형 생물의 화석을 통해 생물의 진화 방향을 알 수 있다.
  예 시조새 화석(파충류와 조류), 소철고사리 화석 (양치식물과 종자식물), 깃털달린 육식 공룡 화석 (공룡과 조류), 틱타알릭 화석(어류와 양서류)

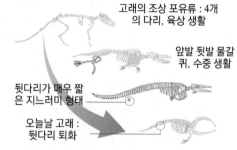

고래의 조상 포유류 : 4개의 다리, 육상 생활

앞발 뒷발 물갈퀴, 수중 생활

뒷다리가 매우 짧은 지느러미 형태

오늘날 고래 : 뒷다리 퇴화

▲ 화석에 근거한 고래의 진화 과정
다리 4개가 뚜렷하던 고래의 조상종(포유류)이 수중 환경에 적응하면서 뒷다리가 퇴화하고 물갈퀴가 발달하여 수중 생활을 하는 포유류로 진화하였다.

(2) 비교해부학적 증거

상동 기관	상사 기관	흔적 기관
모양과 기능은 다르지만 해부학적 구조나 발생 기원이 같은 기관으로 공통 조상에서 유래하여 각기 다른 환경에 적응하면서 기능과 모양이 바뀐 기관이다. 예 사람의 팔-고양이의 앞다리-고래의 가슴지느러미-박쥐의 날개(척추 동물의 앞다리 유래), 육상 척추동물의 폐와 수중 척추동물의 부레(소화 기관 유래) 등	같은 기능을 수행하지만 그 기원과 구조가 다른 기관으로 다른 조상으로부터 유래하였지만 비슷한 환경에 적응하면서 동일한 기능을 수행하도록 바뀐 기관이다. 이런 현상을 수렴 진화라고 한다. 예 곤충의 날개(피부 기원)와 새의 날개(앞다리 기원), 완두의 덩굴손(잎 기원)과 포도의 덩굴손(줄기 기원), 장미 가시(줄기)와 선인장 가시(잎), 감자(덩이줄기)와 고구마(덩이뿌리) 등	과거에는 유용하게 사용되던 기관이 다른 환경 조건에 적응하여 진화 도중 퇴화되어 현재에는 흔적만 남아있는 기관으로 과거 생물과 현재 생물의 구조와 생활 방식이 달랐음을 보여 주는 증거가 되며, 생물 사이의 유연관계 [미니] 를 밝히는 데 중요한 단서가 된다. 예 사람의 귓바퀴 근육, 꼬리뼈, 막창자꼬리, 비단뱀의 뒷다리뼈 등

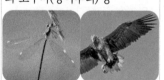

사람 고양이 고래 박쥐
▲ 척추동물의 상동기관(앞다리)

▲ 잠자리와 독수리의 상사 기관(날개)

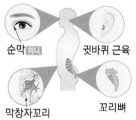

순막[미니]   귓바퀴 근육

막창자꼬리   꼬리뼈
▲ 사람 몸의 흔적 기관

▶ **개념확인 1**

다음 진화의 증거에 대한 설명 중 옳은 것은 ○, 옳지 않은 것은 ×로 표시하시오.

(1) 최근의 지층에서 발견된 화석일수록 몸의 구조가 간단하다. (   )
(2) 두 종의 특징을 모두 가지는 중간형 생물 화석을 통해 진화 방향을 추측한다. (   )

▶ **확인 + 1**

다음 중 성격이 다른 하나를 고르면?

① 사람의 팔   ② 고양이의 앞다리   ③ 박쥐의 날개
④ 고래의 가슴 지느러미   ⑤ 곤충의 날개

왼쪽 여백

❶ 생물의 진화 방향

- 척추동물 : 어류 → 양서류 → 파충류 → 조류와 포유류
- 식물 : 해조류 → 양치식물 → 겉씨식물 → 속씨식물

❷ 화석의 종류

- 표준 화석 : 생존 기간이 짧아 특정한 지질 시대의 지층에서만 나타나는 화석으로 그 지층의 생성 시기를 알 수 있다.
  예 삼엽충(고생대), 암모나이트(중생대), 매머드(신생대)
- 시상 화석 : 환경에 대한 적응 범위가 좁고 생존 기간이 긴 생물의 화석으로, 특정 환경에서만 발견되는 경우가 많아 지층이 생성될 당시 환경과 기후를 추정하는 기준이 된다.
  예 산호(수심이 얕고 따뜻한 바다), 고사리(따뜻하고 습기가 많은 육지)

❸ 말의 진화 과정

점진적 진화 과정의 증거의 예시로 말은 점점 몸집과 어금니가 커지고, 발가락 수가 줄어드는 방향으로 진화하는 것을 볼 수 있다.

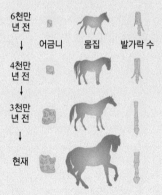

6천만 년 전
↓   어금니   몸집   발가락 수
4천만 년 전
↓
3천만 년 전
↓
현재

❹ 시조새

중생대 쥐라기에 번식했던 조류의 시조로, 날개의 앞 끝에는 세 개의 발가락이 있다. 파충류와 조류의 특징을 모두 가지는 중간 단계 생물이다.

미니사전

유연관계 [有 있다 緣 인연 關 관계 係 매다] 생물 사이에서 계통상 멀고 가까운 관계

순막 [瞬 깜짝이다 膜 막] 일부 동물들에게서 나타나는 투명, 반투명의 속눈꺼풀

(3) 진화발생학적 증거 : 초기 발생 과정에서의 형태적 유사성과 핵심 조절 유전자의 공통성을 통해 동물이 하나의 공통 조상[5]으로부터 진화하였음을 알 수 있다.

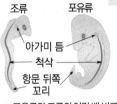
▲ 포유류와 조류의 어린 배 비교

① 척추동물은 발생 초기에 근육성 꼬리와 아가미 틈, 척삭 등이 공통적으로 나타나 척추동물이 공통 조상으로부터 진화하였음을 알 수 있다.[6]

② 동물의 초기 발생 과정에서 기관 형성에 관여하는 유전자를 통제하는 핵심 조절 유전자(homeo gene)가 여러 동물에서 공통적으로 발견되며, 발현하는 부위와 기능이 비슷하여 다양한 동물이 하나의 공통 조상에서 진화하였음을 알 수 있다.

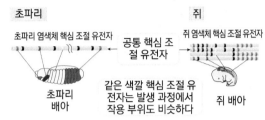

(4) 생물지리학적 증거 : 하천이나 사막, 산맥 등에 의해 지리적으로 격리된 후 오랜 세월이 흐르면서 다른 계통으로 진화하였음을 발견할 수 있다. 환경은 크게 다르지만 지리적으로 가까운 생물보다 환경이 유사해도 지리적으로 멀리 떨어져 있는 생물들 사이에서 특징 차이가 더 크게 나타난다.

예 갈라파고스 군도의 핀치, 오스트레일리아의 캥거루와 코알라

〈갈라파고스 군도의 핀치〉
갈라파고스 군도[7]에는 섬마다 부리 모양이 조금씩 다른 여러 종의 핀치가 서식하고 있다. 이는 화산 활동으로 갈라파고스 군도가 생긴 후 남아메리카에서 우연히 이주해 온 핀치가 각 섬에 흩어져 지리적으로 격리된 상태에서 다양한 먹이 섭취 환경에 적응해 분화한 결과이다.

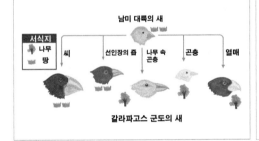

〈오스트레일리아의 유대류〉
인도네시아의 발리섬과 롬복섬 사이의 월리스선[8]을 경계로 생물의 분포 양상이 크게 달라진다. 월리스선의 동쪽은 오스트레일리아구로 캥거루, 코알라 등의 태반이 발달하지 않은 유대류(미니)가 서식하지만, 서쪽은 동남아시아구로 유대류가 서식하지 않는다. 이는 오스트레일리아구가 속한 곤드와나 대륙이 이동하여 동남아시아구가 속한 로라시아 대륙과 충돌하면서 파편인 섬들이 생겼고, 오스트레일리아구 지역의 섬에는 동남아시아구 지역의 섬들과 다르게 독자적으로 유대류가 다양하게 진화하였음을 보여 준다.

▲ 캥거루

▲ 코알라

정답 및 해설 **62** 쪽

개념확인 2

하천이나 사막, 산맥 등에 의해 지리적으로 격리된 후 오랜 세월이 흐르면서 다른 계통으로 진화하였음을 발견하여 입증한 진화의 증거를 무엇이라 하는가?

(   )

확인 + 2

다음 진화의 증거에 대한 설명 중 옳은 것은 ○표, 옳지 않은 것은 ×표 하시오.

(1) 초기 발생 과정에서의 배아 형태가 비슷한 것은 진화의 증거가 된다. (   )
(2) 생명체의 DNA 염기 서열이나 단백질의 아미노산 서열은 생물 간의 유연관계와 관련이 없다. (   )

---

⑤ **공통 조상**

둘 이상의 생물 집단이 하나의 조상으로부터 분화되었을 때 이 조상을 공통 조상이라고 부른다.

⑥ **무척추동물의 초기 발생 과정의 유사성**

조개(연체동물)과 갯지렁이(환형동물)은 발생 과정에서 '트로코포라'라는 동일한 유생 시기를 거친다. 이를 통해 연체동물과 환형동물은 공통 조상으로부터 진화하였음을 알 수 있다.

⑦ **갈라파고스 군도**

남아메리카 대륙의 서북부 바다에 위치한 섬의 무리로 화산 폭발로 생겨났으며 오랫동안 대륙과의 지리적인 격리가 일어나 남아메리카에서 관찰되지 않는 생물들이 서식하고 있다.

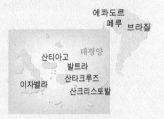
▲ 갈라파고스 군도

⑧ **월리스선(wallace's line)**

아시아 남부에서 유대류 분포 지역인 오스트레일리아구와 유대류가 서식하지 않는 동남아시아구를 나누는 선

미니사전

유대류 [有 있다 袋 자루 類 무리] 새끼를 기르는 육아 주머니가 있는 원시적인 포유류로, 태반이 불완전하여 발육이 불완전한 새끼를 낳아 육아낭에 넣어 기른다.

태반류 [胎 아이 배다 盤 소반 類 무리] 자궁 안에서 배아가 모체와 태반으로 연결되어 발생을 완료한 후에 태어나는 포유류이다.

(5) 분자진화학적 증거

① **유전체의 비교** : 모든 생물에서 DNA 염기 서열에 유전 정보가 저장되고, 유전 암호가 지정하는 아미노산이 동일하므로 모든 생물은 공통 조상에서 진화하였음을 알 수 있다. 따라서 생명체를 구성하는 기본 물질인 DNA의 염기 서열이나 단백질의 아미노산 서열을 비교하여 그 유사성에 따라 생물 간의 유연관계와 진화 과정을 알 수 있다.

⑩ 사람과 침팬지의 DNA 유사성은 약 97%, 사람과 생쥐의 DNA 유사성은 약 85%로 사람은 생쥐보다 침팬지와 유연관계가 가깝다.

② **단백질의 유사성** : 생물 간의 유연관계가 가까울수록 같은 기능을 가진 단백질을 구성하는 아미노산의 서열이 비슷하다.

⑩ 헤모글로빈의 β사슬을 구성하는 아미노산 서열의 유사성, 호흡 효소인 사이토크롬 c[⑨]의 아미노산 서열의 유사성, 사람의 혈청에 대한 항체 단백질을 이용한 침전 반응을 비교하여 유연관계 유추

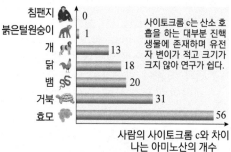

사이토크롬 c는 산소 호흡을 하는 대부분 진핵 생물에 존재하며 유전자 변이가 적고 크기가 크지 않아 연구가 쉽다.

침팬지	0
붉은털원숭이	1
개	13
닭	18
뱀	20
거북	31
효모	56

사람의 사이토크롬 c와 차이 나는 아미노산의 개수

▲ 사람과 동물의 사이토크롬 c 아미노산 서열 비교

2. 생물 진화의 과정

(1) 지질 시대[①]의 구분과 단위 : 규모의 지각 변동, 기후 변화, 생물학적 변화 등에 따라 이언, 대, 기의 순서로 시간의 단위를 구분한다.

① **이언(Eon)** : 지질 시대[②]를 구분하는 가장 큰 단위로, 화석 산출과 생물의 발달 정도에 따라 시생 이언, 원생 이언, 현생 이언으로 구분된다.

② **대** : 지층에서 발견되는 화석의 종류에 따라 선캄브리아대, 고생대, 중생대, 신생대로 구분한다.

(2) 생물 진화의 역사

⑴ **선캄브리아대** : 원핵 생물이 출현하여 진핵 생물로 진화하였다. 생물 다양성이 크지 않으며, 화석이 거의 남아있지 않다.[③]

① **시생 이언** : 최초의 생명체인 원핵 생물이 출현하였고 광합성 세균에 의해 바다와 대기 중 O_2 농도가 증가하여 무산소 호흡 생물이 감소하고 산소 호흡 생물은 증가하였다.

⑩ 선캄브리아대 초기에 형성된 남세균의 퇴적층인 스트로마톨라이트

▲ 지질 시대와 생물의 출현

● **사이토크롬 c**

진핵생물에서 미토콘드리아의 전자 전달계를 구성하는 효소 중 하나이다. 산소 호흡을 하는 대부분의 진핵 생물에 존재하며, 유전자가 잘 보존되어 있어 변이가 적고 크기가 크지 않아 연구하기가 쉽다.

① 지질 시대의 상대적 길이

선캄브리아대 ≫ 고생대 > 중생대 > 신생대
→ 선캄브리아대가 지질 시대의 대부분을 차지한다.

② 지질시대와 화석 발견 유무

- 화석이 적게 발견되는 시대 : 선캄브리아대(시생 이언, 원생 이언)
- 화석이 많이 발견되는 시대 : 고생대, 중생대, 신생대(현생 이언)

③ 선캄브리아대 화석의 보존

선캄브리아대의 생물은 대부분 몸에 단단한 뼈나 껍질이 없어 화석이 될 확률이 매우 낮았고, 화석이 된 후에도 오랜 세월 동안 손상되었기 때문에 오늘날까지 거의 보존되지 않았다.

▶ **개념확인 3**

생물 진화의 분자진화학적 증거에 해당하는 것은 ○, 해당하지 않는 것은 ×로 표시하시오.

(1) 사람과 침팬치의 DNA 유사성은 약 85%, 사람과 생쥐의 DNA 유사성은 약 97%이다.

(　　　)

(2) 생물 간의 유연관계가 가까울수록 같은 기능을 가진 단백질을 구성하는 아미노산의 서열이 비슷하다.

(　　　)

▶ **확인 + 3**

길이가 가장 길고, 최초의 생명체가 출현했으나 화석이 거의 남아있지 않은 지질 시대는 무엇인가?

② **원생 이언** : 최초의 진핵 생물이 출현하였다.

⑩ 오스트레일리아 남부 에디아카라 구릉 지대에서 화석으로 발견된 다세포 동물의 무리인 에디아카라 동물군 ❹ ➡ 원시 자포동물(해파리의 조상), 원시 환형 동물(지렁이의 조상)등 유연하고 골격이 없으며 비교적 단순한 형태의 진핵생물

(2) **고생대** : 다양한 어류가 번성하고 단단한 껍질을 가진 동물이 나타나기 시작했다.❺

① **캄브리아기 폭발** : 바닷속 생물 종이 폭발적으로 증가하여 현존하는 대부분의 동물 조상에 해당하는 다양한 동물이 출현하였다.

② 대기 중 산소량 증가로 오존층이 형성되어 자외선을 차단하여 육상 동물이 출현하였다.

③ 고생대 말기에 판게아❻ 형성으로 인한 환경 변화로 해양 생물의 대멸종이 일어났다.

해양 변화		바닷속 생물 종의 수가 폭발적으로 증가하였다.(캄브리아기 폭발) ·최초의 어류인 갑주어 출현 ·완족류, 삼엽충❼, 절지동물, 극피동물, 척삭동물 출현
육상 변화	육상 식물 출현	육상식물의 출현은 식물체 내에서의 수분 운반과 유지, 몸의 지탱 문제가 해결되었다는 것이다. · 선태식물, 겉씨식물 출현, 양치식물 출현 및 번성
	육상 동물 출현	·외골격을 가진 절지동물, 큐티클층이 발달된 척삭동물 등이 육상으로 진출하였다. ·육상 동물은 딱딱한 껍질의 알을 낳아 건조와 충격으로부터 알을 보호하였다. ·어류가 네발 달린 육상동물의 기원임을 추정할 수 있는 근거 ❶ 폐어 : 원시적인 폐로 공기 중에서 호흡이 가능했다.(폐호흡의 기원) ❷ 실러캔스 : 원시적인 다리 형태의 지느러미로 물속에서 기어다닐 수 있었다. ➡ 네 발의 기원

(3) **중생대**❽ : 파충류(공룡)가 번성하였고 초기 포유류가 나타났다.
· 중생대 말기에 공룡이 멸종하고 조류의 조상 종(시조새)만 살아남아 현생 조류로 분화되었다.

해양 변화		암모나이트❾가 번성하여 중생대 말기에 공룡과 함께 멸종되었다.	
육상 변화	동물	·익룡, 티라노사우르스, 각룡 등 다양한 종류의 공룡이 번성하였다. ·최초의 포유류 출현 : 공룡을 피해 사는 소형 야행성 동물이었다. ·시조새 출현 : 시조새는 긴 꼬리와 날카로운 이빨 외에 날개와 깃털을 가져 파충류가 조류로 분화하는 중간 형태의 동물이었다.	 ▲ 시조새 화석
	식물	·은행나무, 소철과 같은 겉씨식물이 번성하였다. ·말기에 다양한 속씨식물이 출현하였으며, 이 속씨식물은 곤충류와 함께 번성하면서 다양한 종류로 분화되어 유전적 다양성이 증가하였다. ➡ 곤충에 의해 꽃가루가 다양한 식물로 옮겨져 유전자 조합이 다양해졌다.	▲ 소철 화석

정답 및 해설 **62** 쪽

정답 및 해설 62 쪽

개념확인 4

다음 생물 진화의 과정에 대한 설명 중 옳은 것은 ○표, 옳지 않은 것은 ×표 하시오.

(1) 이언은 지질 시대를 구분하는 가장 작은 단위이다. ( )
(2) 화석이 가장 적게 발견되는 시기는 고생대이다. ( )
(3) 중생대에 파충류가 번성하였다가 말기에 멸종하였다. ( )

확인 + 4

다음 지질 시대에 번성했던 생물들 중 가장 먼저 출현한 것은?

① 갑주어　　② 공룡　　③ 삼엽충　　④ 매머드　　⑤ 원시 환형동물

---

❹ 에디아카라 동물군의 화석

❺ 고생대의 '기'별 생물과 출현

고생대 초~말로 가면서 다음의 각 '기'로 분류한다.

캄브리아기	다양한 동물 출현
오르도비스기	최초의 어류와 육상식물 (선태식물, 양치식물) 출현
실루리아기	육상 절지동물(지네, 거미) 출현
데본기	어류 번성, 네발 육상동물 출현 곤충 출현, 양서류 출현
석탄기	종자식물, 최초의 파충류 출현
페름기	침엽수(소철) 출현, 곤충류 번성

❻ 판게아(Pangaea)와 대멸종

고생대 말에 대륙들이 하나로 뭉쳐 형성된 거대한 단일 대륙이다. 판게아의 형성으로 해안 면적이 줄어 생물의 대멸종을 초래한 원인이 되었다.

❼ 삼엽충의 화석과 실러캔스

▲ 삼엽충의 화석　▲ 실러캔스

삼엽충은 고생대의 표준 화석이며 실러캔스는 네 발 동물의 기원이다.

❽ 중생대의 '기'별 생물과 출현

중생대 초~말로 가면서 다음의 각 '기'로 분류한다.

트라이아스기	·공룡 출현 및 번성
쥐라기	·겉씨식물 번성
백악기	·공룡 멸종 ·시조새 출현 ·속씨식물 출현 ·최초의 포유류 출현

❾ 암모나이트

연체동물에 속하는 길이 2~3cm의 화석 조개로, 고생대와 중생대의 지층에서 발견되며, 특히 중생대 쥐라기에 번성하였다.

▲ 암모나이트의 화석

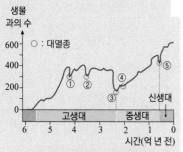

⑩ 포유류가 번성한 이유

포유류는 외부 온도와 관계없이 체온을 일정하게 유지할 수 있었고 행동이 민첩하며 환경에 대한 적응력이 높아 빠르게 번성할 수 있었다.

⑭ 화폐석

따뜻한 바다에서 서식하였던 석회질 껍질의 유공충에 속하는 원생동물 화석이다. 크기 약 1cm 이하의 두꺼운 동전 모양이다.

⊙ 지질시대 대멸종과 생물 과의 수 변화

생물
과의 수

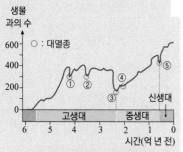

지질 시대 대멸종은 5회가 일어났는데, 가장 큰 규모의 멸종은 고생대 말의 대멸종(③)이다. 이때 판게아가 형성되면서 해안 면적이 줄어 해양 동물의 대멸종이 일어났으며, 대규모 화산 폭발과 극단적 지구 온난화에 의해 대륙 중심부의 사막화 현상으로 육상 생물의 수도 줄었으나, 상대적으로 육상 식물은 크게 영향받지 않고 중생대를 거치면서 크게 번성하였다.

❶ 인류와 생명체의 출현 시간

지구 역사의 시간을 지구가 탄생하였을 때부터 지금까지 24시간으로 압축한다면 인류는 밤 12시가 되기 6초 전에 등장한 것이 된다. 지구 역사의 $\frac{5}{6}$는 선캄브리아대로 지상에 생명체가 등장한 시기는 지구 전체 역사의 $\frac{1}{6}$에 불과하다.

미니사전

단공류 [單 홑, 孔 구멍, 類 무리] 알을 낳는 포유류로 그 예로는 오리너구리, 바늘두더지 등이 있다. 오스트레일리아와 뉴기니에서만 발견된다.

유인원 [類 무리, 人 사람, 猿 원숭이] 고릴라, 침팬지 등을 예로 들 수 있으며, 사람과에 속하지만 모습이 사람보다 원숭이와 더 비슷한 무리로 꼬리가 없다.

---

(4) 신생대 : 포유류와 속씨식물이 크게 번성하였다.

· 신생대 말기에 대륙의 이동이 일어나 각 대륙에서 포유류⑩의 개별적인 진화가 일어났다.

　　예 오스트레일리아의 단공류[미니](오리너구리)와 유대류(캥거루, 코알라)

해양 변화		초기에 화폐석⑭이 번성하였다.
육상 변화	동물	매머드, 말, 코끼리 등의 포유류가 크게 번성하였고, 최초의 인류가 출현하였다.
	식물	속씨식물이 번성하였다.

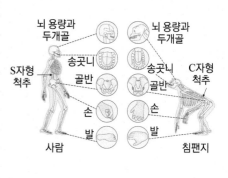

▲ 화폐석　　　▲ 매머드 화석

3. 인류❶의 진화

(1) 유인원[미니]과 비교한 인류의 특징

① 직립 보행을 할 수 있고, 척추가 S자 형이다.

② 뇌용량이 크고, 턱이 안쪽으로 들어가 있다.

③ 엄지손가락이 길어 도구 사용에 유리하다.

(2) 유인원과 인류의 특징 비교

구분	인류	유인원
뇌 용량	1400 ~ 1600ml	400ml
시야 방향	정면	바닥
척추 모양	S자형 (①)	C 또는 I자형
송곳니	작음 (②)	큼
골반	짧고 넓음 (③)	길고 좁음
팔 길이	다리보다 짧음 (④)	다리보다 김
손 모양	엄지손가락이 김 (⑤)	엄지손가락이 짧음
발 모양	엄지발가락이 다른 발가락과 나란함 (⑥)	엄지발가락이 다른 발가락과 다른 방향

① S자형 척추가 직립 보행 시 뇌에 전달되는 충격을 완화시킨다.
② 음식을 익혀 먹으므로 침팬지보다 먹이를 찢을 때 사용하는 송곳니가 작다.
③ 넓은 골반이 몸을 지탱하여 걷기에 유리하다.
④ 걷거나 매달리는 데 팔을 사용하지 않아 다리보다 팔이 짧다.
⑤ 사람은 엄지손가락이 길어 나머지 손가락과 닿으므로 도구를 다루기에 적합하다.
⑥ 발가락이 모여 있고 발 가운데 부분이 오목하여 오래 걸을 수 있다.

개념확인 5

다음 생물 진화의 과정에 대한 설명 중 옳은 것은 ○표, 옳지 않은 것은 ×표 하시오.

(1) 최초의 인류는 신생대에 출현하였다.　　　　　　　(　)

(2) 네발 달린 육상 동물이 등장한 시기는 고생대이다.　(　)

(3) 선캄브리아대에는 단세포 생물만 크게 번성하였다.　(　)

확인 + 5

네발 달린 육상 동물의 기원을 짐작하게 하는 어류의 이름은 무엇인가?

　　　　　　　　　　　　　　　　　　　　　　(　　　　)

(3) 인류가 유인원과의 공통 조상으로부터 진화해 왔다는 증거

① 사람과 유인원은 공통적으로 꼬리뼈, 막창자꼬리 등의 흔적 기관이 있고, DNA 염기 서열이나 단백질을 이루는 아미노산 서열이 비슷하다.

② 사람과 침팬지의 유아기 때의 두개골 모양이 해부학적으로 서로 매우 유사하다.

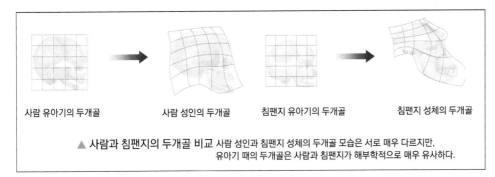

| 사람 유아기의 두개골 | 사람 성인의 두개골 | 침팬지 유아기의 두개골 | 침팬지 성체의 두개골 |

▲ 사람과 침팬지의 두개골 비교 사람 성인과 침팬지 성체의 두개골 모습은 서로 매우 다르지만, 유아기 때의 두개골은 사람과 침팬지가 해부학적으로 매우 유사하다.

(4) 인류의 진화 과정

오스트랄로피테쿠스	· 인류의 가장 오래된 조상으로 아르디피테쿠스(약 440만 년 전)에서 오스트랄로피테쿠스(약 420~150만 년 전)으로 진화하였다. · 직립 보행을 하였고 간단한 도구를 사용할 수 있었으며, 채집과 수렵 생활을 하였으나 현생 인류와 차이가 커서 호모속에 속하지는 않는다. · 뇌 용량이 현생 인류의 1/3에 불과하였다.
호모 에렉투스 (호모속)	· 뇌 용량이 커졌으며 턱이 짧아졌다. · 호모 하빌리스(약 200만 년 전)에서 호모 에렉투스(약 170만~20만 년 전)로 진화하였다. · 현대 인류인 호모 사피엔스의 직접적인 조상으로 아프리카에서 기원하여 유럽, 아시아 등 온대 지방으로 진출한 최초의 인류이다. · 자바 원인과 북경 원인 등이 있다. · 석기 도구로 사냥하고 최초로 불을 사용하였다.
네안데르탈인 (구인)	· 동굴 생활을 하고 석기와 불을 사용하여 채집과 수렵 활동을 하였다. · 미토콘드리아의 DNA 분석 결과 현생 인류의 직계 조상이 아님이 밝혀졌다.
호모 사피엔스 (신인)	· 현생 인류의 직계 조상인 크로마뇽인이 이에 속한다. · 정교한 도구를 사용하였고 동굴에 벽화를 남겼다. · 현생 인류와 해부학적 구조가 비슷해 인류의 직계 조상으로 불린다.

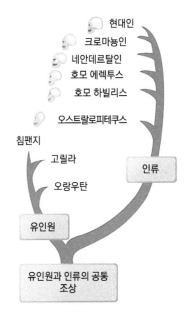

현대인
크로마뇽인
네안데르탈인
호모 에렉투스
호모 하빌리스
오스트랄로피테쿠스
침팬지
고릴라
오랑우탄
인류
유인원
유인원과 인류의 공통 조상

▲ 인류의 진화 과정 현대인에 가까울수록 뇌 용량이 증가한다.

정답 및 해설 **62** 쪽

개념확인 6

다음 유인원과 비교한 인류의 특징에 대한 설명 중 옳은 것을 고르시오.

(1) 엄지손가락이 (길어 , 짧아) 도구를 다루기에 적합하였다.

(2) (S , C)자 모양의 척추는 걸을 때의 충격을 완화시켜 주었다.

(3) 음식을 불에 익혀 먹었기 때문에 침팬치보다 송곳니가 (크다 , 작다).

확인 + 6

다음은 화석 인류의 진화 과정을 나타낸 것이다. 괄호 안에 알맞은 화석 인류를 쓰시오.

오스트랄로피테쿠스 → (   ) → 호모 에렉투스 → 네안데르탈인, 크로마뇽인

개념 다지기

01 그림은 화석에 근거한 고래의 진화 과정을 나타낸 것이다.

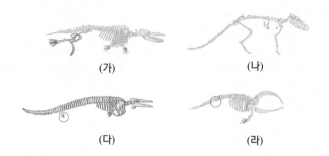

(가)　　　　　　　　(나)

(다)　　　　　　　　(라)

이에 대한 설명으로 옳은 것만을 <보기>에서 있는 대로 고른 것은?

〈 보기 〉

ㄱ. 고래는 육상 생활을 하던 조상으로부터 진화하였다.
ㄴ. 수중 생활에 적응하면서 점점 뒷다리가 발달하는 것을 볼 수 있다.
ㄷ. 주어진 화석을 순서대로 나열하면 (나) → (가) → (다) → (라) 이다.

① ㄱ　　　　　② ㄴ　　　　　③ ㄱ, ㄴ　　　　　④ ㄱ, ㄷ　　　　　⑤ ㄱ, ㄴ, ㄷ

02 다음 육상 동물의 출현에 대한 설명 중 옳은 것은 ○표, 옳지 않은 것은 ×표 하시오.

(1) 캄브리아기 폭발 시 다양한 육상 동물이 출현하였다. 　　　　　　　　　　(　　　　)

(2) 고생대에 출현한 폐어는 원시적인 폐호흡을 하여 폐호흡 동물의 기원이 되었다.
　　　　　　　　　　　　　　　　　　　　　　　　　　　　　　　　　(　　　　)

(3) 시조새는 조류가 파충류로 분화하는 중간 형태의 동물이었다. 　　　　　(　　　　)

03 다음 그림은 지질 시대의 상대적 길이를 나타낸 것이다.

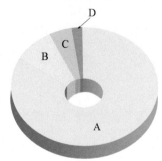

A ~ D에 해당하는 지질 시대의 이름을 차례대로 쓰시오.

A (　　　　　　) B (　　　　　　　) C (　　　　　　　) D (　　　　　　)

04 고생대에서 바닷속 생물 종이 폭발적으로 증가한 시기를 무엇이라고 하는가?

(　　　　　　　　　　　)

05 육상 식물의 출현에 대한 설명 중 옳은 것은 ○표, 옳지 않은 것은 ×표 하시오.

(1) 고생대에 속씨식물이 출현하였다. ( )
(2) 중생대에는 은행나무, 소철과 같은 겉씨식물이 번성하였다. ( )
(3) 신생대에는 속씨식물이 번성하였다. ( )

06 지질 시대와 각 지질 시대에 번성했던 생물을 옳게 연결하시오.

(1) 선캄브리아대 · · ㉠ 삼엽충, 양치식물
(2) 고생대 · · ㉡ 원시 자포동물, 원시 환형동물
(3) 중생대 · · ㉢ 매머드, 속씨식물
(4) 신생대 · · ㉣ 공룡, 암모나이트, 겉씨식물

07 다음은 생물 진화의 증거를 나타낸 것이다. 각 예에 해당하는 생물 진화의 증거로 바르게 짝지어진 것은?

> (가) 화석상의 증거 (나) 진화발생학적 증거 (다) 비교해부학적 증거
> (라) 분자진화학적 증거 (마) 생물지리학적 증거

① (마) : 고래의 가슴지느러미와 새의 날개는 뼈 구조가 비슷하다.
② (가) : 최근 지층에서 발견된 화석일수록 생물 몸의 구조가 복잡하다.
③ (나) : 캥거루, 코알라 등의 유대류는 오스트레일리아 대륙에만 서식한다.
④ (라) : 조류와 포유류 모두 발생 초기에 근육성 꼬리와 아가미 틈이 나타난다.
⑤ (다) : 사람의 혈청에 대한 항체를 이용한 침전 반응을 이용해 유연관계를 파악한다.

08 다음 인류가 유인원과의 공통 조상으로부터 진화하였다는 증거 중 옳은 것만을 <보기>에서 있는 대로 고른 것은?

> ───── 〈 보기 〉 ─────
> ㄱ. 꼬리뼈, 막창자꼬리 등의 흔적 기관이 있다.
> ㄴ. DNA의 염기 서열이나 아미노산 서열이 유사하다.
> ㄷ. 사람과 침팬지의 유아기 때의 두개골 모양이 달랐다가 서서히 같아진다.

① ㄱ   ② ㄴ   ③ ㄷ   ④ ㄱ, ㄴ   ⑤ ㄴ, ㄷ

유형 11-1 진화의 증거

다음 그림은 생물 진화의 증거 중 몇몇을 나타낸 것이다.

아가미 틈

항문 뒤쪽 꼬리

고양이의 앞다리	고래의 가슴 지느러미	닭의 어린 배	사람의 어린 배	곤충의 날개	박쥐의 날개
(가)		(나)		(다)	

(가) ~ (다)에 대한 설명으로 옳은 것만을 <보기>에서 있는 대로 고른 것은?

〈 보기 〉

ㄱ. (가)는 비교해부학적 증거의 예에 해당한다.
ㄴ. (나)는 초기 발생 과정의 모습을 통해 척추동물이 여러 다른 조상으로부터 진화하였음을 알 수 있는 증거의 예이다.
ㄷ. (다)는 같은 발생 기원으로부터 진화한 기관이다.

① ㄱ   ② ㄴ   ③ ㄷ   ④ ㄱ, ㄴ   ⑤ ㄴ, ㄷ

01 다음 설명 중 진화발생학적 증거의 예에 대한 설명은 '발', 분자진화학적 증거의 예에 대한 설명은 '분'을 쓰시오.

(1) 헤모글로빈 β 사슬을 구성하는 아미노산 서열을 비교하여 진화 과정을 알 수 있다. (　　　)

(2) 생명체의 기본 물질인 DNA의 염기 서열을 비교하여 생물 간의 유연관계를 조사한다. (　　　)

(3) 초기 발생 과정에서의 핵심 조절 유전자의 공통성을 통해 하나의 공통 조상으로부터 진화하였음을 알 수 있다. (　　　)

02 생물의 진화를 증명하는 비교해부학적 증거의 예 중 기능적으로 퇴화하여 흔적만 남은 기관을 무엇이라 하는가?

(　　　　　　　)

유형 11-2 생물 진화의 과정 1

다음은 지구의 역사와 생물의 출현을 나타낸 그림이다. 이에 대한 설명 중 옳지 <u>않은</u> 것은?

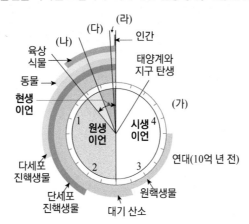

① (가) 시대에는 최초의 진핵생물이 출현하였다.
② (나) 시대에는 육지에 생물이 출현하였다.
③ (다) 시대에 공룡과 겉씨식물이 번성했다.
④ (라) 시대에 포유류와 속씨동물이 번성하고 현재 종의 대부분이 출현하였다.
⑤ 지구 역사의 시간 단위는 인간 역사에 따라 나뉘어진다.

03 육상 동물의 출현에 대한 설명으로 옳은 것만을 <보기>에서 있는 대로 고른 것은?

― 〈 보기 〉 ―

ㄱ. 처음으로 육상 동물이 출현한 시기는 고생대이다.
ㄴ. 실러캔스는 육상 동물의 네 개의 발의 기원을 짐작하게 하는 포유류이다.
ㄷ. 갑주어를 통해 수중 생물이 폐호흡을 하면서 육상에 진출하였음을 알 수 있다.

① ㄱ   ② ㄱ, ㄴ   ③ ㄱ, ㄴ   ④ ㄴ, ㄷ   ⑤ ㄱ, ㄴ, ㄷ

04 고생대 말기에 형성된 대륙으로 해양 생물의 대멸종의 원인으로 지목되는 것은 무엇인가?

(   )

유형 11-3 생물 진화의 과정 2

그림 (가)는 폐어 화석, (나)는 은행잎 화석, (다)는 화폐석을 나타낸 것이다.

 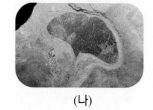 

(가) (나) (다)

이에 대한 설명으로 옳은 것만을 <보기>에서 있는 대로 고른 것은?

─── 〈 보기 〉 ───

ㄱ. (가)는 삼엽충과 같은 시기에 출현하였다
ㄴ. (나)는 매머드와 같은 시기에 번성하였다.
ㄷ. (가) → (나) → (다) 순서로 번성하였다.

① ㄱ   ② ㄴ   ③ ㄱ, ㄴ   ④ ㄱ, ㄷ   ⑤ ㄴ, ㄷ

---

05 그림은 고사리 화석을 나타낸 것이다.

고사리 화석이 출현한 시기에 대한 설명으로 옳은 것만을 <보기>에서 있는 대로 고른 것은?

─── 〈 보기 〉 ───

ㄱ. 이 시기에 최초의 어류인 갑주어가 출현하였다.
ㄴ. 이 시기에 바닷속 생물 종의 수가 폭발적으로 증가하였다.
ㄷ. 이 시기에 오존층에 의한 자외선의 차단으로 육상 생물이 출현하였다.

① ㄱ   ② ㄱ, ㄴ   ③ ㄱ, ㄴ   ④ ㄴ, ㄷ   ⑤ ㄱ, ㄴ, ㄷ

---

06 온난한 기후로 소형 야행성 포유류가 출현했으며, 파충류가 조류로 진화하였다는 증거가 되는 시조새가 출현한 시기는 언제인가?   (   )

유형 11-4 인류의 진화

다음 그림은 인류와 유인원의 특징을 비교하여 나타낸 것이다.

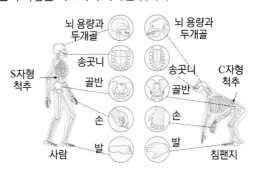

이에 대한 설명으로 옳은 것만을 <보기>에서 있는 대로 고른 것은?

〈 보기 〉

ㄱ. 사람의 뇌 용량이 유인원보다 크고 엄지손가락이 길어 도구 사용에 유리하다.
ㄴ. 사람은 뒷다리만 사용하여 걷고 나무에 매달리지 않아 초원 생활에 불리하다.
ㄷ. 사람이 유인원보다 더 다양한 식재료를 섭취하기 때문에 송곳니의 크기가 더 크다.

① ㄱ　　　　② ㄴ　　　　③ ㄱ, ㄴ　　　　④ ㄴ, ㄷ　　　　⑤ ㄴ, ㄷ

07 23만 ~ 3만 년 전까지 유럽 지역에 살았으며, DNA 분석 결과 현생 인류의 직계 조상은 아니지만 현생 인류의 조상과 오랜 기간 공존하였지만 결국 멸종된 화석 인류는 무엇인가?

(　　　　　　　　　　)

08 다음 중 인류의 진화에 대한 설명으로 옳지 않은 것은?

① 걷거나 매달리는 데 팔을 사용하지 않아 팔이 다리보다 짧다.
② 발가락이 모여 있고 발 가운데 부분이 오목하여 오래 걸을 수 없다.
③ 인간의 S자형 척추는 직립 보행 시에 뇌에 전달되는 충격을 완화시킨다.
④ 엄지손가락이 길어 나머지 손가락과 닿기 때문에 도구를 사용하기에 적절하다.
⑤ 유아기의 두개골이 해부학적으로 유인원과 비슷해 유연관계가 가까운 것을 알 수 있다.

창의력&토론마당

01 다음 표는 공통 조상과 종 (가) ~ (라)의 특정 부위의 DNA 염기 서열을 각각 비교하여 나타낸 것이다.
(단, 유연관계를 판단할 때는 주어진 DNA 염기 서열의 유사성만을 가지고 판단한다.)

공통 조상	A	C	G	C	T	T	A	A	T	C	T	G
(가)	A	C	G	C	T	C	A	T	T	C	A	G
(나)	A	G	A	C	T	T	C	T	C	C	T	G
(다)	T	C	G	C	T	T	A	A	T	C	T	A
(라)	A	C	A	T	G	T	C	G	T	G	C	G

(1) 종 (가) ~ (라)를 공통 조상과 유연관계가 가까운 순서대로 나열하시오.

(   ) → (   ) → (   ) → (   )

(2) 이 자료는 생물 진화의 증거 중 어느 것에 해당하는지 쓰시오.

(3) 사람과 생쥐의 DNA 유사성은 약 85%인데 반해 사람과 침팬지의 DNA 유사성은 약 97%
이다. 이것을 근거로 "사람은 유인원에서 진화되었다."라는 가설이 성립될 수 있는가?

02 다음은 사람과 여러 동물들의 유연관계를 알아보기 위한 실험과 결과를 나타낸 것이다.

[과정]

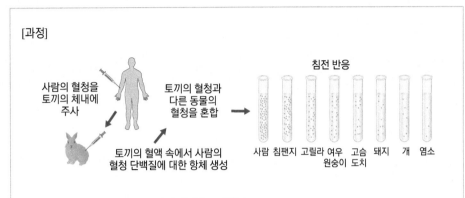

침전 반응

사람의 혈청을
토끼의 체내에
주사

토끼의 혈청과
다른 동물의
혈청을 혼합

토끼의 혈액 속에서 사람의
혈청 단백질에 대한 항체 생성

사람 침팬지 고릴라 여우 고슴 돼지 개 염소
        원숭이 도치

(가) 사람의 혈청을 채취하여 토끼의 체내에 주사한다.
(나) 토끼의 혈액 속에 사람의 혈청 단백질에 대한 항체가 생기면 토끼의 혈청을 채취한다.
(다) 토끼의 혈청과 다른 동물의 혈청을 혼합한다.
(라) 침전 반응이 일어나는 것을 관찰한다.

[결과]

동물	사람	염소	돼지	침팬지	고슴도치	개	고릴라	여우원숭이
침강률(%)	100	2	8	97	17	3	64	37

(1) 이 실험에서 동물과 사람 사이의 유연관계가 가까운 것부터 나열하시오.

(2) 이 실험에서 유연관계를 알 수 있는 이유가 무엇인지 항원·항체 반응을 이용하여 설명하시오.

03 그림 (가)는 고생대에서 신생대까지의 지질 시대 동안 해양 동물군과 육상 식물군의 수 변화를
그림 (나)는 판게아를 나타낸 것이다.

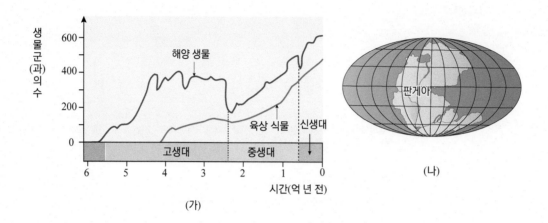

(가)

(나)

(1) (나)와 같은 수륙 분포가 해양 동물군 수의 변화에 미친 영향을 설명하시오.

(2) (나)와 같은 수륙 분포가 육상 식물군 수의 변화에 미친 영향을 설명하시오.

04 다음은 2004년 북극 근처에서 발견된 3억 7500만 년 전의 물고기 화석 '틱타알릭 로제'는 턱과 지느러미, 비늘 등의 어류의 특징을 가지고 있는 동시에 육상 동물의 특징인 관절과 발목, 그리고 지느러미에 몸통을 지탱하는 뼈를 가지고 있었다. 이누이트 말로 "얕은 물에 사는 큰 물고기"라는 뜻을 가지고 있다.

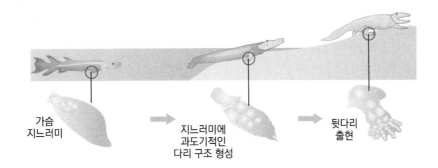

가슴
지느러미

지느러미에
과도기적인
다리 구조 형성

뒷다리
출현

(1) 이와 같은 과정이 진행되었을 것이라 추측되는 지질 시대는 언제인지 쓰고, 그 이유를 서술하시오.

(2) 물속에 살던 척추동물이 육상에서 완전히 적응해 살아가기 위해서는 어떤 육체적 조건이 필요한지 호흡 방법, 신체의 지탱, 번식 방법의 관점에서 서술하시오.

A

01 다음의 짝지은 관계가 나머지와 다른 하나는?

① 새의 날개 - 잠자리의 날개
② 선인장 가시 - 장미 가시
③ 담쟁이덩굴의 덩굴손 - 포도나무의 덩굴손
④ 덩이줄기인 감자 - 덩이뿌리인 고구마
⑤ 사람의 팔 - 박쥐의 날개

02 과거의 기능을 수행하지 않고 현재에는 흔적으로만 남아 있는 기관만을 <보기>에서 있는 대로 고르시오.

───── 〈 보기 〉 ─────
ㄱ. 고래의 가슴지느러미
ㄴ. 사람의 막창자꼬리
ㄷ. 어류의 부레
ㄹ. 사람의 꼬리뼈
ㅁ. 선인장 가시

03 다음은 분자생물학적 진화의 증거에 대한 설명이다. 괄호 안에 알맞은 말을 고르시오.

(1) 초파리와 쥐에서 염기 서열을 가지는 핵심 조절 유전자는 작용 부위가
(다르다 , 비슷하다).

(2) 생물은 공통 조상으로부터 갈라진 지 오래될수록 생물 간의 단백질 아미노산 서열의 차이가
(작다 , 크다).

04 지질 시대 중 가장 오랜 기간에 해당하는 것으로 최초의 원핵생물이 출현한 기간이 무엇인지 지질 시대를 구분하는 가장 큰 단위로 답하시오

(   )

05 다음은 닭과 사람의 발생 초기 배아의 모습을 나타낸 것이다.

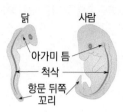

이에 대한 설명으로 옳은 것만을 <보기>에서 있는 대로 고른 것은?

───── 〈 보기 〉 ─────
ㄱ. 생물 진화에 대한 진화발생학적 증거에 해당한다.
ㄴ. 사람과 닭이 공통 조상으로부터 갈라져 진화해 왔다는 증거가 된다.
ㄷ. 연체동물과 환형동물이 트로코포라 유생 시기를 동일하게 거치는 것도 진화 증거의 같은 예이다.

① ㄱ   ② ㄴ   ③ ㄱ, ㄷ
④ ㄴ, ㄷ   ⑤ ㄱ, ㄴ, ㄷ

06 다음 그림은 시조새 화석을나타낸 것이다

이에 대한 설명으로 옳은 것만을 <보기>에서 있는 대로 고른 것은?

───── 〈 보기 〉 ─────
ㄱ. 생물의 진화 방향을 알 수 있는 화석이다.
ㄴ. 조류와 포유류의 특징을 모두 가지고 있다.
ㄷ. 이와 같은 중간형 화석 생물에는 소철고사리가 있다.

① ㄱ   ② ㄷ   ③ ㄱ, ㄴ
④ ㄴ, ㄷ   ⑤ ㄱ, ㄴ, ㄷ

07 인류의 진화 과정에 대한 설명으로 옳지 않은 것은?

① 호모 하빌리스는 자바 원인과 북경 원인 등이 있다.
② 호모 에렉투스는 석기 도구로 사냥하고 최초로 불을 사용하였다.
③ 호모 사피엔스는 정교한 도구를 사용하고 동굴에 벽화를 남겼다.
④ 오스트랄로피테쿠스는 직립 보행을 하였고, 도구를 사용하였지만 호모속에 속하지 않는다.
⑤ 네안데르탈인은 동굴 생활을 하며 석기와 불을 사용하여 채집과 수렵 활동을 하였고, 인류의 직계 조상이 아님이 밝혀졌다.

08 현생 인류의 직접적인 조상으로 호모 사피엔스에 속하며 현생 인류와 해부학적 구조가 거의 비슷한 화석 인류는 무엇인가?　　　（　　　　　　　　）

09 다음은 화석 인류를 나열한 것이다.

> ㄱ. 호모 하빌리스　　　ㄴ. 호모 에렉투스
> ㄷ. 크로마뇽인　　　　ㄹ. 네안데르탈인
> ㅁ. 오스트랄로피테쿠스

이들 화석 인류가 생존했던 시기가 오래된 것부터 순서대로 나열한 것은?

① ㅁ → ㄱ → ㄴ → ㄷ → ㄹ
② ㅁ → ㄱ → ㄴ → ㄹ → ㄷ
③ ㅁ → ㄴ → ㄱ → ㄷ → ㄹ
④ ㄴ → ㅁ → ㄷ → ㄱ → ㄹ
⑤ ㄷ → ㄱ → ㅁ → ㄴ → ㄹ

10 다음은 생물 진화의 역사에 대한 설명이다. 빈칸에 알맞은 말을 차례대로 쓰시오.

> 고생대에 다양한 어류가 번성하고 단단한 껍질을 가진 동물이 나타나기 시작했는데, 이때 육상 동물의 기원을 설명할 수 있는 어류들도 나타났다. 원시적인 폐를 가져 공기 중에서 폐호흡을 할 수 있는 (　　　　)와 원시적인 다리 형태의 지느러미를 가진 (　　　　)가 그 예이다.

B

11 다음은 생물 진화의 증거를 나열한 것이다.

> (가) 화석상의 증거　　　(나) 진화발생학적 증거
> (다) 비교해부학적 증거　　(라) 분자생물학적 증거
> (마) 생물지리학적 증거

각 예에 해당하는 생물 진화의 증거로 바르게 짝지어지지 않은 것은?

① (가) 최근의 지층에서 발견된 화석일수록 생물의 구조와 기능이 복잡하다.
② (나) 고양이의 앞다리와 고래의 가슴지느러미는 뼈의 기본 구조가 비슷하다.
③ (다) 곤충의 날개와 새의 날개는 같은 기능을 수행하지만 그 기원이 다르다.
④ (라) 생명체를 구성하는 기본 물질인 DNA의 염기 서열을 비교하여 생물 간의 유연관계를 파악한다.
⑤ (마) 캥거루, 코알라 등의 유대류는 오스트레일리아 대륙에만 서식한다.

12 다음은 사이크롬 c의 아미노산 서열을 사람과 다른 동물을 비교하여 차이나는 아미노산 수를 나타낸 것이다.

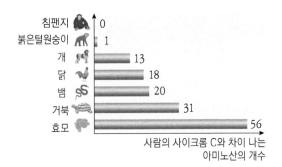

사람의 사이크롬 C와 차이 나는 아미노산의 개수

이에 대한 해석으로 옳지 않은 것은?

① 분자진화학적 진화의 증거에 해당한다.
② 뱀은 사람보다 닭과 유연관계가 더 가깝다.
③ 사람은 침팬지와 유연관계가 가장 가깝다.
④ 유연관계가 가까울수록 같은 기능을 가진 단백질을 구성하는 아미노산 서열이 비슷하다.
⑤ 생물은 공통 조상으로부터 갈라진 시간이 오래될수록 생물 간의 같은 기능을 가진 단백질을 구성하는 아미노산의 서열 차이가 크다.

13 다음은 인류의 진화에 대한 설명이다. 괄호 안에 알맞은 말을 고르시오.

(1) 사람의 척추는 (S , C)자 형으로 직립 보행 시 뇌에 가해지는 충격을 흡수한다.

(2) (네안데르탈인 , 크로마뇽인)은 미토콘드리아의 DNA 분석으로 현생 인류의 직계 조상이 아님이 밝혀졌다.

14 인류가 유인원과의 공통 조상으로부터 진화하였다는 증거로 옳은 것만을 <보기>에서 있는 대로 고른 것은?

〈 보기 〉
ㄱ. 꼬리뼈, 막창자꼬리 등의 흔적 기관이 존재한다.
ㄴ. 사람과 침팬지의 유아기 때의 두개골 모양이 서로 비슷하다.
ㄷ. DNA의 염기 서열이나 단백질의 아미노산 서열이 유사하다.

① ㄱ　　　　② ㄴ　　　　③ ㄱ, ㄷ
④ ㄴ, ㄷ　　　⑤ ㄱ, ㄴ, ㄷ

15 다음은 월리스선을 경계로 오스트레일리아에서만 서식하는 유대류의 모습을 나타낸 것이다.

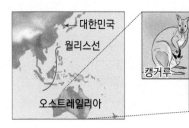

이에 대한 설명으로 옳은 것만을 <보기>에서 있는 대로 고른 것은?

〈 보기 〉
ㄱ. 분자생물학적 증거에 해당한다.
ㄴ. 지리적으로 격리되어 환경에 따라 독자적인 진화가 일어났다.
ㄷ. 고래의 조상 종의 화석으로 같은 진화의 증거를 찾을 수 있다.

① ㄱ　　　　② ㄴ　　　　③ ㄷ
④ ㄱ, ㄴ　　　⑤ ㄱ, ㄷ

16~17 다음은 현생 이언 동안 해양 생물의 수(과) 변화를 그래프로 나타낸 것이다.

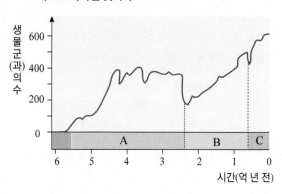

16 각 지질 시대에 출현한 생물로 바르게 짝지어지지 않은 것은?

① A 시대 : 갑주어　　　② B 시대 : 시조새
③ B 시대 : 공룡　　　　④ C 시대 : 속씨식물
⑤ C 시대 : 삼엽충

17 이 지질 시대에 대한 설명 중 옳은 것은 ○표, 옳지 않은 것은 ×표 하시오.

(1) C 시대에 바닷속 생물 종이 폭발적으로 증가하는 캄브리아기 폭발이 일어났다. (　　)

(2) B 시대 말기에 공룡이 멸종하고 조류의 조상 종만 살아남아 현생 조류로 분화되었다. (　　)

18 다음은 생물 진화에 대한 증거의 예이다.

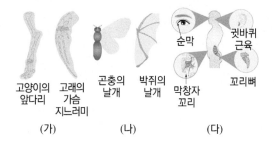

이에 대한 설명으로 옳지 않은 것은?

① (가)는 각 기관의 발생 기원이 같다.
② (가)는 상동 기관, (나)는 상사 기관의 예이다.
③ (나)와 같은 기관에는 장미 가시와 선인장 가시가 있다.
④ (다)는 현재까지 유용하게 사용되고 있는 기관의 예이다.
⑤ (가), (나), (다) 모두 비교해부학적 증거에 해당한다.

19 다음은 척추동물의 앞다리 구조를 나타낸 것이다. 이에 대한 설명 중 옳은 것은 ○표, 옳지 않은 것은 ×표 하시오.

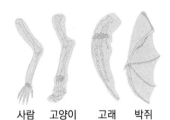

사람   고양이   고래   박쥐

(1) 사람과 박쥐는 서로 다른 환경에 적응하면서 앞다리의 형태와 기능이 바뀌었다.   (   )

(2) 고래의 가슴 지느러미는 육지의 척추동물이 물속으로 서식지를 바꾸면서 적응하여 진화한 결과물이다.   (   )

20 다음은 초파리와 쥐의 핵심 조절 유전자 집단을 비교한 것이다. 이와 같은 종류의 진화의 증거에 해당하는 예는?

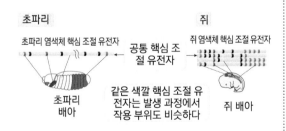

초파리

초파리 염색체 핵심 조절 유전자

공통 핵심 조절 유전자

초파리 배아

쥐

쥐 염색체 핵심 조절 유전자

같은 색깔 핵심 조절 유전자는 발생 과정에서 작용 부위도 비슷하다

쥐 배아

① 갈라파고스 군도의 핀치는 각기 다른 계통으로 진화하였다.

② 덩이줄기인 감자와 덩이뿌리인 고구마는 발생 기원이 다르다.

③ 말은 몸집이 커지고 발가락 수가 적어지는 방향으로 진화하였다.

④ 호흡 효소인 사이토크롬 c의 아미노산 서열이 사람과 비슷한 동물들이 있다.

⑤ 닭과 사람의 어린 배는 척삭과 아가미 틈, 근육성 꼬리 등이 공통적으로 나타난다.

21 그림 (가)는 겉씨식물인 은행나무, (나)는 매머드, (다)는 갑주어의 화석을 나타낸 것이다.

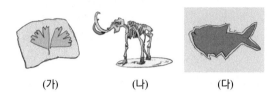

(가)   (나)   (다)

이에 대한 설명으로 옳은 것만을 <보기>에서 있는 대로 고른 것은?

〈 보기 〉

ㄱ. (다) → (가) → (나)의 순서로 출현하였다.
ㄴ. (가)가 나타난 시기에 해양생물 종이 폭발적으로 증가하였다.
ㄷ. (다)는 인류와 같은 시기에 출현하였다.

① ㄱ   ② ㄴ   ③ ㄷ
④ ㄱ, ㄴ   ⑤ ㄱ, ㄷ

22 다음은 사람과 유인원의 구조를 비교하여 나타낸 그림이다.

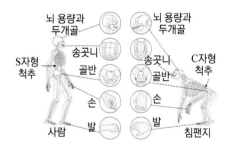

뇌 용량과 두개골

S자형 척추

송곳니

골반

손

발

사람

뇌 용량과 두개골

송곳니

골반

손

발

C자형 척추

침팬지

이에 대한 설명으로 옳은 것만을 <보기>에서 있는 대로 고른 것은?

〈 보기 〉

ㄱ. 사람은 엄지발가락이 벌어져 있어 직립 보행에 유리하다.
ㄴ. 사람은 유인원보다 시야가 좁아 초원에서 살아가기 부적합하다.
ㄷ. 사람은 엄지손가락이 길어 물건을 쥐거나 도구를 다루기에 적합하다.

① ㄱ   ② ㄴ   ③ ㄷ
④ ㄱ, ㄴ   ⑤ ㄱ, ㄷ

23 표는 사람과 4종의 식물 Ⅰ~Ⅳ 사이의 특정 유전자의 DNA 염기 서열의 차이를 각각 나타낸 것이다.

구분	Ⅰ	Ⅱ	Ⅲ	Ⅳ
사람과 차이(%)	2.5	1.6	4.7	2.9

이에 대한 설명으로 옳은 것만을 <보기>에서 있는 대로 고른 것은?

〈 보기 〉

ㄱ. 이는 생물 진화의 증거 중 분자진화학적 증거에 해당한다.
ㄴ. Ⅰ과 Ⅲ의 유연 관계는 Ⅱ와 Ⅳ의 유연 관계보다 멀다.
ㄷ. Ⅰ~Ⅳ 중 사람과의 공통 조상으로부터 가장 오래 전에 분화한 종은 Ⅲ이다.

① ㄱ ② ㄴ ③ ㄷ
④ ㄱ, ㄴ ⑤ ㄱ, ㄷ

24 그림 (가)~(라)는 고래의 화석을 순서 없이 나열한 것이다.

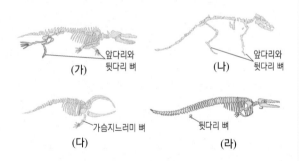

(가) 앞다리와 뒷다리 뼈
(나) 앞다리와 뒷다리 뼈
(다) 가슴지느러미 뼈
(라) 뒷다리 뼈

이에 대한 설명으로 옳은 것만을 <보기>에서 있는 대로 고른 것은?

〈 보기 〉

ㄱ. (가)는 (나)보다 육상 생활에 더 적합하다.
ㄴ. (다)의 가슴지느러미는 박쥐의 앞다리와 상동 기관이다.
ㄷ. (가)~(라)를 가장 오래된 지층에서 발견된 순서대로 나열하면 (가) → (나) → (다) → (라)이다.

① ㄱ ② ㄴ ③ ㄷ
④ ㄱ, ㄴ ⑤ ㄴ, ㄷ

25~26 그림은 지구의 탄생으로부터 생물이 존재한 기간을 구간별로 나타낸 것이다.

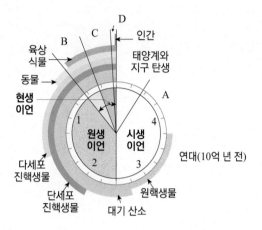

25 A 시기에 대한 설명으로 옳은 것만을 <보기>에서 있는 대로 고른 것은?

〈 보기 〉

ㄱ. 에디아카라 동물군이 나타난 시기이다.
ㄴ. 환경에 대한 적응력이 높은 포유류가 빠르게 번성하였다.
ㄷ. 이때의 생물은 대부분 단단한 뼈나 껍질로 이루어져 있어 많은 화석이 발견된다.

① ㄱ ② ㄴ ③ ㄷ
④ ㄱ, ㄴ ⑤ ㄱ, ㄷ

26 B ~ D 시기의 특징으로 옳은 것만을 <보기>에서 있는 대로 고른 것은?

〈 보기 〉

ㄱ. B 시기 : 대륙이 분리되는 이동이 일어나 각 대륙에서 생물의 개별적 진화가 일어났다.
ㄴ. C 시기 : 파충류가 번성하고 초기 포유류가 나타났다.
ㄷ. D 시기 : 바닷속 생물 종이 폭발적으로 증가하는 캄브리아기 대폭발이 일어났다.

① ㄱ ② ㄴ ③ ㄷ
④ ㄱ, ㄴ ⑤ ㄱ, ㄷ

27 표는 공통 조상과 생물종 I~IV의 유연관계를 알아보기 위해 DNA의 특정 부위 염기 서열을 비교한 것이다.

공통 조상	C	C	G	A	T	T	T	G	G
I	C	C	G	A	T	G	G	C	
II	C	T	G	A	A	T	G	C	
III	A	C	G	G	A	T	G	C	
IV	C	C	G	A	T	T	A	G	

주어진 DNA 염기 서열의 유사성만을 고려할 때, 공통 조상과 유연관계가 가까운 순서대로 생물종 I~IV를 나열하시오.

28 아래 그림은 사람과 동물 5종 간의 글로빈 단백질의 아미노산 서열 유사도이다.

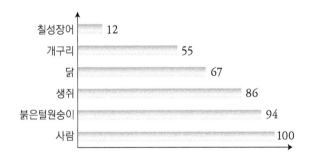

(1) 동물 5종 중 사람과 유연관계가 가장 먼 동물은 무엇인가?

(2) 위는 생물 진화의 증거 중 어떤 증거의 예에 해당하는가?

29 말랑한 막으로 싸인 알을 낳는 어류와 달리 육지의 파충류나 조류는 단단한 껍질로 싸인 알을 낳는다. 원래 물속에 살던 생물이 육지로 올라오면서 왜 단단한 껍질을 가진 알을 낳도록 진화되었는지 서술하시오.

30 다음은 갈라파고스 군도의 여러 섬에 서식하는 부리 모양이 서로 다른 핀치를 나타낸 것이다. 이것이 어떤 진화의 증거에 해당하는지 쓰고, 이런 진화가 일어나게 된 이유를 서술하시오.

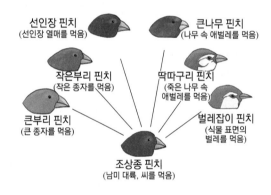

31 사람은 유인원에 비해 엄지손가락이 길어 다른 손가락과 맞닿을 수 있다. 이것이 유인원과 어떤 차이를 낼 수 있는지 도구의 사용을 예로 들어 설명하시오.

12강 생물의 분류

1. 종의 개념   2. 분류 계급과 학명   3. 계통과 계통수   4. 생물의 분류 체계

1. 종의 개념

(1) 분류의 목적과 방법

① **분류의 목적** : 생물 분류는 다양한 생물을 공통된 특징을 기준으로 크고 작은 집단으로 무리 짓는 것이며, 다양한 생물 간의 유연관계와 진화 과정을 밝히고 계통❶을 세워 생물에 대한 연구와 생물 자원의 이용을 용이하게 하기 위해서 생물 분류를 한다.

② **분류의 방법**

인위 분류	자연 분류
사람이 정한 인위적 기준(생물이 인간에게 유용한 부위, 서식지, 식성, 생태 등)에 따라 분류한 것이다. **예** 인간의 이용 목적(식용, 약용), 서식지(육상, 수중), 식성(육식, 초식), 생태적 특징(겨울눈의 위치)	생물의 고유 특징(외부 형태나 내부 구조, 생식법, 발생 과정 등)을 기준으로 진화 계통이나 유연관계 등에 따라 분류한 것이다.(분류 형질❷에 따른 계통 분류) **예** 외부 형태나 내부 구조(척추 동물과 무척추 동물, 연체 동물과 절지동물), 생식 방법, 떡잎의 수, 발생 과정

(2) 종의 구분
종(species)은 생물을 분류하는 기본 단위로, 린네(Linné, C. von, 1707 ~ 1778)가 종의 개념을 체계화하였다. 공통적인 특징을 가지는 생물들을 모아서 집단을 나누다보면 더 이상 구분하기가 어려운 생물들만 모이게 될 때 이를 종이라고 한다.

형태학적 종❸	생물학적 종❹
외부 형태가 비슷한 특징을 가지는 개체들의 집단으로 린네에 의해 체계화되었다.	자연 상태에서 자유롭게 교배하고 생식 능력이 있는 자손을 낳을 수 있는 개체들의 집단을 말한다.

· **종간 잡종❺** : 암말과 수탕나귀 사이에서 태어난 노새는 종간 잡종으로 생식 능력이 있는 자손을 낳을 수 없다. 따라서 생물학적 종의 개념에 따라 말과 당나귀는 서로 다른 종으로 분류한다.

2. 분류 계급과 학명

(1) 생물의 분류 계급(단계)

① **분류 기준** : 형태적 특징뿐만 아니라 생리적, 유전적, 발생적, DNA와 분자생물학적 특징 등을 사용하여 분류한다.

② **분류 계급❶** : 생물을 공통적인 특징으로 묶어 단계적으로 나타낸 것이다.

> 역 > 계 > 문 > 강 > 목 > 과 > 속 > 종

> **개념확인 1**
>
> 다음 종의 분류에 대한 설명 중 옳은 것은 ○표, 옳지 않은 것은 ×표 하시오.
>
> (1) 식용 식물과 약용 식물로 나누는 것은 자연 분류에 속한다. ( )
>
> (2) 형태학적으로 비슷한 특징을 가지는 개체들 간의 교배는 생식 능력이 있는 자손을 낳는다. ( )

> **확인 + 1**
>
> 생물을 분류하는 기본 단위로 공통적인 특징을 갖는 생물들을 모아서 집단을 나누다가 더 이상 구분하기 어려운 생물들만 모이게 될 때의 집단을 무엇이라고 하는가?
>
> ( )

---

❶ 계통과 유연관계

생물이 진화해 온 역사를 계통이라고 하며, 생물들 사이에서 진화적으로 가깝고 먼 관계를 유연관계라고 한다. 같은 계통을 거쳐 최근에 분화한 생물 종들을 보고 유연관계가 가깝다고 표현한다.

❷ 분류 형질

자연 분류에서 분류의 기준이 되는 형질을 분류 형질이라고 한다. 분류 형질은 유전적이어야 하고, 계절이나 환경에 따라 쉽게 변하지 않으며 관찰이 용이한 것이어야 한다.

❸ 형태학적 종의 한계

같은 종에 속하는 개체들도 성별, 발생 단계, 계절, 서식지 등에 따라 외형이 크게 차이 날 수 있으며, 서로 다른 종이라도 모습이 닮은 경우가 있으므로 외부 형태만으로는 종을 정의하기 어렵다.

❹ 계통발생학적 종

분류에서 사용하는 종의 개념은 생물학적 종이지만, 모든 종의 생식적 교배 가능 여부를 확인할 수 없으므로 개체군의 형태적 특징과 DNA의 염기 서열, 단백질의 아미노산 서열 등 분자생물학적 자료를 근거로 진화의 역사가 같은 무리를 같은 종으로 분류한다.

❺ 종간 잡종

서로 다른 종의 개체들을 교배한 결과 태어난 잡종으로, 보통 생식 능력이 없어 독립된 종으로 분류하지 않는다.
예 라이거(수사자+암호랑이), 타이곤(수호랑이+암사자), 노새(암말+수탕나귀)

수탕나귀
암말
노새
생식 능력이 없다.

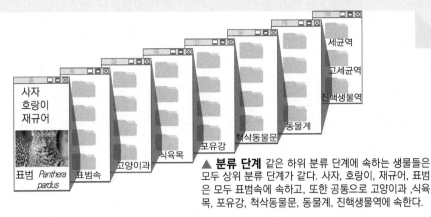

▲ **분류 단계** 같은 하위 분류 단계에 속하는 생물들은 모두 상위 분류 단계가 같다. 사자, 호랑이, 재규어, 표범은 모두 표범속에 속하고, 또한 공통으로 고양이과, 식육목, 포유강, 척삭동물문, 동물계, 진핵생물역에 속한다.

③ **유용성** : 생물 분류시 상위 분류군부터 하위 분류군으로 좁혀가면 쉽게 개체가 속하는 종을 찾을 수 있으며, 같은 분류 계급에 있는 종끼리의 유연관계를 파악하는 데도 유리하다.

(2) 학명 : 국제적으로 통용되는 생물의 이름으로, 린네가 창안한 2명법을 사용한다. ❷

① **2명법** : 속명과 종소명❸으로 표기하며, 종소명 뒤에 처음 종을 발견한 명명자를 밝히기도 한다. 속명은 명사이므로 첫 글자를 대문자로, 종소명은 보통 형용사이므로 첫 글자를 소문자로 표기한다. 명명자는 경우에 따라 첫 글자만 쓰거나 생략하기도 한다.

② **학명의 표기 방식** ❹

<table>
<tr><td colspan="3" align="center">속명 + 종소명 + 명명자</td></tr>
<tr><td align="right">예 사람</td><td>*Homo sapiens*</td><td rowspan="3">명명자는
정체</td><td rowspan="3">*사람의 학명은
'지혜 있는 인간'
이라는 뜻이다.</td></tr>
<tr><td align="right">속명과 종소명은</td><td>*Homo sapiens* L.</td></tr>
<tr><td align="right">이탤릭체 (라틴어 사용)</td><td>*Homo sapiens* Linne</td></tr>
<tr><td></td><td>대문자 소문자　　대문자</td></tr>
</table>

③ **3명법** : 종보다 하위 단계인 아종이나 변종 또는 품종을 표기할 때는 종소명 다음에 그 이름을 추가하여 기재한다. 이때 아종명이나 변종명, 품종명도 첫 글자를 소문자로 시작하며, 이탤릭체로 쓴다. 예 시베리아호랑이 : *Panthera*(종명) *tigris*(종소명) *altaica*(아종명) Brass(명명자)

아종	같은 종이지만 형태나 지리적 분포가 다른 종 내의 개체군을 말한다. 예 시베리아호랑이, 벵골호랑이는 호랑이의 아종이다.
변종	기본적인 유전적 특성은 같지만 자연 돌연변이에 의해 몇 가지 형질이나 지리적 분포가 다소 다른 종 내의 개체군을 말한다. 예 피망은 고추의 변종이다.
품종	가축이나 원예 농작물과 같이 인공 돌연변이를 통해 인위적으로 개량된 종 내의 개체군을 말한다. 예 부사, 홍옥은 사과의 품종이다. 설향딸기, 킹스베리는 딸기의 품종이다.

개념확인 2

정답 및 해설 **68** 쪽

다음 분류 계급과 학명에 대한 설명 중 알맞은 말을 고르시오.

(1) '역'에 가까울수록 같은 분류 계급에 속하는 생물이 더 (많다 , 적다).

(2) 학명을 표기할 때 종소명은 첫 글자를 (대문자 , 소문자)로 표기해야 한다.

확인 + 2

다음은 생물을 분류하는 분류 계급의 순서이다. 빈칸에 알맞은 말을 차례로 쓰시오.

역 > 계 > (　　　) > 강 > 목 > 과 > (　　　) > 종

---

❶ 생물의 분류 계급

'역'에 가까울수록 같은 분류 계급에 속하는 생물이 더 많고, '종'에 가까울수록 같은 분류 계급에 속하는 생물 간의 유연관계가 가깝다.

종(種, Species)
속(屬, Genus)
과(科, Family)
목(目, Order)
강(綱, Class)
문(門, Phylum)
계(界, Kingdom)
역(域, Domain)

❷ 학명의 필요성

나라마다 각기 다른 언어를 사용하므로 동일한 생물에 대한 이름도 모두 다르다. 이는 학문적인 소통을 불편하게 하므로 정해진 명명법에 따라 국제적으로 통용되는 세계 공통의 생물명을 정하게 된 것이 학명이다. 라틴어는 현재 사람들에게 사용되지 않는 죽은 언어이기 때문에 시간이 지나도 언어의 의미가 변하지 않아 이를 학명으로 사용한다.

❸ 종소명과 종명

학명에서 속명 다음에 나오는 종소명은 종이 가지는 특징을 표현하는 학명의 구성 요소이다. 종명은 학명과 같은 의미로, 생물 개체의 학술적 이름이다.

❹ 더 자세히 분류할 때

아종, 아속, 아과, 아목, 아강, 아문, 아계 등과 같이 '아'를 붙인 세부 단계를 두기도 하며, 종은 아종 외에도 변종과 품종의 하위 단계를 둔다.

❺ 3명법

3명법 예 : 시베리아 호랑이
Panthera tigris altaica Brass
속명+종소명+아종명+명명자
　　이탤릭체　　　정체
변종의 경우에는 변종명 앞에 *var.*(*Variety*의 약자)를, 품종의 경우에는 품종명 앞에 *for.*(*form*의 약자)를 표기한다.

❶ 계통수 해석하기

그림은 생물 (가) ~ (바)를 계통수로 나타낸 것이며, A ~ F는 생물의 특징이다.

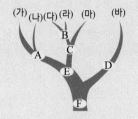

- (가) ~ (바)의 공통 특징은 F
⇒ (가) ~ (바)는 특징 F를 가지는 공통 조상으로부터 분화되었다.
- (가) ~ (마)는 특징 E, (바)는 특징 D를 가진다.
⇒ (바)의 분기점이 가장 아래쪽에 있으므로 가장 먼저(이전에) 분화되었다.
- (가)와 (나)는 특징 A를 가지고, (다) ~ (마)는 특징 C를 가진다.
- (다)와 (라)는 특징 B를 가지고 (마)는 특징 B를 가지지 않는다.
⇒ (다)와 (라)는 특징 F, E, C, B를 공유하며 유연관계가 가깝다.
- (다)와 (라)의 분기점이 가장 위쪽에 있다.
⇒ 가장 최근에 분화되었다.
- 생물 (다)를 기준으로 유연관계가 가까운 생물 순서
  : (다) → (라) → (마) → (가) = (나) → (바)

❷ 분기점

계통수에서 가지가 갈라지는 곳으로, 서로 다른 특징을 가져 종이 분화되는 기준점이다.

미니사전

동정 [同 한가지 定 정하다]
도감이나 기존 자료를 이용하여 분류 형질을 구분하고 이미 알고 있는 분류군 중에서 생물 개체의 속과 종을 결정하는 일이다.

3. 계통과 계통수

(1) 계통 : 생물이 진화해 온 경로를 바탕으로 세운 생물 상호 간의 유연관계이다. 생물이 진화해 온 역사를 나타낸 것이라고도 할 수 있다.

(2) 계통수❶ : 계통을 바탕으로 여러 생물들의 유연관계를 나뭇가지 모양의 그림으로 나타낸 것이다. 생물의 진화 경로와 생물 간의 유연관계를 쉽게 파악할 수 있다. 계통수의 아래쪽에는 조상 생물이 위치하고, 분류 형질의 차이를 비교하여 분화된 종을 가지로 나누어 표시한다.

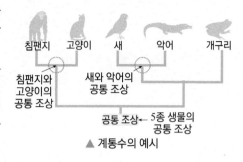

▲ 계통수의 예시

계통수에서 분기점❷이 아래에 있을수록 먼저 갈라져 나온 것이며, 갈라진 가지의 위치가 위쪽일수록 비교적 최근에 공통 조상으로부터 분화된 것이다.

(3) 동정과 검색표

① **동정**[미니] : 다양한 분류 형질을 이용하여 어떤 생물이 속하는 분류군 또는 학명을 알아내는 일이다.
② **검색표** : 생물을 분류할 때 미지의 생물이 속하는 생물군을 쉽게 찾기 위해 분류 기준이 되는 특징을 단계적으로 나열해 놓은 표로, 이에 따라 분류하면 미지의 생물을 쉽게 동정할 수 있다.

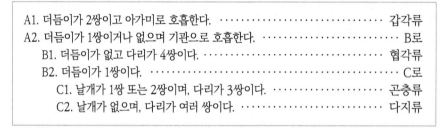

A1. 더듬이가 2쌍이고 아가미로 호흡한다. ····························· 갑각류
A2. 더듬이가 1쌍이거나 없으며 기관으로 호흡한다. ··················· B로
  B1. 더듬이가 없고 다리가 4쌍이다. ······························· 협각류
  B2. 더듬이가 1쌍이다. ··· C로
    C1. 날개가 1쌍 또는 2쌍이며, 다리가 3쌍이다. ··············· 곤충류
    C2. 날개가 없으며, 다리가 여러 쌍이다. ····················· 다지류

A2 > B2 > C1에 해당하므로 곤충류이다.

꿀벌

A2 > B2 > C2에 해당하므로 다지류이다.

지네

▲ 검색표로 절지동물을 동정하는 예시

개념확인 3

생물을 분류할 때 미지의 생물이 속하는 생물군을 쉽게 찾기 위해 분류 기준이 되는 특징을 단계적으로 나열해 놓은 표를 무엇이라 하는가?

(   )

확인 + 3

다음 계통과 계통수에 대한 설명 중 옳은 것은 ○표, 옳지 않은 것은 ×표 하시오.

(1) 계통수의 가장 위에 공통 조상이 위치한다. (   )
(2) 계통수에서 갈라진 나뭇가지가 위쪽에 있을수록 최근에 분화된 것이다. (   )
(3) 멀리 떨어진 가지의 생물 사이일수록 가까운 가지의 생물 사이보다 유연관계가 더 멀다. (   )

4. 생물의 분류 체계

(1) 분류 체계 : 다양한 종을 비교하여 계통적으로 관련이 있는 종끼리 묶어 체계적으로 정리한 것이다.

(2) 분류 체계의 변화

2계 분류 체계	3계 분류 체계[i]	5계 분류 체계
 식물계 동물계	식물계 동물계 원생생물계	균계 식물계 동물계 원생생물계 원핵생물계
· 18세기 초 린네가 제창 · 생물을 운동성의 유무에 따라 분류(운동성이 없는 것은 식물계, 운동성이 있는 것은 동물계)	· 1866년 헤켈[2]이 제창 · 현미경의 발달로 미생물이 발견되어 단세포 생물을 원생생물계로 분류	· 1969년 휘태커[3]가 제창 · 광합성을 하지 못하는 버섯과 곰팡이류를 식물계로부터 균계로 분류

3역 6계 분류 체계

· 1990년 우스[4]가 제창
· DNA 염기 서열, 단백질의 아미노산 서열, 전자 현미경으로 관찰한 세포의 초미세 구조 등을 근거로 계통수가 작성되면서 제시
· 화산이나 온천에서 발견되는 고세균은 세균보다 진핵생물과 특징이 유사하여 원핵생물계를 세균계와 고세균계로 나눔
· 나머지 4계는 모두 진핵생물역에 포함시켜 분류

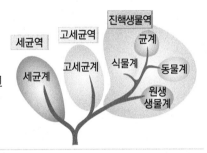

· 2004년 캐벌리어 스미스가 세균과 고세균을 묶어서 진정세균계[5]로 묶고, 원생생물계에서 엽록소 a와 c를 포함하고 있는 엽록체를 가진 조류를 크로미스타계로 분리한 후 나머지를 원생동물계로 분류하여 진정세균계, 원생동물계, 크로미스타계, 식물계, 균계, 동물계의 6계 분류 체계를 제안하는 등 분류 체계는 지속적으로 변화하고 있다.

개념확인 4   정답 및 해설   68 쪽

다음 분류 체계에 대한 설명 중 옳은 것은 ○표, 옳지 않은 것은 ×표 하시오.

(1) 2계 분류 체계에서 식물계와 동물계를 구분한 기준은 세포의 수 차이이다.   (   )
(2) 3계 분류 체계는 2계 분류 체계에서 균계가 분리된 분류 체계이다.   (   )
(3) DNA 염기 서열 등을 근거로 3역 6계 분류 체계가 제시되었다.   (   )

확인 + 4

다음 분류 체계 중 5계 분류 체계에 속하지 <u>않는</u> 것은?

① 균계   ② 식물계   ③ 동물계   ④ 고세균계   ⑤ 원핵생물계

---

❶ 4계 분류 체계

1956년 코플랜드가 3계 분류 체계에서 원생생물 중 핵이 발달하지 않은 세균류와 남세균을 원핵생물계로 분류하여 원핵생물계와 원생생물계, 식물계, 동물계의 4계로 분류하였다.

❷ 헤켈(Haeckel, E, H.)

(1834 ~ 1919)독일의 생물학자로, 1866년에 최초의 계통수를 그렸다.

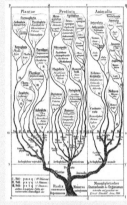

▲ 해켈이 그린 최초의 계통수

❸ 휘태커(Whittaker, R, H.)

(1920 ~ 1980) 미국의 생태학자로, 영양 방식을 강조하여 식물계에서 균계를 분리하고 생물을 5계로 분류하였다.

❹ 우스(Woese, C.)

(1928 ~ 2012)
미국의 생물학자로, 리보솜 RNA의 염기 서열을 분석하여 원핵생물계를 세균계와 고세균계로 분리하였다.

❺ 진정세균

원핵생물 중 세균을 고세균과 엄밀하게 구분하기 위해 사용하는 용어로, 교과서에 따라 세균역을 진정세균역, 세균계를 진정세균계로 표기하기도 한다.

01 다음은 생물의 분류 계급을 나타낸 것이다.

> 역 > 계 > 문 > 강 > 목 > 과 > 속 > 종

이에 대한 설명으로 옳은 것만을 <보기>에서 있는 대로 고른 것은?

〈 보기 〉
ㄱ. 같은 강에 속하는 생물 집단은 모두 같은 목에 속한다.
ㄴ. 같은 속에 속하는 생물 집단은 모두 같은 과에 속한다.
ㄷ. 다른 속에 속하는 개체 간 교배할 때 생식 능력이 있는 자손이 나온다.

① ㄱ   ② ㄴ   ③ ㄷ   ④ ㄱ, ㄴ   ⑤ ㄴ, ㄷ

02 인위 분류에 해당하는 내용은 '인', 자연 분류에 해당하는 것은 '자'라고 쓰시오.

(1) 잉어는 척추 동물이고, 지네는 무척추 동물이다.   (   )
(2) 도라지는 식용 식물이고, 인삼은 약용 식물이다.   (   )
(3) 은행나무는 겉씨식물이고, 감나무는 속씨식물이다.   (   )

03 그림은 3역 6계 분류 체계를 나타낸 것이다.

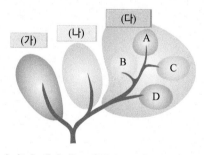

(1) (가) ~ (다) 중에서 '곰팡이'가 해당되는 계를 고르시오.   (   )
(2) 다음 중 A ~ D에 해당하지 않는 계를 고르시오.
① 균계   ② 식물계   ③ 동물계   ④ 원핵생물계   ⑤ 원생생물계

04 다음은 사람의 학명이다. 학명 표기법에 올바르게 고쳐 쓰시오.

homo sapiens Linne

05 그림 (가)는 생물 개체군 ㄱ ~ ㅁ을 특징 A ~ D에 따라 분류한 것이고, (나)는 이에 따라 계통수를 작성한 것이다. (1) ~ (3)에 해당하는 생물 개체군의 기호를 쓰시오.

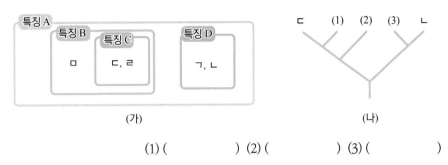

(가)   (나)

(1) (   ) (2) (   ) (3) (   )

06 다음 종에 대한 설명 중 옳은 것은 ○표, 옳지 않은 것은 ×표 하시오.

(1) 종은 생물 분류의 가장 기본적인 단위이다.   (   )
(2) 종이 달라도 자연 상태에서 교배가 자주 일어난다.   (   )
(3) 형태학적으로 비슷한 형태를 가진 개체는 같은 종에 속한다.   (   )

07 다음은 수사자와 암호랑이 사이에서 태어난 라이거의 사진이다. 이에 대한 설명으로 옳은 것은?

① 사자와 호랑이는 같은 종이다.
② 라이거는 생식 능력을 가지고 있다.
③ 라이거의 성별은 반드시 수컷이다.
④ 종간 잡종은 독립된 종으로 분류되지 않는다.
⑤ 수사자와 암호랑이를 같이 두었을 때 자연적으로 교배가 일어난다.

08 다음 아종과 변종, 품종에 대한 설명 중 옳은 것만을 <보기>에서 있는 대로 고른 것은?

─────── 〈 보기 〉 ───────
ㄱ. 아종은 종보다 상위 분류 단계이다.
ㄴ. 변종은 인위적으로 개량된 종의 개체군을 말한다.
ㄷ. 피망은 고추의 변종이고, 부사와 홍옥은 사과의 품종이다.

① ㄱ   ② ㄴ   ③ ㄷ   ④ ㄱ, ㄴ   ⑤ ㄴ, ㄷ

유형 12-1 종의 개념

다음은 암말과 수탕나귀 사이에서 태어난 노새의 그림이다.

암말 + 수탕나귀 = 노새

이에 대한 설명으로 옳은 것만을 <보기>에서 있는 대로 고른 것은?

〈 보기 〉

ㄱ. 노새는 생식 능력을 가지고 있다.
ㄴ. 노새는 새로운 종으로 인정받지 않는다.
ㄷ. 암말과 수탕나귀의 교배는 자연적으로 일어난다.

① ㄱ   ② ㄴ   ③ ㄷ   ④ ㄱ, ㄴ   ⑤ ㄴ, ㄷ

01 다음 분류와 종의 개념에 대한 설명 중 옳은 것은 ○표, 옳지 않은 것은 ×표 하시오.

(1) 자연 상태에서 종간 교배가 흔히 일어난다.   (   )
(2) 분류는 생물에 대한 연구와 생물 자원의 이용을 용이하게 한다.   (   )
(3) 분류의 기준이 되는 분류 형질은 후천적으로 얻은 것도 해당될 수 있다.   (   )

02 서로 다른 종의 개체들을 교배한 결과 태어난 대체로 생식 능력이 없는 생물을 무엇이라 하는가?

(   )

유형 12-2 분류 계급과 학명

다음은 여러 동물들의 학명과 분류 계급을 나타낸 표이다. 이에 대한 설명 중 옳지 않은 것은?

동물	회색 늑대	고양이	붉은 여우	재칼
학명	*Canis lupus*	*Felis catus*	*Vulpes vulpes*	*Canis aureus*
㉠	개과	고양이과	개과	A
	식육목	식육목	식육목	식육목
	포유강	B	포유강	포유강
	척삭동물문	척삭동물문	척삭동물문	척삭동물문
	동물계	동물계	동물계	동물계
㉡	진핵생물역	진핵생물역	진핵생물역	진핵생물역

(왼쪽 세로: 분류 계급)

① 재칼과 늑대는 다른 종이다.
② A는 개과이고 B는 포유강이다.
③ 붉은 여우는 회색 늑대의 아종이다.
④ ㉠에서 ㉡으로 갈수록 상위의 분류 계급이다.
⑤ 이 중 붉은 여우와 유연관계가 가장 먼 종은 고양이이다.

---

03 다음 분류 계급에 대한 설명에서 빈칸에 알맞은 말을 쓰시오.

(1) 생물의 분류 계급 중 강보다 하위이고 과보다 높은 분류 계급은 (   )이다.
(2) 생물의 분류 계급 중 역보다 하위이고 문보다 높은 분류 계급은 (   )이다.
(3) 종보다 하위 분류 계급으로는 아종, 변종, (   )이 있다.

---

04 학명의 표기법에 대한 설명으로 옳은 것만을 <보기>에서 있는 대로 고른 것은?

〈 보기 〉
ㄱ. 학명의 종소명과 속명은 라틴어를 사용한다.
ㄴ. 3명법의 아종명을 붙일 때 정체를 사용한다.
ㄷ. 학명에서 속명은 첫 글자를 대문자로 표기한다.

① ㄱ   ② ㄴ   ③ ㄷ   ④ ㄱ, ㄴ   ⑤ ㄱ, ㄷ

유형 12-3 계통과 계통수

그림 (가)는 7가지 종(A~G)을 특징에 따라 분류한 것이고, (나)는 이를 근거로 작성한 계통수이다.

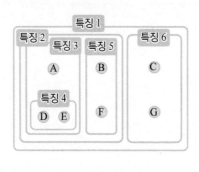

(가)   (나)

(1) ㉠과 ㉡에 알맞은 종을 차례대로 쓰시오.   ㉠ (   ) ㉡ (   )

(2) ⓐ 선이 어떤 특질과 어떤 특질 사이를 나누는지 옳게 연결된 것은?

① 1-2   ② 2-3   ③ 2-6   ④ 3-5   ⑤ 4-6

---

05 계통과 계통수에 대한 설명으로 옳은 것만을 <보기>에서 있는 대로 고른 것은?

───── 〈 보기 〉 ─────

ㄱ. 계통은 생물이 진화해 온 경로를 뜻한다.
ㄴ. 계통수를 통해 각기 다른 두 종의 공통 조상을 찾아낼 수 있다.
ㄷ. 계통수에서 갈라진 가지가 아래쪽에 있을수록 최근에 공통 조상에게서 분화된 것이다.

① ㄱ   ② ㄴ   ③ ㄱ, ㄴ   ④ ㄴ, ㄷ   ⑤ ㄱ, ㄴ, ㄷ

---

06 다음 동정과 검색표에 대한 설명 중 옳은 것은 ○표, 옳지 않은 것은 ×표 하시오.

(1) 다양한 분류 형질을 이용하여 생물의 분류군이나 학명을 알아낼 수 있다.   (   )

(2) 검색표에서 한 가지 형질을 잘못 찾아가도 올바른 학명을 알아낼 수 있다.   (   )

(3) 새로운 종을 발견했을 때 검색표는 학명을 부여하는 데 아무 소용이 없다.   (   )

유형 12-4 생물의 분류 체계

다음은 생물 분류 체계를 도식으로 나타낸 것이다.

(가)   (나)

이에 대한 설명으로 옳은 것만을 <보기>에서 있는 대로 고른 것은?

〈 보기 〉

ㄱ. (가)는 (나)에서 발전한 분류 체계이다.
ㄴ. (가)는 식물계에서 영양 방식을 근거로 곰팡이를 균계로 독립시켰다.
ㄷ. (나)에서 세균계보다 고세균계가 더 진핵생물역에 가까운 것을 알 수 있다.

① ㄱ   ② ㄴ   ③ ㄷ   ④ ㄱ, ㄴ   ⑤ ㄴ, ㄷ

07 분류 체계 중 현미경이 발달하면서 미생물이 발견되었을 때 제안된 분류 체계는 무엇인가?

(   )

08 다음 중 분류 체계에 대한 설명으로 옳지 않은 것은?

① 18세기 초 린네에 의해 최초의 계통수가 그려졌다.
② 헤켈은 생물을 식물계, 동물계, 원생생물계로 분류하였다.
③ 분류 체계는 생물 연구의 발전에 따라 지속적으로 변화되었다.
④ 5계 분류 체계는 곰팡이 무리를 식물계로부터 분리해내면서 확립되었다.
⑤ 1956년에는 모네라계와 원생생물계, 식물계, 동물계의 4계 분류 체계도 존재했다.

01 다음은 외형이 비슷한 척추동물 A, B, C가 같은 종인지를 알아보기 위해 실시한 교배 실험과 그 결과이다. (단, 실험에서 태어난 자손 중 기형이나 유전적 돌연변이는 없는 것으로 가정한다.)

> (가) A와 B를 교배하여 자손 a와 b를 낳았다.
> (나) A와 C를 교배하여 자손 c와 d를 낳았다.
> (다) a와 b는 자손을 가지지 못했다.
> (라) c와 d는 e와 f의 자손을 가졌다.

(1) 위 실험 결과를 바탕으로 A ~ C가 같은 종인지 다른 종인지를 서술하시오.

(2) 위와 같은 교배 실험 결과가 같은 종인지를 알아보는 근거가 되는 이유는 무엇인가? '종'의 개념에 의거해 서술하시오.

(3) 모든 생물을 교배 실험을 통해 같은 종인지 아닌지를 알아볼 수는 없다. 이때 같은 종인지를 알아보기 위해 대체할 수 있는 방안은 무엇이 있을지 찾아 나열해 보시오.

02 다음은 우리나라에 자생하는 4가지 식물 (가) ~ (라)의 학명을 나타낸 것이다.

> (가) 단풍나무 : *Acer palmatum* Thunb.
> (나) 내장단풍나무 : *Acer palmatum var. nakaii* Uyeki
> (다) 참빗살나무 : *Euonymus hamiltonianus* Wall.
> (라) 섬단풍나무 : *Acer takesimense* Nakai

(1) 이 중에서 같은 과에 속하지 <u>않는</u> 식물을 모두 고르시오.

(2) 내장단풍나무는 단풍나무와 어떤 관계인가?

(3) 섬단풍나무는 어떤 사람에 의해 명명되었는가?

03 다음은 여러 가지 생물의 사진과 특징을 정리한 것이다.

| 비늘이끼 | 영지버섯 | 인삼 | 소나무 | 푸른곰팡이 | 고비 |

구분	영지버섯	고비	소나무	푸른곰팡이	인삼	비늘이끼
엽록소	없음	있음	있음	없음	있음	있음
관다발	-	있음	있음	-	있음	없음
씨방	-	-	없음	-	있음	-
번식 방법	포자	포자	종자	포자	종자	포자

(1) 이 생물들을 분류 기준에 따라 묶어 빈칸을 채우시오.

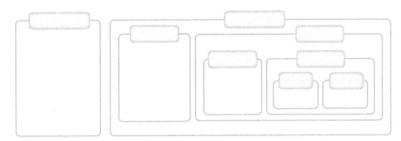

(2) 이 생물들을 분류한 기준에 따라 계통수를 그리시오.

04 다음은 생물의 3역 6계 분류 체계 중 3역의 특징을 비교한 표이다. 이전 5계 분류 체계에서 원핵생물계가 왜 세균역과 고세균역으로 나뉘었는지 특징을 비교하여 서술하시오.

구분	세균역	고세균역	진핵생물역
핵막	없다	없다	있다
막성 소기관	없다	없다	있다
세포벽의 *펩티도글리칸	있다	없다	없다
리보솜 크기	70S	70S	80S
RNA 중합 효소	1종류	여러 종류	여러 종류
단백질 합성의 개시 아미노산	포밀메싸이오닌	메싸이오닌	메싸이오닌
인트론(비암호화 유전자)	없다	일부 있다	있다
원형 염색체	있다	있다	없다
100℃ 이상에서 생존 능력	없다	일부 있다	없다

*펩티도글리칸 : 세균의 세포벽에 있는 당단백질로, 다당류에
짧은 폴리펩타이드가 결합하여 망상 구조를 이루고 있다.

A

01 국제적으로 통용되는 생물의 이름으로, 라틴어로 표기하며 린네가 창안한 2명법을 사용하는 것은 무엇인가?

( )

02 계통을 바탕으로 여러 생물들의 유연관계를 나뭇가지 모양의 그림으로 나타낸 것은 무엇인가?

( )

03 다양한 분류 형질을 이용하여 특정한 생물이 속하는 분류군 또는 학명을 알아내는 일을 무엇이라 하는가?

( )

04 다음 개와 회색 늑대의 학명을 보고 이에 대한 설명 중 옳은 것은 ○표, 옳지 않은 것은 ×표 하시오.

개	*Canis lupus familiaris*
회색 늑대	*Canis lupus*

(1) 회색 늑대는 개의 아종이다. ( )
(2) 개와 회색 늑대의 과명이 같다. ( )

05 종에 대한 설명으로 옳지 않은 것은?

① 종간 잡종을 독립된 종으로 분류하지 않는다.
② 종은 다른 개체군과 생식적으로 분리되어 있다.
③ 현대에는 주로 형태학적 종의 개념으로 구분한다.
④ 비슷한 환경에서 생활하거나 먹이가 겹치더라도 동일한 종이 아닐 수 있다.
⑤ 생물학적 종은 자연 상태에서 교배하여 생식 능력이 있는 자손을 낳는 집단을 말한다.

06 생물의 분류 계급에 대한 설명으로 옳지 않은 것은?

① 강은 목보다 상위 계급이다.
② 아속은 과와 속 사이에 위치한다.
③ 분류 계급은 총 8단계로 구성된다.
④ 문보다 계에 속하는 생물이 더 많다.
⑤ 아종과 품종은 변종과 같은 단계이다.

07 다음은 분류에 대한 설명이다. 괄호 안에 알맞은 말을 쓰시오.

(1) 생물 고유의 유전적 특성으로 생물 간의 유연 관계와 진화 과정을 밝히고 계통을 세우는 것을 ( )라 한다.

(2) 생물의 고유 특징을 기준으로 진화 계통에 따라 분류하는 방법을 ( )라 한다.

08 다음 종에 대한 설명 중 옳은 것은 ○표, 옳지 않은 것은 ×표 하시오.

(1) 생물학적 종의 구분은 린네에 의해 체계화되었다.
( )

(2) 서로 다른 종의 개체끼리는 교배를 해도 자손을 낳을 수 없다. ( )

09 다음은 3가지 식물의 학명이다. 이에 대한 설명으로 괄호 안에 알맞은 말을 고르시오.

동백나무	*Camellia japonica* Linné
쪽동백나무	*Styrax obassia* Siebold&Zucc.
때죽나무	*Styrax japonicus* Miers

(1) 때죽나무와 쪽동백나무는 같은 (속 , 종)에 속한다.

(2) 쪽동백나무와 때죽나무 간의 유연관계는 쪽동백나무와 동백나무 간의 유연관계보다 (멀다 , 가깝다).

10 다음은 생물학적 종 A ~ F의 계통수를 나타낸 것이다.

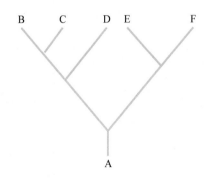

이에 대한 설명으로 옳은 것만을 <보기>에서 있는 대로 고른 것은? (단, 계통수의 위로 갈수록 최근에 분화되었다.)

───── 〈 보기 〉 ─────
ㄱ. A는 가장 많이 진화한 종이다.
ㄴ. D는 C보다 먼저 분화하였다.
ㄷ. B와 D의 유연관계는 B와 F 사이의 유연관계보다 가깝다.

① ㄱ   ② ㄱ, ㄴ   ③ ㄱ, ㄷ
④ ㄴ, ㄷ   ⑤ ㄱ, ㄴ, ㄷ

B

11 같은 종만으로 이루어진 경우를 <보기>에서 있는 대로 고른 것은?

───── 〈 보기 〉 ─────
ㄱ. 사자와 호랑이   ㄴ. 말과 당나귀
ㄷ. 진돗개와 풍산개   ㄹ. 황소와 젖소
ㅁ. 개구리와 올챙이

① ㄱ, ㄴ   ② ㄱ, ㅁ   ③ ㄱ, ㄷ, ㄹ
④ ㄴ, ㄷ, ㅁ   ⑤ ㄷ, ㄹ, ㅁ

12 다음 개와 고양이, 사자의 분류 계급에 대한 설명으로 옳은 것은?

개	고양이	호랑이
개속	고양이속	큰고양이속
개과	고양이과	고양이과
식육목	식육목	식육목
포유강	포유강	포유강

① 고양이는 개의 아종이다.
② 식육목은 개과의 하위 계급이다.
③ 호랑이와 고양이는 학명이 같을 것이다.
④ 개, 호랑이, 고양이는 다른 문에 속할 것이다.
⑤ 호랑이와 고양이 사이의 유연관계는 고양이와 개 사이의 유연관계보다 가깝다.

13 아종, 변종, 품종에 대한 설명으로 옳은 것만을 <보기>에서 있는 대로 고른 것은?

───── 〈 보기 〉 ─────
ㄱ. 피망은 고추의 변종에 속한다.
ㄴ. 아종은 종보다 상위 계급이다.
ㄷ. 품종은 자연 상태에서 일어난 돌연변이에 나타난 결과이다.

① ㄱ   ② ㄴ   ③ ㄷ
④ ㄱ, ㄴ   ⑤ ㄱ, ㄷ

14~15 다음은 생물의 분류 체계가 (가)에서 (나)로 바뀐 것을 나타낸 것이다.

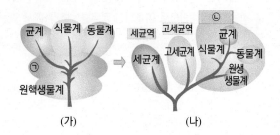

14 ⊙과 ⓒ에 들어갈 알맞은 말을 쓰시오.

⊙ (   ) ⓒ (   )

15 이에 대한 설명으로 옳은 것만을 <보기>에서 있는 대로 고른 것은?

〈 보기 〉

ㄱ. (가)에서 (나)로 바뀐 것은 DNA 염기서열의 연구에 의한 것이다.
ㄴ. (가)의 균계에 속해 있던 생물이 (나)의 세균계와 고세균계로 분리되었다.
ㄷ. (나)에서 고세균계의 생물은 세균계의 생물보다 진핵생물역의 생물에 더 가깝게 분화되었다.

① ㄱ   ② ㄴ   ③ ㄷ
④ ㄱ, ㄴ   ⑤ ㄱ, ㄷ

16 학명에 대한 설명으로 옳은 것만을 <보기>에서 있는 대로 고른 것은?

〈 보기 〉

ㄱ. 학명은 나라마다 조금씩 다르다.
ㄴ. 학명을 통해 각 생물의 속명은 알 수 없다.
ㄷ. 학명을 사용하지 않았을 때 나라 간의 연구에 차질이 생길 것이다.

① ㄱ   ② ㄴ   ③ ㄷ
④ ㄱ, ㄴ   ⑤ ㄴ, ㄷ

17 다음은 생물을 분류하는 다양한 방법이다.

(가) 곰팡이와 버섯은 엽록소가 없어 균계로 분류한다.
(나) 동물의 먹이에 따라 육식, 초식, 잡식으로 분류한다.
(다) 고등어와 날치는 수중 동물로, 다람쥐와 비둘기는 육상 동물로 분류한다.
(라) 겨울눈의 위치에 따라 지상 식물, 지표 식물, 지중 식물 등으로 분류한다.
(마) 단풍나무는 겉씨식물, 은행나무는 속씨식물로 분류한다.

(가)~(마)의 분류 기준을 바르게 짝지은 것은?

	인위 분류	자연 분류
①	(가), (나)	(다), (라), (마)
②	(나), (다)	(가), (라), (마)
③	(라), (마)	(가), (나), (다)
④	(나), (다), (라)	(가), (마)
⑤	(다), (라), (마)	(가), (나)

18 분류 체계의 발전에 대한 설명으로 옳은 것만을 <보기>에서 있는 대로 고른 것은?

〈 보기 〉

ㄱ. 린네는 식물계, 동물계, 원생생물계의 3계로 분류하였다.
ㄴ. 휘태커는 원생생물계에서 균계를 독립시킨 과학자이다.
ㄷ. 3역 6계 분류 체계는 2계 분류 체계보다 유연관계가 더 잘 나타나있다.

① ㄱ   ② ㄴ   ③ ㄷ
④ ㄱ, ㄴ   ⑤ ㄱ, ㄷ

19 두 가지 식물 개체 A, B의 DNA 염기 서열을 조사하여 같은 종임을 확인하였다.

땅 위에 서식   물웅덩이 속에 서식

A   B

이에 대한 설명으로 옳은 것만을 <보기>에서 있는 대로 고른 것은?

〈 보기 〉

ㄱ. 같은 종이라도 환경에 따라 형태가 달라 질 수 있다.
ㄴ. A와 B를 교배하면 생식 능력이 없는 개체가 나올 것이다.
ㄷ. DNA 염기 분석이 아니라 염색체 수만 비교해도 같은 종인지 확인할 수 있다.

① ㄱ   ② ㄴ   ③ ㄷ
④ ㄱ, ㄴ   ⑤ ㄱ, ㄷ

20 다음은 생물 (가) ~ (라) 사이 염기 서열의 유사도를 나타낸 표와 이를 기준으로 작성한 계통수이다. (가) ~ (라)는 각각 A ~ D 중 하나이다. (단, 유사도가 1에 가까울 수록 염기서열이 비슷하다.)

종	(가)	(나)	(다)	(라)
(가)	1	0.96	0.64	0.82
(나)		1	0.64	0.82
(다)			1	0.72
(라)				1

A B   C   D

이에 대한 설명으로 옳은 것만을 <보기>에서 있는 대로 고른 것은?

〈 보기 〉

ㄱ. A는 (라)이다.
ㄴ. 공통 조상으로부터 첫번째로 분화된 종은 (다)이다.
ㄷ. B와 C 사이의 유연관계는 C와 D 사이의 유연관계보다 멀다.

① ㄱ   ② ㄴ   ③ ㄷ
④ ㄱ, ㄴ   ⑤ ㄱ, ㄷ

21 다음은 생물 ㉠ ~ ㉯을 특징 A ~ C에 따라 구분하여 도식으로 나타낸 것이다.

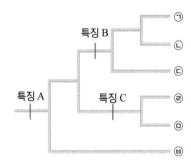

이에 대한 설명으로 옳은 것만을 <보기>에서 있는 대로 고른 것은?

〈 보기 〉

ㄱ. ㉠과 가장 유연관계가 먼 것은 ㉯이다.
ㄴ. ㉣은 특징 B와 특징 C를 가지고 있다.
ㄷ. ㉯은 생물들 중 가장 먼저 분화해 나간 종이다.

① ㄱ   ② ㄴ   ③ ㄷ
④ ㄱ, ㄴ   ⑤ ㄱ, ㄷ

22 표는 서로 다른 생물 6종 (가) ~ (바)의 과와 목을 나타낸 것이다.

종	(가)	(나)	(다)	(라)	(마)	(바)
과	a	b	b	c	c	d
목	A	A	A	B	B	B

다음 중 (가) ~ (바)의 계통수로 적절한 것은?

① (가) (나) (다) (라) (마) (바)
② (가) (나) (다) (라) (마) (바)
③ (가) (나) (다) (라) (마) (바)
④ (가) (나) (다) (라) (마) (바)
⑤ (가) (나) (다) (라) (마) (바)

23 생물의 분류 체계의 차이에 대한 설명으로 옳은 것만을 <보기>에서 있는 대로 고른 것은?

─── 〈 보기 〉 ───

ㄱ. 2계와 3계 분류 체계의 차이점은 현미경의 발명에 의해 생간 것이다.
ㄴ. 3계와 5계 분류 체계의 차이는 광합성 가능 여부와 핵 발달 여부이다.
ㄷ. 5계 분류 체계와 3역 6계 분류 체계의 차이점은 진핵생물역 내부의 변화 때문이다.

① ㄱ   ② ㄴ   ③ ㄷ
④ ㄱ, ㄴ   ⑤ ㄱ, ㄷ

24 다음은 서로 다른 형태를 하고 있는 생물 A ~ D의 서식지를 나타낸 지도와 생물들 간의 교배 실험 결과이다.

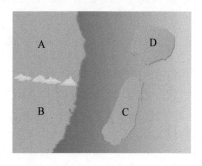

(가) A와 B는 자연 상태에서 자유롭게 교배하여 생식 능력이 있는 자손을 낳는다.
(나) A와 C 사이의 교배에서 자손 E, F가 나왔다.
(다) B와 D 사이의 교배에서 자손 G, H가 나왔다.
(라) E와 F 사이에서 자손이 태어나지 않았다.
(마) G와 H 사이에서 자손 I가 태어났다.

이에 대한 설명으로 옳은 것만을 <보기>에서 있는 대로 고른 것은?

─── 〈 보기 〉 ───

ㄱ. A와 D는 학명이 같다.
ㄴ. B와 C는 서로 다른 종이다.
ㄷ. C와 D를 교배하면 생식 능력을 가진 자손이 태어날 것이다.

① ㄱ   ② ㄴ   ③ ㄷ
④ ㄱ, ㄴ   ⑤ ㄱ, ㄷ

25 다음은 몇 가지 종류의 동물의 체세포 염색체 수와 자손에 대해 조사한 표이다.

종류	체세포 염색체 수	자손 이름	생식 능력
수호랑이	38	타이곤	없음
암사자	38		
진돗개	78	풍진개	있음
풍산개	78		
수탕나귀	62	노새	없음
암말	64		

이에 대한 설명으로 옳은 것만을 <보기>에서 있는 대로 고른 것은?

─── 〈 보기 〉 ───

ㄱ. 풍산개와 진돗개는 같은 종이다.
ㄴ. 노새의 체세포 염색체 수는 64개이다.
ㄷ. 염색체 수가 같으면 반드시 같은 종이다.

① ㄱ   ② ㄴ   ③ ㄷ
④ ㄱ, ㄴ   ⑤ ㄱ, ㄷ

26 다음은 진달래목에 속하는 4종의 식물을 분류 계급에 따라 분류한 것이다.

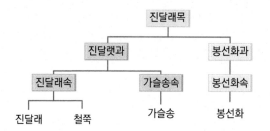

이에 대한 설명으로 옳은 것만을 <보기>에서 있는 대로 고른 것은?

─── 〈 보기 〉 ───

ㄱ. 4종의 식물은 모두 같은 문에 속한다.
ㄴ. 가슬송은 봉선화보다 진달래와 유연관계가 가깝다.
ㄷ. 철쭉과 가장 유연관계가 가까운 식물은 진달래이다.

① ㄱ   ② ㄱ, ㄴ   ③ ㄱ, ㄷ
④ ㄴ, ㄷ   ⑤ ㄱ, ㄴ, ㄷ

심화

27 다음 표는 서로 다른 생물종 Ⅰ~Ⅴ에서 어떤 유전자의 염기 서열 일부를 나타낸 것이고, 그림은 표의 염기 서열에서 일어난 염기 치환 ㉠~㉦ 을 기준으로 생물의 계통수를 나타낸 것이다. (가)~(라)는 각각 생물종 Ⅰ,Ⅱ,Ⅳ, Ⅴ 중 하나이다. 모든 염기 치환은 서로 다른 자리에서 각각 1회씩만 일어났다.

생물종	염기 서열 일부							
Ⅰ	C	C	C	G	T	C	T	G
Ⅱ	T	G	C	G	T	C	A	G
Ⅲ	T	G	C	G	A	C	T	A
Ⅳ	T	C	C	A	T	C	T	G
Ⅴ	T	G	G	G	A	C	T	G

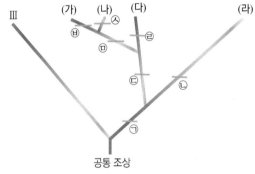

(1) (다)는 각각 생물종 Ⅰ~Ⅴ 중 무엇인가?
( )

(2) ㉤에서는 어떻게 염기 치환이 일어났는가?
( )

28 백인과 흑인, 황인은 같은 종인지 다른 종인지 근거를 들어 서술하시오.

29 생물의 분류 계급 중 강에 속하는 종이 목에 속하는 종의 수보다 많은 이유를 설명하시오.

30 표는 6종의 외떡잎식물 A~F 의 학명과 분류 단계를 나타낸 것이고, 그림은 표를 토대로 작성한 A~F 중 5종의 계통수를 나타낸 것이다.
[모의평가 기출 유형]

식물	학명	목	과
A	*Roscoea purpurea*	생강목	생강과
B	*Roscoea alpina* Royle	생강목	생강과
C	*Zingiber mioga*	생강목	생강과
D	*Zingiber officinale*	생강목	생강과
E	*Musa acuminata*	생강목	파초과
F	*Zea mays* Linné	벼목	벼과

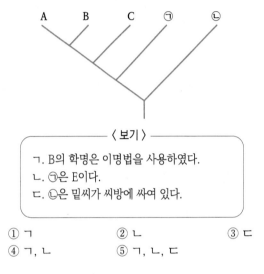

〈 보기 〉

ㄱ. B의 학명은 이명법을 사용하였다.
ㄴ. ㉠은 E이다.
ㄷ. ㉡은 밑씨가 씨방에 싸여 있다.

① ㄱ   ② ㄴ   ③ ㄷ
④ ㄱ, ㄴ   ⑤ ㄱ, ㄴ, ㄷ

31 다음은 종 R이 시기에 따라 여러 종으로 분화되는 과정을 나타낸 계통수이다. 이중 현대까지 남아있는 종들을 두 무리로 분류하고 그 이유를 서술하시오.

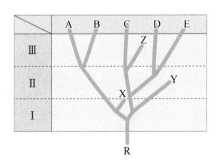

32 4계 분류 체계에서의 원핵생물계는 분류 체계가 변화하면서 현재 완전히 분리되어 사라졌다. 그 이유를 서술하시오.

13강 생물의 다양성 1

1. 세균역-진정세균계   2. 고세균역-고세균계   3. 진핵생물역-원생생물계   4. 진핵생물역-식물계

❶ 진정세균계의 계통적 위치

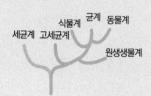

❷ 세균의 특징

● 크기 0.5 ~ 5μm
● 원핵 세포로 핵막이 없이 염색체(DNA)가 세포질에 분포하고 막 구조의 세포 소기관이 없다.
● 효소를 합성하는 리보솜이 있어 스스로 물질대사를 할 수 있다.

❸ 펩티도글리칸

당과 펩타이드가 공유결합한 다당류 물질로, 세포벽을 단단하게 한다. 고세균계가 세균계보다 진핵생물역에 가깝다는 것을 증명해 낸 근거 중 하나이다.

❹ 종속 영양 세균의 종류

● 부패균 : 생물의 사체를 분해하여 생태계 물질을 순환시킨다.
● 병원균 : 결핵균, 폐렴균, 콜레라균 등으로 질병을 일으킨다.
● 유용한 균 : 젖산균, 아세트산균 등의 발효균과 항생제를 생산하는 방선균 등이 있다.

1. 세균역 – 진정세균계❶

(1) 세균(진정세균) : 단세포 원핵생물로, 지구상 대부분의 장소에서 발견된다.❷

① 펩티도글리칸❸ 성분으로 된 세포벽을 가지며, 원형으로 된 1개의 DNA(염색체)를 기본으로 가지되 별도의 DNA (플라스미드)를 가지기도 한다.

② 대부분 분열법으로 번식하며 환경이 나빠지면 내생 포자[미니]를 만들어 휴면 상태가 되었다가 다시 번식한다.

③ 편모로 운동하기도 하고, 표면에 털 모양의 **선모**가 발달하여 다른 세포에 부착하거나 유전자를 교환한다.

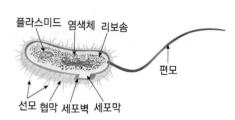

▲ 세균의 구조

(2) 세균의 분류 : 영양 방식에 따라 분류한다.

종속 영양 세균❹	독립 영양 세균	
	화학 합성 세균	광합성 세균
· 다른 생물의 유기물을 섭취하여 살아간다. · 부패균(분해자)과 병원균, 발효균 등 · 세균 모양에 따른 구균(원), 간균(막대), 나선균(꼬인선)으로도 구분한다.	· 무기물을 산화시켜 얻은 화학 에너지로 살아간다. · 황세균, 철세균, 아질산균, 질산균 등	· 빛에너지를 이용한 광합성으로 유기물을 합성하여 살아간다. · 홍색황세균, 녹색황세균, 남세균(남조류)

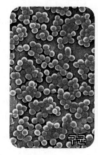

▲ 종속 영양 세균

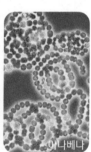

▲ 독립 영양 세균(남세균)

개념확인 1

다음 세균역에 대한 설명에서 빈칸에 알맞은 말을 쓰시오.

(1) 펩티도글리칸 성분으로 된 (세포막 , 세포벽)을 가진다.

(2) 세균의 표면에서 발견되는 털같이 생긴 구조물로 다른 세포에 부착하거나 유전자를 교환할 때 이용하는 세균 구조의 한 종류는 (편모 , 선모)이다.

확인 + 1

종속 영양 세균 중 생물의 사체를 분해하여 생태계 물질을 순환시키는 균을 무엇이라고 하는가?   (   )

미니사전

내생 포자 [內 안에서 生 살다 胞子 포자] 저온, 건조 등 생존에 좋지 않은 환경 조건에서 세균이 형성하는 특수한 휴면 상태의 포자이다. 이후 환경이 호전될 때 다시 생명 활동을 재개한다.

2. 고세균역 – 고세균계[1]

(1) 고세균 : 단세포 원핵생물로, 일반적인 생물이 생존할 수 없는 극한 환경에 서식한다.

① 펩티도글리칸 성분이 없는 세포벽을 가지며, 원핵생물이지만 세포막의 구성 성분이 다르고 전사와 번역에 관여하는 유전자가 진핵생물과 더 비슷하여 별도의 계로 분리되었다.

② 무기물이나 유기물을 산화시켜 에너지를 얻는 종속 영양 생물이다.

(2) 고세균의 분류 : 서식지에 따라 분류한다.

호열성 미니 고세균	호염성 미니 고세균	메테인 생성균
· 온도가 매우 높은 곳에 주로 서식한다. 황이 풍부한 고온의 화산 온천이나 심해 열수구 등 · 100℃가 넘는 고온에서도 DNA와 단백질이 안정적으로 유지된다.	· 사해[2], 염전 등 염분 농도가 높은 곳에 주로 서식한다. · 구형, 막대형, 정육면체형 등 모양이 다양하다.	· 혐기성 미니 세균으로 산소가 부족한 환경에서 주로 서식한다. 습지, 늪, 동물의 내장 등 · CO_2를 이용하여 H_2를 산화시켜 CH_4(메테인)을 생성한다. · $CO_2 + 4H_2 \rightarrow CH_4 + 2H_2O$
높은 열	고 염분 농도	습지나 늪

(3) 고세균이 진핵생물과 유사한 특징

① 세포벽에 펩티도글리칸 성분이 없다.

② 히스톤과 결합한 DNA를 가진 것도 있으며, 일부 유전자에 인트론(비암호화 부위)이 있다.

③ DNA 복제 과정 및 유전자 발현 과정이 진핵생물과 유사하다.

(4) 고세균은 최초의 생명체인가?

고세균은 심해 열수구와 같은 극한 환경에 서식하고 있어 지구의 최초 생명체(원핵생물)와 유사할 것이라고 추측되기도 하였다. 그러나 세포벽이 세균계처럼 펩티도글리칸 성분으로 되어있지 않고 세포막의 지질 성분도 다르며 유전 정보의 발현 부분이 진핵 세포와 더 유사해 최초의 생명체와는 유연관계가 멀다는 것을 알게 되었다.

개념확인 2 　　　　　　　　　　　정답 및 해설　**74** 쪽

고세균 중 혐기성 세균으로 H_2를 산화시켜 메테인을 형성하는 균은 무엇인가?

　　　　　　　　　　　　　　　　(　　　　　　　　　)

확인 + 2

다음 고세균역에 대한 설명 중 옳은 것은 ○표, 옳지 않은 것은 ✕표 하시오.

(1) 단세포 진핵생물로, 극한 환경에 서식한다. 　　　　　　　(　　)

(2) 펩티도글리칸 성분을 포함한 세포벽을 가진다. 　　　　　　(　　)

(3) 전사와 번역에 관여하는 유전자가 세균역보다 진핵생물역과 더 비슷하다. 　(　　)

---

① 고세균계의 계통적 위치

식물계 균계 동물계
세균계 고세균계
원생생물계

▲ 고세균계는 진정세균계보다 진핵생물계와 더 가까운 유연관계를 나타낸다.

② 사해(死海)

아라비아 반도 북서부에 있는 호수이다. 해수면보다 421미터 낮은 지점에 위치한 호수로 지구에서 가장 낮은 곳이며, 지중해에서 유입된 바닷물이 기후 대변동을 겪으며 고립되어 물이 증발하면서 염도가 높아졌다. 높은 염도와 칼슘, 마그네슘 함유량으로 인해 물고기가 살지 않아 사해라고 불리며 현미경으로 보일 정도의 박테리아와 다세포 생물 몇 종류만 살고 있다.

● 바이러스는 생물인가?

● 크기가 매우 작아 세균 여과기를 통과하는 바이러스는 생물적 특성과 비생물적 특성을 모두 가지고 있는 중간 단계에 위치한다.

● 생물적 특성 : 유전 물질인 핵산(DNA, RNA)과 단백질로 구성되고 살아 있는 숙주 내에서 증식하며 유전 물질을 전달하는 중 돌연변이가 일어난다.

● 비생물적 특성 : 세포 구조를 갖추지 못했고 자체 효소가 없어 스스로 물질대사를 하지 못하기 때문에 숙주 밖에서는 단백질 결정체의 모습을 띤다.

미니사전

혐기성 [嫌 싫어하다 氣 공기(산소) 性 성질] 산소를 싫어하는 성질

호열성 [好 좋아하다 熱 덥다 性 성질] 더운 것을 좋아하는 성질

호염성 [好 좋아하다 鹽 소금 性 성질] 높은 염분을 좋아하는 성질

❶ 원생생물계의 계통적 위치

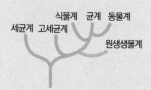

식물계 균계 동물계
세균계 고세균계
                    원생생물계

❷ 진핵생물

핵이 발달하지 않은 원핵세포에 반하여 핵막으로 둘러싸인 핵이 있는 진핵세포로 이루어진 생물이다. 진핵세포는 핵막에 의해 유전 물질이 세포질과 분리되어 있고, 막성 세포 소기관이 발달되어 있어 세포 구조가 복잡하며 원핵세포보다 크기가 크다. 진핵생물역은 식물계, 균계, 동물계, 원생생물계로 분류된다.

3. 진핵생물역 – 원생생물계❶

원생생물은 현미경이 발달하면서 관찰할 수 있었으므로 식물계, 동물계와 별도로 분류되었다. 원생생물계는 매우 다양한 특징을 가진 생물들을 포함하므로 다양한 계통으로 갈라진다.

(1) 원생생물 : 진핵생물❷ 중 식물계, 동물계, 균계에 모두 포함되지 않는 생물군이다.

① 대부분 단세포 진핵생물이지만 군체 [미니] 를 이루거나 다세포인 생물도 있다.

② 물속에서 생활하거나 육상이더라도 수분이 있는 곳에서 서식하며, 대부분 무성 생식을 하지만 일부는 수정이나 접합과 같은 유성 생식을 하기도 한다.

③ 식물계, 동물계, 균계에 명확하게 속하지 않는 생물군을 모두 모았기 때문에 생활 방식과 생태계 내에서의 역할이 매우 다양하다.

④ 원생생물 중 미역, 김 등과 같이 물속에서 광합성을 하는 원생생물은 수중 생태계에서 생산자 역할을 한다. 또 다른 생물과 공생 [미니] 혹은 기생 [미니] 관계를 맺거나 사체를 분해하는 등의 아주 다양한 영양 방식을 가지고 있기 때문에 생태계 내의 물질 순환과 다른 생물계의 생태에 큰 영향을 준다.

(2) 원생생물의 분류 : 각 생물이 식물적 특징을 가졌는지(엽록소 종류), 동물적 특징을 가졌는지(운동 기관의 종류), 균류의 특징을 가졌는지를 기준으로 분류한다.

		독립 영양			종속 영양	
		엽록소 a, d	엽록소 a, b	엽록소 a, c	포자 형성	포자 형성하지 않음
진핵세포단계	다세포단계	홍조류	녹조류	갈조류		
	다핵세포단계				물곰팡이류 점균류	
	단세포단계	유글레나류	쌍편모조류 규조류		포자류	아메바류 편모충류 섬모충류 방산충류

▲ 원생생물계의 계통수

미니사전

군체 [群 무리 體 몸] 같은 종의 생물 다수가 한몸을 이루어 사는 것을 말한다.

공생 [共 함께 生 살다] 다른 종의 생물이 서로에게 이득이 되는 형태로 함께 사는 것을 말한다.

기생 [寄 맡겨 生 살다] 영양분을 뺏는 등 다른 종의 생물이 한쪽에게 해가 되는 형태로 함께 사는 것을 말한다.

▷ **개념확인 3**

다음 원생생물계에 대한 설명 중 옳은 것은 ○표, 옳지 않은 것은 ×표 하시오.

(1) 물속이나 습지 등 습기가 있는 곳에서 서식한다.   (   )
(2) 모든 원생생물계의 생물들은 단세포 진핵생물이다.   (   )
(3) 비교적 비슷한 생활 방식을 가지고 있어 생태계에 주는 영향은 미미하다.   (   )

▷ **확인 + 3**

원생생물 중 단세포 생물이면서 동물과 식물의 특징을 모두 가지는 생물은 무엇인가?

(   )

(1) **조류** : 식물의 특징인 엽록소로 광합성을 하는 독립 영양 생물군이며, 엽록소 종류에 따라 분류한다.

유글레나류	· 일부는 **엽록소 a, b**와 **카로티노이드**를 가지고 있어 광합성을 하지만 빛이 없으면 외부의 먹이를 섭취해 영양분을 얻는다. · 담수에서 서식하며 분열법을 통해 번식한다. · 단세포 생물이며 1개 또는 여러 개의 편모를 가진다. · **식물적 특징**인 엽록체와 **동물적 특징**인 편모, 안점, 수축포 등을 함께 가진다. **예** 유글레나(연두벌레) 등	유글레나
황갈조류 (규조류)	· **엽록소 a, c**와 **규조소(황갈색)**를 가진다. · 담수나 해양에서 살아가는 식물성 플랑크톤으로 분열법을 통한 무성 생식과 접합으로 **증대 포자**를 형성하는 유성 생식을 한다. · 대부분 단세포 생물이지만 군체를 형성하는 경우도 있다. · 세포벽에 규소를 포함한 채 퇴적되어 **규조토**의 성분이 된다. **예** 뿔돌말, 별돌말 등 (규조류는 돌말이라고도 한다.)	돌말
갈조류	· **엽록소 a, c**와 **갈조소**를 가진다. · 해양에서 서식하는 다세포 생물이며 조류 중 가장 크기가 크고 구조가 복잡하다. · **유주자**(편모가 있어 물속 운동이 가능한 포자)에 의한 무성 생식과 수정에 의한 유성 생식을 한다. · **아이오딘(I)**을 많이 함유하고 있어 무기질의 중요한 공급원이다. **예** 미역, 다시마, 톳 등	다시마
녹조류	· **엽록소 a, b**와 **카로티노이드**를 가진다. · 담수나 해양에서 서식하는 단세포 또는 다세포 생물로 군체를 형성하기도 한다. · 셀룰로스 성분의 세포벽과 광합성 색소 및 산물(녹말)이 **육상 식물과 같다.** · 분열법이나 포자 형성을 통한 무성 생식, 접합이나 수정을 통한 유성 생식을 한다. **예** 클로렐라, 파래, 청각, 볼복스, 해캄 등	해캄
홍조류	· **엽록소 a, d**와 **홍조소, 남조소**를 가진다. · 해양에서 서식하며 대부분 다세포 생물이다. · 운동성이 없는 부동 포자에 의한 무성 생식과 수정에 의한 유성 생식을 한다. **예** 김, 우뭇가사리 등	우뭇가사리

❶ 유글레나의 특징과 기관

〈식물적 특징〉
● 엽록체 : 광합성 기관

〈동물적 특징〉
● 편모 : 운동 기관
● 안점 : 시각 기관
● 수축포 : 배설 기관

❷ 증대 포자

분열에 의해 작아진 상태로 퍼져나가 배우자끼리 만났을 때 원래의 크기를 회복하는 포자이다.

❸ 규조류의 다양한 모양

뿔돌말　　별돌말

실패돌말　　깃돌말

▲ 규조류의 다양한 모양

❹ 규조토

규조류의 유해가 퇴적되어 생성되었으며 주로 규소의 산화물인 규산(SiO₂)으로 되어 있으며, 가볍고 부드러우며 흡수성이 강하다. 색은 백색 또는 회백색을 띤다.

● 황적조류(쌍편모조류)

엽록소 a, c와 황적색 색소를 가지고 담수나 해양에서 서식하는 식물성 플랑크톤으로 두 개의 편모를 가지며, 급격히 증가하면 적조 현상의 원인이 되기도 한다.

개념확인 4　　　　　　　　　　　　　　정답 및 해설　**74** 쪽

다음 중 조류와 조류가 가진 엽록소의 종류가 바르게 연결되지 않은 것은?

① 유글레나류 - 엽록소 a　　② 갈조류 - 규조소　　③ 홍조류 - 엽록소 d
④ 녹조류 - 카르티노이드　　⑤ 황갈조류 - 엽록소 c

확인 + 4

다음 원생생물계에 대한 설명 중 옳은 것은 ○표, 옳지 않은 것은 ×표 하시오.

(1) 유글레나류는 여러 개의 세포를 가진 다세포 생물이다. 　　　　　　　　(　　　)
(2) 규조류는 세포벽에 규소를 포함한 채 퇴적되어 규조토의 성분이 된다. 　　(　　　)
(3) 녹조류는 세포벽 성분과 광합성 색소 및 산물이 육상 식물과 같다. 　　　(　　　)

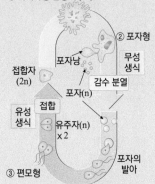

⑤ 원형질성 점균류 생활사

① 아메바형 변형체 (2n)
② 포자형
포자낭
무성 생식
접합자 (2n)
포자
감수 분열
유성 생식
접합
유주자(n) x 2
포자의 발아
③ 편모형

① 아메바형 : 위족으로 운동
② 포자형 : 건조해지면 포자낭을 형성하여 포자(n) 살포
③ 편모형 : 습기가 있으면 포자가 발아하여 편모를 가진 유주자 (n)가 되고 유주자 2개가 접합하여 ①로 돌아감

⑥ 원생 동물의 운동 기관
● 위족 : 아메바류, 방산충류
● 편모 : 편모충류
● 섬모 : 섬모충류

⑦ 짚신벌레 구조와 생식

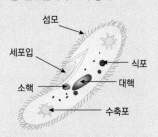

섬모
세포입
식포
소핵
대핵
수축포

대핵은 RNA를 합성하여 세포의 영양 대사를 조절하고, 소핵은 유성 생식인 접합 때 유전자를 교환하고 뒤섞어 유전적 다양성을 높이는 데 관여한다.

미니사전

자실체 [子 자식 實 씨 體 몸] 포자를 만드는 영양체

생활사 [生活 생활 史 역사] 생물의 개체가 발생을 시작하고 나서 죽을 때까지의 일생

위족 [僞 거짓 足 발] 세포 표면에서 일시적으로 만들어지는 원형질 돌기. 헛발이라고도 한다.

---

(2) **점균류(변형균류)** : 세포벽과 엽록소가 없이 주로 누런 빛의 끈적끈적한 원형질체를 가진다.
① 습지나 썩은 생물의 사체에서 발견되며, 자실체 [미니]를 만들어 포자로 번식한다.
② 원형질 덩어리 모양의 원형질성 점균류, 먹이가 부족해지면 군체를 형성하는 세포성 점균류 등이 있다.
③ 원형질성 점균류의 경우 아메바형(변형체), 포자형, 편모형(유주자)의 단계를 거치는 생활사 [미니]를 가진다.[5] **예** 산딸기점균, 황색점균 등

(3) **물곰팡이류(난균류)** : 유기체가 부패한 곳에 사는 종속 영양 생물이다.
① 수중이나 습한 토양에서 서식하며 상처가 있거나 병든 동·식물을 감염시킨다.
② 주로 균사의 포자나 유주자에 의한 무성 생식을 하지만 열악한 환경에서는 균사의 접합에 의한 유성 생식을 하기도 한다. **예** 물곰팡이

(4) **원생동물[6]** : 다른 생물을 먹어 양분을 얻는 종속 영양 생물군으로, 운동 기관의 종류에 따라 분류한다.

아메바류	· 위족 [미니] 으로 운동하며 세균이나 다른 원생생물을 위족으로 감싸 소화시키는 식세포 작용으로 양분을 얻는다. · 토양, 담수, 해양에서 서식하며 모양이 일정하지 않은 단세포 생물이다. · 주로 분열법에 의한 무성 생식을 한다. **예** 아메바
섬모충류	· 몸 표면의 수많은 **섬모**로 운동하며 식포로 세포 내 소화를 한 후 수축포로 배설한다. · 원생생물 중 **세포 소기관이 가장 잘 발달**되어 있다. · 담수와 해양에서 서식하며 대부분 영양 대사에 관여하는 대핵과 생식에 관여하는 소핵을 가진다. · 주로 분열법에 의한 무성 생식을 하지만, 열악한 환경에서는 접합에 의한 유성 생식을 한다. **예** 짚신벌레[7]
편모충류	· 1개 또는 여러 개의 **편모**로 운동하며 다른 원생생물을 잡아먹거나 몸 표면을 통해 영양 물질을 흡수한다. · 담수에 서식하거나 동물에 기생하는 단세포 생물이다. · 주로 분열법에 의한 무성 생식을 한다. **예** 트리파노소마
방산충류	· 실 모양의 **위족**이 몸 중앙에서 사방으로 뻗어 운동하며 식세포 작용으로 작은 미생물을 섭취하여 양분을 얻는다. · 해양에서 서식하는 단세포 생물이다. **예** 방산충
포자류	· 운동 기관은 퇴화되었으나 생활사 중 편모나 위족을 가지는 시기가 있다. · 포자를 형성하며 한 번의 생활사에서 무성 생식과 유성 생식을 모두 거친다. · 모두 **기생 생활**을 한다. **예** 말라리아병원충, 미립자병원충 등

개념확인 5

다음 원생생물계의 생물에 대한 설명 중 옳은 것은 ○표, 옳지 않은 것은 ×표 하시오.

(1) 물곰팡이류는 반드시 무성 생식을 통해서만 번식한다. ( )
(2) 원생동물 중 포자류는 모두 숙주에 기생하는 방식으로 생활한다. ( )
(3) 점균류는 세포벽과 엽록소 없이 주로 끈적끈적한 원형질체를 가진다. ( )

확인 + 5

다음 원생생물에 대한 설명 중 빈칸에 알맞은 말을 쓰시오.

(1) 점균류는 ( )를 만들어 포자를 퍼트려 번식한다.
(2) 원생생물 중 세포 소기관이 가장 잘 발달되어 있는 섬모충류는 ( )로 세포 내 소화를 한 후 ( )로 배설한다.

4. 진핵생물역 – 식물계[❶❷]

(1) 식물계 : 다세포 진핵생물로 엽록체가 있어 광합성을 통해 스스로 유기물을 합성하는 독립 영양 생물이다.

① 운동성이 없고 육상 생활을 하며 뿌리, 줄기, 잎 등과 같이 분화된 기관을 가지고 있다.
② 엽록소 a, b 및 카로티노이드(카로틴, 잔토필 등의 보조 색소)를 가지며, 세포벽의 주성분은 셀룰로스이다.

(2) 식물계의 분류 : 관다발의 유무, 종자의 형성 여부, 씨방의 유무 등에 따라 분류한다.

▲ 식물계의 계통수

⑴ **선태식물** : 보통 이끼라고 불린다.
① 습지나 물가에 살고 수중 생활에서 육상 생활로 옮겨 가는 중간 단계의 식물이다.
② 관다발이 발달하지 않았고 뿌리는 **헛뿌리**이며, 암수가 별도로 존재하는 자웅 이주이다.
③ 포자로 번식하며 대부분의 시기를 **배우체**로 보내는 **세대 교번**[❸]을 한다.

선류	태류	각태류
외관상 뿌리, 줄기, 잎이 구분되지만 관다발이 없고, 헛뿌리가 몸을 땅에 부착시킨다. **예** 솔이끼, 물이끼	외관상 뿌리, 줄기, 잎이 구분되지 않고, 엽상체[미니] 구조로 거의 땅에 붙어있다. **예** 우산이끼, 비늘이끼	포자체가 풀잎 모양이다. **예** 뿔이끼

정답 및 해설 **74** 쪽

개념확인 6

식물계의 특징 중 하나인 세포벽의 주성분은 무엇인가?

(   )

확인 + 6

다음 식물계에 대한 설명 중 옳은 것은 ○표, 옳지 않은 것은 ×표 하시오.

(1) 선태식물의 포자에는 발아 시에 사용될 양분을 저장하고 있다. (   )
(2) 엽록체가 있어 광합성을 통해 스스로 유기물을 합성할 수 있다. (   )
(3) 세포벽의 주성분은 펩티도글리칸이며 셀룰로스는 존재하지 않는다. (   )

---

❶ 식물계의 계통적 위치

❷ 녹조류와 식물의 비교
● 공통점 : 엽록소 a, b 및 카로티노이드를 가지고 있어 광합성을 하며, 세포벽의 주성분이 셀룰로스이다.
● 차이점 : 식물은 육상 생활에 적응하여 광합성을 하는 잎과 몸을 지지하는 줄기, 몸을 토양에 고정하여 양분을 흡수하는 뿌리가 명확히 분화되어 있으며 수분의 증발을 막기 위해 줄기나 잎이 큐티클층으로 덮여 있지만 녹조류는 미분화되어 있어 몸 전체에서 양분 흡수와 광합성이 일어나고 물의 부력에 몸을 지지하며 헛뿌리는 관다발이 없어 몸체를 부착하는 역할만 한다.

❸ 세대 교번
생활사에서 무성 세대와 유성 세대가 번갈아 나타나는 것으로, 일반적으로 반수체(n) 세대가 유성 세대이고 이배체(2n) 세대가 무성 세대이다. 세대 교번을 하는 생물 중 고등한 생물일수록 유성 세대보다 무성 세대의 기간이 길다.
● 무성 세대 : 생식 세포를 생산하는 배우체(n) 상태로 생활사의 대부분을 보내며, 포자를 형성하는 포자체(2n)에서 포자(n)를 형성한다.
● 유성 세대 : 포자(n)가 발아하여 암수 배우체가 되고, 여기에서 난자와 정자가 생산되어 수정한다.

미니사전

엽상체 [葉 잎 狀 모양 體 몸]
줄기, 잎, 뿌리의 기관이 분화하지 않았고 관다발이 없는 넓적한 잎 모양의 식물체

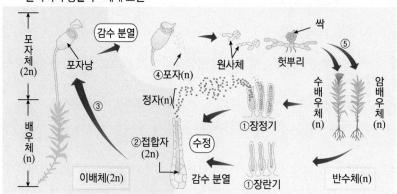

<솔이끼의 생활사 - 세대 교번>

① 암, 수 배우체(n) [미니] 의 장란기와 장정기에서 정자, 난자(n)가 생성된다.
② 정자가 장란기의 난자와 수정하여 접합자(2n)가 된다.(유성 생식)
③ 접합자가 체세포 분열로 포자체(2n) [미니] 가 형성된다.
④ 포자체의 포자낭에서 감수 분열로 포자(n)가 생성된다.(무성 생식)
⑤ 포자가 발아한 실 모양의 원사체(n)가 암수 배우체로 자란다.

(2) **양치식물** : 포자번식 식물 중 가장 발달했다.

① 그늘지고 습한 곳에 살고 뿌리, 줄기, 잎의 구별이 뚜렷하며 체관❶과 헛물관❺으로 이루어 관다발이 있지만 형성층❻이 없어 줄기가 굵게 자라지 못한다.

② 포자로 번식하며 대부분의 시기를 포자체로 보내는 세대 교번을 한다.

예 솔잎란류(솔잎란), 석송류(석송, 부처손), 고사리류(고사리, 일엽초), 쇠뜨기류(쇠뜨기, 속새) 등

<고사리의 생활사 - 세대 교번>

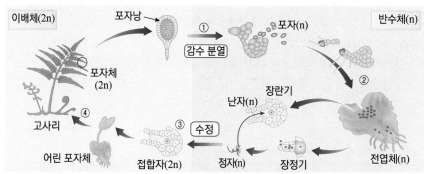

① 포자체(고사리) 잎 뒷면의 포자낭에서 감수 분열로 포자(n)가 생성된다.(무성 생식)
② 포자가 발아하여 체세포 분열을 거듭하여 자라서 배우체인 전엽체(n)가 된다.
③ 전엽체의 장란기와 장정기에서 형성된 난자와 정자가 수정하여 접합자(2n)를 생성한다.(유성 생식)
④ 접합자가 자라서 포자체(2n ; 고사리)가 된다.

개념확인 7

식물계 내에서 포자번식을 하는 식물 중 가장 발달했지만 형성층이 없어 줄기가 굵게 자라지 못하는 종류는 무엇인가?

(   )

확인 + 7

다음 식물계에 대한 설명 중 빈칸에 알맞은 말을 고르시오.

(1) 양치식물은 체관과 (물관 , 헛물관)으로 이루어진 관다발을 가진다.

(2) 종자식물은 식물체가 되는 (배 , 배젖)과(와) 양분을 저장하는 (배 , 배젖)을(를) 포함한 종자를 만든다..

▲ 솔이끼 : 아랫부분은 배우체 이고 윗부분은 포자체이다.

❹❺❻ 식물체의 줄기 구성요소

- **체관** : 광합성을 통해 잎에서 생성된 유기 양분의 이동 통로로 물관 바깥쪽의 관이다.
- **물관** : 위아래 세포 사이에 격막 이 뚫려 수직으로 물과 무기 양 분이 이동한다.
- **헛물관** : 위아래 세포들이 완전히 세포막에 막혀 있어 세포 사이 격 막을 통해 물과 무기 양분이 사선 으로 이동한다.
- **형성층** : 줄기의 부피 생장이 일 어나는 곳으로, 물관부와 체관부 사이에 있는 한 층의 살아있는 세포층으로 이루어져 있다.
⇒ 물관(헛물관), 체관, 형성층(외 떡잎식물에는 없음)이 관다발을 이룬다.

▲ 양치식물 고사리 : 보이는 모 습은 포자체이며 잎의 뒷면에 여러 개의 작은 포자낭이 있다.

미니사전

배우체 [配 나누다 偶 짝] 배우자인 생식 세포를 생산 하는 부분으로, 암배우체 수 배우체가 있다.

포자체 [胞 세포 子 아들] 포자를 형성하는 개체나 조 직을 말한다.

(3) **종자식물** : 식물체가 되는 배와 양분을 저장하는 배젖을 포함한 종자 미니를 만들어 번식한다.

① 뿌리, 줄기, 잎의 구별이 뚜렷하고 관다발이 체계적으로 발달되었다.

② 껍질에 싸인 종자는 발아 미니에 필요한 양분도 저장하고 있어 불리한 환경에서도 생존할 수 있다.

③ 암배우자(난세포)와 수배우자(정자, 정핵)이 수정하는 유성 생식을 한다.

④ 수정 과정과 종자를 퍼트리는 과정에서 다른 생물의 도움을 받는 방식에 따라 다양한 종으로 진화하였다.

⑤ 씨방의 유무에 따라 겉씨식물과 속씨식물로 구분된다.

겉씨식물	속씨식물
· 씨방이 없어 밑씨가 겉으로 드러나 있다. · 암술과 수술이 다른 꽃에 있는 단성화이다. · 관다발이 헛물관과 체관으로 구성되며 형성층이 있어 줄기의 부피 생장을 한다. **예** 은행나무, 소나무	· 암술에 씨방이 있고 밑씨가 씨방에 들어있다. · 주로 암술과 수술이 한 꽃에 있는 양성화이지만 단성화도 있으며, 꽃잎과 꽃받침이 발달했다. · 중복 수정❼을 하며, 수정 후 밑씨는 종자가 된다. · 관다발이 물관과 체관으로 구성된다. · 떡잎의 수에 따라 쌍떡잎식물과 외떡잎식물로 구별된다.

쌍떡잎식물❽	외떡잎식물❽
· 떡잎 수가 2장이고 잎맥이 그물맥이다. · 형성층이 있고 관다발 배열이 규칙적이다. · 원뿌리와 곁뿌리의 구분이 뚜렷한 곧은 뿌리이다. **예** 해바라기, 장미, 진달래	· 떡잎 수가 1장이고 잎맥이 나란히맥이다. · 형성층이 없고 관다발 배열이 불규칙적이다. · 원뿌리와 곁뿌리 구분이 없는 수염뿌리이다. **예** 벼, 보리, 옥수수, 백합

분류	떡잎 수	꽃잎 배수	잎맥	형성층	관다발 배열	뿌리
쌍떡잎식물	2장	4 ~ 5 배수	그물맥	있음	규칙적	원뿌리와 곁뿌리
외떡잎식물	1장	3배수거나 없음	나란히맥	없음	불규칙적	수염뿌리

개념확인 8   정답 및 해설 **74** 쪽

다음 종자식물에 대한 설명 중 옳은 것은 ○표, 옳지 않은 것은 ×표 하시오.

(1) 속씨식물은 주로 암술과 수술이 다른 꽃에 있는 단성화이다.   (   )

(2) 겉씨식물은 관다발이 헛물관과 체관으로 구성되며 형성층이 있다.   (   )

(3) 외떡잎식물은 나란히맥을 가지고 형성층이 있어 부피 생장이 가능하다.   (   )

확인 + 8

식물계 중 관다발을 가지고 있고 종자로 번식하지만 씨방이 존재하지 않는 식물은 무엇인가?

(   )

❼ **속씨식물의 중복 수정**

● 감수 분열에 의해 생성된 화분에서 정핵(n)이 형성되고, 배낭에서 극핵(n)과 난세포(n)가 형성된다.

● 정핵 1개는 난세포와 수정하여 배(2n)가 되고, 나머지 정핵 1개는 극핵 2개와 수정하여 배젖(3n)이 되는 중복 수정이 일어난다.

● 성숙한 식물체를 포자체에, 정핵과 배낭을 배우체에 비할 수 있다.

● **식물의 관다발 비교**

구분	물관	헛물관	체관	형성층
양치식물	×	○	○	×
겉씨식물	×	○	○	○
외떡잎식물	○	×	○	×
쌍떡잎식물	○	×	○	○

❽ **쌍떡잎식물, 외떡잎식물**

쌍떡잎식물의 관다발 배열은 규칙적이지만 외떡잎식물의 관다발 배열은 불규칙적이다.

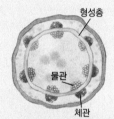

▲ 쌍떡잎 식물의 관다발 배열

▲ 외떡잎 식물의 관다발 배열

미니사전

종자 [種 종족 子 자식] 씨라고도 하며, 겉씨식물과 속씨식물에서 수정한 밑씨가 발달, 성숙하여 휴면중인 식물이다.

발아 [發 피다 芽 싹] 종자가 싹을 피우는 것이다.

01 다음은 세균계의 생물군을 나타낸 것이다.

> (가) 광합성 세균   (나) 종속 영양 세균   (다) 화학 합성 세균

(가) ~ (다)에 해당하는 특징을 옳게 짝지은 것만을 <보기>에서 있는 대로 고른 것은?

> 〈 보기 〉
> ㄱ. (가) : 무기물을 산화시켜 얻은 화학 에너지로 살아간다.
> ㄴ. (나) : 결핵, 폐렴, 콜레라 등의 질병을 일으킨다.
> ㄷ. (다) : 빛에너지를 이용하여 유기물을 합성한다.

① ㄱ   ② ㄴ   ③ ㄷ   ④ ㄱ, ㄴ   ⑤ ㄴ, ㄷ

02 다음 원생생물에 대한 설명 중 옳은 것은 ○표, 옳지 않은 것은 ×표 하시오.

(1) 진핵생물 중 식물계에 가까운 무리를 모은 것이다.   (   )
(2) 수중에서만 생활하지 않고 마른 육지에서도 서식한다.   (   )
(3) 대부분이 단세포 생물이지만 군체를 형성하거나 다세포성인 것도 있다.   (   )

03 그림은 세균의 구조를 나타낸 것이다.

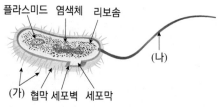

(가)와 (나) 중에서 유전자를 교환할 수 있는 기관을 고르고 이름을 쓰시오.

(   )

04 황이 풍부한 고온의 화산온천이나 심해 열수구 등에서 서식하는 고세균은 무엇이라고 하는가?

(   )

05 다음 중에서 유글레나의 동물적 특징에 해당하는 기호를 모두 고르시오.

> ㄱ. 안점　　　　　ㄴ. 편모　　　　　ㄷ. 엽록체
> ㄹ. 수축포　　　　ㅁ. 미토콘드리아

(　　　　　　)

06 다음 중 식물계에 해당하는 설명에는 '식', 녹조류에 해당하는 설명에는 '녹', 공통점에는 '공' 이라 쓰시오.

(1) 몸 전체에서 광합성이 일어난다.　　　　　　　　　　　　　　　(　　)
(2) 뿌리로 몸체를 대지에 고정하고 수분과 무기 양분을 흡수한다.　　(　　)
(3) 엽록소 a, b 및 카로티노이드를 가지며 세포벽의 주성분이 셀룰로스이다.　(　　)

07 다음은 식물의 계통수를 나타낸 것이다. 이에 대한 설명으로 옳은 것은?

	포자로 번식	종자로 번식	
		씨방 없음	씨방 있음
관다발식물	양치식물	겉씨식물	속씨식물
비관다발식물	선태식물		

① 선태식물은 종자로 번식한다.
② 모든 식물에는 관다발이 있다.
③ 양치식물은 겉씨식물보다 진화한 식물이다.
④ 속씨식물은 포자로 번식하는 식물에 속한다.
⑤ 속씨식물이 가장 나중에 출현한 것으로 추정된다.

08 다음 선태식물에 대한 설명 중 옳은 것만을 <보기>에서 있는 대로 고른 것은?

> ─── 〈 보기 〉 ───
> ㄱ. 관다발이 발달하여 뿌리로 양분을 흡수한다.
> ㄴ. 포자로 번식하며, 무성 세대와 유성 세대를 오가는 세대 교번을 한다.
> ㄷ. 습지나 물가에 살며, 수중 생활에서 육상 생활로 옮겨 가는 중간 단계의 식물이다.

① ㄱ　　　　　② ㄴ　　　　　③ ㄷ　　　　　④ ㄱ, ㄴ　　　　　⑤ ㄴ, ㄷ

유형 13-1 세균역 세균계

다음은 세균의 구조를 나타낸 것이다. 이에 대한 설명 중 옳지 <u>않은</u> 것은?

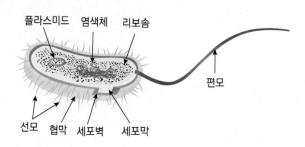

① 편모를 이용하여 운동한다.
② 플라스미드는 모든 세균에 들어있다.
③ 핵막이 없어 염색체가 세포질에 분포해 있다.
④ 환경이 나빠지면 내생 포자를 만들어 휴면 상태가 된다.
⑤ 선모는 다른 세포에 부착하거나 유전자를 교환하는 데 사용한다.

01 다음 설명 중 종속 영양 세균에 대한 설명은 '종', 독립 영양 세균에 대한 설명은 '독'이라 쓰시오.

(1) 생물의 사체를 분해하여 생태계 물질 순환을 돕는다. ( )
(2) 엽록소를 가지고 유기물을 합성하여 에너지를 얻는다. ( )
(3) 김치, 식초, 항생제 등 인간에게 유용한 물질을 생산한다. ( )

02 세균계에 대한 설명으로 옳은 것만을 <보기>에서 있는 대로 고른 것은?

─── 〈 보기 〉 ───
ㄱ. 세균계는 진핵생물역에 속한다.
ㄴ. 리보솜이 있어 자체적으로 효소를 합성하여 물질대사를 할 수 있다.
ㄷ. 막 구조로 된 세포 소기관이 없어 염색체가 평소에도 응축되어 있다.

① ㄱ   ② ㄴ   ③ ㄷ   ④ ㄱ, ㄴ   ⑤ ㄱ, ㄷ

유형 13-2 고세균역 고세균계

다음은 고세균이 서식하는 지구상의 특정한 환경을 나타낸 사진이다.

(가)   (나)   (다)

(가) ~ (다)에 대한 설명으로 옳은 것만을 <보기>에서 있는 대로 고른 것은?

〈 보기 〉

ㄱ. (가)의 염분이 높은 곳에서는 호염성 고세균이 서식한다.
ㄴ. (나)에 서식하는 호열성 고세균은 100℃가 넘는 고온에서 DNA가 변질된다.
ㄷ. (다)에 서식하는 고세균은 동물의 내장 등 산소가 부족한 환경에서 서식한다.

① ㄱ   ② ㄴ   ③ ㄱ, ㄴ   ④ ㄱ, ㄷ   ⑤ ㄴ, ㄷ

---

03 다음 고세균에 대한 설명 중 옳은 것은 ○표, 옳지 않은 것은 ×표 하시오.

(1) 단세포 원핵생물로, 일반 생물과 공존하며 서식한다.   (   )
(2) 세포벽의 주요 구성 성분이 세균과 달라 원핵생물계에서 분리되었다.   (   )
(3) 광합성을 통해 유기물을 합성하여 물질대사에 필요한 에너지를 얻는다.   (   )

---

04 생물과 무생물의 특성을 모두 가져 생물과 무생물의 중간 단계로 간주되는 것은 무엇인가?

(   )

유형 13-3 진핵생물역 원생생물계

다음은 원생생물계의 계통수이다. 이에 대한 설명 중 옳지 <u>않은</u> 것은?

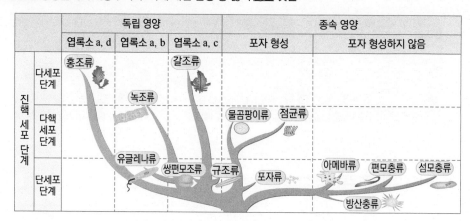

		독립 영양			종속 영양	
		엽록소 a, d	엽록소 a, b	엽록소 a, c	포자 형성	포자 형성하지 않음
진핵 세포 단계	다세포 단계	홍조류		갈조류		
	다핵 세포 단계		녹조류		물곰팡이류 점균류	
	단세포 단계	유글레나류	쌍편모조류 규조류		포자류	아메바류 편모충류 섬모충류
						방산충류

① 원생생물은 수중에서만 생활한다.
② 대부분 단세포 생물이지만 아닌 것도 있다.
③ 진핵생물 중 식물계, 동물계, 균계의 어디에도 포함되지 않는 무리이다.
④ 영양 방식과 엽록소의 종류, 운동 기관의 종류 등을 기준으로 분류된다.
⑤ 대부분 무성 생식을 하지만 일부는 수정이나 접합같은 유성 생식을 하기도 한다.

05 원생생물계에 대한 설명으로 옳은 것만을 <보기>에서 있는 대로 고른 것은?

― 〈 보기 〉 ―

ㄱ. 원생생물 중 조류의 분류는 운동 기관의 종류를 기준로 한다.
ㄴ. 아메바는 위족으로 운동하고, 짚신벌레는 섬모를 사용하여 운동한다.
ㄷ. 원생생물은 매우 다양한 생활사를 가지고 있어 생태계에 큰 영향을 준다.

① ㄱ   ② ㄴ   ③ ㄱ, ㄴ   ④ ㄴ, ㄷ   ⑤ ㄱ, ㄴ, ㄷ

06 원생생물 중 엽록소 a, d와 홍조소, 남조소를 가지는 조류는 무엇인가?

(   )

유형 13-4 진핵생물역 식물계

다음은 진핵생물역의 식물계 계통수를 특징에 따라 나타낸 것이다.

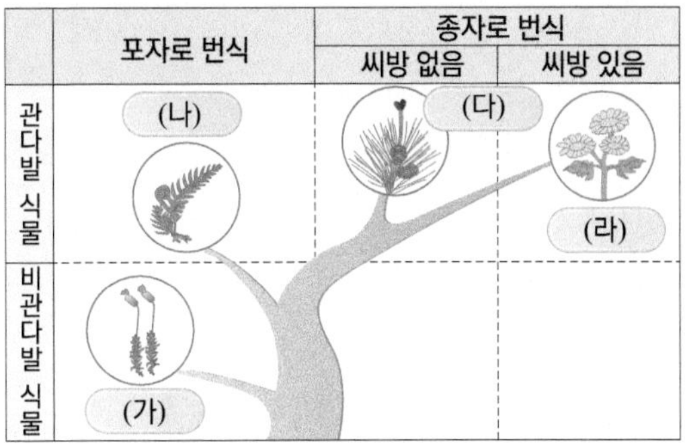

	포자로 번식	종자로 번식	
		씨방 없음	씨방 있음
관다발식물	(나)	(다)	(라)
비관다발식물	(가)		

(가) ~ (라)에 대한 설명으로 옳은 것만을 <보기>에서 있는 대로 고른 것은?

〈 보기 〉

ㄱ. (가)는 선태식물이다.
ㄴ. (나)와 (다)는 헛물관을 가지고 있다.
ㄷ. (라)는 모두 잎맥이 그물맥 모양을 하고 있다.

① ㄱ   ② ㄴ   ③ ㄷ   ④ ㄱ, ㄴ   ⑤ ㄴ, ㄷ

07 선태식물과 양치식물 등의 생활사에서 무성 세대와 유성 세대가 번갈아 나타나는 것을 무엇이라 하는가?

(   )

08 다음 중 식물계에 대한 설명으로 옳지 않은 것은?

① 선태식물은 생활사의 대부분을 배우체로 보낸다.
② 양치식물은 줄기에 관다발을 가지지만 형성층은 없다.
③ 겉씨식물은 암술과 수술이 다른 꽃에 있는 단성화를 가진다.
④ 종자식물은 모두 물관과 체관으로 구성된 관다발을 가진다.
⑤ 속씨식물은 중복 수정을 하여 수정 후 배와 배젖이 만들어진다.

01 다음은 '써모코커스 온누리누스 NA1(Thermococcus onnurineus NA1)(이하 NA1)이라 이름 붙여진 1600m 깊이의 바닷속에 사는 심해저 고세균의 ATP 합성 기작을 도식으로 나타낸 것이다. NA1은 70 ~ 90℃에 달하는 고온의 극한 환경에서 살아가는데, 개미산과 일산화 탄소를 먹이로 하여 수소를 만들어 낸다.

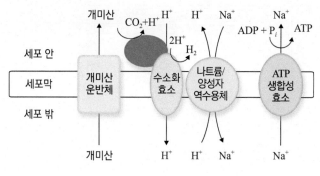

<써모코커스 온누리우스 NA1>

(1) 위의 ATP 합성 과정은 일반적인 세포의 ATP 합성 과정과 무엇이 다른가? ATP 합성 효소를 기준으로 설명하시오.

(2) 이 연구가 인류에게 어떤 도움이 될 수 있을지 서술하시오.

(3) NA1은 고세균 분류 중 호열성 고세균에 속한다. 다른 종류의 고세균 중에서도 인류에게 도움이 되는 방향으로 연구할 수 있을까? 있다면, 어느 고세균을 사용할 수 있을까?

02 원생생물계의 유글레나는 동물적 특징과 식물적 특징을 함께 가진 것으로 알려져 있다. 그림을 보고 물음에 답하시오,

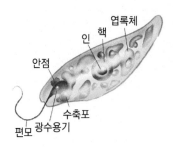

(1) 유글레나의 식물적 특징은 무엇인가?

(2) 유글레나의 동물적 특징은 무엇인가?

(3) 유글레나는 비타민, 미네랄, 아미노산 등의 영양소를 체내에 풍부하게 축적하고 있어 건강 식품 등으로 많이 연구되고 있다. 그러나 단순한 건강 식품용으로만 아닌 대체 식량으로의 쓰임새로도 연구되고 있는데, 그 이유는 무엇일까? 현재 식량인 채소와 가축을 키우는 것과 비교하여 서술하시오.

03 다음은 모기와 사람을 숙주로 삼아 세대 교번을 하며 번식하는 말라리아병원충의 생활사를 그림으로 나타낸 것이다.

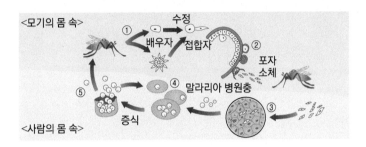

① 모기가 말라리아에 감염된 사람의 혈액을 빨면 모기의 체내로 이동한 말라리아병원충이 감수 분열로 배우자(n)를 형성한다.
② 배우자가 수정된 접합자가 모기의 소장벽에서 체세포 분열로 포자 소체(2n)를 형성한다.
③ 모기가 사람의 피를 빨 때 포자가 침입해 사람의 간세포에서 말라리아병원충을 형성한다.
④ 말라리아병원충이 혈액으로 방출되어 적혈구에 침입한 후, 증식한다.
⑤ 안쪽에 말라리아병원충이 가득 찬 적혈구가 파괴되고 증식한 말라리아병원충이 방출된다.

(1) 말라리아병원충의 생활사에서 무성 생식과 유성 생식이 일어나는 위치는 어디인가?

(2) 말라리아병원충의 생활사에서 무성 생식과 유성 생식이 번갈아 일어나는 이유는 무엇이겠는가? 유성 생식, 무성 생식의 특징을 들어 유추해 보시오.

04 다음은 원생동물 중 하나인 짚신벌레의 구조 (가)와 유성 생식 방법인 접합의 과정 (나)를 나타낸 그림이다. 접합 과정에서 두 소핵의 유전자가 뒤섞인 후 분리된다.

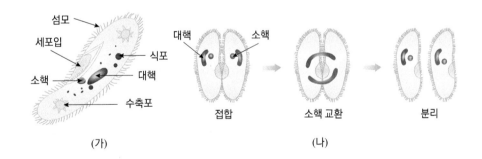

(1) 짚신벌레의 대부분은 대핵과 소핵의 두 핵을 가지고 있다. 접합의 과정을 보고 각 핵의 역할을 추측해 보자.

(2) 짚신벌레는 환경이 나쁠 때 접합을 이용한 유성 생식을 하는데, 이것이 어떤 장점을 가지고 있는지 서술하시오.

A

01 원형질성과 세포성으로 구분되며, 자실체를 만들어 포자로 번식하는 생물은 무엇인가?

(   )

02 생물이 발생을 시작하고 성체가 되어 죽을 때까지의 일생을 무엇이라 하는가?

(   )

03 다음은 원생생물계에 대한 설명이다. 빈칸에 알맞은 생물의 종류를 쓰시오.

(1) 원생생물 중 식물적 특징을 가진 것을 (   ) 라 한다.
(2) 원생생물 중 균류의 특징을 가진 (   )와 (   )는 주로 포자로 번식한다.

04 다음 세균계에 대한 설명에서 괄호 안에 알맞은 말을 고르시오.

(1) 단세포 (원핵 , 진핵)생물로, 지구상 모든 곳에서 발견된다.
(2) 원형으로 된 1개의 (RNA , DNA) 염색체를 가지며, 별도의 (RNA , DNA) 플라스미드를 가지기도 한다.

05 관다발이 없어 토양의 양분을 흡수하지 못하고 식물체를 부착시키는 역할만 하는 미분화된 뿌리를 무엇이라 하는가?

(   )

06 다음은 세균계에 속하는 생물들을 특정한 기준 A에 따라 (가), (나)로 분류한 표이다.

(가)	(나)
젖산균, 방선균, 폐렴균	남세균, 녹색황세균

이에 대한 설명으로 옳은 것만을 <보기>에서 있는 대로 고른 것은?

― 〈 보기 〉 ―
ㄱ. (가)는 핵이 있는 생물이다.
ㄴ. (가)와 (나) 모두 펩티도글리칸 성분으로 된 세포벽을 가졌다.
ㄷ. 기준 A는 광합성 색소를 가지고 있는지 아닌지이다.

① ㄱ   ② ㄴ   ③ ㄱ, ㄴ
④ ㄱ, ㄷ   ⑤ ㄴ, ㄷ

07 다음 고세균에 대한 설명 중 옳은 것은 ○표, 옳지 않은 것은 ×표 하시오.

(1) 메테인 생성균은 주로 산소가 부족한 환경에서 서식한다.   (   )
(2) 고세균은 독립 영양 세균인지 종속 영양 세균인지를 기준으로 분류된다.   (   )

08 다음 생물들의 공통적인 특징에 대한 설명으로 옳은 것을 모두 고르시오.(2개)

> 결핵균   방선균   철세균   남세균

① 인간에게 질병을 일으킨다.
② 엽록소를 가지고 광합성을 한다.
③ 세포벽은 없고 미토콘드리아는 있다.
④ 핵막이 없어 염색체가 세포질에 분포한다.
⑤ 펩티도글리칸 성분으로 된 세포벽을 가지고 있다.

[09~10] 그림은 식물의 계통수를 나타낸 것이다. A ~ D는 식물의 특성이다. 다음 물음에 답하시오.

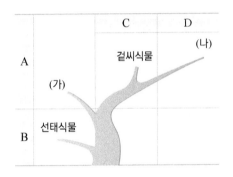

09 (가)와 (나)에 들어갈 알맞은 말을 쓰시오.

(가) (   ) (나) (   )

10 이에 대한 설명 중 옳은 것은 ○표, 옳지 않은 것은 ×표 하시오.

(1) A는 관다발을 가지는 특성이고, B는 관다발을 가지지 않은 특성에 해당한다. (   )

(2) C의 특성을 가진 식물은 D의 특성을 가진 식물보다 더 진화한 식물이다. (   )

B

11 다음은 원생생물계에 속하는 생물 (가), (나)의 사진이다.

(가) 돌말   (나) 미역

이에 대한 설명으로 옳은 것만을 <보기>에서 있는 대로 고른 것은?

> 〈 보기 〉
>
> ㄱ. (가)는 증대 포자를 형성하는 생식도 한다.
> ㄴ. (나)는 아이오딘을 많이 함유하고 있다.
> ㄷ. (가)와 (나) 모두 독립 영양 생물이다.

① ㄱ   ② ㄱ, ㄴ   ③ ㄱ, ㄷ
④ ㄴ, ㄷ   ⑤ ㄱ, ㄴ, ㄷ

12 다음 설명과 같은 특성을 지닌 조류는?

> · 엽록소 a, c와 황적색 색소를 가지고 있다.
> · 식물성 플랑크톤이다.
> · 급격히 증가하면 적조 현상의 원인이 되기도 한다.

① 규조류   ② 갈조류   ③ 홍조류
④ 황적조류   ⑤ 유글레나류

13 세균역에 대한 설명으로 옳지 않은 것은?

① 세균은 편모로 운동하기도 한다.
② 단세포 생물로 핵막과 막성 세포 소기관이 없다.
③ 모든 세균은 유기물을 분해하는 종속 영양을 한다.
④ 세균은 고세균과 다른 성분으로 된 세포벽을 가져 분리되었다.
⑤ 세균은 유전 정보의 전사, 번역에 관여하는 유전자가 진핵생물과 다르다.

14 다음 바이러스에 대한 설명 중 옳은 것은 ○표, 옳지 않은 것은 ×표 하시오.

(1) 핵산과 단백질로 구성되고, 유전 현상이 나타 나기 때문에 생물로 분류된다.   (   )

(2) 자신의 효소가 없어 숙주 밖에서는 물질 대사 를 하지 못한다.   (   )

15 방산충류에 대한 설명으로 옳은 것만을 <보기>에서 있 는 대로 고른 것은?

── 〈 보기 〉 ──

ㄱ. 해양에서 서식하는 단세포 생물이다.
ㄴ. 실 모양의 위족이 몸의 중앙에서 사방으 로 뻗어있다.
ㄷ. 광합성을 통해 에너지를 얻는 독립 영양 을 한다.

① ㄱ   ② ㄱ, ㄴ   ③ ㄱ, ㄷ
④ ㄴ, ㄷ   ⑤ ㄱ, ㄴ, ㄷ

16 다음은 원생생물 분류군에서 나타나는 특징의 일부를 나타낸 표이다.

구분	세포 수	엽록소	운동성
(가)	단세포, 군체, 다세포	a, b	없음
(나)	단세포	a, b	있음
(다)	대부분 다세포	a, d	없음

이에 대한 설명으로 옳은 것만을 <보기>에서 있는 대로 고른 것은?

── 〈 보기 〉 ──

ㄱ. (가)는 육상 식물과 같은 종류의 엽록소 를 가진다.
ㄴ. (나)는 광합성이 가능하므로 외부로부터 영양분을 섭취하지 않는다.
ㄷ. (다)는 부동 포자에 의한 무성 생식과 수 정에 의한 유성 생식을 한다.

① ㄱ   ② ㄴ   ③ ㄷ
④ ㄱ, ㄴ   ⑤ ㄱ, ㄷ

17 다음 (가)와 (나)는 녹조류와 식물을 순서없이 나타낸 그림이다.

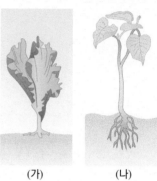

(가)   (나)

이에 대한 설명으로 옳은 것만을 <보기>에서 있는 대로 고른 것은?

── 〈 보기 〉 ──

ㄱ. (가)는 뿌리를 통해 양분을 흡수한다.
ㄴ. (나)는 몸 전체에서 광합성이 일어난다.
ㄷ. (가)와 (나) 모두 엽록소 a, b를 이용하여 광합성을 한다.

① ㄱ   ② ㄴ   ③ ㄷ
④ ㄱ, ㄴ   ⑤ ㄱ, ㄷ

18 다음은 일반적인 생물이 생존할 수 없는 극한 환경의 사 진이다.

사해   화산온천   늪
(가)   (나)   (다)

이에 대한 설명으로 옳은 것만을 <보기>에서 있는 대로 고른 것은?

── 〈 보기 〉 ──

ㄱ. (가)의 환경에서 서식하는 생물은 핵막이 높 은 삼투압을 견딜 수 있게 되어 있다.
ㄴ. (나)의 환경에서 서식하는 생물은 고온에서 도 DNA와 단백질이 안정적으로 유지된다.
ㄷ. (다)의 환경에서 서식하는 생물은 광합성을 통해 필요한 유기물을 합성한다.

① ㄱ   ② ㄴ   ③ ㄷ
④ ㄱ, ㄴ   ⑤ ㄱ, ㄷ

19 다음은 원생생물인 원형질성 점균류의 생활사를 나타낸 그림이다.

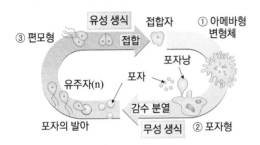

이에 대한 설명으로 옳은 것만을 <보기>에서 있는 대로 고른 것은?

──〈 보기 〉──

ㄱ. 변형체의 핵상은 2n이다.
ㄴ. 자실체를 만들어 포자 번식을 한다.
ㄷ. 아메바형, 포자형, 편모형의 단계를 거친다.

① ㄱ   ② ㄱ, ㄴ   ③ ㄱ, ㄷ
④ ㄴ, ㄷ   ⑤ ㄱ, ㄴ, ㄷ

20 다음은 생물 (가) ~ (다)의 특징을 나타낸 것이다. 생물 (가) ~ (다)는 각각 3역 중 하나에 속한다.

	(가)	(나)	(다)
핵막	없다	없다	있다
막성 세포 소기관	없다	없다	있다
세포벽의 펩티도글리칸	있다	없다	없다

이에 대한 설명으로 옳은 것만을 <보기>에서 있는 대로 고른 것은?

──〈 보기 〉──

ㄱ. (가)는 원핵생물이다.
ㄴ. (나)는 종속 영양 방식으로 생활한다.
ㄷ. (다)는 모두 유성 생식으로만 번식한다.

① ㄱ   ② ㄴ   ③ ㄷ
④ ㄱ, ㄴ   ⑤ ㄱ, ㄷ

C

21 다음은 원생동물 중 하나인 짚신벌레의 그림이다.

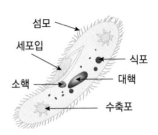

이에 대한 설명으로 옳은 것만을 <보기>에서 있는 대로 고른 것은?

──〈 보기 〉──

ㄱ. 편모로 운동하며 먹이를 섭취한다.
ㄴ. 단세포 생물로, 담수나 해양에서 산다.
ㄷ. 먹이를 감싸서 소화시키는 식세포 작용으로 영양을 얻는다.

① ㄱ   ② ㄴ   ③ ㄱ, ㄴ
④ ㄱ, ㄷ   ⑤ ㄴ, ㄷ

22 다음은 고사리의 생활사를 나타낸 그림이다.

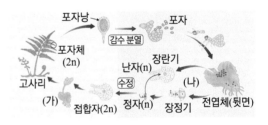

이에 대한 설명으로 옳은 것만을 <보기>에서 있는 대로 고른 것은?

──〈 보기 〉──

ㄱ. (가)는 형성층을 가지고 있다.
ㄴ. (나)의 핵상은 n이다.
ㄷ. 고사리는 유성 생식으로만 번식한다.

① ㄱ   ② ㄴ   ③ ㄷ
④ ㄱ, ㄴ   ⑤ ㄱ, ㄷ

23 다음은 솔이끼의 생활사를 그림으로 나타낸 것이다.

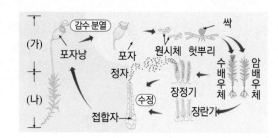

이에 대한 설명으로 옳은 것만을 <보기>에서 있는 대로 고른 것은?

〈 보기 〉

ㄱ. (가)는 핵상이 2n이다.
ㄴ. (나)에서 정자와 난자가 방출된다.
ㄷ. (가)와 (나) 모두 암수 구분이 없다.

① ㄱ   ② ㄴ   ③ ㄱ, ㄴ
④ ㄴ, ㄷ   ⑤ ㄱ, ㄴ, ㄷ

24 다음은 원생생물계의 생물 A ~ C를 분류한 검색표이다.

```
1. 엽록소가 있다. ............................ A
1. 엽록소가 없다.
      2. 운동 기관이 없다. ............... B
      2. 운동 기관이 있다.
            3. 운동 기관이 편모이다.
            3. 운동 기관이 섬모이다. ... C
```

이에 대한 설명으로 옳은 것만을 <보기>에서 있는 대로 고른 것은?

〈 보기 〉

ㄱ. A는 스스로 유기물을 합성한다.
ㄴ. B는 주로 포자로 번식한다.
ㄷ. C에는 아메바가 속한다.

① ㄱ   ② ㄴ   ③ ㄱ, ㄴ
④ ㄱ, ㄷ   ⑤ ㄴ, ㄷ

25 다음은 식물계를 여러 특징에 따라 분류한 도식이다.

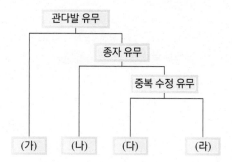

이에 대한 설명으로 옳은 것만을 <보기>에서 있는 대로 고른 것은?

〈 보기 〉

ㄱ. (가)는 암수가 한 식물에 함께 존재한다.
ㄴ. (나)는 체관과 헛물관을 가졌다.
ㄷ. (다)와 (라) 모두 유성 생식을 한다.

① ㄱ   ② ㄴ   ③ ㄱ, ㄴ
④ ㄴ, ㄷ   ⑤ ㄱ, ㄴ, ㄷ

26 다음은 생물 (가) ~ (다)의 특징을 벤다이어그램으로 나타낸 것이다. 생물 (가) ~ (다)는 각각 우산이끼, 유글레나, 짚신벌레이다. ㉠은 '광합성을 한다'이고, ㉡은 '운동성이 있다'이다.

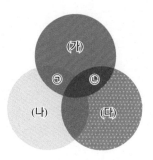

이에 대한 설명으로 옳은 것만을 <보기>에서 있는 대로 고른 것은?

〈 보기 〉

ㄱ. (가)는 세균계이다.
ㄴ. (나)는 세대 교번을 한다.
ㄷ. (다)는 단세포 생물이다.

① ㄱ   ② ㄴ   ③ ㄱ, ㄴ
④ ㄱ, ㄷ   ⑤ ㄴ, ㄷ

심화

27 그림은 3역 6계 분류 체계에 따라 4가지 생물의 계통
수를 나타낸 것이다. A ~ D는 각각 녹색황세균, 메테
인생성균, 말라리아병원충, 옥수수 중 하나이다.

이에 대한 설명으로 옳은 것만을 <보기>에서 있는 대
로 고른 것은?

〈 보기 〉
ㄱ. A와 B는 독립 영양 생물이다.
ㄴ. B와 C는 모두 유성 생식과 무성 생식을
모두 거친다.
ㄷ. C와 D는 같은 역에 속한다.

① ㄱ   ② ㄴ   ③ ㄱ, ㄴ
④ ㄱ, ㄷ   ⑤ ㄱ, ㄴ, ㄷ

28 그림은 식물의 유연관계에 따른 계통수를, 표는 식물
A~C의 특징을 나타낸 것이다. (가)~(다)는 각각 A~C
를 순서없이 나타낸 것이고, A~C는 각각 선태식물, 양
치식물, 겉씨식물 중 하나이고, ㉠는 분류상 특징이다.

식물\특징	A	B	C
종자	없음	있음	·
씨방	·	없음	·
관다발	없음	·	있음

이에 대한 설명으로 옳은 것만을 <보기>에서 있는 대
로 고른 것은?

〈 보기 〉
ㄱ. ㉠은 '종자로 번식한다' 이다.
ㄴ. 씨방의 유무는 (나)와 B를 분류하는 기준
이다.
ㄷ. B와 속씨식물의 유연관계는 C와 속씨식
물의 유연관계보다 가깝다.

① ㄱ   ② ㄴ   ③ ㄷ
④ ㄱ, ㄴ   ⑤ ㄴ, ㄷ

29 '황세균'과 '남세균'은 모두 세균계에 속하는 생물이다.
이들의 공통점과 차이점을 1가지씩 서술하시오.

30 말라리아병원충이 모기와 사람의 적혈구에서 각각 무
성 생식을 하는지 유성 생식을 하는지 쓰고, 이런 세
대 교번이 일어날 때의 장점을 서술하시오.

31 다음 (가)는 선태식물인 패랭이우산이끼이고, (나)는
양치식물인 고사리이다. 두 식물의 공통점과 차이점
을 1가지씩 서술하시오.

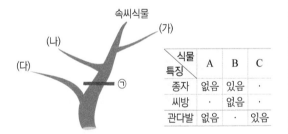
(가)   (나)

32 다음은 식물계의 계통수이다. (가)와 (나)에 들어갈 분
류 기준을 적고 또 다른 겉씨식물과 속씨식물 간의 차
이점을 1가지 서술하시오.

14강 생물의 다양성 2

1. 진핵생물역-균계   2. 동물계 분류 기준   3. 진핵생물역-동물계1   4. 진핵생물역-동물계2

1. 진핵생물역 - 균계

(1) 균계[1] : 대부분이 다세포 진핵생물로, 외부로부터 유기물을 흡수하는 종속 영양 생물이다.

① 키틴질 성분으로 된 세포벽이 있으며, 운동성이 없어 외부로 소화 효소를 분비하여 주변 유기물을 분해한 후 흡수한다.

② 다세포 균류는 몸이 균사로 이루어져 있고, 균사에서 생성된 포자로 번식한다. 단, 단세포 균류인 효모는 균사로 이루어져 있지 않다.

③ 다른 생물체나 그 사체에 붙어 영양분을 얻는 기생 생활이나 공생 생활을 하기도 하며, 생태계에서 분해자의 위치에 있다.

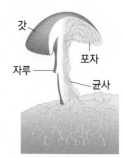

▲ 버섯의 균사

(2) 균계의 분류 : 균사[미니]의 격벽(세포 사이의 벽) 유무[2], 포자 형성 방법 등에 따라 분류한다.

⑴ **접합균류** : 균사에 격벽이 없이 하나의 세포에 여러 개의 핵이 있는 다핵성 생물이다.

① 다른 생물에 기생하거나 편리 공생[3]한다.

② 포자를 만드는 무성 생식을 주로 하지만 환경이 나쁠 때는 접합 포자를 만드는 유성 생식을 하기도 한다.

㉑ 털곰팡이, 검은빵곰팡이, 거미줄곰팡이 등

	접합 포자	자낭 포자	담자 포자
균사에 격벽이 있다.		자낭균류	담자균류
균사에 격벽이 없다.	접합균류		

▲ 균계의 계통수

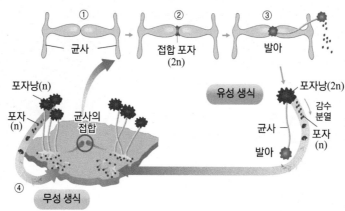

▲ 접합균류의 생활사

① 2개의 균사가 돌출하여 밀착되면 접촉 부위가 부풀고 균사의 끝에서 배우자가 형성된다 (여러 개의 반수체 핵 존재)
② 두 배우체의 막이 합쳐지고 원형질 교류로 핵융합이 일어나 접합 포자가 형성된다.
③ 접합포자가 발아하여 포자낭이 생성되고 감수 분열하여 포자가 생성된다.(유성 생식)
④ 균사 끝에서 포자낭을 만들어 번식하기도 한다.
(무성 생식)

개념확인 1

다음 균계에 대한 설명 중 빈칸에 알맞은 말을 쓰시오.

(1) 운동성이 없으며, 세포벽이 (   ) 성분으로 되어 있다.
(2) 다세포 균류는 몸이 (   )로 이루어져 있고, (   )로 번식한다.

확인 + 1

균사에 격벽이 없이 하나의 세포에 여러 핵이 있는 다핵성 균류를 무엇이라고 하는가?

(   )

---

❶ 균계의 계통적 위치

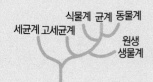

식물계 균계 동물계
세균계 고세균계   원생
                      생물계

균류가 운동성은 없고 세포벽이 있어 이전에는 식물계로 분류했으나, 균류는 식물과 달리 엽록소가 없어 광합성을 하지 못하는 종속 영양 생물이고, 식물의 세포벽 성분은 셀룰로스인데 비해 균류는 키틴 성분의 세포벽을 가지고 있어 분리되었다.

❷ 균사 격벽 유무 분류

균사에 격벽(세포 사이 벽)이 없으면 접합균류, 격벽이 있으면 포자가 자낭에서 형성되는 자낭균류와 포자가 담자기에서 생성되는 담자균류로 나뉜다.

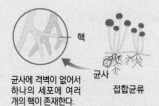

핵
균사
접합균류

균사에 격벽이 없어서 하나의 세포에 여러 개의 핵이 존재한다.

핵
격벽
균사
자낭균류

균사에 격벽이 있어서 1세포 1핵인 다세포성 생물이다.

▲ 균사에 격벽이 없는 접합균류와 격벽이 있는 자낭균류

❸ 편리 공생

생물이 공생할 때 한쪽에만 이익이 되고 다른 쪽은 이익도 불이익도 받지 않는 관계이다.

미니사전

균사 [菌 균 絲 실] 균류의 몸을 구성하는 가는 실 모양의 다세포 섬유로, 균사의 군데군데에서 자루가 나오고 그 끝에서 포자가 형성된다.

(2) **자낭균류** : 균사에 격벽이 있는 다세포성 생물이다.
① 해양, 담수, 육상 등 다양한 곳에 서식한다.
② 분생 포자를 만드는 무성 생식과 감수 분열을 통해 자낭 포자를 만드는 유성 생식을 한다.
③ **효모** : 단세포 생물이고 균사로 이루어져 있지 않다. 출아법으로 무성 생식을 하지만, 환경이 나쁠 때에는 2개의 효모가 접합하여 자낭 [미니] 포자를 형성하는 유성 생식을 한다.
⑩ 누룩곰팡이, 붉은빵곰팡이, 푸른곰팡이, 효모 등

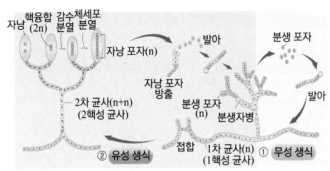

① 보통 균사(n) 끝의 분생 자병에서 분생 포자 [미니] 를 만들어 번식한다. (무성 생식)
② 균사가 접합하여 자낭(n +n)을 만들고 핵융합이 일어난 후(2n) 감수 분열에 의해 자낭 포자(n)를 형성하여 번식하기도 한다.(유성 생식)

▲ 자낭균류의 생활사

(3) **담자균류** : 균사에 격벽이 있는 다세포성 생물이다.
① 갓 안쪽의 많은 주름에서 작은 방망이 모양의 담자기가 형성되고, 담자기에서 감수 분열에 의해 4개의 담자 포자 [미니] 를 형성하여 번식한다.
② 포자가 발아한 균사는 환경이 좋으면 땅 위로 자라 자실체 [미니] 를 형성한다.
⑩ 버섯류, 동충하초[5], 깜부기균, 녹병균[6] 등

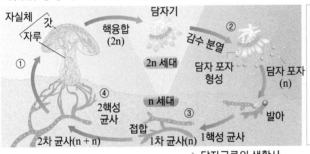

① 자실체의 갓 아래 주름에서 담자 기가 형성된다.
② 담자기에서 핵융합과 감수 분열에 의해 4개의 담자 포자가 형성된다.
③ 담자 포자가 발아하면 1차 균사가 되고, 접합하면 2차 균사가 된다.
④ 땅속의 2차 균사가 환경이 좋을 때 자라 자실체를 형성하여 버섯이 된다.

▲ 담자균류의 생활사

구분	접합균류	자낭균류	담자균류
균사	균사에 격벽이 없는 다핵성	균사에 격벽이 있는 다세포성	
유성 생식	접합 포자	자낭 포자	담자 포자
무성 생식	포자	분생 포자	―

정답 및 해설 **80** 쪽

▶ **개념확인 2**

담자균류의 갓 안쪽의 많은 주름에서 형성되는 작은 방망이 모양의 구조를 무엇이라고 하는 가?   (   )

▶ **확인 + 2**

다음 균류에 대한 설명 중 옳은 것은 ○표, 옳지 않은 것은 ×표 하시오.

(1) 효모는 균사에 격벽이 있는 다세포성 생물로 유성 생식을 한다.   (   )
(2) 담자균류는 균사에 격벽이 있는 다세포성 생물로, 버섯류가 여기에 속한다. (   )

④ 효모의 출아법
모세포의 일부에서 작은 돌기가 분리되어 새로운 개체가 되는 번식 방법이다.

핵   돌기

▲ 효모의 출아법

⑤ 동충하초
겨울에는 곤충을 숙주로 기생하며 살다가 여름에는 곤충의 몸 밖으로 자실체(버섯 모양)를 형성한다.

⑥ 깜부기균, 녹병균
옥수수, 밀 등에 기생하며, 담자과 (자실체)를 형성하지는 않지만 담자 포자를 만들어 번식하므로 담자균 류로 분류된다.

● 균류의 생식법
• 무성 생식 : 세포핵의 융합 없이 분열에 의한 포자를 형성한다.
• 유성 생식 : 2개의 다른 균사체 접합에 의해 세포핵이 융합된 후 감수 분열하여 포자를 형성한다.

미니사전
분생 포자[分 나누다 生 살다 ~] 균사의 끝이 토막토막 나뉘어 져서 생성된 포자
자낭 [子 포자 囊 주머니] 1차 균사의 접합으로 형성된 2차 균사에서 만들어진 포자낭
담자 포자 [擔 짐을 메다 ~] 담 자균류의 유성 포자
자실체 [子 씨 實 열매 體 몸] 수 많은 균사가 얽혀 만들어진 버섯 의 갓과 자루

1 동물계의 계통적 위치

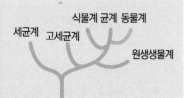

● 동물의 또다른 생식 방법

유성 생식만 하는 것은 아니고 무성 생식이나 세대 교번을 하는 것도 있다.

2 척삭의 유무에 따른 분류

- 척삭동물 : 발생 중 또는 일생 동안 척삭을 형성한다.
- 무척삭동물 : 척삭을 형성하지 않는다. 해면동물 ~ 극피동물이 이에 해당한다.

3 배엽과 기관 형성

- 배엽 : 다세포 생물의 발생 과정에서 형성되는 세포층으로, 진정한 조직과 기관을 형성하기 위해 필요하다. 각 배엽으로부터 발달하는 조직과 기관이 다르다.
- 외배엽 : 피부, 감각 기관, 신경계
- 중배엽 : 순환계, 생식계, 근육, 뼈, 배설계, 척추 등
- 내배엽 : 소화계, 호흡계 등

4 체절의 유무에 따른 분류

- 체절 : 몸의 중심축을 따라 차례로 반복되며 연속되는 단위를 말한다.
- 체절이 있는 동물 : 환형동물, 절지동물
- 체절이 없는 동물 : 나머지

2. 동물계 분류 기준

(1) 동물계[●] : 다세포 진핵생물로, 운동성이 있어 먹이를 섭취하는 종속 영양 생물이다.

① 엽록체가 없어 광합성을 통해 양분을 만들지 못하며, 세포벽이 없다.

② 운동성 : 다양한 운동 기관으로 이동을 하고 먹이를 섭취한다.

③ 기관계 발달 : 특수화된 신경 세포와 근육 세포를 가져 환경 변화를 수용하고 반응하며, 신경계, 소화계, 생식계, 근육계, 배설계 등의 다양한 기관계가 발달했다.

④ 생식 방법 : 대부분 반수체의 정자(n)와 난자(n)가 수정하여 이배체인 접합자(2n)를 형성하는 유성 생식을 한다.

(2) 동물계의 분류 기준 : 몸의 대칭성, 척삭[미니]의 유무[❷], 배엽[❸] 수와 발생 단계, 중배엽의 기원 및 원구의 분화, 체강의 종류, 체절의 유무[❹] 등에 따라 분류한다.

⑴ **몸의 대칭성** : 몸의 구조에 대칭성이 있는 동물과 없는 동물로 분류한다.

① 대칭성이 없는 동물 : 대부분의 해면 동물이다.

② 대칭성이 있는 동물 : 방사 대칭성과 좌우 대칭성으로 나뉜다.

방사 대칭(대칭면 여러 개)	**좌우 대칭**(대칭면 한 개)
· 고착 생활이나 유영 생활을 하는 동물의 몸 형태이다. · 모든 방향에서 주어지는 환경 자극에 대해 반응할 수 있다. **예** 자포동물, 극피동물의 성체(유생 시기에는 좌우 대칭)	· 앞뒤, 좌우, 머리와 꼬리의 방향성이 있는 동물의 몸 형태이다. · 감각이 집중되는 부위가 생기고 이곳이 발달하여 중추 신경계와 머리가 형성된다. **예** 대부분의 동물
▲ 방사 대칭(히드라)	▲ 좌우 대칭(거북이)

⑵ **배엽과 발생 단계**[❺] : 수정 후 발생 과정의 배엽 형성 여부와 배엽 분화 정도에 따라 분류된다.

① 무배엽성 : 발생 과정이 포배 단계에서 끝나 배엽을 형성하지 않고, 체제 수준이 세포 단계에 그쳐 진정한 조직이 발달되지 않는다. **예** 해면동물

② 2배엽성 : 발생 과정이 낭배 단계에서 발생이 끝나 외배엽과 내배엽을 가지고, 체제 수준이 조직 단계에 그친다. **예** 자포동물

③ 3배엽성 : 발생 과정에서 외배엽, 중배엽, 내배엽을 가지고 각 배엽으로부터 기관이 분화되어 세포, 조직, 기관, 기관계 등의 체제로 구성된다. **예** 편형동물 ~ 척삭동물

개념확인 3

모든 방향에서 주어지는 환경 자극에 반응할 수 있는 동물 몸의 대칭 형태를 무엇이라고 하는가?
(   )

확인 + 3

다음 동물계에 대한 설명 중 옳은 것은 ○표, 옳지 않은 것은 ×표 하시오.

(1) 엽록체가 없어 광합성을 하지 못하는 종속 영양 생물이다. (   )

(2) 특수화된 신경 세포와 근육 세포를 가졌지만 기관계는 다양하지 않다. (   )

(3) 발생 과정이 포배 단계에서 끝나 배엽을 형성하지 않으므로 발달된 조직 체계를 가지지 못한다. (   )

미니사전

척삭 [脊 등골뼈 索 줄] 척삭동물에서 일생 동안 또는 발생 중 일정 시기에 생기는 몸을 지지하는 막대 모양의 구조

(3) **중배엽 기원 및 원구와 입의 관계** : 3배엽성 동물은 원구^{미니}가 입이 되는지 항문이 되는지 여부와 중배엽의 형성 기원에 따라 분류된다.

선구 동물	후구 동물
· 원구는 입이 되고 반대쪽에 항문이 만들어진다. · 원내배엽의 중배엽 세포가 난할강으로 떨어져 나와 중배엽이 형성된다. **예** 편형동물, 선형동물, 윤형동물, 연체동물, 환형동물, 절지동물	· 원구는 항문이 되고 반대쪽에 입이 만들어진다. · 내배엽의 원장벽 일부가 원장낭(주머니 모양)으로 부풀어 오르면서 난할강으로 떨어져 나와 중배엽이 형성된다. **예** 극피동물, 척삭동물

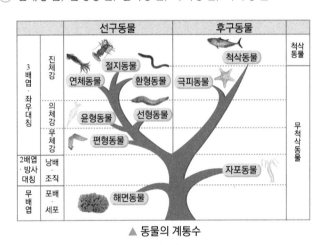

(4) **체강의 종류** : 3배엽성 동물은 체강^{미니}의 유무와 종류에 따라 분류할 수 있다.

① 무체강 : 체강이 없다. **예** 편형동물

② 의체강(위체강) : 체강이 중배엽성 조직으로 완전히 싸이지 않고 난할강이 그대로 남아 체강이 된다. **예** 선형동물, 윤형동물

③ 진체강 : 중배엽성 조직으로 완전히 둘러싸인 체강이다.

예 연체동물, 환형동물, 절지동물, 극피동물, 척삭동물

＜무체강＞
외배엽
중배엽
소화관 내배엽

＜의체강＞
소화관
체강
중배엽 내배엽 외배엽

＜진체강＞
소화관
체강
중배엽 내배엽 외배엽

▲ 체강의 종류

▲ 동물의 계통수

정답 및 해설 **80 쪽**

개념확인 4

다음 동물계 분류 기준에 대한 설명 중 옳은 것은 ○표, 옳지 않은 것은 ×표 하시오.

(1) 후구 동물은 2배엽성 동물에 속한다. ( )

(2) 체강의 종류에 따른 분류는 무배엽성 동물을 분류할 때 사용한다. ( )

(3) 선형동물은 중배엽성 조직으로 완전히 싸이지 않고 난할강이 남아 체강이 되는 동물에 속한다. ( )

확인 + 4

다음 중 원구가 입이 되고 반대쪽에 항문이 만들어지는 동물이 *아닌* 것은?

① 편형동물 ② 척삭동물 ③ 절지동물 ④ 윤형동물 ⑤ 연체동물

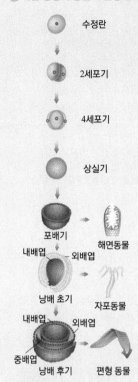

⑤ 배엽 형성과 동물의 발생 단계

수정란

2세포기

4세포기

상실기

포배기 → 해면동물

내배엽 — 외배엽

낭배 초기 → 자포동물

내배엽 — 외배엽

중배엽

낭배 후기 → 편형 동물

● 해면동물 : 포배 단계에서 발생이 끝난다.(무배엽성)
● 자포동물 : 낭배 단계에서 발생이 끝난다.(2배엽성)
● 편형동물 : 중배엽까지 형성한 후 발생이 끝난다.(3배엽성 무체강)

미니사전

원구 [原 근원 口 입] 다세포 동물의 발생 과정에서 내배엽을 형성하기 위해 세포 이동이 시작된 부위

체강 [體 몸 腔 빈 속] 중배엽으로 둘러싸인 빈 공간으로 발생 과정에서 내장으로 채워진다.

❶ 동정세포

해면동물의 위강 내벽을 구성하는 편모를 가진 세포로, 위강으로 들어온 미생물 따위를 잡아 세포 내로 들여보낸다.

❷ 소화 방식

● 세포 내 소화 : 먹이를 직접 세포 내로 섭취하여 소화하는 과정이다.

● 세포 외 소화 : 소화관 내부에서 소화 효소에 의해 음식물을 소화하는 과정으로 세포보다 큰 먹이를 소화하여 섭취할 수 있다.

❸ 신경계 종류

● 산만 신경계 : 신경 세포가 표피의 각 곳에 흩어져 있어 몇 개의 신경 돌기가 일정한 간격으로 망을 형성하는 신경계이다.

● 사다리 신경계 : 신경절이 사다리꼴로 연결되어 있는 신경계이다.

❹ 플라나리아

편형동물문에 속하며, 3배엽성이지만 무체강 동물이다.

❺ 트로코포라

환형동물과 연체동물의 알에서 발생하는 공통의 유생의 하나로 담륜자라고도 불린다.

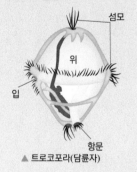

▲ 트로코포라(담륜자)

3. 진핵생물역 – 동물계 1

(1) 무배엽성 동물과 2배엽성 동물

⑴ **해면동물문** : 포배 단계의 무배엽성 생물로, 다세포 생물이지만 세포 분화 정도가 낮아 신경, 근육, 감각기가 없다.

① 대부분 바다에 살며 성체는 고착 생활을 한다.

② 운동성이 없고 편모를 가진 **동정 세포❶**가 있어 먹이를 잡아 변형 세포에서 세포 내 소화❷를 한다. ⑩ 굴뚝해면, 화산해면, 목욕해면 등

⑵ **자포동물문** : 낭배 단계의 2배엽성 동물로, 산만 신경계, 근육 세포, 감각 세포가 있다.

① 몸은 방사 대칭형이고 안은 텅 비어 있어(강장) 원시적인 소화관 역할을 하지만 항문은 없다. 세포 내 소화, 세포 외 소화가 모두 일어난다.

② 입 주위의 자세포가 있는 촉수로 먹이를 잡아 독침 기구(자포)로 마취시킨다.

③ 분열법, 출아법과 같은 무성 생식을 하며 유성 생식도 한다. ⑩ 말미잘, 히드라, 산호 등

(2) 3배엽성 선구동물 : 외배엽, 내배엽, 중배엽을 모두 가지고 원구가 입이 된다.

⑴ **편형동물문** : 3배엽성이지만 무체강 동물로 일부 기관만 분화되어 있다.

① 몸이 납작하고 좌우 대칭 구조이며 원구가 입으로 발생하였지만 항문은 없다.

② **위수강**에서 소화, 순환 등의 기능을 하고 몸 표면에서 기체 교환이 일어난다.

③ 신경계는 사다리 신경계❸이고, 배설기는 불꽃 세포의 섬모 운동으로 노폐물을 걸러내는 **원신관**이다. ⑩ 플라나리아❹, 간디스토마, 촌충 등

⑵ **선형동물문** : 의체강 동물로 호흡기와 순환기가 없다.

① 가늘고 긴 원통형의 몸으로 체절은 없고, 생식기가 발달하여 자웅 이체로 유성 생식을 한다.

② 몸 표면이 큐티클층으로 덮여있고 자라면서 새로운 큐티클층을 만들어 탈피를 한다.

③ 대부분 동물에 기생하거나 토양과 물속에서 분해자 역할의 자유 생활을 하기도 한다.

④ 배설기는 원신관이 변한 **측선관**이며, 신경계로 **신경환**을 가진다.
　　⑩ 회충, 요충, 선충, 십이지장충 등

⑶ **윤형동물문** : 의체강 동물로, 입과 항문이 분화되어 있다.

① 순환계가 없어 몸 표면으로 기체 교환을 하며 신경계와 배설기인 **원신관**을 가진다.

② 입 둘레의 **섬모환**으로 이동하거나 먹이를 섭취한다.

③ 윤형동물의 성체가 연체동물의 유생인 트로코포라❺와 비슷하여 유연관계가 있다고 여겨진다.

④ 자웅 이체로 환경이 좋은 봄 ~ 여름에는 암컷만 단위 생식을 하다가 환경이 나빠지는 가을 ~ 초겨울에는 수컷이 생겨 수정란을 형성하는 양성 생식을 한다. ⑩ 윤충, 물수레벌레 등

> **개념확인 5**
>
> 낭배 단계의 2배엽성 동물로, 산만 신경계를 가진 동물을 무엇이라고 하는가?
>
> （　　　　　　　）

> **확인 + 5**
>
> 다음 동물계에 대한 설명 중 옳은 것은 ○표, 옳지 않은 것은 ×표 하시오.
>
> (1) 해면동물문은 신경을 가진 다세포 생물이다. 　　　　　　　（　　）
> (2) 말미잘은 안이 비어 원시적인 소화관 역할을 하지만 항문이 없다. 　（　　）
> (3) 윤형동물문은 입 둘레의 섬모관으로 이동하거나 먹이를 섭취한다. 　（　　）

(4) **연체동물문** : 진체강 동물로, 몸이 연하고 탄력이 있으며 체절이 없다.

① 몸은 외투막으로 싸여 있거나 외투막에서 분비된 석회질의 단단한 패각으로 몸을 보호하기도 한다.

② 소화관이 발달하였고 아가미로 기체 교환을 하며 대부분 개방 순환계를 가진다.

③ 근육으로 된 발을 가지고 내장낭에 대부분의 기관이 포함되어 있다.

④ 대부분 자웅 이체로 유성 생식을 하며 조개류는 트로코포라 유생 시기를 거친다.

　　예 조개, 오징어(두족류), 소라, 달팽이(복족류) 등

▲ 연체동물문 달팽이

(5) **환형동물문** : 진체강 동물로, 몸이 길고 원통형이며 크기가 같은 고리 모양의 체절을 가진다.

① 수분이 많은 환경에서 축축한 몸 표면으로 기체 교환을 하는 폐쇄 순환계로 호흡한다.

② 환상근^{미니}과 종주근^{미니}의 수축, 이완에 의해 이동하고 트로코포라 유생 시기를 거친다.

③ 각 체절마다 배설기인 **신관**이 있고, 배 쪽에 사다리 신경계가 분포한다.

④ 자웅 동체 또는 자웅 이체로 서로 다른 개체들 사이의 교미로 수정되어 번식한다.

　　예 지렁이, 갯지렁이, 거머리 등

▲ 환형동물문 지렁이

(6) **절지동물문** : 진체강 동물로, 몸은 크기가 다른 체절로 되어 있으며 키틴질의 단단한 외골격으로 덮여 있다. 동물 종의 대부분을 차지한다.

① 몸이 머리, 몸통, 다리로 나뉘고 다리에 마디가 있으며, 눈, 후각 수용체 등의 감각기가 발달하였다. 아가미나 기관으로 기체 교환을 하는 개방 순환계를 가진다.

② 사다리 신경계를 가지고 있으며 배설기는 **신관**이나 **말피기관**이다.

　　예 갑각류(게, 새우, 가재), 협각류(거미류, 전갈), 다지류(노래기, 지네), 곤충류(벌, 나비)

종류	몸의 구분	다리의 수	눈	촉각기(더듬이)	호흡 기관	변태
갑각류	머리가슴, 배	5쌍	겹눈 1쌍	2쌍	아가미	한다
협각류 (거미류)	머리가슴, 배	4쌍	홑눈	없다	기관, 책허파(거미)	안 한다
다지류	머리, 가슴배	여러 쌍	홑눈	1쌍	기관	안 한다
곤충류	머리, 가슴, 배	3쌍	홑눈, 겹눈	1쌍	기관	한다

▲ 절지동물문의 분류

정답 및 해설 **80** 쪽

개념확인 6

다음 동물계에 대한 설명에서 옳은 것을 고르시오.

(1) 연체동물문은 몸이 연하고 탄력이 있으며 체절이 (있다 , 없다).

(2) 환형동물문은 폐쇄 순환계로 호흡하며 배 쪽에 (산만 , 사다리) 신경계가 분포한다.

(3) 절지동물문은 키틴질의 단단한 외골격으로 덮여 있고 (개방 , 폐쇄) 순환계를 가진다.

확인 + 6

다음 중 곤충류의 특성에 해당하지 않는 것은?

① 다리 수 3쌍　　② 겹눈 1쌍　　③ 더듬이 1쌍　　④ 기관 호흡　　⑤ 머리, 가슴, 배

---

❻ 순환계 종류

● 개방 순환계 : 모세 혈관이 없어 혈액이 혈관 바깥의 조직 사이로 흐르는 순환계이다.

● 폐쇄 순환계 : 모세 혈관이 있어 혈액이 혈관 속으로만 흐르는 순환계이다.

❼ 절지동물문의 동물

▲ 갑각류(가재)

▲ 협각류(거미)

▲ 다지류(지네)

▲ 곤충류(꿀벌)

미니사전

환상근 [環 고리 狀 모양 筋 힘줄] 고리 모양의 근육

종주근 [縱 세로 走 달리다 筋 힘줄] 환상근의 안쪽이나 바깥쪽에 몸의 길이를 따라 분포한 근육

▲ 불가사리

▲ 해삼

❷ 척삭동물의 신경 다발

배 발생 과정에서 등쪽에 외배엽으로부터 유래된 속이 빈 신경 다발은 척삭동물문만의 특징이다. 다른 동물문은 속이 찬 신경 다발이 있거나 배쪽에 신경 다발이 위치한다.

❸ 척삭동물문의 미삭동물

▲ 우렁쉥이(멍게)

▲ 미더덕

4. 진핵생물역 – 동물계 2

(1) 3배엽성 후구동물 : 외배엽, 내배엽, 중배엽과 진체강을 가지며 원구가 항문이 된다.

⑴ **극피동물문** : 몸 표면에 가시나 돌기가 많아 몸을 보호하며 얇은 피부 아래에 석회질의 골편이 있으며 조직의 재생력이 강하다.
① 유생은 몸 구조가 좌우 대칭이지만 성체는 방사 대칭이다.
② 순환기와 호흡기의 역할을 하는 **수관계**를 가지며, 그 끝에 근육질의 **관족**이 있어 이동하고 먹이를 잡는다.
③ 자웅 이체로 유성 생식을 한다.
　　(예) 불가사리❶, 성게, 해삼❶ 등

⑵ **척삭동물문** : 유생 시기 또는 일생 동안 몸을 지지하는 척삭을 가진다.
① **척삭** : 신경 다발❷과 평행하게 몸 전체에 형성되는 중배엽으로 몸의 지지 작용을 한다.
② 외배엽에서 유래된 속이 빈 신경 다발이 등쪽에 위치하여 이후 중추 신경계로 발달한다.
③ 물이 소화관 전체를 통과하지 않고 아가미 틈을 통해 밖으로 나가 기체 교환이 되는 폐쇄 순환계를 가진다.
④ 배설기로는 **신관**을 가지고, 항문 뒤에 근육질 꼬리가 나타난다.

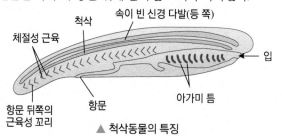

척삭　　속이 빈 신경 다발(등 쪽)
체절성 근육　　　　　　　　　　입
항문 뒤쪽의 근육성 꼬리　　항문　　아가미 틈

▲ 척삭동물의 특징

미삭동물	유영 생활을 하는 유생 시기에 척삭이 나타났다가 고착 생활을 하는 성체가 되면 척삭이 사라진다. (예) 우렁쉥이(멍게)❸, 미더덕❸ 등
두삭동물	일생 동안 머리에서 꼬리까지 척삭이 뚜렷하며, 체표면을 통해 기체 교환을 하고 아가미 틈을 가진다. (예) 창고기
척추동물	· 발생 초기에 척삭과 아가미 틈이 나타났다가 척삭은 척추로 대치된다. · 후구동물 중 가장 고등 동물로 자웅 이체이며 수정에 의한 유성 생식을 한다. · 관상 신경계, 폐쇄 순환계, 콩팥, 내골격을 가지며 항문 뒤쪽에 꼬리가 있다. · 육상 동물은 폐, 수중 동물은 아가미로 호흡한다.

▲ 척삭동물의 종류

개념확인 7

척삭동물문에 속하고 일생 동안 머리에서 꼬리까지 척삭이 뚜렷하며, 체표면을 통해 기체 교환을 하고 아가미 틈을 가지는 동물은 무엇인가?

（　　　　　　　　　）

확인 + 7

다음 설명과 같은 특징을 가지는 동물로 옳은 것은?

> · 순환기와 호흡기의 역할을 하는 수관계를 가진다.
> · 유생은 몸 구조가 좌우 대칭이지만 성체는 방사 대칭이다.

① 멍게　　　② 미더덕　　　③ 창고기　　　④ 불가사리　　　⑤ 칠성장어

(2) 척추동물의 분류 척삭동물문에 속하며 발생 초기에 나타난 척삭은 척추로 대치된다.

① **턱이 없는 종류** : 칠성장어류, 먹장어류

② **턱이 있는 종류**❹

어류	· 몸이 비늘로 덮여 있고, 가슴과 배에 지느러미가 쌍으로 있다. · 심장은 1심방 1심실이고 아가미로 호흡을 하며, 배설기는 중신❺이다. 대부분 부레가 있어 부력을 유지한다. · 변온 동물로, 대부분 난생이며 체외 수정을 한다. · 연골로 된 내골격을 가지는 연골어류(상어, 가오리, 홍어 등)와 단단한 경골로 된 내골격을 가지는 경골어류(피라미, 은어, 송어 등)으로 나뉜다.	 은어
양서류	· 수중에서 육상 생활로 옮겨가는 중간 단계의 동물로 물과 땅 두 곳 모두에서 살 수 있다. · 심장은 2심방 1심실로 배설기는 중신❺이다. · 유생 시기에는 물에서 아가미로 호흡하다가 성체가 되면 폐와 피부로 호흡하는데, 이때 기체 교환을 위해 대부분 축축한 피부를 가진다. · 변온 동물로, 대부분 난생이며 체외 수정을 한다. (예) 개구리, 두꺼비, 도롱뇽 등	두꺼비
파충류	· 육상 생활에 적응해 건조를 막기 위해 피부가 각질의 비늘로 덮여 있다. · 심장은 2심방 2심실이지만 심실의 격벽이 불완전하고 폐로 호흡하며, 배설기는 후신❻이다. · 알은 질긴 껍질로 쌓여 있고 내부에 배를 보호하기 위한 양막❼ [미니] 이 있다. · 변온 동물로, 대부분 난생이며 체내 수정을 한다. (예) 도마뱀, 거북, 악어, 뱀 등	뱀
조류	· 몸은 깃털로 덮여 있고 앞다리가 날개로 변해 있다. · 심장은 완전한 2심방 2심실이고 기낭이 연결된 폐로 호흡하며 방광과 이빨이 없다. · 뼈는 속이 비어 있어 가벼운 대신 강도가 높아 공중 생활에 유리하다. · 정온 동물로, 난생이며 체내 수정을 한다. (예) 참새, 비둘기, 펭귄 등	참새
포유류	· 척추동물 중 가장 발달하여 몸은 털로 덮여 있다. · 심장은 2심방 2심실로 효율적인 호흡계와 순환계를 가져 대사율이 높으며, 배설기로는 후신❻을 가진다. · 정온 동물로, 대부분 태생이며 체내 수정을 하고 새끼를 젖을 먹여 기른다. · 알을 낳는 단공류(오리너구리), 육아낭에서 어린 새끼를 키우는 유대류(캥거루, 왈라비 등), 태반 속에서 새끼를 키우는 태반류(사람, 개, 고양이 등)로 나뉜다.	고양이

❹ **턱이 있는 척추동물 비교**

강	호흡기	체온	수정
어류	아가미	변온	체외
양서류	폐, 피부		
파충류			
조류	폐	정온	체내
포유류			

❺ **척추동물의 배설 기관**

척추동물의 배설 기관에는 전신·중신·후신의 세 가지가 있다. 이러한 순서는 개체발생학 상의 순서이기도 하다.
● 전신 : 원구류와 어류 중 일부의 신장에서 볼 수 있지만, 다른 척추동물에는 일시적으로 배의 시기에만 나타난다.
● 중신 : 대부분의 어류·양서류의 신장이며, 파충류·조류·포유류에는 배의 시기에만 일시적으로 나타난다.
● 후신 : 파충류·조류·포유류의 신장이다.

❻ **유양막류 무양막류**

배를 보호하는 양막은 동물이 육상 생활에 적응하여 진화한 형태로, 양막의 유무에 따라 척추동물을 분류하기도 한다.
● 무양막류 : 어류, 양서류
● 유양막류 : 파충류, 조류, 포유류

개념확인 8

정답 및 해설 **80 쪽**

다음 척추동물의 분류에 대한 설명 중 옳은 것은 ○표, 옳지 않은 것은 ×표 하시오.

(1) 양서류는 물과 땅 두 곳 모두에서 살 수 있으며 건조한 피부를 가진다. (　　　)

(2) 조류의 심장은 완전한 2심방 2심실이고 뼈는 속이 비어있어 가벼운 대신 강도가 높아 공중 생활에 유리하다. (　　　)

확인 + 8

다음 생물 중 수정 방식이 다른 것은?

① 참새　　　② 고양이　　　③ 도롱뇽　　　④ 비둘기　　　⑤ 오리너구리

미니사전

양막 [羊 양 膜 꺼풀] 배를 직접 싸서 보호하는 배막의 일종으로, 속에 양수가 들어 있어 배를 외부 충격과 건조로부터 보호한다.

01 그림은 버섯의 구조를 나타낸 것이다.

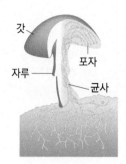

이에 대한 설명으로 옳은 것만을 <보기>에서 있는 대로 고른 것은?

〈 보기 〉

ㄱ. 버섯의 몸은 균사로 이루어져 있다.
ㄴ. 갓 위쪽으로 포자가 형성되어 번식한다.
ㄷ. 외부로 소화 효소를 분비하여 주변 유기물을 분해한 후 흡수한다.

① ㄱ   ② ㄴ   ③ ㄱ, ㄴ   ④ ㄱ, ㄷ   ⑤ ㄴ, ㄷ

02 다음 균류에 대한 설명 중 옳은 것은 ○표, 옳지 않은 것은 ×표 하시오.

(1) 접합균류는 접합 포자를 만들어 번식하며 무성 생식으로만 번식한다.   (   )

(2) 자낭균류는 분생 포자를 만드는 무성 생식이나 자낭 포자를 만드는 유성 생식을 한다.
                                                                                            (   )

(3) 담자균류는 담자 포자를 만들어 번식하며 반드시 자실체를 만들어야만 담자균류에 포함
    될 수 있다.   (   )

03 그림은 접합균류의 생활사를 나타낸 것이다.

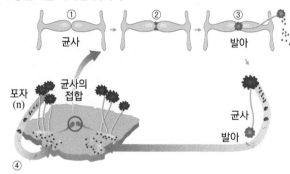

(1) ① ~ ④ 중에서 핵융합이 일어나 접합 포자가 형성되는 곳을 고르시오.   (   )
(2) ① ~ ④ 중에서 무성 생식이 일어나는 곳을 고르시오.   (   )

04 다세포 생물의 발생 과정에서 형성되는 세포층으로 진정한 조직과 기관을 형성하기 위해 필요한
   것을 무엇이라고 하는가?

                                                                        (   )

05 그림은 원구와 입의 관계성에 따라 형성 과정을 나타낸 것이다. ㉠ ~ ㉡에 알맞은 동물 분류명과 ㉢에 해당하는 말을 쓰시오.

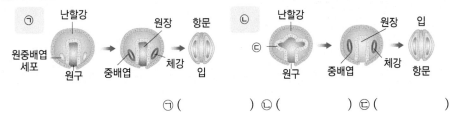

㉠ (   ) ㉡ (   ) ㉢ (   )

06 다음 동물계의 분류에 대한 설명 중 옳은 것은 ○표, 옳지 않은 것은 ×표 하시오.

(1) 극피동물문은 3배엽성 후구동물에 해당하며 조직의 재생력이 강하다.   (   )
(2) 자포동물문은 세포 내 소화만으로 먹이를 소화하여 영양분을 얻는다.   (   )
(3) 몸이 외투막으로 싸여 있거나 패각을 가져 몸을 보호하는 생물은 연체동물문에 속한다.
                                                                                            (   )

07 다음은 3배엽성 선구동물들을 특징에 따라 분류한 결과를 나타낸 것이다. 이에 대한 설명으로 옳지 않은 것은?

① A는 절지동물문이다.
② A와 B 동물 모두 사다리 신경계가 분포한다.
③ B에 해당하는 생물은 트로코포라 유생기를 거친다.
④ C는 산만 신경계를 가지고 있으며, 배설기는 원신관이다.
⑤ 선형동물은 의체강 동물로 몸 표면이 큐티클층으로 덮여있어 탈피한다.

08 척추동물 중 다음과 같은 특징을 가지는 동물을 고르시오.

> · 몸을 만져 보았을 때 온기가 느껴진다.
> · 심장이 2심방 2심실로 효율적인 순환계와 호흡계를 가졌다.
> · 체내 수정을 하고 젖을 먹여 새끼를 기른다.

① 참새   ② 악어   ③ 도롱뇽   ④ 칠성장어   ⑤ 오리너구리

유형 14-1 진핵생물역 균계

다음은 진핵생물역 균계의 계통수를 나타낸 것이다.

	접합 포자	자낭 포자	담자 포자
(가)		자낭균류	담자균류
(나)	접합균류		

이에 대한 설명으로 옳은 것만을 <보기>에서 있는 대로 고른 것은?

〈 보기 〉

ㄱ. (가)는 다세포성을 가진 생물을 분류하는 기준이다.
ㄴ. (나)에 분류된 생물은 생식 때 어떤 포자를 만드는지에 따라 2가지로 분류된다.
ㄷ. (가)와 (나)에 해당하는 모든 생물은 무성 생식을 통해서만 번식한다.

① ㄱ   ② ㄴ   ③ ㄷ   ④ ㄱ, ㄴ   ⑤ ㄴ, ㄷ

01 다음 균계에 대한 설명 중 옳은 것은 ○표, 옳지 않은 것은 ×표 하시오.

(1) 접합균류는 다른 생물에 기생하거나 편리 공생하며 살아간다.   (   )
(2) 균계에 속한 생물은 전부 종속 영양을 하는 다세포 진핵생물이다.   (   )
(3) 자낭균류와 담자균류는 모두 무성 생식과 유성 생식을 할 수 있다.   (   )

02 균계의 생식에 대한 설명으로 옳은 것만을 <보기>에서 있는 대로 고른 것은?

〈 보기 〉

ㄱ. 접합균류는 환경이 나쁠 때 핵융합을 통해 접합 포자를 형성한다.
ㄴ. 자낭균류 중 하나인 효모는 균사를 접합하여 자낭 포자를 형성한다.
ㄷ. 담자균류는 감수 분열에 의해 형성된 4개의 담자 포자가 바로 자실체를 형성한다.

① ㄱ   ② ㄴ   ③ ㄷ   ④ ㄱ, ㄴ   ⑤ ㄱ, ㄷ

유형 14-2 동물계 분류 기준

다음 그림은 진핵생물역 동물계의 계통수를 나타낸 그림이다.

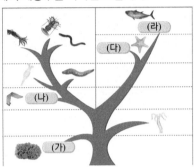

이에 대한 설명으로 옳은 것만을 <보기>에서 있는 대로 고른 것은?

〈 보기 〉

ㄱ. (가)는 발생 중 배엽을 형성하지 않고 포배 단계에서 발생이 끝난다.
ㄴ. (나)에 속하는 동물은 2배엽성 동물로 외배엽과 내배엽을 가진다.
ㄷ. (다)와 (라)에 속하는 동물은 원장낭에서부터 중배엽이 형성된다.

① ㄱ   ② ㄷ   ③ ㄱ, ㄴ   ④ ㄱ, ㄷ   ⑤ ㄴ, ㄷ

03 다음 설명에서 선구동물에 대한 설명은 '선', 후구동물에 대한 설명은 '후'라고 쓰시오.

(1) 원구가 입이 되고 반대쪽에 항문이 만들어진다.   (   )
(2) 원장벽의 일부가 원장낭으로 부풀어올라 떨어져 중배엽을 형성한다.   (   )
(3) 내배엽의 원중배엽 세포가 난할강으로 떨어져 나와 중배엽을 형성한다.   (   )

04 3배엽성 동물 중 중배엽성 조직으로 완전히 싸이지 않고 난할강이 그대로 남아 형성되는 체강을 무엇이라 하는가?

(   )

유형 14-3 동물계 1

다음은 3배엽성 선구동물에 속하는 몇몇 동물들의 사진이다. 이에 대한 설명 중 옳은 것은?

〈플라나리아〉　　〈달팽이〉　　〈지렁이〉　　〈회충〉　　〈윤충〉

① 회충의 배설기는 원신관이다.
② 플라나리아는 몸이 큐티클층으로 덮여있어 자라면서 탈피한다.
③ 지렁이는 입 둘레의 섬모환으로 이동하거나 먹이를 섭취한다.
④ 달팽이는 아가미로 기체 교환을 하며 대부분 개방 순환계를 가진다.
⑤ 윤충은 각 체절마다 배설기인 신관이 있고, 트로코포라 유생 시기를 거친다.

05 동물계에 대한 설명으로 옳은 것만을 <보기>에서 있는 대로 고른 것은?

─〈 보기 〉─
ㄱ. 자포동물문은 2배엽성 동물로 사다리 신경계를 가진다.
ㄴ. 환형동물문에 속하는 동물로는 지렁이나 거머리 등이 있다.
ㄷ. 해면동물문은 편모를 가진 동정 세포가 먹이를 잡고 세포 내 소화를 한다.

① ㄱ　　　② ㄴ　　　③ ㄱ, ㄴ　　　④ ㄱ, ㄷ　　　⑤ ㄴ, ㄷ

06 절지동물문에 속하는 동물 중 다리의 수가 5쌍이고 아가미로 호흡하는 동물은 무엇으로 분류하는가?

(　　　　　　)

유형 14-4 동물계 2

다음 (가) ~ (마)는 생태계에 서식하는 여러가지 생물들의 사진이다.

(가)	(나)	(다)	(라)	(마)

이에 대한 설명으로 옳은 것만을 <보기>에서 있는 대로 고른 것은?

― 〈 보기 〉 ―

ㄱ. (가)와 (나)는 질긴 껍질을 가진 알을 낳는다.
ㄴ. (다)의 생물과 (라)의 생물은 정온 동물이며 체내 수정을 한다.
ㄷ. (마)의 생물은 몸이 털로 덮여있고 효율적인 호흡계와 순환계를 가진다.

① ㄱ 　② ㄴ 　③ ㄷ 　④ ㄱ, ㄴ 　⑤ ㄴ, ㄷ

07 다음 척삭동물문에 대한 설명 중 옳은 것은 ○표, 옳지 않은 것은 ×표 하시오.

(1) 미삭동물은 유생 시기와 성체 시기까지 척삭이 뚜렷하게 나타난다. 　(　　)
(2) 속이 빈 신경 다발이 배쪽에 위치하여 이후 중추 신경계로 발달한다. 　(　　)
(3) 3배엽성 후구동물로 유생 시기 또는 일생 동안 몸을 지지하는 척삭을 가진다. 　(　　)

08 다음 중 동물계에 대한 설명으로 옳지 <u>않은</u> 것은?

① 포유류는 모두 태반 속에서 새끼를 키우고 낳는다.
② 양막은 동물이 육상 생활에 적응하면서 진화한 형태이다.
③ 양서류는 폐와 피부로 호흡하기 때문에 축축한 피부를 가진다.
④ 어류의 심장은 1심방 1심실로 아가미로 호흡하며 배설기는 중신이다.
⑤ 조류의 뼈는 속이 비어 있어 가벼운 대신 강도가 높아 공중 생활에 유리하다.

01 (가)는 다세포 균류의 대표적 생물인 버섯의 구조를 나타낸 그림과 그 설명이고, (나)는 흰개미 집의 사진과 설명이다.

포자 생성 구조

(가) 가는 실 모양의 균사가 토양에 촘촘히 퍼져 있어 1cm³의 토양에서 균사와 토양의 접촉 면적은 300cm² 이상이다.

(나) 일부 흰개미는 사진과 같은 집을 짓고 그 내부에 버섯의 포자를 가져와 버섯을 재배한다고 한다. 이 흰개미의 주요 먹이는 나뭇잎이나 나뭇가지인데, 셀룰로오스를 분해할 수 있는 소화 효소는 가지고 있지 않다.

(1) 그림 (가)와 같은 균사체 구조가 균류의 영양 방식에 유리한 점을 서술하시오.

(2) 셀룰로오스를 소화할 수 있는 소화 효소를 가지고 있지 않는 흰개미가 나뭇잎이나 나무껍질 등의 식물을 어떻게 에너지원으로 섭취할 수 있을지 서술하시오.

02 다음은 방사대칭성과 좌우대칭성에 대해 그림으로 설명한 것이다.

(가) 방사대칭 : 몸의 중심축을 기준으로 3개 이상의 면에 의해 대칭이 되는 몸의 형태. 방사대칭성을 가진 동물들은 대부분 한 곳에 부착해서 살아가는 고착형이나 떠다니거나 약하게 헤엄쳐다니는 부유형의 동물들로, 자포동물, 극피동물의 성체가 해당한다.

(가)

(나) 좌우대칭 : 한 평면에 의해 대칭이 되는 몸의 형태. 좌우대칭성을 가진 동물들은 대부분 활발하게 장소를 바꿔가며 움직이는 동물들로, 방사 대칭이 아닌 대부분의 동물들이 해당한다.

(나)

(1) (가)의 방사대칭성을 가진 생물은 어떤 장점이 있는가?

(2) (나)의 좌우대칭성을 가진 생물은 어떤 장점이 있는가?

03 다음은 선구동물과 후구동물의 발생 과정의 차이를 나타낸 그림이다.

(가) 선구동물 : 난할이 일어나는 면이 배의 수직축에 대하여 비스듬하게 놓이는 나선형 난할이 일어나고, 초기 난할 때부터 각각의 배아 세포들의 발생상 운명을 결정하는 결정적 난할이 일어난다.

(나) 후구동물 : 난할이 일어나는 면이 배의 수직축과 나란하거나 직각을 이루고 있는 방사대칭 난할이 일어나고, 초기 난할 때의 각각의 배아세포들이 각각 완전한 배로 발달할 수 있는 능력을 유지하는 비결정적 난할이 일어난다.

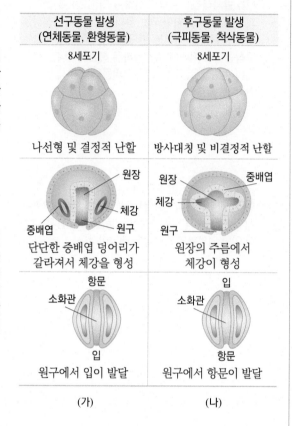

(1) 선구동물인 달팽이의 배 발생 과정에서 세포 하나를 분리시킨다면 이것은 완전한 개체로 발달할 수 있을까? 근거를 들어 서술하시오.

(2) 선구동물은 원중배엽 세포로부터 중배엽이 형성되고, 후구동물은 내배엽의 원장벽으로부터 중배엽이 형성된다. 이 중배엽은 무엇으로 분화하는지 적고, 중배엽의 유무로 생물을 분류할 수 있는 근거를 설명하시오.

04 다음은 오스트레일리아와 태즈메이니아 섬 등에만 서식하는 오리너구리와 캥거루의 사진이다. 다음 물음에 답하시오.

(가) 오리너구리는 야행성 동물로 평균 크기는 약 60 ~ 70㎝ 정도이다. 콧구멍이 있는 큰 부리로 생체 전류를 감지할 수 있고 발에는 발톱과 물갈퀴가 있어 물속에서 먹이를 잡는다. 알을 낳아 번식하고, 새끼가 부화한 후에는 어미의 배에 있는 젖샘에서 분비되는 젖을 핥아 먹고 자란다.

처음 오리너구리가 학회에 발표되었을 때 정밀하게 조작한 거짓 생물로 의혹을 받았고, 존재하는 생물로 증명된 후에는 조류와 포유류 중 어디에 분류할지에 대한 논란이 일었다.

(나) 캥거루는 대체로 대형종으로, 가장 큰 유대류인 붉은캥거루는 수컷이 몸길이 약 1.5m, 꼬리길이 약 1m에 달한다. 뒷다리는 힘이 세서 한번에 점프하는 거리가 5 ~ 8m 정도이지만 최대 13m까지도 점프하는 경우도 발견된다고 한다. 캥거루는 임신한 지 약 3 ~ 40일 내외로 출산하는데 이때 미성숙한 상태로 태어난 새끼가 앞발만을 이용해 육아낭으로 기어올라간 후 젖꼭지에 달라붙어서 자라게 된다.

(1) 오리너구리가 학회에 발표되었을 때 논란이 일어났던 이유는 무엇인지 번식 방법을 들어 서술하시오.

(2) 캥거루가 설명과 같은 번식 방법을 선택한 이유를 유대류의 특징을 근거로 하여 서술하시오.

A

01 다세포 동물의 발생 과정에서 내배엽을 형성하기 위해 세포 이동이 시작된 부위를 무엇이라 하는가?

(   )

02 의체강 동물 중 입 둘레의 섬모환으로 이동하거나 먹이를 섭취하는 동물의 분류는 무엇인가?

(   )

03 몸 표면에 가시나 돌기가 많고, 얇은 피부 아래에 석회질의 골편이 있는 동물의 분류는 무엇인가?

(   )

04 다음은 척추동물에 대한 설명이다. 괄호 안에 알맞은 말을 쓰시오.

(1) 어류와 양서류는 변온 동물로 대부분 난생이며 (   ) 수정을 한다.

(2) 파충류는 (   )로 호흡하며 심장이 2심방 2심실이지만 심실의 격벽이 불완전하다.

05 동물계에 대한 설명으로 옳지 않은 것은?

① 세포벽이 없는 다세포 진핵 생물이다.
② 엽록소가 없어 광합성을 하지 못한다.
③ 한 개의 기관계가 여러 기능을 수행한다.
④ 대부분 운동 기관이 있어 이동하고 먹이를 섭취한다.
⑤ 특수화된 신경 세포를 가져 환경 변화를 수용할 수 있다.

06 다음 척삭동물문에 대한 설명 중 옳은 것은 ○표, 옳지 않은 것은 ×표 하시오.

(1) 배설기로는 신관을 가지고, 항문 뒤에 근육성 꼬리가 나타난다.   (   )

(2) 내배엽에서 유래된 속이 빈 신경 다발이 이후 말초 신경계로 발달한다.   (   )

07 다음은 균계에 대한 설명이다. 괄호 안에 알맞은 말을 고르시오.

(1) 접합균류는 균사에 격벽이 없는 (다세포성 , 다핵성) 생물이다.

(2) 자낭균류가 분생 포자를 만들어 번식하는 것은 (무성 , 유성)생식이다.

08 다음 동물계 분류 기준에 대한 설명 중 옳은 것은 ○표, 옳지 않은 것은 ×표 하시오.

(1) 무체강 동물은 체강이 없기 때문에 2배엽성 동물에 포함된다.   (   )

(2) 자포동물은 수정란의 난할 과정 중 포배기에서 발생이 끝난다.   (   )

09~10 다음은 균계를 특징 A ~ C에 따라 분류하여 계통수를 그린 것이다.

	접합 포자	자낭 포자	담자 포자
균사에 격벽이 있다.		(가)	(나)
		특징 A	
균사에 격벽이 없다.	접합균류	특징 B	
		특징 C	

09 (가)와 (나)에 들어갈 알맞은 종의 이름을 각각 쓰시오.

(가) (   ) (나) (   )

10 이에 대한 설명으로 옳은 것만을 <보기>에서 있는 대로 고른 것은?

〈 보기 〉

ㄱ. 특징 A는 '생물의 몸이 균사로 이루어져 있다'이다.
ㄴ. 특징 B는 '한 세포에 여러 개의 핵이 들어있다'이다.
ㄷ. 특징 C에 해당하는 생물들은 모두 종속 영양 생물이다.

① ㄱ   ② ㄴ   ③ ㄷ
④ ㄱ, ㄴ   ⑤ ㄱ, ㄷ

11 척삭동물문에 관한 설명으로 옳지 않은 것을 고르시오.

① 3배엽성 동물이며 후구동물이다.
② 폐쇄 혈관계를 가지며, 배설기는 신관이다.
③ 발생 초기에 속이 빈 신경 다발, 아가미틈, 항문 뒤쪽의 근육성 꼬리가 나타난다.
④ 척추동물은 발생 초기에만 척삭이 있고 성장하면서 척추로 대치된다.
⑤ 두삭동물은 유생 시기에 척삭이 나타났다가 성체가 되면 사라지며 그 예로는 우렁쉥이가 있다.

B

12 다음은 절지동물문에 속하는 동물들의 사진이다.

(가)   (나)

이에 대한 설명으로 옳은 것만을 <보기>에서 있는 대로 고른 것은?

〈 보기 〉

ㄱ. (가)는 몸이 머리가슴, 배로 구분된다.
ㄴ. (나)는 더듬이 1쌍을 가지고 있다.
ㄷ. (가)와 (나) 모두 변태한다.

① ㄱ   ② ㄴ   ③ ㄷ
④ ㄱ, ㄴ   ⑤ ㄱ, ㄷ

13 동물계에 대한 설명으로 옳은 것만을 있는 대로 고르시오.

① 척삭동물문은 폐쇄 순환계를 가진다.
② 척추동물은 선구동물 중 가장 고등 동물이다.
③ 미삭동물은 육상에서 폐, 수중에서 아가미로 호흡한다.
④ 극피동물문은 수관계가 순환기와 호흡기의 역할을 한다.
⑤ 창고기는 체표면을 통해 기체 교환을 하고 아가미 틈을 가진다.

14 다음 척추동물에 대한 설명 중 옳은 것은 ○표, 옳지 않은 것은 ×표 하시오.

(1) 모든 척추동물은 턱을 가지고 있다. (　　　)

(2) 어류와 양서류는 양막이 없는 알을 낳는다.
(　　　)

15 다음은 균계에 속하는 세 가지 생물의 특징을 표로 정리한 것이다. 이에 대한 설명으로 옳지 않은 것은?

생물	격벽	포자 종류
깜부기균	있음	담자 포자
누룩곰팡이	있음	자낭 포자
검은빵곰팡이	없음	접합 포자

① 세 가지 생물 모두 다세포 진핵생물이다.
② 세 가지 생물 대부분 균사로 이루어져 있다.
③ 검은빵곰팡이는 다핵성 균사로 이루어져 있다.
④ 깜부기균은 담자과에서 담자 포자를 만든다.
⑤ 누룩곰팡이는 자낭에서 핵융합이 일어나 포자를 형성한다.

16 다음은 동물계의 계통수를 나타낸 그림이다.

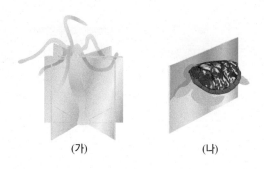

이에 대한 설명으로 옳은 것만을 <보기>에서 있는 대로 고른 것은?

― 〈 보기 〉 ―
ㄱ. 서식지에 따라 분류하는 것이 가장 먼저이다.
ㄴ. 척추동물은 좌우대칭 형태의 3배엽성 선구동물이다.
ㄷ. 동물의 분류 기준에는 몸의 대칭성, 배엽의 수, 체절이나 양막의 유무 등이 있다.

① ㄱ　　　　② ㄴ　　　　③ ㄷ
④ ㄱ, ㄴ　　　⑤ ㄱ, ㄷ

17~19 다음은 동물 몸 형태의 대칭 종류를 그림으로 나타낸 것이다.

（가）　　　　　　（나）

17 (가)와 (나)의 대칭의 종류를 무엇이라 부르는지 각각 쓰시오.

(가) (　　　　　　) (나) (　　　　　　)

18 다음 중 (가)와 (나)에 해당하는 동물문의 예를 알맞게 짝지은 것은?

	(가)	(나)
①	자포동물	극피동물(성체)
②	극피동물(성체)	척삭동물
③	윤형동물	해면동물
④	해면동물	자포동물
⑤	극피동물(유생)	편형동물

19 이에 대한 설명으로 옳은 것만을 <보기>에서 있는 대로 고른 것은?

― 〈 보기 〉 ―
ㄱ. (가) 형태를 가진 동물은 주로 고착 생활이나 유영 생활을 한다.
ㄴ. (나) 형태를 가진 동물은 모든 방향의 자극에 공평하게 반응할 수 있다.
ㄷ. 모든 동물은 (가)와 (나) 중 한 형태를 가진다.

① ㄱ　　　　② ㄴ　　　　③ ㄷ
④ ㄱ, ㄴ　　　⑤ ㄱ, ㄷ

20 다음은 어떤 균계 생물의 포자 형성 과정의 일부를 나타낸 그림이다.

이에 대한 설명으로 옳은 것만을 <보기>에서 있는 대로 고른 것은?

〈 보기 〉
ㄱ. 배우자 안에는 여러 개의 반수체 핵이 존재한다.
ㄴ. 배우자 접합 없이 포자낭에서 포자를 퍼트려 번식하기도 한다.
ㄷ. 접합자가 형성되면 원형질이 합쳐지고 한쪽 핵의 유전자만 살아남는다.

① ㄱ   ② ㄴ   ③ ㄷ
④ ㄱ, ㄴ   ⑤ ㄱ, ㄷ

21 다음 사진 (가)는 플라나리아, (나)는 지렁이이다.

(가)   (나)

이에 대한 설명으로 옳은 것만을 <보기>에서 있는 대로 고른 것은?

〈 보기 〉
ㄱ. (가)는 3배엽성 무체강 동물이다.
ㄴ. (나)는 몸 표면으로 기체 교환을 한다.
ㄷ. (가)와 (나) 모두 원구가 항문이 되는 동물이다.

① ㄱ   ② ㄴ   ③ ㄷ
④ ㄱ, ㄴ   ⑤ ㄱ, ㄷ

C

22 다음은 동물을 분류하는데 사용되는 특징을 구분하여 그림으로 나타낸 것이다.

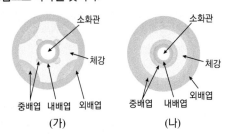

이에 대한 설명으로 옳은 것만을 <보기>에서 있는 대로 고른 것은?

〈 보기 〉
ㄱ. 편형동물이 (가)의 특징을 가졌다.
ㄴ. 후구동물은 모두 (나)의 특징을 가졌다.
ㄷ. 모든 동물은 (가)와 (나)의 특징 중 하나를 가진다.

① ㄱ   ② ㄴ   ③ ㄷ
④ ㄱ, ㄴ   ⑤ ㄱ, ㄷ

23 다음 표는 동물 (가) ~ (다)의 특징을 나타낸 것이다.

동물	배엽	체강	기타
(가)	없음	없음	대칭성 없음
(나)	3배엽	의체강	트로코포라와 유사
(다)	3배엽	진체강	키틴질의 외골격

다음 중 (가) ~ (다)에 해당하는 동물의 예를 알맞게 짝지은 것은?

	(가)	(나)	(다)
①	목욕해면	윤충	거미
②	목욕해면	회충	창고기
③	말미잘	윤충	창고기
④	히드라	회충	소라
⑤	히드라	선충	거미

24 다음은 동물을 분류하는 검색표의 일부이다.

> 1. 중배엽이 없다.
>   2. 포배 단계의 동물이다. .... (가)
>   2. 낭배 단계의 동물이다.
> 1. 중배엽이 있다.
>   3. 원구가 입이 된다.
>   4. 체강이 없다. .... (나)
>   4. 체강이 있다.
>   5. 의체강을 갖는다.
>   5. 진체강을 갖는다.
>   3. 원구가 항문이 된다. .... (다)

이에 대한 설명으로 옳은 것만을 <보기>에서 있는 대로
고른 것은?

───〈 보기 〉───
ㄱ. (가)는 해면동물문이다.
ㄴ. (나)는 몸 표면이 큐티클층으로 덮여있다.
ㄷ. (다)에 속하는 생물은 모두 유생 시기나
  일생 동안 척삭을 가진다.

① ㄱ   ② ㄴ   ③ ㄷ
④ ㄱ, ㄴ   ⑤ ㄱ, ㄷ

25 다음은 선구동물과 후구동물을 각각 나타낸 그림이다.

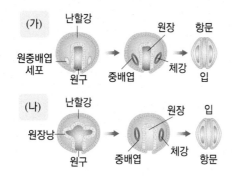

이에 대한 설명으로 옳은 것만을 <보기>에서 있는 대로
고른 것은?

───〈 보기 〉───
ㄱ. (가)는 선구동물로 중배엽이 원중배엽 세포
  로부터 형성된다.
ㄴ. (나)는 후구동물로 원구가 항문이 되고 반대
  쪽에 입이 만들어진다.
ㄷ. 척추동물은 (나)에 해당된다.

① ㄱ   ② ㄱ, ㄴ   ③ ㄱ, ㄷ
④ ㄴ, ㄷ   ⑤ ㄱ, ㄴ, ㄷ

26 다음은 담자균류인 버섯의 생활사를 나타낸 그림이다.

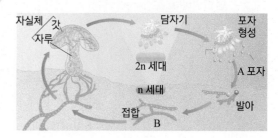

이에 대한 설명으로 옳은 것만을 <보기>에서 있는 대로
고른 것은?

───〈 보기 〉───
ㄱ. 무성 생식 과정을 나타낸 것이다.
ㄴ. 담자기 하나에 4개의 A 포자가 형성된다.
ㄷ. B의 접합 과정에서 2핵성 균사가 형성된다.

① ㄱ   ② ㄴ   ③ ㄱ, ㄴ
④ ㄱ, ㄷ   ⑤ ㄴ, ㄷ

27 다음은 동물문의 일부를 계통수로 나타낸 그림이다.

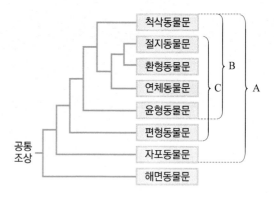

이에 대한 설명으로 옳은 것만을 <보기>에서 있는 대로
고른 것은?

───〈 보기 〉───
ㄱ. A 모둠은 발생시 배엽을 형성한다.
ㄴ. B 모둠은 모두 진체강을 가졌다.
ㄷ. C 모둠은 선구동물에 해당한다.

① ㄱ   ② ㄴ   ③ ㄷ
④ ㄱ, ㄴ   ⑤ ㄱ, ㄷ

심화

28 그림은 동물 A~D의 형태적, 발생적 형질을 기준으로 작성한 계통수이고, 표는 분류 특징 (가)~(다)를 순서 없이 나타낸 것이다. A~D는 각각 플라나리아, 악어, 창고기, 불가사리 중 하나이다.

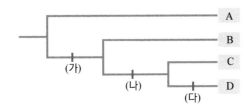

분류 특징 (가)~(다)
·척삭이 형성된다.
·원구가 항문이 된다.
·척추를 가진다.

이에 대한 설명으로 옳은 것만을 <보기>에서 있는 대로 고른 것은?

〈 보기 〉

ㄱ. A는 발생 과정에서 중배엽을 가진다.
ㄴ. B는 수관계와 연결된 관족으로 이동한다.
ㄷ. C는 두삭동물에 속한다.

① ㄱ   ② ㄴ   ③ ㄱ, ㄴ
④ ㄴ, ㄷ   ⑤ ㄱ, ㄴ, ㄷ

29 다음은 대부분 균류의 몸을 이루는 균사의 종류를 나타낸 것이다. 균사 (가)와 (나)의 차이점은 무엇인지, 또 각각의 균사에 해당하는 균류의 종류를 쓰시오.

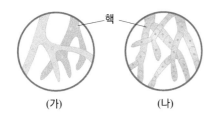

30 주어진 계통수의 생물 A ~ C 중에 창고기가 어디에 위치하는지를 얘기하고, (가)는 무슨 조건으로 나뉘었을지 서술하시오.

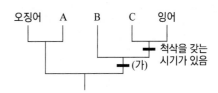

31 종속 영양 생물의 소화 방식에는 세포 내 소화와 세포 외 소화가 있다. 이때 먹이를 섭취하기에 더 유리한 소화 방식은 무엇인지 근거를 들어 서술하시오.

32 다음은 척추동물인 개구리, 도마뱀, 참새, 늑대를 기준 A ~ C에 따라 분류한 것이다. 분류 기준 A ~ C가 무엇일지 서술하시오.

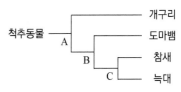

15강 진화설

1. 진화설   2. 다윈 이후의 진화설   3. 변이와 자연선택   4. 유전자풀과 대립 유전자 빈도

1. 진화설

(1) 다윈 이전의 진화설 – 라마르크의 용불용설●

① **용불용설** : 잘 사용하지 않는 기관은 퇴화하지만 많이 사용하는 부분은 발달하여 다음 세대에 전해진다.

② 후천적으로 얻은 획득 형질●은 다음 세대로 유전되지 않기 때문에 잘못된 것으로 판명되었다.

초기의 기린은 목이 짧아 높은 곳의 나뭇잎을 먹지 못했다.   목을 계속 사용하면서 조금씩 목이 길어지고 그 형질이 계속 유전되었다.   오늘날의 기린은 긴 목을 가지고 높은 곳의 나뭇잎을 먹을 수 있게 되었다.

▲ 라마르크의 용불용설 획득 형질은 유전되지 않기 때문에 인정받지 못했다.

(2) 다윈의 진화설 – 자연선택설

① 1859년 다윈이 '종의 기원'을 출간하며 자연선택을 중심으로 한 진화설을 주장하였다.

② 다양한 변이를 가진 개체들 사이에서 생존 경쟁이 일어나 환경에 적합한 개체가 더 많은 자손을 남기게 되는 자연선택●이 누적되어 새로운 종이 생기는 진화가 일어난다.

③ 당시에는 유전의 원리가 알려지지 않았으므로 개체 변이가 어떻게 나타나고 어떻게 후손에게 유전되는지에 대한 유전 원리를 명확하게 설명하지 못했다.

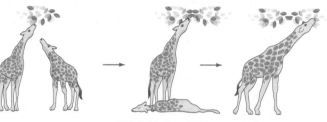

다양한 길이의 목을 가진 기린들이 존재했다.   목이 길어 높은 곳의 잎을 먹을 수 있는 기린만 생존 경쟁에서 살아남았다.   오늘날의 기린은 긴 목을 가지고 높은 곳의 나뭇잎을 먹을 수 있게 되었다.

▲ 다윈의 자연선택설 개체변이가 어떻게 나타나고 유전되는지 명확하게 설명하지 못했다.

개념확인 1

다음 진화설에 대한 설명 중 빈칸에 알맞은 말을 고르시오.

(1) 라마르크는 잘 사용하지 않는 기관은 (발달 , 퇴화)하고 많이 사용하는 기관은 (발달 , 퇴화)하여 다음 세대에 전해진다고 주장하였다.

(2) 다윈은 개체 변이의 과정과 유전 원리에 대해 명확하게 설명 (했다 , 하지 못했다).

확인 + 1

환경에 더 잘 적응하는 형질을 가진 개체가 적자생존으로 살아남아 더 많은 자손을 남기고, 그 결과로 환경 적응에 유리한 형질의 빈도가 높아지는 것을 무엇이라고 하는가?

(   )

① 라마르크의 용불용설

1809년 프랑스의 생물학자 라마르크가 저서 '동물철학'을 통해 주장하였다.

② 획득 형질

유전적으로 결정된 형질이 아니라 후천적으로 나타난 형질로, 환경의 영향을 받는다.
예 염색한 금발이나 운동으로 발달된 근육은 자식에게 전해지지 않는다.

③ 자연선택의 과정

1. **과잉 생산** : 실제로 살아남을 수 있는 것보다 더 많은 수의 자손을 낳는다.
2. **개체 변이** : 개체들이 서로 다른 다양한 형태와 조금씩 다른 기능을 가진다.
3. **생존 경쟁** : 과잉 생산된 개체들이 한정된 먹이나 서식 공간을 두고 경쟁하여 환경에 더 잘 적응하는 형질을 가진 개체가 **적자생존** 방식으로 살아남는다.
4. **자연선택** : 환경에 더 잘 적응하는 형질을 가진 개체가 살아남아 더 많은 자손을 남기고, 그 결과로 환경 적응에 유리한 형질의 빈도가 높아진다.
5. **종의 진화** : 자연 선택이 여러 세대에 걸쳐 오랫동안 누적되면서 새로운 형질을 가진 종으로 진화한다.

미니사전

적자 생존 [適 알맞다 者 것 生 살다 存 존재하다] 생존 경쟁의 결과 그 환경에 맞는 것만이 살아 남고 그렇지 못한 것은 점차 사라지는 현상

2. 다윈 이후의 진화설

(1) 다윈 이후의 진화설

생식질 연속설	바이스만은 생식 세포에 일어난 변이만이 다음 세대로 유전된다고 주장하였다.
돌연변이설[1]	더프리스는 돌연변이에 의해 조상에게 없던 형질이 자손에게 나타나 새로운 종으로 진화가 일어난다고 주장하였다. 예 왕달맞이꽃[2]
격리설	바그너는 바다, 산맥 등에 의한 지리적 격리[3]에 의해, 로마네스는 생식 기관이나 생식 시기 등의 생식적 격리[3]에 의해 다른 종으로 진화한다고 주장하였다. 예 갈라파고스 군도의 핀치
정향 진화설	아이머는 화석 생물의 형질 변화를 연구하여 환경의 변화와 상관없이 내적인 요인에 의해 일정한 방향으로 진화가 일어난다고 주장하였다.
교잡설	로티는 오직 교잡 [미니] 에 의해서만 새로운 종이 형성된다고 주장하였다.

(2) 현대 종합설(신다윈주의)

① 1940년대에 유전학과 자연선택을 기초로 돌연변이, 격리, 교잡 등을 종합하여 생물의 진화를 설명하는 현대 종합설(신다윈주의)를 제창하였다.
　⇒ 생물의 진화를 개체 변화가 아닌 집단 [미니] (개체군)의 특정 유전자 비율이 변하는 것으로 본다.
② 격리 후 돌연변이, 교잡 등으로 유전적 변이가 일어나고, 이 변이에 대한 자연선택을 받는 과정에서 종 분화가 일어난다고 본다.

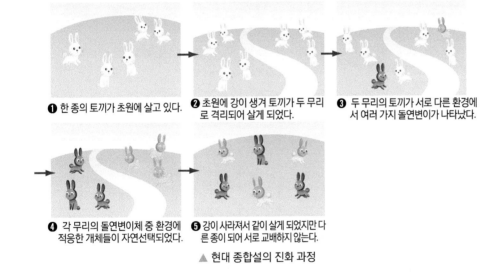

❶ 한 종의 토끼가 초원에 살고 있다.　❷ 초원에 강이 생겨 토끼가 두 무리로 격리되어 살게 되었다.　❸ 두 무리의 토끼가 서로 다른 환경에서 여러 가지 돌연변이가 나타났다.

❹ 각 무리의 돌연변이체 중 환경에 적응한 개체들이 자연선택되었다.　❺ 강이 사라져서 같이 살게 되었지만 다른 종이 되어 서로 교배하지 않는다.

▲ 현대 종합설의 진화 과정

정답 및 해설　86 쪽

> **개념확인 2**
>
> 다음 중 현대 종합설에서 인정하지 <u>않는</u> 진화 요인을 고르시오.
>
> ① 교잡　　② 격리　　③ 돌연변이　　④ 용불용설　　⑤ 자연선택

> **확인 + 2**
>
> 다음 다윈 이후 진화설에 대한 설명 중 옳은 것은 ○표, 옳지 않은 것은 ×표 하시오.
>
> (1) 바이스만은 체세포에 일어난 변이가 유전된다고 주장하였다.　　　(　)
> (2) 바그너는 생식적 격리에 의해 다른 종으로 진화한다고 주장하였다.　(　)
> (3) 아이머는 환경 변화와 상관없이 내적 요인에 의해서 진화한다고 주장하였다. (　)

---

❶ 돌연변이설의 한계

돌연변이는 흔하게 일어나지 않고, 일어난다하더라도 생존에 불리한 경우가 많아 돌연변이만으로 진화를 설명하기에는 한계가 있다.

❷ 돌연변이의 예시-왕달맞이꽃

더프리스가 달맞이꽃을 재배하다가 새로운 형질의 왕달맞이꽃을 발견하고, 이 형질이 다음 세대로 유전된다는 사실을 알게 되면서 돌연변이설을 주장하게 되었다.

▲ 달맞이꽃　　▲ 왕달맞이꽃

❸ 격리

· **지리적 격리** : 산맥, 협곡, 바다 등에 의해 지리적으로 오랜 시간 격리된 결과 원래의 종과 다른 종이 출현한다.
· **생식적 격리** : 생식 시기나 생식 기관의 변화로 교잡이 일어나지 않아 잡종 자손 형성이 제한되어 원래의 종과 다른 종으로 분화된다.

미니사전

교잡 [交 사귀다 雜 섞이다] 유전적 계통이 다른 개체 사이의 교배

집단 [集 모으다 團 둥글다] 동일 시기 동일 장소에 서식하는 동일한 생물 종의 집합. '개체군'이라고도 한다.

① 교차

염색 분체

교차

2가 염색체

· 2가 염색체를 형성할 때, 상동 염색체의 일부가 꼬이면서 대립 유전자가 교환되는 경우를 교차라고 한다.

· 교차는 생식 세포의 유전자 조합이 더욱 다양해지는 중요한 과정이다.

⇒ 교차가 한 번 일어날 때마다 염색체를 구성하는 유전자 조합의 종류가 2배씩 증가한다.

② 자연선택(공업 암화)

19세기 후반 유럽의 공업화에 따라 나무껍질의 색이 어두워졌다. 이 때문에 인근에 서식하는 나방 중 검은 색의 나방이 더 포식자의 눈에 띄지 않아 많이 살아남게 되었다.

▲ 공업 암화에 의해 자연선택된 검은 나방(↑)과 기존의 흰 나방(↓)

3. 변이와 자연선택

(1) 변이 : 같은 생물 종 내에서 개체 간에 나타나는 형질의 차이를 말한다.

① **유전 변이** : 부모로부터 유전자를 물려받아 나타나는 것으로 진화에서의 변이는 일반적으로 유전 변이이다.

② **환경 변이** : 개체가 생장하며 환경의 영향을 받아 나타나는 것으로 유전되지 않는다.

③ **변이의 원인** : 돌연변이나 유성 생식의 유전자 재조합으로 인해 다양한 변이가 나타난다.

돌연변이	DNA가 변하여 새로운 대립 유전자를 만드는 기원이 된다.
무작위 배열	감수 분열 때 정자와 난자에 들어갈 상동 염색체가 무작위로 배열됨으로써 생식 세포가 가질 수 있는 유전자 조합은 이론적으로 2^n(n은 생식 세포 염색체 수)가지가 된다.
교차[①]	감수 분열 때 상동 염색체 사이에 교차가 일어나 유전적 조합 변이가 다양해진다.
무작위 수정	정자와 난자의 무작위 수정으로 수정란의 더욱 다양한 유전자 변이가 가능하다.

(2) 자연선택 : 주어진 환경에 더 잘 적응한 개체가 살아남아 그 형질을 가진 자손을 더 많이 남김으로써 형질의 빈도 수가 높아진다.

① **변이와 자연선택** : 돌연변이나 유전자 재조합 등에 의한 변이가 다양할수록 환경 변화에 적응하여 자연선택[②]을 받을 수 있는 개체가 존재할 확률이 높아진다.

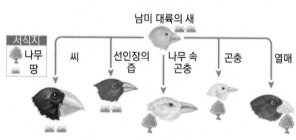

▲ 핀치의 자연선택에 의한 종 분화

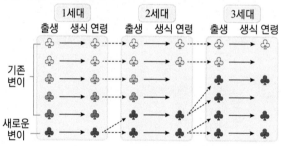

▲ 새로운 변이가 자연선택에 의해 진화로 연결되는 과정

다양한 변이에 의해 서로 다른 형질을 가지고 태어난 개체 중 생존율과 생식률이 높은 개체들이 자연선택되어 그 형질을 갖는 개체의 비율이 증가한다.

개념확인 3

다음 중 변이의 원인으로 옳지 않은 것은?

① 교차　② 돌연변이　③ 체세포 분열　④ 무작위 배열　⑤ 무작위 수정

확인 + 3

다음 변이와 자연선택에 대한 설명 중 옳은 것은 ○표, 옳지 않은 것은 ×표 하시오.

(1) 자연선택은 일정한 방향성에 따라 이루어진다. 　　　(　　)

(2) 생물 집단의 변이가 다양할수록 환경 변화에 유리하게 작용한다. 　(　　)

(3) 환경 적응에 유리한 유전자를 가진 정자가 난자와 수정하여 진화한다. (　　)

310 세페이드 4F 생명 과학(하)

4. 유전자풀과 대립 유전자 빈도

(1) 유전자풀[1] : 특정 시기에 한 집단을 구성하는 모든 개체[2]가 가진 대립 유전자 전체를 말한다.

① 집단의 유전적 특성을 결정하는 모든 유전자의 집합이며, 유전자풀이 변하면 자손에 그 유전적 변화가 전해지게 된다.

② 유전자형에 따라 생존률과 번식률이 달라질 경우 시간이 흐르면 유전자풀 자체가 변화하여 진화한다.

(2) 대립 유전자 빈도 : 한 집단 내에서 개체들이 가지고 있는 대립 유전자의 상대적 빈도[미니]를 말한다.

① 대립 유전자 빈도의 총합은 항상 1이다.

⇒ 유전자풀이 대립 유전자 A와 a로만 구성되어 있을 때, 유전자 A의 빈도를 p, 유전자 a의 빈도를 q라고 하면 항상 p+q = 1이다.

$$\text{대립 유전자 빈도} = \frac{\text{특정 대립 유전자의 수}}{\text{집단 내 특정 형질에 대한 대립 유전자의 총 수}}$$

② 집단에서 대립 유전자 빈도가 변하는 것은 곧 유전자풀이 변화하는 것을 의미하고, 이것을 진화가 일어난다고 한다.

예 500개의 개체를 가진 분꽃 집단의 대립 유전자 빈도 구하기

구분	표현형	유전자형	개체수
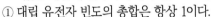	붉은색	RR	300
	분홍색	Rr	150
	흰색	rr	50

- 총 개체수 : N = 500개체
- 총 유전자 수 : 2N = 2 × 500 = 1000
- 대립 유전자 R의 수 :
  $2N_{RR} + N_{Rr} = (2 \times 300) + 150 = 750$
- 대립 유전자 r의 수 :
  $N_{Rr} + 2N_{rr} = 150 + (2 \times 50) = 250$
- 대립 유전자 R의 빈도 p : $\frac{750}{1000} = 0.75$
- 대립 유전자 r의 빈도 q : $\frac{250}{1000} = 0.25$

개념확인 4

정답 및 해설 **86** 쪽

다음 유전자풀에 대한 설명 중 옳은 것은 ○표, 옳지 않은 것은 ×표 하시오.

(1) 유전자풀이 변하더라도 집단의 진화는 일어나지 않을 수 있다. (　　　)
(2) 유전자형에 따른 생존율과 번식률 차이에 의해 진화가 일어난다. (　　　)
(3) 한 집단을 구성하는 개체가 가진 대립 유전자 전체를 유전자풀이라 한다. (　　　)

확인 + 4

어떤 집단의 유전자풀에서 대립 유전자 A의 빈도를 p, a의 빈도를 q라고 할 때 p + q의 값으로 옳은 것은?

① 0　　　　② 0.1　　　　③ 0.5　　　　④ 1　　　　⑤ 2

오른쪽 여백

❶ 유전자풀과 진화

집단 내 유전자풀을 구성하는 대립 유전자의 빈도가 변화하는 것을 '진화'라고 정의한다.

❷ 유전자풀과 개체

집단 내 개체는 현 세대에서 다음 세대로 유전자풀의 유전자를 전달하는 매개체가 된다.

미니사전

빈도 [頻 자주 度 정도] 똑같은 일이 자주 되풀이되는 정도 여기에서는 전체에서 특정 유전자가 차지하는 상대적인 비율을 나타낸다.

상단 이미지 영역

개체의 유전자형　　집단의 유전자풀

개체의 유전자형이 AA 3개, Aa 1개, aa 1개(총 5개)이므로 유전자풀은 A 7개, a 3개로(총 5×2 = 10개) 구성된다.

▲ 개체의 유전자형과 집단의 유전자풀

01 그림은 다윈의 진화설에 따라 기린이 긴 목을 가지게 된 과정을 나타낸 것이다.

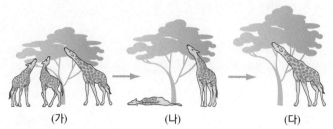

(가)   (나)   (다)

(가) ~ (다)에 대한 설명으로 옳은 것만을 <보기>에서 있는 대로 고른 것은?

─── 〈 보기 〉 ───

(가) 높은 곳에 달린 나뭇잎을 먹기 위해 목을 많이 써서 늘어난 기린이 생겼다.
(나) 목이 짧아 높은 곳에 달린 나뭇잎을 먹지 못한 기린은 도태되었다.
(다) 오늘날의 기린은 긴 목을 가지고 높은 곳의 나뭇잎을 먹을 수 있게 되었다.

① (가)   ② (나)   ③ (가), (나)   ④ (가), (다)   ⑤ (나), (다)

02 진화설에 대한 설명 중 옳은 것은 ○표, 옳지 않은 것은 ×표 하시오.

(1) 현대 종합설에서는 진화의 단위를 집단이 아닌 개체로 생각한다.   (   )
(2) 라마르크의 용불용설은 후천적 획득형질이 유전된다고 주장하였다.   (   )
(3) 다윈은 자연선택설에서 개체의 변이가 유전되는 과정을 설명하였다.   (   )

03 그림은 남미 대륙에 살던 핀치가 갈라파고스 군도에서 새로운 환경에 적응한 것을 나타낸 것이다.

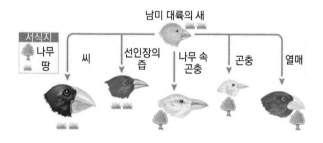

핀치의 부리가 다양한 모양으로 진화하게 된 자연선택의 요인으로 가장 알맞은 것은?

① 위도   ② 경도   ③ 먹이   ④ 서식지   ⑤ 짝짓기

04 한 집단을 구성하는 모든 개체가 가지고 있는 대립 유전자 전체를 무엇이라고 하는가?

(   )

05 다음은 다윈의 자연선택설에 의한 진화 과정을 순서대로 나타낸 것이다. ㉠, ㉡에 알맞은 말을 쓰시오.

과잉 생산, 개체 변이 → ㉠ (   ) → 적자 생존 → ㉡ (   ) → 진화

06 변이의 원인에 대한 설명 중 옳은 것은 ○표, 옳지 않은 것은 ×표 하시오.

(1) 돌연변이는 항상 생존에 유리한 방향으로 대립 유전자를 변화시킨다. (   )
(2) 감수 분열 시 상동 염색체 사이에 일어나는 교차는 유전적 변이를 감소시킨다. (   )
(3) 감수 분열 시 상동 염색체가 무작위로 배열됨으로써 유전자 조합이 다양해진다. (   )

07 어떤 분꽃 집단의 유전자 구성을 표로 나타낸 것이다. 이에 대한 설명으로 옳지 않은 것은?

표현형	유전자형	개체수
붉은색	RR	350
분홍색	Rr	100
흰색	rr	50

① 대립 유전자는 R과 r이다.
② 대립 유전자 r의 개수는 200이다.
③ 대립 유전자 R의 개수는 800이다.
④ 각 대립 유전자의 빈도의 총합은 1이다.
⑤ 이 집단의 총 대립 유전자 수는 500이다.

08 유전자풀에 대한 설명 중 옳은 것만을 <보기>에서 있는 대로 고른 것은?

〈 보기 〉
ㄱ. 유전자풀의 유전자 수는 집단의 개체 수에 2를 곱한 것과 같다.
ㄴ. 시간이 지나면서 대립 유전자 빈도가 달라지는 것은 진화를 의미한다.
ㄷ. 한 개체는 대립 유전자를 한 쌍씩 가지는데, 항상 같은 대립 유전자를 가진다.

① ㄴ   ② ㄱ, ㄴ   ③ ㄱ, ㄷ   ④ ㄴ, ㄷ   ⑤ ㄱ, ㄴ, ㄷ

유형익히기&하브루타

다음은 기린이 긴 목을 가지게 된 것을 설명하는 두 가지 진화설에 대한 그림이다. 이에 대한 설명 중 옳지 않은 것은?

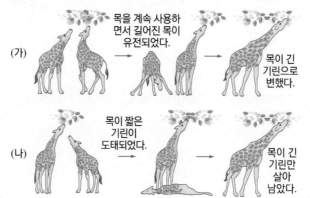

① (가)의 진화설은 용불용설이다.
② (나)의 진화설은 다윈이 주장하였다.
③ (가)의 진화설은 현대에는 인정되지 않는다.
④ (나)에서 돌연변이에 의해 목이 긴 기린이 나타났다.
⑤ (나)에서 목이 긴 기린은 목이 짧은 기린보다 환경에 더 잘 적응했다.

01 다음 진화설에 대한 설명 중 옳은 것은 ○표, 옳지 않은 것은 ×표 하시오.

(1) 라마르크의 진화설에서는 생물이 살아있는 동안 획득한 형질은 유전되지 않는다고 주장한다.　　　　　　　　　　　　　　　　　　　　　　　　　　　　　　　(　)

(2) 다윈의 진화설에서 생존 경쟁이 일어나는 것은 생물의 과잉 생산 때문이다.　(　)

(3) 다윈의 진화설에서는 환경에 더 잘 적응하는 개체가 살아남아 자손을 남기는 과정에서 진화가 일어난다.　　　　　　　　　　　　　　　　　　　　　　　　　　　　(　)

02 진화설에 대한 설명으로 옳은 것만을 <보기>에서 있는 대로 고른 것은?

―――――――――〈 보기 〉―――――――――
ㄱ. 다윈은 돌연변이를 통해 개체들 사이에 변이가 생겨난다고 주장하였다.
ㄴ. 다윈은 멘델의 유전 법칙을 통해 개체 변이의 과정과 유전 원리를 설명했다.
ㄷ. 후천적으로 획득한 형질이 유전된다고 주장한 용불용설은 현재 인정되지 않는다.

① ㄱ　　　　　② ㄴ　　　　　③ ㄷ　　　　　④ ㄱ, ㄴ　　　　　⑤ ㄱ, ㄷ

유형 15-2 다윈 이후의 진화설

다음은 현대 종합설의 종 분화 과정을 그림으로 나타낸 것이다.

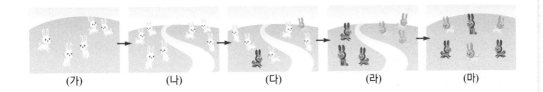

(가)   (나)   (다)   (라)   (마)

(가) ~ (마)에 대한 설명으로 옳은 것만을 <보기>에서 있는 대로 고른 것은?

〈 보기 〉

ㄱ. (가)와 (나) 상태의 토끼들은 모두 교배를 통해 생식 가능한 자손을 낳을 수 있다.
ㄴ. (다)에서 나타난 새로운 형질은 각 개체가 후천적으로 획득한 형질이다.
ㄷ. (라)와 (마)의 새로 진화한 종들은 (가)의 토끼보다 더 환경에 잘 적응하였다.

① ㄱ   ② ㄴ   ③ ㄱ, ㄴ   ④ ㄱ, ㄷ   ⑤ ㄴ, ㄷ

03 다윈 이후의 과학자와 그 과학자가 주장한 진화설이 올바르게 연결된 것만을 <보기>에서 있는 대로 고른 것은?

〈 보기 〉

ㄱ. 더프리스 : 오직 교잡에 의해서만 새로운 종이 형성된다.
ㄴ. 로마네스 : 개체의 생식 세포에 일어난 변이만이 유전된다.
ㄷ. 아이머 : 생물은 환경의 변화와 상관없이 내적 요인에 의해 일정한 방향으로 진화한다.

① ㄱ   ② ㄴ   ③ ㄷ   ④ ㄱ, ㄴ   ⑤ ㄱ, ㄷ

04 현대 종합설의 다른 이름으로 1940년대에 유전학과 자연선택을 기초로 돌연변이, 격리, 교잡 등을 종합하여 생물의 진화를 설명하게 된 진화설은 무엇인가?

(   )

유형 15-3 변이와 자연선택

다음은 새로 나타난 변이가 자연선택에 의해 진화로 연결되는 과정을 도식으로 나타낸 것이다.

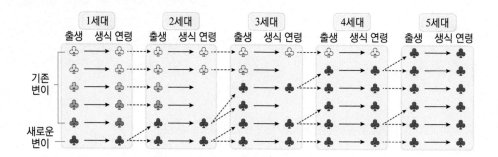

이에 대한 설명으로 옳은 것만을 <보기>에서 있는 대로 고른 것은?

─────────────〈 보기 〉─────────────
ㄱ. 기존 변이가 새로운 변이보다 더 환경에 잘 적응했다.
ㄴ. 이와 같은 자연선택의 과정이 반복되면 진화가 일어난다.
ㄷ. 세대가 거듭될수록 새로운 변이의 형질을 가진 개체들이 많아진다.

① ㄱ   ② ㄴ   ③ ㄷ   ④ ㄱ, ㄴ   ⑤ ㄴ, ㄷ

05 변이와 자연선택에 대한 설명으로 옳은 것만을 <보기>에서 있는 대로 고른 것은?

─────────────〈 보기 〉─────────────
ㄱ. 진화에서의 변이는 일반적으로 환경 변이이다.
ㄴ. 무성 생식보다 유성 생식 때 더 다양한 변이가 나올 수 있다.
ㄷ. 자연선택 과정에서 환경에 상관없이 정해진 형질의 비율이 높아진다.

① ㄱ   ② ㄴ   ③ ㄱ, ㄴ   ④ ㄴ, ㄷ   ⑤ ㄱ, ㄴ, ㄷ

06 같은 생물 종 내에서 개체 간에 나타나는 형질의 차이를 무엇이라고 하는가?

(   )

유형 15-4 유전자풀과 유전자 빈도

다음은 한 집단의 개체별 유전자형과 유전자풀을 그림으로 나타낸 것이다. 이에 대한 설명으로 옳은 것은?

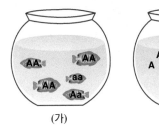

(가)　　　　(나)

① (가)는 집단의 유전자풀을 나타낸 것이다.
② (나)를 통해 집단 내 개체 수는 알 수 없다.
③ 유전자 A와 a는 염색체 내에서 차지하는 위치가 다르다.
④ 이 집단의 종은 유성 생식을 하여 한 쌍씩의 유전자를 가진다.
⑤ 개체 내의 유전자형이 동형 접합인 경우엔 반드시 같은 형질이 표현된다.

07 한 집단 내에서 개체들이 가지고 있는 대립 유전자의 상대적 빈도를 무엇이라 하는가?

(　　　　　　　　　)

08 다음 표는 특정 집단의 미맹 유전자형 구성을 나타낸 것이다. (단, T는 정상 유전자, t는 미맹 유전자이다.)

유전자형	TT	Tt	tt
개체수	300	180	20

(1) 대립 유전자 T의 빈도(p)를 구하시오. 　　　　　　(　　　)
(2) 대립 유전자 t의 빈도(q)를 구하시오. 　　　　　　(　　　)
(3) 대립 유전자 빈도 p와 q의 합을 구하시오. 　　　　(　　　)

01 다음 중 (가)는 산업 혁명이 일어나기 전과 후의 흰색 후추나방과 검은색 후추나방을 야생에서 관찰한 사진이고, (나)는 산업 혁명을 전후로 영국의 맨체스터 지역에서 채집된 흰색 후추나방과 검은색 후추나방의 빈도, 대기 오염을 규제한 후의 빈도를 나타낸 것이다.

(가)

공업 암화 전　　　　공업 암화 후

(나)

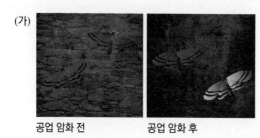

(1) 산업 혁명 이후 검은색 후추나방의 수가 많아졌다. 주어진 자료를 이용하여 이유를 서술하시오.

(2) 대기 오염 규제 이후 흰색 후추나방의 수가 다시 많아졌다. 주어진 자료를 이용하여 이유를 서술하시오.

02 다음은 갈라파고스 군도의 어느 섬에 정착한 핀치가 새로운 환경에 적응하여 자연선택되는 과정을 나타낸 것이다.

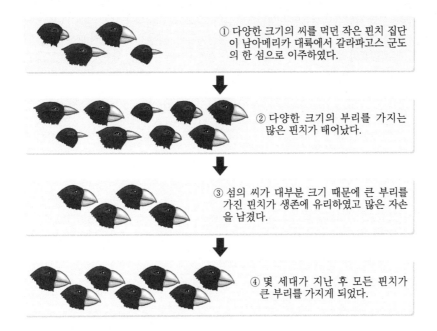

① 다양한 크기의 씨를 먹던 작은 핀치 집단이 남아메리카 대륙에서 갈라파고스 군도의 한 섬으로 이주하였다.

② 다양한 크기의 부리를 가지는 많은 핀치가 태어났다.

③ 섬의 씨가 대부분 크기 때문에 큰 부리를 가진 핀치가 생존에 유리하였고 많은 자손을 남겼다.

④ 몇 세대가 지난 후 모든 핀치가 큰 부리를 가지게 되었다.

(1) 자료의 단계 ② ~ ④가 다윈의 자연선택설에서 어느 단계에 해당하는지 각각 기호를 고르시오.

ㄱ. 과잉 생산   ㄴ. 개체 변이   ㄷ. 생존 경쟁   ㄹ. 자연선택   ㅁ. 종의 진화

②(   )   ③(   )   ④(   )

(2) 갈라파고스 군도는 총 13종의 핀치가 살고 있는데, 각 섬에 몇 종씩 나뉘어 살고 있다. 이들 핀치는 몸의 구조나 부리의 모양과 크기, 먹이나 생식 등에 따라 다양한데, 그 조상은 남아메리카 대륙에서 이주해 온 한 종의 새이다. 현대 종합설에 맞게 위 상황을 풀어서 설명하시오.

03 다음은 낫 모양 적혈구 빈혈증과 말라리아에 대한 자료이다.

(가) 낫 모양 적혈구 빈혈증은 헤모글로빈(Hb) 유전자의 이상으로 산소 농도가 낮을 때 둥근 모양의 적혈구가 낫 모양으로 바뀌게 되는 유전병으로, 심한 빈혈과 혈관 폐쇄 등의 증상으로 인해 사망률이 높다. 낫 모양 적혈구 빈혈증 유전자(Hb^S)는 정상 유전자(Hb^A)에 대해 공동 우성(불완전 우성)으로 Hb^S 유전자의 보유 수에 따라 낫 모양 적혈구 빈혈증의 증상이 심해진다.

유전자형	Hb^AHb^A	Hb^AHb^S	Hb^SHb^S
적혈구 모양	정상	정상 또는 낫 모양	낫 모양
빈혈	없음	미약	악성
말라리아 저항성	없다	있다	있다

(나) 말라리아 병원충은 모기를 통해 전염된 후 적혈구에 기생하고 파괴하여 나타나는 질병으로 낫 모양 적혈구에서는 증식하기 어려워 Hb^S 유전자를 가진 사람은 말라리아에 잘 걸리지 않는다. 때문에 말라리아가 자주 발생하는 지역에서는 Hb^S 유전자를 가진 사람의 비율이 높다.

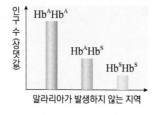

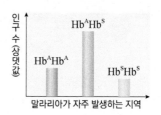

(1) 낫 모양 적혈구 빈혈증은 자손을 낳을 수 있을 때까지 생존하기에 불리한 형질이지만, 말라리아가 자주 발생하는 중앙 아프리카에서는 낫 모양 적혈구 빈혈증의 발생 빈도가 높다. 자료를 이용하여 이유를 설명하시오.

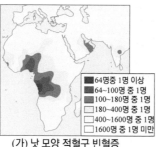

64명중 1명 이상
64~100명 중 1명
100~180명 중 1명
180~400명 중 1명
400~1600명 중 1명
1600명 중 1명 미만

(가) 낫 모양 적혈구 빈혈증
발생 지역과 빈도

(나) 말라리아가
많이 발생하는 지역

(2) 말라리아 발생률이 높은 지역에서 낫 모양 적혈구 빈혈증의 발생 빈도가 높게 나타나는 현상을 자연선택설을 근거로 하여 풀어서 서술하시오.

04 다음은 바나나의 멸종 위기에 대한 자료이다.

> (가) 야생 상태의 바나나는 크고 딱딱한 씨가 가득 차
> 있어 먹기가 아주 힘든 열매였는데, 씨가 없는 돌연
> 변이가 나타나 식용으로 재배하기 시작한 것이 현
> 재 흔히 볼 수 있는 바나나이다. 바나나는 나무라기
> 보다 '여러해살이 풀'에 가까워 열매를 수확한 후 밑
> 동을 잘라 다시 줄기부터 자라게 하는 방식으로 재
> 배하고, 번식시킬 때도 뿌리만 잘라 옮기는 방식을
> 사용한다. 이로 인해 한 농장에 같은 유전적 형질을
> 가진 바나나 나무가 수십만 그루까지 자라게 된다.

▲ 익어가고 있는 바나나

> (나) 현대에 주로 재배되는 바나나는 '캐번디시'라는
> 품종이지만 1960년대까지 전세계에서 재배되던
> 바나나는 '그로 미셸'이란 품종으로 '캐번디시'보다
> 맛과 향이 훨씬 좋았다고 한다. 그런데 물과 흙을
> 통해 곰팡이가 뿌리를 감염시키는 파나마병이 등
> 장하여 전세계의 '그로 미셸'을 말라 죽게 하자 1965년 '그로 미셸'의 상품화가 중단되었
> 고, 파나마병에 강한 '캐번디시'를 대신 보급하여 현재까지 오게 되었다.

> (다) 1990년 파나마병의 변종인 신파나마병이 대만과 필리핀 지역에 나타나면서 '캐번디시'도 병
> 에 걸리게 되었다. 현재는 동남아에만 병이 머물고 있지만, 신파나마병을 치료할 백신도 없고
> 감염을 막을 농약도 없으며 '캐번디시'를 대체할 종이 없어 아프리카나 중남미로 병이 옮겨지
> 면 상품으로서의 바나나가 완전히 사라질 위기에 처해 있다.

(1) 다른 과일종도 각자의 곰팡이 피해나 병을 가지고 있지만 바나나처럼 종 자체가 위협받은
적은 없다. 왜 유독 바나나만 병충해에 의한 멸종 위기가 발생하는지 설명하시오.

(2) 바나나의 멸종을 막기 위한 방법은 어떤 것이 있을지 생각해 보시오.

스스로 실력높이기

A

01 환경의 영향을 받아 생겨난 것으로 유전적으로 결정된 형질이 아니라 후천적으로 나타난 형질을 무엇이라 하는가?

( )

02 생존 경쟁의 결과 그 환경에 맞는 것만이 살아 남고 그렇지 못하는 것은 점차 사라지는 현상을 무엇이라 하는가?

( )

03 다음 중 변이의 원인으로 옳은 것만을 있는 대로 고르시오.

① 분열   ② 교차   ③ 출아법
④ 꺾꽂이   ⑤ 무작위 수정

04 다음은 다윈 이후에 진화를 설명하는 몇 가지 학설을 나타낸 것이다. 각 설명에 해당하는 학설을 고르시오.

교잡설	격리설	돌연변이설
정향 진화설	생식질 연속설	

(1) 조상에게 없던 형질이 자손에게 나타나 새로운 종으로 진화한다. ( )
(2) 환경 변화와 상관없이 내적인 요인에 의해서 일정하게 진화한다. ( )
(3) 같은 종이라도 오랜 세월 생식적, 지리적으로 격리되면 다른 종이 될 수 있다.

( )

05 다음 변이와 자연선택에 대한 설명 중 옳은 것은 ○표, 옳지 않은 것은 ×표 하시오.

(1) 생물의 진화는 개체 수준에서 일어나는 것으로 정의된다. ( )
(2) 자연선택된 형질의 비율이 생물 집단 내에서 증가한다. ( )
(3) 자연선택과 생물의 진화 현상 모두 개체 수준에서 일어난다. ( )

06 다음은 유전자풀에 대한 설명이다. 괄호 안에 알맞은 말을 고르시오.

(1) 유전자풀은 (개체 , 집단)의 유전적 특성을 나타낸다.
(2) (획득 , 유전) 형질에 따라 개체의 생존률과 번식률이 달라질 때 집단이 진화한다.
(3) 개체는 현 세대에서 다음 세대로 유전자풀의 (유전자 , 표현형)을(를) 전달하는 매개체가 된다.

07 다음은 진화설에 대한 설명이다. 괄호 안에 알맞은 말을 쓰시오.

(1) 다윈은 처음부터 개체의 ( )가 다양한 상태였다고 주장하였다.
(2) ( )은 자주 사용하는 기관이 발달하여 진화한다고 주장하는 이론이다.
(3) 자연선택설은 ( )에 더 잘 적응하는 형질을 가진 개체가 더 많은 자손을 남긴다고 주장하였다.

08 다윈 이후의 진화설에 해당하지 <u>않는</u> 것은?

① 교잡설   ② 용불용설
③ 돌연변이설   ④ 정향 진화설
⑤ 생식질 연속설

09 진화설에 대한 설명으로 옳지 <u>않은</u> 것은?

① 획득 형질이 자손에게 전달된다.
② 용불용설은 다윈 이전에 등장한 진화설이다.
③ 자연선택설은 오늘날 중요한 진화의 원리로 인정받는다.
④ 시간이 지날수록 환경 적응에 유리한 형질을 가진 개체가 늘어난다.
⑤ 환경에 더 잘 적응하는 개체가 더 많이 살아남아 자손을 남긴다.

10 다음 진화와 관련된 실험을 설명하기에 적합한 진화설로 각각 옳게 짝지어진 것은?

> (가) 여러 세대에 걸쳐 쥐의 꼬리를 잘라도 자손이 짧은 꼬리로 태어나지 않는다.
>
> (나) 다리가 긴 양만 있었던 목장에 다리가 짧은 양이 태어났는데, 다리가 짧은 개체를 골라 교배하였더니 계속 다리가 짧은 양이 태어났다,

	(가)	(나)
①	교잡설	용불용설
②	용불용설	격리설
③	격리설	용불용설
④	자연선택설	정향 진화설
⑤	생식질 연속설	돌연변이설

B

11 다음 유전자풀에 대한 설명 중 옳은 것은 ○표, 옳지 않은 것은 ×표 하시오.

(1) 유전자풀이 변하면 그 집단의 유전적 특성도 달라진다. (   )

(2) 모든 시기를 통틀어 집단의 개체들이 가지고 있는 대립 유전자를 나타낸다. (   )

12 다음은 어떤 집단의 진화의 과정을 나타낸 모식도이다.

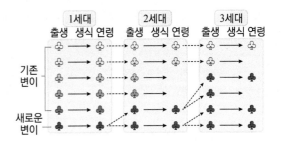

이에 대한 설명으로 옳은 것만을 <보기>에서 있는 대로 고른 것은?

> 〈 보기 〉
> ㄱ. 1세대와 3세대의 색깔 형질 비율은 같다.
> ㄴ. 색이 진한 형질이 색이 옅은 형질보다 환경 적응에 유리하다.
> ㄷ. 3세대를 거치면서 색이 짙은 개체에 대한 자연선택이 일어났다.

① ㄱ   ② ㄱ, ㄴ   ③ ㄱ, ㄷ
④ ㄴ, ㄷ   ⑤ ㄱ, ㄴ, ㄷ

13 다음은 다윈 이후의 진화설에 관련된 발견이다.

> (가) 갈라파고스 군도에 사는 핀치는 섬마다 부리의 형태와 크기가 다르다.
> (나) 달맞이꽃에서 돌연변이로 인해 왕달맞이꽃과 같은 변종이 생겼다.

(가), (나)에 해당하는 진화설을 각각 쓰시오,

(가) (   ) (나) (   )

14 표는 500개체로 구성된 생물 집단에서 어떤 유전 형질에 대한 유전자형별 개체수를 나타낸 것이다.

유전자형	AA	Aa	aa
개체수	150	300	㉠

이에 대한 설명으로 옳은 것만을 <보기>에서 있는 대로 고른 것은?

〈 보기 〉

ㄱ. ㉠은 50이다.
ㄴ. A의 대립 유전자 빈도는 0.6이다.
ㄷ. A와 a의 대립 유전자 빈도의 합은 1이다.

① ㄱ   ② ㄱ, ㄴ   ③ ㄱ, ㄷ
④ ㄴ, ㄷ   ⑤ ㄱ, ㄴ, ㄷ

15 다음은 현대 종합설에 따라 종 A가 진화하는 과정을 나타낸 그림이다. 이에 대한 설명으로 옳은 것은?

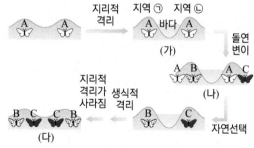

① (가)와 (다)의 유전자 구성은 같다.
② (나)에서 과잉 생산에 의한 생존 경쟁이 일어난다.
③ (가)에서 지역 ㉠과 지역 ㉡은 자유로운 왕래가 가능하다.
④ (나)에서 B의 형질과 C의 형질은 A보다 환경 적응에 더 불리하다.
⑤ (다)에서 종 B와 종 C는 교배 시에 생식 능력이 있는 자손이 태어난다.

16 다음 변이와 자연선택에 대한 설명 중 옳은 것은 ○표, 옳지 않은 것은 ×표 하시오.

(1) 다른 종 간의 교잡도 변이의 원인 중 하나이다.
                            (   )

(2) 생물 집단의 변이가 다양할수록 주어진 환경에 유리한 형질이 존재할 확률이 높다.   (   )

17 다음은 어떤 달팽이 집단의 껍데기 색깔과 이를 결정하는 유전자형을 나타낸 그림이다.

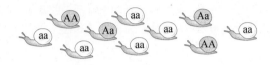

이에 대한 설명으로 옳은 것만을 <보기>에서 있는 대로 고른 것은?

〈 보기 〉

ㄱ. 집단의 총 유전자 수는 10이다.
ㄴ. 대립 유전자 a의 빈도는 0.3이다.
ㄷ. 유전자형 Aa가 자연선택된다면 대립 유전자 A의 빈도가 증가할 것이다.

① ㄱ   ② ㄴ   ③ ㄷ
④ ㄱ, ㄴ   ⑤ ㄱ, ㄷ

18 다음 (가)와 (나)는 기린이 어떻게 긴 목을 가지게 되었는지를 각각 다윈의 가설과 라마르크의 가설로 나타낸 그림이다.

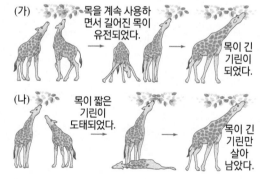

이에 대한 설명으로 옳은 것만을 <보기>에서 있는 대로 고른 것은?

〈 보기 〉

ㄱ. (가)는 개체가 후천적으로 얻은 형질이 유전된다고 주장한다.
ㄴ. (나)는 라마르크가 주장한 가설이다.
ㄷ. (가)와 (나) 모두 현대에도 인정받고 있는 가설이다.

① ㄱ   ② ㄴ   ③ ㄷ
④ ㄱ, ㄴ   ⑤ ㄱ, ㄷ

19 다음은 기린의 목의 길이가 현재와 같이 길어지게 된 진화 과정을 세 가지로 설명한 것이다. 이에 대한 설명으로 옳은 것은?

> (가) 원래 기린의 목의 길이는 짧았지만 높은 가지의 나뭇잎을 먹기 위해 목을 길게 늘이는 행동이 반복되는 과정에서 오늘날처럼 목의 길이가 길어졌다.
>
> (나) 원래 기린의 목의 길이는 짧았지만 어느 날 유전 형질의 변형으로 인해 목이 긴 기린이 등장했고, 이 기린은 높은 가지의 나뭇잎까지 먹을 수 있어 생존 경쟁에 유리했다. 이로 인해 목이 긴 기린이 살아남아 더 많은 자손을 남기는 과정이 반복되어 오늘날처럼 목의 길이가 길어졌다.
>
> (다) 원래 기린의 목의 길이는 다양했는데, 먹이가 되는 나뭇잎이 부족해지자 생존 경쟁이 일어나 높은 가지의 나뭇잎도 먹을 수 있는 목이 긴 기린이 살아남고 목이 짧은 기린은 도태되었다. 이 과정이 반복되어 오늘날처럼 목의 길이가 길어졌다.

① (가)는 자연선택설로 설명하였다.
② (나)에서 목이 짧은 기린은 자손을 많이 남겼다.
③ (다)의 진화는 돌연변이의 출현으로부터 시작되었다.
④ 셋 다 현대에까지 인정되는 진화설이다.
⑤ 설명에 해당하는 진화설은 (가), (다), (나)의 순서로 발표되었다.

20 다음은 어떤 지역에서 모기 살충제인 DDT를 살포하기 시작한 후부터 시간의 경과에 따른 모기의 사망률을 조사하여 그래프로 나타낸 것이다.

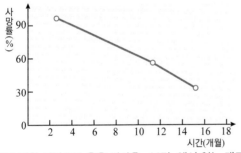

이에 대한 설명으로 옳은 것만을 <보기>에서 있는 대로 고른 것은?

> ─── 〈 보기 〉───
> ㄱ. DDT에 내성을 가진 돌연변이가 등장하였다.
> ㄴ. 시간이 지나면 DDT에 의해 모기가 멸종한다.
> ㄷ. 시간이 경과함에 따라 DDT의 독성이 줄어든 것이다.

① ㄱ   ② ㄴ   ③ ㄷ
④ ㄱ, ㄴ   ⑤ ㄱ, ㄷ

C

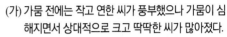 다음은 어떤 핀치 집단의 가뭄 전후의 부리 크기 변화에 대한 자료이다.

> (가) 가뭄 전에는 작고 연한 씨가 풍부했으나 가뭄이 심해지면서 상대적으로 크고 딱딱한 씨가 많아졌다.
> (나) 그래프는 가뭄 전과 가뭄 후 핀치의 부리 크기에 따른 개체수를 나타낸 것이다.

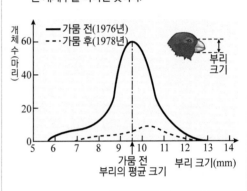

21 이와 같은 결과를 설명하기 위해 필요한 진화설은 무엇인가?

(   )

22 이에 대한 설명으로 옳은 것만을 <보기>에서 있는 대로 고른 것은?

> ─── 〈 보기 〉───
> ㄱ. 가뭄 전의 부리가 가뭄 후의 부리보다 크다.
> ㄴ. 가뭄 때에 핀치 집단 내에서 생존 경쟁이 있었다.
> ㄷ. 가뭄 후 핀치 집단 내의 부리 평균 크기가 커졌다.

① ㄱ   ② ㄱ, ㄴ   ③ ㄱ, ㄷ
④ ㄴ, ㄷ   ⑤ ㄱ, ㄴ, ㄷ

23 다음은 다윈의 자연선택설의 각 단계를 순서 없이 설명한 것이다. 진화가 진행되는 과정을 옳게 나열한 것은?

> (가) 환경에 잘 적응하는 형질을 가진 개체가 많은 자손을 남긴다.
> (나) 개체들 사이에는 형태, 습성, 기능 등의 형질이 조금씩 다른 변이가 존재한다.
> (다) 환경에 적응하기 유리한 형질을 가지지 못한 개체는 도태되어 죽는다.
> (라) 한정된 먹이나 서식 공간에서 개체 사이의 생존 경쟁이 일어난다.
> (마) 생물은 환경에서 실제 생존할 수 있는 것보다 더 많은 자손을 낳는다.

① (가) → (나) → (다) → (라) → (마)
② (마) → (나) → (라) → (다) → (가)
③ (가) → (마) → (라) → (다) → (나)
④ (마) → (다) → (가) → (나) → (라)
⑤ (마) → (라) → (나) → (가) → (다)

24 다음은 특정 생물 집단의 대립 유전자 빈도를 계산한 것이다.

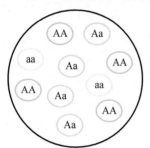

> · 총 유전자 수 : 10개체 × 2 = 20
> · 유전자 A의 빈도(p) : $\dfrac{㉠ \times 2 + 4 \times 1}{20}$
> · 유전자 a의 빈도(q) : $\dfrac{2 \times 2 + ㉡ \times 1}{20}$

이에 대한 설명으로 옳은 것만을 <보기>에서 있는 대로 고른 것은?

> ─── 〈 보기 〉 ───
> ㄱ. ㉠의 자리에는 2가 들어간다.
> ㄴ. ㉡는 Aa의 유전자형을 가진 개체수이다.
> ㄷ. 이 유전자풀의 생물 집단이 진화해도 유전자 빈도는 변화하지 않는다.

① ㄱ   ② ㄴ   ③ ㄷ
④ ㄱ, ㄴ   ⑤ ㄱ, ㄷ

25 다음 표는 낫 모양 적혈구 빈혈증 유전자형을 가진 사람들의 특징을, 그래프는 두 지역의 이 유전자형에 대한 인구 구성을 나타낸 것이다.

유전자형	Hb^{A}Hb^A	Hb^{A}Hb^S	Hb^{S}Hb^S
적혈구 모양	정상	정상 또는 낫 모양	낫 모양
빈혈	없음	미약	악성
말라리아 저항성	없다	있다	있다

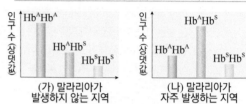

이에 대한 설명으로 옳은 것만을 <보기>에서 있는 대로 고른 것은?

> ─── 〈 보기 〉 ───
> ㄱ. (가)에서 유전자 Hb^{A}의 빈도는 (나)의 Hb^A 빈도보다 높다.
> ㄴ. (가)와 (나) 지역 모두 자연선택에 의해 인구 구성이 변화하였다.
> ㄷ. 말라리아가 자주 발생하는 지역에서 유전자형 Hb^{S}Hb^{S}인 사람이 자연선택된다.

① ㄱ   ② ㄴ   ③ ㄷ
④ ㄱ, ㄴ   ⑤ ㄱ, ㄴ, ㄷ

26 다음은 대기 오염이 일어난 지역과 오염되지 않은 지역의 숲에서 흰색 후추나방과 검은색 후추나방을 일정 시간 동안 채집한 후 개체수를 조사한 결과이다.

구분	흰색 후추나방	검은색 후추나방
오염된 숲	45	155
오염되지 않은 숲	132	68

이에 대한 설명으로 옳은 것만을 <보기>에서 있는 대로 고른 것은?

> ─── 〈 보기 〉 ───
> ㄱ. 오염되지 않은 숲에서는 검은색 형질이 더 생존하기에 유리하였다.
> ㄴ. 오염되기 전보다 오염된 후에 검은색 후추나방이 더 많이 잡아먹힌다.
> ㄷ. 오염된 숲의 오염이 줄어들면 흰색 후추나방의 수가 더 늘어날 것이다.

① ㄱ   ② ㄴ   ③ ㄷ
④ ㄱ, ㄴ   ⑤ ㄱ, ㄷ

27 생물이 환경에 적응하는 과정에서 획득한 획득 형질이 다음 세대에 전해져 진화한다고 주장한 라마르크의 용불용설은 현대에는 인정받고 있지 않다. 획득 형질이 왜 진화에 영향을 끼치지 못하는지 서술하시오.

29 유전자풀의 변화가 어째서 진화를 의미하는 것인지 설명하시오.

30 말라리아가 자주 발생하는 중앙 아프리카에서는 유독 낫 모양 적혈구 빈혈증 유전자를 가진 사람의 비율이 높다. 말라리아를 유발하는 모기가 사라졌을 때 이 유전자의 비율이 어떻게 변화할 지 서술하시오.

28 현대 종합설에 근거하여 갈라파고스 군도의 핀치새의 진화 과정을 다음의 단어를 모두 사용하여 설명해 보시오.

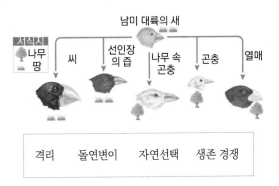

| 격리 | 돌연변이 | 자연선택 | 생존 경쟁 |

16강 진화의 원리

1. 하디-바인베르크 법칙 2. 유전자풀의 변화 요인 3. 진화와 종분화 1 4. 진화와 종분화 2

1. 하디-바인베르크 법칙

① 멘델 집단

멘델 집단은 실제 자연 상태에서는 거의 존재하지 않는 가상의 집단이다. 그러나 하디-바인베르크 법칙이 지켜지지 않고 그 집단의 유전자 빈도가 변하는 것 자체가 진화가 일어난다는 것을 뜻하기 때문에 가치가 있다.

(1) 멘델 집단[①] : 하디-바인베르크 평형 상태가 유지되는 가상의 집단으로, 특정 조건이 충족되어야 한다. 이 조건들 중 어느 하나라도 충족되지 않으면 하디-바인베르크 평형이 깨져 집단의 유전자 빈도가 변화하는 진화가 일어난다.

〈멘델 집단의특징〉
① 집단의 크기가 충분히 커야 한다.(확률의 법칙을 적용하여 오차가 거의 없어야 한다.)
② 집단 내에서 교배가 자유롭게 일어나야 한다.
　(무작위적인 교배로 모든 대립 유전자가 똑같이 보존되어야 한다.)
③ 돌연변이가 일어나지 않아야 한다.(없던 유전자가 새롭게 생기면 안된다.)
④ 다른 집단과의 유전자 교류가 없어야 한다.
　(외부 집단에서 새 유전자가 들어오거나 집단 내의 유전자가 외부로 나가지 않아야 한다.)
⑤ 특정 대립 유전자에 대해 자연선택이 작용하지 않아야 한다.
　(특정 유전자가 생존에 유리해서 번식률에 영향을 끼치지 않아야 한다.)

② 하디-바인베르크 법칙의 적용

[예제] 어떤 멘델 집단에서 미맹 유전병이 10000명당 1명의 비율로 나타난다고 하자.
(미맹 유전자는 정상 유전자에 대해 열성이며 멘델 법칙에 따라 유전된다.)
(1) 미맹 유전자의 빈도는?
[풀이] 정상 유전자 T의 빈도를 p, 미맹 유전자 t의 빈도를 q 라 하자.
미맹이 나타나려면 유전자형이 tt가 되므로, 미맹이 나타날 확률은 q^2이다.
이 집단에서 $q^2 = \dfrac{1}{10000}$ 이므로
$q = \dfrac{1}{100} = 0.01$이다.

(2) 정상인 중에서 미맹 유전자를 가진 보인자 수는 몇 명인가?
[풀이] (1)에서 q = 0.01 이므로 정상유전자 빈도 p = 1-0.01 = 0.99이다.
보인자은 유전자형이 Tt이고, 그 비율은 2pq = 2×0.99×0.01 = 0.0198이므로, 보인자인 사람의 수는 10000×0.0198 = 198(명)이다.
[정답] (1) 0.01 (2) 198명

(2) 하디-바인베르크 법칙[②] : 이상적인 조건을 갖춘 멘델 집단에서는 대립 유전자의 빈도가 대를 거듭해도 변하지 않는 **유전적 평형 상태**가 유지된다는 법칙이다.

예 두 대립 유전자 A와 a를 가진 어떤 생물의 멘델 집단에서 대립 유전자 A와 a의 빈도를 각각 p, q로 가정했을 때 다음 세대 F_1에 나타날 유전자형의 빈도 계산

· 멘델 집단에서는 대립 유전자가 암수에 고르게 분포하므로 대립 유전자 A와 a를 갖는 생식 세포가 만들어지는 비율은 빈도 p, q와 각각 일치한다.

	정자 p(A)	정자 q(a)
난자 p(A)	$p^2(AA)$	pq(Aa)
난자 q(a)	pq(Aa)	$q^2(aa)$

· F_1에서 대립 유전자 전체의 빈도 : $p^2 + 2pq + q^2 = (p+q)^2 = 1$
· F_1에서 대립 유전자 A의 빈도 : $p^2 + 2pq \times \dfrac{1}{2} = p^2 + pq = p(p+q) = p$
· F_1에서 대립 유전자 a의 빈도 : $q^2 + 2pq \times \dfrac{1}{2} = q^2 + pq = q(p+q) = q$
· 따라서 F_1의 대립유전자 A와 a의 빈도는 각각 p와 q로 어버이 세대와 일치한다.
　⇒ 유전적 평형 상태 유지
· F_1에서의 유전자형별 빈도 : $(pA + qa)(pA + qa) = p^2AA + 2pqAa + q^2aa$
　따라서 자손의 유전자형인 AA와 Aa 그리고 aa의 빈도는 각각 p^2, 2pq, q^2이 된다.

▶ **개념확인 1**

다음 하디-바인베르크 법칙에 대한 설명 중 옳은 것은 ○표, 옳지 않은 것은 ×표 하시오.

(1) 이상적 조건을 갖춘 멘델 집단에서 성립하는 법칙이다. 　　　　　(　　)
(2) 실제로 존재하는 생물 집단에서도 이 법칙이 항상 성립한다. 　　　(　　)

▶ **확인 + 1**

대립 유전자의 빈도가 변하지 않고 하디-바인베르크 평형 상태가 유지되는 가상의 집단을 무엇이라고 하는가?

(　　　　　　　)

2. 유전자풀의 변화 요인

(1) 돌연변이 : 개체의 DNA가 변해 새로운 대립 유전자가 형성되어 집단에 제공된다.

⇒ 돌연변이[1]의 발생 빈도가 매우 낮아 집단 유전자풀 변화의 중심 역할을 하지는 못하고 새로운 대립 유전자를 제공하는 역할을 한다.

  예 낫 모양 적혈구의 출현, 살충제 내성 곤충의 출현 등

▲ 돌연변이 모식도

(2) 자연선택 : 자연선택이 일어나 특정 유리한 유전자를 가진 개체가 자손을 많이 남기면 집단의 유전자 빈도가 변한다.

▲ 자연선택 모식도

⇒ 어떤 표현형이 환경 변화에 적응하기 좋으냐에 따라 개체의 생존율과 번식률이 증가하여 집단의 유전자 빈도가 달라진다.
  예 공업 암화, 살충제 내성 곤충의 증가 등

① **방향성 선택** : 환경이 장기간 지속적으로 변화할 때 한쪽 극단의 형질을 가진 개체들이 지속적으로 선택된다.

② **분단성 선택** : 중간의 개체들이 도태될 때 양쪽 극단의 형질을 가진 개체들이 자연선택된다. 심할 경우 종 분화의 가능성이 높아진다.

③ **안정화 선택** : 안정된 환경이 유지될 때 중간 형질을 나타내는 개체가 상대적으로 적응도가 높아 선택된다. 평균적 표현형이 유지된다.

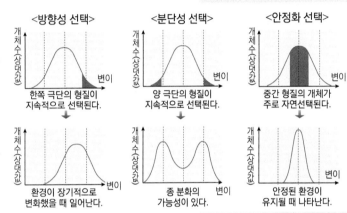

(3) 유전자 흐름(유전자 이동, 이주) : 서로 다른 유전자풀을 가진 인접 집단의 개체들이 이주하여 새로운 대립 유전자가 유입됨으로써 유전자풀에 변화가 일어난다.

  예 흰색 토끼 집단에 검은색 토끼가 들어와 번식하자 검은색과 회색의 토끼가 생기는 현상

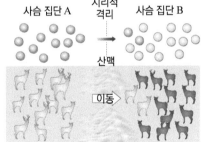

▲ 유전자 흐름 모식도

▲ 유전자 흐름(이주)의 예시

<blockquote>개념확인 2</blockquote>

정답 및 해설 **91**쪽

다음 유전자풀 변화 요인에 대한 설명 중 빈칸에 알맞은 말을 쓰시오.

(1) 환경이 장기간 지속적으로 변화할 때 일어나는 자연선택을 (   )선택이라 한다.

(2) 인접 집단 사이에서 개체들이 이동함으로써 새로운 대립 유전자가 유입되는 현상을 (   )이라 한다.

<blockquote>확인 + 2</blockquote>

다음 중 돌연변이의 발생 원인이 <u>아닌</u> 것은?

① 방사선   ② 살충제   ③ 바이러스   ④ 화학 물질   ⑤ 공업 암화

미니사전

공업 암화 [工 기능 業 일 暗 어둡다 化 되다] 유럽에서 산업혁명이 진행되어, 공장이 늘어남에 따라 그 부근에 살고 있는 나방 중에서 검은 색 나방이 늘어난 현상

❷ 유전적 부동

부동은 쉽게 떠다닌다는 의미로, 일정한 개체로 이루어진 집단에서 매 세대마다 일정 수만을 취했을 때 나타나는 유전자 빈도가 쉽게 변한다는 것을 말한다.

❸ 병목

병의 목처럼 넓었던 통로가 갑자기 좁아져 정체되는 효과로, 여기서는 많았던 개체수가 자연재해 등에 의해 급격하게 감소하여 나타나는 효과를 말한다.

❹ 창시자 효과의 예

아메리카 인디언들은 오래 전에 아시아 대륙에서 이주한 것으로 여겨지는데, 아시아 대륙의 원주민들은 ABO식 혈액형에서 유전자 B의 빈도가 0.2정도로 나타나는 데 비해 아메리카 인디언들은 유전자 B가 없어 B형이나 AB형이 나타나지 않는다.

(4) 유전적 부동[2] : 집단의 크기가 작고 고립된 지역에서 돌연변이나 자연선택없이 자연 재해 등의 우연한 사건에 의해 유전자 빈도가 변하기도 한다.

▲ 유전적 부동 모식도

[가] 집단 전체 개체수 10000

유전자 A를 가진 개체수 : 1000

빈도 $= \dfrac{1000}{10000} \times 100 = 10\%$

50%가 살아남았을 때,
유전자 A를 가진 개체수 : 450

빈도 $= \dfrac{450}{5000} \times 100 = 9\%$

(A 유전자 유지)

→ 대규모 집단에서는 자연 재해에 의해 50%만이 생존하더라도 유전자 A의 빈도는 크게 감소하지 않는다.

[나] 집단 전체 개체수 10

유전자 A를 가진 개체수 : 1

빈도 $= \dfrac{1}{10} \times 100 = 10\%$

50%가 살아남았을 때,
유전자 A를 가진 개체수 : 0

빈도 $= \dfrac{0}{5} \times 100 = 0\%$

(A 유전자 유실)

→ 소규모 집단에서는 자연재해에 의해 50%만이 생존할 때 유전자 A의 빈도가 크게 달라질 수 있다. 소규모 집단일수록 유전적 부동의 효과가 크다.

▲ 집단 크기에 따라 다르게 나타나는 유전적 부동의 효과

① 집단의 크기가 작을수록 유전적 부동의 효과가 크고, 진화 속도가 빠르다.

② **병목 효과** : 홍수, 산불 등의 자연재해에 의해 집단의 크기가 급격히 줄어들면 특정 대립 유전자가 사라지거나, 살아남은 소수 개체 집단의 유전자 빈도가 이전과 크게 달라진다.

처음 집단의 대립 유전자 빈도 → 포획으로 인한 집단의 크기 감소 → 현재 집단의 대립 유전자 빈도가 처음과 달라짐

▲ 병목[3] 효과의 진행 과정

③ **창시자 효과**[4] : 소수의 개체들이 섬과 같은 고립된 지역에 정착하여 형성한 집단의 유전자풀은 원래 집단과 구성이 달라지게 된다.

예 멸종 위기에 처했던 북방코끼리바다표범이 보호종이 되면서 개체수가 회복되었지만 유전적 다양성이 크게 감소(병목 효과). 갈라파고스 군도의 핀치, 인디언 혈액형(창시자 효과)

개념확인 3

소수의 개체들이 섬과 같은 고립된 지역에 정착하여 형성한 집단의 유전자풀이 원래 집단과 구성이 달라지게 되는 효과를 무엇이라고 하는가?

(   )

확인 + 3

다음 유전적 부동에 대한 설명 중 옳은 것은 ○표, 옳지 않은 것은 ×표 하시오.

(1) 집단의 크기가 작을수록 진화 속도가 빠르다.   (   )

(2) 병목 효과로 인해 자연재해 이후 유전적 다양성이 증가한다.   (   )

(3) 집단의 크기가 작고 고립된 지역일수록 유전적 부동의 효과가 크다. (   )

3. 진화와 종 분화 1

(1) 진화와 종 분화

① **소진화**❶ : 환경의 변화에 따라 집단 내에서 유전적 변화가 나타나는 과정이다.

· 집단 내에서의 유전자풀의 변화이며, 수백 년 또는 수천 년 정도의 비교적 짧은 기간 내에 일어난다.

② **대진화**❶ : 새로운 종의 출현이나 멸종 등을 말한다.

· 속씨식물, 포유류 등과 같은 새로운 생물 무리가 출현하거나 멸종하는 것으로, 지질 시대에 걸쳐 장기간에 일어나는 것으로 이 과정이 계속되면 계통이 나뉘는 등 더 큰 범주의 변화가 생긴다.

③ **종 분화** : 하나의 종이 두 개 이상의 종으로 나뉘는 것이다.

· 소진화로부터 대진화로 가는 과정에서 종 분화를 거친다.

· 종 분화가 일어나려면 지리적 격리나 생식적 격리 등에 의해 유전자풀이 분리되어야 한다.

(2) 이소적 종 분화 : 하나의 집단이 바다, 큰 산맥, 협곡 등과 같은 지리적 장벽에 의해 둘 이상의 집단으로 분리되어 오랜 세월 동안 제각각 다른 방향으로 진화하여 종이 분리된다.

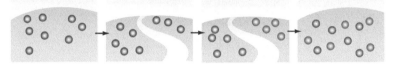

| 처음에는 넓은 지역에 집단이 서식한다. | 지리적 장벽에 의해 집단이 격리된다. | 격리 후 각기 다른 서식지 환경에 따라 각각 진화한다. | 지리적 장벽이 제거된 후에도 교배가 불가능하다. |

▲ 이소적 종 분화의 과정

㉮ 그랜드캐니언의 협곡에 의해 이소적 종 분화가 이루어진 해리스영양다람쥐와 흰꼬리 영양다람쥐.

▲ 해리스영양다람쥐 흰꼬리영양다람쥐

▲ 그랜드캐니언을 경계로 이루어진 다람쥐의 이소적 종 분화

---

❶ 소진화와 대진화의 예시

● 소진화의 예 : 속눈썹 길이가 길어짐, 사랑니가 없이 태어나는 아이 등
● 대진화의 예 : 어류와 육지 동물 사이의 중간 단계인 틱타알릭 화석, 처녀 생식하며 원래의 종과 교배하지 않는 미스테리 가재의 진화 등

▶ **개념확인 4**   정답 및 해설 **91쪽**

다음 진화와 종 분화에 대한 설명 중 옳은 것은 ○표, 옳지 않은 것은 ×표 하시오.

(1) 종 분화가 일어나기 위해서는 유전자풀이 뒤섞여야 한다. ( )

(2) 대진화는 소진화보다 더 많은 시간을 필요로 하는 과정이다. ( )

(3) 같은 종이 두 집단으로 나뉘어 소진화가 일어나면 교배가 일어나지 않는다. ( )

▶ **확인 + 4**

소진화에서 대진화로 가는 과정에서 거치는 것으로 하나의 종이 두 개 이상의 종으로 나뉘는 것을 무엇이라고 하는가?

( )

미니사전

이소 [異 다르다 所 곳] 장소가 다름

격리 [隔 막다 離 떠나다] 멀리 떨어지게 함

❶ 먹이에 의한 종 분화 예시

북미의 사과과실파리는 원래 토종 산사나무열매가 먹이였으나 유럽에서 들여온 사과나무에 일부 집단이 정착하게 되었다. 사과는 산사나무열매보다 더 빨리 익기 때문에 사과를 먹는 파리는 빨리 성장하는 방향으로 자연선택을 받아 산사나무열매를 먹는 파리 집단과 시간적으로 격리되어 유전자 흐름이 없어져 다른 종으로 분화되었다.

❷ 생식적 격리와 종 분화

생물학적 종은 '자연 상태에서 자유로이 교배하여 생식 능력을 가진 자손을 낳을 수 있는 무리'로 정의된다. 즉 다른 종과 생식적으로 격리되어 있는 집단이라는 뜻으로, 어버이 종과 새로운 종 사이에 생식적 격리가 일어나면 종이 분화되었다고 여긴다.

❸ 배수성

감수분열 시 염색체 전체에서 비분리 현상이 일어난 생식 세포끼리의 자가수정으로 염색체를 한 벌 더 가지게 되어 염색체 수가 4n, 8n 등으로 증가하는 현상이다.
4배체가 된 식물이 기존 2배체 식물과 교배하면 정상적으로 생식 세포를 형성하지 못하는 3배체 식물이 나오기 때문에 생식적으로 격리된 다른 종이 되었다고 할 수 있다.

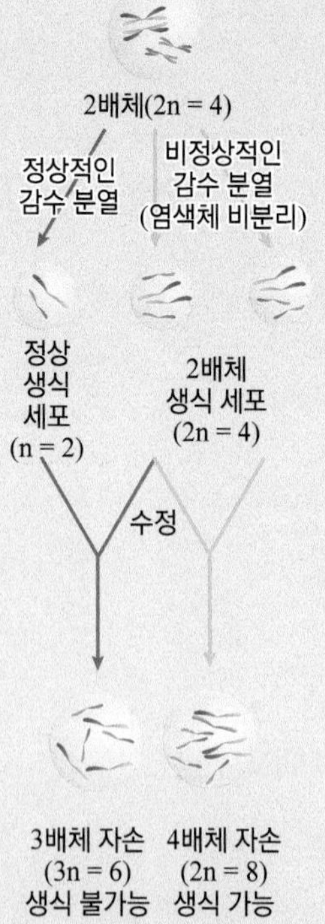
2배체(2n = 4)
정상적인 감수 분열
비정상적인 감수 분열 (염색체 비분리)
정상 생식 세포 (n = 2)
2배체 생식 세포 (2n = 4)
수정
3배체 자손 (3n = 6) 생식 불가능
4배체 자손 (2n = 8) 생식 가능

▲ 배수성에 의한 종 분화

4. 진화와 종 분화 2

(1) 동소적 종 분화 : 같은 장소에서 일어나는 종 분화로 먹이의 종류❶가 달라지거나 생식 시기가 달라져서 서로 교배되지 않는 생식적 격리❷가 일어나 종이 분리된다.

① **성선택에 의한 분화** : 주로 동물에게서 일어나는 것으로, 열대어인 시클리드는 암컷이 수컷의 몸 색과 특정한 무늬를 선택하여 교배를 하는데, 이로 인해 동일 색과 무늬의 다른 종의 수컷과 교배가 가능하게 되었고 원래와 다른 종의 자손을 만들어 내게 되어 종 분화가 일어났다. 동물의 수컷이 암컷에 비해 크고 화려한 것은 대부분 성선택의 결과이다. 크고 화려한 것은 생존에는 불리하나 암컷에 의해 선택을 받는 번식에는 유리하다.

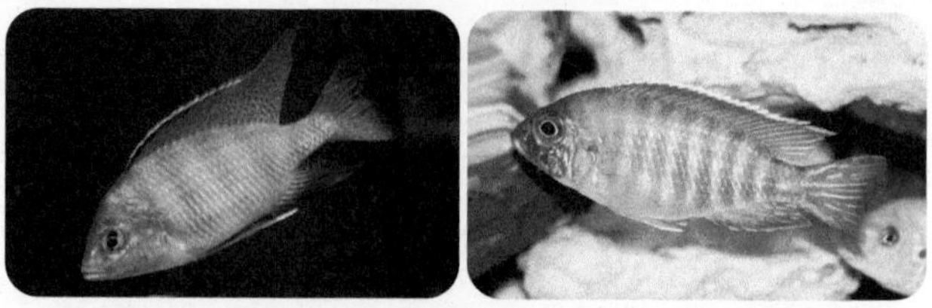

▲ 성선택에 의해 종 분화가 일어난 시클리드(위는 서로 다른 종이다.)

② **배수성❸에 의한 분화** : 주로 식물에서 4배체(4n), 8배체(8n) 등의 염색체 배수성 돌연변이가 일어나 자가수정을 통해 번식하거나 다른 종의 생식 세포와의 수정을 통해 새로운 종을 만들 수 있는데, 이로 인해 짧은 시간 내에도 새로운 종이 생겨날 수 있다.

㉮ 잡종 교배와 배수성 돌연변이로 만들어진 빵밀

- 야생 밀은 14개(2n=14)의 염색체를 갖지만 잡종 교배와 배수성 돌연변이로 만들어진 빵밀의 염색체는 42개(6n=42)이다.
- 배수성에 의해 형성된 종은 원래 조상과 서식지, 세포 크기, 발생 속도 등에서 차이가 나지만, 형태적으로는 큰 차이가 없다.

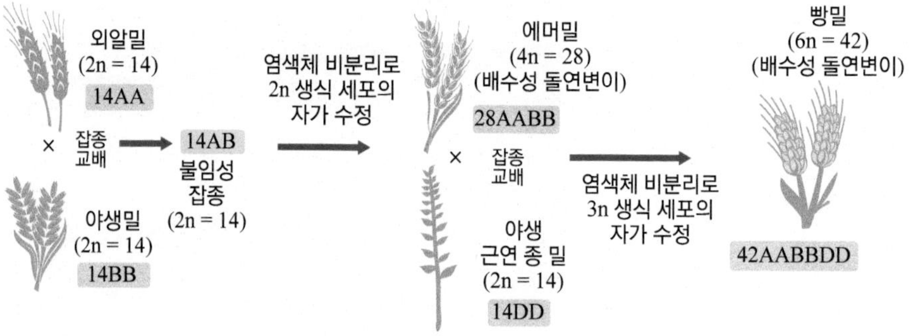
외알밀 (2n = 14)
14AA
잡종 교배
야생밀 (2n = 14)
14BB
14AB
불임성 잡종 (2n = 14)
염색체 비분리로 2n 생식 세포의 자가 수정
에머밀 (4n = 28) (배수성 돌연변이)
28AABB
잡종 교배
야생 근연 종 밀 (2n = 14)
14DD
염색체 비분리로 3n 생식 세포의 자가 수정
빵밀 (6n = 42) (배수성 돌연변이)
42AABBDD

▲ 배수성에 의한 빵밀의 종 분화 과정

개념확인 5

감수분열 시 생식 세포의 염색체 전체에서 비분리 현상이 일어나 염색체 수가 4n, 8n 등으로 증가하는 현상을 무엇이라 하는가?

( )

확인 + 5

다음 동소적 종 분화에 대한 설명 중 옳은 것은 ○표, 옳지 않은 것은 ×표 하시오.

(1) 배수성 돌연변이 4n과 원래의 2n 식물은 다른 종으로 분류된다. ( )
(2) 시클리드는 수컷이 암컷을 색깔로 선택하면서 종 분화가 일어났다. ( )
(3) 한 집단이 지리적 장벽으로 둘 이상 격리되어 다르게 진화한 것이다. ( )

(2) 종 분화 속도 : 종 분화 속도❹는 생물 종에 따라 다르고, 같은 생물 종이더라도 서식하는 환경에 따라서도 속도가 달라진다.

⑴ **점진주의설(점진적 진화설)** : 집단이 환경에 적응하는 과정에서 변이가 점진적으로 축적되어 종 분화가 일어난다.

① 다윈의 자연선택설에 따른 학설이다.

② **특징** : 종 분화가 비교적 천천히 일어나며, 중간형의 화석을 발견할 수 있다고 주장하지만 분화 과정에서 일어나는 생식적 격리는 화석으로 잘 남지 않을 가능성이 있다.

❹ 종 분화 속도의 비교

단속평형설은 중간 상태의 모양이 없다고 여기기 때문에 이에 따른 종 분화 양상은 계단식으로 이루어진다.

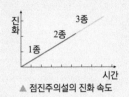

▲ 점진주의설의 진화 속도

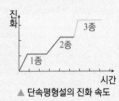

▲ 단속평형설의 진화 속도

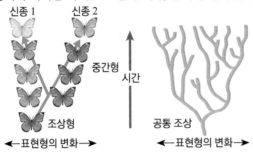

▲ 점진주의설에 따른 종 분화 모형과 진화 계통수

⑵ **단속평형설(도약 진화설)** : 조상 계통에서 분리된 소집단에서 짧은 기간 동안 종 분화가 급격하게 일어난 후 오랜 기간 거의 변화되지 않고 유지(평형)되는 정체 시기를 가진다.

① 실제 화석에서는 점진적 변화를 보여 주는 중간형의 화석이 거의 발견되지 않아 굴드와 엘드리지❺가 1972년 제창한 학설이다.

② **특징** : 화석에서 나타나는 비약적인 생물 종의 변화를 설명하며, 종 분화가 짧은 시간 동안 일어날 수 있다.

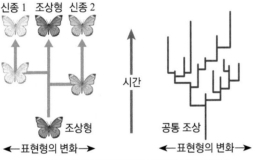

▲ 단속평형설에 따른 종 분화 모형과 진화 계통수

❺ 굴드와 엘드리지

두 사람 모두 미국의 고생물학자로 공동으로 단속평형설을 수립하였다.

⑶ 현재에는 점진주의설과 단속평형설을 모두 사용하여 생물 진화의 역사를 설명하고 있다.

개념확인 6

정답 및 해설 **91쪽**

다음 종 분화 속도에 대한 설명 중 옳은 것은 ○표, 옳지 않은 것은 ×표 하시오.

(1) 점진주의설은 다윈의 자연선택설을 바탕으로 한 학설이다. ( )

(2) 단속평형설은 중간형 화석을 다수 발견하였기 때문에 제창되었다. ( )

(3) 단속평형설은 생물 종이 짧은 기간 동안 급격하게 분화된다고 주장하였다. ( )

확인 + 6

종 분화 속도에 대한 학설로 짧은 기간 동안 종 분화가 급격하게 일어난 후 오랜 기간 정체 시기를 가진다고 주장하는 것은 무엇인가?

( )

01 다음 하디-바인베르크 법칙에 대한 설명 중 옳은 것은 ○표, 옳지 않은 것은 ×표 하시오. (단, 어버이 세대에서 대립 유전자 A의 빈도는 p, a의 빈도는 q이다.)

(1) 다음 대에서 유전자형 AA가 나올 확률은 p^2이다. ( )
(2) 2세대 후에 유전자형 Aa가 나올 확률은 pq이다. ( )
(3) 멘델 집단이 아닌 경우에도 적용할 수 있는 법칙이다. ( )

02 그림은 유전자풀의 변화 요인을 모식적으로 나타낸 것이다.

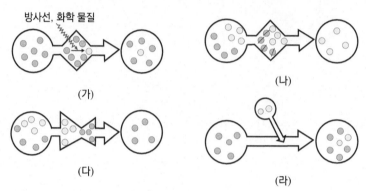

이에 대한 설명으로 옳은 것만을 <보기>에서 있는 대로 고른 것은?

─── 〈 보기 〉 ───

ㄱ. (가)에서 유입된 유전자가 (나)로 인해 사라질 수 있다.
ㄴ. 작은 집단에서는 (다)로 인해 특정 유전자가 완전히 사라질 수 있다.
ㄷ. (라)는 유입시킨 집단과 유입된 집단 모두에게 영향을 준다.

① ㄱ   ② ㄱ, ㄴ   ③ ㄱ, ㄷ   ④ ㄴ, ㄷ   ⑤ ㄱ, ㄴ, ㄷ

03 자연재해 등의 요인에 의해 집단의 크기가 급격히 줄어들면서 이전 집단과 유전자 빈도가 크게 달라지는 것을 무엇이라고 하는가?

( )

04 그림은 자연선택의 유형을 나타낸 것이다. (가) ~ (다)에 해당하는 유형을 쓰시오.

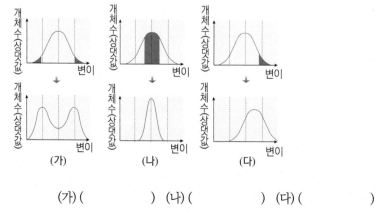

(가) ( ) (나) ( ) (다) ( )

05 그림은 같은 지역에서 살던 같은 종으로부터 2개의 신종이 생기는 과정을 모식적으로 나타낸 것 이다. 물음에 답하거나 알맞은 말을 고르시오. (단, 외부로부터 유입되는 개체는 없다.)

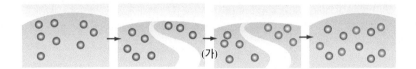

(1) 그림의 종 분화 과정에서는 (지리적 , 생식적) 격리가 일어났다.

(2) (가) 과정에서 일어난 유전자풀의 변화 요인을 모두 쓰시오. (   ), (   )

06 다음 진화와 종 분화에 대한 설명 중 옳은 것만을 <보기>에서 있는 대로 고른 것은?

───── 〈 보기 〉 ─────

ㄱ. 모든 종 분화는 일정한 속도에 맞춰 일어난다.
ㄴ. 돌연변이 형질이 집단 내에서 나타나는 것은 대진화에 해당한다.
ㄷ. 소진화는 집단 내에서의 유전자풀의 변화로 종이 달라지지 않는다.

① ㄱ   ② ㄴ   ③ ㄷ   ④ ㄱ, ㄴ   ⑤ ㄴ, ㄷ

07 다음은 빵밀의 출현 과정을 나타낸 것이다. 이에 대한 설명으로 옳은 것은?

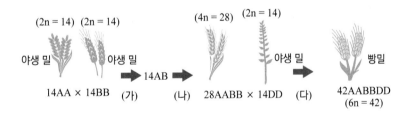

① 하나의 종으로부터 분화되었다.
② (가) 과정에서 배수성 돌연변이가 일어난다.
③ (나) 과정에서 잡종 교배가 일어난다.
④ (다) 과정에서 유전자 수가 두 배로 증가한다.
⑤ 위와 같은 종 분화는 비교적 짧은 시간 내에 신종을 만들어낸다.

08 다음 종 분화 속도에 대한 설명 중 점진주의설에 대한 설명은 '점', 단속평형설에 대한 설명은 '단'이 라 쓰시오.

(1) 오랜 시간 동안 변이가 조금씩 축적되어 진화한다.   (   )
(2) 종 분화가 일어난 후 오랫동안 변하지 않고 정체된다.   (   )
(3) 실제 화석에서 중간형의 모습이 관찰되지 않는 것을 설명할 수 있다.   (   )

유형 16-1 하디-바인베르크 법칙

다음은 어떤 종의 야생화 5000개체로 이루어진 멘델 집단 1세대에서 꽃 색깔을 조사하여 나타낸 것이다. 이에 대한 설명 중 옳지 않은 것은? (단, 꽃 색깔은 한 쌍의 대립 유전자에 의해 결정된다.)

표현형	붉은색	붉은색	흰색
유전자형	RR	Rr	rr
개체수	2400	2200	400

① 대립 유전자 R의 빈도는 0.7이다.
② 대립 유전자 R과 r의 빈도의 합은 1이다.
③ 이 집단이 멘델 집단이기 위해서는 돌연변이가 나타나야 한다.
④ 이 집단이 멘델 집단일 때 다음 대의 대립 유전자 r의 빈도는 유지된다.
⑤ 이 집단이 멘델 집단이 아니라면 다음 대의 대립 유전자 빈도는 변화한다.

01 다음 멘델 집단의 조건에 대한 설명 중 옳은 것은 ○표, 옳지 않은 것은 ×표 하시오.

(1) 집단의 크기가 크지 않아도 성립한다. ( )
(2) 집단 내에서 돌연변이가 일어나지 않아야 한다. ( )
(3) 다른 집단과 활발한 유전자 교류를 통해 다양한 유전자를 받아들여야 한다. ( )

02 하디-바인베르크 법칙에 대한 설명으로 옳은 것만을 <보기>에서 있는 대로 고른 것은?

〈 보기 〉
ㄱ. 대부분의 야생 동물 집단에서 적용되는 법칙이다.
ㄴ. 법칙이 적용되는 집단에서 자손의 유전자 빈도는 조상과 동일하다.
ㄷ. 하디-바인베르크 법칙이 적용되는 동안에 생물 집단 내에 진화가 일어난다.

① ㄱ   ② ㄴ   ③ ㄷ   ④ ㄱ, ㄴ   ⑤ ㄱ, ㄷ

유형 16-2 유전자풀 변화 요인

다음 그림은 유전자풀의 변화 요인을 도식으로 나타낸 것이다. 변화 요인과 그 사례가 바르게 연결된 것은?

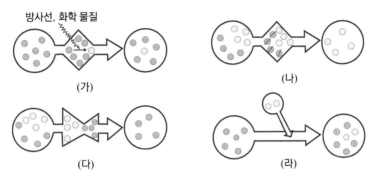

방사선, 화학 물질

(가)   (나)

(다)   (라)

① (가) 흰 토끼로 이루어진 집단에 검은 토끼가 들어와 자손을 남겼다.
② (나) 동일한 살충제를 오래 사용하자 살충제에 내성을 가진 파리가 출현하였다.
③ (다) 아메리카 인디언들은 조상이었던 아시아 대륙의 원주민과 달리 B형이나 AB형이 나타나지 않는다.
④ (라) 대기 오염으로 숲이 오염되자 천적의 눈에 잘 띄는 흰색 나방이 잡아먹혀 검은색 나방의 비율이 증가하였다.
⑤ (가) 무분별한 수렵의 결과 멸종 위기에 처했던 북방바다코끼리는 개체수가 회복된 후에도 대립유전자 구성이 단순하다.

03 다음은 자연선택의 3가지 유형을 나타낸 것이다.

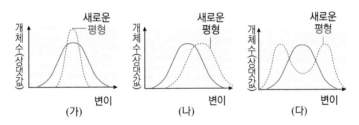

(가)   (나)   (다)

이에 대한 설명으로 옳은 것만을 <보기>에서 있는 대로 고른 것은?

〈 보기 〉

ㄱ. (가)는 급격하게 종의 진화가 일어난다.
ㄴ. (나)가 지속되면 종의 평균 형질이 한쪽으로 치우친다.
ㄷ. (다)가 셋 중 가장 종 분화가 일어날 가능성이 높다.

① ㄱ   ② ㄱ, ㄴ   ③ ㄱ, ㄷ   ④ ㄴ, ㄷ   ⑤ ㄱ, ㄴ, ㄷ

04 다음 설명에서 유전자 흐름에 해당하는 것은 '흐', 유전적 부동에 해당하는 것은 '부'라고 쓰시오.

(1) 집단의 크기가 작을수록 효과가 크고, 진화의 속도가 빠르다. ( )
(2) 집단 내에 존재하지 않았던 새로운 유전자가 외부에서 유입된다. ( )
(3) 돌연변이나 자연선택 없이 우연한 사건에 의해 유전자 빈도가 변한다. ( )

유형 16-3 진화와 종 분화 1

다음은 종 분화와 관련된 자료이다. 이에 대한 설명 중 옳은 것은?

> 그랜드 캐니언의 큰 협곡의 양쪽에 사는 해리스영양다람쥐와 흰꼬리영양다람쥐는 원래는 같은 종이었으나 협곡에 의해 분리된 후 오랜 세월이 흐르면서 다른 종이 되었다.

① 동소적 종분화의 예시이다.
② 두 종을 같은 장소에 두면 생식 능력이 있는 자손을 낳는다.
③ 두 종으로 분화되는 과정에서 자연선택은 영향을 주지 않았다.
④ 협곡이 생기지 않았더라도 각각은 다른 종으로 분화하였을 것이다.
⑤ 해리스영양다람쥐와 흰꼬리영양다람쥐는 생식적으로 격리된 상태이다.

05 진화와 종 분화에 대한 설명으로 옳은 것만을 <보기>에서 있는 대로 고른 것은?

〈 보기 〉
ㄱ. 종 분화는 지리적으로 격리되어야 일어난다.
ㄴ. 새로운 종이 출현하거나 종이 멸종하는 것을 대진화로 분류한다.
ㄷ. 서로 교배하여 생식 능력을 가진 자손을 낳을 수 있다면 같은 종이라 한다.

① ㄱ   ② ㄴ   ③ ㄱ, ㄴ   ④ ㄴ, ㄷ   ⑤ ㄱ, ㄴ, ㄷ

06 하나의 집단이 지리적 장벽에 의해 둘 이상의 종으로 분리되는 것을 무엇이라고 하는가?

(   )

유형 16-4 진화와 종 분화 2

다음 그림은 종 분화의 두 가지 유형을 나타낸 것이다.

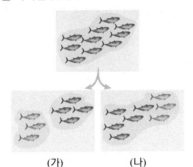

(가)   (나)

이에 대한 설명으로 옳은 것만을 <보기>에서 있는 대로 고른 것은?

─────── 〈 보기 〉 ───────

ㄱ. (가)는 동소적 종 분화이다.
ㄴ. (나)에 해당하는 분화 예시에는 배수성에 의한 종 분화가 있다.
ㄷ. (가)에서 분화된 두 종을 같은 장소에 두면 교배하여 생식 능력을 가진 자손을 낳는다.

① ㄱ   ② ㄴ   ③ ㄷ   ④ ㄱ, ㄴ   ⑤ ㄴ, ㄷ

07 다음 종 분화와 종 분화 속도에 대한 설명 중 옳은 것은 ○표, 옳지 않은 것은 ×표 하시오.

(1) 종 분화는 생식적 격리에 관계없이 일어난다.   (   )
(2) 종 분화가 빠르게 일어난 종은 더 이상 종 분화가 일어날 수 없다.   (   )
(3) 배수성에 의해 형성된 종은 원래의 조상 종과 정확히 똑같은 생활 양식을 가진다.   (   )

08 다음 중 종 분화에 대한 설명으로 옳지 않은 것은?

① 생식적 격리가 일어나야 종 분화가 일어난다.
② 종 분화 속도는 환경의 변화에 상관없이 일정한 속도로 유지된다.
③ 점진주의설은 생물 진화 과정 중 중간형의 화석을 발견할 수 있다 주장하였다.
④ 염색체 배수성 돌연변이로 태어난 개체는 기존 개체와 정상적인 교배와 번식이 불가능하다.
⑤ 한 생물 집단 일부의 번식기 울음소리가 바뀌어 종 분화가 일어난 것은 동소적 종 분화이다.

01 멘델 집단을 충족하는 어떤 달팽이 집단에서 껍데기 색깔(흰색, 갈색)을 결정하는 대립 유전자 A와 a가 있다. 이 집단에서 흰 껍질을 가진 달팽이는 100마리 당 1마리의 비율로 나타난다. 다음 물음에 답하시오. (단, 갈색을 나타내는 유전자 A는 흰색을 나타내는 a에 대해 완전 우성이다.)

(1) 이 달팽이 집단에서 흰 껍질 유전자 a의 빈도를 구하시오.

(2) 이 달팽이 집단의 개체수가 10000마리일 때, 갈색 껍질을 가진 달팽이 중에서 유전자 a를 가진 달팽이는 몇 마리인가?

02 다음은 초파리를 통해 생식적 격리 현상을 실험한 것이다.

<실험 과정>

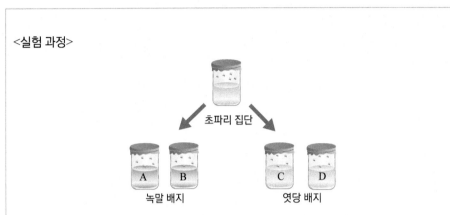

초파리 집단

A B

녹말 배지

C D

엿당 배지

(가) 한 초파리 집단을 네 집단으로 나누어 두 집단은 녹말 배지에서 배양하고, 다른 두 집단은 엿당 배지에서 배양하였다.
(나) 40세대가 지난 후 녹말 배지와 엿당 배지에서 기른 집단을 다시 한 통에 넣어 교배 빈도를 측정한다.
(다) 대조군으로 같은 배지로 기른 두 집단을 한 통에 넣어 교배 빈도를 측정한다.

<실험 결과>

구분		암컷	
		A(녹말)	B(녹말)
수컷	A(녹말)	18	15
	B(녹말)	12	15

▲ 대조군의 교배 빈도

구분		암컷	
		A(녹말)	C(엿당)
수컷	A(녹말)	22	9
	C(엿당)	8	20

▲ 실험군의 교배 빈도

(1) 실험 결과에서 얻을 수 있는 결론은 무엇인가?

(2) 실험과 같은 조건이 계속된다면 두 집단 사이가 어떻게 될지, 그 원리에 대해 설명하시오.

03 다음은 동아프리카 빅토리아 호수에 사는 시클리드 물고기의 성선택에 따른 종분화에 대한 실험이다.

(가) 같은 호수에서 서식하는 시클리드의 두 동소종인 ㉠, ㉡ 중 ㉠ 수컷은 번식기에 등이 푸른 빛을 띠고, ㉡ 수컷은 등이 붉은 빛을 띤다.

(나) ㉠과 ㉡의 암컷과 수컷을 두 개의 수조에 함께 넣고, 한 수조는 자연광으로, 다른 수조는 단색인 주황색광으로 조명하였다.

(다) 자연광으로 조명한 수조에서는 각 종의 암컷이 같은 종의 수컷을 강하게 선호했지만, 주황색광으로 조명한 수조에서는 각 종의 암컷이 두 종의 수컷을 구별하지 않고 반응하였다.

(라) 자연광과 주황색광의 수조에서 만들어진 자손 개체는 모두 생존 가능하고 생식력이 있었다.

(1) *pundamilia pundamilia*와 *pundamilia nyererei*는 같은 지역에서 공존하고 임의로 잡종 교배해서 나온 자손도 생식 능력을 갖추고 있지만 자연 상태에서는 잡종 교배가 거의 일어나지 않는다. 그 원인은 무엇일지 서술하시오.

(2) 두 종은 다른 종임에도 불구하고 실험실에서 자연적이지 않은 환경을 만들자 교배하여 생식 능력이 있는 자손을 낳았다. 이들의 유연관계를 설명하시오.

04 다음은 씨없는 수박을 만드는 방법에 대한 설명이다.

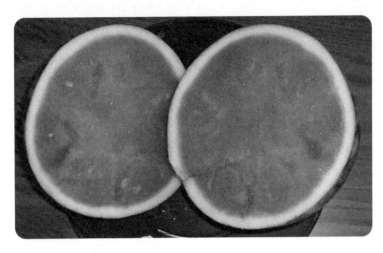

(가) 보통 2배수(2n) 염색체를 가진 수박에 콜히친(Colchicine)을 처리한다. 콜히친이 처리된 수박은 염색체 분리가 제대로 되지 않아 4배수(4n)의 염색체를 가진 개체가 된다.

(나) 4배수 수박의 감수 분열 결과로 형성된 배낭(2n)에 보통 수박의 꽃가루(n)를 수분시켜 3배수(3n) 수박 종자를 만든다.

(다) 3배수 수박 종자를 심어 그 알세포에 보통 수박의 꽃가루(n)을 수분시키면 씨없는 수박이 나오게 된다.

(1) 콜히친이 수박의 세포 분열에 어떤 영향을 끼치는지 설명하시오.

(2) 3배수 수박 종자에서 왜 씨없는 수박이 나오는지 설명하시오.

스스로 실력높이기

A

01 멘델 집단에서 대립 유전자의 빈도가 대를 거듭해도 유전적 평형 상태가 유지된다는 법칙은 무엇인가?

( )

02 같은 장소의 집단 내에서 먹이의 종류가 달라지거나 생식 시기가 달라져서 서로 교배되지 않는 생식적 격리가 일어나 종이 분화되는 것을 무엇이라 하는가?

( )

03 다음은 종 분화에 대한 설명이다. 괄호 안에 알맞은 말을 고르시오.

(1) 종 분화가 일어나려면 (생식적 , 지리적) 격리가 필수적으로 이루어져야 한다.
(2) 이소적 종 분화는 집단이 지리적으로 다른 집단과 (격리 , 교류)가 일어나야 발생한다.

04 다음 유전적 부동에 대한 설명 중 옳은 것은 ○표, 옳지 않은 것은 ×표 하시오.

(1) 유전적 부동은 진화의 요인 중 하나이다. ( )
(2) 병목 효과는 돌연변이로부터 시작되는 유전자풀의 변화이다. ( )
(3) 창시자 효과는 집단의 일부가 새로운 지역으로 이주함으로써 일어난다. ( )

05 종 분화에 대한 요인으로 옳지 않은 것은?

① 이주 ② 격리 ③ 돌연변이
④ 성선택 ⑤ 무작위 교배

06 하디-바인베르크 법칙은 집단의 대립 유전자 빈도가 세대를 거듭해도 변하지 않는 것으로 멘델 집단에서 성립한다. 이 집단의 조건으로 해당하지 않는 것은?

① 규모가 충분히 크다.
② 진화가 일어나지 않는다.
③ 유전자 흐름이 일어난다.
④ 돌연변이가 일어나지 않는다.
⑤ 자연선택이 일어나지 않는다.

07 유전자풀의 변화가 일어나는 예로 옳지 않은 것은?

① 특정 살충제에 내성을 가진 개체가 생겨났다.
② 산이 대규모로 산불이 일어나 매우 소수만이 살아남았다.
③ 유전자에 돌연변이가 일어난 개체가 자연선택에서 도태되었다.
④ 외부 집단에서 다른 형질을 가진 개체가 들어와 자손을 남겼다.
⑤ 집단 내 개체들 사이에서 특정 형질을 가진 수컷이 더 많은 암컷과의 짝짓기를 성공했다.

08 동소적 종 분화가 일어날 수 있는 경우로 옳은 것만을 <보기>에서 있는 대로 고른 것은?

──〈 보기 〉──
ㄱ. 집단 일부 개체들의 번식 시기가 달라진다.
ㄴ. 큰 강물로 가로막혀 집단 간 교류가 차단된다.
ㄷ. 돌연변이가 일어나 염색체의 배수가 달라진다.

① ㄱ ② ㄴ ③ ㄷ
④ ㄱ, ㄴ ⑤ ㄱ, ㄷ

09 다음은 유전자풀 변화 요인을 나타낸 도식이다. 이에 대한 설명으로 옳지 않은 것은?

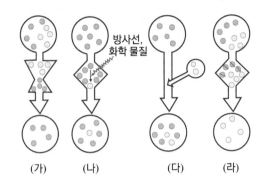

(가)   (나)   (다)   (라)

① (가)에는 병목 효과 등이 있다.
② (나)는 새로운 대립 유전자를 생성해 낸다.
③ (다)는 유전자풀의 다양성을 증가시킨다.
④ (라)에서 개체의 생존 여부는 무작위적이다.
⑤ (가)의 과정에는 (나)가 관여하지 않는다.

10 다음은 페닐케톤뇨증에 대한 자료이다.

· 아미노산의 하나인 페닐알라닌을 분해하지 못해 과도하게 축적되어 발생한다.
· 상염색체 중 한 쌍의 대립 유전자가 관여하며 열성으로 유전된다.
· 특정 집단에서 4만명 당 1명 꼴로 발병한다.

이에 대한 설명으로 옳은 것만을 <보기>에서 있는 대로 고른 것은? (단, 이 집단은 멘델 집단으로 가정한다.)

――――――― 〈 보기 〉 ―――――――
ㄱ. 열성 유전자의 빈도는 0.005이다.
ㄴ. 페닐케톤뇨증의 유전자를 가진 정상인은 4만 명 중 398명 존재한다.
ㄷ. 페닐케톤뇨증 유발 유전자의 빈도는 세대가 거듭될수록 감소한다.

① ㄱ   ② ㄴ   ③ ㄷ
④ ㄱ, ㄴ   ⑤ ㄱ, ㄷ

B

11~12 다음은 자연선택의 3가지 유형을 그래프로 나타낸 것이다. 다음 물음에 답하시오.

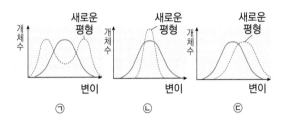

⊙   ⓛ   ⓒ

11 다음 예시는 위의 어떤 자연선택 유형에 의한 것인지 기호를 쓰시오.

(1) 평균적인 체중을 가진 신생아의 생존율이 높다.
(   )
(2) 살충제에 대한 내성을 가진 곤충의 개체수가 증가했다. (   )
(3) 부드럽고 작은 씨앗과 크고 딱딱한 씨앗이 많은 지역에서 작은 부리를 가진 핀치와 큰 부리를 가진 핀치가 각각 늘어났다. (   )

12 이에 대한 설명으로 옳은 것만을 <보기>에서 있는 대로 고른 것은?

――――――― 〈 보기 〉 ―――――――
ㄱ. ⊙ 선택은 종 분화 가능성이 가장 낮다.
ㄴ. ⓛ 선택이 일어나도 평균적 표현형은 유지된다.
ㄷ. ⓒ선택이 ⓛ보다 안정된 환경에서 일어난다.

① ㄱ   ② ㄴ   ③ ㄷ
④ ㄱ, ㄴ   ⑤ ㄱ, ㄷ

13 다음은 종 분화와 종 분화 속도에 대한 설명이다. 괄호 안에 알맞은 말을 고르시오.

(1) 배수성 종 분화는 자가 수정에 의해 번식하는 경우가 많아 (식물 , 동물)에게 주로 일어난다.
(2) 중간형의 종 화석이 많이 발견되지 않는 것은 (점진주의설 , 단속평형설)을 뒷받침해 준다.

14 다음은 어떤 지역에서 종 분화를 통해 빵밀이 형성되는 과정을 나타낸 것이다. 이에 대한 설명으로 옳지 않은 것은?

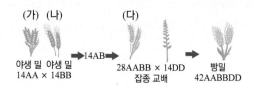

① (가)와 (나) 사이에 잡종 교배가 일어났다.
② 빵밀은 3종류 밀의 염색체를 모두 가진다.
③ 14AB는 자가수분으로 번식하였을 것이다.
④ 14DD는 배수성 돌연변이가 일어난 종이다.
⑤ 28AABB는 염색체 비분리가 일어난 결과이다.

15 다음은 표현형에 따른 적응도를 나타낸 그래프이다. 적응도는 특정 표현형을 갖는 개체가 살아남아 번식에 성공하는 정도를 의미한다.

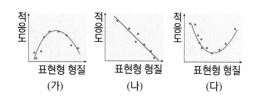

이에 대한 설명으로 옳은 것만을 <보기>에서 있는 대로 고른 것은?

〈 보기 〉
ㄱ. (가)는 안정적인 환경에서 일어난다.
ㄴ. (나)는 두 종으로 분화될 가능성이 높다.
ㄷ. (다)는 방향성 선택이 일어난 것이다.

① ㄱ   ② ㄴ   ③ ㄷ
④ ㄱ, ㄴ   ⑤ ㄱ, ㄷ

16 다음은 어떤 멘델 집단에 대한 설명이다.

· 집단의 개체수는 1000개체이다.
· 대립 유전자 B는 b에 대해 완전 우성이다.
· 유전자형 bb가 나올 확률은 0.04이다.

이 집단에서 유전자형 BB인 개체수는 얼마인가?

① 300개체   ② 400개체   ③ 490개체
④ 640개체   ⑤ 810개체

17 다음은 황색포도상구균의 유전자풀 변화에 대한 자료이다.

1940년대 페니실린을 감염 환자 치료에 이용하기 시작했을 때 황색포도상구균 중 페니실린 내성균은 1% 내외였으나 오랫동안 페니실린을 사용한 결과 현재는 황색포도상구균 중 90% 이상이 페니실린 내성균이다.

이에 대한 설명으로 옳은 것은?

① 대진화가 일어난 것이다.
② 방향성 선택이 일어났다.
③ 동소적 종 분화의 예시이다.
④ 돌연변이는 일어나지 않았다.
⑤ 1940년대의 황색포도상구균은 현대와 같은 유전자풀을 가졌을 것이다.

18 다음은 식물 종 A로부터 새로운 식물 종이 분화되는 과정을 나타낸 것이다. (가)와 (나) 중 하나만 새로운 종으로 분화되었다.

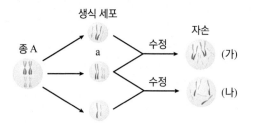

이에 대한 설명으로 옳은 것만을 <보기>에서 있는 대로 고른 것은? (단, 그림에서 나온 것 외의 돌연변이는 없다.)

[수능 모의고사 유형]

〈 보기 〉
ㄱ. 새로운 종으로 분화된 것은 (가)이다.
ㄴ. (나)는 3n의 생식 세포를 만든다.
ㄷ. 생식 세포 a는 염색체 비분리로 인해 만들어진 돌연변이이다.

① ㄱ   ② ㄴ   ③ ㄷ
④ ㄱ, ㄴ   ⑤ ㄱ, ㄷ

19 그림은 생물 종 X_1이 육지로부터 이웃한 섬으로 이주한 후, 종 $X_2 \sim X_4$로 종 분화가 일어나는 과정을 나타낸 것이다. $X_1 \sim X_4$는 서로 다른 생물학적 종이다.

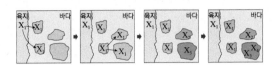

이에 대한 설명으로 옳은 것만을 <보기>에서 있는 대로 고른 것은? (단, 섬 내에서의 지리적 격리는 없으며, 제시된 이주와 종 $X_1 \sim X_4$ 이외의 다른 요인은 고려하지 않는다.)
[수능 모의고사 유형]

─〈 보기 〉─
ㄱ. X_1과 X_2는 교배하여 생식 능력이 있는 자손을 낳는다.
ㄴ. X_3으로부터 X_4로 동소적 종 분화가 일어났다.
ㄷ. X_3과 X_4의 유연관계는 X_1과 X_4의 유연관계보다 가깝다.

① ㄱ ② ㄱ, ㄴ ③ ㄱ, ㄷ
④ ㄴ, ㄷ ⑤ ㄱ, ㄴ, ㄷ

20 다음은 어느 지역에 서식하는 달팽이 집단에서 껍질의 색깔을 결정하는 유전자형과 빈도를 나타낸 그림이다. 이 집단은 하디-바인베르크 법칙이 적용된다.

유전자형과 표현형			
	AA	Aa	aa
유전자형의 빈도	0.64	㉠	㉡

이에 대한 설명으로 옳은 것만을 <보기>에서 있는 대로 고른 것은? [수능 모의고사 유형]

─〈 보기 〉─
ㄱ. 유전자형의 빈도는 ㉠ < ㉡이다.
ㄴ. 이 집단의 개체수가 10000일 때 Aa를 가진 개체수는 3200이다.
ㄷ. 세대가 거듭되면 자손 집단에서 AA의 빈도는 증가할 것이다.

① ㄱ ② ㄴ ③ ㄷ
④ ㄱ, ㄴ ⑤ ㄱ, ㄷ

C

21~22 다음은 같은 종의 세 집단의 유전자풀에서 특정 대립 유전자 T의 빈도 변화를 나타낸 그래프이다.

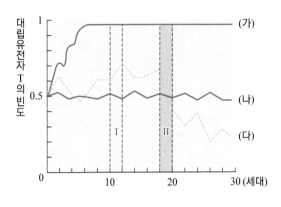

21 다음 그래프에 대한 설명 중 옳은 것은 ○표, 옳지 않은 것은 ×표 하시오.

(1) Ⅰ 기간에 (가) 집단은 유전자 T를 반드시 갖고 있다. ( )
(2) Ⅱ 기간에 (다) 집단에서 유전자 T는 자연선택을 받았다. ( )

22 이에 대한 설명으로 옳은 것만을 <보기>에서 있는 대로 고른 것은?

─〈 보기 〉─
ㄱ. (가) 집단에서 자연선택이 이루어졌다.
ㄴ. 세 집단 중 (나) 집단이 가장 멘델 집단에 가깝다.
ㄷ. (다) 집단은 안정적인 환경에서 서식한다.

① ㄱ ② ㄴ ③ ㄷ
④ ㄱ, ㄴ ⑤ ㄱ, ㄷ

23 다음은 배수성 돌연변이에 의해 새로운 종이 등장하는 과정을 나타낸 그림이다.

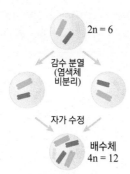

이에 대한 설명으로 옳은 것만을 <보기>에서 있는 대로 고른 것은?

〈 보기 〉
ㄱ. 이소적 종 분화에 해당한다.
ㄴ. 동물에서 주로 찾아볼 수 있다.
ㄷ. 염색체 비분리로 4n의 염색체를 가지게 된 개체는 다른 4n 염색체의 종과 교배가 가능하다.

① ㄱ　　　　　② ㄴ　　　　　③ ㄷ
④ ㄱ, ㄴ　　　　⑤ ㄱ, ㄷ

24 다음은 19세기와 20세기에 일리노이주 초원에 농장이 생기면서 대초원 닭에게 일어난 사건의 설명이다.

· 한때 일리노이주 초원에는 수백만 마리의 대초원 닭이 살았으나, 농장 등이 생기면서 급격히 감소하여 1993년에는 50마리도 안될 정도가 되었다.
· 이들 개체의 알 부화율은 50%가 못되었고 형질도 다양하지 못했다.
· 캔자스와 네브래스카 등 이웃 주에서 총 271마리의 닭을 4년간 들여오자 부화율이 90% 이상 증가하였다.

이에 대한 설명으로 옳은 것만을 <보기>에서 있는 대로 고른 것은?

〈 보기 〉
ㄱ. 유전적 부동의 예시이다.
ㄴ. 해결 방법에는 유전자 흐름이 이용되었다.
ㄷ. 1993년의 대초원 닭은 대립 유전자가 다양하였다.

① ㄱ　　　　　② ㄱ, ㄴ　　　　③ ㄱ, ㄷ
④ ㄴ, ㄷ　　　　⑤ ㄱ, ㄴ, ㄷ

25 다음은 종 분화 속도에 대한 두 가지 학설을 나타낸 모형이다.

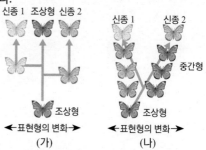

이에 대한 설명으로 옳은 것만을 <보기>에서 있는 대로 고른 것은?

〈 보기 〉
ㄱ. (가)는 오랜 시간 동안 변이가 축적되어 연속적으로 진화한다.
ㄴ. (나)는 중간형 종 화석의 존재로 증명할 수 있다.
ㄷ. (나)의 새로운 종은 시간이 지날수록 조상 종과의 차이가 더욱 커진다.

① ㄱ　　　　　② ㄱ, ㄴ　　　　③ ㄱ, ㄷ
④ ㄴ, ㄷ　　　　⑤ ㄱ, ㄴ, ㄷ

26 다음은 어떤 멘델 집단에서 나타나는 유전병 A의 특징과 이 집단에 속해 있는 어느 집안의 가계도를 나타낸 것이다.

· 상염색체에 존재하는 한 쌍의 대립 유전자 T와 t에 의해 형질이 결정된다.
· 정상 유전자 T는 유전병 A 유전자 t에 대해 완전 우성이다.
· 이 집단 내에서 유전병 A 환자는 9명 중 1명 꼴로 나타난다.

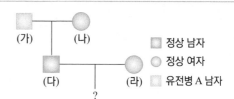

이에 대한 설명으로 옳은 것만을 <보기>에서 있는 대로 고른 것은?

〈 보기 〉
ㄱ. (가)의 유전자형은 tt이다.
ㄴ. (나)와 (다)의 유전자형은 Tt이다.
ㄷ. (다)와 (라) 사이에 태어난 아이가 유전병 A를 가질 확률은 $\frac{1}{8}$이다.

① ㄱ　　　　　② ㄴ　　　　　③ ㄷ
④ ㄱ, ㄴ　　　　⑤ ㄱ, ㄷ

심화

27 멘델 집단의 성립 조건은 실제 자연에서는 거의 찾아 보기 어려운 조건을 가져야 한다. 실제로는 거의 존재 하지 않는 멘델 집단을 가정하는 이유가 무엇인지 서 술해 보시오.

28 다음은 10000명으로 구성된 어떤 멘델 집단의 적록 생맹에 대한 설명이다.

> · 성염색체인 X염색체에 존재하는 한 쌍의 대립 유전 자 R과 r에 의해 적록 생맹이 결정되며, r은 R에 대해 열성이다.
> · 적록 생맹은 정상에 대해 열성이며, X^R과 X^r은 각각 정상 유전자와 적록 생맹 유전자를 포함하는 X 염색 체를 뜻한다.
> · 이 집단의 남녀의 수는 같고, 적록 생맹 대립 유전자 빈도는 남녀에게서 동일하며, 적록 생맹인 여자는 50 명이다.

(1) 대립 유전자 R의 빈도(p)와 r의 빈도(q)는 각각 얼마인가?

(2) 이 집단에서 적록 생맹인 남자는 모두 몇 명인 가?

(3) 이 집단에서 아이가 태어날 때, 이 아이가 적록 생맹 남자 아이일 확률(%)을 구하시오.

29 다음은 안데스 산맥 원주민을 대상으로 조사한 자료이다.

> · 안데스 산맥 원주민의 미맹 빈도는 7%로 인류 전체의 미맹 빈도인 30%보다 매우 낮다.
> · 미맹인 사람은 PTC와 매우 유사한 물질인 AITC(아 이소시아네이트)의 쓴맛을 느끼지 못한다.
> · 원주민이 재배하는 채소 중 일부에 AITC가 들어있다.
> · AITC는 아이오딘이 갑상샘으로 흡수되는 것을 방해 하여 갑상샘종을 유발한다.

안데스 산맥 원주민의 미맹 빈도가 낮은 이유를 자연 선택을 근거로 하여 서술하시오.

30 유전자풀의 변화 요인 중 하나인 유전자 부동은 개체 수의 크기가 작은 집단일 수록 더 큰 영향을 주어 빠르 게 진화가 일어나게 한다. 그 이유를 설명하시오.

31 다음은 종 분화 속도에 대한 두 가지 학설을 나타낸 모 형이다. 이중 어떤 학설이 옳다고 생각하는지 쓰고, 그 이유를 설명하시오.

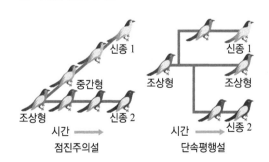

닭으로 공룡을 만든다고? 주제 I

조류로서의 가장 중요한 특징인 깃털

새를 새라고 부르게 하는 특징은 어떤 것이 있을까? 새는 하늘을 날고 알을 낳으며 둥지를 짓는다. 소리를 내며 우는 것 역시 새의 특징이다. 하지만 이러한 특징을 가진 동물들은 수없이 많다. 새를 새답게 하면서 오로지 새에게만 있는 특징이 있다면, 그것은 바로 깃털이다.

깃털 달린 공룡꼬리 발견

2016년 미얀마에서 약 9천 900만 년 전 살았던 것으로 추정되는 공룡 꼬리의 일부인 깃털이 광물의 일종인 호박(琥珀) 속에서 발견되었다. 이 꼬리는 호박 속에서 뼈가 완전히 화석화되었으며, 근육과 인대, 피부의 흔적 등이 드러난다. 특히, 윗부분에는 길이 3.7cm의 밤나무색 깃털이 아랫부분에는 흰색 깃털이 달린 것이 특징이다.

조류의 것일 가능성은?

깃털의 길이, 깃털의 줄기, 척추뼈의 형태 등을 볼 때 척추뼈가 현대 조류처럼 막대 모양으로 생기지 않았고, 깃털의 줄기도 견고하지 않기 때문에 비행하기에 유리하지 않아 공룡의 꼬리였을 것으로 추정되고 있다.

연구진은 이 꼬리가 벨로키랍토르나 티라노사우루스처럼 수각아목(육식성 두 발 공룡)과의 어린 공룡이었을 것으로 추정하고 있다.

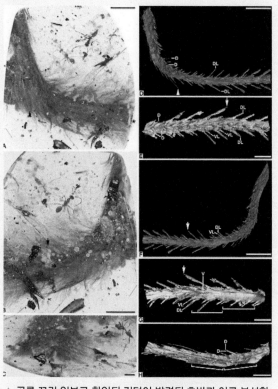

▲ 공룡 꼬리 일부로 확인된 깃털이 발견된 호박과 이를 분석한 사진 [출처 : 과학잡지 '현대 생물학(Current Biology)']

추가 정보 : 호박 속의 공룡 꼬리 일부로 확인된 깃털 사진과 이를 분석한 그림

현대 조류는 깃털이 세 분절로 이루어져 있는데, 깃털 줄기와 거기서 나는 돌기, 또 돌기에서 돋아나는 작은 가시같은 것이 있다. 새로 발견된 깃털은 매우 짧은 깃털 줄기를 가졌지만 돌기와 작은 가시가 모두 나 있어 깃털의 진화 연구를 뒷받침할 수 있을 것으로 주목되고 있다.

▲ 공룡 꼬리 일부로 확인된 깃털이 발견된 호박과 이를 분석한 사진 [출처 : 과학잡지 '현대 생물학(Current Biology)']

깃털의 존재가 입증된 공룡

공룡의 보존된 깃털 모습을 발견한 것은 이것이 처음이었지만, 현재까지 화석 연구를 통해 깃털의 존재가 입증된 공룡의 종류는 상당히 많다. 그 중 가장 대표적인 몇 가지를 소개한다.

시노사우롭테릭스(Sinosauropteryx)는 시조새를 제외하고 최초로 깃털의 존재가 입증된 공룡으로, '중화용조'라고도 불려지며 속명의 뜻은 '중국의 도마뱀 날개'이다. 백악기 전기 중국에서 발견된 조그마한 공룡으로, '콤프소그나투스과(Compsognathidae)'에 속하는데 이 그룹에는 가장 작은 공룡 중 하나로 꼽히는 '콤프소그나투스(Compsognathus)'도 속해 있다. 최근에는 깃털화석에 남아있는 멜라닌 색소의 형태를 조사하여 멸종한 공룡 중에서 최초로 깃털 색깔이 입증되기도 하였다. 적갈색 바탕에 흰 줄무늬가 있었다고 하며 오늘날의 '랫서 판다'라는 포유류의 색깔과 유사한 형태를 가지고 있었다.

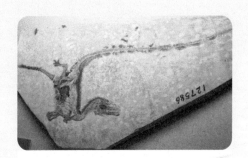

▲ 시노사우롭테릭스 화석과 복원도

딜롱(Dilong) 역시 백악기 전기 중국에서 발견된 공룡으로, 속명의 뜻은 '황제 용'이다. '티라노사우루스상과(Tyrannosauroidea)' 내에서 최초로 깃털의 존재가 입증된 종류로, 이 공룡으로 인해 깃털하고 별 연관성 없어 보이던 '티라노사우루스'의 깃털 유무에 대해 관심을 갖게 되었다. 티라노사우루스보다 원시적이므로 앞발가락의 갯수는 티라노사우루스와 다르게 3개이며, 두개골도 티라노사우루스보다 가늘고 작다. 적극적인 육식동물 중 하나였을 것으로 추정된다.

오르니토미무스(Ornithomimus)는 백악기 후기 북아메리카에서 발견된 공룡으로, 여태까지 깃털의 존재가 입증된 공룡들은 전부 아시아 지역(특히 중국)에서 산출되었으나 오르니토미무스는 아시아가 아닌 타 지역의 공룡 중에서 최초로 깃털의 존재가 입증된 공룡이다. 특히 앞팔에 달린 칼깃은 마치 타조의 것과 유사해 별명인 '타조 공룡'이 무엇인가를 잘 보여준다. 다만 아성체(유아기에 가까운 청소년기)의 화석에서는 칼깃이 존재하지 않는 것으로 보아 칼깃은 성장하면서 생기는 것으로 보인다. 사실 오르니토미무스는 예전부터 화석이 많이 발견되어 왔지만 깃털의 존재가 밝혀진 것은 2012년 대로 꽤 최근의 일이었다.

▲ 딜롱 화석과 복원도

▲ 오르니토미무스 복원도

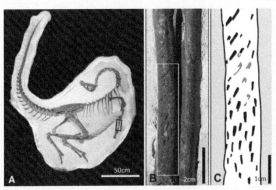

▲ 오르니토미무스 화석과 깃털의 존재를 입증한 사진

조류는 공룡과 같은 조상을 가졌다?

조류가 공룡의 후예라는 주장은 오래 전부터, 그러니까 찰스 다윈의 '종의 기원'이 출간된 지 채 2년이 되지 않은 1861년 이른 봄, 독일 바이에른 지방의 졸펜호픈 마을 부근의 채석장에서 폐 질환을 심각하게 앓고 있던 석공에 의해 최초의 시조새 표본이 발견되면서부터 이어져 왔다.

'돌에 새겨진 오래된 날개'란 뜻의 아르카이옵테릭스 리토그라피카(Archaeopteryx lithographica)는 파충류의 뼈와 조류의 비행용 깃털이라 여겨지는 칼깃형 깃털을 가지고 있었으며, 이로 인해 이것이 단지 최초의 새인지, 공룡에서부터 조류가 진화해 온 증거인지에 대해 수많은 논쟁이 이어졌다.

▲ 시조새의 화석

그때까지 가장 일반적으로 받아들여졌던 이론은 콤프소그나투스가 속한 육식 수각류(獸脚類, 두 발로 걷는 공룡) 공룡에서 시조새와 새가 진화하였다는 것이었다. 즉 시조새는 공통 조상인 공룡으로부터 진화했으나 여전히 공룡으로 분류되고 새의 시조는 아니며 새는 공룡에서 분리되어 따로 진화했으리라는 것이다.

이렇게 이미 150년 전에 완료된 것 같던 시조새 논쟁이 최근 새롭게 시작됐다. 2011년 독일 바이에른에서 거의 완벽하게 보존된 시조새 화석이 새로 발견되었는데, 칼깃형 깃털이 날개뿐만이 아닌 뒷다리에도 나 있었다. 뒷다리 깃털이 비행에 도움이 된다는 증거는 없었기 때문에 뮌헨의 연구팀이 그때까지 발견된 원시 조류 화석들을 다시 분석한 결과 칼깃형 깃털을 가진 동물의 상당수가 비행 능력이 없다는 사실이 밝혀져, 처음에 깃털의 용도는 암컷을 향한 구애나 방수, 또는 보온을 위한 것이었고, 나중에 하늘을 날기 시작했을 때 비로소 전문화된 비행 도구로 진화시켰을 것이라고 주장하였다.

▲ 시조새의 복원도. 시조새는 공룡으로부터 진화되었으나 모든 새의 조상은 아니다.

새는 공룡이다

최근 연구에 따르면 공룡은 지금부터 2억 4천만 년 전 지구상에 처음 등장했던 시기부터 깃털을 갖고 있었다고 한다. 처음 발견된 깃털은 1억 5천만 년 전의 육식 공룡의 것이었고, 때문에 육식 동물인 수각류 공룡에서 새가 진화했으리라고 추측되었지만 최근에는 초식 공룡에서도 깃털과 비슷한 구조체가 종종 발견되고 있기 때문이다. 1억 2천만 년 전의 프시타코사우루스와 1억 6천만 년 전의 티안유롱이 대표적인데, 이들이 가진 섬유 모양의 구조체가 초기 깃털이 분명하다면, 새는 조반류(새의 골반을 닮은 공룡)으로 분류될 것이 아니라 용반류(도마뱀의 골반을 닮은 공룡)에 편입되어야 한다.

어쩌면 모든 공룡의 공통 조상도 깃털을 가지고 있었을지도 모른다. 그렇다면 이제 새를 공룡의 후예라고 부르기보다는, 6천 5백만 년 전 대부분의 공룡이 멸종했을 때 살아남은 조류형 공룡이라고 표현해야 할 것이다.

Q1 과거에 시조새는 모든 새의 조상이라고 불리기도 했다. 현재의 조류는 시조새에게서 진화하였는가? 아니면 시조새와 공통 조상인 수각류 공룡으로부터 분리되었는가? 조류와 공룡, 시조새의 진화 관계를 생각하여 서술해 보시오.

닭으로부터 공룡을 만든다?

공룡을 재생시키기 위해 오랫동안 연구에 몰두해 왔던 고생물학자 잭 호너는 혈관과 부드러운 조직이 이례적으로 잘 보존된 화석을 찾았지만, DNA의 반감기는 약 521년에 불과했기 때문에 온전한 DNA를 찾을 수 없었다. 그래서 새로운 시도로, 닭을 가지고 유전자를 조작해 이빨과 꼬리, 손 등의 혈통적 특성을 발현하려는 시도를 하고 있다. 앞에서 살펴본 것과 같이 조류는 공룡의 살아있는 후손으로, 공룡의 진화된 유전자가 조류의 안에 들어있기 때문이다. 이를테면 치키노사우루스(Chicknosaurus)를 만들겠다는 목표인 셈이다.

▲ 잭 호너와 그가 혈관, 콜라겐 등의 부드러운 공룡 조직을 얻어낸 티라노 사우르스 화석인 'T-REX'

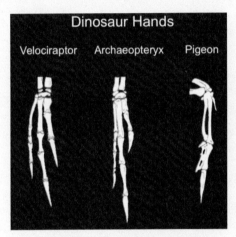

▲ 왼쪽부터 순서대로 공룡인 벨로키랍토로, 시조새, 조류의 손 뼈이다

닭을 공룡으로 되돌리기 위한 진화의 도구로는 자연 선택, 유전자 이식, 격세유전 활성화가 있는데, 이 중 격세유전은 사라졌던 선조의 특성이 후손에게서 튀어나오는 것을 말한다. 격세유전의 예시로서는 가끔 다리가 달린 뱀이 태어나거나, 갓 태어난 아이에게 꼬리가 달려있는 것 등이 있다. 이것은 선조의 특성이 후대에는 겉으로 표현되지 않을 뿐, 그 특성의 유전자는 고스란히 후손에게 남아있다는 것을 의미한다. 이를 이용하여 위스콘신 대학의 과학자인 매튜 해러스는 닭의 이빨 유전자를 활성화시킬 방법을 찾아서 이빨이 있는 닭을 만들어 내는 데에 성공했다.

맥길 대학의 한스 러슨 박사는 새의 배아 기원과 발달을 검토하고 있는데, 새가 어떻게 꼬리를 잃게 되는지, 또한 팔과 손이 날개로 변형되는 것에 관심을 가지고 있다. 공룡의 한 종류인 벨로키랍토로는 손과 손톱을 가지고, 원시적인 조류인 시조새도 원시적인 3개의 손가락뼈를 가지고 있다. 물론 비둘기나 닭 등의 조류는 1개의 손가락뼈와 날개를 가지고 있지만, 이 조류의 배아 발달 과정 중 시조새의 손과 꽤 비슷해 보이는 과정을 거친다. 이들은 이 배아의 시조새와 비슷한 3개의 손가락을 하나로 합쳐버린 유전자를 찾아 그 활성을 중지시키면 시조새의 3개 손가락뼈를, 그 이상으로 나아가면 공룡의 손톱을 복원해 낼 수 있다고 생각한다.

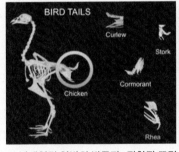

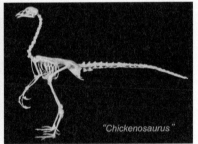

▲ 날개였던 앞발의 발톱과, 퇴화된 꼬리, 이빨 등을 되돌리면 '공룡'을 복원할 수 있다.

1993년에 개봉했던 영화 '쥬라기 공원'은 호박 속에 화석으로 보존된 모기 체내의 피에서 공룡의 DNA를 뽑아내어 공룡을 복원해 내는 내용이 나온다. 이 방법의 가능 여부를 서술하시오.

닭을 이용한 공룡 복원은 성공할 수 있을까? 자유롭게 서술해 보시오.

혼자서 번식하는 가재?

주제 II

가재가 단위 생식을 한다?

1995년 독일의 한 애완동물 가게의 수족관에서 발견된 마블 가재 혹은 대리석무늬가재(marbled crayfish)(단위 생식을 하는 모습 때문에 일본이나 우리나라에서는 미스테리 가재라고도 불린다)는 교배 없이 알을 낳는 단위 생식을 하는 신종으로, 진창가재(slough crayfish)에서 분화된 것이다. 암컷이 알을 낳으면 수컷이 수정하지 않아도 알을 까며, 그렇게 나온 새끼들은 알을 낳은 어미와 일란성 쌍둥이처럼 유전자가 완벽히 일치한다. 사람으로 치면 여성 혼자서 계속 자기랑 똑같이 닮은 딸만 낳는 격이라 할 수 있다. 물론 먹이의 성분이나 사육 환경의 차이에 의해 몸의 색깔과 모양 등이 달라지기는 한다. 애초에 진창가재의 암컷 한마리에서 시작되었으니 이 종에서 수컷은 처음부터 없었다고 할 수 있다.

▲ 마블 가재의 모습. 현존하는 마블 가재는 모두 암컷이다.

왜 신종이라고 불리는가

마블 가재의 학명은 *Procambarus fallax* **forma** *virginalis*로, *Procambarus fallax*는 원종의 학명이며 품종명인 **forma** *virginalis*는 '처녀'라는 의미이다. 품종명의 의미처럼 마블 가재가 낳은 알은 원래 종인 진창 가재나 근연종인 플로리다 블루의 수컷이 알 위로 정액을 뿌려 수정하려 해도 수정이 되지 않고, 암컷이 낳은 알 그대로 암컷의 유전자만을 가진 새로운 새끼가 태어난다. 즉, 개체 간의 유전자가 교환되지 않는다는 것이다.

'종'은 생물을 분류하는 기본 단위로 형태적 주요 특징이 서로 같고, 같은 조상으로부터 분화되었으며, 일정한 생태적 지위를 점하면서 자연 상태에서 서로 교배하여 생식 능력이 있는 자손을 낳을 수 있는 개체들의 집합을 의미한다. 마블 가재는 배수성 돌연변이에 의한 종 분화로, 진창 가재 등의 보통 가재는 염색체 한 세트가 쌍을 이루는 데 반해 마블 가재는 한 세트가 3개의 염색체로 이루어져 있어 정상적인 수정이 일어나지 않는다.

마블 가재는 일반적으로 성체가 6 ~ 8cm까지 자라며, 드물게는 10cm 이상의 개체도 확인되는데 이것은 원래의 종이었던 진창 가재보다 몸집이 크고 힘도 세며 환경의 변화에도 강하다.

동소적 종 분화

마블 가재의 종 분화 방식은 동소적 종 분화에 해당한다. 동소적 종 분화는 같은 장소에서 일어나는 종 분화로 먹이의 종류가 달라지거나 생식 시기가 달라져서 서로 교배되지 않는 생식적 격리가 일어나 종이 분리된다.

주로 동물에게서 일어나는 동소적 종 분화에는 성선택에 의한 분화가 있는데, 암컷이 특정한 조건의 수컷을 선택하여 교배하면서 점점 유전자풀이 기존 종과 분리되는 것을 말한다. 열대어인 시클리드는 암컷이 수컷의 몸 색과 특정한 무늬를 선택하여 교배를 하기 때문에 다른 종의 수컷과 교배가 가능함에도 종 분화가 일어나게 된 경우이다.

반대로 주로 식물에서 일어나는 동소적 종 분화에는 배수성에 의한 분화가 있는데, 주로 4배체(4n), 8배체(8n) 등의 염색체 배수성 돌연변이가 일어나 자가수정을 통해 번식하거나 다른 종의 생식 세포와의 수정을 통해 새로운 종을 만들어 낸다. 예시로는 잡종 교배와 배수성 돌연변이로 만들어진 빵밀이 있으며, 이 중 배수성 돌연변이가 마블 가재의 종 분화법이었다. 이 종 분화법은 동물에게서는 극히 드문 사례이지만 한번 발생하면 단 한 세대의 짧은 시간 내에도 새로운 종이 생겨날 수 있다는 특징이 있다.

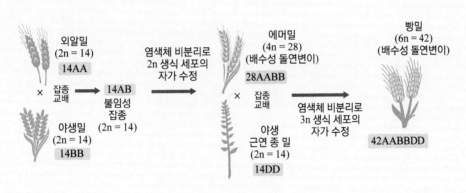

▲ 배수성에 의한 빵밀의 종 분화 과정 예시

애완용으로 인기있는 마블 가재

마블 가재는 다른 가재에 비해 적정 수온과 적정 산성도의 범위가 넓어 사육 난이도가 낮은 편이다. 때문에 초보자들의 애완동물로 인기를 얻고 있으며, 하나의 개체만으로도 계속 새끼를 낳기 때문에 먹이용으로 기르는 브리더도 있다. 다만 그만큼 적응력과 번식력이 좋기 때문에 자연에 유출되면 기존 생태계에 큰 피해를 끼치기도 한다. 현재 마다가스카르나 일본 등 몇몇 국가에서는 마블 가재를 유해조수로 지정하여 자연에 유출된 마블 가재의 개체 수 관리에 신경을 쓰고 있다.

마블 가재가 신종으로 인정받은 요건에는 무엇이 있는가? 종의 정의를 이용하여 설명하시오.

마블 가재는 2015년 환경부에서 위해 우려종으로 지정되었다. 그 이유는 무엇인가?

https://sangsangedu.ac

과학의
새로운 기준이 되다

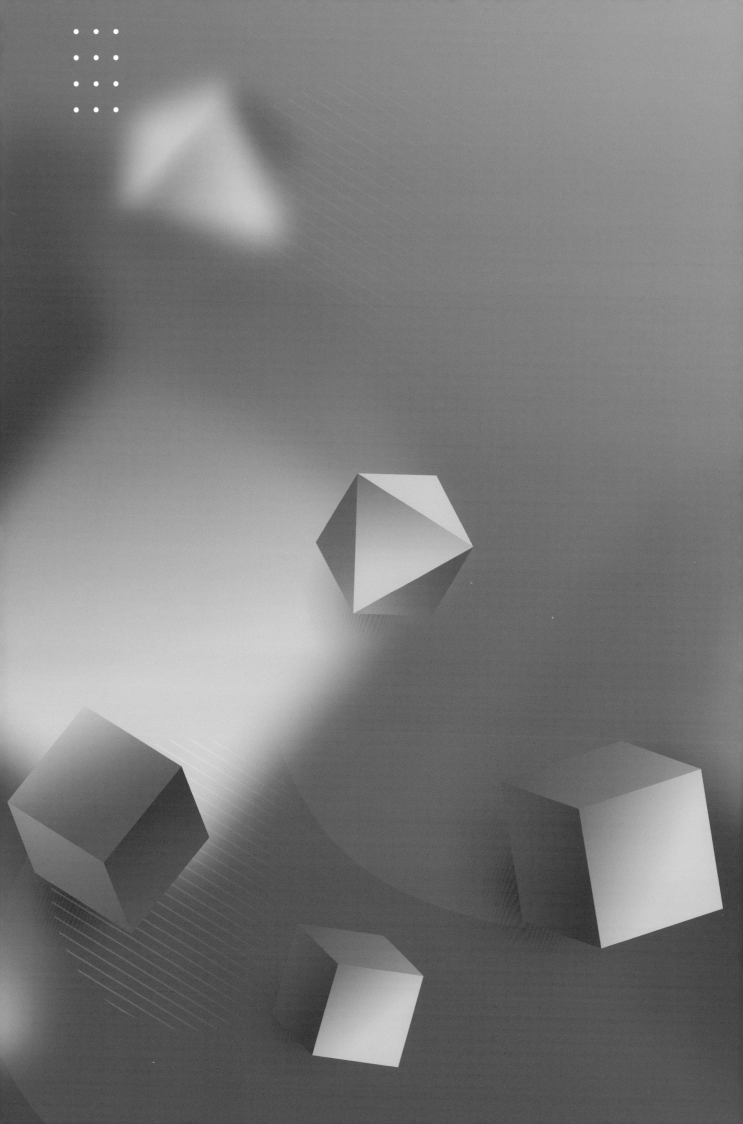

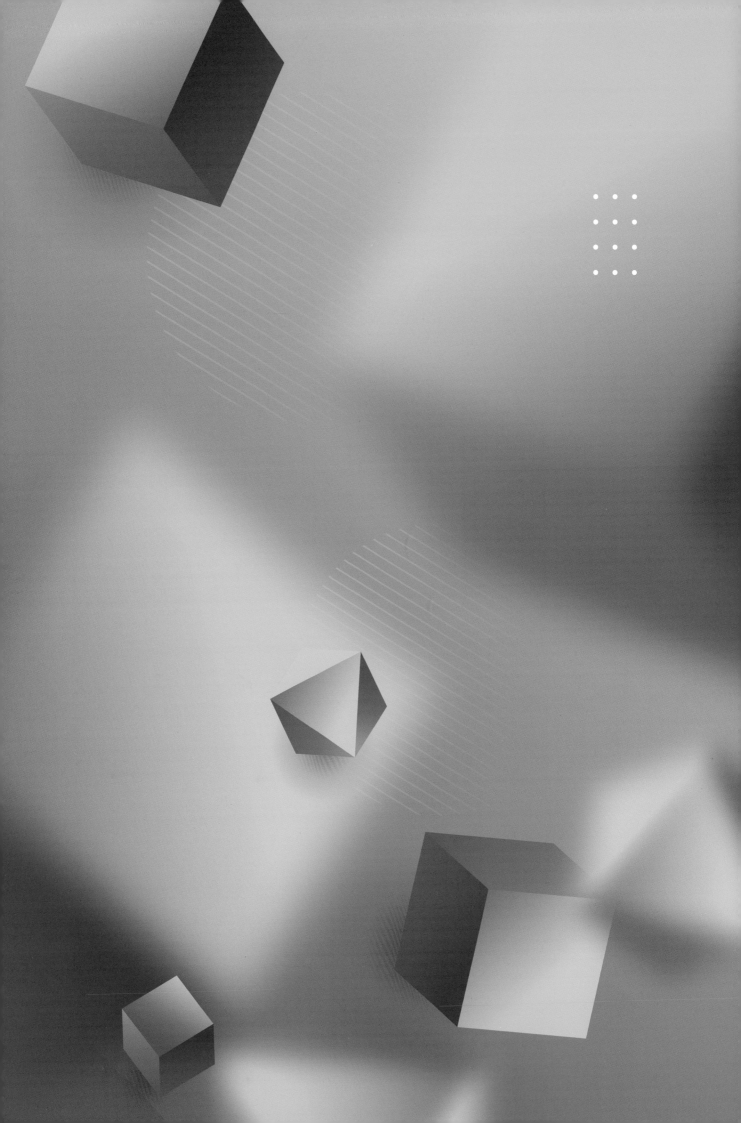

CEPHED

창/의/력/과/학

세페이드

4F. 생명과학(하)

정답 및 해설

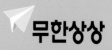

세페이드 Ⅰ 변광성은
지구에서 은하까지의
거리를 재는 기준별이
며 우주의 등대라고 불
린다.

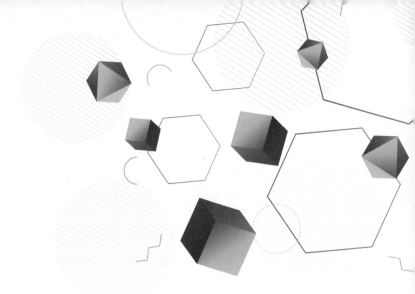

창의력과학

세페이드

4F.생명과학(하)
정답 및 해설

I 유전자와 생명 공학 기술

1강. 유전 물질의 구조

개념확인   12 ~ 15 쪽

1. S형균   **2.** 에이버리
3. ②, ⑤   **4.** 2중 나선

확인 +   12 ~ 15 쪽

1. 형질 전환   **2.** 박테리오파지
3. 샤가프의 법칙   **4.** 상보적

▶ 개념확인

1. 폐렴을 유발하는 세균 중 다당류로 이루어진 피막이 있어 숙주의 면역 체계로부터 자신을 보호할 수 있는 S형균은 폐렴을 유발하는 병원성 세균이다. R형균은 부정형이며 표면이 고르지 못하고 피막이 존재하지 않아 숙주의 면역 세포에 의해 쉽게 제거되므로 감염되어도 폐렴을 일으키지 않는 비병원성 세균이다.

2. 에이버리는 죽은 S형균의 세포 추출물을 여러 가지 효소(단백질 분해 효소, 다당류 분해 효소, RNA 분해 효소, DNA 분해 효소)로 처리하고 형질 전환을 일으키는지 알아본 결과, 단백질, 다당류, RNA 분해 효소에 의해 분해된 세포 추출물을 주입한 쥐는 죽었으며 죽은 쥐에서는 S형균이 발견되었지만, DNA 분해 효소에 의해 분해된 세포 추출물을 주입한 쥐는 살았으며 죽은 쥐에서는 S형균이 발견되지 않았으므로 DNA가 형질 전환을 일으키는 물질이라는 것을 증명하였다.

3. 뉴클레오타이드는 당, 염기(A, G, C, T 등), 인산으로 구성되어 있다.

4. DNA는 두 가닥의 폴리뉴클레오타이드 사슬이 하나의 축을 중심으로 서로 마주 보며 꼬여 있는 2중 나선 구조이다.

▶ 확인 +

1. 한 생물의 유전 형질이 외부에서 도입된 유전 물질에 의해 변하는 현상을 형질 전환이라 한다.

2. 박테리오파지는 핵산으로 이루어진 유전 물질(DNA) 중심부를 단백질 껍질이 싸고 있는 단순 구조의 유기체이다. 스스로 복제하는 능력이 없기 때문에 세균(박테리아)의 표면에 달라붙어 자신의 유전 물질을 세포 내로 주입한 후 세균(숙주 세포)의 물질대사 기구를 이용하여 증식하므로, 세균에 기생하는 세균성 바이러스이다.

3. 생물 종에 따라 DNA를 구성하는 각 염기의 조성비(비율)는 다르지만, 한 생물 종의 DNA에서는 항상 염기 A와 T의 양이 거의 같고, G과 C의 양이 거의 같다는 것을 알아내어 퓨린계 염기(A, G)와 피리미딘계 염기(C, T)는 같은 비율, 즉 A + G = T + C = 50%의 관계가 성립한다는 것을 발견함으로써 DNA 이중 나선 구조 모델의 근간이 된 법칙은 샤가프의 법칙이다.

4. DNA 2중 나선의 각 가닥에서 서로 마주보는 염기끼리는 수소 결합으로 연결되어 있어 A과 T, G과 C이 서로 상보적으로 결합한다.

개념다지기   16 ~ 17 쪽

01. ④   **02.** (1) X (2) O (3) O
03. 일어나지 않는다   **04.** ^{32}P, ^{35}S, DNA
05. (1) O (2) O (3) X   **06.** ②
07. ⑤   **08.** RNA

01. ① 두 세포가 결합하여 유전 물질이 합쳐지는 것을 접합이라 한다.
② 원형 그대로 재생되는 것을 복제라고 한다.
③ 유전자 또는 염색체 이상에 의해 나타나는 유전적 변이 현상을 돌연 변이라고 한다.
④ 한 생물의 유전 형질이 외부에서 들어온 유전 물질에 의해 변화가 나타나는 현상을 형질 전환이라 한다.
⑤ 바이러스 등에 의해 한 생물의 유전자가 다른 생물로 옮겨지는 현상을 형질 도입이라 한다.

02. (1) [바로알기] DNA를 구성하는 뉴클레오타이드는 염기, 당, 인산으로 구성되어 있다.
(2) 한 개체를 구성하는 모든 체세포는 수정란에서부터 비롯되었으므로, DNA의 양이 동일하다는 것은 세포들이 가진 유전 물질의 양이 동일하다는 것을 의미한다.
(3) 돌연변이는 유전자의 변화와 관련이 있으므로 세균의 DNA가 최대로 흡수하는 자외선의 파장과 돌연변이를 유발하는 확률이 가장 높은 자외선의 파장이 260nm로 일치한다는 것은 DNA가 유전 물질이라는 것을 의미한다.

03. 그리피스의 실험에서 R형 균을 형질 전환시킨 것은 S형균의 DNA이므로, S형 균 세포 추출물에 DNA 분해 효소를 처리하여 DNA를 제거한 경우 S형 균이 발견되지 않고, 형질 전환이 일어나지 않은 에이버리의 실험 결과를 통해 DNA가 유전 물질이라는 사실을 확인할 수 있다.

04. DNA와 단백질을 서로 다른 방사성 동위 원소로 표지해야 박테리오파지의 구성 물질인 DNA와 단백질 중 어떤 것이 유전 물질인지 알 수 있다. 인(P)은 파지의 DNA에만 있고, 황(S)은 파지의 단백질 껍질에만 있는 원소이다. 박테리오파지는 대장균의 내부로 자신의 DNA를 집어넣어 증식하고, 단백질 껍질은 대장균 표면에 그대로 남긴다. 허시와 체이스는 박테리오파지의 DNA는 ^{32}P으로 표지하고, 단백질은 ^{35}S으로 표지하여 각각 대장균에 감염

시킨 후 대장균에서 방사능이 검출되는지 확인하였다. 그 결과 DNA에 표지한 방사능이 대장균에서 검출되었다. 즉, 박테리오파지는 대장균 내부에서 DNA를 이용해 증식하는 것이므로 DNA가 유전 물질이다.

05. (2) DNA를 이루는 두 가닥의 사슬은 염기 사이의 수소 결합으로 서로 결합된다.
(3) [바로알기] DNA를 구성하는 뉴클레오타이드는 염기, 당, 인산으로 구성되어 있다.

06. DNA를 구성하는 염기는 A, G, C, T이며, RNA를 구성하는 염기는 A, G, C, U이다.

07. ⑤ 염기 A과 T은 이중 수소 결합을, G과 C은 삼중 수소 결합으로 서로 상보적으로 연결되어 있다.
[바로알기] ① DNA를 구성하는 염기는 A, G, C, T 4개이다.
② DNA는 인산과 당이 공유 결합으로 연결되어 2중 나선의 바깥쪽 골격을 형성한다. 염기는 당과 결합되어 안쪽 골격을 형성한다.
③ A(아데닌)은 T(타이민)과, G(구아닌)은 C(사이토신)과 서로 상보적으로 결합하므로 염기의 전체 비율을 100%라고 할 때, A(아데닌)의 비율이 20%라면 T(타이민)도 20%이며, G(구아닌)과 C(사이토신)은 각각 30%이다.
④ A(아데닌)과 G(구아닌)은 퓨린 계열 염기이고, T(타이민)과 C(사이토신)은 피리미딘 계열의 염기이므로 상보적으로 결합하는 A(아데닌)과 T(타이민)의 수가 같고 G(구아닌)과 C(사이토신)의 수가 같다. 따라서 DNA 2중 나선에서 퓨린 계열 염기와 피리미딘 계열 염기의 비율은 항상 1 : 1이다.

08. DNA와 달리 RNA는 염기 4개 중 T(타이민)대신 U(유라실)을 가지며, 1개의 리보스 당에 1개의 염기와 1개의 인이 결합된 단일 가닥 구조를 가진다.

유형익히기 & 하브루타 18 ~ 21쪽

[유형 1-1] (1) X (2) O
　　　　　01. (1) O (2) O (3) X　　**02.** ㄴ, ㄷ
[유형 1-2] (가) : B (나) : A
　　　　　03. (가)　　**04.** (1) X (2) X (3) O
[유형 1-3] 퓨린 계열 : A, G　피리미딘 계열 : C, T, U
　　　　　05. (1) O (2) O (3) X　　**06.** ㄱ, ㄷ, ㄹ
[유형 1-4] ㉠ : 27 ㉡ : 20 ㉢ : 22 ㉣ : 10 ㉤ : 40
　　　　　07. 3' - T A C T A G C A A G C - 5'
　　　　　08. ㄷ

[유형 1-1] (1), (2) 열처리 과정에서 S형균의 유전 물질이 분해되지 않았기 때문에 살아 있는 R형균이 S형균으로 형질 전환된 것이다.

---

01. (1) 폐렴 쌍구균은 사람에게 폐렴을 일으키는 세균으로 구형의 세균이 2개씩 붙어 있어 쌍구균이라고 한다.
(2), (3) [바로알기] S형균은 매끄럽고 끈적끈적한 다당류의 피막을 가진 군체로 피막이 존재하므로 숙주의 면역 체계로부터 자신을 보호할 수 있어 폐렴을 일으키는 병원성 세균이다. R형균은 표면이 거친 부정형 군체로 피막을 형성하지 못해 숙주의 면역 세포에 의해 쉽게 제거되므로 감염되어도 폐렴을 유발하지 않는 비병원성 세균이다.

02. ㄱ. [바로알기] DNA는 유전적 기능이 있는 장소에서만 발견되고 단백질은 어디서나 발견된다.
ㄴ. 유성 생식을 하는 생물에서 생식 세포의 DNA양은 체세포의 DNA양의 절반이며, 정자와 난자의 수정에 의해 만들어진 수정란의 DNA양은 체세포의 DNA양과 같으므로 대를 거듭하더라도 자손이 갖는 유전 물질의 양은 어버이와 같다.
ㄷ. 세포 분열 전 DNA의 양은 정확하게 2배로 늘어났다가 딸세포에서는 다시 본래의 양이 된다.

[유형 1-2] DNA에는 P(인)이 존재하고, S(황)은 존재하지 않으며, 단백질에는 S(황)이 존재하고, P(인)은 존재하지 않으므로 ^{32}P은 박테리오파지의 DNA에 표지된다. 이때 ^{35}S은 박테리오파지의 단백질 껍질에 표지되며, 유전 물질인 DNA는 대장균 내로 들어가 박테리오파지를 증식시킨다. 대장균은 무겁고, 단백질 껍질은 가벼우므로 (가)에서는 방사능이 B에서 검출되고, (나)에서는 방사능이 A에서 검출된다.

03. 박테리오파지는 (나) 단백질 껍질과 (가) 핵산인 DNA로 이루어져 있다. DNA는 P(인)은 있으며 S(황)은 없고, 단백질에는 P(인)은 없으며 S(황)은 있다. 따라서 ^{32}P로 표지하면 DNA에 표지된다.

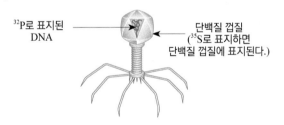

^{32}P로 표지된 DNA

단백질 껍질 (^{35}S로 표지하면 단백질 껍질에 표지된다.)

04. (1) [바로알기] 대장균 내로 파지의 DNA가 들어가고, 단백질 껍질은 대장균 표면에 그대로 남는다.
(2) [바로알기] 대장균 내에서 합성된 파지의 DNA는 파지의 단백질 껍질을 만들고 DNA가 그 껍질 속으로 들어감으로써 새로운 파지가 생긴다. 새로 만들어진 파지는 대장균을 파괴하고 밖으로 나온다.
(3) 파지의 DNA는 대장균의 효소들을 이용해서 자기와 같은 DNA 분자를 합성한다.

[유형 1-3] 핵산을 구성하는 염기는 질소와 탄소로 구성된 고리형 염기성 물질로 퓨린계와 피리미딘계로 나뉜다. 퓨린은 2중 고리 구조를 가지는 염기로 아데닌(A), 구아닌(G)이 있고, 피리미딘은 단일 고리 구조를 가지는 염기로 사이토신(C), 타이민(T), 유라실(U)이 있다.

05. (1), (2), (3) 왓슨과 크릭은 샤가프의 법칙과 X선 회전 사진을 해석하여 DNA의 분자 구조를 밝히고자 철사와 철판 및 암나사와 수나사를 이용하여 DNA 모형을 만들었으며, DNA는 바깥쪽에 인산 - 당 - 인산 - 당의 골격을 갖고 있으며, 안으로는 염기가 서로 마주보는 2중 나선 구조임을 밝혔다.

06. ㄱ. 생식 세포인 난자와 정자가 결합하여 새로운 개체가 될 수정란이 만들어지므로 생식 세포에 의해 전달되는 유전 물질의 양은 체세포의 절반이다.
ㄴ. [바로알기] DNA를 구성하는 염기가 A, G, C, T의 4가지 종류라는 사실만으로는 DNA가 유전 물질의 본질임을 증명할 수는 없다.
ㄷ. 박테리오파지가 대장균 내에서 증식할 수 있게 하는 물질은 DNA이므로 DNA가 유전 물질의 본질임을 증명할 수 있다.
ㄹ. DNA 분해 효소를 처리하면 DNA가 분해되어 형질 전환이 일어나지 않게 되므로 DNA가 유전 물질임을 증명할 수 있다.

[유형 1-4] 2중 나선을 이루는 DNA에서 A과 T, G과 C이 상보적으로 결합하므로 (가)의 T은 23이며 염기 조성 비율의 합계가 100이므로 G과 C은 각각 27이다. 같은 방법으로 (나)에서 G은 30, A과 T은 각각 20이고, (다)에서 A은 22, G과 C은 각각 28이다. (라)의 염기 비율은 $\dfrac{A + T}{G + C} = \dfrac{1}{4}$ 이므로 A과 T의 비율은 각각 10%이며, G과 C의 비율은 각각 40%이다.

07. DNA 2중 나선을 이루는 두 가닥의 폴리뉴클레오타이드는 상보적인 염기 서열(염기쌍은 수소 결합으로 연결)을 가지고 있으며, 역평행 구조로 연결되어 있다. A은 T과 C은 G과 상보적으로 대응되며, 제시된 가닥은 5' - 3'이므로 상보적인 가닥은 3' - 5'이다. .

08. ㄱ. [바로알기] DNA는 2중 나선 구조이며, RNA는 단일 가닥 구조이다.
ㄴ. [바로알기] 핵 속의 염색사에는 DNA가 존재한다.
ㄷ. DNA는 염기 A, G, C, T을 가지며, RNA는 염기 A, G, C, U를 가진다.

창의력 & 토론마당
22 ~ 25 쪽

01 (1) 브로콜리 세포벽을 파괴하기 위해서이다.
(2) 세포막과 핵막을 구성하는 지질을 녹여 막을 분해시킴으로써 DNA가 용액 속으로 나오도록 하기 위함이다.
(3) 소금의 Na^+은 음전하를 띠는 DNA와 결합하여 DNA를 전기적으로 중성으로 만들어 주므로(DNA는 음전하를 띤다.) DNA가 잘 뭉치도록 해준다. 즉, DNA와 결합하여 침전을 돕는 역할을 한다.
(4) DNA는 에탄올에 녹지 않는 성질을 이용한 것이다. 에탄올은 세포에 있는 다른 성분은 녹이며, DNA를 떠오르게 하는 역할을 한다. 이때 에탄올을 차갑게 하여 사용하는 이유는 DNA가 에탄올에서 흩어지지 않도록

하기 위한 것이다.
(5) 브로콜리 추출액과 에탄올이 만나는 경계 부분에 가는 실 모양이 뭉쳐 생기는 흰색의 물질은 DNA와 단백질이 엉겨 붙어있는 형태이므로 순수한 DNA라고는 할 수 없다.
(6) DNA는 핵산의 일종이므로 핵산을 염색하는 아세트산카민 용액, 아세트올세인 용액, 메틸렌블루 용액과 같은 염색액으로 염색시켜본다.
(7) 생물체의 몸을 구성하는 모든 세포에는 핵이 존재하므로 과일(사과, 바나나), 채소, 야채 외에도 입안 상피세포 등 주변에서 쉽게 구할 수 있는 재료를 통해 DNA를 추출할 수 있다.

[해설] 이 실험은 핵 속에서 염색사 형태로 풀어져 있는 DNA를 추출하는 실험이다.
(3) DNA는 인산(H_3PO_4)을 가지고 있어 전체적으로 음전하를 띤다.
(4) 뜨거운 에탄올을 사용하면 분자 운동이 활발해져 DNA가 뭉쳐 떠오르게 하는 것을 방해한다.

02 (1) 위아래 뉴클레오타이드 쌍의 간격을 일정하게 유지하기 위해서이다.
(2) DNA 2중 나선은 DNA 양끝에서 나선의 축을 내려다볼 때 각 가닥이 시계 방향으로 꼬여가면서 멀어지는 것을 확인할 수 있으므로 오른나사(righ-handed hellix)방향이다.
(3) 10쌍

[해설] (2) DNA 양 끝에서 나선의 축을 내려다볼 때 시계 방향으로 꼬이면서 멀어지는 것을 오른나사(right-handed helix) 방향이라고 하며, 시계 반대 방향으로 꼬이면서 멀어지는 것을 왼나사(left-handed helix) 방향이라고 한다. 자연에 존재하는 DNA 분자들은 일반적으로 오른나사 방향의 나선이다.
(3) DNA 2중 나선의 한 주기에는 10쌍의 뉴클레오타이드가 필요하다.

왼나사 방향   왼손   오른손   오른나사 방향

03 (1) (다), (나), (가)
(2) (다), (나), (가)
(3) (가) ~ (다)의 DNA는 모두 단일 가닥 형태로 분리된 상태가 된다.

해설 핵산의 염기는 260nm의 빛을 강력히 흡수하기 때문에 260nm의 파장에서 용액 내 DNA 분자의 자외선 흡수도를 측정할 수 있다. 260nm에서의 흡수도는 A260으로 표시하며, A260 값은 핵산의 농도에 비례한다. 또한, 핵산에 의하여 흡수되는 빛의 양은 분자의 구조에 의하여 달라진다. 구조가 질서있게 정돈되어 있으면 있을수록 흡수도는 감소하므로 단일가닥의 DNA나 RNA는 이중 가닥의 DNA보다 많은 양의 빛을 흡수한다. 따라서, 자외선 흡수도가 높아졌다는 것은 DNA 2중 나선의 염기 사이의 수소 결합이 끊어져 단일 가닥이 되었다는 것을 의미한다.

(1) A과 T은 2중 수소결합을 하며, C과 G은 3중 수소 결합을 하기 때문에 DNA 염기 서열에 G≡C이 많을수록 잘 분리되지 않으므로 분리하려면 높은 온도로 가열해야 한다. (DNA가 두 가닥으로 분리되는 온도가 높다.) 따라서 DNA 2중 나선에서 G + C의 % 값은 (다) > (나) > (가)이다.

(2) 85℃에서 (가)는 자외선 흡수도가 최댓값을 나타내므로 DNA의 두 가닥(2중 나선)이 모두 단일 가닥으로 분리된 것이며, (나)와 (다)는 아직 최댓값이 이르지 못하였으므로 분리되지 않은 2중 나선이 존재한다는 것이다. 85℃에서 (나)보다 (다)에 존재하는 2중 가닥의 수가 많으므로 DNA의 $\dfrac{2중\ 나선의\ 양}{단일\ 가닥의\ 양}$ 의 값은 (가) < (나) < (다)이다.

(3) DNA 2중 나선은 열을 가하면 염기 사이의 수소 결합이 풀어지게 되므로 단일 가닥이 된다. 온도가 다시 낮아지면 다시 2중 나선 구조가 된다. 95℃에서 생물 (가) ~ (다)의 DNA가 흡수한 자외선이 최댓값이 되었다는 것은 2중 나선 구조가 모두 단일 가닥으로 분리되었다는 것을 의미한다. 온도가 아무리 더 높아지더라도 단일 가닥이 더 이상 분해되지 않는다. 단일 가닥인 DNA의 폴리뉴클레오타이드 사슬이 DNA의 구성 단위인 뉴클레오타이드로 분해되기 위해서는 효소가 필요하다.

---

04 (1) 100 (2) (가) (3) ⑩ = 33, ⑭ = 17

해설 DNA를 구성하는 염기에는 A, G, C, T이 있고, RNA를 구성하는 염기에는 A, G, C, U(T 대신 들어감)이 있다. DNA 2중 가닥은 서로 A은 T과, C은 G과 각각 상보적으로 수소결합을 하므로 A = T, C = G이다.

(1) DNA 2중 나선의 (가), (나) 두 가닥은 서로 상보적으로 결합하므로 (가)의 G은 (나)의 C과 상보적으로 결합하고, (나)의 A은 (다)의 T과 상보적으로 결합한다.

$\dfrac{A + T}{G + C} = \dfrac{3}{2}$ 이고, 염기 조성의 총 합이 100이므로

$\dfrac{A + T}{G + C} = \dfrac{60}{40}$ 이다.

DNA 가닥 (가)의 경우, G는 17이고 T는 DNA 가닥 (나)의 A와 상보적으로 결합하므로 33이다. 이를 $\dfrac{A + T}{G + C} = \dfrac{60}{40}$ 에 대입하면 A은 27, C은 23(㉠ = 27, ㉡ = 23)이다.

DNA 가닥 (나)의 경우, A는 33이고 C는 가닥(가)과 상보적으로

결합하므로 17이다. 이를 $\dfrac{A + T}{G + C} = \dfrac{60}{40}$ 에 대입하면 T은 27, G는 23(㉢ = 23, ㉣ = 27)이다.

따라서 ㉠ + ㉡ + ㉢ + ㉣ = 100이다.

(2), (3) mRNA는 DNA의 유전 정보를 전달하는 역할을 한다. U이 27이므로 U과 상보적으로 대응하는 A의 개수가 27인 DNA 가닥 (가)가 mRNA와 상보적 관계이다. 따라서 이 mRNA가 만들어질 때 주형으로 사용되는 DNA 가닥은 (가)이며, ⑩ = 33, ⑭ = 17이다.

구분		염기 조성 (개)					계
		A	G	C	U	T	
DNA	(가)	27	17	23	0	33	100
	(나)	33	23	17	0	27	100
mRNA		33	23	17	27	0	100

스스로 실력 높이기　　　　　26 ~ 31 쪽

01. ④	**02.** ①	**03.** ②	**04.** ③, ④
05. ③	**06.** ⑤	**07.** ②	**08.** ③
09. ④	**10.** ④	**11.** ③	**12.** ④
13. ③, ④	**14.** ①	**15.** ③	**16.** ⑤
17. ②	**18.** ③	**19.** ⑤	**20.** ③
21. ④	**22.** ②	**23.** ④	**24.** ③
25. ④	**26.** ③	**27.** ⑤	
28. ~ 29. 〈해설 참조〉		**30.** ④	

01. ㄱ, ㄹ 열처리하여 죽은 S형 균을 쥐에 주입하면 쥐는 폐렴에 걸리지 않았지만, 열처리하여 죽은 S형 균을 살아 있는 R형 균과 혼합하여 쥐에 주입하면 쥐가 폐렴에 걸려 죽었기 때문에 열처리하여 죽은 S형 균의 어떤 물질이 살아 있는 R형 균을 S형 균으로 형질 전환시켰다고 할 수 있다. 따라서 형질 전환을 일으키는 물질은 열에 의해 기능을 잃지 않는다는 것을 알 수 있다.

ㄴ. 살아 있는 S형 균을 주사한 쥐는 폐렴에 걸려 죽으므로 병원성이며, 살아 있는 R형 균을 주사한 쥐는 폐렴에 걸리지 않으므로 비병원성이다.

ㄷ. [바로알기] 그리피스의 이 실험에서는 죽은 S형균의 어떤 유전 물질이 R형균을 S형균으로 형질 전환시켰다는 것을 추론할 수 있지만, 유전 물질이 무엇인지는 알 수는 없다.

02. ① [바로알기] DNA의 구성 원소는 C, H, O, N, P가 있다. DNA에 P이 존재한다는 것은 물질의 구성 원소를 나타낸 것이므로 유전 물질이라는 것을 알려주는 자료가 될 수는 없다.(P이 DNA에만 존재하는 것은 아니지만 DNA를 ^{32}P로 표지하여 이동 경로를 추적한다면 DNA가 유전 물질일 가능성을 확인하는 한 방법이 될 수 있다.)

② 유성 생식을 하는 생물에서 생식 세포의 DNA양은 체세포의 DNA양의 절반이며, 생식 세포인 난자와 정자가 만나 수정란이

만들어지면 체세포의 DNA양과 같아지므로 대를 거듭하더라도 자손이 가진 유전 물질의 양은 어버이와 같다.

③, ④ 세포는 분열 전 간기 때 DNA양이 정확히 2배로 늘어났다가, 딸세포에서는 다시 본래의 DNA양이 되므로 같은 종류의 생물체 내 체세포의 DNA양은 일정하다.

⑤ DNA가 최대로 흡수하는 자외선의 파장이 돌연변이 유발 확률이 가장 높은 자외선의 파장(260㎚)과 일치하므로 DNA의 돌연변이에 따른 진화, 종 분화 등이 일어나는 현상을 통해 DNA가 유전 물질이라는 것을 간접적으로 확인할 수 있다.

03. ② DNA는 5탄당의 2번 탄소에 산소 하나가 부족한 디옥시리보스로 구성되어 있으며, RNA는 리보스로 구성되어 있다.

[바로알기] ① DNA는 핵 속에 염색사 형태로 존재하며 세포질에 있는 엽록체나 미토콘드리아는 자체적인 DNA가 존재한다. RNA는 핵 속에 있는 인에 존재하기도 하고 리보솜, 세포질에도 존재한다.

③ 핵산은 세포에서 유전 현상과 단백질 합성에 관여하는 물질로 수많은 뉴클레오타이드가 연결된 중합체이다. 핵산의 종류에는 DNA와 RNA가 있다.

④ 핵산을 구성하는 뉴클레오타이드는 당, 염기, 인산이 1 : 1 : 1의 비율로 결합되어 있다.

⑤ DNA는 A, G, C, T 염기가 있으며, RNA는 A, G, C, U 염기가 있다. 각 뉴클레오타이드는 염기의 종류(A, G, C, T, U)에 따라 총 5가지가 존재한다.

04. ③ 유전 물질인 DNA는 핵산의 일종이며 핵산의 구성 단위는 인, 염기, 당으로 이루어진 뉴클레오타이드이다.

④ 박테리오파지는 대장균 내로 유전 물질인 DNA를 삽입시켜 대장균의 효소계를 이용해 DNA를 복제한다. 그리고 복제한 DNA로부터 단백질이 합성된다. 그 결과 새로운 박테리오파지가 생성된다.(박테리오파지 증식)

[바로알기] ① 대장균은 자체적으로 DNA를 갖고 있다. 박테리오파지는 대장균을 숙주로 이용하여 대장균의 효소계를 이용하여 증식하는 것이다.

② 물질 대사의 촉매 역할을 하는 것은 효소이다. 효소는 단백질이 주성분이다.

⑤ 식물의 세포막은 단백질이 떠다니는 인지질 2중층의 유동성 막이다. 식물의 세포벽을 이루는 성분은 셀룰로스이다.

05. ③ [바로알기] DNA 2중 나선이 1회전 하는 구간에는 10개의 염기쌍이 존재하므로 총 20개의 염기가 존재한다. G이 2개 있으면 G과 상보적으로 결합하는 C도 2개 있으며, A과 T은 각각 8개씩 있다.

① DNA 2중 나선 폭의 절반이 1㎚이므로, 2중 나선의 폭은 2㎚이다.

② DNA 2중 나선이 1회전 하는 구간에는 10개의 염기쌍이 존재하며, 1회전 구간 거리는 3.4㎚이다. 따라서 각 염기쌍 사이의 거리는 0.34㎚이다.

④ DNA 2중 나선을 이루는 두 가닥의 폴리뉴클레오타이드에 존재하는 염기 A은 T과, G은 C과 상보적으로결합해야 하므로 서로 역평행 구조를 가진다.

⑤ DNA 2중 나선 의 폭이 일정하게 유지될 수 있는 이유는 2개의 고리 구조로 이루어진 퓨린 계열의 염기와 1개의 고리 구조로 이

루어진 피리미딘 계열 염기가 수소 결합에 의해 상보적으로 결합하기 때문이다.

06. ①, ② A과 T, C과 G은 각각 상보적으로 결합하므로 T(티민)은 23%이며, G(구아닌)과 C(사이토신)은 각각 27%이다.

③, ④ 퓨린계 염기(A + G)의 비율과 피리미딘계 염기(C + T)의 비율은 모두 50%이다.

07. ① 가열하여 죽은 S형 균의 유전 물질은 R형 균을 형질 전환시키므로 유전 물질은 열에 강하다.

②, ③ 열처리로 죽은 S형 균의 추출물에 단백질 분해 효소, 다당류 분해 효소, RNA 분해 효소를 각각 처리하면 각각 단백질, 다당류, RNA가 분해되며 유전 물질인 DNA는 존재하므로 살아 있는 R형 균이 S형 균으로 형질 전환된다. 따라서 폐렴에 걸려 죽기 때문에 쥐의 체내에는 병원성을 갖는 S형 균이 검출된다.

④, ⑤ DNA 분해 효소를 처리하면 S형 균의 유전 물질(DNA)이 분해되므로 S형 균이 형질 전환되지 않아 쥐는 죽지 않으며, 쥐 체내에서 S형 균을 관찰할 수 없다. 따라서, R형 균을 S형 균으로 형질 전환시키는 물질은 열처리로 죽은 S형 균의 DNA이다.

08. ③ [바로알기] 각 염기의 종류에 따라 뉴클레오타이드의 종류가 결정되므로 DNA, RNA를 구성하는 뉴클레오타이드는 각각 4종류이다.

① RNA를 구성하는 염기에는 A, G, C, U이 있으며, DNA를 구성하는 염기에는 A, G, C, T이 있다.

② DNA는 유전 정보를 저장하며, RNA는 DNA의 유전 정보를 전달하여 단백질 합성에 관여한다.

④ DNA의 분자 구조는 2중 나선이며, RNA의 분자 구조는 단일 가닥이다.

⑤ DNA와 RNA는 당, 인산, 염기가 1 : 1 : 1로 결합된 뉴클레오타이드로 구성되어 있다. 뉴클레오타이드를 구성하는 당은 5개의 탄소로 이루어진 5탄당이다.

09. DNA 2중 나선을 이루는 두 가닥은 상보적인 염기 서열(A는 T과 C는 G과 상보적으로 대응)을 가지고 있으며, 말단 방향은 서로 반대를 향하고 있으므로 제시된 DNA 염기 서열과 상보적으로 결합하는 DNA 염기 서열은 5' - T G C A A G G T C C A C - 3'이다. RNA는 T 대신 U을 가지고 있으므로 제시된 DNA 염기 서열을 주형으로 상보적 결합을 통해 합성된 RNA 염기 서열과 방향은 5' - U G C A A G G U C C A C - 3'이다.

10. 그림은 핵산의 기본 구조인 뉴클레오타이드를 나타낸 것이다.

ㄱ, ㄹ. [바로알기] 핵산에는 DNA와 RNA가 있으며, 인을 공통으로 가지고 있다. DNA에는 2번 탄소에 -H가 붙어 있는 디옥시리보스라는 당이 있으며, A, G, C, T 4종류의 염기가 있다. RNA에는 2번 탄소에 -OH가 붙어 있는 리보스라는 당이 있으며, A, G, C, U 4종류의 염기가 있다.

ㄴ. 핵산은 DNA와 RNA를 나타내는 것이므로 핵산에 존재하는 염기는 A, G, C, T, U 5종류이다.

ㄷ. 핵산은 세포에서 유전 현상과 단백질 합성에 관여하는 물질로 수많은 뉴클레오타이드가 연결되어 있다. 뉴클레오타이드는 당,

인산, 염기가 1 : 1 : 1로 구성되어 있다.

11. 박테리오파지는 DNA(핵산의 일종)와 단백질로 구성되어 있다. DNA의 구성 원소에는 P은 있지만, S가 없고, RNA 구성 원소에는 S은 있지만, P가 없으므로 ^{32}P으로 DNA를 표지할 수 있고, ^{35}S로 단백질을 표지할 수 있다.
ㄱ. 침전물 B와 D에는 대장균이 있으며, 대장균 속에는 감염된 박테리오파지의 DNA가 들어 있다.
ㄴ. B에는 ^{32}P가 표지된 박테리오파지의 DNA가 있고, C에는 ^{35}S로 표지된 파지의 단백질이 있다.
ㄷ. [바로알기] B와 D에는 박테리오파지의 DNA가 있다. B에는 대장균 내에서 새롭게 증식된 박테리오파지에 ^{32}P가 존재하므로 방사성 물질이 없는 배지에서 배양하여도 새롭게 생성된 박테리오 파지의 일부에서 방사능이 검출된다. D에는 대장균 내에 ^{32}P가 존재하지 않으므로 방사성 물질이 없는 배지에서 배양하여도 새롭게 생성된 박테리오 파지의 일부에서 방사능(^{32}P)이 검출되지 않는다.

12. ③, ④, ⑤ 박테리오파지의 DNA만 대장균 내로 들어가며(단백질 껍질은 대장균 밖에 남는다.) 대장균의 효소를 이용하여 DNA를 증식시켜, 박테리오파지의 단백질 껍질을 만든다. 그리고 그 안으로 DNA가 들어감으로써 새로운 박테리로파지가 생성된다.
① 박테리오파지는 단백질 껍질과 DNA로 이루어져 있으며 자체적으로 DNA를 증식할 능력이 없어 대장균을 숙주로 이용한다.
② 새로 만들어진 박테리오파지는 대장균을 파괴하고 밖으로 나온다.

13. ① 수소 결합은 쉽게 깨졌다 다시 형성되는 아주 약한 결합이다. ② 폴리뉴클레오타이드의 골격을 형성하는 결합은 당과 당의 5번 탄소와 연결된 인산 사이에 형성된다.(DNA는 바깥쪽에 인산 - 당 - 인산 - 당의 골격을 갖고 있으며, 안으로는 염기가 서로 마주보는 2중 나선 구조이다.)
③ 수소 결합이 많을수록 안정적이므로 염기 서열이 변형되기 어려워 돌연변이 발생률은 낮아진다.
④, ⑤ 염기 사이의 수소 결합은 두 폴리뉴클레오타이드 가닥을 연결하여 DNA 2중 나선을 형성한다. A과 T 사이에는 2중 수소 결합(A = T)이 형성되고, C과 G 사이에는 3중 수소 결합(G ≡ C)이 형성되므로 3중 수소 결합 비율이 높을수록 DNA는 안정적이다.

14. 2중 나선을 이루고 있는 DNA에서 상보적으로 결합하는 A과 T, G과 C의 수는 같으므로
$\dfrac{T}{A} = \dfrac{C}{G} = \dfrac{T + C}{A + G} = \dfrac{T + G}{A + C} = 1$이며, A과 G 은 퓨린계 염기, C과 T은 피리미딘계 염기이므로 퓨린계 염기 수 = 피리미딘계 염기 수의 관계가 성립한다.
① [바로알기] A + T의 수와 C + G의 수는 서로 다르며, 생물 종에 따라 다양하다.

15. ③ DNA와 RNA의 공통점은 구성 단위가 뉴클레오타이드(인 + 당 + 염기)이며, 유전 정보를 담고 있다는 것이다.
[바로알기] ① DNA의 분자 구조는 2중 나선이며, RNA의 분자 구조는 단일 가닥이다.
② 핵 속의 염색사에 존재하는 것은 DNA이다. RNA는 인, 세포

질, 거친면 소포체 등에 존재한다.
④ RNA를 구성하는 염기에는 A, G, C, U이 있으며, DNA를 구성하는 염기에는 A, G, C, T이 있다.
⑤ DNA가 유전 정보를 저장하며, DNA의 유전 정보를 전달하는 것은 RNA 종류 중 하나인 mRNA이다.

16. ㄱ. DNA 2중 나선에서 A과 T은 2중 수소 결합, G과 C은 3중 수소 결합을 한다. DNA (가)는 C, G의 비율이 각각 33%이며, A, T의 비율이 각각 17%이다. DNA (나)는 C, G의 비율이 각각 21%이며, A, T의 비율이 각각 29%이므로 수소 결합의 수는 (가) > (나)이다.
ㄴ. A과 G은 퓨린 계열 염기이며, T과 C은 피리미딘 계열 염기이므로 DNA (가)의 퓨린 계열 염기(A, G)의 양은 17% + 33% = 50%, (나)의 퓨린 계열 염기(A, G)의 양은 29% + 21% = 50%로 서로 같다.
ㄷ. 3중 수소 결합을 하는 C의 비율이 (나)보다 (가)에서 높으며, DNA가 단일 가닥으로 분리되는 온도는 (나)보다 (가)에서 높으므로 G비율(or C비율)이 높을수록 고온에서 안정적이라고 할 수 있다.

17. 48쌍의 염기로 이루어져 있으므로 총 염기는 96개이다. DNA 2중 나선은 A과 T, C과 G이 각각 상보적 결합을 하고 있다.
$\dfrac{A + T}{G + C} = \dfrac{2}{1}$ 이므로 A + T = $96 \times \dfrac{2}{3}$ = 64이다. 따라서 A과 T은 각각 32개씩 존재한다. G + C = $96 \times \dfrac{1}{3}$ = 32이다. 따라서 G과 C은 각각 16개씩 존재한다. 그러므로 사이토신(C)은 총 16개 존재한다.

18. 뉴클레오타이드는 당, 인산, 염기가 1 : 1 : 1로 구성되어 있다. ③, ④ 퓨린 계열 염기는 2중 고리 구조이며 A, G 2개가 있다. 피리미딘 계열 염기는 단일 고리 구조이며, C, T, U 3개가 있다.
① 뉴클레오타이드를 구성하는 당은 5개의 탄소로 이루어진 5탄당이다.
② 인은 당의 5번 탄소와 연결되어 있으며, 염기는 당의 1번 탄소와 연결되어 있다.
⑤ 뉴클레오타이드를 구성하는 성분 중 인은 수용액 상태에서 산성을 띠기 때문에 뉴클레오타이드는 산성을 띤다. 따라서 뉴클레오타이드로 구성된 DNA, RNA를 핵산이라고 부른다.

19. ①, ② 2중 나선을 이루고 있는 DNA에서 상보적으로 결합하는 A과 T, G과 C의 수는 같으므로 $\dfrac{T}{A} = \dfrac{C}{G} = \dfrac{T + C}{A + G} = \dfrac{T + G}{A + C} = 1$이다.
③, ④ 한 개체를 구성하는 세포는 하나의 수정란으로부터 만들어진 것이므로, 개체의 부위와 관계없이 모든 체세포에서 DNA의 염기 비율은 같다.
⑤ [바로알기] 모든 생물체의 DNA는 A과 T의 양이 같고, G과 C의 양이 같다. 그러나 생물 종에 따라 A + T의 수와 C + G의 수는 각각 다르므로 사람과 닭의 DNA에서 $\dfrac{T + A}{C + G}$ 의 값은 서로 다르다.

20. ^{32}P는 DNA에 표지되며, ^{35}S는 단백질 껍질에 표지된다. 대장균 내부로 들어가는 물질은 박테리오파지의 유전 물질이므로 박

테리오파지의 DNA에 표지된 ^{32}P만 대장균의 내부로 들어간다. ^{35}S로 표지된 단백질 껍질은 대장균으로 들어가지 않으므로 대장균 외부(배양액)에서 검출된다. 대장균 내에서 증식한 박테리오파지에도 ^{32}P만 검출된다.

21. ㄴ. [바로알기] 가열한 S형 균을 주사한 쥐는 죽지 않았으므로 S형 균은 가열하면 병원성을 잃는다.

ㄱ, ㄷ. R형 균을 주사한 쥐는 살았으므로 R형 균은 비병원성이다. R형 균과 S형 균을 혼합하여 주사한 쥐는 죽었으므로 S형 균은 병원성이다. 그러므로 (가)는 'x'이다.

ㄹ. 가열한 S형 균은 비병원성이지만, 살아 있는 R형 균과 혼합하여 쥐에 주사하면 쥐가 죽었으므로 S형 균의 유전 물질이 R형 균으로 들어가 형질 전환이 일어났다는 것을 확인할 수 있다. 따라서 쥐의 몸에서 살아 있는 S형 균이 관찰된다.

22. (가)는 DNA 2중 나선, (나)는 RNA 단일 가닥이다. 1, 2는 인산기를 3, 4는 당을 5 ~ 9는 염기를 나타낸 것이다.

ㄱ. DNA의 당은 5탄당의 2번 탄소에 산소가 한 개 빠진 디옥시리보스이며, RNA의 당은 리보스이다.

ㄴ. [바로알기] 7은 타이민(T)이므로 염기 5, 6는 수소 결합이 3개(3중 수소 결합)이며, 염기 7, 8은 수소 결합이 2개(2중 수소 결합)이다. 또한, G과 C 사이의 결합이 2개 있으며, A과 T 사이의 결합이 2개이므로 염기들 사이의 수소 결합의 수는 (3 × 2) + (2 × 3) = 12개이다.

ㄷ. 5는 C(사이토신), 6은 G(구아닌), 7은 T(타이민), 8은 U(유라실)이다. A는 T(U)와, C는 G와 상보적으로 결합하므로 염기의 개수는 A = T = U, C = G 이므로, 5(C) + 7(T) = 6(G) + 8(U)이다.

ㄹ. [바로알기] (나)는 RNA 단일 가닥이고, T 대신 U이 있으므 8는 U(유라실)이다. 그러므로 U과 상보적으로 결합할 수 있는 염기는 A(아데닌)이다.

23. (가) 과정에서 믹서기로 양파를 가는 이유는 식물 세포인 양파의 세포벽을 파괴시키기 위해서이다.

ㄱ. [바로알기] DNA는 인산(H_3PO_4)을 가지고 있어 전체적으로 음전하를 띠기 때문에 (다) 과정에서 소금(Na^+)은 DNA와 결합하여 DNA를 침전시키는 것을 돕는다.

ㄴ. (라) 과정에서 에탄올을 넣어주는 이유는 DNA는 에탄올에 용해되지 않기 때문이며, DNA를 엉겨서 침전시키기 위해 차가운 에탄올을 넣는다.

ㄷ. (나) 과정에서 주방용 세제는 계면활성제이므로 지질 성분을 용해하는 기능이 있다. 양파 세포의 핵막과 세포막은 지질 성분으로 이루어져 있으므로(인지질 이중층) 주방용 세제는 양파 세포의 핵막, 세포막을 녹이는 역할을 한다.

ㄹ, ㅁ. DNA는 전체적으로 음전하를 띠고 있기 때문에 (마) 과정에서 전기 영동을 수행할 때 전기 영동기의 (-)극에서 (+)극 쪽으로 이동하게 되며, DNA의 길이가 길수록 매우 작은 격자 무늬로 이루어진 아가로즈 젤을 통과하기 힘들기 때문에 느리게 이동한다.

24. ㄱ. [바로알기] (나)는 T을 가지므로 DNA이다. DNA 2중 나선은 G과 C은 상보적으로 3중 수소 결합을 하므로 1 : 1 비율이어야 하지만, G과 C의 비율이 1 : 4이므로 (나)의 유전 물질은 단

일 가닥의 DNA 형태이다.

ㄴ. [바로알기] (가)를 이루는 염기에 U(유라실)이 있으므로 바이러스 (가)는 RNA를 유전 물질로 가진다. (나)를 이루는 염기에는 T(티민)이 있으므로 바이러스 (나)는 DNA를 유전 물질로 가진다.

ㄷ. RNA를 구성하는 당은 리보스이며, DNA를 구성하는 당은 디옥시리보스이다.

ㄹ. U의 비율은 A의 절반이므로 A > U이고 C의 비율은 G의 절반이므로 G > C이며, G의 비율은 U의 절반이므로 U > G이다. 4종류의 염기의 비율을 종합하면 A > U > G > C이다. 따라서, 바이러스 (가)를 구성하는 4종류의 염기 중 C의 개수가 가장 적다.

25. 열처리를 통해 병원성이 제거된 S형 균에 있는 유전 물질이 R형 균에 들어가 형질 전환이 일어난 것이므로 유전 물질인 DNA가 열처리에도 파괴되지 않고 존재하다가 살아 있는 R형 균으로 들어가 형질이 전환된 것을 확인하기 위해서는 열처리로 병원성을 잃은 S형 균에 DNA를 분해하는 DNA 분해 효소를 처리한 후 살아 있는 R형 균과 함께 배양하여 쥐에 주입해야 한다. DNA가 파괴된 S형 균이 R형 균을 형질 전환시킬 수 없어 쥐가 죽지 않음을 확인한다면 DNA가 유전 물질임을 증명할 수 있다.

26. ㄷ. [바로알기] ㉠과 ㉣은 3중 수소 결합을 하는 염기 C 또는 G이며, ㉡과 ㉢은 2중 수소 결합을 하는 염기 A 또는 T이다. 따라서 ㉠과 ㉡은 서로 상보적 수소 결합을 하지 않고, ㉢과 ㉣도 상보적 수소 결합을 하지 않는다.

ㄱ. 2중 나선 DNA (가)가 단일 가닥으로 분리되는 상대적인 온도가 (가) ~ (다) 중 가장 높으므로 ㉠과 ㉣은 3중 수소 결합을 하는 염기 G과 C(C과 G)이다. 따라서 X는 (가) ~ (다) 중 2중 수소 결합을 하는 염기 A과 T의 비율이 많은 (나)이다.

ㄴ. G(구아닌)은 ㉠ 또는 ㉣ 중 하나이며, ㉠과 ㉣은 서로 상보적 결합을 하므로 비율이 동일하다. 따라서 ㉠ 또는 ㉣의 비율이 가장 높은 것은 (가)이다.

27. 염기 Z는 RNA에서 발견되지 않으므로 T(타이민)이다.

$\dfrac{염기 X}{염기 Z}$, $\dfrac{염기 Y}{사이토신}$ 가 약 1이므로 염기 X는 타이민과 상보적인 결합을 하는 A(아데닌)이며, 염기 Y는 사이토신과 상보적인 결합을 하는 G(구아닌)이다.

ㄱ. A과 G은 2개의 고리 구조를 갖는 퓨린계 염기이다.

ㄴ. [바로알기] 옥수수의 염기 X(A)와 염기 Y(G)의 비율이 1.04 : 1이고, 염기 Z(T)와 사이토신의 비율이 1.03 : 1이므로 A + T의 합이 G + C의 값보다 크다. 전체 염기량 중 G + C의 합의 비율은 $\dfrac{(1 + 1) \times 100}{(1.04 + 1 + 1.03 + 1)}$ = 약 44%로 전체 염기량의 50%를 넘지 않는다.

ㄷ. DNA에서 염기 $\dfrac{T + A}{C + G}$의 값은 $\dfrac{T}{C}$ 또는 $\dfrac{A}{G}$의 값과 같으므로 사람은 약 1.6, 옥수수는 약 1.0, 초파리는 약 1.2로 $\dfrac{T + A}{C + G}$의 값은 옥수수가 가장 작다.

ㄹ. 옥수수는 염기 간 비가 거의 1에 가깝다. 이는 DNA를 구성하는 4종류의 염기 조성 비율이 거의 비슷하다는 것을 의미한다.

생물	아데닌 구아닌	타이민 사이토신	아데닌 타이민	구아닌 사이토신
사람	1.62	1.71	0.98	1.04
옥수수	1.04	1.03	1.01	1.00
초파리	1.21	1.23	0.99	1.00

28. 답 DNA 2중 나선을 구성하는 염기쌍 A과 T, G과 C은 상보적으로 결합한다. 퓨린계 염기과 피리미딘계 염기가 쌍을 이루므로 DNA 2중 나선의 폭은 일정하게 유지된다.

해설 2개의 고리 구조를 갖는 퓨린계 염기인 A과 G은 1개의 고리 구조를 갖는 피리미딘계 염기인 C과 G보다 크기가 크다. A과 T, G과 C이 서로 수소 결합을 함으로써 DNA 2중 나선의 폭은 일정하게 유지될 수 있다.

29. 답 X선 회절 사진의 X자 형태와 위, 아래의 어두운 부분을 통해 DNA는 일정한 간격으로 반복되는 나선형 구조를 가진다는 것을 알 수 있다. 당은 인산과 공유 결합으로 DNA 2중 나선의 바깥쪽 축을 이루고 있으며, 인산(H_3PO_4)으로 인해 DNA는 전체적으로 산성을 띠며, 전기적으로는 음전하(-)를 띤다.

해설 DNA 분자의 구성 단위는 뉴클레오타이드이며, 이는 당, 인산, 염기가 1 : 1 : 1 비율로 이루어져 있다. DNA의 X선 회절 사진에서 X자 형태는 나선형으로 일정하게 반복되는 구조를 의미하며, 위, 아래의 어두운 부분은 어떤 특정한 구조가 반복된다는 것을 나타낸다.

30. ④ [바로알기] 표를 통해 DNA 2중 나선에서 두 가닥에 포함된 A과 T의 수는 거의 같다는 것을 추론할 수 있다. 그러나 DNA 2중 나선의 각 사슬에 존재하는 A과 T의 수가 같은지는 확인할 수 없다.(추론 불가)

①, ② 밀의 DNA는 연어의 DNA보다, 연어의 DNA는 효모의 DNA보다 수소 결합 수가 많은 G + C를 더 많이 가지고 있으므로 열에 강하다.

③ 사람, 소, 돼지는 모두 가슴샘과 간 조직에서 염기의 조성이 각각 거의 일정하다.

⑤ DNA를 구성하는 염기 A과 T, G과 C은 상보적으로 결합하므로 그 양이 같기 때문에 A + G의 비율과 C + T의 비율은 생물 종에 관계없이 약 50%로 일정하다.

2강. DNA 복제

개념확인   32 ~ 37 쪽

1. DNA 복제   **2.** ^{14}N, ^{15}N

3. 복제 원점   **4.** DNA 중합 효소

5. 선도 가닥   **6.** DNA 연결 효소

확인 +   32 ~ 37 쪽

1. 보존적 복제, 반보존적 복제, 분산적 복제

2. 반보존적 복제 방식

3. 프라이머   **4.** $5' \to 3'$ 방향

5. 여러 개, DNA 중합 효소   **6.** 돌연변이

▶ **개념확인**

1. 유전적으로 동일한 세포를 만들기 위해서 세포 분열이 일어나기 전(S기)에 세포는 본래 DNA와 똑같은 DNA 분자를 만든다. 이를 DNA 복제라고 한다.

2. 메셀슨과 스탈이 DNA 복제 방식을 증명하기 위해 사용한 동위 원소는 핵산의 구성 원소인 ^{14}N, ^{15}N 이다.

3. DNA의 복제가 일어나기 위해서는 2중 나선을 이루는 두 가닥의 사슬이 서로 분리되어야 하는데, 이때 두 가닥은 특정 부위에서 처음 분리되기 시작한다. 이 부위를 복제 원점이라 한다.

4. DNA 중합 효소(DNA polymerase)는 풀어진 각 사슬을 주형으로 상보적인 염기를 가진 뉴클레오타이드를 프라이머의 3'-OH에 차례대로 결합시켜 새로운 DNA 사슬을 신장한다.

5. DNA 가닥이 복제 원점을 중심으로 지퍼처럼 풀리며 합성될 때 한 쪽 사슬은 복제 분기점을 향하여 $5' \to 3'$ 방향으로 연속적으로 합성되며, 복제 과정에서 연속적으로 합성되는 DNA 가닥을 선도 가닥(leading strand)이라고 한다.

6. 지연 가닥에서 생성된 짧은 DNA 조각이 신장되어 다른 DNA 조각과 만나면 DNA 중합 효소에 의해 RNA 프라이머가 제거되고 DNA 뉴클레오타이드가 대신 부착되어 틈을 채우게 되며, DNA 연결 효소 (DNA ligase)에 의해 연결되어 하나의 긴 새로운 DNA 가닥이 된다.

▶ **확인 +**

1. DNA 복제 방식에 대한 가설에는 보존적 복제, 반보존적 복제, 분산적 복제가 있다.

2. 메셀슨과 스탈이 수행한 DNA 복제 방식 증명 실험을 통해 밝힌 DNA 복제 방식은 본래 DNA의 각 가닥이 주형으로 작용하여 새로운 DNA 가닥이 합성된다는 반보존적 복제 방식이다.

3. 3'-OH기를 제공하는 짧은 뉴클레오타이드 사슬을 프라이머(primer)라고 하며 프라이메이스(primase)효소에 의해 합성된다.

4. DNA 중합 효소는 기존의 3'- OH에만 새로운 뉴클레오타이드를 결합시킬 수 있으며 반대 방향으로는 결합하지 못하므로, DNA 복제는 5' → 3' 방향으로만 일어난다.

6. DNA 복제 과정에서 잘못된 염기 쌍이 있으면 뉴클레오타이드를 제거하고 다시 합성하며, 복제 후에도 잘못된 염기 쌍이 있으면 효소에 의해 제거한다. 이처럼 DNA 오류를 수정하는 과정은 돌연변이를 방지하기 위한 것이다.

개념다지기   38 ~ 39 쪽

01. ④   **02.** (1) O (2) X (3) O   **03.** ㉡
04. ②, ③   **05.** (1) O (2) O (3) X
06. (1) 효소 b (2) A: 선도 가닥 B: 지연 가닥 (3) (해설 참조)
07. ①, ⑤   **08** 35%

---

01. DNA의 구성 원소에는 C, H, O, N, P가 있다. S은 단백질을 구성하는 원소이다.
①, ④ 허시와 체이스의 박테리오파지 증식 실험에서 DNA를 표지할 때 ^{32}P을, 단백질을 표지할 때 ^{35}S을 사용하였다.
②, ③ 메셀슨과 스탈의 DNA 복제 방식 증명 실험에서 ^{14}N과 ^{15}N을 사용하였다.
⑤ 핵에서 합성되는 DNA를 추적하는 방법 중에는 DNA를 구성하는 염기인 티민(T)을 ^3H로 표지한 후 세포에 주입하여 방사선이 어느 위치에 있는지 조사하는 방법이 있다.

02. (2) [바로알기] 유전적으로 동일한 세포를 만들기 위해서 체세포 분열이 일어나기 전(S기)에 세포는 본래 DNA와 똑같은 DNA 분자를 복제한다.
(1), (3) 생물은 체세포 분열을 통해 생장하며, 체세포 분열 과정에서 한 개의 모세포로부터 만들어진 두 개의 딸세포는 모세포와 유전적으로 동일하므로 모세포와 딸세포가 가진 DNA양과 유전 정보는 같다. 따라서 유전적으로 동일한 세포를 얻기 위해 세포 분열 전 DNA 복제가 이루어진다.

03. DNA 복제는 DNA 2중 나선의 각 나선을 주형으로 하여 새로운 DNA 가닥이 합성된다. 따라서 DNA는 새롭게 만들어진 DNA에 본래 DNA 가닥이 남아 있는 반보존적 복제 방식을 가진다.

04. DNA의 복제는 두 사슬을 주형으로 하여 동시에 진행된다. DNA 2중 나선의 두 사슬은 역평행 구조이지만, DNA 중합 효소는 5' → 3' 방향으로만 합성할 수 있다.

05. (1) 실제 DNA 2중 나선의 복제 방식은 두 가닥 중 한 가닥만 보존되는 반보존적 복제 방식이다.
(3) [바로알기] DNA 2중 나선 전체를 주형으로 새로운 DNA 2중

나선을 만드는 방식은 보존적 복제 방식이다.

06. (1) 효소 b는 합성되는 DNA 사슬의 한쪽 끝 3' 에서부터 새로운 뉴클레오타이드를 한 개씩 붙여 나가는 효소로 DNA 중합 효소이다. 효소 a는 헬리케이스, 효소 c는 DNA 연결 효소이다.
(2) A는 연속적으로 합성되는 선도 가닥이고, B는 불연속적으로 합성되는 지연 가닥이다.
(3) DNA 복제 시 이중 나선의 두 가닥이 각각 주형 가닥으로 작용하는데 두 가닥의 당-인산 연결 방향이 역평행 구조로 서로 반대이다. DNA 중합 효소는 5'→3'방향으로만 DNA를 합성할 수 있으므로 A의 합성 방향과 B의 합성 방향은 서로 반대이다.

07. ①, ⑤ 대장균은 한 번 세포 분열을 할 때마다 DNA를 한 번씩 복제하므로 DNA의 무게 변화를 쉽게 알 수 있다. 또한, 한 세대가 짧아 실험 결과를 빨리 확인할 수 있다.
[바로알기] ② 대장균은 단세포 생물이다.
③ ^{15}N이 들어 있는 배지뿐 아니라 ^{14}N이 들어 있는 배지에서도 대장균의 증식이 가능하다.
④ 대장균은 한 세대가 짧아(20분에 한 번씩 분열) 대량으로 얻을 수 있어 배양 실험에 주로 사용한다.

08. 어떤 대장균의 DNA의 전체 염기 조성 중 타이민(T)의 함량이 15%였다면 상보 결합하는 아데닌(A)의 함량도 15%이며, 사이토신(C)과 구아닌(G)의 함량은 각각 35%가 된다. 이 DNA와 복제되어 생긴 DNA는 서로 염기 서열이 동일하므로 복제된 DNA에 있어 구아닌(G)의 함량은 35%로 유지된다.

유형익히기 & 하브루타   40 ~ 43 쪽

[유형 2-1] (1) X (2) O (3) O (4) X (5) X
     01. (1) X (2) O (3) X   **02.** ㄴ, ㄷ
[유형 2-2] (1) O (2) X (3) O (4) X (5) X
     03. (1) O (2) O (3) O
     04. (1) X (2) O
[유형 2-3] (1) O (2) O (3) X (4) O
     05. (1) O (2) O (3) X
     06. ㉠ 복제 원점 ㉡ 복제 분기점
[유형 2-4] (1) X (2) O (3) O (4) X
     07. 5' → 3', 5' -TACCTGCTAGG-3'
     08. ㄱ, ㄷ, ㄴ, ㄹ

[유형 2-1] (1), (2) (가) 가설이 맞다면 G_1세대 DNA 띠는 ㉠과 ㉢에서 나타날 것이며, G_2 세대 DNA 띠 역시 ㉠과 ㉢에서 나타날 것이다.
(3), (4) (나) 가설이 맞다면 G_1세대 DNA 띠는 ㉡에서만 나타날 것이며, G_2세대 DNA 띠는 ㉠과 ㉡에서 나타날 것이다.
(5) (다) 가설이 맞다면 본래 DNA의 ^{15}N 뉴클레오타이드와 새로운 ^{14}N 뉴클레오타이드가 혼합되는 비율에 따라 G_1세대, G_2세대

의 DNA 띠는 다양하게 나타날 수 있다. 만약 같은 비율로 혼합된다면, G_1세대의 DNA 원심 분리 결과 중간 무게의 DNA(ⓒ) 위치에 한 개의 띠로 나타나며, G_2세대에서는 중간 무게의 DNA와 가벼운 DNA(ⓐ) 사이에 한 개의 띠가 나타나야 한다.

01. (1) [바로알기] 본래의 2중 나선 중 한 가닥만 보존되는 방식은 반보존적 복제 방식이다.
(2) 분산적 복제는 DNA가 뉴클레오타이드로 분해된 후 복제가 되며, 그 후 다시 연결되는 복제 방법이기 때문에 복제가 거듭될수록 새롭게 첨가되는 뉴클레오타이드의 수가 많아진다.
(3) [바로알기] 보존적 복제는 DNA 2중 나선 전체를 주형으로 하여 새로운 DNA 2중 나선을 만드는 복제 방식이다.

02. ㄱ. [바로알기] DNA 복제 방식에 대한 가설에는 보존적, 반보존적, 분산적 복제 방식이 있으며, 이는 각각의 가설일 뿐이다. 따라서 반보존적 복제 방식이 보존적 복제 방식을 보완하기 위해 나온 복제 방식이 아니다.
ㄴ, ㄷ. DNA의 반보존적 복제는 DNA 2중 나선의 두 가닥이 풀려 각각의 가닥이 주형으로 작용한다. 따라서, 복제가 일어난 DNA 2중 나선 중 한 가닥은 본래 DNA가 가지는 가닥이고 다른 한 가닥은 새로 합성된 가닥이다.

[유형 2-2] DNA는 2중 나선의 각 가닥을 주형으로 복제가 일어나는 반보존적 복제 방식으로 합성된다.
(1) ^{15}N를 포함하는 DNA(^{15}N - ^{15}N)만 갖는 어버이 세대를 ^{14}N가 들어 있는 배지에서 1번 배양하여 1세대 DNA를 얻어 원심 분리를 하면 DNA는 1개의 띠(^{14}N - ^{15}N)에서만 관찰된다.
(2), (4) [바로알기] 1세대 DNA를 ^{14}N가 들어 있는 배지에 1번 더 배양하여 2세대 DNA를 얻어 원심 분리를 하면 DNA는 2개의 띠(^{14}N - ^{15}N, ^{14}N - ^{14}N)에서 관찰되며, 그 비율은 1 : 1 이다. 따라서, 2세대 DNA 원심 분리 결과 DNA 양은 상층(^{14}N-^{14}N) : 중층(^{15}N-^{14}N) : 하층(^{15}N-^{15}N) = 1 : 1 : 0이다.
(3), (5) 2세대 DNA를 ^{14}N가 들어 있는 배지에 1번 더 배양하여 3세대 DNA를 얻어 원심 분리를 하면 DNA는 2개의 띠(^{14}N - ^{14}N, ^{15}N - ^{14}N)에서 관찰되며, 그 비율은 3 : 1이다. 따라서, 3세대 DNA 원심 분리 결과 DNA 양은 상층 : 중층 : 하층 = 3 : 1 : 0이다.

03. 메셀슨과 스탈의 DNA 복제 방식 증명 실험에서는 동위 원소 ^{14}N가 들어 있는 배지에 대장균을 배양함으로써 새롭게 복제된 DNA 가닥의 무게 차이를 분석하였다. 그 결과 DNA가 반보존적 복제 방식으로 합성된다는 것을 증명하였다.

04. P세대에 ^{15}N - ^{15}N만 포함된 DNA가 존재하며, G_1세대에는 ^{14}N - ^{15}N만 존재하므로 보존적 복제 방식은 기각된다. 분산적 복제 방식이 일어나려면 G_2세대에서 ^{15}N보다 ^{14}N가 더 많이 포함된 DNA가 만들어지며, DNA 띠는 ^{14}N - ^{15}N와 ^{14}N - ^{14}N 위치 사이에 나타나야 하므로 DNA의 2중 나선은 각각의 사슬을 주형으로 복제가 일어났다는 것을 알 수 있다(반보존적 복제 방식). 따라서, G_2세대에서는 ^{14}N - ^{15}N와 ^{14}N - ^{14}N의 DNA의 양은 동일하다. (1) [바로알기] G_2세대에서 ^{14}N - ^{15}N : ^{14}N - ^{14}N = 1 : 1이다.

[유형 2-3] (1) ⓐ은 DNA 2중 나선을 풀어주는 DNA 풀림 효소(헬리케이스)이다.
(2) ⓑ은 DNA 사슬의 한쪽 끝 3' 말단에서부터 뉴클레오타이드를 한 개씩 붙여 가는 효소로 DNA 중합 효소이다.
(3) [바로알기] ⓒ은 지연 가닥에서 합성되는 짧은 DNA 조각(오카자키 절편)이다. DNA 합성은 항상 5'에서 3' 방향으로 일어나므로, 새로운 뉴클레오타이드는 오카자키 절편의 3' 말단에 첨가된다.
(4) ⓓ은 DNA사슬의 중간에서 새롭게 합성된 뉴클레오타이드끼리 연결하는 효소로 DNA 연결 효소이다.

05. (1), (2) DNA 복제는 반보존적 방식으로 진행된다. DNA 복제가 일어날 때는 2중 나선을 이루던 두 가닥이 각각 주형 가닥으로 작용하며, 복제가 완료된 후 만들어진 DNA 2중 나선 중 한 가닥은 본래의 DNA의 것이다.
(3) [바로알기] DNA 복제가 일어나기 위해서는 복제 원점이라는 특별한 위치에서 헬리케이스라는 효소가 두 가닥의 폴리뉴클레오타이드 사슬을 연결하고 있던 염기 사이의 수소 결합을 풀어준다. 이로써 나선을 이루던 두 사슬이 서로 떨어진다. 프라이메이스(primase)는 프라이머를 합성하는 효소이다.

06. DNA 복제는 DNA 2중 나선의 분리가 일어나면서부터 시작된다. 복제 원점(origin of replication)이라는 특별한 위치에서 헬리케이스(helicase)라는 효소가 두 가닥의 폴리뉴클레오타이드 사슬을 연결하고 있던 염기 사이의 수소 결합을 풀어 주어 나선을 이루던 두 사슬이 서로 떨어지기 시작하며, 2중 나선 구조가 풀어지기 시작하는 DNA 부위는 지퍼가 열리듯 Y자 모양(복제 분기점 ; replication fork)이 된다. 염기 결합의 풀림은 복제 원점에서부터 좌우 양 방향으로 진행된다.

[유형 2-4] (1) [바로알기] DNA 2중 나선 ⓐ, ⓑ을 각각 주형으로 합성된 사슬은 각각 ⓒ과 ⓓ이다. 따라서 ⓐ은 ⓑ, ⓒ과 상보적, ⓑ은 ⓐ, ⓓ과 상보적, ⓒ은 ⓐ, ⓓ과 상보적, ⓓ은 ⓑ, ⓒ과 상보적이다. 따라서, ⓑ과 ⓒ은 상보적이지 않다(염기 서열 및 방향 동일).
(2) ⓐ을 주형으로 합성된 ⓒ은 5'에서 3'으로 연속해서 합성이 일어나므로 선도 가닥이며, ⓑ을 주형으로 합성된 ⓓ은 짧은 DNA 절편을 합성하며 일어나므로 지연 가닥이다.
(3) ⓐ과 ⓓ, ⓑ과 ⓒ은 각각 염기 서열 및 방향이 동일하다.
(4) [바로알기] DNA 복제는 항상 5'에서 3' 방향으로 진행된다.

07. 답 5' → 3', 5' - T A C C T G C T A G G - 3'
DNA 복제 방향은 항상 5' → 3'이며, DNA 2중 나선을 이루는 두 가닥의 폴리뉴클레오타이드는 상보적인 염기 서열을 가지고 있으므로 A는 T과 C는 G와 상보적으로 결합되어야 한다. 따라서 합성이 일어난 DNA 가닥은 5' - T A C C T G C T A G G - 3'이다.

08. DNA 복제 순서는 다음과 같다. ㄱ. DNA 이중 나선이 풀린다. → ㄷ. 단일 가닥 결합 단백질이 풀린 가닥을 안정화시킨다. → ㄴ. RNA 프라이머가 합성되어 주형 가닥에 부착된다. → ㄹ. DNA 중합 효소에 의해 프라이머에 DNA 뉴클레오타이드가 추가된다.

01 (1) (가)는 원핵 생물의 DNA 복제 과정을 (나)는 진핵 생물의 DNA 복제 과정을 나타낸 것이다. 원핵 생물의 유전 물질인 DNA는 연속된 하나의 분자로 닫힌 고리 모양의 원형 염색체(원형 DNA)이며, 복제 원점이 하나 존재한다. 따라서 원핵 생물의 DNA는 하나의 복제 원점에서 고리형의 환형 복제(세타 복제)가 일어난다. 진핵 생물의 유전 물질인 DNA는 여러 개의 염색체로 구성되어 있고 막대 모양(선형 DNA)이며, 여러 개의 복제 원점이 존재한다.

(2) 진핵 생물은 선형 복제(버블 복제)를 하기 때문에 복제할수록 말단이 점점 짧아지므로 노화의 원인이 된다.

[해설] (1) (가)는 원핵 생물의 DNA 복제 과정이며, (나)는 진핵 생물의 DNA 복제 과정이다. 진핵 생물은 원핵 생물에 비해 DNA의 길이가 길고, DNA 중합 속도가 느리기 때문에 복제 원점이 다수 존재한다. (2) 복제할수록 텔로미어라고 불리는 DNA 말단 소체(평소에도 응축되어 있는 이질 염색질)는 점점 짧아지는데, 이는 노화와 관련되어 있다.

02 · (가)는 ^{15}N만 포함한 DNA와 ^{14}N만 포함한 DNA를 갖는 대장균이 존재하므로 대장균의 DNA는 보존적 복제 방식으로 복제되었다. A에서 키우던 대장균을 B로 옮겨 1회 분열시킬 경우 또는 B에서 키우던 대장균을 A로 옮겨 1회 분열시킬 경우 (가)와 같은 그래프를 얻을 수 있다.

· (나)는 DNA 분자에 ^{15}N를 포함한 DNA와 ^{14}N를 포함한 DNA가 모두 존재하므로(중간 밀도의 DNA 존재) 대장균의 DNA는 반보존적 복제 방식으로 복제되었다. A에서 키우던 대장균을 B에 옮겨 1회 분열시킬 경우 또는 B에서 키우던 대장균을 A에 옮겨 1회 분열 시킬 경우 (나)와 같은 그래프를 얻을 수 있다.

· (다)는 ^{15}N만 포함한 DNA와 ^{14}N만 포함한 DNA를 갖는 대장균이 존재하므로 대장균의 DNA는 보존적 복제 방식으로 복제되었다. A, B 각각에서 키운 대장균으로부터 동량의 DNA를 얻은 후, A에서 키운 대장균은 B로 옮기고, B에서 키우던 대장균은 A로 옮겨 1회 분열시키면 (다)와 같은 그래프를 얻을 수 있다.

· (라)는 DNA 분자에 ^{15}N를 포함한 DNA와 ^{14}N를 포함한 DNA가 모두 존재하므로(중간 밀도의 DNA 존재) 대장균의 DNA는 반보존적 복제 방식으로 복제되었다. B에서 키우던 대장균을 A에 옮겨 2회 분열시킬 경우 (라)와 같은 그래프를 얻을 수 있다.

· (마)는 DNA 분자에 ^{15}N를 포함한 DNA와 ^{14}N를 포함한 DNA가 모두 존재하므로(중간 밀도의 DNA 존재) 대장균의 DNA는 반보존적 복제 방식으로 복제되었다. A에서 키우던 대장균을 B에 옮겨 2회 분열시킬 경우 (마)와 같은 그래프를 얻을 수 있다.

03 4000개

[해설] DNA는 0.34×10^{-9} m(0.34nm)당 하나의 염기쌍이 존재하며, DNA 합성은 각 복제 분기점에서 분당 2,500 염기쌍의 속도로 이루어진다고 했으므로 2,500개의 염기쌍은 DNA 850×10^{-9} m 길이에 존재하며, 분당 DNA $0.34 \times 10^{-9} \times 2500 = 850 \times 10^{-9}$ m가 복제된다. 분당 850×10^{-9} m의 DNA가 복제되므로 사람의 핵 속에 있는 DNA가 모두 복제되기 위해서는 { 2.04 m ÷ $(850 \times 10^{-9}$)m } = 2,400,000분 = 40,000시간이 필요하다. 세포 주기에서 S기는 DNA가 복제되는 시기이며, S기가 5시간이라고 했으므로 DNA가 5시간 동안 모두 복제되기 위해서는 40000시간 ÷ 5시간 = 8000개의 복제 원점이 필요하다. 하지만, 복제는 복제 원점에서 양방향으로 진행되므로 복제 원점은 최소 4000개 필요하다.

04 · 돌연변이체 1은 온도가 42℃로 상승하였을 때 복제 중인 대장균은 복제가 멈추기까지 약 3초 걸리며, 복제가 시작되지 않은 대장균의 경우는 복제가 시작될 수 없으므로 (가)는 복제가 진행될 수 있도록 DNA의 복제 원점에서 두 사슬을 연결하는 수소 결합을 풀어주는 DNA helicase이다.

· 돌연변이체 2는 42℃로 상승하였을 때 복제 중인 대장균은 진행 중인 복제는 계속 되지만 다음 복제가 진행되지 않고, 복제가 시작되지 않은 대장균의 경우는 복제 시작이 되지만 다음 복제가 진행될 수 없으므로 (나)는 복제의 완료에 필요한 DNA ligase이다.

· 돌연변이체 3은 42℃로 상승하였을 때 복제 중인 대장균은 진행 중인 복제는 계속 되지만 다음 복제가 진행되지 않고, 복제가 시작되지 않은 대장균의 경우는 복제 시작이 되지 않으므로 (다)는 복제 개시 단백질이다.

[해설] DNA helicase는 DNA 복제 원점에서 두 가닥의 폴리 뉴클레오타이드 사슬을 연결하고 있던 염기 사이의 수소 결합을 풀어 두 사슬이 서로 떨어지기 시작하는 즉, 복제가 시작되도록 하는 효소이다. DNA 복제가 복제 원점으로부터 진행되다가 RNA 프라이머가 나타나 DNA 중합 효소에 의해 RNA 프라이머가 제거되고 DNA 뉴클레오타이드가 대신 부착되어 틈을 채우게 되며, 그 후 DNA 연결 효소인 DNA ligase에 의해 연결되어 하나의 긴 새로운 DNA 복제 가닥이 완성된다.

01. ②　　**02.** (1) X　(2) O　(3) X

03. (1) O　(2) X　(3) O　　**04.** ③　　**05.** ②, ④

06. ②　　**07.** ⑤　　**08.** ④　　**09.** ①

10. (1) X　(2) O　(3) X　　**11.** ⑤　　**12.** ④

13. ④　　**14.** ②　　**15.** ②　　**16.** ③

17. ②　　**18.** 5′ … TTCTAAGCTAGT … 3′

19. ①　　**20.** ⑤　　**21.** ②　　**22.** ④

23. ②　　**24.** ①　　**25.** ④　　**26.** ⑤

27. ②　　**28.** ①　　**29.** ②　　**30.** ②

31. ~ 32. (해설 참조)

01. ㄱ. [바로알기] 질소(N) 동위 원소를 사용한 이유는 DNA를 구성하는 염기 성분이기 때문이다. 황(S)은 DNA를 구성하는 성분이 아니기 때문에 동위 원소로 사용할 수 없다. (DNA의 구성 성분에는 C, H, O, N, P가 있으며, 단백질의 구성 성분에는 C, H, O, N, S가 있다.)

ㄴ, ㄷ. [바로알기] DNA는 반보존적으로 복제가 일어나므로 G_3 세대의 DNA는 상층($^{14}N-^{14}N$) : 중층($^{15}N-^{14}N$) : 하층($^{15}N-^{15}N$) = 3 : 1 : 0이다. 이때 상층 DNA($^{14}N-^{14}N$)는 G_2 세대의 중층($^{15}N-^{14}N$)에 존재하던 DNA 2중 가닥 중 ^{14}N가 표지된 DNA 가닥을 주형으로 합성이 일어난 DNA $^{14}N-^{14}N$도 포함된다.

02. (1) [바로알기] 지연 가닥은 여러 개의 프라이머에서 합성되는 짧은 DNA 조각이 신장되고 연결되어 합성된다.
(2) 원형의 염색체(원형 DNA)에는 하나의 복제 원점을 가진다.
(3) [바로알기] DNA 연결효소(ligase)는 DNA끼리 연결하는 것이다.

03. (1) DNA 2중 나선의 각 가닥을 주형으로 복제가 일어나기 때문에 복제된 DNA 두 가닥의 염기 서열은 서로 상보적이다.
(2) [바로알기] 새로운 상보적인 가닥의 합성을 위한 주형 가닥으로 이용될 때까지 안정화시키는 작용을 하는 단일 가닥 결합 단백질이다.
(3) 복제가 진행 중일 때 DNA를 변성시켜 합성을 중단시키면 짧은 단편의 폴리뉴클레오타이드 사슬인 오카자키 절편을 얻을 수 있다.

04. DNA 복제가 일어나는 순서는 다음과 같다. (ㄷ) DNA의 복제 원점에 헬리케이스 효소가 붙어 DNA가 풀어지기 시작하여 (ㄹ) 단일 가닥의 형태로 분리된다. (ㄴ) 분리된 각 가닥에 RNA 프라이머가 합성되고, (ㅁ) 각 가닥은 선도 가닥과 지연 가닥으로 DNA가 합성된다. (ㅂ) DNA 중합 효소에 의해 RNA 프라이머가 제거되고 그 자리에 뉴클레오타이드가 부착되어 틈을 채우며, (ㄱ) DNA 연결 효소에 의해 연결되어 새로운 DNA 가닥이 완성된다.

05. DNA 중합 효소는 RNA 프라이머의 3′ 말단에 주형 DNA 가닥과 상보적인 염기를 가지는 새로운 DNA 뉴클레오타이드를 차례로 결합시키는 역할을 한다. 따라서 DNA 가닥은 항상 5′ → 3′ 방향으로만 합성이 일어난다.

06. ① DNA 복제는 세포 분열기(간기, 전기, 중기, 후기, 말기) 이전 단계인 간기(G_1기, S기, G_2기) 중 S기에 일어난다.
② [바로알기] DNA 합성 방향은 5′에서 3′이므로 2중 나선의 두 가닥 중 한 가닥(선도 가닥)은 연속적으로 합성되며, 나머지 한 가닥(지연 가닥)은 오카자키 절편(짧은 DNA 조각)을 만들면서 합성된다.
③, ④, ⑤ DNA 합성 방향은 항상 5′에서 3′이며, 새롭게 합성되는 DNA는 기존 가닥을 주형으로 DNA 중합 효소에 의해 상보적인 염기를 갖는 뉴클레오타이드가 결합되어 만들어진다.

07. 복제가 일어나면 주형 DNA와 염기 서열 및 방향이 동일한 DNA가 만들어지며, 염기의 비율 역시 일정하게 유지된다. 따라서, 상보적인 결합을 하는 G(구아닌)과 C(사이토신)은 30%, A(아데닌)과 T(티민)은 20%의 함량을 가진다.

08. 세포들을 ^{15}N배지에서 여러 세대 배양하면서 세포 주기를 G_1기로 일치시킨 후 증식시켰으므로 G_1기에서 DNA의 복제가 일어났다. 이 세포의 세포 주기는 24시간이며, ^{14}N배지로 옮겨 증식시킨 시간은 72시간이므로 3번의 세포 분열이 일어난 세포의 DNA를 추출한 것이다. G_1기로 일치시켰을 때에는 ^{15}N - ^{15}N DNA만 존재하며, 1번 분열(24시간 경과)이 일어나면 세포의 DNA 2중 나선은 ^{14}N - ^{15}N만 존재한다.(DNA는 반보존적 복제 방식을 따른다.) 이를 1번 더 분열(48시간 경과)하면 ^{14}N - ^{14}N : ^{14}N - ^{15}N = 1 : 1이다. 이를 또 한 번 더 분열(72시간 경과)하면 ^{14}N - ^{14}N : ^{14}N - ^{15}N = 3 : 1이다. 따라서 추출한 DNA의 조성은 ^{14}N - ^{14}N = 75%, ^{14}N - ^{15}N = 25%, ^{15}N - ^{15}N = 0%이다.

09. A. 복제 과정에서 뉴클레오타이드의 결합은 DNA 중합 효소에 의해 일어나므로 선도 가닥의 합성과 지연 가닥의 합성에는 프라이머가 필요하다.
B. 3′ 말단을 제공하는 RNA 프라이머에 DNA 중합 효소가 뉴클레오타이드를 결합시킴으로써 합성이 진행된다.
C. [바로알기] DNA 합성 방향은 항상 5′에서 3′이다.
D. [바로알기] 지연 가닥에서 만들어지는 오카자키 절편끼리를 연결하는 효소는 DNA 연결 효소이다. 제한 효소는 DNA의 특정 염기 서열을 절단하는 효소이다.

10. (1) [바로알기] DNA 복제에 사용되는 프라이머는 RNA 프라이머이다.
(2) 선도 가닥의 합성에는 1개의 프라이머만 사용된다. 5′에서 3′으로 연속해서 합성이 일어나기 때문이다.
(3) [바로알기] 주형 가닥에 결합하는 DNA 중합 효소는 주형 가닥의 3′에서 5′으로 움직인다.

11. 진핵 생물의 염색체에는 텔로미어(telomere)라는 특별한 구조가 존재한다. 진핵 생물은 직선형의 염색체(세균 등 원핵 생물은 원형의 염색체를 갖는다.)를 가지고 있기 때문에 DNA 복제가 일어날 때 DNA의 양 끝(말단)에서 프라이머가 제거되면,

DNA 중합 효소가 이용할 3' 말단이 없으므로 복제가 반복되면 될수록 DNA는 점점 짧아지게 된다. 이와 같은 문제를 극복하기 위해 DNA에는 텔로미어라고 하는 짧은 뉴클레오타이드 서열(TTAGGG 등)을 여러 개 가진다.

12. ㄱ. [바로알기] 복제 분기점의 이동 방향(DNA 나선 가닥이 풀리는 방향)이 모식도상 오른쪽에서 왼쪽이므로 지연 가닥(나)에서 만들어지는 오카자키 절편(짧은 DNA 조각)은 ⓒ이 먼저 합성되고 ㉠이 그 다음에 합성된다.

ㄴ. (가) 선도 가닥과 (나) 지연 가닥의 합성에 공통으로 필요한 효소는 DNA 중합 효소이며, (나) 지연 가닥은 DNA 절편(오카자키 절편)을 연결하는 데 DNA 연결 효소가 필요하다.

ㄷ. 새로 만들어지는 DNA 가닥에서 뉴클레오타이드의 결합은 항상 5'에서 3' 방향으로 일어난다. 따라서 (가) 선도 가닥은 복제 분기점 쪽으로 합성이 진행되며, (나) 지연 가닥은 복제 분기점으로부터 멀어지는 쪽으로 합성이 진행된다.

13. (가) DNA 2중 나선의 두 가닥을 연결하는 염기 사이의 수소 결합을 끊어 DNA 2중 나선을 풀어주는 효소는 헬리케이스(helicase)이다.

(나) 새로운 뉴클레오타이드를 결합시킬 3'-OH기를 제공하는 짧은 뉴클레오타이드 사슬은 프라이메이스(primase)효소에 의해 합성된 프라이머(primer)라고 한다.

14. (다) 새로운 DNA 가닥의 뉴클레오타이드 3' 말단에 새로운 뉴클레오타이드를 한 개씩 당과 인산 사이의 공유 결합으로 연결하는 효소는 DNA 중합 효소이다.

(라) 지연 가닥의 합성의 경우 오카자키 절편이 이미 합성된 DNA 가닥을 만나면 DNA 중합 효소가 분리되고, DNA 연결 효소(ligase)에 의해 연결되어 하나의 긴 새로운 DNA 가닥이 완성된다.

15. ㄱ. [바로알기] DNA 합성은 5'에서 3'로의 방향성을 갖는다. 따라서 복제되는 사슬의 3' 말단에 새로운 뉴클레오타이드가 결합한다.

ㄴ. [바로알기] RNA 프라이머는 복제가 완료되기 전에 DNA 중합 효소에 의해 제거되기 때문에 복제가 완료되어 새로 만들어진 DNA에는 RNA 뉴클레오타이드가 존재하지 않는다.

ㄷ. [바로알기] 복제 원점에서 헬리케이스에 의해 2중 나선의 두 가닥을 연결하는 염기 사이의 수소 결합이 끊어지면서 DNA가 두 가닥으로 분리된다.

ㄹ. DNA 복제는 2중 나선의 각 가닥을 주형으로 상보적인 염기를 갖는 뉴클레오타이드가 차례로 결합하기 때문에 (라)에서 새로 합성된 DNA 2중 나선의 염기 서열 및 방향은 본래의 것과 동일하다.

16. DNA는 반보존적 복제 방식에 의해 분열되므로 ^{15}N - ^{15}N만 갖는 DNA 2중 나선을 가진 대장균을 ^{14}N가 들어 있는 배양액에 옮겨 한 번 분열(G_1)시키면 ^{14}N - ^{15}N만을 갖는 대장균을 얻는다. 이때에는 ^{14}N - ^{14}N : ^{14}N - ^{15}N : ^{15}N - ^{15}N = 0 : 1 : 0이다. 이 대장균을 한 번 더 분열(G_2)시키면 ^{14}N - ^{14}N : ^{14}N - ^{15}N : ^{15}N - ^{15}N = 1 : 1 : 0이 되며(4개의 DNA 중 2개는 ^{14}N - ^{14}N, 2개는 ^{14}N - ^{15}N), 이를 한 번 더 분열(G_3)시키

면 ^{14}N - ^{14}N : ^{14}N - ^{15}N : ^{15}N - ^{15}N = 3 : 1 : 0이 된다(8개의 DNA 중 6개는 ^{14}N - ^{14}N, 2개는 ^{14}N - ^{15}N).

17. 3세대(G_3)의 대장균에서 DNA의 비율은 ^{14}N - ^{14}N : ^{14}N - ^{15}N : ^{15}N - ^{15}N = 3 : 1 : 0이 된다(8개의 DNA 중 6개는 ^{14}N - ^{14}N, 2개는 ^{14}N - ^{15}N). 따라서 총 2,400개체 중 600개체는 ^{14}N - ^{15}N를 갖는 대장균이며, 1,800개체는 ^{14}N - ^{14}N를 갖는 대장균이다. 즉, ^{15}N DNA 가닥을 갖는 대장균은 600개체이다.

18. (가) 가닥을 주형으로 복제되어 만들어진 DNA 가닥은 (가) 가닥과 상보적으로 결합하는 (나) 가닥과 염기 서열 및 말단 방향이 동일하다.

19. ㄱ, ㄷ. [바로알기] 복제 분기점의 이동 방향이 오른쪽에서 왼쪽이므로 (가) 가닥을 주형으로 복제되는 가닥은 지연 가닥이며, DNA 연결 효소가 필요하다. (나) 가닥을 주형으로 복제되는 가닥은 선도 가닥이다.

ㄴ.[바로알기] ㉠에 들어갈 염기 서열은 3' - T T C - 5'이며, ⓒ에 들어갈 염기 서열은 5' - T T C - 3'이므로 염기는 같으나 방향은 서로 반대이다.

20. ①, ⑤ 텔로미어의 길이가 짧아지는 것은 노화와 관련이 있으므로 활성화된 텔로미어 효소가 텔로미어를 다시 복구시키면 노화 속도가 늦춰진다.

21. 연속적으로 합성되는 (가)는 선도 가닥이며, (나)는 지연 가닥이다. ㉠은 5'이며, ⓒ은 3'이다.

ㄱ. [바로알기] 새로 만들어지는 DNA 가닥에서 뉴클레오타이드의 결합은 항상 5'에서 3' 방향으로 일어난다. 따라서 선도 가닥인 (가)는 복제 분기점 쪽으로 합성이 진행되며, 지연 가닥인 (나)는 복제 분기점으로부터 멀어지는 쪽으로(ⓒ과 반대 방향) 합성이 진행된다.

ㄴ. 선도 가닥인 (가)는 5'에서 3'쪽으로 연속해서 합성이 일어나지만, 지연 가닥인 (나)는 DNA 2중 나선이 풀리면서 짧은 DNA 절편(오카자키 절편)이 하나씩 합성되고 그 사이는 DNA 연결 효소에 의해 연결되어야 하므로 선도 가닥인 (가)보다 합성 속도가 느리다.

ㄷ. DNA의 복제가 일어나는 시기는 세포 주기의 S기이다.

ㄹ. [바로알기] 80쌍의 염기로 이루어진 DNA이므로 DNA 2중 나선에 존재하는 총 염기의 수는 160개이다. 그 중 G의 수가 30개이므로 G과 상보적인 결합을 하는 C의 수 역시 30개이다. 따라서 A + T의 수는 160 - 60 = 100개이다.

22. DNA의 분포 형태가 30분마다 달라지는 표의 결과를 통해 대장균은 30분에 한 번씩 분열한다는 것을 알 수 있다. ^{15}N - ^{15}N DNA가 100% 존재하던 대장균을 30분 배양한 결과 ^{14}N - ^{15}N DNA가 100% 존재하고 30분 더 배양한 결과 ^{14}N - ^{15}N 와 ^{14}N - ^{14}N가 1 : 1(^{14}N - ^{15}N가 50%, ^{14}N - ^{14}N가 50%)이 되었으므로 2중 나선의 각 가닥은 반보존적으로 복제가 일어난다는 것을 알 수 있다. 따라서 30분이 더 흘러 총 90분 배양하면 ^{14}N - ^{15}N가 25%, ^{14}N - ^{14}N가 75%가 되며(^{14}N - ^{15}N와 ^{14}N - ^{14}N가 1 : 3), 한 번 분열하여 총 120분 배양하면 ^{14}N - ^{15}N가 12.5%, ^{14}N - ^{14}N가 87.5%가 된다(^{14}N - ^{15}N와 ^{14}N - ^{14}N가 1 : 7).

23. ① 프라이메이스는 주형 가닥에서 5' → 3' 방향으로 RNA 프라이머를 합성하여 제공함으로써 DNA 합성을 위한 3' 말단을 제공한다.
② [바로알기] DNA 중합 효소는 당-인산 공유 결합이 형성되게 한다.
③ 단일 가닥 결합 단백질은 복제 원점에서 풀어진 DNA 2중 나선의 재결합, 뒤틀림을 막아 복제가 원활하게 일어날 수 있게 안정화시키는 효소이다.
④ DNA 연결 효소는 DNA 사슬의 중간에서 뉴클레오타이드 사이의 당과 인산을 공유 결합시켜 연결하는 효소이다.
⑤ 헬리케이스는 DNA 2중 나선을 이루는 염기 사이의 수소 결합을 풀어 단일 가닥으로 분리하는 효소이다.

24. A. 황(S)은 DNA를 구성하는 성분이 아니기 때문에 동위 원소 ^{32}S, ^{35}S를 포함한 배지에서 대장균을 아무리 배양하더라도 DNA에 동위 원소가 표지되지 않는다.
B. ^{14}N이 포함된 배지에서 복제되던 대장균을 ^{14}N 대신 ^{15}N을 포함한 배지로 옮겨 1세대 배양을 하면, DNA의 반보존적 복제 방식에 의해 복제가 일어나 모두 $^{14}N - {}^{15}N$ DNA가 된다. 따라서, 시험관 D에서 관찰되는 DNA 띠는 1개이다.

25. ㄴ. [바로알기] 복제 기포의 복제되는 두 가닥에는 각각 선도 가닥과 지연 가닥이 존재한다. A와 D는 선도 가닥, B와 C는 지연 가닥이다.
ㄱ. 복제 기포 전체적으로는 복제 원점으로부터 양쪽으로 복제가 진행된다.
ㄷ. E는 지연 가닥의 RNA 프라이머로 DNA 중합 효소가 새로운 뉴클레오타이드를 합성할 때 인산을 첨가할 수 있게 한다.

26. DNA가 50% 복제된 X'의 뉴클레오타이드의 개수가 1200개이므로 주형 DNA인 DNA X의 뉴클레오타이드의 개수는 800개이고, 복제되어 새로 생성된 뉴클레오타이드의 개수는 400개이다. 복제되지 않는 ⓐ 부분의 뉴클레오타이드의 개수도 400개이다. 주형 DNA와 복제된 DNA의 염기 조성은 같다.
ㄱ. 새로 합성된 DNA 가닥의 A+T의 함량이 30%(120개)이므로 G+C의 함량은 70%(280개)이고, G와 C 각각 140개이다. ⓐ의 G+C의 함량이 25%(100개)이므로 A+T는 75%(300개)이고, G와 C 각각 50개이다. 따라서 X의 G의 개수는 140 + 50 = 190개이다.
ㄴ. X의 A+T = 120+300 = 420개, G+C = 280+100 = 380개이므로 전체 수소 결합의 수는 2×420 + 3×380 = 1980개이다.

27. ㄱ. [바로알기] A는 헬리케이스로 염기 사이의 수소 결합을 끊어 이중 나선의 두 가닥이 떨어지게 한다.
ㄴ. B는 DNA 중합 효소이고, C는 DNA 연결 효소이며, 둘 모두 당-인산 간 공유결합을 촉매한다.
ㄷ. [바로알기] DNA 복제는 5' → 3' 방향으로 일어난다. ⓐ는 지연 가닥 복제 방향이므로 3' 말단 방향이며, ⓑ는 선도 가닥의 주형 가닥 말단이므로 3' 말단 방향이다.

28. ㄱ. 주형 DNA의 왼쪽 끝이 3' 말단 방향이고, 복제는 5'→3'

말단 방향으로 진행되므로 지연 가닥의 조각 B는 이미 합성된 상태이고, 조각 A는 효소 ⓐ(DNA 중합 효소) 새로운 뉴클레오타이드가 결합하여 조각 B쪽으로 신장하고 있는 중이다.
ㄴ. [바로알기] 조각 A와 B를 연결시켜 주는 효소는 DNA 연결 효소이다.
ㄷ. [바로알기] (가)의 염기 서열은 CCTAAGT이다. 퓨린 계열(A, G)은 3개 피리미딘 계열(C, T)는 4개이다.

29. (가)의 DNA는 $^{14}N - {}^{14}N$ 로 표지된 1분자로 한다.
(나)의 대장균 1세대는 모두 $^{14}N - {}^{15}N$, $^{14}N - {}^{15}N$ 2분자이다. 각각의 가닥을 주형으로 ^{15}N로 표지된 가닥이 복제되므로 2세대는 $^{14}N - {}^{15}N$, $^{14}N - {}^{15}N$, $^{15}N - {}^{15}N$, $^{15}N - {}^{15}N$ 4분자이다.
$^{14}N - {}^{15}N$ 2분자, $^{15}N - {}^{15}N$ 2분자가 나타나야 한다.

30. A. ^{15}N는 ^{14}N보다 무겁기 때문에 G_0의 DNA는 원심 분리 결과 가장 무거운 하층에 존재한다(G_0에서 1분자의 DNA는 $^{15}N - {}^{15}N$).
B. DNA는 두 가닥을 각각 주형으로 이용해 새로운 가닥을 합성하는 반보존적 복제를 하므로 G_1의 DNA는 모두 $^{14}N - {}^{15}N$가 되므로 중층에 존재한다(G_1에서 2분자의 DNA는 모두 $^{14}N - {}^{15}N$).
G_2의 DNA는 $^{14}N - {}^{14}N$와 $^{14}N - {}^{15}N$가 존재한다(G_2에서 4분자의 DNA 중 2분자는 $^{14}N - {}^{14}N$, 2분자는 $^{14}N - {}^{15}N$).
C. G_2를 다시 ^{15}N가 들어 있는 배지로 옮겨 배양했으므로 G_3의 DNA는 $^{14}N - {}^{15}N$와 $^{15}N - {}^{15}N$가 존재한다(G_3에서 8분자의 DNA 중 6분자는 $^{14}N - {}^{15}N$, 2분자는 $^{15}N - {}^{15}N$).
G_4의 DNA는 $^{14}N - {}^{15}N$와 $^{15}N - {}^{15}N$가 존재한다(G_3에서 16분자의 DNA 중 6분자는 $^{14}N - {}^{15}N$, 10분자는 $^{15}N - {}^{15}N$).
G_4에서 상층에는 DNA가 없고 하층과 중층의 DNA 상대량 비가 5 : 3이므로 DNA가 없는 층인 ⓒ층은 상층이 된다. 10분자의 DNA가 위치하는 하층이 ⓛ층, 6분자의 DNA가 위치하는 중층이 ㉠층이 된다.
ㄱ. [바로알기] 질소(N)는 DNA를 구성하는 성분 중 염기에 존재한다.
ㄴ. 중층인 ㉠층에 존재하는 2중 나선 DNA는 $^{14}N - {}^{15}N$이므로 반드시 ^{15}N가 존재한다.
ㄷ. [바로알기] G_0의 DNA는 모두 하층(ⓛ)에만 존재, G_1의 DNA는 모두 중층(㉠)에만 존재, G_2의 DNA는 하층(ⓛ)에는 DNA가 없고 상층(ⓒ)과 중층(㉠)의 DNA 상대량의 비가 1 : 1이며, G_3의 DNA는 상층(ⓒ)에는 DNA가 없고 중층(㉠)과 하층(ⓛ)의 DNA 상대량의 비가 3 : 1로 나타난다. G_4에서 상층(ⓒ)에는 DNA가 없고 하층(ⓛ)과 중층(㉠)의 DNA 상대량 비가 5 : 3이므로 상층(ⓒ)에는 DNA가 없고 중층(㉠)과 하층(ⓛ)의 DNA 상대량의 비가 1 : 1로 나타나는 세대는 존재하지 않는다.

31. 답 DNA의 복제는 항상 3' 말단에 새로운 뉴클레오티드를 첨가하며 일어난다. DNA 복제가 일어날 때 헬리케이스에 의해 DNA 이중 가닥이 풀리면서 복제 분기점이 이동하는데, DNA는 이중 가닥이 역평행 구조를 이루고 있기 때문에 한 가닥의 합성 방향은 복제 분기점의 이동 방향과 같지만, 다른 가닥의 합성 방향은 복제 분기점의 이동 방향과 다르다. 복제 분기점의 이동 방향과 반대로 합성되는 가닥을 지연 가닥이라고 하며 복제 방향이 5'→3'으로만 진행될 수 밖에 없으므로 지연 가닥이 생길 수 밖에 없다. 지연 가닥에서는 복제 분기점이 이동할 때마다 프라이머가

합성되고 DNA 조각이 신장하여, 이전 오카자키 절편의 프라이머를 만날 때까지 복제가 일어나고, DNA 연결 효소에 의해 연결되어 복제를 완성한다.

32. 답 DNA 복제가 일어날 때 DNA의 양 끝에서 프라이머가 제거되면, DNA 중합 효소가 이용할 3' 말단이 없으므로 복제가 반복되면 될수록 DNA는 점점 짧아지게 된다. DNA가 복제될수록 점점 짧아지는 문제를 극복하기 위해 DNA에는 짧은 뉴클레오타이드 서열(TTAGGG 등)을 많은 수 가진다. 이 부분을 텔로미어라고 한다. 텔로미어는 그리스어 '텔로스(끝)'와 '메로스(부분)'의 합성어로 6개의 뉴클레오티드(AATCCC, TTAGGG 등)가 수천 번 반복 배열된 염색체의 끝단을 말한다. 즉, 염색체 말단의 염기서열 부위이다. 이 부위도 세포 분열이 진행될수록 같은 이유로 길이가 점점 짧아져 나중에는 매듭만 남게 되고 세포 복제가 멈추어 죽게 된다는 것이 밝혀짐으로써 이것이 노화와 수명을 결정하는 원인으로 추정되고 있다.

3강. 유전자 발현 1

개념확인

1. 유전자에 의해서 단백질이 만들어지고 이 단백질이 여러 과정을 거쳐야만 생물의 형질이 나타난다. 이처럼 유전자로부터 형질이 나타나기까지의 과정을 형질 발현이라 한다.

2. 진핵 세포의 DNA는 핵 안에 남아 있고, 단백질 합성은 세포질에서 일어난다.

3. 전사 과정은 '개시 → 신장 → 종결' 의 순서로 일어난다.

4. DNA 복제는 DNA 2중 가닥 모두 주형으로 작용하며, 전사는 DNA 2중 가닥 중 한 가닥만이 주형으로 작용한다.

확인 +

1. 1유전자 1효소설의 발전은 다음과 같다. 1유전자 1단백질설 : 유전자가 효소 외에 머리카락을 구성하는 케라틴, 호르몬인 인슐린과 같은 단백질을 만드는 데에도 적용될 수 있다는 생각으로 확대되어 1유전자 1효소설은 1유전자 1단백질설로 수정되었다.
→ 1유전자 1폴리펩타이드설 : 적혈구 속 헤모글로빈은 α 사슬 2개와 β 사슬 2개로 구성되어 있고, 각 사슬은 다른 유전자에 의해 합성된다는 것이 밝혀짐으로써(2개의 유전자가 2종류의 폴리

펩타이드를 형성) 1유전자 1단백질설은 1유전자 1폴리펩타이드설로 수정되었다.
→ 1유전자 1폴레펩타이드설 수정 : 현재는 1유전자 1폴리펩타이드설과도 맞지 않는 현상이 발견되므로 유전자의 산물은 폴리펩타이드라고 하기 보다는 단백질로 부르는 것이 일반적이다.

2. DNA의 유전 정보가 RNA로 전달되는 과정을 전사라고 하며, mRNA의 유전 정보에 따라 단백질이 합성되는 과정을 번역이라고 한다.

3. 리보뉴클레오타이드를 구성하는 염기 중 하나는 DNA를 구성하는 염기 중 하나인 타이민(T) 대신 유라실(U)이므로 아데닌(A)은 유라실과 결합한다.

4. 단백질 합성에 관여하는 RNA의 종류에는 mRNA, rRNA, tRNA가 있다.

01. ①, ② 유전자는 특정 단백질이 합성되도록하며, 합성된 단백질에 의해서 생물의 형질이 나타나므로 생물의 형질은 유전자에 의해서 결정된다.
③ [바로알기] DNA의 유전자 하나로부터 유전 정보가 전달되는 과정에서 밀접하게 관련된 몇 개의 폴리펩타이드를 형성하도록 가공되는 현상이 발견되고 있다.
④ 1941년 비들과 테이텀은 붉은빵곰팡이를 이용한 실험을 통해 1유전자 1효소설을 밝혔다.
⑤ 머리카락은 구성하는 케라틴은 단백질이므로 하나의 유전자가 케라틴을 만드는 데 관여한다는 것은 1유전자 1단백질설을 뒷받침해준다고 할 수 있다.

02. 1유전자 1효소설 → 1유전자 1단백질설 → 1유전자 1폴리펩타이드설 → (현재) 1유전자 1폴리펩타이드설 수정

03. 유전 정보가 DNA에서 RNA로, RNA에서 단백질로 전달되어 형질이 발현되는 원리를 유전 정보의 중심 원리(생명의 중심 원리)라고 한다.

04. DNA에 들어 있는 유전 정보는 전사를 통해 mRNA로 전달되고, mRNA의 유전 정보는 번역을 통해 단백질로 합성된다.

05. 아미노산은 단백질을 구성하며, 단백질의 구성 원소에는 C, H, O, N, S가 있다. P(인산)은 DNA를 구성하는 원소이다. ② 방사성 동위 원소인 ^{14}C로 표지한 아미노산을 세포에 공급하여 추적한 결과, ^{14}C로 표지된 아미노산의 대부분은 DNA가 존재하는 핵 속이 아니라 세포질의 리보솜에 존재한다는 것을 발견하였다.

06. (1) [바로알기] DNA의 유전 정보가 mRNA로 전달되는 과정은 전사라고 한다.

(2) [바로알기] mRNA의 유전 정보에 따라 단백질이 합성되는 과정은 번역이라고 한다.

(3) 진핵 세포의 전사는 핵 속에서 일어나며, 번역은 세포질에 있는 리보솜에서 일어난다. 원핵 세포는 핵막이 존재하지 않아 전사와 번역 모두 세포질에서 일어난다.

07. RNA 중합 효소가 DNA에 존재하는 프로모터에 결합한 다음 DNA 2중 나선이 부분적으로 풀리는 과정을 개시라 한다.

· 주형 DNA에 RNA 뉴클레오타이드가 차례로 결합하여 RNA 가닥이 만들어지는 것을 신장이라 한다.

· RNA 중합 효소가 DNA 주형 사슬 내에 존재하는 특정 염기 부분에 도달하면 더 이상 RNA를 합성하지 못하고 RNA 가닥이 주형 DNA로부터 떨어져 나오는 것을 종결이라 한다.

08. (1) ribosomal RNA는 단백질 합성이 일어나는 리보솜을 구성하는 RNA이다.

(2) mRNA는 단백질 합성에 필요한 DNA의 유전 정보를 전달하는 RNA로 세 개의 염기가 조합을 이뤄 하나의 아미노산을 암호화한다.

(3) [바로알기] tRNA는 단백질 합성 시 아미노산을 운반해 주는 역할을 하는 RNA로 한 종류의 tRNA는 특정 아미노산만을 운반한다.

유형익히기 & 하브루타   62 ~ 65 쪽

[유형 3-1] (1) X (2) O (3) O (4) X (5) X

        01. 1유전자 1효소설

        02. (1) X (2) O (3) O

[유형 3-2] (1) O (2) X (3) X

        03. (1) X (2) O (3) O

        04. 핵, 세포질

[유형 3-3] (1) O (2) O (3) X (4) X

        05. RNA 중합 효소

        06. 5' - U A C C U G C U A G G - 3'

[유형 3-4] (1) O (2) X (3) O (4) X

        07. (1) O (2) O (3) O

        08. (1) X (2) O (3) O (4) O

[유형 3-1] (1) [바로알기] 효소 1이 결핍되면 전구 물질이 오르니틴으로 전환하지 못하기 때문에 생장에 필요한 아르지닌을 합성할 수 없으므로 최소 배지에서 생장할 수 없다.

(2) 효소 2가 결핍되면 오르니틴이 시트룰린으로 전환될 수 없으므로 오르니틴이 축적된다.

(3) 유전자 1, 2, 3 중 한 가지라도 이상이 생기면 붉은빵곰팡이는 결국 아르지닌을 합성할 수 없게 되므로 최소 배지에서 생장할 수 없다.

(4) [바로알기] 붉은빵곰팡이는 생장을 위해 필요한 물질인 아르지닌을 최종 산물로 합성하므로 붉은빵곰팡이의 생장에는 아르

지닌이 반드시 필요하다.

(5) [바로알기] 이 실험 결과를 통해 하나의 유전자는 한 가지 효소를 합성하는 데 관여한다는 것을 알 수 있으므로 1유전자 1효소설을 나타낸 것이다.

01. 하나의 유전자는 하나의 효소를 합성하는 데 관여한다는 가설은 1유전자 1효소설이라 한다.

02. (1) [바로알기] 하나의 유전자가 단백질인 인슐린을 만드는 데 적용되는 것이므로 1유전자 1단백질설을 나타낸 것이다.

(2) 적혈구 속 헤모글로빈을 구성하는 α 사슬 2개와 β 사슬 2개가 각각 다른 유전자에 의해 합성된다는 것은 2개의 유전자가 2종류의 폴리펩타이드를 형성한다는 것을 의미하므로 1유전자 1폴리펩타이드설을 나타낸 것이다.

(3) 유전자의 유전 정보에 의해 단백질이 합성된다는 것은 명백한 사실이지만 현재 DNA의 유전자 하나로부터 유전 정보가 전달되는 과정에서 밀접하게 관련된 몇 개의 폴리펩타이드를 형성하도록 가공되기도 한다고 하므로 1유전자 1폴리펩타이드설은 반드시 옳은 것은 아니다.

[유형 3-2] (1) (가)는 DNA의 복제 과정, (나)는 DNA에 존재하는 유전 정보를 RNA로 전달하는 전사 과정, (다)는 RNA로부터 단백질이 합성되는 번역 과정이다.

(2), (3) [바로알기] 진핵 세포에는 핵막이 존재하므로 복제와 전사는 핵 속에서 일어나며, 번역은 세포질의 리보솜에서 일어난다. 원핵 세포는 핵막이 존재하지 않으므로 복제, 전사, 번역 모두 세포질에서 일어난다.

03. (1), (3) messenger RNA(mRNA)에는 단백질 합성(번역)에 필요한 유전 정보가 들어 있다.

(2) 원핵 세포에는 핵막이 존재하지 않으므로 복제, 전사, 번역이 모두 세포질에서 일어난다.

04. DNA로부터 단백질이 합성되기 위해 RNA는 핵으로부터 세포질로 이동한다.

[유형 3-3] (1) ㉠은 RNA를 합성하는 RNA 중합 효소이다. 이 효소는 주형 DNA의 프로모터에 결합하며 합성을 시작한다.

(2) ㉡은 주형 DNA이므로, 5탄당 중 2번 탄소에 산소가 한 개 부족한(2번 탄소에 -OH대신 -H가 결합한) 디옥시리보스를 갖는다.

(3) [바로알기] RNA 중합 효소는 DNA 중합 효소와 마찬가지로 3' - OH에만 새로운 뉴클레오타이드의 인산을 결합시키므로 RNA 합성 방향은 5'에서 3' 방향이다. 따라서 ㉢은 5' 말단이다.

(4) [바로알기] ㉣은 새롭게 합성된 mRNA이다. RNA를 구성하는 염기는 T 대신 U(유라실)을 갖는다. RNA는 단일 가닥이며 수소 결합에 의해 부분적으로 구부려져 입체 구조를 가지긴 하지만, 2중 나선을 형성하지는 않는다.

05. DNA로부터 RNA를 합성하는 데 관여하는 효소는 RNA 중합 효소이다. RNA는 DNA로부터 상보적으로 합성이 일어난다. RNA 중합 효소는 이중 나선이 풀린 DNA의 한쪽 가닥에 결합하

여 이에 상보적인 뉴클레오타이드(리보뉴클레오타이드)를 차례로 결합시킴으로써 RNA를 합성한다.

06. RNA 합성 방향은 항상 5' → 3'이며, 염기 A는 U과 C는 G과 상보적이므로 합성이 일어난 mRNA 가닥은 5' - U A C C U G C U A G G - 3'이다.

[유형 3-4] (가)는 rRNA, (나)는 mRNA, (다)는 tRNA, (라)는 소형 RNA이다.
(1), (2) mRNA와 tRNA는 전사 과정에서 만들어지고 번역 과정에 관여한다. rRNA는 여러 단백질과 함께 리보솜을 구성한다.
(3) tRNA는 단백질 합성 시 리보솜과 mRNA로 이루어진 복합체에 아미노산을 운반해주는 RNA이다.
(4) (가) ~ (다)는 단백질 합성에 관여하는 RNA이며, (라)는 유전자 발현 조절에 관여하는 소형 RNA이다.

07. (1), (2) 전사는 전사 과정이 진행되는 부분의 DNA만 풀려 RNA가 합성되며, 전사 과정이 끝나면 풀려 있던 DNA 가닥은 다시 2중 나선을 형성한다.
(3) DNA 복제는 DNA 2중 나선의 두 가닥을 모두 주형으로 합성이 일어나며, 복제 결과 새롭게 만들어진 DNA 가닥은 주형 DNA 가닥과 2중 나선을 이루지만(반보존적 복제), 전사는 DNA의 2중 나선 중 한 가닥만을 주형으로 합성이 일어나며, 전사 결과 새롭게 합성된 RNA는 단일 가닥이다.

08. (1), (3) DNA 복제에는 DNA 주형 가닥에 합성된 프라이머에 DNA 중합 효소가 결합함으로써 합성이 시작된다. 전사는 RNA를 합성함으로써 DNA의 유전 정보가 RNA로 전달되는 것이다. mRNA 합성에는 RNA 중합 효소가 DNA 가닥의 프로모터에 결합함으로써 합성이 시작되므로 프라이머가 필요하지 않다.
(2) DNA를 구성하는 염기에는 A, G, C, T이 있으며, RNA를 구성하는 염기에는 A, G, C, U이 있으므로 DNA 복제에는 T이, 전사에는 U이 이용된다.
(4) DNA 복제는 DNA 2중 나선의 두 가닥을 모두 주형으로 합성이 일어나며, 복제 결과 새롭게 만들어진 DNA 가닥은 주형 DNA 가닥과 2중 나선을 이룬다(반보존적 복제). 전사는 DNA 2중 나선 중 한 가닥만을 주형으로 합성이 일어나며, 전사 결과 새롭게 합성된 RNA는 단일 가닥이다.

01 (1) 붉은빵곰팡이는 돌연변이가 일어나면 바로 표현형으로 발현되는 특성이 있으므로 돌연변이와 형질의 관계를 쉽게 확인할 수 있다.
(2) 붉은빵곰팡이의 생장에 꼭 필요한 물질은 최종 합성물인 아르지닌이다. 이는 각 돌연변이주가 아르지닌을 첨가한 배지에서는 모두 자랐기 때문이다. 즉, 야생종은 최소 배지의 전구 물질로부터 아르지닌을 스스로 합성하여 살아갈 수 있다.
(3) 돌연변이주의 유전자 이상에 의해 효소의 결함이 나타났으므로 유전자는 효소의 합성에 관여함을 알 수 있다. 돌연변이에 의해서 유전자에 이상이 생기면 물질대사에 필요한 효소를 정상적으로 합성하지 못하므로 붉은빵곰팡이가 자라기 위해 꼭 필요한 아르지닌을 합성하는 과정에 관여하는 중간 효소 중 최소 하나에 결함이 발생하면 최소 배지에서 살 수 없다.
(4) 3가지 영양 요구주는 각각 아르지닌이 합성되는 데 관여하는 서로 다른 유전자에 돌연변이가 발생한 것이므로 이는 물질대사의 각 단계에서 작용하는 효소가 서로 다른 유전자로부터 만들어진다는 것을 의미한다. 따라서 이 실험을 통해 1유전자 1효소설을 이끌어낼 수 있다.

02 대장균에 들어간 T4 파지가 대장균 내에서 DNA 복제와 증식 과정을 거쳐 새로운 T4 파지를 만든다. 새로 만들어진 T4 파지는 대장균에서 빠져나올 때 대장균을 파괴하기 때문에 T4 파지에 감염된 대장균 DNA가 분해된다. 따라서 T4 파지에 감염된 후 시간이 지날수록 대장균 DNA와 혼성화된 방사성 RNA양은 점점 줄어든다.

해설 대장균 DNA와 혼성화되는 방사성 RNA양이 감소하는 이유 중 하나는 T4 파지에 감염된 대장균 DNA의 분해 때문이다.

03 (1) 그래프 B 위치는 새롭게 옮긴 배지에 존재하는 동위원소이므로 이 배지에서 배양된 대장균의 리보솜은 ^{14}N로 표지된다. 리보솜에서 만들어진 단백질도 ^{14}N로 표지될 것이다.
위 과학자의 가설(리보솜은 고유의 rRNA를 갖고 있어 같은 단백질만 번역한다.)이 옳다면 미리 ^{15}N로 표지된 대장균의 리보솜은 ^{15}N로 표지될 것이고, ^{32}P 파지 RNA는 A의 위치에서만 나타날 것이다.
(2) 실제 실험 결과는 그래프 A, B 모두에서 ^{32}P(파지의 RNA)를 관찰할 수 있다. 파지의 핵산(DNA)는 ^{32}P로 표

지되며, 파지는 ^{15}N, ^{13}C가 들어있는 배지에서 자란 대장균뿐만 아니라 ^{14}N, ^{12}C가 들어있는 배지에서 자라게 될 대장균도 감염시켜, 대장균 안에서 DNA로부터 단백질의 아미노산 서열을 결정하는 mRNA를 합성한다. 따라서, ^{15}N, ^{13}C가 들어있는 배지에서 자란 대장균의 리보솜에는 ^{15}N, ^{13}C가, ^{14}N, ^{12}C가 들어있는 배지에서 자라게 될 대장균의 리보솜에는 ^{14}N, ^{12}C가 검출된다.

04 (1) 진핵 세포와는 달리 원핵 세포는 핵막이 없어 염색체가 세포질에 존재하고, 유전자에 아미노산 비암호화 부위가 없어 RNA 가공을 거치지 않는다.
(2) 진핵 생물에서 전사 과정의 오류에 의한 돌연변이를 막고 유전 정보를 보호하기 위해서 아미노산 비암호화 부위가 존재하는 것이다.

해설 진핵 생물에서 전사 후 처음 만들어진 RNA는 바로 단백질 합성에 이용될 수 없는 상태이다. 처음 만들어진 RNA는 단백질을 암호화하지 않는 부위 즉, 인트론도 포함하기 때문이다. 따라서, 전사 후 RNA는 핵을 빠져나오기 전에 단백질을 암호화하지 않은 부위가 제거되고, 암호화하는 부위인 엑손끼리 연결되어 연속적으로 암호화된 서열을 갖는 성숙한 mRNA가 된다. 이와 같은 과정을 RNA 가공이라고 한다.
(1) 원핵 생물의 유전자에는 단백질을 암호화하지 않는 부위가 없어 RNA 가공 과정이 일어나지 않는다. 따라서, 원핵 생물의 전사, 번역은 세포질에서 동시에 진행된다.
(2) 진핵 생물에서 전사 과정의 오류에 의한 돌연변이를 막고 유전 정보를 보호하기 위해서 아미노산 비암호화 부위가 존재한다. 하지만 모든 유전자에 비암호화 부위가 존재하는 것은 아니다.

스스로 실력 높이기   70 ~ 77 쪽

01. ⑤ **02.** ⑤ **03.** ⑤ **04.** ①
05. ⑤ **06.** (1) O (2) X (3) O
07. 최소 배지의 전구 물질, 오르니틴, 시트룰린, 아르지닌
08. ④ **09.** ② **10.** ③
11. (1) O (2) O (3) O **12.** ③ **13.** ⑤
14. ③ **15.** ① **16.** ④
17. ㉠ : ㄱ, ㄷ, ㄹ ㉡ : ㄴ **18.** ④ **19.** ④
20. ② **21.** ⑤ **22.** ④ **23.** ④
24. ⑤ **25.** (1) O (2) X (3) X **26.** ④
27. ② **28.** ⑤ **29 ~ 32.** (해설 참조)

01. A는 리보솜, B는 핵, (가)는 복제, (나)는 전사, (다)는 번역이다.
ㄱ. 진핵 세포인 동물 세포의 복제와 전사는 핵 속에서 일어난다.

ㄴ. 전사 과정을 통해 RNA가 합성된다. RNA의 종류에는 크게 mRNA, tRNA, rRNA가 있다.
ㄷ. 리보솜을 구성하는 물질인 rRNA와 여러 단백질은 전사(유전 정보에 따라 RNA 합성)와 번역(mRNA에 따라 단백질 합성)을 통해서 합성된다.

02. ① DNA의 복제시 합성 방향과 마찬가지로 RNA 합성도 5'에서 3' 방향으로 일어난다.
②, ③ DNA 복제에는 RNA 프라이머가 주형 가닥에 합성된 후 DNA 중합 효소가 RNA 프라이머에 결합함으로써 합성이 일어나지만, RNA의 합성(전사) 과정은 주형의 프로모터에 RNA 중합 효소가 결합하여 DNA의 상보적 염기 사이의 수소 결합을 끊어 DNA 2중 나선이 풀어지면서 합성이 일어나므로 RNA 프라이머가 필요하지 않다.
④ RNA의 합성에 이용되는 뉴클레오타이드의 염기 종류는 A, G, C, U이다.
⑤ [바로알기] RNA의 합성은 DNA 2중 가닥 중 한 가닥만을 주형으로 하며, 한 방향으로 전사가 일어난다.

03. ⑤ 최소 배지에 B를 첨가하면 살지 못하지만, C나 D를 첨가하면 살 수 있는 돌연변이주는 유전자 2에 이상이 발생하여 효소 2가 합성되지 않는 것이다.
[바로알기] ① 유전자 2는 B를 C로 전환하는 데 필요한 효소 2를 암호화한다.
② 효소 3이 결핍되면 C를 D로 전환하지 못하므로 최소 배지에 B나 C를 첨가하더라도 곰팡이는 살지 못하며, D를 첨가해야만 생장할 수 있다.
③ 효소 1이 결핍되어도 최소 배지에 B, C, D 중 한 가지를 주면 살 수 있다.
④ 유전자 1, 2, 3는 각각 효소 1, 2, 3을 암호화하기 때문에 이상이 발생한 유전자로부터 합성되는 효소만이 결핍된다.

04. ①, ② [바로알기] (가)와 (나)는 염기 T이 존재하므로 DNA이며, (다)는 염기 U이 존재하므로 RNA이다. 따라서, DNA 2중 나선 중 한 가닥으로부터 전사된 mRNA는 (다)이다. 전사가 되면 DNA 주형 가닥의 A과 RNA의 U의 비율이 같으므로 mRNA (다)의 주형 DNA 가닥은 (나)이다.
③ (가)와 (나)는 각각 DNA 2중 나선에서 분리된 가닥이므로 (가)와 (나)가 결합하여 2중 나선을 이룬다.
④ DNA 2중 나선에서는 두 가닥의 염기가 상보적으로 결합하므로 A과 T, G과 C의 양이 같다. 하지만, 각 가닥 내에서는 이와 같은 원리가 성립되지 않는다.
⑤ 주형 DNA 가닥 (나)의 염기 G + T의 비율은 이에 상보적인 염기 서열을 갖는 mRNA의 C + A 의 비율과 같다.

05. 주형 DNA와 RNA의 합성 방향은 반대이고, 상보적으로 합성되며, RNA는 T 대신 U을 가지고 있으므로 합성된 mRNA 염기 서열과 방향은 5' - U G C A A G G U C C A G - 3'이다.

06. (1) 붉은빵곰팡이의 각 영양 요구주는 하나의 유전자에 이상이 발생하여 하나의 물질 전환 과정에 관여하는 하나의 효소가

합성되지 못하여 나타난 돌연변이다.

(2) [바로알기] 각 영양 요구주는 각각 중간 산물로 전환하는 효소가 합성되지 않아 발생한 돌연변이이다. 최소 배지로부터 아르지닌을 합성하는 데 관여하는 각 효소의 합성이 되지 않았으므로 각 영양 요구주는 최소 배지로부터 아르지닌을 합성할 수 없다.

(3) 붉은빵곰팡이는 생장을 위해 최종적으로 아르지닌을 필요로 하며, 아르지닌 합성 과정은 순서는 오르니틴 → 시트룰린 → 아르지닌이다.

07. 돌연변이주 Ⅰ형은 최소 배지에 오르니틴 또는 시트룰린 또는 아르지닌을 첨가하면 생장하므로 최소 배지의 전구 물질로부터 오르니틴을 합성하지 못하는 돌연변이주이다. 돌연변이주 Ⅱ형은 최소 배지에 오르니틴을 첨가한 배지에서는 생장하지 못하나 최소 배지에 시트룰린 또는 아르지닌을 첨가한 배지에서 생장하므로 오르니틴이 시트룰린으로 전환되는 과정이 일어나지 못한 돌연변이주이다. 돌연변이주 Ⅲ형은 다른 배지에서는 생장하지 못하나 아르지닌을 첨가한 배지에서는 생장하므로 시트룰린이 아르지닌으로 전환되는 과정에 이상이 발생한 돌연변이주이다. 따라서, 물질이 합성되는 과정은 최소 배지의 전구 물질 → 오르니틴 → 시트룰린 → 아르지닌 순이다.

08. ㄱ. 이 영양 요구주는 아미노산 A가 있어야 자랄 수 있으므로 최소 배지에서 자라지 못한다.

ㄴ, ㄷ. 최소 배지, 염기나 비타민을 첨가한 배지에서는 생장할 수 없지만 아미노산 A를 첨가한 배지에서는 생장하므로 아미노산 A를 스스로 합성하지 못하는 돌연변이주가 생성된 것이다. (아미노산 A의 합성에 관여하는 유전자에 돌연변이 발생)

09. ①, ④ 이 영양 요구주는 최소 배지에서 아르지닌을 합성할 수 없으며, 완전 배지에서는 잘 자랄 수 있다.

②, ③ 야생형은 최소 배지에서 다른 아미노산을 합성하여 생존할 수 있으므로 아르지닌을 필요로 하는 이 영양 요구주보다 자연 상태에서 생존에 유리하다.

⑤ 이 영양 요구주는 자외선에 의해 아르지닌을 합성하는 유전자에 돌연변이가 발생한 것이다.

10. ㄱ. DNA 중합 효소와 RNA 중합 효소는 3' - OH에만 새로운 뉴클레오타이드의 인산을 결합시키기 때문에 DNA 복제와 RNA의 합성 방향은 5'→3'이다.

ㄴ. [바로알기] DNA의 복제는 각 주형 가닥에 RNA 프라이머가 합성되면 여기에 DNA 중합 효소가 결합함으로써 합성이 일어난다. RNA의 합성(전사)는 주형 가닥의 프로모터에 RNA 중합 효소가 결합함으로써 합성이 일어나므로 프라이머가 필요하지 않다.

ㄷ. [바로알기] 전사는 DNA 2중 나선 중 한 가닥만을 주형으로 작용하여 한 가닥의 RNA를 만든다.

ㄹ. 진핵 세포의 복제와 전사는 핵 속에서 일어나지만, 원핵 세포는 핵막이 존재하지 않아 복제와 전사 모두 세포질에서 일어난다.

11. (1) 핵막이 존재하는 진핵 세포의 경우 DNA 전사는 핵 속에서 일어나 RNA가 합성되고 이 RNA는 세포질로 이동하여 리보솜에서 번역이 진행되어 단백질이 합성된다.

(2) 원핵 세포는 핵막이 존재하지 않아 핵과 세포질이 분리되어 있지 않기 때문에 전사와 번역이 같은 공간 즉, 세포질에서 동시에 진행된다.

(3) AIDS와 같은 일부 HIV(사람 면역 결핍 바이러스)는 RNA를 유전 물질로 가지며, RNA로부터 DNA를 합성하는 역전사 과정이 진행되기도 한다.

12. ①, ④ 프로모터는 DNA에 존재하는 특정 염기 서열로 RNA 중합 효소가 이 곳에 결합하면 전사가 시작된다.

② 전사는 반드시 DNA 사슬의 말단에서 시작되지 않는다. DNA의 프로모터에 RNA 중합 효소가 결합하면 전사가 시작된다.

③, ⑤ 전사는 DNA 2중 나선 중 한 가닥만을 주형으로 5'에서 3' 방향으로 일어난다.

13. ㄱ. (가)는 rRNA, (나)는 tRNA, (다)는 mRNA이다. 모든 RNA는 핵에서 전사 과정을 통해 합성된다.

ㄴ, ㄷ. DNA 2중 나선 중 한 가닥으로부터 전사된 mRNA는 유전 정보를 전달한다. mRNA는 리보솜(rRNA + 단백질 복합체)에 결합함으로써 번역(단백질 합성)이 일어난다. 이때 mRNA의 코돈과 tRNA의 안티코돈이 상보적으로 결합(염기와 상보적 결합)한다. 따라서 mRNA, tRNA, rRNA 모두 단백질 합성에 관여한다.

14. ㉠, ㉡, ㉢종 모두 최소 배지에 니코틴산이 있으면 생장 가능하므로 니코틴산이 이 곰팡이의 생장에 필요한 최종 산물이다. 즉, 이 실험에 사용한 곰팡이는 니코틴산 영양 요구주이다. ㉢종은 최소 배지에 안스레닐산이 존재하는 배지에서는 생장을 못하지만, 최소 배지에 트립토판이나 일돌 또는 니코틴산을 넣어준 배지에서는 생장이 가능하므로 안스레닐산이 다음 물질로 합성되는 데 관여하는 유전자에 돌연변이가 발생한 것이다. 따라서, 안드레닐산이 선구 물질이다. ㉡종은 최소 배지에 니코틴산을 넣어준 배지에서만 생장이 가능하므로 4개의 특정 물질 중 가장 마지막에 합성되는 효소는 니코틴산이다. ㉠종은 최소 배지에 트립토판 또는 니코틴산을 넣어준 배지에서는 생장이 가능하나, 안스레닐산이나 일돌을 넣어준 배지에서는 생장이 불가능하므로 니코틴산의 합성 바로 전 단계 물질은 트립토판이다. 따라서, 니코틴산 영양 요구주인 이 돌연변이 곰팡이는 선구 물질인 안스레닐산으로부터 일돌, 트립토판, 니코틴산 순으로 합성이 일어난다.

15. ㄱ, ㄹ. [바로알기] Ⅱ에는 U이 존재하므로 DNA 전사 과정을 거쳐 합성된 RNA이다. Ⅱ의 U의 개수와 Ⅰ의 A의 개수가 같으므로 (DNA 가닥에 존재하는 A과 RNA 가닥에 존재하는 U은 서로 상보적 결합을 한다.) Ⅰ은 전사 과정이 일어나는 주형 DNA 가닥(㉡)이다. 따라서 Ⅰ은 ㉡이다.

ㄴ. Ⅱ는 합성된 RNA 가닥이므로 T이 존재하지 않는다.(T = 0)

ㄷ. [바로알기] Ⅲ은 합성된 RNA 가닥과 동일한 염기 서열을 가지므로(단, Ⅱ은 T대신 U을 가지며, Ⅲ은 U대신 T을 갖는다.) (나)는 26이다.

구분	염기 조성 비율(%)					
	A	G	C	T	U	계

I : ⓒ	20	26	25	29	0	100
II : ⓒ	29	25	26	0	20	100
III : ㉠	29	25	26	20	0	100

16. ④ ⓔ은 mRNA의 유전 정보에 따라 단백질이 합성되는 번역 과정이다. 번역 과정은 세포질에 존재하는 리보솜에서 일어난다.

[바로알기] ① ㉠은 DNA의 복제 과정이다.

② ⓛ은 DNA의 유전 정보 중 일부(필요한 유전자)만 mRNA로 전달되는 전사 과정이다.

③ ⓒ은 mRNA로부터 DNA를 합성하는 역전사 과정으로 이와 같은 과정에 관여하는 효소는 AIDS를 유발하는 HIV(사람 면역 결핍 바이러스)와 같이 RNA를 유전 물질로 갖는 일부 바이러스에 존재한다.

⑤ ㉲은 DNA 유전 정보에 따라 합성된 단백질로부터 형질 발현이 일어나는 과정이다. 이 과정에서 단백질은 효소뿐만 아니라 호르몬, 근육 단백질 등 각각의 기능을 나타낸다.

17. ㉠ DNA 복제 과정은 헬리케이스가 DNA 2중 나선의 수소 결합을 풀면서 시작된다. 각 주형 DNA에 DNA 중합 효소가 결합하여 DNA 가닥이 새롭게 합성되는데, 이 과정에서 한쪽 가닥은 연속적으로 합성되지만, 다른 한 쪽 가닥은 오카자키 절편을 만들면서 불연속적으로 합성된다. 이때 오카자키 절편 사이는 DNA 연결 효소에 의해 연결된다.

ⓛ 전사 과정에서는 주형 가닥의 프로모터에 RNA 중합 효소가 결합함으로써 RNA가 합성된다.

18. 전사 결과 합성된 mRNA는 주형 DNA 사슬과 방향이 반대이며, 상보적 염기 서열을 갖는다. 또한, T 대신 U이 결합한다. DNA 사슬 3' - A C G T T C C A G G T G - 5'의 반대쪽 사슬을 주형으로 하여 mRNA가 전사되었으므로 mRNA는 3' - A C G T T C C A G G T G - 5' 사슬의 방향과 같고 염기 서열은 T 대신 U이다. 따라서, 3' - A C G U U C C A G G U G - 5'이다.

19. ㄱ. [바로알기] mRNA에서 $\dfrac{G + A}{C + U}$ 은 퓨린계 염기(A, G)와 피리미딘계 염기(C, U)의 비율을 나타낸 것이다. 하나의 사슬에서는 퓨린계 염기와 피리미딘계 염기 비율은 같지 않다.

ㄴ. ㉠과 ⓛ은 DNA 2중 나선이므로 서로 상보적이다. 따라서 ㉠의 A은 30.8이며, ⓛ의 C은 24.3이다. 각 사슬의 염기 조성 비율은 100%이므로 ㉠의 T과 ⓛ의 A은 25.7이다. ⓒ(mRNA)의 U의 비율은 ⓛ의 T과 같으므로 ⓒ은 ㉠을 주형으로 합성된 것이다. 따라서, ⓒ의 C은 24.3이다.

ㄷ. ⓒ은 ㉠을 주형으로 합성된 mRNA이므로 ⓛ의 염기 비율과 ⓒ의 염기 비율은 같다.(mRNA는 T 대신 U)

사슬	염기 조성 비율(%)					
	A	C	T	G	U	계
㉠ = 주형 DNA	30.8	19.2	25.7	24.3	0	100
ⓛ	25.7	24.3	30.8	19.2	0	100
ⓒ = mRNA	25.7	24.3	0	19.2	30.8	100

20. ㄱ, ㄷ [바로알기] 주형 DNA(나)에 존재하는 프로모터에 RNA 중합 효소가 결합함으로써 전사가 개시된다. 따라서 RNA 중합 효소는 프라이머 없이 RNA 합성을 시작한다.

ㄴ. (나)와 (다)는 서로 상보적인 염기 서열을 가지므로 (나)의 A과 (다)의 U의 개수는 같다.

21. ㄱ. [바로알기] 돌연변이주들은 코리슴산을 추가해도 다른 물질이 있어야 생존 가능하므로 물질대사 과정에 가장 초기 물질이 코리슴산임을 알 수 있다. 최소 배지에 프리펜산을 함께 넣어 배양한 (가)는 생장 가능하므로 코리슴산은 ㉠프리펜산의 전구 물질이다.

ㄴ. (가)는 코리슴산에서 프리펜산 합성에 관여하는 유전자에 돌연변이가 발생한 것이므로 유전자 1에 돌연변이가 일어난 것이다.

ㄷ. (다)는 코리슴산과 프리펜산을 각각 최소 배지와 함께 넣어 배양할 경우 생장할 수 없지만, 페닐 피루브산과 최종 산물인 페닐알라닌을 각각 최소 배지와 함께 넣어 배양할 경우 생장 가능하므로 프리펜산에서 ⓛ페닐 피루브산 합성에 관여하는 유전자 2에 돌연변이가 발생한 것이다. ㄹ. (나)는 최종 산물인 페닐알라닌을 최소 배지와 함께 넣어 주어야만 생장 가능하므로 페닐알라닌 합성에 관여하는 유전자 3에 돌연변이가 일어난 것이다. 따라서, 페닐알라닌 합성 과정 순서는 코리슴산 → 프리펜산 → 페닐피루브산 → 페닐알라닌이다.

구분	최소 배지	최소 배지 + 페닐알라닌	최소 배지 + 페닐피루브산	최소 배지 + 코리슴산	최소 배지 + 프리펜산
야생종	+	+	+	+	+
(가) = 유전자 1 돌연변이주	-	+	+	-	+
(나) = 유전자 3 돌연변이주	-	+			
(다) = 유전자 2 돌연변이주	-	+	+		

(+ : 생장함, - : 생장 못함)

22. ㄱ, ㄴ. 전사가 일어나는 주형 DNA 가닥의 3' 쪽에서 RNA가 합성되므로 ㉠과 ⓛ은 5' 말단이다. DNA 복제 뿐만 아니라 RNA의 합성(전사)도 5'에서 3' 방향으로 일어나므로 전사 방향은 A이다.

ㄷ. 전사는 RNA 중합 효소에 의해서 DNA 2중 가닥이 풀리면서 일어난다.

ㄹ. [바로알기] 주형 가닥인 (나)와 합성된 RNA 가닥인 (다)는 서로 상보적이므로 (나)에 존재하는 A의 비율과 (다)에 존재하는 U의 비율은 같지만, (나)에 존재하는 T의 비율은 (다)에 존재하는 U의 비율과 같지 않다.

23. 제이 : 복제는 DNA 2중 나선의 두 가닥이 각각 주형으로 작용하지만 전사 과정에서는 DNA 2중 나선의 한 가닥만 주형으로 작용한다.

무우, 상상, 알알 : 전사 과정에는 프라이머가 필요하지 않고, 모두 5'→3'으로 일어나며, 진핵 세포는 복제와 전사가 모두 핵 속에서 일어난다.

24. ㄴ. 4종류의 돌연변이주(Ⅰ ~ Ⅳ)는 특정한 영양소 (라)를 필요로 하는 붉은빵곰팡이에서 발생한 돌연변이이므로 (라)를 첨가하면 생장 가능하다.

ㄱ, ㄷ, ㄹ. Ⅳ형 돌연변이주는 최종 산물인 (라)를 제외한 나머지 첨가 물질에는 생장이 불가능하므로 (라)를 합성하는 유전자에 돌연변이가 발생한 것이다. Ⅰ형 돌연변이주는 최종 산물인 (라)와 중간 산물 중 하나인 (나)를 첨가하였을 때 생장이 가능하므로 (나)를 합성하는 유전자에 돌연변이가 발생한 것이다. Ⅱ형 돌연변이주는 중간 산물인 (가)와 (나) 그리고 최종 산물인 (라)에서 생장이 가능하나 중간 산물 (다)에는 생장이 불가능하므로 (가)를 합성하는 유전자에 돌연변이가 발생한 것이다. Ⅲ형 돌연변이주는 (가) ~ (라) 중 어느 것을 첨가해도 생장 가능하므로 전구 물질을 (다)로 합성하는 데 관여하는 유전자에 돌연변이가 발생한 것이다. 따라서 (라)의 생성 순서는 전구 물질 → (다) → (가) → (나) → (라)이다.

돌연변이주	배지에 첨가한 물질			
	(가)	(나)	(다)	(라)
Ⅰ형 = (나) 합성 돌연변이	-	+	-	+
Ⅱ형 = (가) 합성 돌연변이	+	+	-	+
Ⅲ형 = (다) 합성 돌연변이	+	+	+	+
Ⅳ형 = (라) 합성 돌연변이	-	-	-	+

(+ : 생장함, - : 생장 못함)

25 (1) mRNA는 단백질 합성에 필요한 DNA의 유전 정보를 전달하는 RNA로 세 개의 염기의 조합(코돈 ; codon)을 이루어 하나의 아미노산을 암호화한다.

(2) [바로알기] RNA 중합 효소가 DNA의 프로모터에 결합하면 전사가 시작된다.

(3) [바로알기] RNA 중합 효소는 프라이머가 필요하지 않다.

26. ㄱ. 최소 배지에 ⓒ을 첨가하면 모든 돌연변이주가 생장하였으므로 ⓒ은 최종 산물인 아르지닌이다.

ㄴ. (가)는 최소 배지에 ㉠ ~ ⓒ 중 어떤 것을 첨가하더라도 생장하였으므로 오르니틴을 시트룰린으로 합성할 수 있다.

ㄷ. [바로알기] (나)는 아르지닌을 첨가한 배지에서만 생장하였으므로 효소 3이 결핍되었다.

ㄹ. (다)는 아르지닌과 ⓒ을 첨가한 배지에서 생장했으므로 ⓒ은 시트룰린이며, ㉠은 오르니틴이다. 따라서, 시트룰린과 아르지닌을 첨가한 배지에서만 생장한 (다)는 효소 2가 결핍되었으며, 아르지닌 합성에 필요한 유전자 3에 의한 효소 3의 합성이 일어난다.

구분	야생종	유전자 1 돌연변이주	유전자 3 돌연변이주	유전자 2 돌연변이주
최소 배지	+	-	-	-
최소 배지 + 오르니틴(㉠)	+	+	-	-
최소 배지 + 아르지닌(ⓒ)	+	+	+	+
최소 배지 + 시트룰린(ⓒ)	+	+	-	+

27. ①, ② (가)는 최소 배지에서 생장하지 못하지만 오르니틴을 첨가하면 생장하므로 유전자 1의 작용에 이상이 생겼으며, 오르니틴 또는 시트룰린을 첨가하면 생장하므로 유전자 2와 3은 정상적으로 작용하는 것이다.

③ [바로알기] (나)는 아르지닌을 첨가해야만 생장할 수 있으므로 유전자 3의 작용에 이상이 발생한 것이다.

④, ⑤ [바로알기] (다)는 아르지닌 또는 시트룰린을 첨가하면 생장하므로 유전자 2의 작용에 이상이 발생한 것이며, 유전자 3은 정상적으로 작용한다.

28. (가)와 (나)는 상보적인 가닥이므로 (가)의 A의 개수는 15, (나)의 C의 개수는 22이다. (다)의 U과 (나)의 T은 15이므로 (다)는 (가)를 주형으로 합성된 mRNA이다. 따라서 mRNA에서 C의 개수는 22이다. 또한, DNA 가닥은 (가)와 (나)에서 U의 개수는 0이고, mRNA에서 T의 개수는 0이다.

ㄱ. 각 가닥의 염기 조성 비율의 합이 100%이고, $\dfrac{T+A}{C+G} = \dfrac{3}{2}$

이므로 (A과 T, C과 G은 상보적으로 수소 결합), (가)에서 $\dfrac{T+15}{C+22}$

$= \dfrac{60}{40}$ → T의 개수는 45, C의 개수는 18이다. 따라서 (나)의 퓨린 계열 염기(A과 G) 개수의 합은 45 + 18 = 63이다.

ㄴ. (가)를 주형으로 합성된 mRNA의 A의 개수는 45, G의 개수(㉠)은 18이다.

ㄷ. DNA 2중 나선 중 한 가닥으로부터 합성된 mRNA의 U의 개수와 (나)의 T개수가 같으므로 mRNA는 (가)를 주형으로 합성된 것이다.

구분	염기 조성 비율(%)					
	A	C	T	G	U	계
(가) = 주형 DNA	15	18	45	22	0	100
(나)	45	22	15	18	0	100
mRNA	45	22	0	㉠ =18	15	100

29. 답 흰색 → 노란색 → 붉은색 → 보라색, (가)는 선구 물질의 흰색 색소가 노란색 색소로 전환되는 데 관여하는 단계에 돌연변이가 일어났다. (나)는 붉은색 색소가 보라색 색소로 전환되는 데 관여하는 단계에 돌연변이가 일어났다. (다)는 노란색 색소가 붉은색 색소로 전환되는 데 관여하는 단계에 돌연변이가 일어났다.

해설 돌연변이형 (가)는 흰색 색소를 띠는 선구 물질에 노란색, 보라색, 붉은색 색소를 각각 첨가하여 길렀을 때 모두 보라색 꽃이 되므로 흰색이 노란색으로 전환되는 데 관여하는 단계에 돌연변이가 나타난 것이다. 또한, 보라색이 이 식물의 최종 꽃 색이다. 돌연변이형 (나)는 보라색 색소를 첨가하여 길렀을 때에만 보라색 꽃을 나타내며, 나머지에서는 붉은색 꽃을 나타내므로 붉은색이 보라색으로 전환되는 데 관여하는 단계에 돌연변이가 나타난 것이다. 돌연변이형 (다)는 붉은색과 보라색을 첨가하여 길렀을 때에는 보라색 꽃을 나타내지만, 선구 물질과 노란색 색소를 첨가하여 길렀을 때에는 노란색 꽃을 나타내므로 선구 물질의 흰색이 노란색 색소로 전환은 되었으나 노란색에서 붉은색으로 전환되는 데 관여하는 단계에서 돌연변이가 나타난 것이다. 따라서, 돌연변이형 (가) ~ (다)를 종합하면 다음 표와 같다.

구분	선구 물질 (흰색 색소)	선구 물질 + 노란색 색소	선구 물질 + 붉은색 색소	선구 물질 + 보라색 색소
돌연변이형 (가) = 노란색 합성 돌연변이	흰 색	보라색	보라색	보라색
돌연변이형 (나) = 보라색 합성 돌연변이	붉은색	붉은색	붉은색	보라색
돌연변이형 (다) = 붉은색 합성 돌연변이	노란색	노란색	보라색	보라색

30. 답 DNA가 막으로 싸인 핵 속에 존재하며 핵 속에서 DNA 복제와 전사가 일어난다. 전사가 된 RNA는 핵공을 통해 세포질로 이동하며, 세포질에 존재하는 리보솜에서 단백질 합성(번역)이 일어난다. 따라서 진핵 세포의 유전 정보의 흐름을 나타낸 것이다.

해설 진핵 세포는 핵막과 세포질로 나누어져 있으며, 전사는 핵 속에서 일어나고, 번역은 세포질에서 일어난다. 따라서, 전사와 번역은 일어나는 장소뿐만 아니라 시간적으로도 차이가 난다. 원핵 세포는 핵이 존재하지 않아 복제, 전사, 번역 모두 세포질에서 일어난다. 뿐만 아니라 복제, 전사, 번역 동시에 일어난다.

31. 답 DNA의 복제는 DNA 2중 나선 모두 주형으로 합성이 일어난다. 각 주형 가닥에 RNA 프라이머가 합성되면 여기에 DNA 중합 효소가 결합함으로써 5'에서 3' 방향으로 뉴클레오타이드(염기 종류는 A, G, C, T 중 하나)가 차례로 결합하면서 합성이 일어난다.

RNA의 합성(전사)는 DNA 2중 나선 중 한 가닥만을 주형으로 일어난다. 주형 가닥의 프로모터에 RNA 중합 효소가 결합함으로써 5'에서 3' 방향으로 뉴클레오타이드(염기 종류는 A, G, C, U 중 하나)가 차례로 결합하면서 합성이 일어나므로 프라이머가 필요하지 않다.

32. 답 (가)는 rRNA이며 여러 단백질과 함께 리보솜을 구성한다. (나)는 mRNA이며 DNA로부터 전사되어 DNA의 유전 정보를 전달한다.
(다)는 tRNA이며 단백질 합성 과정에서 아미노산을 mRNA-리보솜 복합체로 운반한다.

4강. 유전자 발현 2

개념확인　　　　78 ~ 81 쪽

1. 트리플렛 코드　　**2.** 번역
3. 개시　　**4.** 종결

확인 +　　　　78 ~ 81 쪽

1. 코돈, 안티코돈　　**2.** ③
3. 신장　　**4.** 발현

개념확인

1. 3개의 염기로 구성된 DNA의 유전 암호를 트리플렛 코드라 한다.

2. mRNA 유전 정보에 따라 tRNA에 의해 운반된 아미노산이 펩타이드 결합으로 연결되어 단백질이 합성되는 과정을 '번역'이라 한다.

3. 번역에 필요한 모든 우성 요소들이 집합하는 과정을 '개시'라고 한다.

4. 번역 과정은 '개시 → 신장 → 종결' 의 순서로 일어난다.

확인 +

1. 3개의 염기로 구성된 mRNA의 유전 암호는 코돈이라 하며, mRNA의 특정 코돈을 인식하여 상보적으로 결합하는 3개의 염기로 구성된 tRNA의 유전 암호는 안티코돈이라 한다.

2. 단백질 합성(번역)에 필요한 기구에는 mRNA, tRNA, 리보솜, 아미노산, 아미노산을 tRNA에 붙여 주는 효소, ATP 등이 필요하다.
③ 소형 RNA는 DNA 또는 mRNA에 결합하여 전사 또는 번역을 억제함으로써 유전자 발현 조절에 매우 중요한 역할을 한다.

3. mRNA의 유전 암호에 따라 모든 아미노산이 순서대로 길게 연결되어 폴리펩타이드를 만드는 과정을 '신장'이라 한다.

4. 합성된 폴리펩타이드는 소포체와 골지체에서 각각 독특한 입체 구조를 이루어 구성 단백질이나 효소 등으로 쓰이게 됨으로써 유전자의 형질이 발현된다.

개념다지기　　　　82 ~ 83 쪽

01. (1) X (2) O (3) X　　**02.** (1) X (2) O (3) O
03. 메싸이오닌　　**04.** 4개　　**05.** ①
06. (1) X (2) O (3) X
07. (가), (라), (마), (다), (나)　**08.** (1) X (2) O (3) O

01. (1), (2), (3) 하나의 아미노산을 지정하는 DNA의 염기 3개의 조합을 트리플렛 코드, mRNA의 염기 3개의 조합을 코돈이라고 한다. 코돈에 상보적으로 대응하는 tRNA의 염기 3개의 조합을 안티코돈이라고 한다.

02. (1) [바로알기] 1개의 코돈은 한 종류의 아미노산을 지정한다. 아미노산을 지정하는 코돈에는 61종류가 있고, 아미노산은 20종류가 있으므로 각 아미노산을 지정하는 코돈은 여러 개 존재할 수 있다.
(2) 종결 코돈이 지정하는 아미노산은 존재하지 않으므로 번역을 종결시킨다.
(3) 단백질 합성을 시작하도록 하는 개시 코돈은 AUG 단 한가지 뿐이며, 메싸이오닌 아미노산을 지정하는 코돈으로 작용한다.

03. 단백질 합성을 시작하도록 하는 개시 코돈은 AUG 단 한가지 뿐이며, AUG는 메싸이오닌 아미노산을 지정하는 코돈이다.

04. 마지막 UAG 코돈은 종결 코돈이므로 지정하는 아미노산이 없다. 따라서, 4개의 아미노산으로 이루어진 폴리펩타이드가 생성된다.

05. ① 리보솜은 rRNA와 여러 단백질로 구성되어 있다.
[바로알기] ②, ③, ④ 소단위체에는 mRNA 결합 부위가, 대단위체에는 tRNA 결합 부위가 존재한다. 대단위체와 소단위체는 분리되어 존재하다가 번역이 시작되기 직전(개시 코돈 결합), 소단위체에 mRNA가 결합하면 대단위체가 결합하여 완전한 리보솜(오뚜기 모양의 번역 복합체)을 형성한다.
⑤ 펩타이드 결합으로 연결되어 신장되는 폴리펩타이드는 P자리에 위치한 tRNA에 결합되어 있다. A자리는 폴리펩타이드 사슬에 새로 첨가될 아미노산을 운반하는 tRNA의 결합 자리이다.

06. (1) [바로알기] 단백질 합성 과정에서 리보솜은 mRNA의 5' 말단에서 3'말단 방향으로 이동하므로 번역 방향 역시 5'에서 3' 방향으로 일어난다.
(2) 단백질 합성 과정 순서는 다음과 같다. 번역에 필요한 모든 구성 요소들이 집합하는 개시 단계 → mRNA의 유전 암호에 따라 모든 아미노산이 순서에 따라 폴리펩타이드를 만드는 신장 단계 → 단백질 합성이 종결되고 합성에 사용되었던 요소들이 분리되는 종결 단계
(3) [바로알기] 신장 단계에서 mRNA 유전 정보에 따른 아미노산을 운반하는 tRNA는 리보솜의 A자리 → P자리 → E자리를 거친다. 운반된 아미노산 사이에는 펩타이드 결합이 일어나 폴리펩타이드가 만들어진다.

07. 단백질 합성이 일어나는 번역 과정은 다음과 같다. (가) mRNA가 리보솜 소단위체와 결합한다. → (라) 개시 tRNA의 안티코돈은 mRNA의 코돈과 상보적으로 결합하고, 여기에 대단위체가 결합함으로써 완전한 리보솜이 된다. → (마) tRNA에 의해 운반된 아미노산 사이에 펩타이드 결합을 함으로써 폴리펩타이드 사슬이 길게 형성된다. → (다) 리보솜이 mRNA의 종결 코돈에 이르면 단백질 합성은 종결된다. → (나) 리보솜의 소단위체와 대단

위체, mRNA, tRNA, 폴리펩타이드가 분리된다.

08. (1) [바로알기] 하나의 mRNA에 여러 개의 리보솜이 결합하면 똑같은 폴리펩타이드를 여러 개 만들 수 있다.
(2) 합성된 단백질에 의한 형질이 제대로 발현되기 위해서는 단백질을 필요한 만큼 합성할 수 있어야 한다.
(3) 단백질 합성 시 리보솜이 이동하여 개시 코돈이 드러나면 새로운 리보솜이 mRNA에 결합할 수 있다.

유형익히기 & 하브루타   84 ~ 87 쪽

[유형 4-1] (1) X (2) X (3) O
        01. 5' - AGU - 3'   **02.** ②, ④, ⑥
[유형 4-2] (1) O (2) X (3) X
        03. ④   **04.** (1) O (2) O (3) X
[유형 4-3] (1) O (2) O (3) O
        05. ㉠ : mRNA   ㉡ : 리보솜 대단위체
            ㉢ : 리보솜 소단위체   ㉣ : 아미노산
            ㉤ : tRNA
        06. (1) X (2) O (3) O
[유형 4-4] (1) X (2) O (3) X
        07. (1) O (2) O (3) O
        08. ㉡, ㉤, ㉥, ㉣, ㉠, ㉢

[유형 4-1] (1) [바로알기] DNA 염기 서열 3' - T A C G A T A A G T A G A A T A C T - 5'으로부터 전사된 mRNA 염기 서열은 5' - A U G C U A U U C A U C U U A U G A - 3' 이다. 즉, 아미노산은 AUG(메싸이오닌), CUA(류신), UUC(페닐알라닌), AUC(아이소류신), UUA(류신), UGA(종결 코돈이므로 아미노산 없음)순이므로 4종류이다.
(2) [바로알기] 이 DNA로부터 전사와 번역을 거쳐 만들어진 폴리펩타이드에는 총 4개의 펩타이드 결합(메싸이오닌과 류신, 류신과 페닐알라닌, 페닐알라닌과 아이소류신, 아이소류신과 류신 사이의 펩타이드 결합)이 있다.
(3) 전사와 번역을 거쳐 만들어진 폴리펩타이드에는 5개의 아미노산(메싸이오신, 류신, 페닐알라닌, 아이소류신, 류신)이 있으며, 총 4종류이다. 세 번째 아미노산은 페닐알라닌이다.

01. DNA 트리플렛 코드 5' - AGT - 3'과 대응되는 mRNA의 코돈은 3' - UCA - 5' 이므로 mRNA의 코돈과 결합하는 tRNA의 안티코돈은 5' - AGU - 3'이다.

02. 3개의 DNA 염기가 한 조가 되어 하나의 아미노산을 지정하는 DNA의 유전 암호는 트리플렛 코드라 하고 mRNA의 유전 암호를 코돈이라 한다. mRNA의 유전 암호를 인식하여 상보적으로 결합하는 3개의 염기로 구성된 tRNA의 유전 암호는 안티코돈 이라고 한다.

[유형 4-2] ⊙은 tRNA의 3' 말단, ⓒ은 tRNA의 안티코돈 서열 자리, ⓒ은 tRNA의 3' 말단 서열(CCA)이다.

(1) ⊙은 mRNA 유전 암호인 코돈에 대응하는 아미노산이 결합하는 부위이다.

(2) [바로알기] ⓒ은 mRNA의 코돈과 상보적으로 결합하는 tRNA의 안티코돈 부위로 tRNA에 결합할 아미노산의 종류를 결정한다.

(3) [바로알기] ⓒ은 모든 tRNA에 공통적인 3' 말단의 염기 서열(CCA)이다.

03. 번역 과정에서 필요한 단백질 합성 기구에는 mRNA, tRNA, 리보솜(rRNA), 아미노산, 아미노산을 tRNA에 붙여 주는 효소, ATP 등이 있다.

04. (가)는 DNA 복제, (나)는 RNA 전사 과정, (다)는 단백질 합성 과정(번역)이다.

(1) RNA는 핵 속에서 DNA로부터 전사되어 만들어진다.

(2) 단백질 합성 과정은 mRNA의 유전 정보가 염기 서열에서 아미노산 서열로 전달되는 과정이다.

(3) [바로알기] 원핵 세포는 핵이 없어 과정 복제, 전사, 번역 모두 세포질에서 동시에 일어나며, 진핵 세포는 핵막이 존재하므로 복제와 전사는 핵 속에서 일어나고, 세포질에서는 번역 과정이 일어난다.

[유형 4-3] (1), (2) ⊙, ⓒ, ⓒ은 차례로 E, P, A 자리이며, tRNA는 ⓒ, ⓒ, ⊙ 순으로 이동한 후, 리보솜에서 방출된다. 따라서 리보솜은 mRNA의 5'에서 3'방향으로 이동하며, ⓒ이 ⓒ보다 리보솜에서 먼저 방출된다.

(3) (가) mRNA, (나) tRNA, (다) 리보솜(rRNA+단백질 : 인에서 합성됨) 모두 진핵 세포의 핵 속에서 전사 과정을 통해 만들어진 RNA이다.

06. (1) [바로알기] 아미노산을 운반하는 tRNA는 리보솜의 A→P→E 자리를 차례로 거쳐 방출된다.

(2) mRNA의 개시 코돈에 메싸이오닌이 결합하고 리보솜의 대단위체가 소단위체와 결합하여 번역개시 복합체인 완성된 리보솜이 형성되어 단백질 합성이 시작된다.

(3) 메싸이오닌 다음으로 운반된 아미노산이 메싸이오닌과 펩타이드 결합을 하면, 리보솜은 mRNA의 5' 말단에서 3' 말단 방향으로 3개 염기 만큼 이동한다.

[유형 4-4] (1) [바로알기] 아미노산과 아미노산 사이는 펩타이드 결합(공유 결합의 일종)으로 연결된다.

(2) tRNA에 붙어 운반되는 아미노산 (가)를 암호화하는 코돈은 5' - UAC - 3'이다. 따라서 아미노산 (가)는 UAC(타이로신)이다.

(3) [바로알기] 리보솜은 mRNA의 5'에서 3' 쪽으로 3개의 염기만큼 즉, 한 개 코돈만큼 이동한다.

07. (1) 리보솜의 A자리에 종결 코돈이 나타나면 상보적으로 결합할 수 있는 안티코돈을 가진 tRNA가 없어 방출 인자가 대신 붙으며 단백질 합성은 종결된다.

(2) 단백질 합성 후 분리된 리보솜의 대단위체와 소단위체는 다른 단백질 합성 과정에 재사용된다.

(3) mRNA의 코돈은 5'에서 3' 방향으로, 코돈에 결합하는 안티코돈은 mRNA의 3'에서 5' 방향으로 진행된다.

08. ⓒ 핵 속에서 DNA의 유전 정보를 전사한 진핵 세포의 mRNA가 핵공을 통과해 세포질로 나와 리보솜 소단위체와 결합한다.

→ ⓜ 메싸이오닌과 결합한 개시 tRNA가 개시 코돈에 상보적으로 결합하면, 리보솜 대단위체가 결합하여 완전한 리보솜이 만들어져 본격적인 단백질 합성이 시작된다. 이때 개시 tRNA는 리보솜 대단위체의 P 자리에 위치한다.

→ ⓗ 리보솜 대단위체의 A 자리에 아미노산과 결합한 두 번째 tRNA가 들어와 위치한다.

→ ⓔ A 자리의 아미노산과 P 자리의 아미노산 사이에 펩타이드 결합이 형성된다.

→ ⊙ 리보솜이 한 개 코돈만큼(3개 염기) 이동하면 A 자리에 다시 아미노산과 결합한 새로운 tRNA가 들어오게 되어 새로운 펩타이드 결합이 형성되는 과정이 반복되어 폴리펩타이드 사슬이 신장된다. 펩타이드 사슬이 신장되다가 리보솜의 A 자리에 mRNA의 종결 코돈이 위치한다.

→ ⓒ 단백질 합성이 종결되면 폴리펩타이드, mRNA, 리보솜의 소단위체, 리보솜의 대단위체 등이 분리된다.

01 (1) ⊙ : T(타이민), ⓒ : A(아데닌), ⓒ : C(사이토신)

(2) 트립토판(Trp)

(3) ⓔ : T(타이민), ⓜ : C(사이토신)   (4) 3'- UAC -5'

(5) 유전자가 전사될 때 DNA 가닥 I은 주형 가닥으로 이용되었다.

해설 DNA가 전사될 때 주형 가닥과 mRNA 가닥 사이에는 A-U, G-C, T-A의 상보적 염기쌍 형성 규칙이 적용된다. 전사는 주형 DNA 가닥의 3'→ 5' 방향으로 진행되어 5'→ 3' 방향으로 mRNA가 신장되고, 주형 가닥의 A, G, C, T는 각각 mRNA 가닥의 U, C, G, A로 전사된다.

(1) 메싸이오닌을 암호화하는 트리플렛 코드 3' - ⊙ⓒⓒ - 5'는 전사되어 5' - AUG - 3'가 되어야 하므로 ⊙, ⓒ, ⓒ은 각각 T, A ,C이다.

(2), (5) DNA의 트리플렛 코드, mRNA의 코돈, tRNA의 안티코돈은 염기 서열이 서로 상보적이다. DNA 가닥 (I)이 전사된 mRNA 가닥의 염기 서열은 5' - AUG UAU AUA UGG AUA AAA UAA - 3'이며, 각 코돈과 폴리펩타이드 (II)에 해당하는 아미노산이 일치하므로 DNA 가닥 (I)이 주형 가닥으로 작용하였다. X는 트리플렛 코드 3' - ACC - 5'에 의해 암호화되는 아미노산이므로 이와 상보적인 코돈 5' - UGG - 3'에 의해 지정되는 아미노산은 트립토판(Trp)이다. 따라서, 폴리펩타이드 (II)의 X는 트립토판(Trp)이다.

(3) ⓔ과 ⓜ자리에 각각 염기가 하나 삽입되면 DNA의 세 번째 트리플렛 코드는 3' - TⓔA - 5'가 되고, 네 번째 트리플렛 코드는

3' - ⑪TA - 5'가 된다. 이 두 트리플렛 코드가 암호화하는 아미노산이 각각 아스파라진(Asn), 아스파트산(Asp)이다. 아스파라진(Asn)을 지정하는 코돈은 모두 두 번째 염기가 A이므로 ②은 이와 상보적인 T가 되고, 아스파트산(Asp)을 지정하는 코돈은 모두 첫 번째 염기가 G이므로 ⑪은 이와 상보적인 C이다.

(4) 메싸이오닌을 지정하는 mRNA의 코돈은 5' - AUG - 3'이므로, 메싸이오닌을 운반하는 tRNA의 안티코돈은 이와 상보적인 3'- UAC - 5'이다.

02 저해제 처리 전 ^{14}C-류신은 소포체에 분포하여 리보솜으로 이동하여 단백질을 만드나 저해제를 처리한 후에는 리보솜에서 폴리펩타이드가 만들어지지 않으므로 리보솜에서 ^{14}C-류신이 급감하여 방사선량도 급감하며, 소포체 속에는 ^{14}C-류신이 소진되지 않으므로 방사선량이 증가한 후 일정하게 유지된다. 소포체에는 번역이 완결되지 못한 폴리펩타이드와 ^{14}C-류신이 발견된다.

해설 리보솜에서 만들어진 단백질은 소포체를 통해 신체 각 장소로 운반된다. 저해제를 처리하기 전에 리보솜의 방사선량이 급증하는 것으로 보아 ^{14}C-류신이 리보솜 내부로 전달되어 폴리펩타이드가 만들어짐을 알 수 있다. 저해제를 처리한 이후에는 펩타이드 결합이 일어나지 않아 ^{14}C-류신이 리보솜으로 전달되지 못하므로 리보솜에서 방사선량은 급감하고, 소포체에서는 증가하며, ^{14}C-류신이 소진되지 않으므로 소포체의 방사선량은 일정하게 유지된다. 또한, 소포체에는 단백질이 되기 전의 폴리펩타이드가 발견된다.

03 (1) ⓒ
(2) 5' 말단
(3) ④
(4) ⑪
(5) 전사 과정이 완료되기 전에 번역이 시작된다. 전사와 번역이 동시에 진행되고 있으므로 핵막이 없는 원핵 생물의 전사, 번역 과정이다.

해설 (1) ~ (4) (나)에서 리보솜의 결합 수가 왼쪽에서 오른쪽으로 갈수록 많아지므로 번역(5' → 3')은 왼쪽에서 오른쪽으로 진행되며 전사의 주형으로 작용하는 DNA는 ⓒ이고, ⓒ은 mRNA의 5'말단이다. ②은 번역 과정 중 ④보다 mRNA에 나중에 결합하는 리보솜이므로 리보솜의 이동 방향은 ⑪이다.

(5) 전사와 번역이 동시에 진행되고 있으므로 핵막이 없는 원핵 생물의 전사, 번역 과정이다. 즉, DNA로부터 mRNA로 전사되는 과정과 mRNA에서 단백질이 합성되는 과정이 동시에 진행되고 있으므로 핵막이 존재하지 않는 원핵 생물이다. 핵막이 존재하는 진핵 생물의 경우 mRNA 전사 과정은 핵 속에서 일어나며, 번역은 핵공을 통해 세포질로 빠져나온 후 진행된다.

04 (1) 유전자 절편의 DNA는 암호화 부위와 비암호화 부위가 모두 존재하며, DNA로부터 전사되는 RNA는 암호화 부위만으로 조합되어 있으므로 (가)는 DNA의 주형 가닥이며, (나)는 DNA로부터 전사된 mRNA이다.
(2) 7개
(3) 진핵 생물
(4) (나)의 5' 말단 : ⑤, (나)의 3' 말단 : ⓒ

해설 (1), (2) DNA로부터 전사된 mRNA는 RNA 가공을 거치면서 비암호화 부위가 제거된다. 따라서, (가)는 DNA의 주형 가닥이 되며, (나)는 주형 DNA 가닥으로부터 전사된 mRNA이다. 비암호화 부위는 mRNA와 닿지 않은 부위(멀리 떨어진 부위)이므로 총 7개의 비암호화 부위가 존재한다.

(3) RNA 가공 과정은 진핵 생물에서만 일어난다. 진핵 생물의 전사는 핵 속에서 일어나며 비암호화 부위가 제거되는 RNA 가공을 거친 후 핵공을 통해 세포질로 나와 리보솜에서 번역이 진행된다. 핵막이 존재하지 않는 원핵 생물의 RNA에는 비암호화 부위가 존재하지 않아 전사와 번역이 세포질에서 동시에 진행될 수 있다.

(4) 주형 DNA(가)와 mRNA(나)는 서로 상보적이므로 방향은 반대이다. (가)의 3' 말단이 A라면, (나)의 5' 말단은 ⑤이며, 3' 말단은 ⓒ이다.

스스로 실력 높이기
92 ~ 99 쪽

01. ⑤	02. ④	03. ③	04. ④
05. ④	06. ①	07. 돼지	08. ②, ③, ④
09. ②	10. ⑤	11. ③	12. ②
13. ⑤	14. ④	15. ①	16. ④
17. ⑤	18. ①	19. ③	20. ③
21. ①	22. ③	23. ③	24. ③
25. ⑤	26. ①	27. ④	28. ③
29. ②	30.~ 31. 〈해설 참조〉		

01. ① 코돈은 3개의 염기로 이루어져 있으며, 염기의 종류에는 A, G, C, U 4개가 있으므로 종결 코돈을 포함하여 총 64(=4³)개가 만들어진다.
② 코돈은 3개의 염기로 구성되어 하나의 아미노산을 지정하는 유전 암호이다.
③, ④ 개시 코돈이 지정하는 아미노산은 메싸이오닌이며, 종결 코돈(UAA, UAG, UGA)이 지정하는 아미노산은 존재하지 않는다.
⑤ [바로알기] 번역 과정에서 3개의 염기가 하나의 코돈을 이룬다.

02. ㄱ. [바로알기] 코돈은 총 64종류가 있으며, 그 중 61종류는 아미노산을 암호화한다. 나머지 3종류는 종결 코돈으로 작용하므로 지정하는 아미노산은 존재하지 않는다.
ㄴ. 아미노산에는 20종류가 있으며, 아미노산을 암호화하는 코돈에는 61종류가 있다. 따라서, 한 종류의 아미노산을 지정하는 코

돈은 1개 이상 존재한다.

ㄷ. 코돈은 특정 아미노산을 지정하는 mRNA의 3개 염기의 조합으로 이루어진 유전 암호이다.

03. ①, ②, ④ 리보솜은 RNA와 여러 단백질로 구성되어 있으며, 분리되어 있던 리보솜의 대단위체와 소단위체가 결합함으로써 리보솜에서 펩타이드 결합이 일어나 단백질이 합성된다.

③ [바로알기] tRNA와 아미노산이 결합하는 장소는 세포질이다. 아미노산과 결합한 tRNA는 세포질에서 확산하다가 리보솜에 결합한 mRNA의 유전 암호(코돈)에 따라 리보솜으로 아미노산을 운반한다.

⑤ 리보솜의 소단위체에 mRNA가 결합하면 mRNA의 개시 코돈에는 메싸이오닌을 운반하는 tRNA가 결합하고 대단위체가 소단위체에 결합함으로써 단백질 합성이 진행된다. tRNA가 결합하는 자리(A, P, E)는 리보솜의 대단위체에 존재한다.

04. ㄷ. [바로알기] ㉠은 아미노산, ㉡은 tRNA, ㉢은 mRNA, ㉣은 안티코돈, ㉤은 코돈이며, A는 리보솜, B는 핵이다.

ㄱ. tRNA, mRNA는 전사 과정을 통해 핵 속에서 만들어진다. ㄴ. (가) 단백질 합성은 리보솜에서 일어난다. ㄷ. ㉣은 tRNA의 안티코돈, ㉤은 mRNA의 코돈이다.

ㄹ. 아미노산은 세포질에서 tRNA와 결합한다.

05. 단백질 합성 순서는 다음과 같다. (가) mRNA와 리보솜 소단위체가 결합한다. → (나) 메싸이오닌을 운반하는 tRNA가 개시 코돈에 결합한다. → (라) P 자리에 있던 개시 tRNA가 E 자리로 이동한 후 리보솜을 떠난다. → (다) 3번째 아미노산과 4번째 아미노산 사이에 펩타이드 결합을 한다. → (마) 리보솜이 mRNA를 따라 이동하다가 A자리에 종결 코돈이 놓인다.

06. 전사 결과 생성된 mRNA는 5' - U G G C A G A A U G A C U U A G C A- 3'이며, AUG는 개시 코돈이므로 여기서부터 염기가 3개씩 번역된다(5' - U G G C A G A / A U G / A C U / U A G / C A- 3'). 3번째 코돈(UAG)은 지정하는 아미노산이 없는 종결 코돈이므로 종결 코돈 앞의 2개 코돈이 지정하는 아미노산이 tRNA에 의해 이동된다. 따라서 총 2개의 tRNA가 필요하다.

07. 생물은 공통적으로 동일한 유전 암호를 가지므로 한 생물의 유전 정보가 다른 생물체 내에서도 같은 의미로 사용된다. 따라서 단백질을 합성하기 위해 돼지의 mRNA, 쥐의 tRNA, 소의 리보솜, 양의 효소, 개의 ATP를 사용할 때 단백질의 종류는 아미노산 서열에 의해 결정되며, 이에 대한 유전 정보는 mRNA에 저장되어 있기 때문에 돼지의 단백질이 만들어진다.

08. ① [바로알기] tRNA는 리보솜의 A, P, E 자리를 순서대로 거쳐 방출되므로 리보솜은 ㉠ 방향에서 ㉡ 방향으로 이동한다. 리보솜은 mRNA의 전사 방향(5' → 3')과 같으므로 ㉠은 5', ㉡은 3'이다.

② (가)는 리보솜, (나)는 tRNA, (다)는 mRNA이다. RNA는 핵 속에서 DNA의 주형 가닥으로부터 전사 과정을 거쳐 합성된다.

③ 아미노산과 결합한 tRNA는 리보솜의 A 자리에 결합한 후 P, E 자리를 순서대로 거쳐 이동한다.

④ E 자리는 tRNA가 리보솜에서 방출되기 전 잠시 머무는 자리이다.

⑤ [바로알기] tRNA가 E 자리에서 떨어져나갈 때마다 리보솜은 mRNA를 따라 3개 염기(1개의 코돈)만큼 이동한다.

09. 두 mRNA 염기 서열에서 GUG가 공통으로 존재하는 코돈이므로 발린을 지정하는 mRNA 염기 서열은 GUG이다. 따라서, 시스테인을 지정하는 mRNR는 UGU이다.

mRNA 염기 서열	합성된 폴리펩타이드
- GUGUGUGUGUGU - GUG, UGU가 반복된 한 종류의 폴리펩타이드	시스테인과 발린이 반복된 한 종류의 폴리펩타이드
-UGGUGGUGGUGG - 각각 UGG, GGU, GUG로 만 이루어진 세 종류의 폴리펩타이드	글라이신, 트립토판, 발린으로 만 이루어진 세 종류의 폴리펩타이드

10. ㄱ, ㄷ. 단백질 합성이 일어나기 위해서는 번역의 장소인 리보솜, 단백질의 구성 단위인 아미노산, 아미노산을 운반해주는 tRNA, ATP가 필요하다.

ㄴ, ㄹ. [바로알기] RNA 중합 효소는 RNA 전사 과정에 필요한 효소이며, 프라이머는 DNA 복제 과정에서 새로운 뉴클레오타이드를 부착시키는 3' 말단을 제공하는 역할을 한다.

ㅁ. [바로알기] DNA 중합 효소는 DNA 복제 과정에 필요한 효소이다.

ㅂ. 모든 생명 활동을 위해서는 에너지인 ATP가 필요하다.

11. ①, ③, ⑤ 코돈은 총 64종류가 있으며, 그 중 61종류는 아미노산을 암호화한다. 나머지 3종류는 종결 코돈으로 작용하므로 지정하는 아미노산이 존재하지 않는다.

② [바로알기] 코돈은 mRNA가 갖는 3개의 염기 조합이다. DNA가 갖는 3개의 염기 조합은 트리플렛 코드(DNA의 유전 암호)이다.

④ [바로알기] 아미노산에는 20종류가 있으며, 아미노산을 암호화하는 코돈에는 61종류가 있다. 따라서, 한 종류의 아미노산을 지정하는 코돈은 1개 이상 존재한다.

12. 전사 결과 생성된 mRNA는 3' - U G G / C A G / A A U / C A C / U U A / G U A - 5'이며, 전사된 mRNA는 5'에서 3' 방향으로 읽으므로 5' - A U G / A U U / C A C / U A A / G A C / G G U - 3'이다. AUG는 개시 코돈이므로 여기서부터 염기가 3개씩 번역된다. 4번째 코돈(UAA)은 지정하는 아미노산이 없는 종결 코돈이므로 앞에 있는 A U G / A U U / C A C 3개의 코돈이 tRNA에 의해 아미노산이 운반되어 폴리펩타이드가 합성된다. 그러므로 총 3개의 tRNA가 필요하다.

13. ① 개시 코돈은 AUG 하나뿐이다.

② 리보솜은 mRNA를 따라 한 번에 1개의 코돈(3개의 염기)만큼 이동한다.

③ tRNA-아미노산 복합체는 리보솜의 A 자리로 들어와 P→ E 자리를 거쳐 방출된다.

④ 종결 코돈은 지정하는 아미노산이 존재하지 않으므로 생성된 아미노산의 수는 전사된 mRNA의 코돈 수보다 적다.

⑤ [바로알기] 종결 코돈에는 tRNA-아미노산 복합체대신 방출 인자가 결합하여 합성된 폴리펩타이드가 리보솜으로부터 방출된다.

14. ㄱ. [바로알기] 155번째 염기까지 번역되었으므로 156번째부터 UAG가 종결 코돈이다. 따라서, 종결 코돈의 염기 방향과 서열은 5' - UAG - 3'이다.
ㄴ. 30번째 염기에서 155번째 염기까지 단백질로 번역되었고, 중복 없이 차례대로 3개의 염기가 하나의 아미노산을 암호화하므로 (155 - 29) ÷ 3 = 42개의 아미노산으로 구성된 폴리펩타이드가 만들어진다.
ㄷ. 번역이 완료되기 위해서는 종결 코돈이 반드시 존재해야 하므로 종결 코돈에 해당하는 mRNA 코돈 UAG까지 포함한 155-29+3 = 129개의 염기가 필요하다.

15. ㄱ. [바로알기] (가)는 mRNA의 5' 말단이며, (나)는 3' 말단이다.
ㄴ. [바로알기] 리보솜 ⓒ이 결합하고 3'(오른쪽) 방향으로 이동한 후 리보솜 ㉠이 결합한다. 각 리보솜은 서로 다른 번역 과정에 있다.
ㄷ. 단백질 합성은 mRNA의 (가) (5')에서 (나) (3') 방향으로 진행된다.
ㄹ. [바로알기] 종결 코돈에 대응하는 tRNA는 존재하지 않고, 한 개의 아미노산을 지정하는 코돈은 여러 개이다. 따라서, mRNA의 코돈의 개수는 번역된 아미노산의 개수보다 많다.

16. ㄱ, ㄷ. [바로알기] 전사된 mRNA는 염기 T 대신 U을 가지며, 합성된 사슬의 방향은 반대이다. 따라서, 전사 결과 생성된 mRNA는 3' - U G G C A G A U C C A C U U A C A U- 5'이다. 번역 시 mRNA는 5'에서 3' 방향으로 읽으므로 5' - U A C/A U U/C A C/C U A/G A C/G G U - 3'이다. 따라서 개시 코돈인 5' - A U G - 3'는 포함되어 있지 않다.
ㄴ. 주어진 사슬 부위로부터 6개의 아미노산을 포함하는 폴리펩타이드가 생성될 수 있다.

17. (가)는 아미노산을 리보솜으로 운반하는 tRNA이며, (나)는 리보솜의 소단위체에 결합하여 단백질 합성에 필요한 유전 정보를 제공하는 mRNA이다. (다)는 여러 단백질과 결합하여 리보솜을 형성하는 rRNA이다.
ㄱ. 안티코돈은 tRNA의 유전 암호이다.
ㄴ. mRNA는 단백질 합성에 필요한 유전 정보를 갖는 DNA로부터 전사된 RNA이다.

18. ① [바로알기] 유전 물질은 DNA이며, 아미노산은 DNA의 유전 물질에 의해 합성된 단백질을 구성하는 요소이다.
② 종결 코돈에 해당하는 아미노산은 존재하지 않는다.
③ 아미노산의 종류는 20가지이며, 코돈의 개수는 64개(4^3)이므로 아미노산의 종류는 코돈의 개수보다 적다.
④ 아미노산 결정에는 첫 번째, 두 번째 염기가 중요하지만 최종적으로는 3개의 염기에 의해 1개의 아미노산이 결정된다.
⑤ UCC, UCA, UCG, AGC 모두 세린을 지정하는 코돈이다.

19. DNA 사슬 3' - T G T T A C T G C A C C G T C A T C G - 5'에 상보적인 RNA 사슬은 5' - A C A /A U G /A C G /U G G /C A G /U A G /C - 3'이다. 전사된 mRNA는 개시 코돈인

AUG부터 번역이 진행되며, 종결 코돈에서 번역이 종결된다. (5' - A C A A U G A C G U G G C A G U A G C - 3') 따라서, 생성된 폴리펩타이드는 메싸이오닌, 트레오닌, 트립토판, 글루타민 순으로 합성된다.(종결 코돈 UAG는 지정하는 아미노산이 없다.)

20. 번역이 시작되기 위해서는 mRNA에 개시 코돈이 존재해야 하므로 AUG와 상보적인 TAC 염기 서열을 갖는 DNA (I) 가닥이 단백질 합성의 주형이다. DNA (I) 가닥을 주형으로 전사된 mRNA 의 서열은 메싸이오닌(AUG ; 개시), 트레오닌(ACU), 종결코돈(UAG)이므로 5' - AUGACUUAG - 3'이다.
① DNA (I) 가닥이 단백질 합성의 주형이다.
② 번역 결과 만들어진 폴리펩타이드는 메싸이오닌과 트레오닌이므로 아미노산을 운반하는 2개의 tRNA가 필요하다.
③ [바로알기] 마지막 코돈 UAG는 종결 코돈이므로 해당 아미노산이 존재하지 않는다. 따라서 2개의 안티코돈이 존재한다.
④ 전사된 mRNA 의 서열은 5' - AUGACUUAG -3'이고, DNA (I) 가닥을 주형으로 하므로 ㉠은 5', ㉡은 3'이다.
⑤ DNA로부터 암호화되는 염기의 개수는 9개이다.

21. ㄱ. mRNA의 번역 방향은 5'에서 3'이다. 따라서 (가)는 mRNA의 5' 말단이며, (나)는 mRNA의 3' 말단이다.
ㄴ. [바로알기] 각각의 리보솜은 mRNA의 같은 위치 즉, 개시 코돈에서부터 순차적으로 번역을 시작한다.
ㄷ. [바로알기] 폴리리보솜에서 만들어진 폴리펩타이드는 모두 동일한 mRNA로부터 합성되었기 때문에 모두 동일한 폴리펩타이드이다.

22. ㄱ. [바로알기] 아미노산 ㉡은 ㉢에 직접 연결된 아미노산(가장 아래쪽 아미노산)과 펩타이드 결합한다. ㉠은 번역 과정에서 가장 먼저 리보솜에 들어온 아미노산이다.
ㄴ. [바로알기] tRNA ㉣은 새로운 아미노산과 결합하여 A자리에 들어온 것이고, tRNA ㉢은 리보솜의 A→P자리로 옮긴 것이므로 ㉣은 ㉢보다 나중에 mRNA와 결합한다.
ㄷ. 리보솜의 이동 방향은 mRNA의 번역 방향(5'에서 3')과 동일하므로 (가)에서 (나) 방향으로 이동한다.

23. mRNA의 염기 3개가 1개의 아미노산을 지정하므로 인공 mRNA에서 합성 가능한 단백질의 염기 코돈 서열은 UUU-UUC-CCC, UUU-UCC-CCU, UUU-CCC 3개이다. 따라서, 아미노산 2개로 이루어진 폴리펩타이드는 ㉠이며, 염기 서열 UUU는 ●, CCC는 ▲이다.

합성된 폴리펩타이드	아미노산 서열	
㉠	● - ▲	UUU-CCC
㉡	● - ● - ▲	UUU-UUC-CCC
㉢	● - ★ - ■	UUU-UCC-CCU

ㄴ. [바로알기] ㉠은 세 번째 염기부터, ㉡은 첫 번째 염기부터, ㉢은 두 번째 염기부터 번역된 것이다. 따라서, 코돈 CCU는 ■를 지정하며, UUU와 UUC는 같은 아미노산(●)을 지정한다.

24. ㄱ. [바로알기] 번역은 mRNA의 5'말단에서 3'말단 쪽으로 진행된다. 합성된 폴리펩타이드의 길이가 ⓒ쪽이 반대쪽보다 짧으므로 ⓒ은 mRNA의 5'말단이다.

ㄴ. [바로알기] mRNA에 결합한 리보솜의 개수가 ㉠쪽 mRNA에 더 많으며, ⓒ이 mRNA의 5'말단이므로 ⓒ은 DNA의 3'말단이고 ㉠은 DNA의 5'말단이다. 따라서, mRNA가 합성되는 전사 과정은 ⓒ방향에서 ㉠방향으로 진행된다.

ㄷ. DNA로부터 mRNA가 합성되는 전사 과정과 mRNA의 유전 암호로부터 폴리펩타이드가 합성되는 번역 과정이 한 공간에서 동시에 진행되고 있으므로 이 모식도와 같은 유전자 발현 과정을 거치는 생물은 핵막이 존재하지 않아 세포질에서 전사와 번역이 동시에 진행되는 원핵 생물이다. 반대로 진핵 생물은 핵막이 존재하여 복제와 전사는 핵 속에서 진행되고 번역은 세포질에서 일어나기 때문에 전사와 번역이 동시에 진행될 수 없다.

25. DNA 주형 가닥의 염기 서열이 3' - A/T A C/T G A/T G A/A C C/A T T - 5'이므로 주형 DNA로부터 합성된 mRNA의 염기 서열은 5' - U A U G A C U A C U U G G U A A - 3'이다.

ㄱ. 하나의 염기가 삽입되어 두 개의 아미노산으로(메싸이오닌 제외) 구성된 폴리펩타이드가 합성되기 위해서는 mRNA의 염기 서열 중 UGG가 종결 코드 UGA 또는 UAG로 되어야 하므로 DNA 주형 가닥 중 ACC가 ACT[C] 또는 ATC[C]가 되어야 한다. 따라서 염기 T이 삽입되어야 한다.(㉠의 염기는 T이다.)

ㄴ. AUG는 개시 코돈, 종결 코돈은 UAA이며, 합성된 폴리펩타이드의 메싸이오닌은 떨어져나갔다고 하였으므로 3개의 아미노산으로 이루어진 폴리펩타이드가 만들어진다.

ㄷ. 폴리펩타이드 (가)의 두 번째 아미노산을 운반하는 tRNA의 안티코돈과 상보적인 mRNA의 코돈은 5' - ACU - 3'이므로 tRNA의 안티코돈은 3' - UGA - 5'이다. 따라서, tRNA의 안티코돈의 3'쪽 첫 번째 염기는 U이다.

26. AUG가 개시 코돈이며, 메싸이오닌이 번역된다.

ㄱ. (나)에서 GAA가 종결 코돈 UAA이 되어야 하므로 12번 염기 G가 U로 전환되어야 한다.

ㄴ. [바로알기] (다)에서 두 번째, 세 번째 아미노산이 ▲로 동일해야 하므로 세 번째 코돈 AGA에서 A가 G로 전환되어야 하므로 11번 염기 A가 G로 전환되었다.

ㄷ. [바로알기] 코돈 GAA 다음에 ● 아미노산이 합성되었으므로 12, 13번 또는 15번 염기 앞에 염기 A이 첨가되어야 하며, 그 다음 코돈은 종결 코돈이 되어야 하므로 17번 염기 앞에 염기 U이 첨가되어야 한다.

27. ㄱ. [바로알기] DNA Ⅰ이 주형으로 전사된다면 mRNA의 염기 서열은 5' - G A U A U G C G U A A C G A A U G A C A U - 3' (AUG는 메싸이오닌, UGA는 종결 코돈)이므로 4개의 아미노산이 결합한 폴리펩타이드가 형성되고, DNA Ⅱ이 주형으로 전사된다면 mRNA의 염기 서열은 5' - A U G U C A U U C G U U A C G C A U A U C - 3' (AUG는 메싸이오닌, 종결 코돈은 없음)이므로 7개의 아미노산이 결합한 폴리펩타이드가 형성되며 종결 코돈이 없어 합성이 완료되지 않는다. 따라서, DNA Ⅰ이 주형 가닥이다.

ㄴ. 메싸이오닌을 지정하는 코돈인 AUG 다음에 오는 염기는 C이다.

ㄷ. 종결 코돈은 5' - UGA - 3'이다.

28. ㄱ. 코돈 UGU, GUG가 각각 시스테인, 발린이므로 UUG는 류신이다.

ㄴ. [바로알기] 코돈 ㉠에서 GUG, ⓒ과 ②에서 GUU, ⓒ과 ⓜ에서 GUC는 발린을 지정하므로 ㉠ ~ ⓜ에서 발린을 지정하는 코돈은 3종류(GUG, GUU, GUC)이다.

ㄷ. CUGU가 5회 반복한 염기 서열을 3개의 염기로 묶어 코돈으로 나타내면 CUG UCU GUC UGU CUG UCU GU이므로 각각, 류신, 세린, 발린, 시스테인, 류신, 세린 총 6개의 아미노산으로 구성된 폴리펩타이드가 합성되며, 류신과 세린은 각각 2개씩 존재한다.

인공 mRNA	가능한 코돈	가능한 아미노산
㉠	UGUGUGUGUG UGU, GUG	시스테인, 발린
ⓒ	UUGUUGUUGUUG UUG, UGU, GUU	류신, 시스테인, 발린
ⓒ	UCGUCGUCGUCG UCG, CGU, GUC	세린, 아르지닌, 발린
②	UUCGUUCGUUCGUUCG UUC, GUU, CGU, UCG	페닐알라닌, 발린, 아르지닌, 세린
ⓜ	UCUGUCUGUCUGUCUG UCU, GUC, UGU, CUG	세린, 발린, 시스테인, 류신

29. 14번 코돈에서 염기 1개가 결실되면 코돈 번호는 13번까지는 같고, 14번(UCC, UAC, CAC 중 하나), 15번 GAG, 16번 AAU, 17번 UGA(종결 코돈)이다. 종결 코돈은 지정하는 아미노산이 없다.

② 14번 아미노산은 UCC, UAC, CAC 중 하나로 세린, 타이로신, 히스티딘 중 하나이다.

[바로알기] ① 아미노산이 16번까지 만들어지므로 원래보다 단백질이 짧다.

③ 15번 코돈 GAG는 글루탐산을 지정한다.

④ 16번 코돈 AAU는 아스파라진을 지정한다.

⑤ 만들어진 단백질은 17번에 종결 코돈이 있는 16개의 아미노산으로 이루어지므로 아미노산 간 펩타이드 결합은 15개이다.

30. 답 단백질을 합성하는 번역 과정에는 단백질에 대한 유전 정보를 저장하고 있는 mRNA, 단백질 합성이 일어나는 장소인 리보솜(rRNA), 단백질을 구성하는 20 종류의 아미노산, 아미노산을 리보솜으로 운반하는 tRNA, 아미노산과 tRNA의 결합에 필요한 에너지인 ATP, 아미노산을 tRNA에 붙여주는 효소 등 단백질 합성에 관여하는 여러 효소들이 필요하다.

31. 답 시험관에서 mRNA에 의해 합성된 폴리펩타이드는 mRNA에 존재하는 개시 코돈인 AUG로부터 합성이 시작되고, 종결 코돈인 UAA에서 종결된다. 종결 코돈은 아미노산을 지정하지 않으므로 합성된 폴리펩타이드의 아미노산 서열은 다음과 같다. AUG 메싸이오닌(Met)- CCU 프롤린(Pro)- CUA 류신(Leu)- AUC 아이소류신(Ile)- CAU 히스티딘(His)이다. 합성이 완성되면 폴리펩타이드에서는 효소의 작용으로 인해 메싸이오닌이 떨어져 나가므로 합성된 폴리펩타이드로부터 완성된 단백질을 구성하는 아미노산은 4개이다.

5강. 유전자 발현 조절 1

개념확인

1. 생명체의 세포는 모두 수정란의 세포 분열에 의해 만들어지며 가지고 있는 유전자는 동일하고, 유전자 발현 결과 생명체의 모습이나 기능은 완전히 다르게 나타난다.

2. DNA에서 프로모터와 작동 부위 및 구조 유전자들이 모여 있는 유전자 집단을 오페론이라고 한다.

3. 대장균이 배지에 있는 젖당을 흡수하여 에너지원으로 사용하기 위해서는 젖당 분해 효소, 젖당 투과 효소, 아세틸기 전이 효소(3가지 효소)가 필요하며, 이들 효소는 젖당 오페론에 함께 존재하여 동시에 발현되거나 억제된다.

4. 젖당 대사에 관여하는 효소가 합성될수록 배지의 젖당 농도는 점차 감소한다.

확인 +

1. 세포, 조직, 기관이 제각기 고유의 구조와 기능을 나타내도록 특수화되는 것은 적절한 시기에 특정 유전자가 기능하도록 유전자의 형질 발현이 조절되기 때문이다.

2. 조절 유전자(= 조절 요소 = 조절 서열)는 억제 단백질의 유전 정보를 암호화하며, 지속적으로 발현되어 억제 단백질을 합성한다. 오페론의 밖(앞부분)에 존재하므로 오페론의 구성 요소는 아니다.

3. 배지에 젖당이 없을 경우 RNA 중합 효소가 프로모터에 결합하지 못하므로 구조 유전자의 전사는 일어나지 않는다.

4. 배지에 젖당이 있을 경우 RNA 중합 효소가 프로모터에 결합하므로 구조 유전자의 전사가 일어난다.

개념다지기

01. (1) X (2) O (3) O   **02.** (1) X (2) X (3) X
03. 동시에   **04.** (1) X (2) O (3) O
05. 작동 부위   **06.** 가역, 분해
07. ②, ③, ④   **08.** (1) X (2) O (3) O

01. (1) [바로알기] 오페론은 원핵 생물에만 존재하는 유전자 발현 조절 기구이다. 따라서, 진핵 생물에는 존재하지 않는다.
(2) 조절 유전자는 오페론의 앞부분에 존재하므로 오페론의 구성 요소가 아니다. 조절 유전자는 억제 단백질의 유전 정보를 암호화하며, 지속적(항상)으로 발현되어 억제 단백질을 합성한다.

02. (1), (3) [바로알기] 젖당만 존재하는 배지에서 억제 단백질은 젖당 유도체와 결합하여 입체 구조가 변한다(비활성화). 따라서, 억제 단백질은 작동 부위에 결합하지 못한다. 그러므로 RNA 중합 효소가 프로모터에 결합하여 구조 유전자로부터 전사가 일어나 mRNA가 합성된다.
(2) [바로알기] 젖당 오페론을 구성하는 구조 유전자에는 *lacZ*, *lacY*, *lacA*가 존재한다. 각 유전자로부터 β 갈락토시데이스(젖당 분해)효소 단백질, 젖당 투과 효소 단백질, 아세틸기 전이 효소 단백질이 합성된다.

03. 원핵 생물의 유전자 발현 조절 과정에서 한 가지 대사 경로에 관여하는 모든 효소는 세포에 함께 존재하며, 동시에 합성이 조절된다.

04. (1) [바로알기] 각 진행 단계에서 작용하는 효소를 암호화하는 유전자가 하나의 집단을 이루고 있어서 모두 같은 조절 부위에 의해 조절된다.
(2) 한 가지 물질대사가 일어날 때에는 진핵 생물과 마찬가지로 여러 단계를 거쳐 반응이 진행된다.
(3) 한 가지 대사 경로에 관여하는 모든 효소가 세포에 함께 존재하거나, 모두 한꺼번에 합성이 조절된다.

05. 포도당을 에너지원으로 사용하는 대장균을 젖당만 존재하는 배지에 넣으면 젖당 오페론이 작동하여 젖당이 분해된다. 젖당이 모두 소모되면 억제 단백질은 자유롭게 되어 다시 작동 부위에 결합하여 전사를 중지시킨다.

06. 젖당 유도체와 억제 단백질의 결합은 가역적이어서 젖당 유도체의 농도가 낮아지면 억제 단백질에 결합했던 젖당 유도체는 분해된다.

07. DNA에서 프로모터와 작동 부위 및 구조 유전자들이 모여 있는 유전자 집단을 오페론이라고 한다. (오페론 = 프로모터 + 작동 부위 + 구조 유전자)

08. (1), (2) [바로알기] 배지에 젖당이 존재하면 젖당 유도체가 억제 단백질에 결합하여 억제자를 불활성화시키고 작동 부위에 결합하지 못하게 한다. 따라서, RNA 중합 효소가 프로모터에 결합하여 구조 유전자의 전사가 일어나 mRNA가 합성된다.
(3) 젖당이 모두 분해되어 자유롭게 된 억제자는 다시 작동 부위에 결합하여 전사를 중지시킨다. 즉, 젖당이 없어져 효소가 더 이상 필요하지 않게 되면 젖당 오페론의 작동은 자동적으로 멈춘다.

[유형 5-1] (1) X (2) O (3) X (4) O
　　　　01. ㉠ : 조절 유전자　㉡ : 프로모터
　　　　　　㉢ : 작동 부위　㉣ : 구조 유전자
　　　　02. ②, ③
[유형 5-2] (1) X (2) O (3) O (4) O
　　　　03. 젖당 오페론설(lac operon)
　　　　04. ⑤
[유형 5-3] (1) X (2) O (3) X
　　　　05. (1) O (2) X (3) O
　　　　06. ②, ③, ①
[유형 5-4] (1) X (2) O (3) O (4) X (5) X
　　　　07. ②, ③, ①, ④
　　　　08. (1) X (2) X (3) O

[유형 5-1] (1) [바로알기] ㉠은 조절 유전자이다. 오페론을 구성하는 요소는 아니지만 오페론의 작용을 조절한다.
(2) ㉡은 RNA 중합 효소가 결합하는 프로모터이다.
(3) [바로알기] ㉢은 억제 단백질(억제자)이 결합하는 부위인 작동 부위이다.
(4) ㉣은 mRNA 합성에 필요한 유전 암호가 존재하는 구조 유전자이다.

01. ㉡은 프로모터, ㉢은 작동 부위, ㉣은 구조 유전자로 오페론의 구성 요소이다. 즉, ㉡ + ㉢ + ㉣ = 오페론이다. ㉠은 오페론 밖에 존재하며, 오페론을 조절하는 조절 유전자이다.

02. RNA 중합 효소가 결합하는 부위는 프로모터이며, 오페론 밖에 존재하며 억제 단백질에 대한 유전 정보를 갖는 DNA 부위는 조절 유전자이다.

[유형 5-2] (1) [바로알기] ㉠은 DNA이다.
(2) 조절 유전자인 ㉡으로부터 억제 단백질이 항상 합성된다.
(3) ㉢(프로모터), ㉣(작동 부위), ㉤(구조 유전자)은 오페론의 구성 요소이다.
(4) ㉡으로부터 전사된 mRNA에 의해 항상 억제 단백질이 합성되며, RNA 중합 효소가 프로모터에 결합하면 ㉤으로부터 mRNA가 합성된다.

03. 자코브와 모노의 오페론설에 대한 설명이다. 1961년 자코브와 모노는 대장균이 유전자의 발현 조절을 통해 젖당 분해에 관여하는 효소의 생산을 조절한다는 설인 젖당 오페론설을 제시하였다.

04. 대장균의 에너지원은 포도당이다. 포도당, 과당, 갈락토스 등은 단당류이며, 수크로스, 젖당(갈락토스 + 포도당) 등은 이당류이다. 대장균은 보통 포도당을 섭취하여 살아가지만 젖당만 있는 환경에서는 젖당 분해 효소를 합성하여 젖당을 포도당과 갈락

토스로 분해한 후, 포도당을 에너지원으로 이용한다.

[유형 5-3] (1) [바로알기] ㉡은 프로모터, ㉢은 작동 유전자이다. 포도당이 존재하는 경우 억제 단백질은 활성화되어 작동 유전자에 결합하지만, 젖당만 존재하는 경우 젖당 유도체가 억제 단백질에 결합하여 억제 단백질이 작동 유전자에 결합할 수 없게 되므로 RNA 중합 효소가 프로모터에 결합하여, 젖당 분해 효소의 합성이 진행된다(mRNA 전사 과정이 진행된다).
(2) ㉠은 조절 유전자로 오페론의 구성 요소는 아니지만, 오페론 앞에 존재하며 오페론의 작용을 조절하는 역할을 한다.
(3) [바로알기] ㉡은 프로모터이다. RNA 중합 효소는 젖당이 있을 때 프로모터에 결합하여 mRNA가 전사되고, 젖당 분해 효소가 합성된다.

05. (1) 구조 유전자는 *lac Z, lac Y, lac A* 유전자가 존재하며, 각 유전자는 mRNA 전사를 통해 각각 젖당 분해 효소(β 갈락토시데이스), 젖당 투과 효소, 아세틸기 전이 효소가 합성된다.
(2) [바로알기] 젖당이 없을 때에는 억제 단백질이 작동 유전자에 결합하므로 RNA 중합 효소가 프로모터에 결합할 수 없다.(프로모터와 작동 유전자는 일부분이 겹쳐 있으므로 작동 부위에 이미 억제 단백질이 결합하면 프로모터에 RNA 중합 효소가 결합할 수 없다.) 포도당은 없고 젖당만 존재할 경우에는 젖당이 억제 단백질이 결합하여 억제 단백질을 불활성화시키므로 RNA 중합 효소가 프로모터에 결합할 수 있어 mRNA 합성이 일어나 젖당 분해에 관여하는 효소들이 합성된다.
(3) 오페론 밖에 존재하는 조절 유전자로부터 억제 단백질이 항상 합성되며, 젖당이 존재할 때 억제 단백질이 불활성화되면 RNA 중합 효소가 프로모터에 결합하므로 구조 유전자로부터 mRNA가 합성된다. 젖당 오페론이 작용하기 위해서는 억제 단백질을 합성하는 mRNA와 젖당을 분해하는 데 관여하는 효소를 합성하는 mRNA 두 종류가 필요하다.

06. RNA 중합 효소가 결합하여 합성되는 효소 중 *lac A* 유전자에 의해 합성되는 효소는 아세틸기 전이 효소이며 *lac Y* 유전자에 의해 합성되는 효소는 젖당 투과 효소, *lac Z* 유전자에 의해 합성되는 효소는 젖당 분해 효소이다.

[유형 5-4] (1) [바로알기] 오페론은 세균, 대장균과 같은 원핵 세포의 유전자 발현 조절 방식이므로 진핵 세포에는 오페론이 존재하지 않는다.
(2) 젖당 유도체는 억제 단백질과 결합하여 억제 단백질을 비활성화시키며 이때, RNA 중합 효소가 프로모터에 결합하여 젖당 분해에 필요한 효소를 암호화하는 유전자를 전사함으로써 젖당 분해에 필요한 효소가 합성된다.
(3) 조절 유전자는 오페론을 구성하는 요소가 아니며, 젖당의 유무에 관계없이 항상 mRNA가 전사되고 형질이 발현되어 억제자(억제 단백질)를 합성한다.
(4) [바로알기] 억제 단백질과 RNA 중합 효소는 오페론에 결합하는 부위가 일부 겹치므로 동시에 오페론에 결합할 수 없다.
(5) [바로알기] 억제 단백질이 젖당 유도체와 결합하여 작동 부위가 비게 되면 RNA 중합 효소가 프로모터에 결합할 수 있다.

정답과 해설 **31**

07. 배지에 젖당이 없을 때에는 억제 단백질이 작동 부위에 결합하며, 배지에 포도당은 없고, 젖당만 존재할 때에는 RNA 중합 효소가 프로모터에 결합한다. 즉, 프로모터와 작동 부위는 일부분이 겹쳐져 있으므로 작동 부위에 억제 단백질이 먼저 결합하면 RNA 중합 효소가 프로모터에 결합할 수 없고, 프로모터에 RNA 중합 효소가 먼저 결합하면 억제 단백질은 작동 부위에 결합할 수 없다.

08. (1) [바로알기] 젖당 오페론은 젖당만 있을 때 활성화되어 젖당을 분해한다.
(2) [바로알기] 조절 유전자는 오페론 밖에 존재하므로 오페론을 구성하는 요소가 아니다. (오페론 = 프로모터 + 작동 부위 + 구조 유전자)
(3) 젖당은 억제 단백질과 결합하여 억제 단백질을 비활성화시키며, 이때 RNA 중합 효소가 프로모터에 결합하여 젖당 분해에 필요한 효소를 암호화하는 유전자를 전사함으로써 젖당 분해에 필요한 효소가 합성된다.

창의력 & 토론마당　　　110 ~ 113 쪽

01 (1) t_D
(2) 젖당 오페론의 작용은 포도당을 모두 소모한 시점부터이기 때문에, 포도당의 양이 증가된다면 포도당을 소모하는 시간이 늘어나므로 젖당 오페론이 활성화되는 시점은 t_D보다 늦어질 것이다.
(3) cAMP는 포도당이 없을 때에만 프로모터에 결합하여 젖당 오페론의 작용을 돕기 때문에 포도당이 존재하는 배지가 혼합되면 대장균 내 존재하는 cAMP의 양은 감소할 것이다.

해설 (1) 대장균의 에너지원은 단당류인 포도당이므로 포도당과 젖당이 함께 존재할 경우 포도당을 모두 소모하기 전까지는 젖당을 분해하지 않는다.

02 (1) 억제한다.
(2) 물질 합성에 따른 에너지와 물질의 불필요한 낭비가 없도록 조절한다.

해설 (1) 트립토판 오페론은 트립토판이 오페론의 작동을 억제하므로 억제성 오페론이라고 한다. 반대로 젖당 오페론은 젖당이 오페론의 작동을 유도하므로 유도성 오페론이라고 한다.
(2) 트립토판과 같이 세포의 생활에 필수적인 물질의 합성에 관여하는 유전자의 경우 세포 내에 이미 많은 양의 물질이 존재할 때는 오페론에서 RNA로 전사되는 것을 막음으로써 물질 합성에 따른 에너지와 물질의 불필요한 낭비가 없도록 조절할 수 있다.

03 숙주는 RNA 중합 효소가 바이러스 DNA에 결합하여 mRNA를 합성하는 전사가 시작되면 숙주 종결자 단백질이 RNA 중합 효소에 결합하여 전사가 조기에 끝나도록 하여 바이러스 유전자의 발현을 억제하는 저항 기작을 갖는다. 하지만, 바이러스가 가지는 tat 단백질이 단백질 종결자 복합체에 결합하게 되어 전사의 종결을 막음으로써 RNA 중합 효소에 의해 바이러스의 전체 mRNA가 전사되어 바이러스의 유전자가 발현된다.

해설

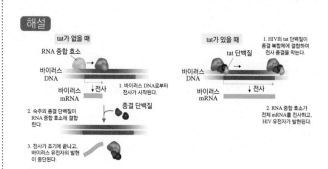

04 ㉠ : 대장균의 수는 계속 증가할 것이다.
조절 유전자가 결실된 대장균의 젖당 오페론에서는 조절 유전자로부터 억제 단백질을 합성할 수 없다. 따라서, RNA 중합 효소가 프로모터에 결합할 수 있으므로 젖당이 존재하지 않더라도 젖당 대사에 관여하는 효소가 합성된다. 즉, 젖당을 에너지원으로 사용하여 계속 세포의 수가 증가할 것이다.
㉡ : 대장균의 수는 30분까지만 증가할 것이다.
프로모터에 돌연변이가 일어난 대장균의 젖당 오페론에서는 RNA 중합 효소가 결합하는 자리에 돌연변이가 일어난 것이므로 젖당 대사에 관여하는 효소의 합성이 일어나지 못한다. 하지만 배지에 존재하는 포도당을 이용하여 30분까지는 생장할 수 있으므로 세포의 수는 처음보다 증가할 것이다.
㉢ : 대장균의 수는 계속 증가할 것이다.
작동 부위에 돌연변이가 일어난 대장균의 젖당 오페론에서는 억제 단백질이 결합하지 못하므로 프로모터에 RNA 중합 효소가 결합하여 전사가 일어나 젖당 대사에 관여하는 효소가 합성되므로 대장균의 생장은 계속될 것이다.
㉣ : 대장균의 수는 30분까지만 증가할 것이다.
lac Z 에 돌연변이가 일어난 대장균의 젖당 오페론에서는 젖당 분해 효소인 β 갈락토시데이스를 암호화하는 부위인 lac Z 로부터 젖당 분해 효소가 정상적으로 생성될 수 없다. 즉, 젖당 분해 효소의 합성이 불가능하므로 세포의 수는 30분 까지만 증가할 것이다.

해설 작동 부위와 프로모터 부위는 일부 겹쳐 있으므로, 억제 단백질이 작동 부위에 결합하지 못하면 젖당 분해 효소의 합성이 일어나며(RNA 중합 효소가 프로모터에 결합한다), 억제 단백질이 작동 부위에 결합하면 젖당 분해 효소의 합성이 일어나지 않는다(RNA 중합 효소가 프로모터에 결합하지 못한다).

스스로 실력 높이기   114 ~ 119 쪽

01. ⑤   **02.** (1) X (2) X (3) X   **03.** ④   **04.** ③
05. ③   **06.** (1) X (2) O (3) X   **07.** ②
08. (1) O (2) X (3) X   **09.** ①
10. (1) O (2) X (3) X   **11.** ④, ⑤
12. (1) O (2) X (3) O   **13.** ④   **14.** ②
15. ⑤   **16.** ③   **17.** ④   **18.** ②
19. ⑤   **20.** ②   **21.** ①, ②, ④   **22.** ②
23. ②   **24.** ⑤   **25.** ①   **26.** ④
27. ⑤   **28.** ③, ⑤   **29.~ 30.** 〈해설 참조〉

01. 오페론은 프로모터, 작동 유전자, 구조 유전자로 구성되어 있는 유전자 발현 조절 기구이다.

02. (1) [바로알기] 오페론은 원핵생물의 유전자 발현 조절 방식으로 진핵생물에는 존재하지 않는다. 원핵생물은 핵막이 없으므로 오페론의 작용은 세포질에서 일어난다.
(2) [바로알기] 억제 단백질을 합성하는 유전 암호는 조절 유전자에 존재한다.
(3) [바로알기] 억제 단백질은 젖당이 없을 경우에는 DNA 작동 부위에 결합하며, 젖당이 있으면 젖당 유도체에 결합한다. 하지만 젖당 유도체와 작동 부위에 동시에 결합할 수는 없다.

03. ㄱ, ㄴ. 포도당이 없고 젖당만 존재할 경우 이당류인 젖당을 분해하여야만 포도당을 에너지원으로 사용할 수 있으므로 젖당 오페론이 작동한다.
ㄷ. 조절 유전자는 억제자(억제 단백질)를 항상 합성하지만 돌연변이 발생으로 억제자 발현이 불가능하면 억제 단백질이 작동 부위에 결합하지 못하고 RNA 중합 효소가 프로모터에 결합하여 구조 유전자의 전사 및 번역이 일어나 젖당 분해 효소가 합성된다.

04. ③ [바로알기] 배지에 포도당은 없고 젖당만 있을 경우 억제 단백질은 젖당에 의해 비활성화되므로 작동 부위에 결합하지 못한다. 따라서, RNA 중합 효소가 프로모터에 결합할 수 있게 되므로 구조 유전자의 전사가 일어나 젖당 분해 효소가 합성된다.

05. ㄱ. 조절 유전자는 젖당 유도체의 유무와는 상관없이 항상 형질이 발현되어 억제 단백질을 합성한다.
ㄴ. 원핵생물의 전사와 번역은 세포질에서 동시에 진행된다.
ㄷ. [바로알기] 젖당 분해 효소를 암호화하는 염기 서열은 오페론

의 구조 유전자에 존재한다. 프로모터는 RNA 중합 효소가 결합하는 DNA의 부위이다.
ㄹ. 억제 단백질은 젖당이 없을 경우에는 DNA 작동 부위에 결합하며, 젖당이 있으면 젖당 유도체에 결합한다.

06. (1) [바로알기] RNA 중합 효소는 DNA의 프로모터에 결합한다.
(2) 억제 단백질은 조절 유전자로부터 합성되는 단백질로 DNA의 작동 부위에 결합한다.
(3) [바로알기] 구조 유전자는 젖당 분해에 관여하는 젖당 분해 효소, 젖당 투과 효소, 아세틸기 전이 효소를 암호화한다. 즉, 세 개의 단백질 정보를 암호화하고 있다.

07. ㄱ. [바로알기] 젖당이 없으면 활성화된 억제 단백질이 작동 부위에 결합하여 RNA 중합 효소가 프로모터에 결합할 수 없으므로 구조 유전자의 전사가 일어나지 않는다.
ㄴ. 억제 단백질은 젖당이 없으면 활성화되어 작동 부위에 결합하여 RNA 중합 효소가 프로모터에 결합하는 것을 방해한다.
ㄷ. [바로알기] 프로모터는 젖당이 존재할 때 RNA 중합 효소가 결합하는 DNA 부위이다.

08. (1), (2) [바로알기] 조절 유전자는 오페론 밖에 존재하는 유전자로 젖당의 유무에 상관없이 발현된다. 즉, mRNA로 전사되고 억제 단백질로 번역된다.
(3) [바로알기] 오페론에 의한 유전자 발현 조절 방식은 원핵생물에만 존재하며, 진핵생물에는 존재하지 않는다.

09. ㄱ. 세포 내에서 포도당 농도가 증가하면 세포 내 cAMP와 CAP의 농도는 감소하며, 포도당 농도가 감소하면 세포 내 cAMP와 CAP의 농도는 증가한다. t_1에서는 t_0보다 포도당의 농도가 낮으므로 cAMP와 CAP의 농도가 높다.
ㄴ. [바로알기] 동화 작용은 합성 작용이며, 이화 작용은 분해 작용이다. 시간이 지나면서 젖당의 농도에는 변화가 없으나 포도당의 농도는 감소하므로 젖당보다 포도당을 이화하여 에너지원으로 사용하였다는 것을 알 수 있다.
ㄷ. [바로알기] 젖당의 농도에 변화가 없으므로 젖당 분해 효소의 합성은 일어나지 않는다.

10. (1) 오페론은 원핵생물의 유전자 발현 조절 방식이다.
(2) [바로알기] 조절 유전자의 산물인 억제 단백질이 작동 부위에 결합하면 RNA 중합 효소가 프로모터에 결합하지 못하므로 구조 유전자의 전사가 일어나지 않는다.
(3) [바로알기] 오페론은 하나의 조절 부위에 의해 한 가지 대사 경로에 관여하는 여러 유전자의 발현이 한꺼번에 조절되는 방식이므로 몇 가지 효소가 따로따로 합성되거나 합성이 억제될 수 없다.

11. ㉠은 조절 유전자, ㉡은 프로모터, ㉢은 작동 부위, ㉣은 구조 유전자, ㉤은 억제 단백질, ㉥은 RNA 중합 효소이다.
① [바로알기] 조절 유전자는 젖당의 유무에 상관없이 항상 발현된다.
② [바로알기] 프로모터는 RNA 중합 효소가 결합하는 부위이다.
③ [바로알기] 억제 단백질은 젖당 유도체와 결합하여 작동 부위에 결합한다.

④ 작동 부위는 젖당이 없을 때 활성화된 억제 단백질이 결합하는 부위이다.

⑤ RNA 중합 효소가 오페론의 프로모터에 결합하면 구조 유전자가 전사되어 젖당 분해에 관여하는 세 가지 효소가 합성된다.

12. (1) 조절 유전자가 결실되면, 조절 유전자로부터 합성되는 억제 단백질이 만들어지지 않으므로 RNA 중합 효소가 프로모터에 결합할 수 있게 된다. 따라서, 구조 유전자로부터 mRNA가 전사된다.

(2) [바로알기] 억제 단백질은 조절 유전자로부터 합성되는 단백질이다.

(3) 억제 단백질이 없으므로 젖당이 존재하지 않아도 RNA 중합 효소에 의한 젖당 분해 관련 유전자의 전사가 진행될 수 있다.

13. ㄱ. 젖당은 β 갈락토시데이스에 의해 포도당과 갈락토스로 분해된다.

ㄴ. ⓒ 프로모터와 결합한 RNA 중합 효소는 DNA 2중 가닥 중 한 가닥을 주형으로 하여 RNA를 합성한다.

ㄷ. [바로알기] ⓒ은 구조 유전자의 mRNA이다. 오페론은 원핵생물의 대표적인 유전자 발현 조절 방식이다. 원핵생물의 전사와 번역은 세포질에서 동시에 진행된다.

14. ①, ② [바로알기] 억제 단백질은 젖당 유도체와 결합하여 비활성화되므로 작동 부위에 결합할 수 없다.

③, ④ [바로알기] RNA 중합 효소가 프로모터에 결합하면, 구조 유전자로부터 mRNA 전사가 일어난다.

⑤ [바로알기] 조절 유전자로부터 mRNA 전사는 항상 일어나 억제 단백질이 합성된다.

15. ① 오페론의 구조 유전자는 단백질을 합성하도록 암호화되는 부위이므로 mRNA로 전사되는 부위이다.

② 프로모터는 RNA 중합 효소가 결합하여 전사가 시작되는 부위이다.

③ 조절 유전자는 오페론의 구성 요소는 아니지만 항상 발현되어 억제 단백질을 합성함으로써 오페론의 작용을 조절한다.

④ 오페론은 하나의 조절 부위에 의해 한 가지 대사 경로에 관여하는 여러 유전자의 발현이 한꺼번에 조절되는 방식이다.

⑤ [바로알기] 조절 유전자로부터 합성된 단백질인 억제자(억제 단백질)는 젖당과 같은 유도 물질이 없을 경우 DNA의 작동 부위에 결합하여 RNA중합 효소가 프로모터에 결합하는 것을 방해하여 젖당 분해 효소 생성을 억제한다.

16. ㄱ. [바로알기] 작동 부위에 돌연변이가 발생하여 억제 단백질이 작동 부위에 결합하지 못하므로 RNA 중합 효소가 프로모터에 결합할 수 있어 젖당이 없더라도 젖당 분해 효소를 합성할 수 있다.

ㄴ. [바로알기] 오페론의 앞쪽에 존재하는 조절 유전자는 젖당 오페론의 구성 요소가 아니므로 B는 젖당 오페론에 돌연변이가 발생한 것이 아니다.

ㄷ. 구조 유전자에 돌연변이가 발생하여 젖당 분해 효소가 합성되지 않을 때 조절 유전자는 정상적으로 억제 단백질을 합성한다.

17. A 구간은 대장균이 포도당을 에너지원으로 사용한다. B 구간은 젖당을 분해하여 에너지원으로 사용하므로 젖당 분해 효소량이 증가하고 있다.

ㄱ. [바로알기] 억제 단백질의 발현은 젖당의 유무에 상관없이 항상 일어난다.

ㄴ. 대장균은 포도당과 젖당이 함께 존재할 경우 단당류인 포도당이 모두 고갈될 때까지 포도당을 에너지원으로 이용한다.

ㄷ. 포도당이 모두 소모되어 젖당만 존재할 경우 젖당 유도체에 의해 억제 단백질이 오페론의 작동 부위에 결합할 수 없으므로 RNA 중합 효소에 의한 젖당 오페론의 구조 유전자의 전사가 활발하게 일어난다.

18. ① 프로모터는 RNA 중합 효소가 결합하여 전사가 시작되는 DNA 부위이다.

② [바로알기] 젖당이 있을 때 젖당을 분해하여 포도당을 얻기 위해 구조 유전자에서 젖당 분해 유전자가 발현된다.

③ 억제 단백질이 젖당 유도체와 결합하면 입체 구조가 변하므로 작동 부위에 결합할 수 없다.

④ 억제 단백질은 젖당이 있을 때에는 젖당 유도체와 결합하며, 젖당이 없을 때에는 DNA의 작동 부위에 결합하므로 젖당 유도체와 결합하는 부위뿐만 아니라 DNA와 결합하는 부위도 존재한다.

⑤ RNA 중합 효소가 DNA의 프로모터에 결합하고 구조 유전자로 이동하며 전사가 진행된다.

19. ㄱ. 조절 유전자에는 억제 단백질에 대한 유전 정보가 암호화되어 있다.

ㄴ. 구조 유전자에는 젖당 분해 효소에 대한 유전 정보가 암호화되어 있다.

ㄷ. 젖당만 존재할 경우 젖당 유도체가 억제 단백질에 결합하여 억제 단백질의 입체 구조를 변형시켜 비활성화시키므로 억제 단백질이 DNA에 결합하지 못한다.

20. ㄱ, ㄴ [바로알기] 조절 유전자가 결실되면, 억제 단백질을 합성될 수 없어 RNA 중합 효소가 젖당 유무에 상관없이 항상 프로모터에 결합할 수 있으므로 젖당 분해에 필요한 효소가 합성될 수 있다.

ㄷ. [바로알기] 조절 유전자가 결실된 대장균에서는 항상 젖당 분해 효소가 합성되므로 포도당이 없고 젖당만 있는 배지에서도 살 수 있다.

21. ㉠은 조절 유전자, ㉡은 프로모터, ㉢은 작동 부위, ㉣은 구조 유전자, ㉤은 억제 단백질, ㉥은 RNA 중합 효소이다.

① 조절 유전자로부터 억제 단백질이 항상 합성된다.

② 오페론의 구성 요소는 프로모터, 작동 부위, 구조 유전자이다.

③ [바로알기] ㉢ 작동 부위에 ㉤ 억제 단백질이 결합하면 RNA 중합 효소에 의한 ㉣ 구조 유전자의 전사가 진행될 수 없다.

④ RNA 중합 효소는 프로모터에 결합한다.

⑤ [바로알기] ㉢ 작동 부위는 활성화된 ㉤ 억제 단백질이 결합하는 부위이다. 억제 단백질에 젖당 유도체가 결합하면 억제 단백질은 비활성화되어 작동 부위에 결합할 수 없다.

22. ㄱ. (가) 구간에서는 대장균의 개체가 증가하다가 멈추는 구간이 존재한다.

ㄴ. (나) 구간에서는 젖당 분해 효소량이 증가하므로, 젖당 오페론이 작동하여 구조 유전자로부터 mRNA가 전사되었다.

ㄷ. [바로알기] (나) 구간에서는 젖당이 젖당 분해 효소에 의해 갈락토스와 포도당으로 분해되므로 포도당이 존재한다.

23. ① t_2일 때 젖당 분해 효소에 의해 젖당이 포도당과 갈락토스로 분해되므로 젖당의 분해에 의해 생성된 포도당은 이화되어 대장균의 에너지원으로 사용된다.

②, ③ [바로알기] t_1에서 젖당 분해 효소량은 증가하지 않았으므로 대장균은 젖당 대신 포도당을 에너지원으로 사용하고 있음을 알 수 있다.

④ t_2에서 젖당은 조절 유전자에서 발현된 억제 단백질을 비활성화시켜 젖당 오페론의 작동을 촉진하여 젖당 분해에 필요한 효소가 합성된다.

⑤ 젖당 오페론의 조절 유전자는 포도당 또는 젖당의 유무와 상관없이 항상 발현되므로 t_1와 t_2에서 조절 유전자는 발현된다.

24. 젖당이 없는 배지에서는 정상 대장균의 젖당 오페론이 작동하지 않으며, 젖당이 있는 배지에서는 정상 대장균의 젖당 오페론이 작용하여 젖당 분해에 관여하는 효소가 발현되었다.

① 돌연변이 대장균 (가)는 젖당 유무와 상관없이 젖당 분해에 관여하는 효소가 발현이 되지 않으므로 젖당 분해 효소를 암호화하는 구조 유전자에 돌연변이가 일어난 것이다.

②, ④ 돌연변이 대장균 (나)는 젖당 유무와 상관없이 젖당 분해에 관여하는 효소가 발현이 되었으므로 억제 단백질을 암호화하는 조절 유전자에 돌연변이가 일어난 것이다.

③ (가)는 구조 유전자에 돌연변이가 일어난 것이므로 젖당이 있더라도 구조 유전자가 발현될 수 없으므로 젖당 분해에 관여하는 효소를 합성할 수 없다. 그러므로 젖당을 에너지원으로 사용할 수 없다.

⑤ [바로알기] RNA 중합 효소가 프로모터에 결합하는 것은 구조 유전자의 돌연변이와는 무관하게 독립적으로 일어나는 것이다. 따라서 젖당이 있으면 억제 단백질이 작동 부위에 결합하지 못하므로 RNA 중합 효소는 프로모터에 결합할 수 있다.

25. ①, ③, ⑤ 트립토판은 억제 단백질에 결합하여 억제 단백질을 활성 상태로 만드므로 억제 단백질은 작동 부위에 결합할 수 있다. 그 결과 RNA 중합 효소가 프로모터에 결합하지 못하게 되므로 구조 유전자의 전사가 일어날 수 없어 트립토판 합성에 관여하는 효소가 합성되지 않는다.

②, ④ 젖당 유도체가 억제 단백질에 결합하여 억제 단백질의 구조를 변형시켜 비활성화되면 억제 단백질은 작동 부위에 결합할 수 없으므로 RNA 중합 효소가 오페론의 프로모터에 결합하게 되어 구조 유전자의 전사가 일어난다. 따라서 젖당 유도체는 구조 유전자의 전사를 유도한다.

26. ①, ④ 구간 ⓒ에서는 대장균의 수가 증가하지 않으므로 포도당을 모두 소모한 시기이다. 동시에 젖당을 분해하는 작용이 일어나는 시기이다. 즉, 젖당 유도체가 단백질에 결합하여 억제 단백질을 비활성화시켜 젖당 분해에 관여하는 효소가 합성된다. 따라

서, 이 구간에서는 젖당의 농도가 감소되기 시작한다.

②, ⑤ 구간 ⓔ에서는 다시 대장균의 수가 급격하게 증가하므로 젖당 오페론이 활발하게 작동하여 젖당을 포도당과 갈락토스로 분해하는 시기다. 따라서 젖당의 농도는 급격하게 감소한다.

③ 대장균의 에너지원은 포도당이며, 구간 ⓐ에서 대장균의 개체가 급격하게 증가하므로 포도당의 농도가 급격하게 감소한다.

27. ㄱ. 시험관 A에서는 젖당을 포도당과 갈락토스로 분해한 후 포도당을 에너지원으로 사용하여 생장하며, 시험관 B에서는 포도당을 직접 에너지원으로 사용하여 생장한다.

ㄴ. 젖당 오페론의 조절 유전자로부터 합성되는 억제 단백질은 젖당 또는 포도당의 유무와는 상관없이 항상 발현된다.

ㄷ. 젖당 오페론의 구조 유전자는 β 갈락토시데이스(젖당 분해 효소), 젖당 투과 효소, 아세틸기 전이 효소를 암호화한다.

28. ①, ② [바로알기] 조절 유전자는 젖당, 포도당의 유무, CAP-cAMP 복합체의 유무에 상관없이 항상 발현되어 억제 단백질이 합성된다.

③, ④ [바로알기] CAP-cAMP 복합체는 포도당이 없을 때에만 프로모터 앞쪽에 결합하기 때문에 젖당이 있더라도 포도당이 있을 경우에는 젖당 오페론이 거의 작동하지 않는다. 젖당만 존재할 경우 CAP-cAMP 복합체가 프로모터 앞쪽에 결합하여 상호 작용함으로써 젖당 오페론이 활발하게 작동한다.

⑤ CAP-cAMP 복합체는 프로모터 앞쪽에 결합하여 RNA 중합 효소와 프로모터의 결합을 촉진한다.

29. 답 대장균은 생장에 필요한 에너지를 포도당으로부터 얻기 때문에 포도당과 젖당이 배지에 섞여 있으면 대장균은 단당류인 포도당을 먼저 소모하면서 생장한다. 포도당을 모두 소모하면 이당류인 젖당을 분해하여 포도당을 얻어야 한다.

젖당 오페론의 억제 단백질은 젖당 유도체에 의해 비활성화되어 젖당 오페론의 작용을 억제하지 못하므로 젖당 오페론의 프로모터에 RNA 중합 효소가 결합할 수 있다. 따라서, 젖당 분해에 관여하는 효소를 암호화하는 구조 유전자가 전사된다. 합성된 젖당 분해에 필요한 효소는 젖당을 갈락토스와 포도당으로 분해하므로 대장균은 포도당을 에너지원으로 사용하여 생장할 수 있다.

30. 답 젖당 오페론을 구성하는 요소에는 프로모터, 작동 부위, 구조 유전자가 있다. 프로모터에 돌연변이가 일어나면 RNA 중합 효소가 결합할 수 없어 구조 유전자의 전사가 일어나지 못하므로 젖당 오페론은 정상적으로 작동할 수 없다. 구조 유전자는 젖당 분해에 관여하는 효소를 암호화하므로 돌연변이가 일어나면 젖당 오페론이 정상적으로 작동할 수 없다. 하지만, 작동 부위는 억제 단백질이 결합하여 젖당 오페론의 작동을 억제하는 부위이므로 작동 부위의 돌연변이로 억제 단백질이 결합하지 못하면 RNA 중합 효소가 프로모터에 결합하여 구조 유전자의 전사가 일어나 젖당 분해에 관여하는 효소가 합성될 수 있다. 따라서, 젖당 오페론의 구성 요소 중 작동 부위는 돌연변이가 일어나더라도 젖당 오페론은 정상적으로 작동할 수 있다.

6강. 유전자 발현 조절 2

개념확인　120 ~ 125 쪽

1. 엑손, 인트론　　　　**2.** 여러 개
3. 인트론, 인트론　　　**4.** RNA 전사체
5. 세포 분화　　　　　**6.** ⊙ 조직 ⓛ 기관

확인 +　120 ~ 125 쪽

1. 전사 후 조절, 번역 후 조절
2. 뉴클레오솜, 염색질　**3.** 속도　　**4.** 분해
5. 핵심 조절 유전자　　**6.** 핵심 조절 유전자

개념확인

1. DNA에서 아미노산을 암호화하는 부위는 엑손이며, 아미노산을 암호화하지 않는 비암호화 부위는 인트론이라고 한다. 엑손은 전사된 후 번역 과정을 통해 단백질로 합성되며, 인트론은 RNA로 전사되지만 RNA가 핵을 떠나기 전에 제거된다.

2. 진핵 생물 유전자의 프로모터 앞쪽에는 전사 인자가 결합하는 조절 요소가 여러 개 존재하며, 세포의 종류 또는 시기에 따라 여러 종류의 전사 인자들이 다른 조합으로 결합하여 함께 작용함으로써 유전자의 발현을 유도한다.

3. DNA의 유전자에서 전사되어 만들어진 RNA 전사체에는 엑손과 인트론이 존재하며, 스플라이싱 과정을 거쳐 인트론이 제거되고 가공되면 성숙한 mRNA가 된다.

4. RNA 전사체는 스플라이싱 과정에서 인트론이 제거되고, 엑손끼리 선택적으로 연결되어 성숙한 mRNA가 된다.

5. 하나의 수정란으로부터 만들어진 세포들이 각각 특수한 구조와 기능을 갖게 되는 과정을 세포 분화라고 한다. 분화된 세포는 고유한 형태와 기능을 가지며, 세포의 특성에 맞는 단백질을 합성한다.

6. 다세포 생물의 발생 과정에서 다양한 구조와 기능을 가지는 세포가 모여 조직을 형성하고, 조직이 모여 독특한 기능을 수행하는 기관을 형성하여 생물의 형태가 만들어진다.

확인 +

1. 진핵 세포에서 유전자 발현 조절 과정은 '전사 조절 → 전사 후 조절 → 번역 조절 → 번역 후 조절' 의 순서로 일어난다.

2. 진핵 세포의 핵 속에 존재하는 DNA는 히스톤 단백질에 감겨서 뉴클레오솜을 이루며, 뉴클레오솜들이 응축되어 염색질 구조를 가진다.

3. mRNA 번역에는 리보솜, 아미노산-tRNA 복합체, 번역에 관

여하는 다양한 인자가 필요하며, 이 요소들의 접근성에 따라 번역 속도가 결정되고 그에 따라 유전자 발현이 영향을 받게 된다.

4. 진핵 세포에서 유전자 발현 조절 과정 중 단백질의 활성을 결정하는 단계에는 번역 속도 조절과 mRNA 분해 조절이 있다. 번역 속도 조절은 단백질 합성 개시 및 합성 속도를 조절하는 과정이며, mRNA 분해 조절은 mRNA의 분해 속도를 조절하여 합성되는 단백질의 양을 결정하는 과정이다.

5. 핵심 조절 유전자는 조절 유전자 중 가장 상위의 조절 유전자이다. 이 유전자가 발현되면 하위 조절 유전자들이 연속적으로 발현된다.

6. 핵심 조절 유전자는 발생 초기의 배아 단계에서 활성화되어 각 기관 형성에 필요한 여러 유전자의 발현을 조절함으로써 기관 형성을 유도한다.

개념다지기　126 ~ 127 쪽

01. 인트론　　　　　　**02.** (1) X (2) X (3) O
03. (1) X (2) O (3) O　**04.** (1) O (2) X (3) O
05. (1) O (2) O (3) O　**06.** 마이오디(myo D)
07. (1) O (2) X (3) O　**08.** (1) O (2) O (3) X

01. 원핵 세포와는 달리 진핵 세포의 DNA에는 단백질을 구성하는 아미노산을 암호화하는 부위 사이에 아미노산을 암호화하지 않는 부위가 있는데 이를 인트론이라고 한다.

02. (1) [바로알기] 진핵 세포의 유전자 발현은 대부분 전사 단계에서 조절된다.
(2) [바로알기] 단백질이 합성된 후에도 단백질의 가공, 단백질의 분해 속도 등을 조절하는 방식을 통해 형질 발현이 조절된다.
(3) 유전자 발현은 염색질이 응축됐을 때가 아니라 염색질이 느슨하게 풀려 있을 때 활발하게 일어난다.

03. (1) [바로알기] 염색질 구조가 풀리면 RNA 중합 효소를 비롯하여 전사에 관여하는 인자들이 결합하여 유전자 발현이 일어날 수 있다. 염색질이 응축되어 있으면 전사에 관여하는 인자가 결합할 수 없어 유전자 발현이 일어날 수 없다.
(2) RNA 중합 효소가 결합하여 전사가 일어나기까지 다양한 전사 인자(전사 조절 인자)들에 의해 조절되며, 전사 인자에는 전사를 촉진하는 전사 촉진 인자와 전사를 억제하는 전사 억제 인자가 있다.
(3) 전사 촉진 인자가 프로모터에서 멀리 떨어져 있는 인핸서(원거리 조절 요소)에 결합하면 DNA가 휘어져 프로모터 근처에서 전사 촉진 인자가 다른 전사 인자, 중개자 단백질, RNA 중합 효소와 결합하여 전사 개시 복합체가 형성된다.

04. (1) 진핵 세포에서는 여러 개의 조절 요소와 전사 인자를 사

용합으로써 수만 개에 달하는 많은 유전자를 선택적으로 발현시킬 수 있다.

(2) [바로알기] 번역이 끝난 직후의 폴리펩타이드는 가공된 후 활성화되어야만 특정 기능을 갖는 단백질이 된다. 이 과정을 조절함으로써 세포 내 단백질의 양을 조절할 수 있다.

(3) 합성되는 단백질의 양은 번역이 가능한 mRNA의 양에 따라 달라진다. 세포질 내에서 mRNA 수명은 세포에서 단백질 합성 수준을 결정하는 데 매우 중요하다.

05. (1) 세포 분화는 하나의 수정란에서 비롯된 세포들이 각각의 구조와 기능을 가지게 되는 과정으로 유전자에는 변화가 일어나지 않는다.

(2) 하나의 세포에서 분화되었더라도 전사 조절 인자의 조합에 따라 다양한 종류의 세포로 분화가 가능하다.

(3) 분화가 일어난 세포들은 세포 특성에 맞는 유전자를 발현시키며, 발현된 유전자에서 번역된 단백질은 세포 고유의 형태와 기능을 결정한다.

06. 근육 모세포에서 마이오디 유전자가 가장 먼저 발현되어 전사 촉진 인자인 마이오디 단백질이 생성되며, 마이오디 단백질은 마이오디 유전자 자신과 다른 유전자의 발현을 촉진하고 근육 특유의 단백질 생성을 촉진한다.

07. (1) 기관의 형성과 개체의 발생은 여러 전사 조절 인자들이 연쇄적으로 작용하여 나타난다.

(2) [바로알기] 한 개체 내에서 나타나는 분화된 세포의 형태나 기능의 차이는 유전자 구성의 차이가 아니라 유전자 발현 조절의 차이에 의한 것이므로 눈 형성 세포군과 다리 형성 세포군의 유전자 구성에는 차이가 없다.

(3) 핵심 조절 유전자는 발생 초기의 배아 단계에서 발현되어 기관 형성에 관여하는 여러 유전자의 발현을 조절하여 기관 형성을 유도한다. 즉, 핵심 조절 유전자에 의해 초파리의 유전자 발현 단계가 진행되므로 돌연변이가 초파리를 얻을 수 있다. 예를 들어 초파리에는 눈 형성을 조절하는 유전자는 *ey* 유전자, 더듬이 형성을 조절하는 안테나 유전자 등 다양한 핵심 조절 유전자가 존재한다.

08. (1) 하나의 수정란으로부터 비롯된 세포들이 서로 다른 기관을 형성(세포 분화)한다. 이와 같은 세포 분화 과정이 나타나는 이유는 발현되는 유전자의 종류가 다르기 때문이다.

(2) 세포 분화는 하나의 수정란에서 비롯된 세포들이 각각의 구조와 기능을 가지게 되는 과정이므로 유전자에는 변화가 일어나지 않는다. 따라서, 분화된 세포는 완전한 개체를 형성하는 데 필요한 유전자를 모두 가진다.

(3) [바로알기] 하나의 세포로부터 분화되더라도 유전자의 발현 여부와 전사 인자의 조합에 따라 여러 종류의 세포로 분화되므로 전사 인자의 종류는 세포에 따라 다양하다.

[유형 6-1] (1) ○ (2) ○ (3) X
01. (1) X (2) X (3) ○
02. (1) ○ (2) X (3) ○
[유형 6-2] (1) X (2) ○ (3) ○
03. ②
04. (1) ○ (2) X (3) ○
[유형 6-3] (1) ○ (2) X (3) X
05. (1) ○ (2) ○ (3) X
06. 비가역
[유형 6-4] (1) ○ (2) X (3) ○
07. (1) ○ (2) ○ (3) ○
08. (1) ○ (2) X (3) ○

[유형 6-1] (1) 엑손과 인트론은 전사 과정을 거쳐 mRNA 전사체가 된다.

(2), (3) [바로알기] 유전자에는 단백질을 암호화하는 엑손과 암호화하지 않는 인트론이 존재한다.

01. (1), (2) [바로알기] 염색체에는 아미노산을 암호화하는 부위인 엑손(exon) 사이에 아미노산을 암호화하지 않는 부위인 인트론(intron)이 곳곳에 존재한다. 엑손은 전사된 후 번역 과정을 통해 단백질로 합성되며, 인트론은 RNA로 전사되지만 RNA가 핵을 떠나기 전에 제거된다.

(3) 전사가 일어나기 위해서는 응축된 염색체가 풀어져야 한다.(염색질이 느슨하게 풀려야 한다.)

02. (1) 핵공을 빠져나간 성숙한 mRNA는 세포질의 리보솜에서 번역된다.

(2) [바로알기] 인트론은 RNA가 핵공을 빠져나가기 전에 스플라이싱 과정을 통해 제거된다.

(3) 유전자로부터 전사된 전사체 RNA는 가공 과정을 거쳐 성숙한 mRNA가 된 후, 핵공을 빠져나간다.

[유형 6-2] (1) [바로알기] RNA가 성숙한 mRNA가 되는 과정에서 인트론은 제거되고 엑손만 남는다.

(2) 염색질이 응축되어 있을 때에는 RNA 중합 효소가 결합할 수 없으므로 전사가 일어날 수 없다.

(3) 리보솜에서 합성된 폴리펩타이드는 필요한 물질을 결합시키거나 불필요한 부위를 절단하는 등의 가공 과정을 거쳐 기능을 갖는 단백질이 된다.

03. ①, ③ mRNA 분해 조절과 번역 속도 조절은 번역 조절 과정에서 일어난다. ④ 염색질 구조 재조정은 전사 조절 과정에서 일어난다. ⑤ RNA 가공 조절은 전사 후 조절 과정에서 일어난다.

04. (1) 세포에는 mRNA를 분해하는 효소가 있으며, 일반적으로 세균의 mRNA는 세포 내에 존재하는 효소에 의해 몇 분 내에

분해되지만, 진핵 생물의 mRNA의 수명은 몇 시간, 며칠 또는 몇 주 동안 유지될 수 있을 정도로 안정적이다.

(2) [바로알기] 번역이 끝나 완성된 폴리펩타이드는 가공된 후 활성화되어야만 특정 기능을 갖는 단백질이 된다. 이 과정을 조절함으로써 세포 내 단백질의 양을 조절할 수 있다.

(3) 진핵 세포에서는 여러 개의 조절 요소와 전사 인자를 사용함으로써 수만 개에 달하는 많은 유전자를 선택적으로 발현시킬 수 있다.

[유형 6-3] (1) 형질을 결정하는 유전 물질은 핵 속에 존재하므로 복제 양은 젖샘 세포를 제공한 양과 유전적으로 동일한 형질을 가지게 된다.

(2) [바로알기] 난자 핵의 핵상은 n이므로 완전한 개체를 형성하지 못한다. 젖샘 세포는 체세포이므로 핵상이 2n이므로 완전한 개체를 형성하는 데 필요한 유전자를 모두 가지고 있으므로 복제 양을 만드는 데 이용될 수 있다.

(3) [바로알기] 분화되어 젖샘 세포가 된 세포를 핵을 제거한 난자에 넣어 적절한 자극을 주면 완전한 개체로 발생시킬 수 있다. 이 것은 유전자의 발현이 적절한 조건에 따라 일어난다는 것이다. 즉, 복제양 돌리를 얻음으로써 동물의 전형성능을 입증하였다.

05. (1) 세포에서는 모든 유전자가 발현되는 것이 아니라 필요한 유전자만 선택적으로 발현됨으로써 분화가 일어난다.

(2), (3) [바로알기] 핵심 조절 유전자는 가장 상위의 조절 유전자이며, 핵심 조절 유전자가 발현되면 하위 조절 유전자들이 연속적으로 발현된다.

06. 세포 분화의 첫 번째는 어떤 세포가 될 것인지 정해지는 결정 단계로 세포의 구조나 기능 상의 뚜렷한 변화가 일어나기 전에 일어난다. 결정된 세포는 비가역적으로 운명이 정해진다.

[유형 6-4] (1), (2) [바로알기] *myo D* 유전자는 근육 세포 분화 과정의 핵심 조절 유전자로서, 근육 세포를 형성하도록 한다.

(3) *myo D* 유전자가 발현되어 합성된 Myo D 단백질은 조절 요소에 결합하여 다른 전사 인자 유전자의 발현을 촉진한다.

07. 섬유 아세포은 자연적으로는 근육 세포로 분화하지 않지만, 섬유 아세포에 *myo D* 유전자를 도입한 경우 근육 세포로 분화되었으므로 정상적인 섬유 아세포에서는 *myo D* 유전자가 발현되지 않는다.

(1) *myo D*와 같은 핵심 조절 유전자의 발현에 의해 세포 분화가 일어날 수 있으므로 특정 유전자의 발현에 의한 세포 분화가 일어날 수 있다.

(2) 액틴 필라멘트와 마이오신 유전자는 근육 단백질을 암호화하는 유전자로서 근육 단백질 합성에 관여한다. 섬유 아세포에 도입된 액틴 유전자와 마이오신 유전자에 의해 근육 단백질이 합성되었으므로 두 유전자는 형질이 발현되었다.

(3) *myo D* 유전자의 도입에 의해 섬유 아세포가 근육 세포로 분화되었으므로 *myo D* 유전자가 세포 분화를 유도하는 핵심 조절 유전자라는 것을 알 수 있다.

08. (1) 핵심 조절 유전자는 발생 초기의 배아 단계에서 활성화되어 각 기관 형성에 필요한 여러 유전자의 발현을 조절함으로써 기관 형성을 유도한다.

(2) [바로알기] 기관의 형성과 같은 발생 과정에서는 여러 전사 인자들의 연쇄적 작용으로 나타나는 유전자 발현 양상이 매우 중요하다.

(3) 초파리 배아에 인위적인 조작을 하여 다리가 될 부분에 초파리의 눈 형성 유전자(*ey*)를 삽입하여 배아를 발생시키면, 성체의 다리에 눈과 같은 구조가 형성될 수 있다.

창의력 & 토론마당   132 ~ 135 쪽

01 불활성화된 염색체의 유전 정보는 발현되지 않으므로 암컷의 성염색체 2개(XX) 중 1개는 전사의 개시가 조절되는 전사 조절 단계에서 불활성화되어 바소체가 된다.

해설 진핵 생물의 유전자 발현 단계는 크게 전사 조절 단계, 전사 후 단계, 번역 조절 단계, 번역 후 조절 단계로 나눈다. 불활성화된 염색체의 유전 정보는 발현되지 않으며, X 염색체의 불활성화는 배 발생 시에 일어나므로 전사 조절 단계에서 2개의 X 염색체 중 하나가 응축되어 바소체가 된다.

02 (1) E
    (2) 번데기가 되는 단계에서 대체 스플라이싱이 일어났다.

해설 (1) 알의 mRNA 길이는 6.2 kbp이므로 유전자 P를 구성하는 5개의 엑손을 모두(A, B, C, D, E)를 포함한다. 애벌레의 mRNA는 5.5 kbp이므로 유전자 P를 구성하는 5개의 엑손 중 B를 제외한 엑손(A, C, D, E)를 포함한다. 번데기의 mRNA는 4.4 kbp이므로 유전자 P를 구성하는 5개의 엑손 중 A와 D, 또는 B와 C를 제외한 엑손(B, C, E 또는 A, D, E)을 포함한다. 성체의 mRNA는 5.7kbp이므로 유전자 P를 구성하는 5개의 엑손 중 A를 제외한 엑손(B, C, D, E)를 포함한다. 따라서 공통으로 포함되는액손은 E라는 것을 알 수 있다.

(2) 번데기가 되는 단계에서는 엑손 B가 제거된 상태에서 C가 제거되는 경우, 전체 엑손(5개)에서 A와 D가 제거되는 경우 2가지가 존재하므로 이는 DNA 조각이 어떤 엑손을 취급하는지에 따라 두 가지 방식으로 스플라이싱이 되었다는 것을 알 수 있다.

03 (1) 퍼프는 유전자가 활성화되어 전사가 일어나는 부위이므로 염색질이 느슨해지므로 퍼프가 나타나지 않는 부위는 염색질이 응축되어 전사가 일어나지 않는다.
    (2) 발생 단계에 따라 발현되는 유전자가 달라진다는 것을 의미한다.
    (3) 염색질의 상태 변화를 통해 DNA의 특정 유전자의 발현을 조절하는 것이 퍼프이므로 퍼프의 위치 변화는 전사 조절 단계에서의 조절이다.

해설 (1) 염색질이 느슨해져야 전사가 일어날 수 있다. (2) 특정 유전자는 염색체의 특정 부위에 존재하므로 발생 시기에 따라 퍼프의 위치가 변하는 것은 발생 단계에 따라 발현되는 유전자가 달라진다는 것을 의미한다. 즉, 초파리의 발생 단계에 따라 필요한 단백질이 다르므로 발현되는 유전자의 종류가 달라지면 퍼프의 위치가 달라진다. (3) 퍼프는 염색질의 상태 변화를 통해 DNA의 특정 유전자의 발현을 조절하는 것이다. 따라서, 퍼프는 전사를 조절하는 전사 조절 단계에서의 조절이다.

04 (1) ⓒ은 ⊙를 통해 DNA에 결합한다.
(2) 결실 부위 2 (3) 결실 부위 4와 5

해설 (1) 전기 영동 결과에서 ⓒ만 존재하는 경우에는 ⊙와 ⓒ가 모두 존재하지 않는 결과와 동일하며, ⊙만 존재하는 경우에는 촉진 인자의 활성이 나타나 유전자 Z의 프로모터가 작동하여 일정 부분 발현되지만, ⊙와 ⓒ가 함께 존재할 경우 ⊙만 존재할 때보다 훨씬 더 많은 부분 발현 가능하다는 것을 확인할 수 있으므로 ⓒ은 ⊙과 함께 존재할 경우에만 DNA에 결합할 수 있다.(ⓒ은 ⊙의 보조 인자이다.)
(2) 결실 부위 2는 ⊙와 ⓒ가 없을 때와 있을 때 모두 전사 활성이 거의 동일하므로 유전자 발현에 필수적인 부위가 아니다.
(3) 결실 부위 4와 5는 ⊙와 ⓒ가 없을 때, 있을 때 모두 전사 활성이 일어나지 않으므로 전사 활성에 꼭 필요한 핵심 프로모터 부위이다.

스스로 실력 높이기 136 ~ 143 쪽

01. ②	02. ⑤	03. ②	04. ②
05. ③, ⑤	06. ④, ⑤	07. ②	08. ②, ③, ④
09. ③	10. ④	11. ④	12. ②
13. ③	14. ①, ③	15. ④	16. ③
17. ④	18. ③	19. ①, ⑤	20. ③
21. ③	22. ②	23. ④	24. ④
25. ②	26. ④	27. ~ 30. 〈해설 참조〉	

01. ㄱ. [바로알기] 진핵 세포는 핵막이 존재하므로 핵이 뚜렷하게 구분되지만, 원핵 세포는 핵막이 없다. 진핵 세포의 유전 물질인 DNA(유전 정보)는 핵 안에 염색질, 염색체 형태로 응축되어 존재한다.
ㄴ. 진핵 세포는 DNA가 핵 속에 존재하며 전사는 핵 속에서, 번역은 세포질에서 일어난다.
ㄷ. [바로알기] 원핵 세포의 유전자 조절 단위(유전자 발현 조절 방식)는 오페론이지만, 진핵 세포에는 오페론이 존재하지 않는다.

02. ㄱ. 발현되는 유전자에 의해 어떤 단백질이 생성되느냐에 따라 세포의 기능이 결정되며, 이러한 세포들이 모여 기관이 된다.
ㄴ. 각 세포의 유전자 구성은 분화 전후와 상관없이 수정란과 동일하다.

03. ㄱ. [바로알기] 다리를 형성하는 세포군에 *ey* 유전자를 도입시킨 결과 다리에 눈이 만들어 졌으므로 *ey* 유전자는 눈 형성의 핵심 조절 유전자이다.
ㄴ. 특정 유전자의 발현이 배 발생 시기에 따라 조절되므로 배 발생 과정에서 세포가 서로 다른 조직 또는 기관을 구성하는 세포로 분화할 수 있다. 그러므로 초파리의 다리가 형성되어야 하는 세포군에 발현되지 말아야 하는 *ey* 유전자가 인위적으로 도입되면 다리에 눈 구조가 생성되는 돌연변이 개체가 발생할 수 있다.
ㄷ. [바로알기] 하나의 수정란으로부터 서로 다른 기관을 형성하도록 분화가 일어난 것이므로 초파리의 모든 세포에 존재하는 유전자의 구성은 동일하다.

04. ㄱ. [바로알기] 같은 생물체를 구성하는 세포의 유전 정보는 동일하므로 마이오디 유전자는 모든 세포에 존재한다.
ㄴ. [바로알기] 마이오신 유전자와 액틴 유전자는 근육을 구성하는 단백질을 암호화하며, 다른 전사 인자는 암호화하지 않는다.
ㄷ. *Myo D* 유전자에 의한 발현된 Myo D 단백질은 마이오신 유전자와 액틴 유전자의 발현을 조절하는 전사 인자를 합성하도록 하는 전사 촉진 인자이므로 다른 하위 조절 유전자들의 발현을 연속적으로 조절하는 핵심 조절 유전자이다.

05. ⊙은 당근(뿌리), ⓒ은 캘러스, ⓒ은 캘러스로부터 분화된 당근 개체이다.
①, ⑤ [바로알기] 캘러스는 미분화된 세포 덩어리(어떤 구조와 기능을 가지게 될지 운명이 결정되지 않은 세포)로서 적절한 처리에 의해 특정 기능을 가지는 세포로 분화될 수 있다. 따라서, 캘러스는 당근을 형성하는 데 필요한 모든 유전 정보를 가진다.
② [바로알기] 당근 뿌리 세포의 조직 배양으로부터 완전한 개체가 생성됨을 통해 세포 분화 과정에서 유전 물질인 DNA에는 변화가 없음을 알 수 있다.
③, ④ [바로알기] 캘러스는 분화된 당근 뿌리의 형성층으로부터 얻었으며, 완전한 개체를 만들 수 있으므로 분화된 세포의 핵에는 식물의 발생에 필요한 모든 유전자가 들어 있다. 따라서, ⊙과 ⓒ의 유전 형질은 동일하다. 즉, 세포 분화 과정에서 유전 정보의 손실은 없다.

06. RNA 전사체가 성숙한 mRNA가 되는 과정은 인트론이 제거되는 RNA 스플라이싱이다.
① [바로알기] 원핵 세포의 유전자에는 아미노산을 암호화하지 않는 인트론이 존재하지 않는다. RNA 스플라이싱은 진핵 세포에서만 나타난다.
② [바로알기] RNA 중합 효소는 RNA 가닥을 합성하는 효소로서 DNA로부터 RNA를 전사할 때 작용한다.
③, ④, ⑤ 전사체 RNA(전사되어 처음 만들어진 RNA)에는 아미노산을 암호화하는 DNA 부위인 엑손과 아미노산을 암호화하지 않는 DNA 부위인 인트론이 함께 존재하지만, RNA 스플라이싱 과정에서 인트론이 제거됨으로서 엑손이 서로 연결되어 성숙한 mRNA(리보솜에 의해 번역될 수 있는 형태)가 된다.

07. ㄱ. [바로알기] (가)는 RNA 전사체에서 인트론을 제거하는 RNA 스플라이싱이므로 진핵 세포에서만 일어나는 특징적인 현

상이다.

ㄴ. 염색질의 히스톤 단백질의 변형(염색질의 탈응축)을 통해 유전자의 전사 여부가 결정된다.

ㄷ. [바로알기] (다)는 번역이 일어난 후 폴리펩타이드가 가공되어 기능을 갖춘 단백질이 되는 단백질 가공 과정 조절 단계이다. 단백질의 분해 속도는 번역 후 단백질 분해 조절 단계에서 일어난다.

08. ① [바로알기] (가)에서는 근육 단백질이 생성되었지만 근육 세포로 분화되지는 않았다. 그러므로 근육 단백질이 생긴다고 근육 세포로 분화되는 것은 아니다.

② 섬유 아세포에 도입시킨 액틴 유전자와 마이오신 유전자로부터 근육 단백질이 발현되었으므로 세포에 인위적으로 도입시킨 유전자도 발현이 가능하다.

③ 마이오디 유전자가 발현되지 않은 (가)에서는 근육 특이적인 단백질인 액틴과 마이오신을 합성할 수 있지만 근육 세포로 분화되지는 않는다. 마이오디 유전자가 발현된 (나)에서는 섬유 아세포가 근육 세포로 분화되었으므로 마이오디 유전자는 세포의 분화를 조절하는 핵심 조절 유전자이다.

④ 마이오디 유전자가 발현되어 생성된 마이오디 단백질은 액틴 유전자와 마이오신 유전자의 발현을 촉진하여 융합된 핵을 가진 근육 세포를 형성한다.

⑤ [바로알기] (가)에서는 근육 특이적인 단백질이 생성되지만 근육 세포로 분화되지 않았으므로 각 세포에 특이적인 단백질이 생성된다고 세포 분화와 기관 형성이 일어나는 것은 아니다.

09. ㄱ. RNA 전사체에서 RNA 스플라이싱을 통해 인트론이 제거되면 엑손으로만 이루어진 성숙한 mRNA가 되므로 A, B, C, D는 모두 엑손이다.

ㄴ. [바로알기] *tra* mRNA에 존재하는 C는 번역이 일어나 Tra 단백질이 생성되지만 기능은 없다.

ㄷ. *tra* 유전자가 전사된 후 일어나는 RNA 스플라이싱(RNA 가공 과정)에서 엑손 C를 포함하면 수컷이 되고, 엑손 C가 포함되지 않으면 암컷이 된다. 이는 선택적 RNA 스플라이싱이 초파리의 성 결정에 중요한 역할을 한다는 것을 나타낸다.

10. ① [바로알기] 원핵 세포의 유전자에는 인트론이 존재하지 않아 RNA 가공 없이 바로 번역이 진행된다.

② [바로알기] 원핵 세포의 DNA에는 하나의 프로모터에 여러 개의 유전자가 연관되어 있다.

③ [바로알기] 원핵 세포와 진핵 세포의 DNA는 모두 2중 나선 구조이다.

④, ⑤ 원핵 세포의 유전자에는 단백질을 암호화하지 않는 부위인 인트론이 없고, 단백질을 암호화하는 부위인 엑손만 존재한다. 진핵 세포의 유전자에는 인트론과 엑손이 함께 존재한다.

11. ④ 아미노산을 암호화하지 않는 부위인 인트론은 진핵 세포에 존재하며, 원핵 세포에는 존재하지 않는다.

[바로알기] ① 대장균과 같은 원핵 생물의 유전자에는 인트론이 존재하지 않아 전사 후 RNA 가공 과정이 필요 없다.

② 오페론은 주로 원핵 생물에서 나타나는 형질 발현 조절 방식이다. 진핵 생물에는 오페론이 존재하지 않는다.

③ 염색질이 탈응축(히스톤이 변형되어 느슨해짐)되면, RNA 중합 효소가 결합하여 전사가 일어날 수 있다.

⑤ 기능이 연관된 여러 개의 유전자가 하나의 프로모터에 의해 조절되는 것은 원핵 생물에만 존재하는 오페론이다.

12. (가)는 염색질에 아세틸기가 붙어 염색질이 느슨해진 상태이며, (나)는 염색질이 응축되어 있는 상태이다.

ㄱ. ⊙은 뉴클레오솜이며, ⓒ은 히스톤 단백질이다. DNA가 히스톤 단백질에 감겨 뉴클레오솜을 이룬다.

ㄴ. DNA에 메틸기가 결합하면 (나)와 같이 염색질이 응축된 상태가 되므로 RNA 중합 효소가 결합할 수 없어 RNA 합성이 일어나지 않는다. 즉 메틸기는 RNA 합성을 억제한다.

ㄷ. [바로알기] 히스톤에 아세틸기가 결합하면 (나)에서 (가) 상태가 된다. 즉, 염색질이 탈응축되므로 아세틸기는 전사를 유도하는 역할을 한다.

13. ㄱ, ㄴ. [바로알기] 초파리 배아의 다리 형성 세포군과 눈 형성 세포군은 유전자 구성이 동일하다. 동일한 구성의 유전자 중 세포 분화 과정에서 서로 다른 유전자가 발현된다. 따라서, 초파리의 부위에 따른 기관 형성의 차이는 세포 분화 과정에서 유전자 구성의 차이가 아니라 발현되는 유전자의 종류가 달라지기 때문이다.

ㄷ. 특정 유전자의 발현이 배 발생 시기에 따라 조절되므로 배 발생 과정에서 세포가 서로 다른 조직 또는 기관을 구성하는 세포로 분화할 수 있다. 따라서, 배 발생 과정에서 유전자 발현이 비정상적으로 발생하면 돌연변이 개체가 될 수 있다.

14. ① Myo D 단백질은 또 다른 전사 조절 인자의 발현을 촉진하는 전사 촉진 인자로 작용한다.

② [바로알기] 한 생물체를 구성하는 세포의 유전 정보는 동일하므로 *Myo D* 유전자는 근육 모세포, 근육 세포에 모두 존재한다.

③ 근육 모세포의 분화 과정에서 마이오신과 액틴 같은 근육 세포의 특이적인 단백질이 합성된다.

④ [바로알기] *Myo D* 유전자는 Myo D 단백질을 암호화하며, 마이오신과 액틴의 유전 정보는 각각 마이오신 유전자와 액틴 유전자에 암호화되어 있다.

⑤ [바로알기] Myo D 단백질은 근육 세포 특이적 단백질인 마이오신과 액틴 단백질 유전자의 전사를 조절하는 전사 인자의 생성을 촉진한다. 마이오신과 액틴의 유전자 전사를 직접 조절하는 것이 아니다.

15. 진핵 생물은 기관 분화 과정에서 세포의 위치에 따라 발현되는 전사 조절 인자 유전자의 조합이 다르다. 따라서, 세포에서 발현되는 유전자 조합은 서로 다른 위치에서 서로 다른 기관으로 분화된다.

ㄱ. [바로알기] 한 개체를 이루는 모든 체세포는 유전자 구성이 모두 같다. 따라서 모든 세포들은 분화와 관계없이 전사 조절 유전자 ⊙, ⓒ, ⓒ을 모두 가진다.

ㄴ. 전사 조절 유전자 ⓒ과 ⓒ이 함께 발현되어야 수술의 분화가 시작된다.

ㄷ. 애기장대의 줄기 끝에 형성된 미분화 세포 조직에서 세 가지 전사 조절 유전자 ⊙, ⓒ, ⓒ이 서로 다른 조합으로 발현됨으로써

네 가지 꽃 기관인 꽃받침, 꽃잎, 수술, 암술로의 분화가 시작된다.

16. ㄱ. 염색질의 응축 부위가 달라짐에 따라 어떤 유전자가 전사될 것인지 결정된다. 응축된 염색질이 느슨하게 풀려야(염색질 탈응축) 전사가 진행될 수 있으므로 (가)와 같은 과정은 전사 단계의 조절 단계에 해당한다.
ㄴ. [바로알기] RNA 전사체는 핵 속에서 RNA 가공 과정을 통해 인트론이 제거되는 스플라이싱을 거쳐 성숙한 mRNA가 된다.
ㄷ. 세포마다 단백질을 선별적으로 분해함으로써 세포 내 단백질의 종류 및 양이 조절되어 형질 발현이 달라진다.

17. ㄱ. [바로알기] 세포 분화 과정에서 유전자의 변화는 일어나지 않는다. 따라서, 유전 정보는 섬유 아세포와 근육 단백질에서 동일하다.
ㄴ. (가)의 섬유 아세포에서 마이오신과 액틴 단백질이 합성되었으므로 마이오신 유전자와 액틴 유전자가 각각 형질 발현되었다.
ㄷ. 마이오디 유전자는 전사 촉진 인자의 유전자이다. 마이오디 유전자를 도입시킨 (나)에서는 섬유 아세포가 근육 세포로 분화되었으므로 전사 인자인 마이오디 유전자가 특정 유전자의 전사 여부를 조절함으로써 세포 분화가 일어난 것이다.

18. ㄱ. 초파리의 발생 단계에 따라 염색체에서 퍼프의 위치가 달라진다는 것은 발생 단계에 따라 발현되는 유전자가 달라진다는 것을 의미한다.
ㄴ. [바로알기] 초파리의 발생이 진행되고 세포가 분화되더라도 초파리의 몸을 구성하는 각 세포의 유전자 구성은 수정란과 동일하다.
ㄷ. 퍼프는 염색체에서 활성화된 유전자가 RNA로 전사가 활발(RNA 중합 효소 활발)하게 일어나는 부위를 나타낸다.
ㄹ. 퍼프가 나타나는 부위는 전사가 활발하므로 염색질이 느슨하게 풀려(탈응축) 있고, 퍼프가 나타나지 않는 부위는 전사가 일어나지 않는 부위이므로 염색질은 응축되어 있다.

19. ①, ② [바로알기] 바소체는 불활성화된 x염색체이므로 유전자 발현이 일어나지 않아 암컷의 특징이 나타나게 하지 않는다.
③ [바로알기] X 염색체의 응축은 부계 또는 모계에서 물려 받은 것 중 무작위로 일어난다.
④, ⑤ [바로알기] 2개의 X 염색체 중 하나를 응축시켜 불활성화시킴으로써 2개의 X 염색체로부터 합성되는 단백질양이 2배가 되는 것을 방지한다.

20. ㄱ. 유전자 *ey*가 결실되어 전사 인자 Ey가 만들어지지 않으면 눈이 형성되지 않았으므로 Ey는 초파리의 눈 형성에 필요한 전사 인자이다.
ㄴ. [바로알기] 초파리의 체세포는 하나의 수정란이 분열되어 만들어진 것이다. 따라서, 체세포 분열에서는 유전 물질이 똑같이 복제되므로 체세포들은 수정란이 가지는 유전자를 모두 가지고 있다.
ㄷ. Pax 6를 초파리의 다리에 발현시켰을 경우 겹눈 구조가 형성되었으므로 pax 6는 겹눈 구조 형성에 필요한 유전자 발현을 조절할 수 있는 전사 인자이다. 즉, 초파리에서 pax 6 유전자가 발현되었을 때 겹눈 구조가 만들어지는 결과를 통해 생물 간에는 비슷한 유전자가 존재함을 알 수 있다.

21. ㄱ. 애기장대의 FLC 유전자가 발현되면 개화가 억제되므로 개화를 억제하는 기능을 가진다.
ㄴ. [바로알기] (A)는 유전자의 전사 여부를 조절함으로써 유전자 발현을 조절한다. (B)는 소형 RNA가 mRNA와 결합하여 mRNA의 분해를 촉진함으로써 번역을 조절하는 과정이다. (C)는 mRNA와 리보솜의 결합과 개시를 촉진함으로써 단백질의 합성 양을 조절하는 과정이다. mRNA의 합성을 조절하는 과정은 핵 속의 DNA에서 mRNA의 전사량을 조절하는 방식으로 이루어진다.
ㄷ. 생물의 형질 발현은 단백질을 통해 이루어지므로 형질 발현을 조절하는 전 과정은 세포 내 특정 단백질의 생성과 양을 조절함으로써 이루어진다. 즉, 진핵 세포는 유전자 발현 조절을 통해 적절한 시기에 특정 유전자가 발현되도록 하여 특정 단백질의 생성과 양을 조절한다.

22. ㄱ. [바로알기] RNA 분해 효소가 세포 내에서 많이 존재하거나 활성화되어 있으면 DNA 유전자 전사 산물인 mRNA가 짧은 시간 동안 세포 내에서 머물러 있게 되므로 번역되는 단백질의 양이 적어진다.
ㄴ. 진핵 생물의 RNA 중합 효소는 단독으로 프로모터에 결합할 수 없어 전사 촉진 인자의 도움을 받는다. 따라서, 전사 촉진 인자가 많이 존재하면 전사가 더 쉽게 일어날 수 있다.
ㄷ. [바로알기] 염색질이 응축되어 있으면 RNA 중합 효소가 프로모터에 결합하기 어려워 유전자 전사가 일어나지 않아 유전자 발현도 일어나기 어렵다.

23. ㄱ. [바로알기] ㉠에 있는 전사 인자 중 전사 인자 A는 ㉡에 존재하지 않는다. 즉, ㉠에는 전사 인자 A, B가 있고, ㉡에는 전사 인자 A가 존재하지 않는다.
ㄴ. 한 개체에 존재하는 세포의 유전 정보는 동일하므로 ㉡은 ㉠과 동일한 DNA를 가진다. 따라서, ㉡에는 *b*와 마이오신을 암호화하는 유전자가 모두 존재한다.
ㄷ. ㉡에서 마이오신이 발현되었으므로 전사 인자 A가 작용하였다. 따라서, 간세포에는 A가 결합하는 DNA 부위가 존재한다.

24. ㄱ. [바로알기] B 과정은 주형 DNA 가닥의 서열 중 유전자 발현에 필요한 유전 암호가 RNA로 전사되므로(DNA 중 일부분만 전사) 주형 DNA 가닥이 RNA 가닥보다 더 길다.
ㄴ. 소형 RNA는 DNA 또는 mRNA에 결합하여 전사 또는 번역을 억제함으로써 유전자 발현 조절에 매우 중요한 역할을 하는 것으로 밝혀져 있으므로 mRNA에 소형 RNA(sRNA)가 결합하면 D 과정이 억제될 수 있다.
ㄷ. 단백질의 선택적 분해는 번역 후(E) 단백질의 가공(F)이 일어난 이후에 일어난다. 따라서 G에 해당한다.

25. ㄱ. [바로알기] A는 전사 조절 인자이다. 전사 조절 인자는 서로 다른 조절 요소에 결합하고 있으므로 서로 다른 단백질이다.
ㄴ. [바로알기] B는 근거리 조절 요소이다. 조절 요소는 프로모터 앞쪽에 위치하므로 전사가 일어나는 부위가 아니다. 전사가 일어나지 않으므로 단백질로 번역되지도 않는다.
ㄷ. C는 프로모터와 멀리 떨어져 있는 조절 요소로써 원거리 조절 요소라고 하며, B는 프로모터 가까이에 위치하므로 근거리 조절

요소라고 한다. 조절 요소는 전사 조절 인자가 결합할 수 있는 부위이다. 각각의 조절 요소는 DNA 염기 서열이 다르므로 서로 다른 전사 조절 인자가 결합할 수 있다.

26. ㄱ. [바로알기] *antp* 유전자는 전사 인자를 암호화하고, 세포들의 분화와 기관 결정에 결정적인 영향을 주는 핵심 조절 유전자로써 하위 조절 유전자의 발현을 조절하여 세포가 분화되도록 한다.
ㄴ. 세포는 분화될 때 유전자가 손상되거나 결실되지 않으므로 *ubx* 유전자는 날개를 형성할 세포뿐만 아니라 모든 세포에 존재한다.
ㄷ. 배아 발생 단계에서 핵심 조절 유전자(*antp*, *ubx* 등)의 발현 여부에 따라 기관의 형성이 결정된다.

27. 답 전사 촉진 인자의 작용으로 RNA 중합 효소에 의한 유전자 전사가 이루어지는 전사 조절 단계이다.
해설 위 모식도는 전사 인자들이 복합적으로 작용하여 전사 개시 복합체가 형성된 모습으로 유전자의 전사가 일어나는 것을 조절하는 과정이다.

28. 답 전사 조절 인자이다. 전사 조절 인자 중 촉진 인자는 염색질의 구조를 풀거나 전사 기구의 형성을 촉진하여 전사 개시(RNA 중합 효소의 활성)가 잘 일어나도록 한다. 전사 억제 인자는 전사 촉진 인자 또는 RNA 중합 효소 복합체의 결합을 막거나 결합한 전사 촉진 인자가 작용하지 못하도록 하여 전사를 억제한다.
해설 모식도는 전사 개시 복합체가 형성되는 과정이다. 진핵 세포는 유전자 발현 조절을 통해 세포의 종류에 따라 차별적으로 유전자가 발현되며, 최종적으로 기능을 하는 단백질의 종류와 양을 조절한다. 전사 조절 요소인 (가)는 RNA 중합 효소와 프로모터의 결합을 조절한다. 전사 촉진 인자는 DNA로부터 mRNA가 전사되도록 촉진하는 역할을 한다.

29. 답 리보솜에서 합성된 단백질이 헴과 결합하여 기능을 할 수 있는 완성된 단백질이 되는 과정은 번역 후 조절 단계에서의 단백질 가공 과정이다.
해설 글로빈 유전자에 의해 합성된 단백질이 헴과 결합하여 헤모글로빈을 형성하는 과정은 번역이 일어난 후 폴리펩타이드가 가공되어 기능을 갖춘 단백질이 되는 단계이다.

30. 답 발생 초기 배아 단계에서 핵심 조절 유전자가 발현되면 하위 조절 유전자가 순차적으로 발현(여러 전사 인자들이 연속적으로 발현)되어 유전자 조절 과정이 연속적으로 일어나 초파리의 기관이 형성된다. 즉, 핵심 조절 유전자는 기관 형성을 유도한다. 따라서, 핵심 조절 유전자에 돌연변이가 발생하면 이에 해당하는 기관 형성이 제대로 일어날 수 없어 돌연변이 초파리 개체가 된다.
해설 특정 기관의 형성을 조절하는 핵심 조절 유전자에 돌연변이가 발생하면 기관 형성 발생에서 여러 전사 인자들의 연쇄적(연속적) 작용으로 나타나는 유전자 발현 양상에 문제가 발생한다. 따라서, 각 기관 형성에 필요한 유전자의 발현을 조절하는 핵심 조절 유전자는 세포 분화와 기관 형성에 매우 중요하다.

7강. 생명 공학 기술

개념확인

1. 한 생물에서 추출한 특정 DNA를 다른 생물의 DNA에 삽입하여 재조합 DNA를 만든 후, 이것을 대장균, 세균과 같은 숙주에 주입하여 유전자를 복제하거나 형질을 발현시키는 기술을 DNA(유전자) 재조합 기술이라고 한다.

2. (1) 단백질 등을 대량 생산하기 위해 번식력이 뛰어난 대장균을 사용한다.
(2) [바로알기] 플라스미드는 대장균에서 주 염색체와 별도로 존재하는 고리 모양의 염색체이다.
(3) 플라스미드(DNA 운반체)에 목적 DNA를 삽입하여 재조합 DNA를 만들어 숙주 세포(대장균)에 도입한다.

3. 단일 클론 항체는 B 림프구와 암세포를 융합하여 인위적으로 만든 잡종 세포의 클론에서 대량으로 생산된다.

4. PCR에 필요한 요소는 목적 DNA, 프라이머, dNTP, DNA 중합 효소이다.

5. 염기 서열 분석에 플라스미드 등 DNA 운반체는 사용되지 않는다.

6. 배반포 시기의 내부 세포 덩어리가 배아 줄기 세포이다.

7. 적절한 환경에서 스스로 계속 분열하면서 몸을 구성하는 여러 기관이나 조직으로 분화할 수 있는 미분화된 세포를 줄기 세포라고 한다.

8. 어떤 조직이나 장기의 훼손된 기능을 대체할 목적으로 한 개체에서 다른 개체로 조직이나 장기를 옮기는 것을 장기 이식이라한다.

확인 +

1. DNA 재조합에 필요한 요소는 제한 효소, 숙주 세포, 목적 DNA, DNA 연결 효소(리게이스)이다.

2. 제한 효소는 DNA의 특정 염기 서열을 인식하여 그 부위를 선택적으로 절단한다.

3. 세포 융합 기술은 서로 다른 두 종류의 세포를 융합시켜 두 세포의 특징을 모두 가지는 새로운 잡종 세포를 만드는 기술이다.

4. PCR 과정은 'DNA 변성 → 프라이머 결합 → DNA 신장'의 순서로 일어난다.

5. dNTP 는 디옥시리보뉴클레오타이드로 염기 서열 분석 시 주형 DNA에 상보적으로 결합한다. 복제 과정에서 ddNTP가 dNTP대신 결합하면 복제가 중단된다.

6. 한 개체의 유전 형질을 나타내는 모든 유전 정보 전체를 유전체(genome)라고 한다.

7. 성체 줄기 세포는 조직이나 기관의 분화된 세포들 사이에서 발견되는 미분화 세포로 성체에서도 남아 있는 줄기 세포이다.

8. 성체 줄기 세포, 역분화 줄기 세포를 이용하여 만든 장기를 이식하는 방법은 본인 세포를 이용하므로 면역 거부 반응이 없다.

개념다지기　　　　　　　　　　152 ~ 153 쪽

01. (1) X (2) O (3) X　　**02.** (다), (라), (가), (나)
03. ㄷ　　　　　　　　　　**04.** (1) O (2) O (3) O
05. (1) O (2) X (3) O　　**06.** (1) O (2) X (3) X
07. ②, ③　　　　　　　　**08.** 젤 전기 영동

---

01. (1) [바로알기] 대장균에는 주염색체와 별도로 존재하는 고리 모양의 작은 원형 DNA인 플라스미드가 존재한다. 플라스미드는 대장균의 생존 또는 번식에 필수적인 요소가 아니다.
(2) 대장균의 플라스미드와 목적 DNA는 반드시 같은 제한 효소로 잘라야 잘린 목적 DNA 절편의 말단 염기가 상보적으로 결합할 수 있다.
(3) [바로알기] 플라스미드에 목적 유전자(DNA)를 연결할 때에는 DNA 연결 효소를 사용한다.

02. 유전자 재조합 과정은 (다) 제한 효소로 유용한 유전자와 DNA 운반체를 절단한 후, (라) DNA 연결 효소로 유용한 유전자와 DNA 운반체를 연결하여 재조합 DNA를 만든다. 그리고 (가) 재조합 DNA를 숙주인 대장균에 삽입한 후, (나) 대장균을 증식시켜 유용한 단백질을 대량 생산하는 순서로 진행된다.

03. 단일 클론 항체는 항체를 생산할 수 있는 B 림프구와 반 영구적으로 분열 가능한 암세포를 융합시켜 얻은 잡종 세포로부터 만들어진다. 따라서, 단일 클론 항체를 생산하는 데 직접적으로 이용되는 기술은 세포 융합 기술이다.

04. (2) DNA를 90 ~ 96℃의 높은 온도로 가열하면 2중 나선

DNA의 염기 사이의 수소 결합이 끊어져 단일 가닥으로 분리된다.
(3) DNA 사슬을 합성할 때에는 DNA 중합 효소가 필요하다.

05. (1) ddNTP를 구성하는 염기에는 DNA를 구성하는 염기인 A, G, C, T이 모두 존재하므로 ddNTP의 염기에는 4종류가 있다.
(2), (3) [바로알기] ddNTP는 dNTP와 달리 당의 3번 탄소에 -OH 대신 -H가 결합되어 있어 더 이상 새로운 디옥시리보뉴클레오타이드가 연결될 수 없다. 따라서, DNA 합성 과정에서 ddNTP가 삽입되면 DNA 합성이 중단된다.

06. (1) 성체가 된 후에도 피부나 골수 등 일부 조직이나 기관의 분화된 세포들 사이에서 미분화 세포를 발견할 수 있으므로 성체에서도 줄기 세포를 얻을 수 있다.
(2) [바로알기] 배아 줄기 세포는 신체의 여러 장기로 분화될 능력이 있지만 성체 줄기 세포는 신체의 일부 세포나 조직으로만 분화가 가능하다.
(3) [바로알기] 특정 환자의 체세포 핵을 넣어 만든(핵치환) 복제 배아 줄기 세포로부터 얻은 장기는 체세포를 제공한 환자에게 이식할 때에만 거부 반응이 일어나지 않는다.

07. ① [바로알기] 현재 기술로는 심장, 관절 등 일부 장기만을 기계식 인공 장기로 대체할 수 있는 실정이다.
② 장기 이식의 문제점 중 하나는 이식이 필요한 사람에 비해 기증자의 수가 적다는 것이다.
③ 동물에 감염되어 있는 병원체가 사람에게 감염될 수 있는 문제점을 가지고 있으므로 이식용 장기를 생산하는 동물은 무균상태에서 사육되어야 한다.
④ [바로알기] 형질 전환 동물로부터 얻은 생체 인공 장기 역시 면역 거부 반응이 일어날 수 있다.
⑤ [바로알기] 줄기 세포의 유전자가 환자의 것과 동일하지 않다면 장기를 이식 받은 사람은 거부 반응을 일으킬 수 있다.

08. DNA는 뉴클레오타이드의 인산이 음(-)전하를 띠고 있다. DNA와 같이 전하를 띠는 물질은 전기장 속에서 한쪽 방향으로 이동하는데, 이때 이동 속도는 물질의 크기에 따라 다르다. 이러한 성질을 이용하여 물질을 분리하는 방법을 전기 영동이라고 한다.

유형익히기 & 하브루타　　　　154 ~ 157 쪽

[유형 7-1] (1) O (2) X (3) X
　　　　　01. (1) O (2) X (3) X　**02.** ㄱ, ㄴ, ㄷ
[유형 7-2] (1) X (2) X (3) O
　　　　　03. ②, ③　　　　**04.** (1) X (2) O (3) O
[유형 7-3] (1) O (2) X (3) X
　　　　　05. (1) O (2) X (3) X
　　　　　06. dNTP, ddNTP, 중단
[유형 7-4] (1) O (2) X (3) O (4) X
　　　　　07. 역분화 줄기 세포　**08.** (1) X (2) O (3) X

[유형 7-1] (2) [바로알기] 유용 유전자가 포함된 DNA와 플라스미드를 자를 때에는 같은 제한 효소를 처리하여야 DNA 조각 말단의 염기가 상보적으로 결합할 수 있다.

(3) [바로알기] 유전자 재조합 과정을 거치더라도 대장균에는 플라스미드가 들어가지 않거나 재조합되지 않은 플라스미드가 들어갈 수 있어서 형질 전환된 대장균만을 따로 선별해야 한다.

01. (1) 대장균은 37℃에서 20분마다 분열하므로(증식 속도가 빠르다) 유용 유전자를 빠르게 다량 생산 가능하다.

(2) [바로알기] 재조합 DNA를 만들 때에는 제한 효소로 자른 DNA 절편을 플라스미드와 이어 주는 DNA 연결 효소가 필요하다. DNA 중합 효소는 DNA를 합성할 때 필요하다.

(3) [바로알기] 대장균을 비롯한 각종 세균 속에는 주염색체와 별도로 존재하는 고리 모양의 원형 DNA인 플라스미드가 존재한다. 플라스미드는 생존에 필수적이지 않고 다른 세포로 전달될 수 있으며, 자기 복제가 가능하므로 DNA 운반체로 사용된다.

02. ㄱ. 대장균은 37℃에서 20분마다 분열하므로(증식 속도 가빠르다) 유용 유전자를 빠르게 다량 생산 가능하다.

ㄴ. 대장균은 분열법으로 번식하므로 동일한 유전자를 갖는 개체들이 만들어질 수 있다.

ㄷ. 대장균은 분자생물학적 정보가 충분히 밝혀져 있으므로 유전자를 조작하기 쉽다.

ㄹ. [바로알기] 숙주 대장균은 항생제 내성 유전자를 가지지 않아도 된다.

[유형 7-2] (1) [바로알기] 항체는 특정 항원에만 결합하는 특이성이 있다. 단일 클론 항체는 암세포의 항원과 항원-항체 반응을 한다.

(2) [바로알기] 항원에 대한 항체를 생산하는 B 림프구를 얻기 위해서이다.

(3) 완전 배지에서 세포 융합을 수행한 후 선택 배지로 옮겨 배양하면 선택 배지에서 생존할 수 없는 암세포가 먼저 제거되고, 15일 이상 배양하면 수명이 10일 정도인 B 림프구가 제거되므로 잡종 세포만을 선별할 수 있다.

03. 암세포와 B 림프구가 융합된 세포는 암세포의 반영구적 수명 특성을 가지므로 수명이 길고, B 림프구의 특성을 가지므로 항체 생산이 가능하다.

04. (1) [바로알기] 암세포는 항체 합성을 하지 못하지만 빠르게 분열할 수 있다.

(2) B 림프구는 암세포보다 수명이 짧으며 분열하지 않는다.

(3) 림프구는 수명이 짧기 때문에 반영구적인 수명을 가지고 분열하는 암세포와 융합시켜 단일 클론 항체를 만든다.

[유형 7-3] (1) ㉠는 90 ~ 96℃ 정도의 고온에서 DNA 2중 나선의 수소 결합이 끊어져 단일 가닥으로 분리되는 변성 과정이다.

(2) [바로알기] ㉡는 분리된 각 단일 가닥에 프라이머가 결합되는 단계이며, ㉠보다 낮은 온도(50 ~ 65℃)에서 진행되어야 한다.

(3) [바로알기] ㉠ ~ ㉢ 과정이 1회 진행되면 DNA는 2배(2^1배)가 되고, 2회 진행되면 DNA가 4배(2^2배)가 되므로 5회 진행되면

DNA는 2^5배 증폭된다.

05. (1) 프라이머는 새로운 DNA를 만들 때 3' 말단을 제공하는 짧은 뉴클레오타이드 조각으로, 주형 이중 가닥 DNA 각 가닥에 부착할 2가지 프라이머가 필요하다.

(2) [바로알기] 프라이머는 DNA 복제를 시작하기 위해 각 순환 단계마다 이용된다.

(3) [바로알기] PCR은 높은 온도에서도 변성되지 않는 DNA 중합 효소인 Taq DNA 중합 효소를 사용하므로 매 순환마다 다시 넣어 주지 않아도 된다.

06. DNA 염기 서열 분석 방법은 dNTP 대신 ddNTP가 무작위로 들어가 결합할 때, DNA 복제가 중단되어 다양한 길이의 DNA 가닥이 만들어지는 원리를 이용하여 DNA 염기 서열을 밝히는 것이다.

[유형 7-4] (1) ㉠은 환자의 체세포의 핵을 주입하여 만들었으므로 핵상은 체세포와 동일한 2n이며, 염색체의 수는 46개(23쌍)이다.

(2) [바로알기] 환자의 체세포 핵을 무핵 난자에 넣는 과정에 핵 치환 기술이 사용되었다.

(3) ㉡은 핵은 제공한 환자와 동일한 복제 줄기 세포이므로 ㉡의 유전자 구성은 핵을 제공한 환자와 동일하다.

(4) [바로알기] 이 방법으로 얻은 줄기 세포는 복제 배아 줄기 세포이다.

07. 역분화 줄기 세포는 사람의 체세포에 조절 유전자를 도입하여 전사 조절 인자를 발현시켜 만든, 다양한 분화 능력을 가지는 줄기 세포이다.

08. (1) [바로알기] 난자 제공자는 반드시 여자이지만 체세포 제공자는 남자, 여자 모두 가능하다. 따라서, 환자가 여자라면 핵을 주입하여 만든 줄기 세포에는 X 염색체가 존재하며, 환자가 남자라면 핵을 주입하여 만든 줄기 세포에는 X, Y 염색체가 존재한다.

(2) 핵치환 기술을 통해 만든 줄기 세포는 배아 줄기 세포이므로 신체의 모든 기관을 이루는 세포로 분화될 수 있다.

(3) [바로알기] 줄기 세포를 분화시켜 얻은 조직은 체세포를 제공한 환자와 유전자 구성이 동일(동일한 유전자를 가진다)하므로 체세포를 제공한 사람에게 이식하여도 면역 거부 반응을 일으키지 않는다. 난자를 제공한 사람에게 인식하면 면역 거부 반응이 일어날 수 있다.

창의력 & 토론마당　　　　158 ~ 161 쪽

01 (1) 제한 효소 B

(2) ㉠ : 대장균 군체 모두 사멸, ㉡ : 푸른색의 대장균 군체 생존

해설 (1) 공여체 DNA에 존재하는 젖당 분해 효소를 플라스미드에 삽입하기 위해서는 젖당 분해 효소를 절단하는 제한 효소를

사용하면 안되므로 제한 효소 B를 사용하여야 한다.

(2) 젖당 분해 효소가 플라스미드에 삽입되기 위해서는 공여체 DNA를 자를 때 사용한 제한 효소를 사용하여야 하므로 항생제 α 저항성 유전자 자리에 젖당 분해 효소가 삽입되어 재조합 플라스미드 Y가 만들어진다. 따라서, 재조합 플라스미드 Y에는 항생제 α 저항성 유전자가 기능을 할 수 없어 항생제 α가 들어 있는 배지에서는 모두 사멸하게 되며, 항생제 β가 들어 있는 배지에서는 항생제 β 저항성 유전자가 정상적으로 기능하고, 젖당 분해 효소가 X-gal을 분해하므로 푸른색의 대장균 군체가 생존하게 된다.

02 (1) 증폭하고자 하는 DNA 단편 양 말단(3')에 결합할 서로 다른 두 개의 프라이머가 필요하다. 두 개의 프라이머는 각각 단일 가닥의 b, g에 결합한다.
(2) 4번째 사이클

[해설] (1) 순환의 Ⅰ단계에서는 2중 나선 DNA를 단일 가닥으로 분리하고, Ⅱ 단계에서는 프라이머가 붙고 Ⅲ 단계에서는 DNA 중합 효소에 의해 합성(복제)이 일어난다. DNA 합성 방향은 5'에서 3'이므로 두 개의 프라이머는 각각 단일 가닥의 b, g에 결합한다.(b에 결합한 프라이머는 오른쪽 방향으로 합성이 진행되며, g에 결합한 프라이머는 왼쪽 방향으로 합성이 진행된다.)
(2) 첫번째 순환에서 증폭하고자 하는 표적 서열과 동일한 DNA 단편이 2개 만들어지며, 두 번째 순환에서는 4(2^2)개, 세 번째 순환에서는 8(2^3)개 만들어진다.

03 ⑤, (나)에서 자녀의 DNA 절편을 보면 3과 4는 대립 유전자 p에 의해 만들어진 절편과 같으므로 유전자형이 pp이고, 1과 2는 대립 유전자 P와 p의 절편이 모두 보이므로 유전자형이 Pp이다. 따라서 부모의 유전자형은 Pp, pp이거나 Pp, Pp이므로 ③, ④, ⑤가 모두 가능하다. 하지만 이들 중 유전자형 Pp, pp 둘 모두를 포함하는 DNA 절편의 크기가 나올 수 있는 경우는 ⑤ 뿐이다.

[해설] 자녀에서 Pp, pp가 나오므로 부모의 유전자형으로는 Pp×Pp, Pp×pp가 가능하다.

04 핵치환 결과 얻은 복제 배아 줄기 세포의 미토콘드리아는 난자를 제공한 회색 토끼와 동일한 DNA 지문이며, 핵치환 결과 얻은 복제 배아 줄기 세포의 핵은 핵을 제공한 흰색 토끼와 동일한 DNA 지문을 가진다. 따라서 각각 ㉠은 흰색 토끼, ㉡은 회색 토끼, ㉢은 1에서 만든 줄기 세포이다.

[해설] 줄기 세포의 형질을 결정짓는 핵 속의 DNA는 흰색 토끼의 핵을 이식함으로써 얻은 것이므로, 1에서 만든 줄기 세포의 핵 속 유전자는 흰색 토끼의 핵 속 유전자와 동일하고 DNA 지문 결과 역시 동일하다. 미토콘드리아의 DNA는 세포질을 제공하는 난자

로부터 온 것이므로 미토콘드리아의 유전자는 난자를 제공한 회색 토끼와 1.에서 만든 줄기 세포와 동일하다.

스스로 실력 높이기 162 ~ 169 쪽

01. ㄱ, ㄴ, ㄷ	02. ㄱ, ㄴ, ㄷ, ㅂ		03. (해설 참조)
04. ③	05. ⑤	06. ①	07. ①
08. ④	09. ⑤	10. ②	11. ⑤
12. ①	13. ③	14. ④, ⑤	15. ③
16. ②	17. ⑤	18. ②	19. ④
20. ①	21. ②	22. ③	23. ④
24. ④	25. ④		
26. J, F, D, A, E, H, B , C			
27. A, DF, JG, I, CB, HE		28. ①	29. ④
30. ⑤	31. ③		32.~ 33. 〈해설 참조〉

01. ㄱ. 인슐린을 대량으로 생산하기 위해 DNA 재조합 플라스미드를 사용한다.
ㄴ. 인공적으로 특정 유전자를 삽입하여 유전자 변형 생물(GMO)을 생산하는 것은 DNA 재조합 기술을 이용한 것이다.
ㄷ. 토마토를 무르게 하는 유전자의 발현을 억제하는 유전자를 삽입함으로써 잘 무르지 않는 토마토를 얻는 방법은 DNA 재조합 기술을 이용한 것이다.
ㄹ. [바로알기] 포마토(토마토 + 감자), 가자(가지 + 감자), 무추(무 + 배추) 등은 식물의 세포 융합 기술을 이용한 것이다.

02. ㄱ, ㅁ, ㅂ. DNA 염기 서열을 분석하기 위해 사용하는 주형 DNA는 단일 가닥이며, 프라이머도 한 개 필요하다.
ㄴ. DNA 중합 효소는 주형 DNA 가닥에 상보적인 염기를 가지는 뉴클레오타이드를 결합시킨다(dNTP를 사용).
ㄷ. DNA 결합 도중 3'-OH 대신 3'-H를 가지는 ddNTP가 결합하면 DNA 합성은 중단된다.
ㄹ. DNA 염기 서열 분석 과정에서 DNA를 연결하지 않으므로 DNA 연결 효소는 사용되지 않는다.

03. [답] 〈 플라스미드를 유전체 운반체로 사용하는 이유 〉
· 대장균과 같은 세균에 주염색체와는 별도로 존재하는 고리 모양의 작은 원형 DNA이므로 생존에 필수적이지 않다.
· 복제 원점이 있어 스스로 복제 가능하다.
· 제한 효소 자리가 존재하므로 유용한 유전자를 삽입할 수 있다.
· 항생제 내성 유전자를 가지고 있어 재조합 DNA가 도입된 형질 전환 세균 선별에 유용하다.
· 세포 안팎으로 꺼내거나 넣기 쉽기 때문에(제한 효소와 DNA 연결 효소는 필요하지 않다.) 조작하여 숙주 세포로 삽입하거나 추출하는 데 유용하다.

04. ㄱ. B 림프구는 항체 생성 능력이 있으므로 항암제와 결합할 경우 암세포에 특이적으로 결합할 수 있어 암 치료에 이용될 수 있다.

ㄴ. [바로알기] ㉠ 과정에서 반영구적으로 분열 가능한 암세포와 항체를 생산하는 B 림프구를 융합하여 잡종 세포를 만들었으므로 세포 융합 기술이 이용되었다.

ㄷ. ㉠ 과정에서 얻는 세포는 서로 다른 항체를 만드는 잡종 세포이므로 특정 항체를 생산하는 잡종 세포를 선별하여 분리 배양하여야 한다.

05. ㄱ, ㄴ. 이식용 장기를 얻기 위해 미니 돼지를 생산할 때에는 면역 거부 반응을 일으키는 유전자를 제거한 핵을 이식하였으므로, 핵치환 기술이 이용되었다. 이 방법으로 태어난 미니 돼지는 사람에게 이식했을 때 면역 거부 반응을 일으키지 않는다.

ㄷ. 미니 돼지는 사람의 장기와 크기와 기능이 비슷하며 번식률이 높기 때문에 이식용 장기를 얻을 때 이용한다.

06. 핵을 제거한 난자에 환자의 체세포 핵을 넣어 복제 배아 줄기 세포를 만드는 과정이다.

ㄱ. 핵치환 기술로 만든 복제 배아 줄기 세포는 환자의 체세포에서 꺼낸 핵을 넣어 만들었으므로 환자와 유전자 구성이 동일하다.

ㄴ. [바로알기] 배아 줄기 세포는 미분화된 세포로서 어떤 종류의 세포로도 분화될 준비가 되어 있다(전형성능). 피부, 골수, 탯줄 등으로부터 얻은 줄기 세포인 성체 줄기 세포는 분화될 수 있는 조직이나 기관이 제한적이다.

ㄷ. [바로알기] 핵치환 기술을 이용한 줄기 세포는 핵을 제공한 환자에게만 면역 거부 반응이 없다.

07. ① [바로알기] 단일 염기 변이를 연구하는 데에는 염기 서열 분석법과 DNA 염기 서열의 차이를 확인하는 DNA 지문을 이용할 수 있다.

② 범행 현장에서 채취한 소량의 혈흔은 PCR을 통해 증폭시켜 DNA 지문을 확인한다.

③ 개개인마다 염기 서열이 다르므로 제한 효소로 자른 DNA 절편의 길이 및 수가 달라 DNA 지문은 개인을 식별하는 데 사용된다.

④ PCR을 통해 원하는 시료의 양을 대량으로 증폭시킬 수 있다.

⑤ 복제 동물의 핵은 핵을 제공한 양과 DNA 지문이 동일하므로 복제한 양이 맞는지 판별할 수 있다.

08. ㄱ, ㄴ. 중합 효소 연쇄 반응에서 증폭시킨 DNA 두 가닥은 모두 주형이 되므로 각 가닥에 결합하는 프라이머가 필요하다. 따라서 2종류의 프라이머가 사용된다.

ㄷ, ㄹ. [바로알기] 중합 효소 연쇄 반응의 신장 단계에서 DNA 합성에 사용되는 Taq DNA 중합 효소는 열에 강하므로 95℃ 정도의 DNA 변성 단계에서도 변성이 일어나지 않는다. 따라서 매 사이클의 신장 단계마다 첨가할 필요가 없다.

09. ① 인간 유전체의 DNA 염기 서열을 이용하면 개인의 유전 정보에 기초한 맞춤형 치료가 가능하다.

②, ④ 유전체 연구를 통해 밝혀진 염기 서열은 인간의 유전자 연구에 이용되므로 유전자의 종류 및 기능을 밝힐 수 있다. 따라서, 유전자 발현 연구에 도움이 된다.

③ 인간 유전체 사업을 통해 정상인의 염기 서열과 유전병 환자의 염기 서열을 비교하면 유전적 차이를 알아낼 수 있으므로 유전병

여부의 진단이 가능하다.

⑤ [바로알기] 염기 서열 분석법의 개발로 인하여 인간 유전체 사업이 예상보다 훨씬 빨리 완성되었다.

10. ㄱ. [바로알기] 핵치환 기술을 이용해 복제 배아 줄기 세포를 만드는 과정이다. 성체 줄기 세포는 조직 또는 기관의 분화된 세포들 사이에서 발견되는 미분화 세포로서 성체가 된 후에도 남아 있는 줄기 세포이지만, 모든 기관을 구성하는 세포로는 분화하지 못한다.

ㄴ. 남성 환자의 체세포 핵을 이식하여 만들었으므로 X 염색체와 Y 염색체가 모두 존재한다.

ㄷ. [바로알기] 이 줄기 세포의 핵형은 체세포 핵을 제공한 남성 환자의 핵형과 동일하므로 2n이다(난자의 핵형은 체세포 핵형의 절반인 n이다).

11. ㄱ. 동일한 제한 효소로 자른 DNA는 생물 종에 관계없이 절단된 부위의 염기 서열(점착 말단)이 동일하다.

ㄴ. [바로알기] 연결 효소는 DNA 사슬의 당과 인산 사이의 공유 결합을 촉매하여 연결한다.

ㄷ. 유용한 유전자를 숙주 세포로 도입시킬 때 이용되는 DNA를 운반체라고 하며, 주로 플라스미드가 이용된다.

ㄹ. 숙주 세포가 증식할 때 재조합 DNA가 함께 복제된다. 숙주 세포의 증식 속도가 빠르면 재조합 DNA의 복제가 빨라지므로 유용한 단백질을 대량으로 생산하는 데 적합하다.

12. ㄱ, ㄷ. 동물로부터 장기 또는 조직을 공급받을 경우 면역 거부 반응이 일어날 수 있다. 따라서 면역 거부 반응이 일어나지 않도록 형질 전환 동물의 유전자를 조작하고, 형질 전환 동물은 병원균이 장기나 조직을 통해 사람에게 감염되지 않도록 무균 상태에서 사육해야 한다.

ㄴ. [바로알기] 이식용 장기는 면역 거부 반응을 일으키지 않고 사람의 체내에서 기능을 나타낼 수 있으면 되므로 사람의 장기와 똑같은 양의 단백질이 만들어질 필요는 없다.

ㄹ. [바로알기] 서로 다른 종의 장기를 이식하기 위해서는 인간의 장기와 생김새, 크기, 기능 등이 매우 유사한 장기를 가지는 동물을 공급원으로 하여야 한다. 형질 전환 동물을 이용한 인공 장기는 사람의 유전자를 삽입하거나 유전자를 조작하여 만든다.

13. 제한 효소는 제한 효소 자리라고 하는 DNA의 특정 염기 서열을 인식하여 그 부위를 선택적으로 절단하는 효소로서 두 가닥의 DNA를 자른다.

ㄱ, ㄷ. 세균은 한 종류 이상의 제한 효소를 생성하여 외부로부터 들어오는 DNA를 절단함으로써 스스로를 보호하는 역할을 한다.

ㄴ. [바로알기] 제한 효소마다 인식하는 염기 서열과 절단 부위가 다르고 절단된 말단의 염기 서열인 점착 말단도 다르다.

14. ① [바로알기] DNA 염기 서열을 분석하기 위해 사용하는 주형 DNA는 단일 가닥이므로 프라이머는 한 종류가 필요하다. 두 종류의 프라이머는 중합 효소 연쇄 반응(PCR)시 필요하다.

② [바로알기] 새롭게 합성된 DNA 가닥은 주형 가닥과 상보적이다. 따라서 염기 서열이 동일하지 않다.

③ [바로알기] ⓒ은 다른 뉴클레오타이드와 연결할 수 없으나 다른 DNA 가닥의 상보적인 염기와 수소 결합은 가능하다.

④ DNA의 합성은 프라이머가 부착된 부분에서부터 진행된다. 이 때 dNTP 대신 ddNTP가 결합하면 DNA 합성은 더 이상 진행되지 않는다. 따라서 합성이 중단된 각 가닥의 말단에는 형광 표지된 ddNTP가 붙어 있다.

⑤ DNA 가닥을 전기 영동시키면 질량이 가벼운 짧은 가닥일수록 무거운 긴 가닥보다 멀리 이동한다.

15. 유전자 재조합 과정은 다음과 같다. 제한 효소로 DNA 운반체(플라스미드)와 유용한 유전자를 자른다. → 연결 효소를 사용하여 유용한 유전자를 DNA 운반체에 연결하여 재조합 DNA를 만든다. → 재조합시킨 DNA를 대장균에 삽입한다. → 재조합 DNA를 가지는 대장균을 선별한다. → 선별한 대장균을 대량 배양하여 유용한 유전자 또는 단백질을 얻는다.

16. 단일 클론 항체에 항암제를 결합하여 암 치료에 사용한다.

ㄱ. [바로알기] 단일 클론 항체는 암세포를 식별하며, 암세포의 생장 억제와 제거에는 단일 클론 항체에 결합한 항암제가 수행한다.

ㄴ. [바로알기] 단일 클론 항체는 B 림프구와 암세포를 융합하여 만든 잡종 세포로부터 만들어진다.

ㄷ, ㄹ. 단일 클론 항체는 정상 세포에는 없고 암세포에만 존재하는 항원 결정기에 대응하도록 만들어져 암세포의 항원 결정기와 항원-항체 반응을 한다. 따라서 단일 클론 항체를 이용한 암 치료는 항암제가 정상 세포까지 제거하는 부작용을 줄일 수 있다.

17. 합성된 가장 긴 가닥의 염기 서열에서 프라이머 염기 서열이 TTGT이고 ddG가 결합한 후 합성이 중단되었으므로 합성된 가닥의 염기 서열 분석 결과는 5' - TTGTCGAAGTCAG - 3'이다. 그러므로 합성된 염기 서열과 상보적인 주형 DNA의 염기 서열은 3' - AACAGCTTCAGTC - 5'(5' - CTGACTTCGACAA - 3')이다.

18. ㄱ. [바로알기] (가) ~ (다)의 과정이 한번 진행될 때마다 DNA 분자는 2배씩 증폭되므로 5회 반복하면 DNA 분자는 $2^5 = 32$배로 증폭된다.

ㄴ. (가) 과정은 DNA 2중 가닥의 염기 사이의 수소 결합이 끊어지는 단계이므로(단일 가닥의 DNA로 변성되는 단계) 3중 수소 결합을 하는 G과 C이 많으면 변성 온도를 높게 설정해야한다.(A-T는 2중 수소 결합)

ㄷ. [바로알기] PCR에 사용되는 DNA 중합 효소는 고온에서도 변성이 일어나지 않는 Taq DNA 중합 효소이므로 사람의 체온 범위로 유지할 필요가 없다.

19. ㄱ. [바로알기] I, IV 단계에서는 DNA가 단일 가닥으로 분리되고, II, V 단계에서 프라이머가 결합하며, III, VI 단계에서 DNA 중합 효소에 의해 dNTP가 결합함으로써 DNA가 신장된다.

ㄴ. 3분간 PCR 반응이 1회 진행될 때마다 DNA 분자 수는 2배씩 증가된다. 따라서 1시간(60분) 동안 PCR 반응은 총 20회 반복되므로 시험관 속 DNA 분자는 2^{20}개가 된다.

ㄷ. dNTP는 DNA를 합성하는 데 사용되는 기본 단위체로서 dATP, dGTP, dCTP, dTTP 4종류가 있다.

20. ㄱ. 무우와 제이의 DNA지문이 일치하므로 두 사람의 유전자 구성이 동일하다. 이런 경우는 한 개의 수정란이 발생 과정 중에 2개로 나뉘어져 각각 발생한 1란성 쌍생아인 경우이다.

ㄴ. [바로알기] 상상이의 DNA 지문에는 부모 어느 쪽과도 일치하지 않는 띠가 발견된다. 따라서 상상이는 부모로부터 태어나지 않았을 확률이 매우 크다.

ㄷ. [바로알기] 자식의 DNA 지문은 부모의 것과 일치하는 띠가 발생하지만 부모의 DNA 지문을 합한 것과 같지는 않다.

21. ㄱ. [바로알기] ㉠은 ㉡에 유전자 D가 도입된 세포이므로 유전자 구성이 다르다.

ㄴ. 실험 순서는 (라) 유전자 D를 분리하여 플라스미드에 넣어 재조합 DNA를 만들고 → (가) 만들어진 재조합 DNA를 세균에 주입하여 형질 전환된 세균을 만들고 → (다) 이를 감자 세포에 감염시킨 후 → (나)감자 세포를 조직 배양하여 해충 저항성 유전자 D가 도입된 감자 개체를 얻는다.

ㄷ. [바로알기] 재조합 DNA를 만드는 과정에서는 유전자를 플라스미드에 넣을 때 DNA 연결 효소가 필요하다.

22. 무르지 않는 형질을 가지는 토마토를 얻기 위해서는 생명 공학 기술 중 PCR과 유전자 재조합을 이용하며, 과정은 다음과 같다. (가) 토마토를 무르게 만드는 유전자 A를 억제하는 유전자 P를 PCR 기술을 통해 증폭시킨다. → (바) 플라스미드에 유전자 P를 삽입하여 재조합 DNA를 만든다. → (나) 재조합 DNA를 토양 세균에 주입하여 형질 전환 세균을 만든다. → (다) 토마토 세포에 형질 전환된 토양 세균을 감염시켜 형질 전환 식물 세포를 만든다. → (마) 유전자 P를 포함하고 있는 형질 전환 식물 세포를 조직 배양한다. → (라) 식물이 성장한 뒤 형질 발현을 확인한다.

23. ㄱ. ㉠ 위치의 군체는 Amp.이 첨가된 배지와 Kan.이 첨가된 배지에서 군체를 형성하지 못하므로 항생제 저항성 유전자를 모두 갖지 않은 대장균 I의 군체이다.

ㄴ. [바로알기] ㉡ 위치의 군체는 Amp.이 첨가된 배지에서는 군체를 형성하지만, Kan.이 들어간 들어간 배지에서 군체를 형성하지 못하므로 대장균 III이다. 대장균 III은 유전자 B 자리에 유전자 X가 삽입되었다. 따라서 플라스미드에 삽입되어 있는 유전자 B는 Kan. 저항성 유전자이다.

ㄷ. 대장균 II는 Kan.과 Amp. 저항성 유전자(유전자 A는 Amp. 저항성 유전자이며, 유전자 B는 Kan. 저항성 유전자이다.)가 모두 존재하므로 Kan. 또는 Amp.가 들어간 배지에서 모두 군체를 형성한다.

24. ㄱ. [바로알기] 개 A의 핵이 융합되었으므로 융합된 세포는 개 A와 유전 형질이 같다.

ㄴ. 개 C와 D는 개 A의 핵을 받아 만들어졌으므로 개 A, C, D의 유전 형질은 서로 같다.

ㄷ. 이와 같이 복제 동물을 얻는 방식으로 멸종 위기의 희귀 동물 보전이 가능하다.

25. A, B, C 공통으로 5'-GATCC-3' 의 점착 말단이 존재하므로 이 말단은 제한 효소 X로 절단된 것임을 알 수 있다. DNA 이

중 가닥 조각이 연결될 때 한 가닥이 3' 말단에 5' 말단이 연결되고, 역평행 구조에 의해 다른 가닥은 반대 방향으로 연결된다.

ㄱ. [바로알기] A와 C는 한쪽 말단의 단일 가닥만이 서로 상보적이므로 재조합 플라스미드가 만들어질 수 없다.

ㄴ. B와 C는 양 말단의 단일 가닥이 서로 상보적이므로 연결 효소에 의해 연결될 수 있다.

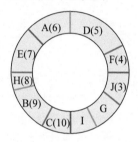

ㄷ, ㄹ. [바로알기] A와 B의 각 한쪽 말단의 단일 가닥이 서로 상보적이므로 연결 효소에 의해 연결될 수 있으며, B + A 조각의 양쪽 말단의 단일 가닥은 C의 양쪽 말단의 단일 가닥과 상보적이므로 연결 효소에 의해 연결될 수 있다.

26. 다음과 같이 제한 효소 ㉠, ㉡, ㉢에 의해 잘린 플라스미드 DNA 절편이 결정된다.

제한 효소	DNA 절편
㉠	BH, CIG, EAD, FJ
㉡	BCI, DFJG, AEH
㉢	JGI, EHBC, FDA

(원형 그림: A(6), D(5), E(7), F(4), H(8), J(3), B(9), G, C(10), I)

27. 제한 효소 ㉡, ㉢으로 플라스미드를 자르고 각 DNA 절편을 알파벳으로 나타내면 된다.

28. ㄱ. (가) DNA 이중 가닥을 분리하기 위해서는 높은 온도가 필요하고, (나) 프라이머가 DNA 가닥의 염기와 상보적으로 결합하려면 온도를 낮추어야 하므로 (가)는 (나)보다 온도가 높은 상태에서 일어난다.

ㄴ. [바로알기] A와 B는 서로 다른 DNA 단일 가닥에 결합하는 프라이머이므로 염기 서열이 서로 다르다.

ㄷ. [바로알기] (다) 과정은 프라이머에 새로운 뉴클레오타이드를 결합시켜 주형 가닥에 상보적인 새로운 DNA 가닥을 합성하는 단계이다. 이때 DNA 중합 효소가 관여하며, 약 72℃의 높은 온도에서 진행된다.

29. ㄱ. [바로알기] DNA 복제 과정은 항상 반보존적이므로 PCR 반응에서 DNA 합성 역시 반보존적으로 복제가 일어난다.

ㄴ. I 단계는 2중 나선 DNA가 단일 가닥으로 분리된 상태이다. III 단계에서는 DNA 중합 효소에 의해 dNTP가 결합함으로써 DNA 합성이 진행되고 있으므로 수소 결합을 하고 있는 염기쌍의 개수가 I보다 많다.

ㄷ. III 단계는 PCR이 1회 진행될 때이며, VI 단계는 PCR이 2회 진행될 때이므로 VI 단계에서 dNTP의 양은 반응 전에 넣어준 총 양에서 PCR 1회 때 사용한 양 만큼 줄어든 상태이므로 dNTP의 양은 III일 때가 VI일 때보다 많다.

30. ㄱ. (나)에서 Amp.이 첨가된 배지에서는 모두 군체를 형성하므로 플라스미드에서 유전자 A, B, C 중 다른 유전자가 삽입되지 않은 유전자 A가 Amp. 저항성 유전자이다.

ㄴ. ㉠은 Amp.이 첨가된 배지에서는 군체를 형성하지만, Kan.과 Tet.이 들어간 들어간 배지에서는 군체를 형성하지 못하므로 대장균 IV이다. 따라서 X와 Y의 단백질을 전부 생산한다. 유전자 B, C는 Kan. 저항성 또는 Tet. 저항성 유전자이다.

ㄷ. ㉡은 Kan.과 Amp.이 들어간 배지에서는 군체를 형성하지만, Tet.이 첨가된 배지에서는 군체를 형성하지 못하므로 1개의 유전자만 도입된 대장균 III이다. 따라서, 유전자 X가 삽입된 위치인 유전자 B 자리는 Tet. 저항성 유전자자리이다.

31. ㄱ. 시험관 II에는 Y 가닥이 없으므로 PCR이 1회 진행될 때 X 가닥을 주형으로 1분자의 2중 가닥 DNA가 만들어진다. 1회 진행 때 1분자의 2중 가닥 DNA가 만들어졌으므로(X, Y 가닥 모두 존재) 2회 진행될 때부터는 프라이머 ㉠, ㉡에 의해 정상적으로 PCR이 진행된다 (2회 진행 때 2분자의 2중 가닥 DNA가 만들어지고, 3회 진행될 때는 4분자의 2중 가닥 DNA가 만들어지므로 PCR이 n회 진행되면 2중 가닥 DNA는 2^{n-1}개 만들어진다.) 따라서 PCR을 30회 진행될 경우 2^{29}개의 DNA 2중 가닥을 얻을 수 있다.

ㄴ. 시험관 III의 경우에는 프라이머 ㉠만 존재하므로 X 가닥만 합성될 수 있다. 따라서, PCR이 아무리 많이 진행되더라도 2중 가닥 DNA의 개수는 Y 가닥이 포함된 1분자뿐이다.

ㄷ. [바로알기] X 가닥의 3' 말단(5'-GTACT-3')에 결합할 프라이머 ㉠은 5'-AGTAC-3'(3'-CATGA-5')이다(프라이머 ㉠은 X 가닥 3' 말단의 염기 서열과 상보적이다). 따라서 프라이머 ㉠에는 퓨린 계열의 염기(A, G)가 3개 존재하고, 피리미딘 계열의 염기(C, T)가 2개 존재한다.

32. 답 핵치환에서 핵을 제공한 개체의 양과 복제된 양의 핵으로부터 얻은 DNA 지문이 일치하는지 확인하면 복제가 되었는지 알 수 있다.

해설 DNA 지문은 유전 정보가 동일한 일란성 쌍둥이를 제외한 모든 개체에서 다르게 나타난다. 그러므로 특정 개체가 복제 된 동물인지 확인하기 위해서는 DNA 지문이 동일한지 알아보면 된다.

33. 답 공통점 : 조직이나 기관을 구성하는 세포로 분화될 수 있는 미분화 세포이다. 차이점 : 탯줄에서 얻은 줄기 세포는 분화될 수 있는 조직이나 기관이 제한적이다.

해설 배아 줄기 세포는 모든 기관으로 분화할 수 있는 줄기 세포(전형성능)이지만, 복제 양의 탯줄로부터 얻은 줄기 세포는 이미 분화가 끝난 개체로부터 얻었기 때문에 성체 줄기 세포이다. 성체 줄기 세포는 분화될 수 있는 조직 및 기관에 한계가 있다(다분화능).

8강. 생명 공학 기술의 활용과 전망

개념확인   170 ~ 173 쪽

1. ⓒ, ⓒ, ⓐ   **2.** 유전자 변형 생물(GMO)
3. ①   **4.** ④

확인 +   170 ~ 173 쪽

1. ⑤   **2.** 형질 전환 동물
3. DNA 칩   **4.** 법의학

개념확인

1. ⓐ PCR은 1983년에 개발되었다.
ⓒ 플라스미드와 제한 효소를 이용한 기술인 DNA 재조합 기술은 1973년에 개발되었다.
ⓒ DNA 염기 서열 분석은 1977년에 개발되었다.

2. 유전자 변형 생물(GMO)은 교배를 통해서는 나타날 수 없는 형질이나 유용한 유전자를 가지도록 유전자를 삽입하여 만든 생물이다. GMO는 DNA 재조합 기술 등 생명 공학 기술을 이용한다.

3. 생명 공학 기술을 활용하여 생산된 바이오 의약품에는 인슐린, 생장 호르몬, 인터페론(암, 바이러스 치료제), 혈전 용해제 TPA, 택솔(난소암 치료제), B형 간염 백신, 적혈구 생성 인자 EPO(빈혈 치료제), 혈액 응고 인자(혈우병 치료제), 신경 성장 인자 등이 있다. p53은 암 발생을 억제하는 종양 억제 유전자이다.

4. 생명 공학 기술은 유전자 치료(암 치료, 질병 진단, 의약품 생산, 줄기 세포와 장기 이식), 환경 분야, 산업 바이오, 법의학 등에 활용된다. 생명 윤리는 생명 공학 기술의 발달로 대두되고 있는 문제점이다. 따라서 인간의 존엄성이 위협받을 수 있다. 신경망 반도체는 뉴런을 모방한 기술이 적용된 반도체이다.

확인 +

1. 발효 기술이 사용된 발효 식품에는 술(포도주, 맥주 등), 요구르트, 빵, 치즈, 식초, 간장, 젓갈, 김치, 된장, 고추장 등이 있다. 우유는 젖소의 젖샘에서 분비되며, 특유의 향미와 단맛을 지닌 흰색의 불투명한 액체이다.

2. 유전자를 난자 또는 수정란에 직접 주사하여 동물의 유전체에 유전자를 삽입한 후, 이 수정란을 자궁에 착상시켜 얻은 개체를 형질 전환 동물이라고 한다.

3. DNA 칩은 유리 기판에 서열이 알려진 몇 개의 염기로 이루어진 단일 가닥 DNA 탐침을 정해진 위치에 부착시킨 것으로 질병 진단에 이용된다.

4. 생명 공학 기술의 활용 분야 중 법의학은 범죄 현장에서 얻은 소량의 DNA를 PCR을 이용하여 증폭시킨 후 DNA 지문을 얻어 개인을 식별하고 범인을 검거하는 데 이용하며, 대형 사고 현장에서 피해자의 DNA를 확보하고 가족의 DNA와 비교하여 사망자의 신원을 확인하는데 이용한다. 또한, DNA 지문을 분석함으로써 친자와 친부모를 찾을 수 있다.

개념다지기   174 ~ 175 쪽

01. (1) B (2) A (3) D (4) C (5) E
02. ⓐ 플라스미드 ⓒ 제한 효소
03. (1) X (2) X (3) O   **04.** ①
05. (1) X (2) O (3) O   **06.** 단일 클론 항체
07. 단, 단, 장   **08.** 산업 바이오

01. (1) 1968년 니런버그에 의해 유전 암호가 해독되었다.
(2) 1928년 플레밍은 푸른곰팡이에서 최초의 항생제인 페니실린을 발견하였다.
(3) 1953년 왓슨과 크릭은 DNA가 2중 나선 구조임을 규명하였다.
(4) 18세기 후반 코흐와 파스퇴르에 의해 미생물이 질병의 원인이라는 사실이 입증되었다.
(5) 1952년 허시와 체이스는 DNA가 유전 물질임을 밝혔다.

02. 1973년 세균으로부터 추출한 플라스미드와 DNA의 특정 서열 부위를 절단하는 제한 효소를 이용한 DNA 재조합 기술이 개발되면서 유용한 물질을 대량으로 생산할 수 있게 되었다.

03. (1) [바로알기] 토마토를 무르게 하는 유전자의 발현을 억제하는 유전자를 삽입함으로써 잘 무르지 않는 토마토를 얻는 방법은 DNA 재조합 기술을 이용한 것으로 무르지 않는 토마토는 형질 전환 식물이다.
(2) [바로알기] 유전자 치료는 환자의 몸에 있는 생식 세포의 유전자가 바뀌는 것이 아니므로 유전병 유전자는 자손에게 전달된다.
(3) 나무 껍질, 밀, 사탕 수수, 옥수수 등을 원료로 생산(발효)한 바이오 에너지인 에탄올을 얻음으로써 자동차, 냉난방 연료로 사용하고, 자연 상태에서 미생물에 의해 쉽게 분해될 수 있는 생분해성 플라스틱 등을 개발하는 것을 산업 바이오라고 한다.

04. ① GMO의 문제점 : GMO 작물에 도입된 제초제 내성 유전자가 잡초에 전달되어 새로운 유전 형질을 가지는 즉, 어떤 제초제로도 제거할 수 없는 슈퍼 잡초의 등장 가능성이 있다.

05. (1) [바로알기] 미생물 농약은 적용 범위가 소수의 종에 한정되며, 효력이 늦게 나타난다. 또한, 생태계에 영향을 미칠 수 있어 안전성이 보장되지 않는다.
(2) 유전자 재조합 기술을 이용하여 유용한 유전자를 미생물 또는 동물의 염색체에 끼워 넣은 형질 전환 생물을 이용하여 사람의 질병을 치료하는 희귀 의약품을 대량 생산한다. 생장 호르몬, 인슐린 등 사람의 체내에서 극소량 만들어지는 유용한 단백질을 DNA 재조합 기술에 의해 대량 생산할 수 있다.
(3) 범죄 현상에서 얻은 소량의 DNA를 PCR을 이용하여 증폭시킨 후 DNA 지문을 얻어 개인을 식별하여 범인을 검거한다.

06. 암 진단 키트는 암세포 표면 단백질과 특이적으로 결합하는 단일 클론 항체를 만들어 암 진단에 사용하는 것이다.

07. (1), (2) 복제 배아 줄기 세포에서 배아를 하나의 생명체로 본 다면 윤리적인 문제가 되며 복제 배아 줄기 세포의 성공 확률이 낮으므로 많은 수정란과 배아가 필요하다. 또한, 인간의 생명 자체를 상업화할 가능성이 있어 인간의 존엄성이 위협받을 수 있으며, 복제 배아를 대리모에 착상시켜 복제 인간이 탄생할 가능성이 존재한다.

(3) 유전자 검사를 통해 얻은 DNA 지문으로 범인을 식별할 수 있으며, 태아에게 나타날 유전병을 예측할 수 있고, 병의 진단 및 발병 가능성을 예측할 수 있다. 또한, 유전자 치료의 기초를 제공하며, 개인 맞춤 의약이 가능하게 되어 부작용을 극소화할 수 있다.

08. 석유 화학 산업에 이용되는 원료에서부터 최종 제품에 이르기까지 다양한 생산 단계에 생명 공학 기술을 도입하는 것을 통틀어 산업 바이오라고 한다.

<table>
<tr><td colspan="2">유형익히기 & 하브루타</td><td>176 ~ 179 쪽</td></tr>
</table>

[유형 8-1] (1) ○ (2) ○ (3) X
  01. (1) X (2) ○ (3) X
  02. 형질 전환 동물
[유형 8-2] (1) ○ (2) X (3) X
  03. ②　　**04.** (1) X (2) ○ (3) ○
[유형 8-3] (1) ○ (2) X (3) ○
  05. (1) ○ (2) X (3) ○　　**06.** 칩
[유형 8-4] (1) X (2) X (3) ○
  07. (1) X (2) X (3) ○
  08. (1) X (2) X (3) ○

[유형 8-1] (1) 토양 미생물인 아그로박테리움은 Ti 플라스미드를 가진다. Ti 플라스미드는 주로 식물 세포의 유용한 유전자를 도입시킬 때 운반체로 사용한다.

(2) Ti 플라스미드에 존재하는 T DNA는 식물의 뿌리나 줄기에 비정상적인 혹을 만드는 유전자이다.

(3) [바로알기] 재조합 DNA를 만들 때 T DNA 부위를 제한 효소를 절단하고 유용한 유전자를 연결하므로 재조합 식물은 T DNA가 발현될 수 없어 혹이 생기지 않는다.

01. [바로알기] (1) 병충해에 강하게 하거나, 영양을 개선하는 등 좋은 품종으로 개선함으로써 농작물의 보존 기간을 연장할 수 있어 식량 문제 해결에 도움이 된다.

(2) 유전자 재조합 기술을 이용해 극한 환경에서도 잘 자라는 농작물을 만들면 척박한 환경에서도 농작물을 수확할 수 있어 농경지 부족 문제를 해결할 수 있다.

(3) [바로알기] 인체나 가축에 대한 안전성이 충분히 검증되지 않았기 때문에 독성 또는 알레르기 반응의 가능성이 존재한다.

02. 유전자를 난자 또는 수정란에 직접 주사 함으로써 동물의 유전체에 유전자를 삽입한 후, 이 수정란을 자궁에 착상시켜 얻을 수 있는 동물을 형질 전환 동물이라고 한다.

[유형 8-2] (1) 바이러스는 정상 유전자를 환자의 골수 세포로 삽입하는 데 필요한 운반체로 사용되었다.

(2) [바로알기] 환자의 유전자에 이상이 있을 때, 바이러스에 정상 유전자를 삽입하여 환자에게 주입하는 유전자 치료이므로 정상인으로부터 얻은 유전자이다.

(3) [바로알기] 이와 같은 방법은 체세포의 결함 유전자를 정상 유전자로 치환하였기 때문에 생식 세포의 결함 유전자는 변함이 없다. 따라서 환자는 생식 세포를 통해 유전병 유전자를 자손에게 물려주게 된다.

03. 〈 유전자 치료의 한계 〉
· 성공 확률이 낮다.
· 정상 유전자로 치환된 체세포의 수명에 한계가 있어 주기적으로 정상 유전자를 갖는 세포를 주사해야 한다.
· 모든 유전병을 치료할 수는 없다.
· 환자의 생식 세포의 유전자가 바뀌는 것은 아니므로 유전병은 자손에게 유전된다.
〈 문제점 및 부작용 〉
· 바이러스를 운반체로 사용하므로 삽입 부위, 발현 시기, 발현 장소를 조절해야 한다.
· 바이러스 운반체가 혈액 세포 증식과 관련된 유전자 부위에 삽입되면 비정상적으로 백혈구의 수가 늘어나 백혈병이 진행될 수 있다.
· 치료 목적 외에 유전자 조작을 통한 인간 형질 변화에 쓰일 가능성이 있다.

04. (1) [바로알기] 바이러스를 사용한 이유는 환자 골수 세포의 염색체에 유용한 유전자를 끼워 넣기 위한 것이므로 독성이 없고 안전해야 한다. 따라서, 빠르게 증식할 필요는 없다.

(2) 골수에 삽입된 정상 유전자가 정상적으로 형질 발현됨으로써 환자의 증상이 치료된다.

(3) 환자의 골수 세포를 사용하면 환자에게 다시 주입하더라도 거부 반응이 일어나지 않으므로 효과적인 유전자 치료가 된다.

[유형 8-3] (1) ㉠의 유리 기판에 염기 서열이 알려진 단일 가닥의 DNA 절편을 붙임으로써 DNA 칩에서 탐침으로 사용한다.

(2) [바로알기] ㉠의 각 지점에 존재하는 DNA 절편은 서로 다른 염기 서열을 가진다. 한 지점에 존재하는 DNA 절편만이 모두 같은 염기 서열을 가진다.

(3) 이와 같은 방법으로 암 조직에서만 발현되는 유전자를 구별할 수 있으므로 암 여부를 진단할 수 있다.

05. (1) mRNA로부터 역전사하여 합성된 cDNA를 형광 표지하여 DNA 칩에 넣고 DNA 탐침과 상보적으로 결합하는 부위를 형광 표지로 확인함으로써 발현 유전자를 찾는 방법을 통해 질병을 진단한다. 따라서 mRNA로부터 cDNA를 합성할 때 역전사 효소가 필요하다.

(2) [바로알기] mRNA로부터 합성된 cDNA는 형광 표지를 한 단

일 가닥이므로 DNA 탐침(probe)과 상보적으로 결합한다.
(3) DNA 칩에서 나타나는 형광은 DNA 탐침과 cDNA가 결합한 부분을 나타낸 것이므로 조직에서 발현된 유전자이다.

06. DNA 칩 또는 단백질 칩을 이용하면 당뇨, 암 등을 진단할 수 있으며, 유전병이나 돌연변이를 탐색할 수 있다. 또한, 유전자의 손상과 병원균의 감염 여부 등을 파악할 수 있다.

[유형 8-4] (1) [바로알기] 성공 확률이 매우 낮아 수정란과 배아가 많이 필요하다.
(2) [바로알기] 배아를 하나의 생명체로 본다면 윤리적인 문제가 된다. 즉, 포배기 배아를 여성의 자궁에 주입하면 완전한 개체로 발생할 수 있으므로 치료 수단으로 사용하는 것에 생명 윤리적 문제가 뒤따른다.
(3) 복제 배아 줄기 세포를 손상된 척수, 뇌신경 등에 넣어주면 체내에서 재생 가능하다.

07. (1) [바로알기] 난자의 핵은 제거하여 사용하였으므로 줄기 세포의 핵에는 난자의 유전자가 없다.(난자의 세포질은 존재)
(2) [바로알기] 생식 세포의 유전자를 치료하는 것이 아니므로 자손에게 유전적 결함이 있는 유전자가 전달된다.
(3) DNA 지문을 통해 유전병의 진단 및 발병 가능성을 미리 확인할 수 있어 유전자 치료의 기초가 된다.

08. (1) [바로알기] 복제 배아 줄기 세포를 만들 때 남자의 체세포 핵을 이식하면 줄기 세포에 Y 염색체가 존재한다.
(2) [바로알기] 유전 정보를 근거로 유전병이 예측되는 사람에게 보험료를 높게 요구하거나 취업시 불이익을 받을 가능성이 있다.
(3) 바이러스 운반체가 혈액 세포 증식과 관련된 유전자 부위에 삽입되면 비정상적으로 백혈구의 수가 늘어나 백혈병이 진행될 수 있다.

창의력 & 토론마당   180 ~ 183 쪽

01 (1) ㉓ → ㉑ → ㉒ → ㉘ → ㉗ → ㉛ → ㉙ → ㉖
(2) PG와 FLAVR SAVR 두 유전자는 토마토에 모두 존재하지만, FLAVR SAVER 유전자에 의해 PG 유전자는 발현되지 않는다.

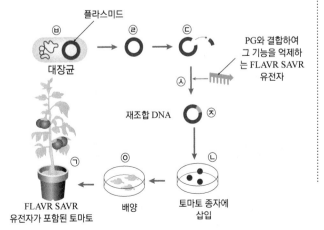

해설 (1) DNA 재조합 기술로 플라스미드에 FLAVR SAVR 유전자를 연결하여 재조합 DNA를 만든 후 이를 토마토 종자에 삽입시켜 배양함으로써 형질 전환된 토마토 개체를 얻을 수 있다. 형질 전환된 토마토에서는 FLAVR SAVR 유전자에 의해 PG 유전자의 형질 발현이 억제되므로 무르지 않는 토마토를 얻을 수 있다.
(2) 형질 전환 토마토는 PG 유전자를 제거하여 만드는 것이 아니다. 플라스미드에 FLAVR SAVR 유전자를 삽입하여 만든 재조합 DNA를 PG 유전자가 존재하는 토마토 종자에 삽입하여 PG 유전자의 발현을 억제시키는 것이다. 따라서 PG와 FLAVR SAVR 두 유전자는 토마토에 모두 존재하나 PG 유전자는 발현되지 않고 FLAVER SAVER 유전자만 발현된다. 즉, FLAVER SAVER 유전자는 PG 유전자에 결합함으로써 PG 유전자의 형질 발현을 억제한다.

02 (1) ·방법 : DNA 재조합 기술을 이용한 유전자 치료
·과정 : 바이러스에 정상 ADA 유전자를 삽입하여 재조합 DNA를 만든 후, 정상 ADA 유전자를 가지는 세포를 조직 배양하여 대량으로 증식시켜 환자의 골수 세포의 염색체에 끼워 넣으면 정상 ADA 유전자가 발현된다.
(2) 장점 : 선천적으로 가지고 태어나는 유전병을 고칠 수 있다.
단점 : 유전자 운반체의 체내 삽입 부위, 발현 시기, 발현 장소를 조절하는 주의가 필요하다. 치료 목적 외에 유전자 조작을 통한 인간 형질 변화에 쓰일 가능성이 있다. 체세포의 수명에는 한계가 있으므로 주기적으로 정상 ADA 유전자를 가지는 세포를 주입해주어야 하는 번거로움이 있으며, 환자의 생식 세포의 유전자가 바뀌는 것이 아니므로 환자의 유전병은 자손에 전달되므로 근복적인 치료 방법은 될 수 없다.

해설 (1) DNA 재조합 기술을 이용하여 정상 ADA 유전자를 환자에 넣어 줌으로써 ADA 결핍 환자를 치료할 수 있다. 유전자 치료 과정은 다음과 같다.

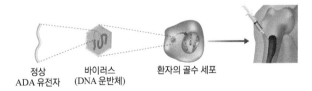

정상   바이러스   환자의 골수 세포
ADA 유전자   (DNA 운반체)

바이러스에 정상 ADA 유전자를 삽입하여 재조합 DNA를 만든 후, 정상 ADA 유전자를 갖는 세포를 조직 배양하여 대량으로 증식시켜 환자의 골수 세포의 염색체에 끼워 넣으면 정상 ADA 유전자가 발현된다.
(2) 장점 : 선천적으로 유전적 결함을 갖고 태어나는 사람들의 고통을 덜어줄 수 있다.
단점 : 바이러스를 운반체로 사용하므로 삽입 부위, 발현 시기, 발현 장소를 적절하게 조절해야 한다. 예를 들어 바이러스 운반체가 혈액 세포 증식과 관련된 유전자 부위에 삽입되면 비정상적으로 백혈구의 수가 늘어나 백혈병이 진행될 수 있기 때문이다. 또한, 치료 목적 외에 유전자 조작을 통한 인간 형질 변화에 쓰일 가

능성이 있으므로, 사용 범위에 대한 엄격한 규정과 윤리적 책임이 필요하다. 체세포를 주입하여 증상을 치료할 수 있지만, 체세포의 수명에는 한계가 있으므로 주기적으로 정상 ADA 유전자를 갖는 세포를 주입해야 하는 번거로움이 있다. 또한, 환자의 생식 세포의 유전자가 바뀌는 것이 아니므로 환자의 유전병이 자손에 전달되므로 근복적인 치료 방법은 될 수 없다.

03 옳은 것은: (1), (3)

(1) 치사 유전자인 릴렉신을 포함한 개조된 바이러스는 암세포 표면 단백질을 인식하여 암세포 안으로 릴렉신을 침투시키므로 암세포 안에서 릴렉신이 발현되고 치사 단백질을 생산함으로써 암세포를 파괴한다.

(3) ⓒ은 정상 세포와는 결합하지 않으며 암세포에만 결합하도록 개조된 바이러스의 표면 단백질이므로 암세포의 표면 단백질인 ⓔ과 결합 가능하다. 따라서 개조된 바이러스는 특이적으로 암세포에 존재하는 표면 단백질을 인식할 수 있다.

해설 (1) 바이러스는 숙주 세포 속으로 유전자 DNA만을 들여보낸다(침투). (2) 치사 유전자인 릴렉신은 암세포 안에서 치사 단백질을 합성하는 것이므로 정상 세포 표면 단백질인 ⓐ을 암세포의 표면 단백질인 ⓔ으로 전환시키는 것이 아니다. (3) ⓒ은 정상 세포와는 결합하지 않으며 암세포에만 결합하도록 개조된 바이러스의 표면 단백질이다. (4) 암세포 안으로 전달되는 것은 릴렉신 유전자이며, 릴렉신은 암세포 안에서 형질이 발현되어 단백질을 합성하므로 암세포로 치사 단백질이 직접 들어가는 것은 아니다.

04 (1) 4, 암 조직에서 얻은 cDNA는 적색 형광으로 표지하고, 정상 조직에서 얻은 cDNA는 녹색 형광으로 표지하였으므로 암 조직과 정상 조직에서 공통으로 발현되는 유전자는 ⓒ에서 황색(적색과 녹색이 섞임)으로 나타난다. 따라서, 황색 부분이 많을수록 암 검사 대상자의 조직에 암 유발 유전자가 있을 가능성이 높다.

(2) DNA 칩은 암을 유발하는 수백~수만 종 이상의 단일 가닥 DNA 조각을 각 용기에 붙여 놓은 것이므로 이와 반응하기 위해서는 상보적으로 결합하는 단일 가닥이 필요하다. 암 검사자의 조직에서 mRNA를 통해 역전사 시킨 cRNA 단일 가닥 시료는 DNA 칩의 특정 DNA 조각과 상보 결합하여 형광색을 나타낸다.

해설 (1) 1. 암 조직에 존재하는 모든 유전자가 ⓒ에 나타나는 것은 아니다.
2. (가)에서 사용하는 암 유발 유전자는 염기 서열이 이미 밝혀진 수백~수만 종류의 DNA 조각으로 cDNA와 상보적으로 결합한다.
3. 암을 유발한다고 알려진 유전자의 종류를 가능한 한 많이 유리 기판에 붙여야 확실한 암 진단 검사를 할 수 있는 DNA 칩이 될 수 있기 때문에 염기 서열은 각 종류마다 다르다.
4. 암조직과 정상 조직의 cDNA가 DNA 칩에서 공통으로 발현되었다면 그 정상 조직은 암 유발 유전자가 있을 가능성이 높다.
(2) 세포에 존재하는 DNA의 모든 유전자가 형질 발현되는 것은

아니므로 암세포와 같은 특정 세포에서 발현되는 유전자가 무엇인지 알아야 하기 때문에 이미 형질 발현된 mRNA로부터 형광 표지된 뉴클레오타이드를 이용하여 cDNA를 합성한다.

01. ㄴ, ㄷ, ㄹ, ㄱ		02. (1) O (2) O (3) X	
03. (1) 부 (2) 부 (3) 긍		04. ㄴ, ㄹ	
05. ⑤	06. ④	07. ㄴ	08. ③
09. ②	10. ②	11. ①	12. ②, ⑤
13. ①	14. ④	15. ③	16. ②
17. ①	18. ②	19. ⑤	20. ⑤
21. ②, ④, ⑤	22. ④	23. ②	24. ④
25. ⑤	26. ③	27. ~ 30. 〈해설 참조〉	

01. ㄱ. 1983년 DNA를 증폭시키는 기술인 PCR이 개발되었다.
ㄴ. 1928년 플레밍은 푸른 곰팡이에서 최초의 항생제인 페니실린을 발견하였다.
ㄷ. 1968년 니런버그는 유전 암호를 해독하였고, 단백질 합성 과정 및 유전자의 형질 발현 원리를 밝혔다.
ㄹ. 1977년 DNA 염기 서열 분석법이 개발되었다.

02. (1) 암세포 표면 단백질과 특이적으로 결합하는 단일 클론 항체를 이용하여 진단 키트를 만들어 암 진단에 사용한다.
(2) 바이러스를 이용하여 환자의 체세포에 정상적인 유전자를 넣어 준 후 정상 유전자로 치환된 세포를 배양하여 환자의 몸에 넣어 주면, 환자 몸에 들어간 정상 유전자를 가지는 바이러스는 치료 단백질을 생산하도록 함으로써 질병을 치료할 수 있다. 이와 같이 DNA 재조합 기술을 이용한 유전자 치료는 혈우병 등 선천성 유전병 치료에 도움이 된다.
(3) [바로알기] 병충해에 강한 작물을 얻기 위해서는 병충해에 강한 유전자를 플라스미드에 삽입하여 재조합 DNA를 만든 후 이를 식물 세포에 주입함으로써 가능하다.

03. (1) 유전자 변형 개체인 GMO는 오랫동안 지속적으로 섭취했을 때 인체에 어떠한 영향을 미치게 될지 아직 확신할 수 없다.
(2) 태아 유전자 검사를 통해 유전병을 확인할 수 있으므로 태아를 낙태시키는 등 선택적 출산이 가능해지므로 태아는 생존권을 위협받게 된다.
(3) 유전자 조작 기술을 이용하여 얻은 미생물은 환경 오염을 유발하는 원유를 제거할 수 있다.

04. ㄱ. [바로알기] 복제 양 돌리는 복제하고자 하는 양의 체세포의 핵을 양의 무핵 난자에 이식하는 핵치환 기술을 이용하였다.
ㄴ. 제초제에 강한 유용 유전자를 플라스미드에 삽입하여 재조합 DNA를 만든 후 이를 식물 세포에 도입시킴으로써 제초제 저항성을 갖는 작물을 얻을 수 있다.
ㄷ. [바로알기] 암 진단 키트는 암 특이적인 단백질에 대한 단일 클론 항체를 이용하여 만든 것이다.

ㄹ. 냉해와 가뭄에 강한 유전자를 플라스미드에 삽입하여 재조합 DNA를 만들어 벼에 도입시킴으로써 냉해와 가뭄에 강한 벼를 얻을 수 있다.

05. ㄱ. ⊙ 과정은 제한 효소와 DNA 연결 효소를 이용해 Ti 플라스미드와 해충 저항성 유전자 X를 재조합하여 재조합 플라스미드를 만드는 단계이다.
ㄴ. 재조합 플라스미드에 끼워 넣은 유전자 X가 ⓒ 과정에서 식물 세포로 도입된다.
ㄷ. ⓒ 과정은 재조합 DNA가 들어간 식물 세포가 완전한 개체로 증식되는 단계이다. 유전자 X는 식물 세포의 염색체에 삽입되어 있으므로 식물 세포의 증식 과정에서 복제되고 발현되어 식물 개체는 해충에 대한 저항성을 가지게 된다.

06. ㄹ. [바로알기] 복제 젖소는 핵을 제거한 난자에 우량 젖소의 체세포 핵을 주입하는 것이므로 핵치환 기술이 이용된 것이다.

07. · 미생물 농약의 장점 : 저독성이므로 생태계 파괴와 환경 오염의 우려가 적고 생물 농축을 일으키지 않는다. 또한, 무한한 부존자원이며, 화학 농약에 대한 내성이 있는 병충해에 대해서도 방제 효과가 있다.
· 미생물 농약의 단점 : 살충 효과가 상대적으로 느리며 적용 범위가 좁아 소수의 종에 한정되고 효력이 늦게 나타난다. 또한, 생태계에 영향을 미쳐 미생물의 안전성이 위협될 가능성이 있다.

08. (가) 복제양 돌리는 핵 치환 기술에 의해 만들어졌다.
(나) 무추는 세포 융합 기술에 의해 만들어졌다.
(다) 단일 클론 항체는 항체를 생성하는 림프구와 수명이 반영구적인 암세포를 세포 융합하여 만들어졌다.
(라) 인슐린을 대량으로 생산하기 위해서 플라스미드에 인슐린 유전자를 삽입하여 대장균에 넣고 증식시켰다.(DNA 재조합 기술)
(마) 당근의 뿌리 세포를 이용하여 완전한 개체의 당근을 만드는 기술은 조직 배양이다.

09. ㄱ. [바로알기] 특정 유전자를 수정란의 핵 속에 직접 주사하는 유전자 조작 기술이 이용되었다.
ㄴ. 형질 전환 염소의 젖에서 사람의 단백질을 얻을 수 있는 것은 수정란이 분열할 때 사람의 유전자도 함께 복제되어 분열하기 때문이다.
ㄷ. 제한 효소를 이용하여 사람의 DNA에서 유전자를 절단하여 수정란의 핵 속에 직접 주사하였다.
ㄹ. [바로알기] 형질 전환 염소에는 사람의 유전자가 삽입되어 있으므로 수정란의 핵과 형질 전환 염소의 체세포의 핵은 유전적으로 모두 동일한 것은 아니다.

10. ㄱ. [바로알기] 바이러스를 이용한 유전자 치료는 성공 확률이 매우 낮다는 한계점을 가진다.
ㄴ. 유전자 치료는 환자의 체세포의 유전자를 정상 유전자로 바꾸는 것이므로 생식 세포의 유전자에는 유전병 A가 존재하여 자손에게 전달된다.
ㄷ. [바로알기] 정상 유전자로 치환된 체세포의 수명에 한계가 있다.

11. ㄱ. [바로알기] 선천적으로 유전자 이상이 있는 환자를 치료하는 방법은 바이러스에 정상 유전자를 삽입시키는 것이다.
ㄴ. 환자의 체세포 핵을 이식하여 만든 복제 배아 줄기 세포로부터 얻은 조직이나 장기는 환자의 유전자와 동일하므로 환자에게 이식하여도 면역 거부 반응이 일어나지 않는다.
ㄷ. [바로알기] 복제 배아는 전형성능을 지녔으므로 대리모의 자궁에 착상시키면 복제 인간이 탄생될 수 있다.
ㄹ. [바로알기] 혈액형이 동일하다고 하여 면역 유형도 동일한 것은 아니다.

12. ①, ④ [바로알기] 형질 전환 식물에 도입된 재조합 DNA는 뿌리에 혹을 만드는 T DNA 자리에 유전자 X가 삽입되어 있으므로 T DNA는 발현되지 않는다. 따라서, 형질 전환 식물은 뿌리에 혹이 만들어지지 않으며 유전자 X가 발현되어 해충에 저항성을 가지게 된다.
② Ti 플라스미드는 유전자 X를 식물 세포 내로 도입하는 운반체로 사용되었다.
③ [바로알기] T DNA 자리에 유전자 X가 삽입되었으므로 T DNA는 발현되지 않는다.
⑤ 유전자 X는 식물 세포의 염색체에 삽입되어 있으므로 식물 세포의 증식 과정에서 복제되고 발현되어 식물 개체는 해충에 대한 저항성을 가지게 된다.

13. ㄱ. 치료 목적 외에 유전자 조작을 통해 인간 형질 변화에 쓰일 가능성이 있다.
ㄴ. [바로알기] 환자의 비정상 세포를 유전자 조작하여 다시 환자의 체내로 넣어주므로 면역 거부 반응이 일어나지 않는다.
ㄷ. [바로알기] 유전자 치료 과정에서 정상 유전자의 운반체인 바이러스가 환자의 체세포 내 어느 위치에 삽입되는지, 언제 발현되는지 적절하게 조절하기가 쉽지 않은 문제점이 있다.

14. ㄱ. [바로알기] 범죄 현장에 남은 혈흔으로부터 추출한 DNA는 PCR을 통해 양을 늘려 DNA 지문 분석을 함으로써 범인을 잡을 수 있다.
ㄴ. 아그로박테리움에 존재하는 플라스미드를 이용해 재조합 DNA를 만들어 세균에 넣은 후, 식물 세포에 감염시키면, 아그로박테리움의 유전자가 식물 세포에 도입된다.
ㄷ. 사람의 암 치료를 위해 사용되는 아데노바이러스는 암세포 표면 단백질을 인식하여 암세포 안으로 치사 유전자를 침투시킨다.

15. ①, ② 중금속을 흡수하는 식물을 만들거나 해충 저항성 유전자를 갖는 식물을 만들 때에는 DNA 재조합 기술을 이용한다.
③ [바로알기] 맞춤형 아기를 태어나게 하는 것은 윤리적인 문제가 따르므로 생명 공학 기술의 부정적인 측면이다.
④ 미생물은 빠르게 증식하므로 짧은 시간에 많은 질병 치료 물질을 얻을 수 있다.
⑤ 환자로부터 얻은 줄기 세포의 경우는 본인 환자에게 면역 거부 반응을 일으키지 않으므로 환자 맞춤형 장기가 가능하다.

16. 답 ②
해설 ㄴ. DNA 칩에 알고 있는 유전자를 붙여 탐침으로 이용함으로써 유전자의 돌연변이를 탐색할 수 있다.

[바로알기] ㄱ. 개인 식별에는 DNA 지문을 이용한다.

ㄷ. 유전병의 치료는 유전자 재조합 기술을 이용한다.

ㄹ. DNA 염기 서열 분석에는 dNTP, ddNTP를 이용한다.

17. ㄱ. (가)의 줄기 세포는 배아를 이용하므로 윤리적인 문제가 발생할 수 있지만 (나)의 줄기 세포는 이미 다 성장한 신체 조직으로부터 발견된 줄기 세포이므로 윤리적인 문제가 발생하지 않는다.

ㄴ. [바로알기] (가)는 배아 줄기 세포로 모든 조직과 기관으로 분화할 수 있는 전형성능을 가지므로 (다)의 세포의 핵은 (가)의 줄기 세포로부터 분화되었다.

ㄷ. [바로알기] (가)는 배아 줄기 세포를, (나)는 성체 줄기 세포를 나타낸 것이다.

18. ①, ⑤ 개인의 유전체 정보는 보안상의 문제가 발생하며, 보험 회사 또는 직장에 공개되면 유전 정보에 근거한 차별 대우를 받을 가능성이 높아진다.

② [바로알기] 식물의 조직 배양은 동일한 유전자를 가진 식물을 대량으로 생산하는 기술이다. 따라서, 슈퍼 잡초 등 유전자 변이를 가지는 식물을 탄생시키지 않는다.

③ 유전자가 조작된 농작물은 유용한 농작물의 생산량을 증가시킬 수 있지만, 생태계로 유입될 경우 생태계 교란을 일으킬 수 있다는 단점이 있다.

④ 유전자 치료에서 바이러스 운반체가 혈액 세포 증식과 관련된 유전자 부위에 삽입되면 비정상적으로 백혈구의 수가 늘어나 백혈병이 진행될 수 있다.

19. ㄱ. DNA 칩에 확인하고자 하는 세포나 바이러스에서 얻은 DNA를 반응시키면 암을 진단하거나 돌연변이체 검색이 가능하다.

ㄴ. 사람의 유전체의 염기 서열을 분석하기 위해서는 염기 서열을 알고자 하는 DNA 조각을 증폭시키는 과정을 거치므로 PCR(중합 효소 연쇄 반응)이 이용된다.

ㄷ. 생분해 플라스틱 생성 유전자를 제한 효소와 연결 효소를 이용하여 운반체 DNA에 삽입한 후 미생물에 주입하여 증식시키면 생분해 플라스틱을 생성하는 미생물을 얻을 수 있다.

20. ㄱ. (가)는 운반체 바이러스에 정상 ADA 유전자를 삽입하는 재조합 과정이므로 제한 효소와 연결 효소가 필요하다.

ㄴ. 환자로부터 꺼낸 골수 세포에 정상 유전자가 삽입된 재조합 바이러스를 넣고 조직 배양을 하여 환자에게 주입하므로 면역 거부 반응이 일어나지 않는다.

ㄷ. 유전자 치료 과정에서 환자의 생식 세포의 유전자가 바뀌는 것이 아니므로 환자의 유전병이 자손에 전달되어 자손은 ADA 유전자가 결핍된다.

21. (가)의 돼지는 유전자 주입술을 이용해 얻은 형질 전환 돼지이며, (나)의 돼지는 유전자 재조합술을 이용해 얻은 형질 전환 돼지이다.

① [바로알기] 세포의 핵을 제거하게 되면 세포의 생명 활동을 조

절하는 유전자가 없으므로 생존할 수 없다.

② 혈액 응고에 관여하는 빌리브란트 인자 유전자를 돼지의 수정란에 주입(유전자 조작 기술 중 유전자 주입술)하여 배양한 결과 얻은 형질 전환 돼지의 젖에는 혈액 응고 단백질이 포함되어 있다.

③ [바로알기] 형질 전환 돼지를 만들 때에는 핵치환 기술이 이용되지 않는다.

④, ⑤ 돼지가 가지고 있지 않은 피탄산 분해 효소 유전자를 가지도록 유전자 재조합 기술을 이용하였다. 피탄산 분해 효소 유전자를 돼지의 염색체에 삽입할 수 있는 운반체가 필요하다.

22. ㄱ. 형질 전환 식물을 중금속으로 오염된 토양을 정화시키는데 이용하기 위해서는 이 식물을 먹이로 하는 동물에게 어떤 영향을 미치는지 확인하여야 한다. 즉 생태계에 미치는 영향을 연구하여야 한다.

ㄴ. 형질 전환 식물에 삽입된 유전자 A가 제대로 발현되어 단백질을 만들 수 있는지 확인해야만 과정 (사) 실험을 신뢰할 수 있다.

ㄷ. 식물 P는 추운 곳에서만 잘 살 수 있으므로 형질 전환 식물 Q가 다양한 환경 조건에서도 적응하여 자랄 수 있는지 실험함으로써 널리 이용될 수 있는지 확인한다.

ㄹ. [바로알기] 형질 전환 식물 Q를 실제로 이용하기 위해 반드시 단백질 A가 중금속을 분해하는 생화학적 과정을 연구할 필요는 없다.

23. ㄱ. [바로알기] 혈액 속에 존재하는 적혈구에는 핵이 없으므로 유전자 치료에는 사용할 수 없다.

ㄴ. [바로알기] 정상 유전자를 골수 세포에 도입할 때에는 바이러스를 운반체로 사용하여 유전자 재조합 기술이 이용된다.

ㄷ. [바로알기] 정상 유전자를 가진 골수 세포를 환자에게 주입하더라도 모든 골수 세포가 정상 유전자를 가지게 되는 것은 아니다. 정상 유전자를 갖는 골수 세포로부터 분화되는 일부 세포만 정상 유전자를 갖게 되므로, 치료의 효과를 지속하기 위해서 주기적으로 정상 유전자를 가진 골수 세포를 주입하는 시술이 필요하다.

ㄹ. 유전자 치료 과정에서 환자의 생식 세포의 유전자가 바뀌지는 않으므로 생식 세포에는 비정상 유전자가 존재하여 유전된다.

24. ㄱ, ㄷ. [바로알기] 기증자로부터 얻은 기관지는 형태만 남기며, 면역 거부 반응이 일어나지 않게 환자의 골수에서 채취한 줄기 세포로부터 얻은 연골 세포는 형태만 남은 기관지에 둘러싸도록 한다.

ㄴ. 기증자의 기관지는 형태만 남기므로 면역 거부 반응을 일으킬 수 있는 연골 세포는 모두 제거된 상태이다. 그리고 환자로부터 얻은 줄기 세포를 분화시켜 연골 세포로 배양한 후 기증자의 기관지 겉부분을 둘러싸므로 환자와 기증자와 면역 유형은 반드시 동일해야 할 필요는 없다.

25. ㄱ, ㄴ, ㄷ. (가)는 항암 물질을 생성하는 유전자 A를 바이러스에 주입한 후, 이를 사람의 세포에 넣어 암을 치료하는 방법이므로 바이러스가 유전자 운반체로 이용되었다. (나)는 항암 물질을 생성하는 유전자 A를 플라스미드에 삽입하여 대장균에서 증식시켜 항암 물질을 대량으로 얻은 후, 이를 환자에게 투여하는 유전자 재조합 방법이다.

26. ㄱ, ㄷ. 암 조직에서 발현된 mRNA를 역전사시켜 만든 cDNA는 적색 형광으로 염색하였고, 암 진단 대상자의 조직에서 발현된 mRNA를 역전사시켜 만든 cDNA를 녹색 형광으로 염색하였으므로 DNA 칩에서 황색(적색과 녹색이 섞임 즉, 상보적으로 결합함)은 암 조직에서 발현되는 조직이라는 것을 확인할 수 있으며, 황색이 많을수록 암 진단 대상자의 조직과 암 조직에 공통으로 발현되는 유전자가 많다는 것이므로 암 진단 대상자가 암일 가능성이 높다는 것을 의미한다.

ㄴ. [바로알기] cDNA는 DNA 칩에 존재하는 여러 종류의 DNA 가닥 중 상보적인 염기 서열을 갖는 DNA 가닥에 결합한다.

27. 답 GMO 식물에 도입된 제초제 내성 유전자가 잡초로 전달될 경우 새로운 유전 형질을 갖는 슈퍼 잡초(제초제를 뿌려도 절대 죽지 않는 잡초)가 나타나 생태계 교란을 야기할 수 있다.

28. 답 바이러스는 환자의 골수 세포 속 염색체로 정상 유전자를 운반해주는 운반체로 사용되었다.

해설 바이러스에 정상 유전자를 삽입하는 유전자 재조합 기술을 사용하였다.

29. 답 플라스미드는 대장균이 갖는 고리 모양의 DNA이고, 사람에게는 존재하지 않는다. 그러므로 정상 유전자를 사람의 염색체에 끼워 넣기 위해서는 증식 과정에서 자신의 유전 물질을 숙주 세포인 사람의 염색체에 끼워 넣을 수 있는 바이러스를 이용하여야 하며, 대장균의 플라스미드는 사용할 수 없다.

30. 답 골수는 적혈구, 백혈구(림프구, 단핵구, 호산구, 호염기구, 호중구), 혈소판과 같은 혈액 세포를 만드는 조직이므로 정상 유전자를 가진 재조합 바이러스를 환자의 골수 세포에 넣어주면 환자 몸에 들어간 정상 유전자를 가진 골수 세포는 면역 거부 반응을 일으키지 않으면서 치료 단백질을 생산하므로 효과적으로 질병을 치료할 수 있다.

9강. Project 1

Project 논/구술 192 ~ 197 쪽

Q1 〈예시 답안〉 생태계 내에서 모기가 다른 동·식물과 어떤 연관 관계를 형성하고 있는지 아직 확실하지 않기 때문에 생태계 보호 차원에서 성급하게 진행할 수 없다. 유전자 가위 '탈렌'은 단백질 조립이 더 복잡하며, 크기가 커서 세포 속에 넣기 어렵고 특정 유전자 염기에 맞춰 단백질을 매번 설계해야 하기 때문에 탈렌을 사용하기 어려운 점도 있다.

Q2 〈예시 답안〉

· 유전자 오염 : 곤충, 바람 등 오염원에 의해 유전자 편집이 되지 않은 작물의 DNA가 오염될 가능성이 존재한다.
· 생물의 다양성 훼손 : 유전자 편집 기술로 만들어진 동·식물이 야생종을 위협할 수 있다.
· 윤리적 위험 : 인공적으로 제작된 생명체에 대한 존엄성 저하 및 제조자에 의한 학대가 우려된다.
· 사회·경제적 위험 : 유전자 편집에 의해 생산된 식량이 증가함에 따라 전통적인 농업 방식이 위협받는다.
· 종교적 반대 : 이미 GMO를 반대하는 수많은 종교 단체에서는 유전자 편집 기술을 반대하고, 대체 장기 생산을 위해 유전자 편집 동물을 인간 생명 연장을 위한 도구로 이용될 수 있다는 것을 반대한다.

Q3 〈예시 답안〉 병충해에 강한 GMO 콩은 식물에 동물 유전자를 집어 넣은 것이어서 유전자 오염뿐만 아니라 생태계 혼란에 대한 우려가 있었다. 하지만 크리스퍼 유전자 가위로 식물에서 약한 유전자를 잘라내고 스스로 강한 유전자를 복원하도록 하면 그런 문제가 없는 신품종을 만들 수 있기 때문이다.

해설 크리스퍼는 외부에서 유전자를 넣지 않고 내부 유전자에 변화를 일으켜 기능을 확보하기 때문에 농업에서도 혜택을 볼 수 있다. 특히 GMO(유전자 변형) 농산물에 대한 우려를 없앨 수 있다. 크리스퍼 등의 유전자 편집 기술은 질병이나 스트레스에 강한 외래 유전자를 통해 유전형질을 바꾸는 방식이 아닌, 내부 유전자를 편집하여 유전형질에 변화를 주는 새로운 기술로 GMO 개발의 패러다임을 변화시킬 것으로 전망된다.

Q4

〈예시 답안〉 멀지 않은 미래에 영화 '가타카'에서처럼 돈 있는 사람은 원하는 대로 자식의 지능과 외모 유전자를 좋게 바꾸고, 가난한 사람들은 유전자를 바꿀 수 없기 때문에 태어난 그대로의 유전자로 인한 차별을 받을 수 있다. 돌연변이는 생태계 균형을 파괴하고, 유전자 변형은 새로운 '생물학적 무기'로 활용될 우려가 있다.

[해설] 멀지 않은 미래에 영화 '가타카'에서 등장하는 '맞춤형 아기'나 기존에 없던 돌연변이가 등장할 단계에 이르렀다는 것이 일부 과학자들의 생각이다. 맞춤형 아기 또는 돌연변이의 등장 등 예상했던 우려가 현실이 되기 전에 안전 장치를 도입하고 기대되는 이익과 위험을 합리적으로 판단해야 할 것이다.(생태계 균형을 파괴하거나 유전자 변형이 새로운 '생물학적 무기'로 활용될 수 있다는 점에서 무분별한 사용을 경계해야 한다는 목소리도 적지 않다.)

Q5

〈예시 답안〉
· 에이즈 근원 치료법 개발 : 에이즈 바이러스가 공격하지 못하도록 혈액 세포의 DNA를 바꾸는 연구
· 항생제나 자가면역질환 치료제 개발 : 크리스퍼를 이용한 세균의 면역 반응을 모방

Q6

〈예시 답안〉 4차 산업혁명의 속성은 각 분야별로 빅데이터 분석이 수반된다는 것이다. 정확한 생물 데이터를 사물 인터넷으로 진단하고 여기서 얻은 빅데이터를 기반으로 인공지능을 통해 상황에 대한 조치를 내린다. 생명 공학 기술이 인공 지능 등 디지털 기술과 결합하면 새로운 시장이 등장하고 생활의 다양한 변화가 나타나며, 4차 산업혁명을 이끌게 될 것이다.

Q7

〈예시 답안〉
· 살아 있는 존재의 유전자 코드를 만들려는 시도가 성공하면, DNA 합성으로 만들어진 식물이나 동물이 야생으로 탈출할 수 있고, 그렇게 된 경우 환경에 매우 부정적인 영향을 미칠 것이다.
· 치명적인 유전자 결함(장애)을 제거하기 위해 인체 세포를 개조하는 과정에서 의학 치료와 인간 개조 사이의 정확한 경계를 잡기 어려워진다.
· 부자들이 자신이나 자녀를 완벽하게 만들기 위해 그 기술을 이용하면, 정치·경제적 불평등이 생물학적으로도 나타날 수 있다.
· 현재 우리가 야생에서 채취하거나 농장에서 재배하는 식품의 다수가 생물학 공장에서 만들어진다면 미래 세계의 모습은 매우 불확실하게 될 것이다.

II 생물의 진화

10강. 생명의 기원

개념확인 200 ~ 205 쪽

1. (1) X (2) O (3) O **2.** (1) X (2) O (3) O
3. (1) 유기물 복합체 (2) 리포솜
4. 복잡한 유기물 **5.** (1) X (2) X (3) O
6. (1) O (2) X (3) O

확인 + 200 ~ 205 쪽

1. 생물 속생설 **2.** (1) 환원성 (2) 화학 진화설
3. (1) X (2) O (3) X
4. RNA, RNA-단백질, DNA-RNA-단백질
5. ㄷ, ㄴ, ㄱ **6.** ㄷ, ㄴ, ㄱ

▶ 개념확인

1. (1) [바로알기] 파르퇴르는 S자형 목의 플라스크를 이용한 실험으로 생물 속생설을 확립하였다
(2) 레디의 실험에서 구더기가 생기지 않은 병은 천으로 입구를 막아 파리의 출입을 막은 병이었다.
(3) 니덤은 작은 미생물은 무생물로부터 저절로 생겨난다는 자연 발생설을 주장했다.

2. (1) [바로알기] 방전 후 U자관에는 유기물이 혼합된 물이 모인다.
(2),(3) 암모니아 등 무기물에서 아미노산 등의 간단한 유기물을 합성하는 실험이다.

5. (1) [바로알기] 최초의 원시 생명체는 산소가 없고 풍부한 유기물을 가진 원시 지구의 환경에서 무산소 호흡을 통해 에너지를 얻는 종속 영양 생물이었을 것이다.
(2) [바로알기] 초기 독립 영양 생물인 홍색황세균, 녹색황세균은 황화수소(H_2S)에서 수소를 얻어 광합성을 하였다.(O_2를 생성하지 않았다.)
(3) 산소 호흡이 무산소 호흡보다 효율이 좋아 산소 호흡 생물이 번성하고 무산소 호흡 생물은 대부분 멸종한 후 O_2가 없는 환경에서만 혐기성 세균 등으로 살아남았다.

6. 세포 내 공생설의 근거로 미토콘드리아와 엽록체는 원핵 세포와 유사한 자체적인 DNA와 리보솜을 가지며, 2중막 구조로 그 중 내막은 원핵 세포의 막과 유사하다.

3. (1) [바로알기] 코아세르베이트는 물질 흡수, 분열, 생장, 간단한 대사 작용이 가능하지만 유전 물질은 가지고 있지 않다.
(2) 리포솜의 인지질 2중층은 세포막의 인지질 2중층과 구조적으로 같다.
(3) [바로알기] 코아베르세이트, 마이크로스피어, 리포솜은 간단한 대사 작용이 가능하고 생장, 분열 등의 특성을 가지고 있지만 유전 물질이 없고 효소를 스스로 생산하지 못해 생명체로 인정받지 못한다.

5. 원시 지구의 대기에는 O_2가 거의 없고 풍부한 유기물이 존재했으므로 최초의 생물은 무산소 호흡으로 유기물을 분해하여 에너지를 얻는 (ㄷ) 종속 영양 생물(무산소 호흡)이었을 것이다. 이 최초의 생물로 인해 유기물이 줄어들자 태양의 빛에너지를 이용해 광합성으로 유기물을 스스로 합성하는 (ㄴ) 무산소 호흡하는 독립 영양 생물이 출현하였고, 처음엔 황화수소에서 수소를 공급받는 광합성 세균이 번성하다가 황화수소 대신 풍부한 H_2O에서 수소를 공급받는 남세균이 출현하여 번성하자 대기 중 O_2의 농도가 늘어나게 되고 O_2를 이용하여 호흡하는 (ㄱ) 종속 영양 생물이 생겨났다.

6. ㄷ. 산소 호흡하는 단세포 독립 영양 생물은 진핵생물이며 독립된 단세포 진핵생물이 모여 군체를 형성한 후 ㄴ. 다세포 진핵생물로 진화하였으며, 대기 중 오존층이 형성되며 자외선이 차단되자 ㄱ. 육상 생물이 나타나게 되었다.

개념다지기 206 ~ 207 쪽

01. ③ **02.** (1) 생 (2) 자 (3) 자
03. (1) (가), (나) (2) 생긴다 **04.** 화학 진화설
05. (가) 세포막 함입설 (나) 세포 내 공생설
06. (1) ○ (2) X (3) ○ **07.** ① **08.** ⑤

01. ㄱ. [바로알기] 레디는 천으로 파리의 접근을 막은 병에서만 구더기가 생기지 않는다는 것을 근거로 생물 속생설을 주장했다.
ㄴ. [바로알기] (가)에서 구더기가 발생하지 않은 것은 천으로 입구를 막아 파리가 알을 낳을 수 없도록 막았기 때문으로 생선 도막이 상한 것과 상관이 없다.
ㄷ. 천으로 입구를 막지 않은 (나)에서 발생한 구더기는 생선 도막에 파리가 알을 낳아 생긴 것으로 생물 속생설에 부합하는 결과이다.

02. (1) 오직 살아있는 생물에서만 생물이 발생할 수 있다는 것은 생물 속생설에 해당한다.
(2) 모든 물질에 생기가 있어 무생물에서 생물이 저절로 발생한다는 것은 자연 발생설에 해당한다.
(3) 끓여 멸균된 고기즙을 공기가 통하지 않도록 밀폐하였는데도 저절로 미생물이 생길 거라는 가설은 자연 발생설에 해당한다.

03. (1) 실험 과정 중 고기즙을 끓여서 멸균하기 전에는 미생물이 고기즙에 존재하고 있을 것이다. (라)의 경우에는 외부와 공기가 통하는 구조로 되어 있지만 S자형 목 부분에 생긴 물에 막혀 미생물이 침투하지 못해 고기즙에 미생물이 존재하지 않는다.
(2) (라) 부분에서 고기즙에 미생물이 생기지 않은 건 S자형 목 부분의 물에 막혀 공기 중의 미생물이 고기즙으로 들어가지 못했기 때문이다. 따라서 S자형 목 부분을 잘라내서 외부 공기에 완전히 노출시키면 미생물이 생길 것이다.

04. 환원성 대기와 고온, 고압의 원시 지구 환경에서 무기물이 간단한 유기물로 합성되고, 간단한 유기물이 다시 복잡한 유기물로 변화하는 과정을 거쳐 원시 생명체가 나타났을 것이라 추정하는 학설은 화학 진화설이다.

05. 원핵 세포의 세포막이 함입되어서 핵막과 소포체 등의 세포 소기관이 생기는 것은 세포막 함입설에 따른 것이고 외부의 산소 호흡 세균이나 광합성 세균을 세포 내부에 받아들여 세포 소기관으로 분화되었다는 세포 내 공생설은 미토콘드리아와 엽록체에 해당한다.

06. (1) 생명체는 유전 물질을 보존하고 후대로 물려줄 유전 정보를 담고 있는 유전 물질이 있어야 한다.
(2) [바로알기] 생물로 인정받기 위해서는 세포막으로 세포 내부와 외부를 구분하여 선별적으로 물질 교환이 일어날 수 있어야 한다.
(3) 물질 대사에 필요한 단백질 효소를 스스로 만들어 생명 활동에 필요한 에너지를 얻을 수 있어야 생명으로 인정받을 수 있다.

07. ① [바로알기] 실험 장치 내부에는 원시 지구의 대기를 모방하여 나타낸 것으로 환원성 기체가 들어있다. O_2는 산화성 기체이다.
② (가)에서 고압 전류를 방전시킴으로써 대기에 에너지를 공급하여 유기물이 합성되도록 유도한다.
③ 장치를 충분히 가동하면 아미노산 등 합성된 유기물은 물에 녹아 U자관에 고인다.
④ 장치를 가동하면 암모니아가 유기물로 합성되어 물에 녹으므로 암모니아 농도는 감소하게 된다.
⑤ 물을 끓이는 이유는 대기 중에 많은 양의 수증기와 높은 온도를 형성하기 위해서이다.

08. ㄱ. [바로알기] 초기 독립 영양 생물인 홍색황세균과 녹색황세균은 황화수소(H_2S)에서 수소를 얻었다.
ㄴ. 원시 지구의 대기에는 O_2가 거의 없고 풍부한 유기물을 가지고 있어 무산소 호흡으로 에너지를 얻는 종속 영양 생물이 최초로 생겨났을 것이다.
ㄷ. 남세균에 의해 O_2가 늘어나 원시 지구의 환원성 대기가 산화되고 난 후에는 화학 진화로 인한 새로운 생물의 출현이 불가능하게 되었다.

유형익히기 & 하브루타　　208 ~ 211 쪽

[유형 10-1] ①	01. (1) X (2) X (3) O　02. ④
[유형 10-2] ④	03. ①　　　04. 프로테노이드
[유형 10-3] ①	05. ③　　　06. 리포솜
[유형 10-4] ④	07. (1) X (2) O (3) X　08. ②

[유형 10-1] ① [바로알기] 스팔란차니의 실험인 ㉠ 플라스크는 완전히 밀폐되어 공기가 전혀 통하지 않았지만, 파스퇴르의 실험인 ㉡ 플라스크는 S자형 목에 수증기로 인한 물방울이 고여 미생물은 출입하지 못하지만 공기는 통할 수 있었다.

② ㉡의 플라스크는 충분히 오래 끓여 고기즙의 미생물이 멸균되었고, S자형 목으로 인해 외부 미생물의 유입도 없었기 때문에 미생물이 관찰되지 않았다.

③ 일정한 시간이 지났을 때 ㉠ 플라스크는 멸균 이후 완전히 밀폐되고, ㉡ 플라스크는 멸균 이후 완전히 밀폐되지는 않았지만 외부 미생물의 유입이 막혔기 때문에 미생물이 관찰되지 않지만, S자형 목을 잘라내 외부 공기와 직접적으로 통하게 된 ㉢ 플라스크에서는 미생물이 관찰될 것이다.

④ 스팔란차니와 파스퇴르는 둘 다 생물은 생물에서만 생겨날 수 있다는 생물 속생설을 주장하였다.

⑤ 고기즙을 충분히 가열한 것은 고열에서 살 수 없는 미생물을 고기즙에서 제거하기 위해서이다.

01. (1) [바로알기] 레디의 실험은 최초의 대조 실험으로 기록되어 있으며, 이를 통해 이후 대조 실험의 기본 토대가 구축되었다.

(2) [바로알기] 파스퇴르는 플라스크를 완전히 밀봉하지 않고 공기는 통하되 외부의 미생물이 출입하지 않도록 막음으로써 생물 속생설을 증명하였다.

(3) 니덤은 큰 생물은 자연 발생하지 않고 생물에서만 생겨나지만 미생물은 무생물에서 자연 발생할 수 있다는 미생물의 자연 발생설을 주장하였다.

02. ㄱ. 생물 속생설은 반드시 이미 존재하는 생물로부터만 생물이 생겨난다고 주장하는 학설이다.

ㄴ. 자연 발생설은 만물에 '생기'가 있어 무생물로부터 생물이 우연히 저절로 생겨난 것이라 주장하는 학설이다.

ㄷ. [바로알기] 생물 속생설에 따르면 병 입구를 막아 파리의 출입을 막은 생선 도막에는 구더기가 생기지 않을 것이다.

[유형 10-2] ㄱ. [바로알기] 150시간이 지났을 때 방전관 속 암모니아의 농도가 낮아지고 아미노산의 농도가 올라갔지만 그것이 복잡한 유기물인 단백질로 합성되지는 않았다.

ㄴ. 방전관에는 원시 지구 대기를 이루고 있었다고 추정되는 메테인, 수소, 암모니아 등의 환원성 기체를 넣었다.

ㄷ. 이 실험을 통해 유리와 밀러는 환원성 기체로 이루어져 있는 지구 대기에 번개 등으로 인한 에너지가 유입되어 무기물이 단순한 유기물로 합성되었으리라고 추측하였다.

03. ㄱ. 심해 열수구 주변은 마그마로 인해 고온의 물이 뿜어져 나오는 부분으로, 온도가 높다는 것은 많은 에너지를 보유하고 있다는 것을 뜻한다. 따라서 심해 열수구 주변의 온도가 높은 곳에서는 화학 반응에 필요한 에너지를 얻을 수 있다.

ㄴ. [바로알기] 최근 연구 결과로는 밀러와 유리의 실험에서 가정했던 것처럼 원시 지구의 대기가 환원성 기체만으로 이루어지지는 않았으리라고 여겨지지만, 산소는 거의 존재하지 않았다.

ㄷ. [바로알기] 원시 지구 대기는 환원성 대기로만 이루어져 있는 것이 아니었으므로 유기물 합성이 잘 일어나지 못했을 것이라 여겨지고 있다.

04. 폭스의 실험 중 170℃의 고온 고압 상태에서 약 200여개의 아미노산으로 합성되는 폴리펩타이드는 프로테노이드이다.

[유형 10-3] (가)는 코아베르세이트, (나)는 마이크로스피어, (다)는 리포솜이다.

① [바로알기] (가)코아세르베이트보다 (나)마이크로스피어가 더 안정적인 구조를 하고 있다.

② (가) 코아세르베이트는 원시 바다에 축적된 유기물이 콜로이드 상태로 뭉쳐 형성된 액상 유기물 복합체이다.

③ (나) 마이크로스피어는 프로티노이드를 물에 넣어 단백질만으로 형성된 액상 유기물 복합체로 폭스의 실험을 통해 확인되었다.

④ (다) 리포솜은 인지질 2중층으로 이루어져 있으며 선택적 투과성을 가지고, 출아가 가능하며 단순한 물질 대사도 가능하다.

⑤ 초기 세포의 세포막은 인지질 분자로 이루어진 (다) 리포솜과 가장 유사했을 것으로 추정된다.

05. ㄱ. [바로알기] DNA는 효소 없이는 복제될 수 없고 효소도 DNA없이는 복제될 수 없기 때문에 최초의 유전 물질이기 어렵다. 최초의 유전 물질은 효소의 촉매 역할과 유전 정보의 전달 기능을 모두 갖춘 RNA의 일종인 리보자임이었을 것으로 추정된다.

ㄴ. [바로알기] 막을 형성하여 외부 환경과 내부 환경을 구분하는 것 역시 생명체의 중요한 특성이지만 그것만으로는 원시 생명체라 할 수 없다. 원시 생명체이기 위해서는 물질대사가 가능한 효소와 유전 정보를 전달한 유전 물질도 함께 가지고 있어야 한다.

ㄷ. 유전 물질을 가지며 자기 복제를 통해 유전 물질을 자손에게 전달할 수 있어야 생명체로서 인정받는다.

06. 인지질을 물에 넣었을 때 형성된 인지질 2중층으로 이루어진 방울 모양의 복합체이고, 간단한 물질 대사와 생장, 출아 등이 일어나며 초기 세포와 유사했을 것으로 추정되는 유기물 복합체는 리포솜이다.

[유형 10-4] ① (가) 세포는 산소를 사용하여 에너지를 생산하는 미토콘드리아를 보유하고 있지만 유기물을 생산하는 엽록체는 가지고 있지 않으므로 산소 호흡을 하는 종속 영양 세포이다.

② (나) 세포는 미토콘드리아와 엽록체를 모두 보유하고 있으므로 스스로 유기물을 합성할 수 있다.

③ a 핵막과 b 소포체는 세포막이 안으로 함입되어 겹쳐진 후 생성된 것이다.

④ [바로알기] c 미토콘드리아는 외부의 산소 호흡 세균이 원시 진핵 세포 내부에서 공생하다 세포 소기관으로 분화된 것이다.

⑤ d 엽록체는 독자적인 유전 물질을 가지고 있으며, 2중막으로 이루어져 있어 외부의 원핵 생물이 원시 진핵 세포 내부에서 공생하다 세포 소기관으로 분화한 세포 내 공생설로 설명된다.

07. (1) [바로알기] 핵막과 소포체 등은 2중막이 아니다. 세포막이 안으로 함입되어 겹쳐지면서 형성된 세포 소기관이다.
(2) 최초의 독립 영양 진핵생물은 미토콘드리아와 엽록체를 모두 가지고 있어 미토콘드리아만 가지고 있는 종속 영양 산소 호흡 진핵생물보다 늦게 출현하였다.
(3) [바로알기] 다세포 진핵생물은 같은 유전 정보를 가진 단세포 진핵생물이 모여 군체를 형성한 후, 환경에 적응하고 세포의 형태와 기능이 분화되면서 진화한 것이다.

08. ㄱ. 다세포 진핵생물은 환경에 적응하면서 세포의 형태와 기능이 분화되면서 진화하였다.
ㄴ. 독립된 단세포 진핵생물이 모여 군체를 형성한 후 환경에 적응하면서 진화하였다.
ㄷ. [바로알기] 다세포 진핵생물은 단세포 생물보다 생명 활동이 복잡하여 더 많은 에너지를 필요로 하기 때문에 대기의 O_2가 충분해진 후에 출현이 가능하였다.

창의력 & 토론마당
212 ~ 215 쪽

01 (1) 스팔란차니의 실험
(2) 냉동 저장, 염장, 건조, 훈연, 방사선 소독 등

해설 (1) 통조림은 가열 살균으로 내용물의 미생물을 제거하고 완전한 밀봉으로 용기 내외의 공기 유통과 외부로부터의 미생물 침입을 막음으로써 식품의 장기 저장이 가능하도록 한 것으로, 가열 살균으로 고기즙의 미생물을 제거한 뒤 완전히 밀봉하여 미생물이 생기지 않는 것을 확인한 스팔란차니의 실험과 원리가 가장 가깝다.
(2) · 냉동 저장 : 음식물을 얼려 미생물이 번식하기 어렵게 만들어 저장 기간을 늘린다.
· 염장 : 소금물에 담그거나 직접 소금을 뿌려 미생물이 증식하기에 부적합한 환경을 만든다.
· 건조 : 태양열과 바람에 말리거나 소금에 절여서 습기를 줄이거나 진공 상태의 저온에서 수분을 증발시키는 방법으로 미생물의 증식을 억제시킨다.
· 훈연 : 나무를 태워 나오는 연기에 음식물을 노출시켜 연기의 화학 물질, 열기 및 건조 효과가 복합적으로 작용하도록 함으로써 식품을 보존한다.
· 방사선 소독 : 일정한 시간 동안 방사선에 노출시켜 미생물을 살균시킨다. 음식물 자체는 거의 변화 없이 살균할 수 있어 맛과 영양분을 보존할 수 있다.

02 (1) 운석 충돌로 인해 만들어진 핵염기가 RNA로 합성되어 유기물 복합체의 유전 물질로 이용되면서 원시 생명체가 출현하게 되었을 것이다.
(2) 유기물 복합체가 원시 생명체가 되기 위해서는 세포 안과 밖을 구분하는 세포막과, 유전 정보를 후손에 전달할 유전 물질, 그리고 물질대사를 통해 에너지를 생산할 수 있는 효소가 필요하다.

해설 (2) 유기물 복합체는 유기물이 막을 이루고 물질을 흡수하거나 투과하며 생장, 출아, 간단한 물질 대사까지 가능하지만 후손에 유전 정보를 남겨줄 유전 물질과 물질 대사에 필요한 효소를 스스로 만들어낼 수 없어 생명체로 인정받지 못했다. 이때 운석 충돌로 인해 만들어진 핵염기가 유전 물질로 합성되어 유기물 복합체와 결합함으로써 유전 물질을 가진 생명체가 만들어졌으리라고 추측할 수 있다.

03 (1) RNA. 유전 정보를 저장할 수 있으며, 자기 복제와 효소 기능을 모두 갖추고 있기 때문이다.
(2) 유전 정보 저장 물질인 RNA로서의 기능과 효소로서의 기능을 모두 가졌기 때문이다.
(3) 아니다. 진화로 인해 생물의 구조와 기능이 복잡해졌기 때문에 단일 가닥인 RNA보다 더 많은 정보를 정확하게 복제해서 전달할 수 있는 DNA를 주요 유전 물질로 사용하고 있다.

해설 (1) 최초의 유전 물질은 유전 정보를 저장하면서 단백질 효소가 없는 환경에서 촉매 기능을 가지고 스스로 복제하여 유전 정보를 전달할 수 있어야 한다. DNA는 단백질 효소 없이 복제될 수 없는데 원시 지구에 단백질 효소가 없었으므로 최초의 유전 물질일 수 없다고 여겨진다.
(2) RNA의 일종인 리보자임은 유전 정보를 저장하는 동시에 3차원 입체 구조를 만들어 효소로서의 기능을 나타낼 수도 있으며 뉴클레오타이드를 공급했을 때 상보적 RNA 가닥을 합성하여 자손에 전달할 수도 있다.
(3) 원시 생명체의 경우 RNA의 일종인 리보자임이 유전 정보 저장과 촉매 기능을 모두 담당하고 스스로 복제하여 증식했다면 현대의 진화된 생물체는 더 안정적인 DNA에 유전 정보를 저장하고 더욱 효율적으로 단백질이 효소로 사용되며 RNA는 DNA로부터 유전 정보를 전달하는 역할만을 하게 되었다.

04 (1) 원시 지구의 물속에서 남세균이 O_2를 만들어내는 광합성을 하였고, 이로 인해 해수에 O_2가 포화되자 O_2는 대기 중으로 방출되어 자외선과 반응함으로써 오존이 생겨났다. 이것이 성층권에 모여 오존층이 형성되었다.
(2) 생물에 유해한 자외선을 막아 수중 원시 생물이 육지로 진출할 수 있게 되었다.

(3) 지표의 오존은 대부분 광화학 반응에 의하여 생성되는 2차 오염 물질이다. 자동차 등에서 많이 배출되는 질산화물과 휘발성 유기화합물 등이 자외선에 의해 분해되어 생기는 것으로, 반응성이 매우 높아 생물 조직의 단백질 성분이 오존과 만날 경우 산화되어 비정상적으로 변하게 된다.

해설 (2) 오존층은 생물에 유해한 UV-B 등 자외선의 고에너지를 흡수하여 파괴되고 다시 생성되는 과정을 반복함으로써 지표면에 자외선이 닿지 않도록 막아주는 역할을 한다. 이로 인해 이전까지 물 안에서만 존재하던 원시 생명체들이 육지로 올라와 살 수 있는 환경이 조성되었다.

스스로 실력 높이기   216 ~ 221 쪽

01. 코아세르베이트   **02.** 리보자임
03. ①   **04.** (1) X (2) X   **05.** ④
06. ⑤   **07.** (1) 인지질 (2) 효소
08. (1) 대기, 바다 (2) 번개   **09.** ④
10. ②   **11.** ②   **12.** (1) 산소 (2) 오존층 (3) 육상
13. (1) 스팔란차니 (2) 파스퇴르   **14.** (1) O (2) X
15. ①   **16.** ⑤   **17.** ⑤   **18.** ①
19. (1) X (2) X   **20.** ③   **21.** ①
22. ②, ⑤   **23.** ④   **24.** ②   **25.** ③
26. ①   **27.** ②
28. A : 미토콘드리아, B : 엽록체   **29.** ④
30. ③   **31.** ~ **34.** 〈해설 참조〉

03. 밀러와 유리의 실험에서 가정한 원시 지구의 대기 성분은 CH_4(메테인), H_2(수소) H_2O(수증기), NH_3(암모니아) 등의 환원성 기체로 O_2(산화성 기체)는 포함되지 않는다.

04. (1) [바로알기] 광합성을 통해 유기물을 합성하고 O_2를 방출하는 독립 영양 생물의 출현으로 대기 중에 O_2의 농도가 급속히 증가하였다.
(2) [바로알기] 원시 바다의 유기물이 감소하면서 광합성을 통해 유기물을 합성하는 독립 영양 생물이 출현하였다. 산소 호흡 생물은 그 다음에 출현한다.

05. '생물은 생물로부터만 생긴다.'는 생물 속생설이다.
(가)는 레디의 실험으로 생물 속생설을 증명한 실험이다.
(나)는 니덤의 실험으로 미생물의 자연 발생설을 주장한 실험이다.
(다)는 스팔란차니의 실험으로 니덤의 실험을 수정하여 미생물의 자연 발생설을 부정하고 생물 속생설을 주장하였다.

06. 광합성 생물의 출현으로 인해 대기 중에 O_2의 농도가 증가

하였고 자외선에 의해 O_2가 분해되어 오존(O_3)이 생성되었다(ㄴ). 이 오존이 성층권에서 오존층을 형성하고 자외선을 흡수하자 지표면에 도달하는 태양의 유해한 자외선량이 감소하였고(ㄷ), 이로 인해 생물이 육상으로 진출하는 계기가 되었다(ㄱ).

07. (1) 리포솜은 인지질 2중층으로 형성되어 있어 현재의 세포막과 같은 구조를 가지고 있다.
(2) 생명체의 조건은 유전 물질과 효소, 세포막의 존재이다. 따라서 유기물 복합체는 물질 대사에 필요한 효소와 유전 물질인 핵산이 추가된 후에야 생명체로 인정될 수 있다.

08. 실험 장치에서 방전관 안의 혼합된 환원성 기체는 환원성 대기였을 것으로 추정되는 원시 지구의 대기를 나타낸 것이고, U자관은 원시 대기에서 형성된 후 녹았을 것으로 추측되는 원시 바다를 나타낸 것이다.
(2) 실험 장치에서 방전관 안에 에너지를 공급하는 전기 방전은 원시 지구의 번개를 나타낸 것이다. 밀러와 유리는 번개 방전이 유기물 합성에 에너지를 주었다고 생각했다.

09. ㄱ. [바로알기] 150시간 동안 진행했을 때 U자 관에서 늘어난 것은 아미노산으로 무기물이 단순한 유기물로 합성되는 반응이 일어났다. 단백질은 복잡한 유기물로 이 실험에서는 합성되지 못했다.
ㄴ. 암모니아는 전기 방전으로 에너지를 받아 화학 반응을 거쳐 아미노산으로 합성되었다.
ㄷ. 밀러와 유리는 원시 지구 대기가 환원성 기체로 이루어졌으리라 가정하였고, 거기에 번개 방전으로 에너지가 공급되어 유기물이 합성되었으리라 가정하였다.

10. ㄱ. [바로알기] 원시 지구는 활발한 화산 활동으로 수증기와 열이 방출되며 대기가 불안정하여 번개와 같은 방전 현상이 빈번하게 이루어져 에너지가 풍부하였으리라 추측된다.
ㄴ. 원시 지구 대기에는 화산 폭발로 CO_2 같은 산화성 기체도 많이 포함되었을 것이다. (밀러와 유리가 가정했던 환원성 대기의 조건과 달랐다.)
ㄷ. [바로알기] 무기물로부터 최초의 유기물이 합성될 때 단백질로 이루어진 효소는 존재하지 않았다.

11. ㄱ. [바로알기] (가)는 레디의 실험으로 생물 속생설을 증명하는 실험이고 (나)는 니덤과 스팔란차니의 실험으로 각각 자연 발생설과 생물 속생설을 주장하였지만 두 실험 다 상대로부터 반박받았다.
ㄴ. (가)의 실험을 통해 눈에 보이는 큰 생물은 모두 생물로부터 생겨난다는 생물 속생설이 증명되었다.
ㄷ. [바로알기] (나)는 생물 속생설을 증명하기 위한 실험만은 아니다. (가), (나) 모두 실험 설계와 조건에 대해 반박당해 주장이 완전히 인정되지 못했다.

12. 광합성 생물에 의한 산소의 증가로 지구의 대기는 산화성 대기로 변화되었고, 대기권에 오존층이 형성되어 지표에 도달하는 유해한 자외선이 차단되자 육상 생물이 출현하였다.

13. (1) 끓인 고기즙을 완전히 밀폐하여 생물 속생설을 증명하려 한 과학자는 스팔란차니이다. 완전히 플라스크를 밀폐하면 미생물이 숨을 쉴 수 없어 번식하지 않는다는 반박을 당했다.
(2) 파스퇴르는 플라스크의 목을 S자형으로 구부려 공기는 자유롭게 통과하지만 미생물의 출입은 막음으로써 생물 속생설을 확립하였다.

14. (1) (나)파스퇴르의 실험에서 S자형 목을 통해서 외부의 산소가 플라스크 안으로 자유롭게 출입할 수 있었다.
(2) [바로알기] 고기즙을 끓이는 것은 생기가 아니라 이미 고기즙 안에 들어가 있는 미생물을 멸균시키기 위해서이다. 끓여서 생기가 파괴되었다는 반박에 대해 파스퇴르는 S자형 목을 잘라 미생물이 번식하는 것을 보여 주었다.

15. ① 미생물이 고기즙을 분해하여 에너지를 얻을 수 있다.
[바로알기] ② 공기 중의 미생물은 S자형 목에 차있는 물방울로 인해 플라스크 안으로 들어갈 수 없다.
③ 두 실험 다 일정한 시간이 지나도 미생물이 관찰되지 않았다.
④ 실험 (나)에서 파스퇴르는 고기즙을 끓이는 동안 관을 열어두어 수증기가 지나가게 한 후 식으면 S자형 목의 구부러진 곳에 물방울이 맺히도록 했다.
⑤ 미생물이 발생하는 데에는 호흡할 공기가 필요하지만 위 실험이 목적으로 한 사실은 아니었다.

16. ㉠은 무기물이고 ㉡은 유기물이다.
ㄱ. [바로알기] 아미노산은 ㉠무기물이 아니라 ㉡유기물이다.
ㄴ. ㉡유기물은 생물의 에너지원일 뿐만 아니라 몸을 이루고 있어 모든 생물에 포함되어 있는 물질이다.

17. ㄱ. 세포막으로 싸여 내부와 외부 환경을 구분하고 물질의 출입을 제어할 수 있어야 한다.
ㄴ. 유전 정보를 저장하고 복제하여 자손에게 생물의 특성을 전달할 수 있어야 한다.
ㄷ. 물질 대사에 필요한 단백질 효소를 스스로 합성하여 생명 활동에 필요한 물질과 에너지를 얻을 수 있어야 한다.

18. 오파린의 화학 진화설에 의하면 원시 지구에서 화학 합성이 일어나 무기물로부터 (가) 간단한 유기물이 합성되었고, (가) 간단한 유기물에서 (나) 복잡한 유기물이 생성된 후 (다) 유기물 복합체가 만들어지는 과정을 통해 원시 세포가 출현하였다고 한다. 따라서 생명체 형성 단계는 무기물, (가) 간단한 유기물이라 할 수 있는 아미노산, (나) 복잡한 유기물이라 할 수 있는 단백질, (다) 유기물 복합체 중 하나인 리포솜, 원시세포 순으로 나타난다.

19. (1) [바로알기] 맨 처음 산소를 발생시킨 것은 원핵 생물인 광합성 세균이다. 이들에 의해 대기중 산소 농도가 높아지고 효율이 높은 산소 호흡이 가능하게 된 후에 진핵 세포가 출현하였다.
(2) [바로알기] 다세포 진핵생물은 공통된 유전 정보를 가진 단세포 진핵생물이 군체를 형성한 후 환경에 적응하고 세포의 형태와 기능이 분화되면서 진화한 것이다.

20. ㄱ. [바로알기] Ⅰ 시기에 나타난 최초의 생명체는 주위의 유기물을 무산소 호흡으로 분해하여 생명 활동에 사용하는 종속 영양 생물이었다.
ㄴ. [바로알기] Ⅱ 시기는 이미 광합성 세균에 의해 대기 중 산소 농도가 증가한 후이므로 무산소 호흡을 하는 생물이 최초로 등장한 시기라고 할 수 없다.
ㄷ. Ⅲ 시기에는 막성 세포 소기관을 가진 단세포 진핵생물이 등장한 시기이므로 세포 소기관을 가진 세포가 존재하였다.

21. A : 밀러는 유기물 합성 실험에서 원시 지구의 대기가 환원성 대기라고 가정하였다.
B : [바로알기] 밀러는 원시 지구 대기에서 무기물이 암모니아 등의 간단한 유기물로 합성될 수 있음을 증명하였다.
C : [바로알기] 전기 방전은 원시 지구 대기에서 번개 방전으로 간단한 유기물이 합성될 에너지를 제공하였으리라고 추정하였으므로 전기 방전은 유기물 합성을 하기 위한 에너지이다.

22. 문제에서 진핵생물의 출현 과정을 설명하는 근거는 세포 내 공생설이다. 따라서 이에 해당하는 세포 소기관은 엽록체와 미토콘드리아이다. 엽록체는 광합성 세균, 미토콘드리아는 산소 호흡 세균과의 공생으로 분화되었다.

23. ㄱ. [바로알기] DNA는 2중 나선 구조로 단일 가닥인 RNA보다 더 안정적으로 유전 정보를 저장할 수 있다.
ㄴ. RNA는 단일 가닥으로 DNA보다 더 다양한 3차원 입체 구조를 만들 수 있고, 이 중에 단백질 효소처럼 촉매의 기능을 가진 리보자임도 존재한다.
ㄷ. DNA는 효소와 같은 촉매 기능이 전혀 없고 단백질 효소 없이는 복제되지 못한다.

24. ㄱ. [바로알기] 실험 기구 안의 혼합 기체는 밀러와 유리가 가정한 원시 지구 대기를 재현한 것으로 수소, 메테인 등의 환원성 대기로 이루어져 있어 O_2는 포함되지 않는다.
ㄴ. [바로알기] 실험 결과 U자관에서 간단한 유기물인 아미노산이 검출되었고, 유전 물질인 핵산은 검출되지 않았다.
ㄷ. 실험 기구 안에서 암모니아를 이용하여 아미노산이 합성되었으므로 암모니아의 양이 감소하였다.

25. ㄱ. [바로알기] (가)의 원시 생명체는 무산소 호흡을 하는 종속 영양 생물로 원시 바다의 유기물을 사용하여 호흡하였다.
ㄴ. (가)의 무산소 호흡을 하는 원시 생명체와 달리 (다)의 산소 호흡 생물은 산소를 이용하여 호흡한다.
ㄷ. (나)의 광합성 과정에서 O_2를 방출함으로써 대기 중의 O_2 농도가 증가하여 오존(O_3)층을 형성하여 자외선을 차단함으로써 육상 생물의 출현이 가능하게 되었다.

26. 환원성 기체인 CH_4(메테인)과 NH_3(암모니아)가 O_2와 반응하여 산화되는 과정으로 광합성을 통해 O_2를 방출하는 독립 영양 생물이 출현한 후를 나타낸다.
ㄱ. 시간이 지나면서 O_2의 농도가 증가하여 대기의 환원성 기체가 산화되었다.

ㄴ. [바로알기] 이러한 대기 변화는 O_2가 있는 환경에서 살아갈 수 없는 무산소 생물의 대량 멸종을 야기했으며, 일부만이 산소가 없는 흙 속이나 동물의 위장 속에서 혐기성 생물로서 살아남게 되었다.

ㄷ. [바로알기] 최초의 종속 영양 생물이 출현한 후에는 유기물이 감소하고 CO_2의 농도가 증가하는 현상이 일어났다. 주어진 반응식은 O_2의 농도가 증가하였을 때 일어난다.

27. ㄱ. [바로알기] 실험 A는 무기물에서 간단한 유기물(아미노산)이 합성되는 화학 합성을 증명한 실험으로 밀러와 유리의 실험을 뜻하며, 이때 환원성 기체를 사용하였다.
ㄴ. 실험 B는 단순한 유기물(아미노산)에서 복잡한 유기물(단백질)이 합성되는 과정을 증명한 실험으로 아미노산을 고온 고압 상태에서 혼합하여 프로테노이드를 합성해 낸 폭스의 실험을 뜻한다.
ㄷ. [바로알기] (가)는 복잡한 유기물(단백질)이 유기물 복합체를 형성한 것으로 폭스가 제안한 것은 단백질로만 이루어진 마이크로스피어였다.

28. 산소 호흡 세균과 광합성 세균이 진핵 세포의 내부에서 공생하며 각각 미토콘드리아와 엽록체로 분화되었다.

29. ㄱ. 미토콘드리아와 엽록체는 2중막 구조로 내막은 원핵 세포의 막과 유사하다.
ㄴ. 미토콘드리아와 엽록체는 자체적인 DNA와 리보솜을 가진다.
ㄷ. [바로알기] (가)는 오늘날의 동물 세포로 종속 영양 진핵세포이나 (나)는 오늘날의 식물 세포로 광합성을 하는 독립 영양 진핵세포이다.

30. ㄱ. [바로알기] 미토콘드리아를 가진 생물은 원핵생물에서 단세포 진핵생물이 출현하는 과정에서 나타난다.
ㄴ. [바로알기] 오늘날에도 볼복스 등 군체를 이루는 생물이 존재한다.
ㄷ. 단세포 진핵생물이 모여 군체를 이룬 후 세포의 형태와 기능이 분화되어 다세포 진핵생물이 출현한 것이므로 (가)에서 (나)로 될 때 세포의 기능이 분화되었다.

31. 답 고기즙 안의 미생물을 완전히 죽이기 위해서 몇 시간 동안 지나치게 오래 끓였기 때문에 고기즙 안의 '생기'가 파괴되었다는 것과 플라스크를 완전히 밀폐했기 대문에 고기즙 안의 미생물이 숨을 쉴 수 없어 발생하지 못한 것이라는 반박을 받았다.
해설 자연 발생설을 주장하는 과학자들의 이같은 스팔란차니에 대한 반박을 매듭짓기 위해 파스퇴르는 S자형 목의 플라스크를 만들어 공기는 통하지만 외부의 미생물은 들여보내지 않는 환경을 만들어서 실험했다. 이 고기즙에 미생물이 생기지 않는 이유는 생기가 파괴되었기 때문이라는 주장을 반박하기 위해 플라스크의 S자형 목을 부러뜨려 외부의 공기를 통하게 하여 미생물이 번식하는 것을 확인시킴으로써 생물 속생설을 확립하게 된다.

32. 답 (1) 밀러와 유리의 실험에서 가정했던 것만큼 원시 지구의 대기가 환원성 기체로 이루어지지 않았기 때문에 지구의 대기에서 유기물이 합성되기 어려웠을 것이다.
(2) 심해 열수구의 경우에는 깊은 바다의 밑바닥에서 마그마의 열로 에너지를 공급받아 고온, 고압 상태이고, H_2(수소), CH_4(메테

인), NH_3(암모니아) 등의 환원성 물질이 풍부하여 무기물에서 유기물이 합성될 수 있는 곳이라 제안되고 있다.

33. 답 DNA는 단백질 효소가 없이는 복제될 수 없고, 단백질 효소 역시 DNA 없이는 합성될 수 없기 때문에 최초의 유전 물질로 부적합하다. 반면에 RNA의 일종인 리보자임은 유전 정보를 저장할 수 있으며, 3차원 입체 구조가 자유롭게 바뀌어 효소의 역할을 대신할 수 있는 촉매의 기능을 수행할 수 있다.

34. 답 O_2가 거의 없는 원시 지구 대기에는 메테인(CH_4), 암모니아(NH_3), 수소(H_2) 등이 주류를 이루는 환원성 물질이 산화되지 않은 상태로 다량 존재했고, 생물이 존재하지 않았기 때문에 합성되는 유기물이 호흡으로 분해되지 않고 오랜 세월 동안 축적되어 천천히 생물로서 발생할 수 있었다. 현대에는 O_2가 풍부하고 대부분의 환원성 물질들이 산화된 상태로 존재하므로 무기물이 유기물로 합성되기 어렵다. 그리고 이미 존재하는 다양한 생물은 호흡을 통해 유기물을 무기물로 분해하므로 유기물이 오랫동안 축적되어 유기물 복합체를 만들고 새로운 생명으로 화학 진화할 확률은 매우 낮다.

11강. 생물의 진화

개념확인   222 ~ 227 쪽

1. (1) X (2) O
2. 생물지리학적 증거
3. (1) X (2) O
4. (1) X (2) X (3) O
5. (1) O (2) O (3) X
6. (1) 길어 (2) S (3) 작다

확인 +   222 ~ 227 쪽

1. ⑤
2. (1) O (2) X
3. 선캄브리아대
4. ⑤
5. 실러캔스
6. 호모 하빌리스

▶ **개념확인**

1. (1) [바로알기] 최근의 지층에서 발견된 화석일수록 몸의 구조가 복잡하고 현존하는 생물과 유사하여 과거 생물에서 현재 생물로 진화하였다는 것을 알 수 있다.
(2) 파충류와 조류의 중간 단계인 시조새의 화석을 통해 파충류에서 조류로 진화했으리라 추측할 수 있다.

4. (1) [바로알기] 이언은 지질 시대를 구분하는 가장 큰 단위이다.
(2) [바로알기] 화석이 가장 적게 발견되는 시기는 선캄브리아대로, 이 시대의 생물은 단단한 뼈나 껍질이 없어 화석이 될 확률도 매우 적었을뿐더러 화석이 된 후에도 오랜 세월 동안 손상되었기 때문에 오늘날까지 거의 보존되지 않았다.

5. (2) 고생대 데본기에 네발 육상동물이 출현하였다.

(3) [바로알기] 선캄브리아대에는 단세포 생물이 출현하였고, 다세포 동물의 무리인 에디아카라 동물군 화석이 발견된다.

6. (1) 인류는 유인원보다 엄지손가락이 길어 도구 사용에 있어 편리하였다.
(2) 척추가 S자형이어서 직립보행 시 유리하였다.
(3) 음식을 불에 익혀 먹었기 때문에 송곳니의 역할이 줄어 유인원보다 송곳니의 크기가 작았다.

확인 +

1. ① ~ ④는 모두 모양과 기능은 다르지만 해부학적 구조나 발생 기원이 같은 상동기관인데 반해 ⑤ 곤충의 날개는 피부가 변화하여 생긴 것으로 상사기관에 해당한다.

2. (1) 포유류와 조류는 초기 배아의 형태가 비슷하여 척추 동물이 공통 조상으로부터 진화하였음을 알 수 있다.
(2) [바로알기] 생물체를 구성하는 DNA의 염기 서열이나 단백질의 아미노산 서열의 유사성은 생물 간의 유연관계나 진화 과정을 알 수 있는 분자진화학적 증거이다.

4. ① 갑주어는 고생대에서 출현한 최초의 어류이다.
② 공룡은 중생대에 출현하여 번성한 생물이다.
③ 삼엽충은 고생대에서 출현하였다.
④ 매머드는 포유류로 신생대에서 출현하여 번성하였다.
⑤ 원시 환형동물은 선캄브리아대의 에디아카라 동물군에서 화석으로 발견되었다.

5. 어류가 육상으로의 진출 과정에서 어류의 지느러미는 뼈의 구조가 복잡하게 분화하면서 발의 구조를 갖추게 되었다. 이중 어류인 실러캔스는 원시적인 다리 형태의 지느러미로 물속에서 기어다닐 수 있었다.

개념다지기 228 ~ 229 쪽

01. ④   02. (1) X (2) O (3) X   03. 선캄브리아대, 고생대, 중생대, 신생대   04. 캄브리아기 폭발
05. (1) X (2) O (3) O
06. (1) ㉡ (2) ㉠ (3) ㉣ (4) ㉢   07. ②   08. ④

01. ㄱ. 육상 생활을 하던 고래의 뒷다리는 수중 생활에 적응하면서 퇴화되었다.
ㄴ. [바로알기] 수중 생활에 적응하면서 점점 물갈퀴가 발달하고 뒷다리는 퇴화되었다.
ㄷ. 4개의 다리를 가졌으며, 육상 생활을 하던 고래의 (나)조상종에서 시작하여 서서히 뒷다리가 퇴화되는 순서인 (가), (다), (라) 순서로 이어진다.

02. (1) [바로알기] 캄브리아기 폭발 시 바닷속 생물 종이 폭발적으로 증가하였다.

(2) 고생대에 등장한 폐어는 원시적인 폐호흡을 하여 공기 중에서 호흡이 가능하였으며, 폐호흡의 기원이 되었다.
(3) [바로알기] 중생대에 출현한 시조새는 긴 꼬리와 날카로운 이빨 외에 날개와 깃털을 가지는 것으로 나타났는데, 파충류가 조류로 진화하는 증거가 되는 동물이다.

03. 가장 길이가 긴 시대는 선캄브리아대이고, 그 다음으로 차례대로 고생대, 중생대, 신생대 순으로 지질 시대의 상대적 길이가 짧아진다.

05. (1), (3) [바로알기] 속씨식물은 중생대에 출현하여 신생대에 번성하였다.
(2) 은행나무, 소철과 같은 겉씨식물은 고생대에 출현하여 중생대에 번성하였다.

06. (1) 선캄브리아대에는 단세포 동물과 원시 자포동물, 원시 환형 동물 등 골격이 없는 다세포 동물이 번성하였다.
(2) 고생대에는 삼엽충과 양치식물이 출현, 번성하였다.
(3) 중생대에는 공룡, 암모나이트, 겉씨식물이 번성하였다.
(4) 신생대에는 매머드와 속씨식물이 번성하였다.

07. ① 고래의 가슴지느러미와 새의 날개의 뼈 구조가 비슷한 것은 (다) 비교해부학상 증거이다.
② 최근의 지층에서 발견된 화석일수록 생물 몸의 구조가 비슷한 것은 (가) 화석상의 증거이므로 바르게 짝지어졌다.
③ 유대류가 오스트레일리아 대륙에만 서식하는 것은 (마) 생물지리학적 증거이다.
④ 조류와 포유류가 모두 발생 초기에 근육성 꼬리와 아가미 틈이 나타나는 것은 (나) 진화발생학적 증거이다.
⑤ 사람의 혈청에 대한 항체를 이용해 침전 반응을 통한 유연 관계 파악은 (라) 분자진화학적 증거이다.

08. ㄱ. 인간과 침팬지 양쪽 다 꼬리뼈와 막창자꼬리 등의 동일한 흔적 기관이 존재한다.
ㄴ. 인간과 침팬지의 DNA 염기서열과 아미노산 서열이 유사하다.
ㄷ. [바로알기] 사람과 침팬지의 성체의 두개골 모양은 매우 다르지만, 유아기 때 두개골 모양은 서로 거의 비슷하다.

유형익히기 & 하브루타 230 ~ 233 쪽

[유형 11-1] ①
    01. (1) 분 (2) 분 (3) 발   02. 흔적 기관
[유형 11-2] ⑤   03. ①   04. 판게아
[유형 11-3] ④   05. ⑤   06. 중생대
[유형 11-4] ①   07. 네안데르탈인   08. ②

[유형 11-1] (가)는 발생 기원은 같지만 각기 다른 환경에 적응하여 모양과 기능이 다르게 진화한 상동 기관으로 비교해부학적

증거의 예이다. (나)는 초기 발생 과정에서의 형태적 유사성을 통해 척추동물이 공통 조상으로부터 진화하였음을 알 수 있는 진화발생학적 증거의 예이다. (다)는 발생 기원은 다르지만 비슷한 환경에 적응하며 모양과 기능이 비슷하게 진화한 상사 기관으로 비교해부학적 증거에 속한다.

ㄱ. (가)는 비교해부학적 증거의 예에 해당한다.

ㄴ. [바로알기] (나)는 닭과 사람의 어린 배에서 근육성 꼬리와 아가미 틈, 척삭 등의 상동 형질이 나타나는 것을 통해 공통 조상으로부터 진화하였음을 알 수 있는 진화발생학적 증거의 예이다.

ㄷ. [바로알기] (다)는 상사 기관으로 모양과 기능은 유사하도록 진화되었지만 발생 기원이 서로 다른 기관이다.

01. (1) 헤모글로빈 β 사슬을 구성하는 아미노산 서열이 비슷할수록 생물 간의 유연관계가 가깝다는 것은 분자진화학적 증거의 예이다.
(2) 생명체의 기본 물질인 DNA의 염기 서열이 비슷할수록 생물 간의 유연관계가 가깝다는 것은 분자진화학적 증거의 예이다.
(3) 초기 발생 과정에서 기관 형성에 관여하는 유전자를 통제하는 핵심 조절 유전자는 여러 동물에서 공통적으로 발견되며, 이것이 발현하는 부위와 기능이 비슷한 것을 통해 하나의 공통 조상에서 진화하였음을 알 수 있으므로 진화발생학적 증거의 예에 해당한다.

02. 생물의 진화를 증명하는 비교해부학적 증거의 예 중 과거에는 유용하게 사용되었으나 다른 환경 조건에 적응하면서 진화 도중 기능적으로 퇴화하여 현재는 흔적만 남은 기관을 흔적 기관이라 한다. 이를 통해 과거 생물과 현재 생물의 생물 구조와 생활 방식이 다름을 알 수 있으며, 이는 생물 사이의 유연관계를 밝히는 데 중요한 단서가 된다.

[유형 11-2] (가)는 선캄브리아대, (나)는 고생대, (다)는 중생대, (라)는 신생대이다.
① (가) 선캄브리아대의 원생 이언에서는 최초의 진핵 생물이 출현하였다.
② (나) 고생대 시기에는 오존층이 형성되어 유해한 자외선이 차단되어 육상 생물이 출현하였다.
③ (다) 중생대 시기에 공룡과 겉씨식물이 번성하였다가 말기에는 공룡이 멸종하고 조류의 조상 종만 살아남아 현생 조류로 분화되었다.
④ (라) 신생대 시기에 포유류와 속씨식물이 번성하고 현재 종의 대부분이 출현하였으며, 말기에는 대륙의 이동이 일어나 각 대륙에서 포유류의 개별적 진화가 일어났다.
⑤ [바로알기] 지구 역사의 시간 단위는 규모의 지각 변동, 기후 변화, 생물학적 변화 등에 의해 결정되며, 인간은 신생대 말에 들어서야 조상 종이 출현하게 된다.

03. ㄱ. 처음으로 육상 동물이 출현한 시기는 고생대로 건조한 환경으로부터 몸을 보호하기 위해 외골격을 가진 절지동물이나 큐티클층이 발달된 척삭동물 등이 육상으로 진출하였다.
ㄴ. [바로알기] 실러캔스는 원시적인 다리 형태의 지느러미로 물속에서 기어 다닐 수 있어 네 발 달린 육상 동물의 기원을 짐작하게

하지만 포유류가 아닌 어류이다.
ㄷ. [바로알기] 갑주어는 최초의 어류이다. 수중 생물이 폐호흡을 하면서 육상에 진출하였음을 알 수 있게 해주는 생물은 원시적인 폐를 가지고 공기 중에서 호흡이 가능한 폐어이다.

04. 판게아는 고생대 말기에 대륙들이 하나로 뭉쳐 형성된 거대한 단일 대륙이다. 이로 인해 연안 면적이 좁아지는 등 환경이 변하여 해양 생물의 대멸종이 일어났다.

[유형 11-3] ㄱ. 폐어는 삼엽충과 같은 고생대에 출현, 번성하였다.
ㄴ. [바로알기] 은행나무, 소철 등은 겉씨식물로 고생대 말에 출현하여 중생대에 번성하였다. 매머드는 신생대에 번성한 포유류이다.
ㄷ. (다) 화폐석은 신생대에 번성하였으므로 번성한 순서는 (가)→(나)→(다) 순이다.

05. 고사리는 양치식물로 고생대에 처음 출현하였다.
ㄱ. 고생대에 최초의 어류인 갑주어가 출현하였다.
ㄴ. 고생대에 바닷속 생물 종의 수가 폭발적으로 증가하여 캄브리아기 폭발로 불린다.
ㄷ. 고생대 초기에 오존층에 의한 자외선 차단으로 육상 생물이 출현하였다.

06. 중생대는 온난한 기후였으며 공룡을 피해 사는 소형 야행성 포유류가 출현했으며, 파충류와 조류의 특징을 모두 가지는 시조새가 출현하였다.

[유형 11-4] ㄱ. 사람의 뇌 용량은 1400 ~ 1600ml로 400ml 정도인 유인원보다 크고 엄지손가락이 길어 나머지 손가락과 닿을 수 있기 때문에 도구를 사용하기에 더 유리하다.
ㄴ. [바로알기] 사람은 뒷다리만 사용하여 걷는 직립 보행을 하고 나무에 매달리지 않기 때문에 팔이 다리보다 짧으며 시야가 넓어져 초원에서 맹수를 피하고 식량을 얻기에 유리하다. 이는 초기 인류의 출현 시기에 초원 지역이 발달하여 초원 생활에 적응한 결과이다.
ㄷ. [바로알기] 사람은 불을 사용하여 음식을 익혀 먹기 때문에 날 고기를 이로 찢어 먹어야 하는 유인원보다 송곳니가 더 작다.

07. 네안데르탈인은 23만 ~ 3만 년 전까지 유럽 지역에 살았으며, 현생 인류의 조상과 오랜 기간 공존하였던 화석 인류로, 동굴 생활을 하고 채집과 수렵 생활을 하며 언어를 사용했을 것으로 추정된다. 미토콘드리아의 DNA 분석 결과 현생 인류의 직계 조상이 아님이 밝혀졌다.

08 ① 사람은 유인원처럼 네 발로 걷거나 나무에 매달리지 않아 팔이 다리보다 짧다.
② [바로알기] 사람의 발가락이 모여있고 발 가운데 부분이 오목하기 때문에 유인원보다 더 오래 걸을 수 있다.
③ 사람의 S자형 척추가 직립 보행 시에 뇌에 전달되는 충격을 완화시키는 역할을 한다.
④ 사람의 엄지손가락이 길어 나머지 손가락과 닿기 때문에 도구를 단단히 잡고 사용하기에 적절하다.

⑤ 사람과 유인원의 성인 두개골의 모습은 전혀 다르지만, 유아기의 두개골이 해부학적으로 비슷하므로 인류와 유인원의 유연관계가 가깝다는 것을 알 수 있다. 이는 유인원과 인류가 공통 조상으로부터 진화하였다는 증거가 된다.

창의력 & 토론마당　　　　　　234 ~ 237 쪽

01 (1) (다), (가), (나), (라)

(2) 분자진화학적 증거

(3) 성립될 수 없다. DNA의 염기 서열을 비교하는 방법은 각 생물 종들이 진화 계통적으로 서로 얼마나 멀고 가까운지를 나타내는 유연 관계를 알아보는 방법으로, 유연 관계가 가깝다는 것은 두 종이 공통 조상으로부터 가까운 시기에 분리되어 진화되었다는 것을 뜻하는 것이다. 따라서 "사람과 유인원이 사람과 생쥐의 관계보다 더 최근에 분리되어 다르게 진화되었다."는 가설은 성립될 수 있지만 유인원으로부터 사람이 진화되었다는 가설은 성립할 수 없다.

해설 (1) 생물이 진화하는 동안 DNA의 염기 서열은 계속 바뀌므로 유연관계가 가까운 종일수록 종 간의 DNA 염기 서열이 비슷하다. 공통 조상과 차이나는 DNA 염기의 수는 (가) 3개, (나) 5개, (다) 2개 (라) 7개이므로 차이 나는 염기의 수가 가장 적은 (다)가 유연관계가 가장 가깝고, 차이 나는 염기의 수가 가장 많은 (라)가 유연관계가 가장 멀다.
(2) 생명체를 구성하는 기본 물질인 DNA 염기 서열이나 단백질의 아미노산 서열을 비교하면 생물 간의 유연관계와 진화 과정을 알 수 있으므로 이 자료는 분자진화학적 증거에 해당한다.

02 (1) 침팬지 - 고릴라 - 여우원숭이 - 고슴도치 - 돼지 - 개 - 염소

(2) 사람의 혈청을 주입받은 토끼의 혈액에 생긴 항체는 사람의 혈청 단백질을 항원으로 하여 거기에만 특이하게 반응하는 결합 특이성을 가지고 있다. 따라서 다른 동물의 혈청과 섞었을 때 항원·항체 반응을 통한 침전물이 생겨난다는 것은 그 동물의 혈청에 사람의 혈청 단백질과 같거나 비슷한 단백질이 많이 존재한다는 것을 의미한다. 따라서 침전물이 많을수록 사람과 유연관계가 가까운 것이라고 할 수 있다.

03 (1) 고생대 말기에 여러 대륙이 합쳐져 (나)의 판게아가 형성되었으며, 그 결과 해안선이 대폭 감소하게 되었다. 이 결과로 연안에 서식하던 해양 생물들의 서식지가 대폭 감소하여 해양 생물의 대멸종이 일어났다.

(2) 거대한 대륙인 판게아가 형성되면서 극단적인 지구 온난화와 내륙 토양의 사막화가 진행되어 육상 식물군이 감소하게 되었으나 그 영향은 상대적으로 적어 육상 식물군은 고생대와 중생대를 거치면서 지속적으로 대폭 증가하였다.

04 (1) 고생대. 이유 : 고생대에 대기 중 산소 농도가 증가하여 대기권에 오존층이 생기고, 유해한 자외선이 지표에 닿지 않게 되었기 때문이다.

(2) 물속에 살던 척추동물이 육상에서 살아가기 위해서는 아가미를 사용하는 호흡 방법이 아닌 공기를 직접 호흡하는 폐호흡 방식이어야 하고, 중력에 반해 몸을 지탱하고 움직이기 위한 네 다리가 발달하여야 하며, 암컷이 체내에서 수정하거나 단단한 껍질로 싸인 알을 낳아 발생시킬 때 수분이 증발하지 않도록 하여 새끼를 보호할 수 있어야 한다.

해설 (1) 선캄브리아대에 최초로 출현한 광합성을 하는 독립 영양 생물(남세균)로 인해 산소(O_2)가 발생되면서 바다의 환원성 물질들이 산화되어 침전되었고, 바다에서 대기 중으로 O_2가 방출되면서 오존층이 생겨나서 유해한 자외선을 차단하였으므로 해양 생물이 육상으로 진출할 수 있게 되었다. 따라서 육상 생물이 출현한 시기는 고생대 초기이다.

스스로 실력 높이기　　　　　　238 ~ 243 쪽

01. ⑤	02. ㄴ, ㄹ	03. (1) 비슷하다 (2) 크다
04. 시생 이언	05. ⑤	06. ⑤　　07. ①
08. 크로마뇽인	09. ②	10. 폐어, 실러캔스
11. ②	12. ②	13. (1) S (2) 네안데르탈인
14. ⑤	15. ②	16. ⑤　　17. (1) X (2) O
18. ④	19. (1) O (2) O	20. ⑤　　21. ①
22. ③	23. ⑤	24. ②　　25. ①　　26. ②
27. Ⅳ - Ⅰ - Ⅱ - Ⅲ	28. (1) 칠성장어　(2) 분자진화	
학적 증거	29. ~ 31. 〈해설 참조〉	

01. ①, ②, ③, ④ 상사 기관이란 발생 기원이 서로 다르지만 비슷한 환경에 적응해서 형태상 동일한 기능을 수행하도록 진화한 기관으로, 새의 날개(앞다리)와 잠자리의 날개(표피), 선인장 가시(잎)과 장미 가시(줄기), 담쟁이덩굴의 덩굴손(뿌리)과 포도나무의 덩굴손(줄기), 감자(덩이줄기)와 고구마(덩이뿌리) 등이 그 예이다. ⑤ [바로알기] 사람의 팔과 박쥐의 날개는 발생 기원이 같지만 각기 다른 환경에 적응해 모양과 기능이 다르게 진화한 기관으로 상동 기관이다.

02. 과거의 기능을 수행하지 않고 현재는 흔적으로만 남아있는

기관을 흔적 기관이라고 하며 사람의 막창자꼬리, 사람의 귓바퀴 근육, 사람의 꼬리뼈, 사람의 순막 등이 있다.
[바로알기] ㄱ. 고래의 가슴지느러미(앞다리가 진화) ㄷ. 어류의 부레(소화 기관에서 진화) ㅁ. 선인장 가시(잎에서 진화)는 흔적으로만 남아있다고 볼 수 없다.

03. (1) 초파리와 쥐에서 염기 서열을 가지는 핵심 조절 유전자의 작용 부위가 비슷하여 공통 조상으로부터 유래한 것을 알 수 있다.
(2) 생물은 공통 조상으로부터 갈라진 지 오래될 수록 개별적으로 진화하는 기간이 길기 때문에 생물 간의 단백질 아미노산 서열의 차이가 커진다.

04. 지질 시대를 구분하는 가장 큰 단위는 이언(Eon)으로, 그중 가장 오랜 기간으로 원핵생물이 출현한 기간은 시생 이언이다.

05. ㄱ, ㄴ. 사람과 닭의 발생 초기 배아에 공통적으로 아가미 틈, 척삭, 항문 뒤쪽 꼬리가 나타나는 것은 척추 동물이 공통 조상으로부터 갈라져 나와 각기 다른 방향으로 진화하였음을 유추할 수 있는 진화발생학적 증거의 예이다.
ㄷ. 연체동물인 조개와 환형동물인 갯지렁이의 발생 과정에서 공통적으로 트로코포라 유생 시기를 거치는 것도 연체동물과 환형동물이 공통 조상으로부터 진화하여 각기 다른 방향으로 진화하였음을 유추할 수 있는 예이다.

06. ㄱ. 시조새는 조류와 파충류의 중간 단계이며, 현존하는 두 종의 특징을 모두 가지는 중간형 생물의 화석을 통해 생물의 진화 방향을 알 수 있다.
ㄴ. 시조새는 날개, 부리, 온몸의 깃털 등 조류의 특징과 날개 끝의 발톱, 부리의 이빨, 꼬리뼈 등 파충류의 특징을 모두 가진다.
ㄷ. 이와 같은 중간형 화석 생물에는 양치식물과 종자식물의 중간 단계인 소철고사리 화석과 어류와 양서류의 특징을 모두 가진 틱타알릭 화석이 있다.

07. ① [바로알기] 자바 원인과 북경 원인으로 나뉘는 것은 호모 에렉투스이다.
② 호모 에렉투스는 석기 도구로 사냥하며 최초로 불을 사용한 화석 인류이다.
③ 호모 사피엔스는 현생 인류와 해부학적 구조가 비슷해 인류의 직계 조상으로 불리는 크로마뇽인이 이에 속하며 정교한 도구를 사용하고 동굴에 벽화를 남겼다.
④ 오스트랄로피테쿠스는 직립 보행을 하고 간단한 도구를 사용하였지만 현생 인류와 차이가 커서 호모속에 속하지는 않는다.
⑤ 네안데르탈인은 동굴 생활을 하며 석기와 불을 사용하여 채집과 수렵 활동을 한 화석 인류로 미토콘드리아 DNA 분석을 통해 현생 인류의 직계 조상이 아님이 밝혀졌다.

08. 크로마뇽인은 호모 사피엔스(Homo sapiens ; 사람)에 속하며, 현생 인류의 직접적인 조상으로 현생 인류와 해부학적 구조가 거의 비슷하다. 정교한 연장을 만들어 생활하였으며 동굴에 벽화를 남겼다.

09. 인류의 가장 오래된 조상은 ㅁ. 오스트랄로피테쿠스이다. 이후 ㄱ. 호모 하빌리스에서 ㄴ. 호모 에렉투스로 진화하였으며, 다음으로 ㄹ. 네안데르탈인이 23만 ~ 3만 년 전까지 존재하였으나 멸종하였고, ㄷ. 크로마뇽인이 현생 인류의 직계 조상으로서 살아남게 된다.

10. 고생대에 다양한 어류가 번성하고 단단한 껍질을 가진 동물이 나타나기 시작했는데, 이때 육상 동물의 기원을 설명할 수 있는 어류들도 나타났다. 원시적인 폐를 가져 공기 중에서 폐호흡을 할 수 있는 폐어와 원시적인 다리 형태의 지느러미를 가진 실러캔스가 그 예이다.

11. ① 최근의 지층에서 발견된 화석일수록 생물의 구조나 기능이 복잡한 것은 화석상의 증거(가)이다.
② [바로알기] 고양이의 앞다리와 고래의 가슴지느러미는 상동 기관으로 뼈의 해부학적 구조가 비슷한데 이것은 비교해부학적 증거(다)에 해당한다.
③ 곤충의 날개와 새의 날개는 상사 기관으로 같은 기능을 수행하지만 그 기원과 구조가 다른데 이것은 비교해부학적 증거(다)에 해당한다.
④ 생명체를 구성하는 기본 물질인 DNA의 염기 서열을 비교하여 그 유사성을 통해 생물 간의 진화적 유연관계를 파악하는 것은 분자생물학적 증거(라)에 해당한다.
⑤ 오스트레일리아 대륙에서만 서식하는 캥거루와 코알라 등의 유대류는 지리적으로 격리된 후 오랜 세월이 흐르면서 독자적으로 진화하게 된 생물지리학적 증거(마)에 해당한다.

12. ① DNA 염기 서열이나 단백질의 아미노산 서열을 비교하여 생물 간의 유연관계와 진화 과정을 밝히는 것은 생물 진화의 분자 진화학적 증거이다.
② [바로알기] 그래프는 사람을 기준으로 다른 동물과의 유연관계를 나타낸 것이므로 뱀을 기준으로 한 유연관계를 알기는 어렵다.
③ 사람과 침팬지는 사이크롬 c의 아미노산 서열이 일치하므로 사람과 침팬지의 유연관계가 가장 가깝다.
④ 유연관계가 가까울수록 같은 기능을 가진 단백질을 구성하는 아미노산 서열의 차이가 작다.
⑤ 공통 조상으로부터 갈라진 시간이 오래 될수록 유전자의 변화가 크므로 생물 간의 같은 기능을 가진 단백질을 구성하는 아미노산의 서열 차이가 커지게 된다.

13. (1) 사람의 척추는 S자 형으로 직립 보행 시 뇌에 가해지는 충격을 흡수하여 안정적인 직립 보행이 가능하다.
(2) 네안데르탈인은 처음엔 인류의 직계 조상으로 여겨졌으나 미토콘드리아 DNA 분석을 통해 현생 인류의 직계 조상이 아님이 밝혀졌다.

14. ㄱ. 꼬리뼈, 막창자꼬리 등 비슷한 흔적 기관을 통해 그 기관을 유용하게 사용하던 공통 조상으로부터 진화하였다는 것을 알 수 있다.
ㄴ. 사람과 침팬지의 유아기 때 두개골 모양이 해부학적으로 서로 비슷한 것으로 보아 진화적 유연관계가 가까운 것을 알 수 있다.

ㄷ. DNA 염기 서열이나 단백질의 아미노산 서열의 유사성을 통해 유인원과 사람 간의 유연관계가 가까움을 알 수 있다.

15. ㄱ. [바로알기] 윌리스선을 경계로 오스트레일리아에서만 유대류가 서식하는 것은 생물지리학적 증거에 해당한다.
ㄴ. 대륙의 이동에 의해 지리적으로 격리되어 환경에 따라 독자적인 진화가 일어난 결과이다. 오스트레일리아 외의 대륙에서는 태반류가 등장하여 태반이 발달하지 않은 유대류가 모두 멸종되었다.
ㄷ. [바로알기] 고래가 육상동물로부터 진화하면서 발견되는 조상종 화석은 화석상 증거의 예에 해당한다.

16. A시대는 고생대, B시대는 중생대, C시대는 신생대이다.
⑤ [바로알기] 삼엽충은 고생대에 출현한 생물로 C 신생대에 출현하지 않았다.

17. (1) [바로알기] C시대는 신생대이다. 바닷속 생물 종이 폭발적으로 증가한 캄브리아기 대폭발은 A 고생대 시기에 일어났다.
(2) B시대는 중생대로 중생대 말기에 공룡이 멸종하고 조류의 조상 종만 살아남아 현생 조류로 분화되었다.

18. (가)는 상동 기관, (나)는 상사 기관, (다)는 흔적 기관이다. ①
(가) 상동 기관은 모양과 기능은 다르지만 발생 기원이 같은 기관이다.
② (가)는 상동 기관, (나)는 상사 기관의 예이다.
③ (나) 상사 기관은 기능은 같지만 그 발생 기원이 다른 기관이다. 장미 가시(줄기 기원)와 선인장 가시(잎 기원)는 같은 기능을 수행하지만 그 기원은 다르다.
④ [바로알기] (다)는 흔적 기관으로 과거에는 유용하게 쓰였으나 환경이 바뀌고 적응하면서 진화 도중 퇴화되어 흔적만 남아있는 기관을 뜻한다.
⑤ (가)상동 기관 (나)상사 기관 (다)흔적 기관 모두 비교해부학적 증거에 해당한다.

19. 문제의 그림은 척추 동물의 상동 기관을 나타낸 것이다. 상동 기관은 모양과 기능은 다르지만 해부학적 구조나 발생 기원이 같은 기관으로 공통 조상에서 유래하여 각기 다른 환경에 적응하면서 기능과 모양이 바뀐 것을 말한다.
(1) 사람과 박쥐는 서로 다른 환경에 적응하면서 앞다리의 형태와 기능이 팔과 날개로 바뀌었다.
(2) 고래의 조상종은 육지에 살던 척추동물이며, 이후 서식지가 물속으로 바뀌면서 앞다리가 가슴 지느러미로 진화하였다.

20. 그림의 쥐와 초파리의 핵심 조절 유전자 집단을 비교하여 발현하는 부위와 기능이 비슷함을 찾아 진화의 증거로 삼는 것은 진화발생학적 증거에 해당한다.
① 갈라파고스 군도의 핀치가 각기 다른 계통으로 진화한 것은 생물지리학적 증거이다.
② 덩이줄기인 감자와 덩이뿌리인 고구마는 같은 기능을 수행하지만 그 기원과 구조가 다른 상사 기관으로 비교해부학적 증거이다.
③ 말이 몸집이 커지고 발가락수가 적어지는 방향으로 진화한

것을 말의 조상종의 화석을 통해 관찰되므로 화석상 증거이다.
④ 호흡 효소인 사이토크롬 c의 아미노산 서열이 사람과 비슷한 생물들을 비교하여 유연관계를 유추하는 것은 분자생물학적 증거이다.
⑤ 닭과 사람의 어린 배가 공통적으로 척삭과 아가미 틈, 항문 뒷쪽의 근육성 꼬리 등을 가지고 있는 것을 통해 두 생물이 공통 조상으로부터 진화하였음을 알 수 있는 것은 진화발생학적 증거에 해당한다. (정답)

21. (가)의 은행나무는 겉씨식물이고 중생대에 출현, 번성하였다. (나)의 매머드는 포유류로 신생대에 출현, 번성하였다. (다)의 갑주어는 최초의 어류로 고생대에 출현, 번성하였다.
ㄱ. (다) 고생대 → (가) 중생대 → (나) 신생대 순으로 출현하였다.
ㄴ. [바로알기] (가) 은행나무가 출현한 시기는 중생대이다. 해양생물 종이 폭발적으로 증가한 것은 고생대 시기이다.
ㄷ. [바로알기] (다) 갑주어는 고생대에 출현한 종이다. 인류의 조상종은 신생대 말기에 출현하였다.

22. ㄱ. [바로알기] 사람은 엄지발가락이 모아져 있어 직립 보행에 유리하다. 엄지발가락이 벌어져 있는 것은 유인원이다.
ㄴ. [바로알기] 사람은 직립 보행을 하기 때문에 유인원보다 시야가 넓어 초원에서 살아가기에 유리하다.
ㄷ. 사람은 엄지손가락이 길어 물건을 쥐거나 도구를 다루기에 적합하다.

23. ㄱ. 서로 다른 생물종의 DNA 염기 서열의 차이 등을 비교하여 진화의 증거로 삼는 것은 분자진화학적 증거에 해당한다.
ㄴ. [바로알기] 표는 사람과의 염기 서열의 차이를 나타낸 것이고, 염기 서열의 차이가 작을수록 사람과의 유연관계가 가까운 것임을 알 수 있지만 각 식물종끼리의 유연관계를 알기는 어렵다.
ㄷ. 공통 조상으로부터 갈라진 시간이 오래 될수록 유전자의 변화가 크므로, 사람의 공통 조상으로부터 가장 오래 전에 분화한 종은 염기 서열 차이가 가장 큰 식물종 Ⅲ이다.

24. ㄱ. [바로알기] (가)는 수중 생활에 적합하도록 뒷다리가 짧아지고 물갈퀴가 있는 형태로 진화한 형태이다. 육상생물인 (나)로부터 진화하였다. 따라서 (나)는 (가)보다 육상 생활에 더 적합하다.
ㄴ. (다)의 가슴지느러미는 박쥐의 앞다리와 발생 기원 및 해부학적 구조가 같은 상동 기관(상동 형질)이다.
ㄷ. [바로알기] (가)는 4개의 다리가 있지만 수중 생활에 적합하도록 뒷다리가 짧아지고 물갈퀴가 생긴 형태이고, (나)는 고래의 조상으로 여겨지는 육상 동물로 온전한 4개의 다리가 있다. (다)는 현생 고래로 앞다리는 가슴지느러미가 되고, 뒷다리는 흔적만 남았으며, (라)는 수중 생활에 적합하도록 뒷다리가 매우 짧아진 형태이다. 따라서 (가)~(라)를 오래된 지층에서 발견된 순서대로 나열하면 (나)→(가)→(라)→(다)이다.

25. A시기는 선캄브리아대이다.
ㄱ. 선캄브리아대의 원생 이언에서 에디아카라 동물군이 발견되었다.
ㄴ. [바로알기] 선캄브리아대에 포유류는 출현하지 않는다. 높은 적응력으로 포유류가 빠르게 번성한 시대는 신생대이다.

ㄷ. [바로알기] 선캄브리아대의 생물은 몸이 연하고 뼈가 없어 화석이 잘 생성되지 않았고, 생겼더라도 오랜 세월에 의해 풍화되어 화석이 거의 남아있지 않다.

26. ㄱ. [바로알기] B 시기는 고생대이다. 고생대에서는 대륙이 모여 판게아가 형성되었다. 대륙이 분리되는 이동이 일어나 각 대륙에서 생물의 개별적 진화가 일어난 것은 D 신생대에 해당한다.
ㄴ. C 시기는 중생대이다. 공룡을 비롯한 파충류가 번성하고 초기 포유류가 등장한 시기이다.
ㄷ. [바로알기] D 시기는 신생대이다. 바닷속 생물 종이 폭발적으로 증가하는 캄브리아기 폭발이 일어난 시기는 고생대이다.

27. 더 오래 전에 공통 조상에서 분화될수록 특정 유전자에 있어 염기 서열의 차이가 더 많이 나고 유연관계가 더 멀어진다.
아래와 같이 공통 조상과 차이나는 염기를 표시하였다. 종 Ⅰ은 2개, 종 Ⅱ는 3개, 종 Ⅲ은 4개, 종 Ⅳ는 1개 차이나므로 공통조상과 유연관계가 가까운 순서대로 나열하면 Ⅳ-Ⅰ-Ⅱ-Ⅲ 이다.

공통 조상	C	C	G	A	T	T	T	G	G
Ⅰ	C	C	G	A	T	T	G	G	C
Ⅱ	C	T	G	A	A	A	T	G	C
Ⅲ	A	C	G	G	G	A	T	G	C
Ⅳ	C	C	G	A	T	T	T	A	G

28. 답 (1) 칠성장어 (2) 분자진화학적 증거
해설 (1) 칠성장어가 글로빈 단백질의 아미노산 서열 유사도가 12%로 가장 작으므로, 사람과 가장 오래 전에 분화되었고 사람과의 유연관계가 가장 멀다.
(2) 단백질의 분자생물학적 특성을 비교하여 진화의 증거로 삼은 것이므로 생물 진화에 대한 분자진화학적 증거의 예에 해당한다.

29. 답 어류는 물속에 알을 낳기 때문에 알 속의 수분이 증발할 염려가 없어 말랑한 막으로 알의 내외를 구분하는 것만으로 충분했지만 육지에서 살아가는 파충류나 조류는 생식을 위해 알 속의 수분이 공기 중으로 증발하지 못하게 막아야 했다. 따라서 단단한 껍질로 싸인 알을 낳도록 진화하게 되었다.

30. 답 생물지리학적 증거에 해당한다. 처음 조상종은 같은 부리 모양을 하고 있었으나 지리적으로 격리된 후 주식으로 삼은 먹이가 달라지면서 더욱 효율적으로 그 먹이를 먹기 위해 독자적으로 부리 모양이 서로 다르게 진화하게 되었다.

31. 답 사람은 엄지손가락이 길어 도구를 잡을 때 엄지손가락이 다른 손가락과 맞닿도록 잡을 수 있다. 이것은 유인원보다 도구를 훨씬 편안하게 사용할 수 있게 한다. 인류 발달 역사에서 엄지손가락의 진화는 일대 전환점으로 여겨지고 있다. 엄지손가락이 다른 손가락과 맞닿는 '맞섬(opposition) 움직임'이 가능해지면서 도구를 잡는 악력이 늘고 손재주도 향상되어 고유의 복잡한 문화를 형성하며 진화할 수 있었다는 것이다.

12강. 생물의 분류

1. (1) X (2) X   **2.** (1) 많다 (2) 소문자
3. 검색표   **4.** (1) X (2) X (3) O

1. 종   **2.** 문, 속
3. (1) X (2) O (3) O   **4.** ④

▶ **개념확인**

1. (1) [바로알기] 식용 식물과 약용 식물로 나누는 것은 인간의 이용 목적에 따라 나누는 것이므로 인위 분류에 속한다.
(2) [바로알기] 형태학적으로 비슷한 특징을 가지고 있어도 모습만 닮은 다른 종일 수도 있기 때문에 반드시 생식 능력이 있는 자손을 낳는다고 볼 수 없다.

2. (1) '역'에 가까울수록 같은 분류 계급에 속하는 생물이 더 많고, '종'에 가까울수록 같은 분류 계급에 속하는 생물들 간의 유연관계가 가까워진다.

4. (1) [바로알기] 2계 분류 체계에서 식물계와 동물계를 구분한 주요 기준은 운동성의 유무이다.
(2) [바로알기] 3계 분류 체계는 2계 분류 체계에서 원생생물계가 분리된 분류 체계이다.
(3) DNA 염기 서열, 단백질의 아미노산 서열, 전자 현미경으로 관찰한 세포의 초미세 구조 등을 근거로 3역 6계의 분류 체계와 계통수가 제시되었다.

▶ **확인 +**

3. (1) [바로알기] 계통수의 가장 아래에 공통 조상이 위치한다.

4. [바로알기] 고세균계는 3역 6계 분류체계에 속한다.

01. ②   **02.** (1) 자 (2) 인 (3) 자
03. (1) (다) (2) ④   **04.** *Homo sapiens* Linne
05. (1) ㄹ (2) ㅁ (3) ㄱ   **06.** (1) O (2) X (3) X
07. ④   **08.** ③

01. ㄱ. [바로알기] 강이 목보다 더 큰 분류 계급이므로 같은 강에 속하는 생물이라고 해서 모두 같은 목에 속한다고 할 수 없다.
ㄴ. 속이 과보다 더 작은 분류 계급이므로 같은 속에 속하는 생물은 모두 같은 과에 속한다고 할 수 있다.
ㄷ. [바로알기] 다른 속에 속하는 생물 개체는 자동적으로 종도

다르기 때문에 교배할 때 종간 잡종이 나오고, 종간 잡종은 대게 생식 능력을 가지고 태어나지 않는다.

02. (1) 척추 동물과 무척추 동물을 나누는 것은 척추의 유무에 따른 자연 분류이다.
(2) 식용 식물과 약용 식물 등 인간의 이용 목적으로 분류되는 것은 인위 분류이다.
(3) 생식 방법으로 종자식물을 속씨식물과 겉씨식물로 분류하는 것은 자연 분류이다.

03. (1) (가)는 세균역, (나)는 고세균역, (다)는 진핵생물역이다. 곰팡이는 균계인데, 균계는 진핵생물역에 속하므로 (다)에 속한다.
(2) 진핵생물역에서 식물계를 제외한 나머지 계는 균계, 동물계, 원생생물계이다. ④ 원핵생물계는 5계 분류 체계에서 사용되는 분류 체계이다.

04. homo sapiens Linne 에서 속명과 종소명인 homo sapiens을 이탤릭체로 바꿔야하고, 속명은 명사이기 때문에 첫 글자를 대문자로 바꿔야 한다.

05. (1) ㄷ과 가장 최근에 갈라진 생물이므로 특성 C를 함께 가지고 있는 ㄹ이다.
(2) ㄷ, ㄹ과 갈라진 생물이므로 ㄷ, ㄹ과 함께 특성 B를 가지고 있지만 특성 C는 가지고 있지 않은 ㅁ이다.
(3) ㄴ과 가장 최근에 갈라진 생물이므로 특성 D를 함께 가지고 있는 ㄱ이다.

06. (1) 종은 생물 분류의 가장 기본적인 단위이다.
(2) [바로알기] 종이 다르면 자연 상태에서는 교배가 거의 일어나지 않는다.
(3) [바로알기] 형태학적으로 비슷하다고 해도 다른 종일 수 있기 때문에 외부 형태만으로는 같은 종이라고 말할 수 없다.

07. ④ 라이거 등 종간 잡종은 생식 능력이 없으므로 독립된 종으로 분류되지 않는다.
[바로알기] ① 사자와 호랑이는 서로 다른 종이다.
② 라이거는 종간 잡종이기 때문에 생식 능력을 가지고 있지 않다.
③ 라이거는 생식 능력이 없을 뿐 성별은 따로 정해져서 태어나지 않는다.
⑤ 수사자와 암호랑이는 같이 두어도 자연적 교배가 일어나지 않는다. 라이거나 타이곤 등의 종간 잡종은 사람이 인위적으로 수정시켜 태어난 생물이다.

08. ㄱ. [바로알기] 아종은 종의 하위 단계이다.
ㄴ. [바로알기] 변종은 자연적으로 돌연변이가 일어나 몇몇 형질과 지리적 분포가 달라진 종 내의 개체군이다.
ㄷ. 피망은 자연적으로 고추에서 변형된 변종이고, 부사와 홍옥은 사람에 의해 인위적으로 개량된 형질을 가진 품종이다.

[유형 12-1] ②
    01. (1) X (2) O (3) X   **02.** 종간 잡종
[유형 12-2] ③
    03. (1) 목 (2) 계 (3) 품종   **04.** ⑤
[유형 12-3] (1) G, E (2) ③
    05. ③   **06.** (1) O (2) X (3) X
[유형 12-4] ⑤
    07. 3계 분류 체계   **08.** ①

[유형 12-1] ㄱ. [바로알기] 노새는 다른 종끼리의 인위적 교배를 통해 태어났기 때문에 생식 능력을 가지고 있지 않다.
ㄴ. 노새는 생식 능력을 가지고 있지 않아 새로운 종으로 인정받지 않는다.
ㄷ. [바로알기] 말과 당나귀는 다른 종이기 때문에 자연적으로는 교배가 일어나지 않고, 인간에 의해 인위적으로 일어난다.

01. (1) [바로알기] 자연 상태에서는 다른 종끼리의 교배가 거의 일어나지 않는다.
(2) 분류는 다양한 생물 간의 유연관계와 진화 과정을 밝히고 계통을 세워 생물에 대한 연구와 생물 자원의 이용을 용이하게 하기 위해 이루어진다.
(3) [바로알기] 분류의 기준이 되는 분류 형질은 유전적이어야 한다.
02. 서로 다른 종의 개체들을 교배한 결과 태어난 대체로 생식 능력이 없는 생물을 종간 잡종이라 한다. 암말과 수탕나귀 사이의 노새, 수사자와 암호랑이 사이의 라이거 등이 있다.

[유형 12-2] ① 재칼과 늑대의 학명이 다르므로 다른 종이다.
② 재칼과 회색 늑대의 속명이 같기 때문에 그보다 상위 계급인 과도 같다. 따라서 A는 개과인 것을 알 수 있다. 또, 상위 분류 계급이 척삭동물문, 하위 분류 계급이 식육목으로 같으므로 B는 포유강이다.
③ [바로알기] 종과 아종은 속명이 같다. 붉은 여우와 회색 늑대는 학명이 다르므로 붉은 여우는 회색 늑대의 아종이 아니다.
④ ㉠은 과이고 ㉡은 역이다. 따라서 ㉠으로 갈수록 하위 분류 계급이고 ㉡으로 갈수록 상위 분류 계급이다.
⑤ 회색 늑대, 붉은 여우, 재칼은 모두 같은 개과인데 반해 고양이는 고양이과이다. 따라서 붉은 여우와 유연관계가 가장 먼 종은 고양이이다.

03. (1) 생물의 분류 계급 중 강보다 하위이고 과보다 높은 분류 계급은 목이다.
(2) 생물의 분류 계급 중 역보다 하위이고 문보다 높은 분류 계급은 계이다.
(3) 종보다 하위 분류 계급으로는 아종, 변종, 품종이 있다.

04. ㄱ. 학명의 종소명과 속명은 언어의 의미가 변하지 않는 라틴어를 사용한다.
ㄴ. [바로알기] 3명법의 아종명을 붙일 때도 이탤릭체로 써야 한다.

정체로 쓰는 것은 명명자의 이름이다.

ㄷ. 학명에서 속명은 명사이기 때문에 첫 글자를 대문자로 표기한다.

[유형 12-3] (1) ㉠은 종 C와 가장 최근에 갈라졌으므로 종 C와 가장 가깝게 같은 특질 6을 가졌던 종 G라는 것을 알 수 있다. 또한 ㉡은 종 D와 가장 최근에 갈라졌으므로 종 D와 가장 가깝게 같은 특질 4를 가졌던 종 E라는 것을 알 수 있다.

(2) ⓐ 선은 종 C, G와 나머지 종들을 나누므로 특질 2와 특질 6 사이를 나누는 선이라는 것을 알 수 있다.

05. ㄱ. 계통은 생물이 진화해 온 경로를 뜻하고, 이를 통해 생물 상호 간의 진화적 유연관계를 알아낼 수 있다.

ㄴ. 계통수를 통해 생물의 진화적 분기점을 찾아내어 다른 두 종의 공통 조상을 찾아내는 데 도움이 된다.

ㄷ. [바로알기] 계통수를 통해 최근에 분화한 종과 오래 전에 분화한 종을 알 수 있는데, 계통수에서 갈라진 가지가 위쪽에 있을수록 최근에 공통 조상으로부터 분화되어 갈라진 종임을 알 수 있다.

06. (1) 다양한 분류 형질을 이용하여 생물의 분류군이나 학명을 알아내는 작업이 동정이다.

(2) [바로알기] 검색표에서 반드시 맞는 형질을 따라 찾아가야 한다. 형질을 잘못 찾아가면 다른 학명이 나올 수 있다.

(3) [바로알기] 새로운 종을 발견했을 때 검색표를 찾아감으로써 새로운 종의 계통을 찾고 학명을 짓는 데 도움이 된다.

[유형 12-4] (가)는 5계 분류 체계이고, (나)는 3역 6계 분류 체계이다.

ㄱ. [바로알기] (가) 5계 분류 체계에서 진정세균계와 고세균계가 분리되어 (나) 3역 6계 분류 체계가 확립되었다.

ㄴ. (가)는 4계 분류 체계의 식물계에서 광합성을 통해 유기 양분을 스스로 생산하지 못하는 곰팡이나 버섯 등을 균계로 독립시킴으로써 5계 분류 체계를 만들었다.

ㄷ. (나)의 계통수의 분기점을 통해 고세균계는 세균계보다 진핵생물역에 더 가깝다는 것을 알 수 있다.

07. 현미경이 발달하면서 식물계와 동물계 중 어디에도 속하지 않는 미생물이 발견되자 독일의 생물학자 헤켈이 기존의 식물계, 동물계만 존재하는 2계 분류 체계에서 원생생물계를 추가한 3계 분류 체계를 제안하였다.

08. ① [바로알기] 18세기 초 린네는 운동성의 유무를 판별하여 식물계와 동물계의 2계로 분류하였지만 최초의 계통수를 그린 것은 3계 분류 체계를 제시한 독일의 생물학자 헤켈이었다.

② 헤켈은 식물계, 동물계, 현미경으로 발견한 미생물을 원생생물계로 분류하는 3계 분류 체계를 제안하였다.

③ 분류 체계는 생물 연구의 발전에 따라 특정되는 형질이 늘어남으로써 지속적으로 보완·변화되고 있다.

④ 5계 분류 체계는 모네라계(원핵생물계), 원생생물계, 식물계, 동물계의 4계 분류 체계에서 식물계 내의 곰팡이와 버섯 무리를 균계로 분리하여 5계 분류 체계를 확립하였다.

⑤ 1956년에는 코플랜드에 의해 원핵생물로 이루어진 모네라계와 원생생물계, 식물계, 동물계의 4계 분류 체계도 제안되었다.

01 (1) A와 C는 같은 종이지만 B는 다른 종이다.

(2) '종'은 생물을 분류하는 기본 단위로, 외부 형태가 비슷한 것 뿐만 아니라 자연 상태에서 자유롭게 교배하고 생식 능력을 가진 자손을 낳을 수 있는 개체들의 집단을 말한다. 따라서 A와 B를 교배하였을 때 자손을 가지지 못하는 개체가 나온다는 것은 이 a와 b가 종간 잡종이라는 것을 의미하고, B는 다른 종이라는 것을 알 수 있게 한다.

(3) 〈예시답안〉 생김새, 염색체 수, 유전자 염기 서열 등을 비교하여 동일한 개체를 같은 종으로 분류한다.

02 (1) (다) 참빗살나무

(2) 같은 속명과 종소명을 쓰지만 내장단풍나무의 학명에 변종이란 뜻의 *var.*이 들어가므로 내장단풍나무가 단풍나무의 변종이다.

(3) Nakai

해설 (1) 다른 식물들은 모두 단풍나무로 속명이 *Acer*인데 반해 참빗살나무만 속명이 *Euonymus*이므로 같은 과에 속하지 않는다는 것을 알 수 있다.

(2) 종보다 하위 단계인 아종이나 변종 또는 품종을 표기할 때는 종소명 다음에 그 이름을 추가하여 기재한다. 이때 아종명이나 변종명, 품종명도 첫 글자를 소문자로 시작하며, 이탤릭체로 쓴다. 변종의 경우에는 변종명 앞에 *var.*(*Variety*의 약자)를, 품종의 경우에는 품종명 앞에 *for.*(*form*의 약자)를 표기한다.

(3) 명명자의 이름은 정체로 쓰기 때문에 알아보기 쉽다. 단풍나무의 명명자는 Thunb, 내장단풍나무의 명명자는 Uyeki, 참빗살나무의 명명자는 Wall이다.

03 (1)

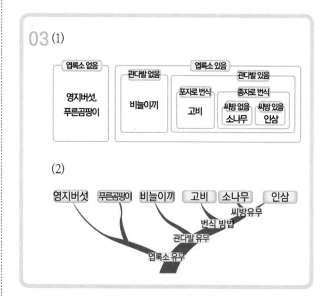

(2)

해설 맨 먼저 엽록소의 유무를 통해 영지버섯과 푸른곰팡이를 다른 생물과 분리한다. 광합성을 통해 에너지를 얻을 수 없는 생물은 균계로 분류하고, 나머지는 식물계로 분류한다. 이후 유일하게 관다발이 없는 비늘이끼를 따로 분리할 수 있는데, 이것은 선태식물의 특징이다. 관다발이 있는 식물들 중 포자로 번식하는 고비를 분리할 수 있다. 포자로 번식하는 고비는 양치식물이다. 마지막으로 종자로 번식하는 소나무와 인삼은 씨방의 유무로 구분된다. 씨방이 없는 소나무는 겉씨식물, 씨방이 있는 인삼은 속씨식물에 속한다.

---

04 세균역에는 세포벽의 펩티도글리칸이 있고, RNA 중합 효소가 1종류이며 단백질 합성의 개시 아미노산이 포밀메싸이오닌이고 인트론이 없지만 고세균역과 진핵생물역은 세포벽의 펩티도글리칸이 없고, RNA 중합 효소가 여러 종류이며 단백질 합성의 개시 아미노산이 메싸이오닌으로 동일하고 인트론이 일부 있거나 존재한다. 이 요소들을 보아 고세균역은 세균역보다 진핵생물역에 더 유연관계가 가깝다는 것을 알게되어 세균역에서 분리되었다.

해설 미국 일리노이 대학의 우스(Woese, C. : 1928 ~ 2012)는 16S rRNA 염기 서열을 분석하여 원핵생물이 매우 다른 두 개의 무리로 구분된다고 주장하였다. 분자생물학적 연구를 통해 원핵 세포이지만 DNA 염기 서열, 세포벽의 구성, DNA 복제 및 단백질 합성 과정에서 진핵세포와 더 유사성이 큰 세균들을 분리해 내었고, 이를 구분하게 위해 고세균이라 이름 붙인 후 분류 계급의 최상위 단계인 역을 제안하였다.

스스로 실력 높이기 | 256 ~ 261 쪽

01. 학명 **02.** 계통수 **03.** 동정
04. (1) X (2) O **05.** ③ **06.** ②
07. (1) 분류 (2) 자연 분류 **08.** (1) X (2) X
09. (1) 속 (2) 가깝다 **10.** ④ **11.** ⑤
12. ⑤ **13.** ① **14.** 원생생물계, 진핵생물역
15. ⑤ **16.** ③ **17.** ④ **18.** ③ **19.** ①
20. ④ **21.** ① **22.** ③ **23.** ④ **24.** ④
25. ① **26.** ⑤ **27** (1) 생물종 II (2) G→C
28. ~ 29. 〈해설 참조〉 **30.** ⑤
31. ~ 32. 〈해설 참조〉

04. (1) [바로알기] 개의 학명이 아종명이 붙은 3명법으로 표기되어 있으므로 개가 회색 늑대의 아종이다.
(2) 개와 회색 늑대의 속명과 종소명이 같으므로 그보다 상위 계급인 과명도 같다.

---

05. ① 종간 잡종은 생식 능력을 가지고 있지 않아 독립된 종으로 분류하지 않는다.
② 종은 다른 개체군과 자연 상태에서 교배가 일어나지 않는 생식적 분리가 이루어져 있다.
③ [바로알기] 현대에는 형태학적 종의 개념이 아닌 생물학적 종의 개념으로 분류된다.
④ 비슷한 환경에서 생활하거나 먹이가 겹쳐도 생물학적 형질이 다르면 동일한 종이 아니다.
⑤ 생물학적 종은 자연 상태에서 자유롭게 교배하여 생식 능력이 있는 자손을 낳는 집단을 말한다.

06. ① 강은 목보다 상위 계급이다.
② [바로알기] 아속은 속의 세부 단계로 속보다 하위에 있다. 따라서 속과 종 사이에 위치한다.
③ 분류 계급은 역, 계, 문, 강, 목, 과, 속, 종의 8단계로 구성된다.
④ 계가 문보다 더 높은 계급이므로 문보다 계에 속하는 생물이 더 많다.
⑤ 아종과 품종은 변종과 함께 종의 하위 계급이다.

07. (1) 생물 고유의 유전적 특성으로 생물 간의 유연관계와 진화 과정을 밝히고 계통을 세우는 것을 분류라 한다.
(2) 생물의 고유 특징을 기준으로 진화 계통에 따라 분류하는 방법을 자연 분류라 한다.

08. (1) [바로알기] 생물학적 종의 구분이 아닌 형태학적 종의 구분이 린네에 의해 체계화되었다.
(2) [바로알기] 서로 다른 종의 개체끼리 교배를 하여도 자손을 낳을 수 있지만, 그 자손은 종간 잡종으로 생식 능력을 가지지 못한다. 따라서 독립적인 종으로 분류되지 않는다.

09. (1) 때죽나무와 쪽동백나무는 속명이 같으므로 같은 속에 속한다.
(2) 쪽동백나무와 때죽나무는 속명이 같지만 쪽동백나무와 동백나무는 속명이 다르다. 따라서 쪽동백나무와 때죽나무 간의 유연관계가 더 가깝다.

10. ㄱ. [바로알기] A는 B ~ F의 공통 조상으로 가장 적게 진화한 상태의 종이다.
ㄴ. B, C와 D의 공통 조상이 먼저 분화된 후 B와 C가 분화되었다.
ㄷ. 계통수에서 B와 D의 사이의 공통 조상보다 B와 F 사이의 공통 조상이 더 아래쪽에 있으므로 B와 D 사이의 유연관계가 B와 F 사이의 유연관계보다 가깝다.

11. ㄱ. [바로알기] 사자와 호랑이는 교배시 생식 능력이 없는 라이거를 낳으므로 같은 종이 아니다.
ㄴ. [바로알기] 말과 당나귀는 교배시 생식 능력이 없는 노새를 낳으므로 같은 종이 아니다.
ㄷ. 진돗개와 풍산개는 개의 품종으로 교배시 생식 능력이 있는 강아지를 낳으므로 같은 종이다.
ㄹ. 황소와 젖소는 소의 품종으로 교배시 생식 능력이 있는 송아지를 낳으므로 같은 종이다.

ㅁ. 개구리와 올챙이는 성체와 유년기로 서로 다른 형태이지만 같은 종이다.

12. ⑤ 호랑이와 고양이는 같은 과이지만 고양이와 개 사이는 과가 다르므로 호랑이와 고양이 사이의 유연관계가 더 가깝다.
[바로알기] ① 고양이와 개는 과가 달라 완전히 다른 종이다.
② 식육목의 하위 계급에 개과와 고양이과가 있다.
③ 호랑이와 고양이는 속명이 다르므로 다른 종이고, 학명이 다르다.
④ 개, 호랑이, 고양이는 모두 같은 식육목이므로 그보다 더 높은 분류 계급인 문도 같다.

13. ㄱ. 피망은 고추가 자연적인 돌연변이를 통해 생겨난 변종이다.
ㄴ. [바로알기] 아종은 종의 하위 계급이다.
ㄷ. [바로알기] 품종은 인위적인 교배를 통해 만들어진다.

14. 3계 분류 체계에서 원생생물계로부터 핵이 발달하지 않은 세균류와 남세균을 원핵생물계로 분류하였다. 이후 광합성을 하지 못하는 버섯과 곰팡이류를 식물계로부터 균계로 분류하여 (가) 5계 분류 체계가 완성되었다. 따라서 ㉠은 원생생물계이다.
이후 원핵생물계가 세균계와 고세균계로 분리되고, 원생생물계는 진핵생물역에 포함되어 (나) 3역 6계 분류 체계가 완성되었다. 따라서 ㉡은 진핵생물역이다.

15. ㄱ. (가) 5계 분류 체계에서 (나) 3역 6계 분류 체계로 바뀐 것은 DNA 염기 서열, 단백질의 아미노산 서열, 전자 현미경으로 관찰한 세포의 초미세 구조 등의 연구에 의한 것이다.
ㄴ. [바로알기] (가)의 원핵생물계에 속해 있던 생물을 (나)에서 세균계와 고세균계로 분리하였다.
ㄷ. (나)의 고세균계의 생물은 세균계의 생물보다 진핵생물역의 생물에 더 가깝게 분화되었다.

16. ㄱ. [바로알기] 학명은 세계 공통의 이름으로 모든 나라에서 같다.
ㄴ. [바로알기] 학명은 속명과 종소명으로 이루어져 있으므로 학명을 통해 속명을 알 수 있다.
ㄷ. 학명을 사용하지 않고 각 나라의 이름을 그대로 사용한다면 나라 간의 공동 연구가 일어날 때 정보 교환에 차질이 생길 것이다.

17. (가), (마) 엽록소 유무나 속씨식물과 겉씨식물의 구분은 생물의 고유 특징으로 자연 분류에 속한다.
(나) 동물의 식성에 따른 구분은 인위 분류에 속한다.
(다) 생물의 서식지에 따른 분류는 인위 분류에 속한다.
(라) 겨울눈의 위치에 따른 분류는 인위 분류에 속한다.

18. ㄱ. [바로알기] 린네는 생물을 식물계와 동물계의 2계로 분류하였다. 3계로 분류한 것은 헤켈이다.
ㄴ. [바로알기] 휘태커는 식물계에서 균계를 분리해내었다.
ㄷ. 3역 6계 분류 체계는 원핵생물계에서 진핵생물역과 가까운 고세균역을 따로 분리해내고, 식물계에서 광합성을 하지 않는 버섯, 곰팡이류를 균계로 따로 분리하여 2계 분류 체계보다 진화적 유연관계가 더 잘 드러난다.

19. ㄱ. 같은 종이라도 주어진 환경에 적응하는 중에 형태가 달라질 수 있다.
ㄴ. [바로알기] A와 B는 생물학적으로 같은 종이므로 교배시 생식 능력을 가진 개체가 나올 것이다.
ㄷ. [바로알기] 염색체의 갯수가 같아도 DNA 염기 서열이 다르면 다른 종이 나올 수 있기 때문에 염색체의 갯수만으로는 같은 종인지 확인할 수 없다.

20. 염기 서열의 유사도에 따라 계통수에 배치하면 A는 (라), B는 (가) 또는 (나), C는 (나) 또는 (가), D는 (다)이다. B와 C는 동등한 위치이므로 (가)와 (나)가 바뀔 수 있다.
ㄱ. A는 (라)이다.
ㄴ. 공통 조상으로부터 처음으로 분화된 종은 처음 분기점에서 갈라져 나온 D이다.
ㄷ. [바로알기] B와 C의 공통 조상이 C와 D의 공통 조상보다 위에 있으므로 B와 C의 유연관계가 더 가깝다.

21. ㄱ. ㉠과 공통 조상이 가장 아래에 있는 종이 ㉾이므로 ㉠과 유연관계가 가장 먼 것은 ㉾이다.
ㄴ. [바로알기] ㉣은 특징 C를 가지고 있지만 특징 B는 ㉠, ㉡, ㉢이 가진 것으로 ㉣에게는 없다.
ㄷ. [바로알기] 생물들 중 가장 먼저 분화해 나간 종은 ㉾이다.

22. 먼저 주어진 가장 상위 계급인 목이 A - (가), (나), (다)와 B - (라), (마), (바)로 나뉘고, 이후 a - (가)와 b - (나), (다), 그리고 c - (라), (마)와 d - (바)로 나뉘므로 ③의 계통수가 가장 적절하다.

23. ㄱ. 2계의 식물계와 동물계에서 원생생물계가 추가된 3계로 변한 것은 현미경의 발명에 의해 식물계도 동물계도 아닌 미생물(원생생물계)이 발견되었기 때문이다.
ㄴ. 3계에서 5계 분류 체계로 변한 것은 원생생물계에서 핵이 발달하지 않은 원핵생물계를 분리하고, 식물계에서 광합성을 하지 못하는 균계를 분리했기 때문이다.
ㄷ. [바로알기] 5계와 3역 6계 분류 체계의 차이점은 진핵생물역 내부의 변화가 아니라 원핵생물계를 세균계(세균역)와 고세균계(고세균역)로 나누고, 원생생물계를 진핵생물역에 포함시켰기 때문이다.

24. (가)에 의해 A와 B는 같은 종임을 알 수 있다. (다)와 (마)를 통해 B와 D가 같은 종임을 알 수 있으므로 A, B, D는 서로 같은 종이다. (나)와 (라)를 통해 A와 C는 같은 종이 아니므로 C만 다른 종임을 알 수 있다.
ㄱ. A와 D는 서로 같은 종이므로 같은 학명을 가진다.
ㄴ. A와 C는 서로 다른 종이므로 B와 C도 서로 다른 종이다.
ㄷ. [바로알기] C와 D는 서로 다른 종이므로 생식 능력을 가지지 못한 종간 잡종이 태어날 것이다.

25. ㄱ. 풍산개와 진돗개 사이에서 태어난 풍진개가 생식 능력이 있으므로 풍산개와 진돗개는 같은 종이다.
ㄴ. [바로알기] 노새는 수탕나귀의 생식세포 염색체 수인 31개와 암말의 생식세포 염색체 수인 32개의 염색체 수를 받아 63개의

체세포 염색체 수를 가진다.

ㄷ. [바로알기] 수호랑이와 암사자의 체세포 염색체 수는 같지만 그 사이에서 태어난 타이곤이 생식 능력이 없는 종간 잡종으로 사자와 호랑이는 다른 종이다. 따라서 염색체 수가 같다 해도 반드시 같은 종이라고 할 수는 없다.

26. ㄱ. 4종의 식물은 같은 진달래목에 속하므로 그보다 상위 계급인 문도 같다.

ㄴ. 가슬송과 봉선화는 진달래목까지만 같은 데 반해 가슬송과 진달래는 같은 진달랫과이므로 진달래와의 유연관계가 더 가깝다.

ㄷ. 철쭉과 가장 유연관계가 가까운 식물은 같은 진달래속인 진달래이다.

27. (1) 생물종 Ⅲ으로부터 처음 염기 치환이 일어나 분화된 종이 (가)~(라)이다. 따라서 ㉠은 공통적인 A→G 치환이다.

생물종 V는 Ⅲ과 염기가 2개 다르므로 생물종 Ⅲ으로부터 2회 염기 치환되었다. 따라서 ㉢은 C→G 치환이고 (라)는 V이다.

(다)는 생물종 Ⅲ으로부터 염기 치환이 3회 일어났고, (가)와 (나)는 생물종 Ⅲ에서 염기 치환이 각각 4회 일어났다. 아래 표와 같이 생물종 Ⅲ으로부터 일어난 각 염기 치환을 다른 색으로 표시할 수 있다.

생물종	특정 유전자의 염기 서열 일부									
Ⅰ	C	C	C	G	T	C	T	G	(가) 또는 (나)
Ⅱ	T	G	C	G	T	C	A	G	(다)
Ⅲ	T	G	C	G	A	C	T	A	기준
Ⅳ	T	C	C	A	T	C	T	G	(가) 또는 (나)
V	T	G	G	G	A	C	T	G	(라)
염기 치환	㉲ or ㉯	㉳	㉢	㉳ or ㉯	㉡		㉤	㉠	

따라서 (다)는 생물종 Ⅱ이다.

(2) 종 Ⅲ으로부터 공통된 염기 치환 ㉠ 외에 종 Ⅰ, Ⅱ, Ⅳ의 공통된 염기 치환은 ㉡이며 A→T 치환이다. ㉠, ㉡ 외에 ㉲은 종 Ⅰ과 Ⅳ의 공통된 염기 치환이므로 G→C의 염기 치환이다.

28. 답 같은 호모 사피엔스 종이다. 백인과 흑인의 혼혈, 백인과 황인의 혼혈, 황인과 흑인의 혼혈 모두 생식 능력을 가지고 있는 자손을 가지기 때문이다.

해설 백인, 흑인, 황인을 '인종(人種)'이라 부르는 것은 생물학적 종의 개념으로 착각하기 쉬운 단어이지만, 영어 단어인 'race, ethnicity, ethnic group'을 번역하기 위한 대체어였을 뿐 실제 '종'을 의미하는 'species'와 다르다. 과거에 민족들간의 교류가 일어나면서 자신의 민족과 타 민족을 구분하기 위해 오랑캐, 중화인 등의 용어를 썼던 것이 점점 통합되고 변화된 것으로, 생물학적 구분이라기보다는 인류사회학적 구분이라고 할 수 있다.

29. 답 강이 목보다 더 높은 계급이므로, 더 다양한 분류 형질을 가지고 있기 때문이다.

해설 분류 계급은 역>계>문>강>목>과>속>종의 순서로 높은데, 높은 계급일수록 그보다 낮은 계급을 많이 포함하고 있다. 강은 목보다 높은 계급이므로 강 안에 여러 개의 목을 포함하고 있고, 따라서 더 많은 수의 종을 가지게 된다.

30. 학명을 기반으로 작성한 계통수는 다음과 같다.

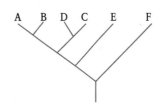

ㄱ. B의 학명은 속명, 종소명, 명명자로 표기된 이명법이다.

ㄴ. ㉠은 A~D와 같은 생강목에 과가 파초과로 다른 E이다.

ㄷ. A~F는 모두 속씨식물에 해당하는 외떡잎식물이므로 밑씨가 씨방에 싸여 있다.

31. 답 A, B 무리와 C, D, E 무리로 나눌 수 있다. 현대까지 남아있는 종 A ~ E가 시기 Ⅰ에서 크게 두 분류로 나누어지고 시기 Ⅱ에서 각각의 종으로 나누어지기 때문이다.

해설 계통수에서 종 X, Y, Z는 시기 Ⅲ까지 넘기지 못하고 끊겼으므로 현대에 남아있지 않은 종이다. 따라서 지워내고 현대까지 남아있는 종들만을 분류한다면 시기 Ⅰ에서 처음 종 R이 두 갈래로 분기점을 가지는 것을 볼 수 있다.

32. 답 4계 분류 체계에서의 원핵생물계 안의 생물이 생물학적으로 매우 다른 특성으로 나뉘어지기 때문에 세균역과 고세균역으로 분류되면서 사라지게 되었다.

해설 화산이나 온천 지대에서 발견되는 고세균은 세균보다 진핵 생물과 그 특징이 유사하다. 이것은 세균과 고세균 사이가 매우 떨어져 있다는 것을 의미하고, 따라서 따로 분류해야 했다. 이전 연구에서는 고세균와 세균의 차이를 구분하지 못해 원핵생물계로 합쳐 분류했지만 생물 연구의 발전으로 인해 둘 사이의 차이를 알게 되었고 원핵생물계는 사라지게 되었다.

13강. 생물의 다양성 1

개념확인

1. (1) 세포벽 (2) 선모
2. 메테인 생성균
3. (1) O (2) X (3) X
4. ②
5. (1) X (2) O (3) O
6. 셀룰로스
7. 양치식물
8. (1) X (2) O (3) X

확인 +

1. 부패균
2. (1) X (2) X (3) O
3. 유글레나류
4. (1) X (2) O (3) O
5. (1) 자실체 (2) 식포, 수축포
6. (1) X (2) O (3) X
7. (1) 헛물관 (2) 배, 배젖
8. 겉씨식물

개념확인

1. (1) 세균역의 세포벽은 펩티도글리칸 성분을 가지고 있다.
(2) 세균의 편모는 운동할 때 사용하고, 표면에 선모가 발달하여 다른 세포에 부착하거나 유전자를 교환하는 데 사용한다.

3. (2) [바로알기] 원생생물은 대부분 단세포 진핵생물이지만 군체를 이루거나 다세포인 경우도 있다.
(3) [바로알기] 원생생물계는 식물계, 동물계, 균계에 명확하게 들어갈 수 없는 모든 생물들을 모아놓았기 때문에 생활 방식이 아주 다양하고 생태계에 큰 영향을 준다.

4. ② [바로알기] 갈조류는 엽록소 a, c와 갈조소를 가지며 규조소는 황갈조류(규조류)의 엽록소이다.

5. (1) [바로알기] 물곰팡이류는 주로 균사의 포자나 유주자에 의한 무성 생식을 하지만 열악한 환경에서는 균사의 접합에 의한 유성 생식을 하기도 한다.

8. (1) [바로 알기] 속씨식물은 암술과 수술이 한 꽃에 있는 양성화가 대부분이지만 단성화도 있다.
(3) [바로 알기] 외떡잎식물은 나란히맥을 가졌지만 형성층이 없어 부피 생장이 불가능하다.

확인 +

2. (1) [바로알기] 고세균은 단세포 원핵생물이다.
(2) [바로알기] 펩티도글리칸 성분을 세포벽에 포함하지 않으며, 세포막의 구성 성분이 다르고 전사와 번역에 관여하는 유전자가 진핵생물과 더 비슷하여 별도의 계로 분리되었다.

4. (1) [바로알기] 유글레나류는 식물적 특징인 엽록체와 동물적 특징인 편모, 안점, 수축포 등을 가지고 있지만 단세포 생물이다.

5. (1) 점균류는 자실체를 만들어 포자를 퍼트리는 방식으로 번식한다.
(2) 원생생물 중 세포 소기관이 가장 잘 발달되어 있는 섬모충류는 식포로 세포 내 소화를 한 후 수축포로 배설한다.

6. (1) [바로알기] 발아 시에 사용될 양분을 저장하는 것은 종자식물로, 선태식물의 포자에는 양분이 저장되어있지 않다.
(3) [바로알기] 식물계 세포벽의 주성분은 셀룰로스이다.

7. (1) 양치식물은 체관과 헛물관으로 이루어진 관다발을 가졌다. 물관을 가지고 있는 것은 종자식물이다.
(2) 종자식물의 종자에서 식물체가 되는 부분은 배, 양분 부분은 배젖이라 한다.

개념다지기

01. ②
02. (1) X (2) X (3) O
03. (가), 선모
04. 호열성 고세균
05. ㄱ, ㄴ, ㄹ
06. (1) 녹 (2) 식 (3) 공
07. ⑤
08. ⑤

01. ㄱ. (가) 광합성 세균의 특징은 빛에너지를 이용하여 유기물을 합성한다는 ㄷ의 내용이다. 광합성 세균에는 홍색황세균, 녹색황세균, 남세균 등이 있다.
ㄴ. 결핵균, 폐렴균, 콜레라균 등의 병원균은 (나) 종속 영양 세균에 속한다.
ㄷ. (다) 화학 합성 세균에 해당하는 특징은 무기물을 산화시켜 얻은 화학 에너지로 살아간다는 ㄱ의 설명이다. 화학 합성 세균에는 황세균, 아질산균, 질산균 등이 있다.

02. (1) [바로알기] 진핵생물 중 식물계에도 동물계에도 균계에도 포함시키기 어려운 생물군을 모은 것이다.
(2) [바로알기] 원생생물은 대부분 수중 생활을 하며 육상에서도 수분이 있는 곳에서 서식한다.
(3) 원생생물 대부분이 단세포 생물이지만 군체를 형성하거나 다세포로 생활하는 생물도 있다.

03. (가)는 선모이며 다른 세포에 부착하거나 유전자를 교환할 수 있도록 발달되어 있으며 (나)는 편모이며 운동하는 데 사용한다.

04. 황이 풍부한 고온의 화산온천이나 심해 열수구 등에서 서식하는 것은 호열성 고세균으로 100℃가 넘는 고온에서도 DNA와 단백질이 안정적으로 유지된다.

05. ㄱ. 안점은 시각 기관, ㄴ. 편모는 운동 기관, ㄹ. 수축포는 배설 기관으로 동물적 특징에 해당하는 세포 소기관이다.
ㄷ. 엽록체는 식물적 특징에 해당하고, ㅁ. 미토콘드리아는 진

핵생물은 모두 가지고 있어 식물과 동물 모두에게 존재하는 소기관이다.

06. (1) 몸 전체에서 광합성이 일어나는 것은 녹조류의 특성으로 식물은 뿌리, 줄기, 잎이 분명하게 나누어져 잎에서 광합성이 일어난다.
(2) 뿌리로 몸체를 대지에 고정하고 수분과 무기 양분을 흡수하는 것은 식물의 특성이다. 녹조류는 헛뿌리로 몸체를 고정하는 부착 기능만 있다.
(3) 식물계와 녹조류 모두 엽록소 a, b 및 카로티노이드를 가지며 세포벽의 주성분은 셀룰로스이다.

07. ⑤ 속씨식물은 중생대 말기에 출현하여 신생대에 번성하였다. 식물계 중 가장 나중에 출현하였다.
[바로알기] ① 선태식물은 포자로 번식한다.
② 선태식물은 관다발이 없다.
③ 양치식물 출현 이후에 겉씨식물이 진화하여 나타난 것으로 추정된다.
④ 속씨식물은 종자 번식 식물이고, 포자로 번식하는 식물은 양치식물과 선태식물이다.

08. ㄱ. [바로알기] 선태식물(이끼)은 관다발이 발달하지 않았고 뿌리는 헛뿌리로 주로 몸을 땅이나 바위 등에 부착시키는 역할만 한다.
ㄴ. 선태식물은 포자로 번식하며, 세대 교번을 한다.
ㄷ. 선태식물은 습지나 물가에 살며, 수중 생활에서 육상 생활로 옮겨 가는 중간 단계의 생물이다.

유형익히기 & 하브루타　　272 ~ 275 쪽

[유형 13-1] ②
　　　　　01. (1) 종 (2) 독 (3) 종　**02.** ②
[유형 13-2] ④
　　　　　03. (1) X (2) O (3) X　**04.** 바이러스
[유형 13-3] ①　**05.** ④　**06.** 홍조류
[유형 13-4] ④　**07.** 세대 교번　**08.** ④

[유형 13-1] ① 편모를 이용하여 운동한다.
② [바로알기] 세균은 기본적으로 원형으로 된 1개의 염색체를 가지며, 플라스미드는 일부의 세균만 가지고 있는 별도의 DNA 염색체이다.
③ 세균은 핵막이 없는 원핵생물로 염색체가 세포질에 분포한다.
④ 세균은 환경이 나빠지면 내생 포자를 만들어 휴면 상태가 되었다가, 환경이 좋아지면 다시 물질대사와 증식을 재개한다.
⑤ 세균의 표면에는 선모가 발달하여 다른 세포에 자신을 부착하거나 유전자를 교환하는 용도로 사용할 수 있다.

01. (1) 생물의 사체에 있는 유기물을 분해하여 에너지를 얻는 부패균은 종속 영양 세균에 속한다.

(2) 엽록소를 가지고 빛에너지를 이용하여 유기물을 합성하는 광합성 세균은 독립 영양 세균에 속한다.
(3) 김치, 식초는 발효균의 활동으로 발효되어 만들어지는 발효식품이고 항생제는 방선균에게서 생산된다.

02. ㄱ. [바로알기] 세균계는 핵막이 없는 원핵생물로 진핵생물역에 들어갈 수 없으며 별도의 세균역에 속한다.
ㄴ. 세균은 리보솜이 있어 자체적으로 효소를 합성하여 스스로 유기물을 분해하여 에너지를 얻는 등의 물질대사를 할 수 있다.
ㄷ. [바로알기] 원핵생물이므로 막 구조로 된 세포 소기관이 없는 것은 맞지만, 평소에도 응축되어 있지는 않다. 염색체는 세포막 내의 세포질에 분포한다.

[유형 13-2] (가)는 염분 농도가 매우 높은 사해의 사진이고, (나)는 고온의 화산 온천이다. (다)는 늪으로 산소가 부족한 환경을 나타낸다.
ㄱ. (가)의 염분이 높은 곳에서는 호염성 고세균이 서식한다.
ㄴ. [바로알기] (나)의 화산 온천에 서식하는 호열성 고세균은 일반적인 단백질이 변성되는 100℃가 넘어가도 단백질과 DNA가 변질되지 않기 때문에 살아갈 수 있다.
ㄷ. (다)의 늪에 서식하는 메테인 생성균은 혐기성 세균으로 습지, 동물의 내장 속 등 산소가 부족한 환경에서 서식하며, CO_2를 이용하여 H_2를 산화하는 과정에서 에너지를 얻고 메테인(CH_4)을 생성한다.

03. (1) [바로알기] 고세균이 단세포 원핵생물인 것은 맞지만 고염분, 고온, 산소가 적은 환경에서 주로 서식하므로 일반적인 생물과 공존하여 살아갈 수 없다.
(2) 세포벽의 주요 구성 성분이 세균처럼 펩티도글리칸으로 되어 있지 않고, 전사와 번역에 관여하는 유전자가 진핵생물과 더 유사하여 원핵생물계가 세균계와 고세균계로 분리되었다.
(3) [바로알기] 고세균은 모두 종속 영양 생물이며 무기물이나 유기물을 산화시켜 에너지를 얻는다.

04. 바이러스는 핵산과 단백질로 구성되어 있고, 살아있는 숙주 내에서 기생하여 증식하며 유전 현상과 돌연변이가 일어나는 생물적 특성을 가지고 있지만, 세포의 온전한 구조를 갖추지 못하였고 자체 효소가 없어 숙주 밖에서는 물질대사를 하지 못하며 단백질 결정체로 추출되는 무생물적 특성도 가지고 있어 생물과 무생물의 중간 단계로 간주된다.

[유형 13-3] ① [바로알기] 원생생물은 수중에서만 살지 않고 육지에서도 산다. 단 마른 땅에서는 살지 못하고 습기가 있는 육지에서만 살 수 있다.
② 대부분은 단세포 생물이지만 군체를 이루거나 다세포로 이루어진 생물도 있다.
③ 진핵생물 중 식물계, 동물계, 균계의 어디에도 명확히 포함되지 않는 생물군이다.
④ 아주 다양한 생활방식을 가지는 원생생물계는 독립 영양 생물인지 종속 영양 생물인지의 영양 방식과 가진 엽록소의 종류, 운동성이 있는 생물은 운동 기관의 종류 등을 기준으로 하여 분류

된다.

⑤ 대부분 무성 생식을 하지만 일부는 수정이나 접합 등의 유성 생식을 하는 생물도 있다.

05. ㄱ. [바로알기] 원생생물 중 조류의 분류는 각 분류군이 가지고 있는 엽록소의 종류에 따라 구분한다. 운동 기관의 종류를 따라 분류하는 것은 원생생물 중 원생동물의 분류 기준이다.

ㄴ. 아메바와 짚신벌레 모두 원생동물로, 운동 기관을 가지고 있다. 아메바는 위족으로, 짚신벌레는 섬모를 사용하여 운동한다.

ㄷ. 원생생물은 진핵생물 중 식물계, 동물계, 균계 중 어느 쪽에도 명확히 포함되기 어려운 무리를 모아둔 것으로 생태계 내에서 생산자, 소비자, 분해자의 역할을 모두 하며 다양한 생활사를 가지고 있어 생태계의 물질 순환과 다른 생물의 생활에 큰 영향을 준다.

06. 엽록소 a, d와 홍조소, 남조소를 가지는 것은 홍조류이다. 홍조류는 해양에서 서식하며 운동성이 없는 부동 포자에 의한 무성 생식과 수정에 의한 유성 생식을 한다. 김, 우뭇가사리 등이 있다.

[유형 13-4] 식물계에서 비관다발 식물은 (가) 선태식물이고, 관다발 식물 중에 포자로 번식하는 식물은 (나) 양치식물이다. 관다발 식물이고 종자로 번식하는 식물 중에 씨방이 없는 것은 (다) 겉씨식물, 씨방이 있는 것은 (라) 속씨식물이다.

ㄱ. (가)는 비관다발 식물인 선태식물이다.

ㄴ. (나) 양치식물과 (다) 겉씨식물은 헛물관과 체관으로 구성된 관다발을 가지고 있다. 단 양치식물은 형성층이 없어 줄기가 굵게 자라지 못하는 반면에 겉씨식물은 형성층이 있어 줄기의 부피생장이 가능한 차이가 있다.

ㄷ. [바로알기] (라) 속씨식물은 떡잎의 수에 따라 쌍떡잎식물과 외떡잎식물로 나뉘는데, 이 중 외떡잎식물은 잎맥이 나란히맥이므로 모든 속씨식물이 그물맥잎을 가지지는 않는다.

07. 선태식물과 양치식물은 생활사의 단계 중 무성 세대와 유성 세대가 번갈아 나타나는 세대 교번을 한다. 단 선태식물은 생활사의 대부분의 시기를 배우체로 보내고, 양치식물은 대부분의 시기를 포자체로 보내는 차이가 있다.

08. ① 선태식물은 생활사의 단계 중 무성 세대와 유성 세대가 번갈아 나타나는 세대 교번을 하며, 생활사의 대부분을 배우체 상태로 보낸다.

② 양치식물은 체관과 헛물관으로 이루어진 관다발을 가지고 있지만, 형성층이 없어 줄기가 굵게 자라지 않는다.

③ 겉씨식물은 암술과 수술이 다른 꽃에 있는 단성화로 번식한다.

④ [바로알기] 종자식물 중 속씨식물은 물관과 체관으로 구성된 관다발을 가지지만 겉씨식물은 헛물관과 체관으로 구성된 관다발을 가진다.

⑤ 속씨식물은 정핵과 난세포가 수정된 배(2n)와 정핵과 극핵 2개가 수정된 배젖(3n)이 만들어지는 중복 수정을 한다.

01 (1) 일반적인 세포의 ATP 합성은 H^+ 농도 기울기를 형성하고 이용하는데, NA1은 Na^+ 농도 기울기를 이용하여 ATP를 합성한다.

(2) 공장이나 자동차 배기통에서 배출되어 환경을 오염시키는 CO를 소비하여 친환경 에너지로 각광받고 있는 수소 기체를 만들 수 있다.

(3) 〈예시 답안1〉 메테인 생성균은 CO_2와 H_2를 메테인 (CH_4)가스로 만들어낼 수 있으므로 CO_2를 줄이는 동시에 바이오 메테인을 생산하여 연료로 사용할 수 있다.

〈예시 답안2〉 호염성 고세균의 염분에서 살아남을 수 있는 유전자를 작물에 합성함으로써 바닷가 등 염분이 많은 환경에서도 작물 재배가 가능하게 한다.

해설 (1) 일반적인 세포의 ATP 합성 과정에는 H^+(수소 이온)의 농도 기울기를 형성하여 ATP 합성 효소를 H^+이 통과하는 화학 삼투를 일으킴으로써 ATP를 합성할 에너지를 얻는데, NA1은 역수용체가 세포 바깥으로 Na^+를 방출하여 만들어낸 Na^+ 농도 기울기로 ATP 합성 효소를 Na^+이 통과하는 화학 삼투를 일으킴으로써 ATP 합성 효소가 활성화되어 ATP를 합성하는 차이가 있다. (2) 실제로 국내 대형 제철소의 제련과정에서 발생하는 일산화탄소 연간 300만t 중 200만t을 사용하여 바이오수소를 생산하려는 계획이 추진되고 있다.

02 (1) 엽록체가 있어 햇빛과 H_2O, CO_2를 가지고 유기물을 합성할 수 있다.

(2) 편모로 미세한 운동을 할 수 있고 외부의 먹이를 섭취할 수 있다. 안점으로 시각 능력을 가지고 있으며 수축포로 노폐물을 배설한다.

(3) 채소를 밭에서 기르고 가축을 농장에서 기르는 것보다 더 관리하기 쉽고 빠르게 유글레나를 배양하여 식량으로 사용할 수 있다.

해설 (1) 유글레나는 엽록체에 엽록소 a, b, 보조색소인 카로티노이드를 가지고 있어 빛이 있을 때 광합성을 통해 H_2O, CO_2를 유기물로 합성할 수 있다.

(2) 편모로 운동하며 외부의 먹이를 잡아먹는 식세포 작용이 일어나고 소화시킨 후의 노폐물을 수축포로 배설할 수 있으며, 안점의 광수용기로 빛자극을 수용하여 움직일 수 있다.

(3) 채소와 가축을 식량으로 기르기 위해서는 넓은 땅과 깨끗한 물, 영양을 주기 위한 비료와 병충해 방지 등 많은 일손이 필요하다. 그에 비해 유글레나는 그저 물에 넣어 햇빛이 잘 들어오는 곳에 두고 다른 미생물이 오염시키지 못하게 밀폐만 시켜주면 알아서 광합성을 통해 유기물을 합성하고 분열하여 자란다. 유글레나는 광합성을 통해 자라므로 CO_2를 흡수하여 지구 온난화를 막는 데에도 도움이 될 수 있다.

03 (1) 무성 생식은 사람의 적혈구 내부에서 일어나고, 유성 생식은 모기의 체내에서 일어난다.

(2) 무성 생식은 개체수의 증가가 빠르게 일어난다는 장점이 있지만 유전 정보가 똑같아 환경 변화에 취약하다. 반면에 유성 생식은 유전적으로 다양한 개체를 만들어 환경 변화에도 살아남을 가능성이 높아지지만 무성 생식만큼 빠르게 개체수가 늘어나지는 못한다. 따라서 말라리아병원충이 무성 생식과 유성 생식을 번갈아서 진행하는 것은 사람의 몸 안에서는 개체수를 빠르게 증가시키고, 모기의 몸 안에서는 유성 생식을 통해 유전적 다양성을 확보할 수 있기 위해서라고 할 수 있다.

해설 적혈구가 파괴되면서 말라리아 병원충이 방출될 때 사람에게 고열과 오한이 발생하고, 이 적혈구가 터질만큼 말라리아 병원충이 증식하는 주기에 따라 3일열말라리아원충, 4일열말라리아원충 등으로 나뉘어진다.

04 (1) 대핵은 다른 생물들의 핵처럼 주로 짚신벌레의 전반적인 물질대사를 관장하고, 소핵은 주로 생식에 관여하여 개체의 유전자를 교환하는 역할을 할 것이다.

(2) 무성생식을 하면 각 분열한 개체의 유전자는 완전히 동일하다. 이것은 유전적 다양성이 떨어지기 때문에 환경이 생존에 불리해 질 때 분열한 개체들이 적응력이 떨어져 멸종될 가능성이 있다. 따라서 개체의 유전자를 교환하여 다양한 유전자 조합을 만들어서 불리한 환경에서도 적응하여 살아남을 수 있는 개체가 만들어지도록 한다.

스스로 실력 높이기   278 ~ 283 쪽

01. 점균류   **02.** 생활사

03. (1) 조류 (2) 점균류, 물곰팡이류

04. (1) 원핵 (2) DNA, DNA   **05.** 헛뿌리

06. ⑤   **07.** (1) O (2) X   **08.** ④, ⑤

09. (가) 양치식물, (나) 속씨식물

10. (1) O (2) X   **11.** ⑤   **12.** ④   **13.** ③

14. (1) X (2) O   **15.** ②   **16.** ⑤   **17.** ③

18. ②   **19.** ⑤   **20.** ④   **21.** ⑤   **22.** ②

23. ③   **24.** ③   **25.** ④   **26.** ⑤   **27.** ④

28. ③   **29. ~ 32.** 〈해설 참조〉

01. 점균류는 진핵생물역 원생생물계에 속하며, 그중 동물적 특성을 가지고 있다. 원형질성 점균류와 먹이가 부족해지면 군체를 형성하는 세포성 점균류 등이 있으며, 자실체를 만들어 포자로 번식한다.

02 생물의 개체가 발생을 시작하고 나서 죽을 때까지의 일생을 생활사라고 한다.

03. (1) 원생생물 중 식물적 특징(독립 영양)을 가진 것을 조류, 동물적 특징(종속 영양)을 가진 것을 원생동물이라 한다.
(2) 원생생물 중 균류의 특성을 가진 점균류와 물곰팡이류는 주로 포자로 번식한다.

04. (1) 세균계의 생물은 단세포 원핵 생물로 핵막과 세포 소기관이 없으며 지구상 모든 곳에서 발견된다.
(2) 원형으로 된 1개의 DNA 염색체를 가지며, 별도의 DNA 플라스미드를 가지기도 한다.

06. 세균역 진정세균계에서 (가)는 종속 영양 세균이고 (나)는 독립 영양 세균이다.
ㄱ. [바로알기] (가)와 (나)는 세균계에 속하는 생물이므로 핵이 없는 원핵생물이다.
ㄴ. 모두 세균계에 속하므로 펩티도글리칸 성분으로 된 세포벽을 가졌다.
ㄷ. (가)와 (나)를 나누는 기준 A는 광합성 색소를 가지고 광합성을 하여 스스로 에너지를 얻을 수 있는지 아닌지이다.

07. (1) 메테인 생성균은 혐기성 세균으로 주로 산소가 부족한 늪, 습지, 동물의 내장 속 등에서 서식한다.
(2) [바로알기] 고세균은 모두 무기물이나 유기물을 산화시켜 에너지를 얻는 종속 영양 세균으로 서식지를 기준으로 분류된다.

08. 주어진 생물은 모두 세균역의 세균들이다.
① [바로알기] 결핵균은 인간에게 질병을 일으키는 세균이지만 다른 세균들은 그렇지 않다.
② [바로알기] 엽록소를 가지고 광합성을 하는 것은 광합성 세균의 특성으로 남세균에만 해당된다.
③ [바로알기] 세균계는 모두 단세포 원핵생물이기 때문에 핵막 뿐만 아니라 미토콘드리아 같은 막성 세포 소기관도 가지고 있지 않다.
④ 핵막이 없는 원핵생물이기 때문에 염색체가 세포질에 분포한다.
⑤ 세균계의 생물은 모두 펩티도글리칸 성분으로 된 세포벽을 가지고 있다.

10. (1) A는 선태식물을 제외한 식물들이 가지고 있는 특성이므로 관다발을 가지고 있는 특성이며, 선태식물이 유일하게 가지고 있는 B는 관다발이 없는 특성이다.
(2) [바로알기] (나)가 속씨식물이므로 겉씨식물이 속하는 C의 특성은 씨방이 없는 것이고, 속씨식물이 속하는 D의 특성은 씨방이 있는 것이다. 계통에 의해 속씨식물이 겉씨식물보다 더 진화한 식물로 여겨진다.

11. (가)는 다양한 모양을 가지는 규조류(돌말)이고, (나)는 미역으로 아이오딘(I)을 많이 함유하고 있는 갈조류이다.

ㄱ. (가) 규조류는 접합을 하여 증대 포자를 형성하는 유성 생식과 분열법에 의한 무성 생식을 한다.

ㄴ. (나) 갈조류는 갑상샘 호르몬 티록신의 성분인 아이오딘(I)을 많이 함유하고 있어 무기질의 중요한 공급원이다.

ㄷ. (가)와 (나) 모두 엽록소를 가지고 광합성을 통해 유기물을 합성하는 독립 영양 생물이다.

12. 엽록소 a, c와 황적색 색소를 가지고 있으며 광합성을 하는 식물성 플랑크톤은 황적조류(쌍편모조류)로 수중 생태계의 생산자이다. 급격히 증가하면 적조 현상의 원인이 되기도 한다.

13. ① 세균은 편모로 운동하기도 하고, 선모가 발달하여 다른 세균에 부착하거나 유전자를 교환할 수 있다.

② 단세포 원핵 생물로 핵막과 막성 세포 소기관이 없다.

③ [바로알기] 세균은 종속 영양 세균과 독립 영양 세균으로 나뉜다. 이 중 남세균은 빛에너지를 이용하여 유기물을 합성하는 광합성 세균이고, 질산균은 무기물을 산화시켜 얻은 화학 에너지로 유기물을 합성하는 화학 합성 세균으로 둘 다 독립 영양 세균이다.

④ 세균은 펩티도글리칸 성분으로 된 세포벽을 가지고 고세균은 그렇지 않아 고세균이 진핵생물역에 더 유연관계가 가깝다는 것을 알게 되었고, 그 때문에 별도의 역으로 분리되었다.

⑤ 세균은 유전 정보의 전사, 번역의 관여하는 유전자가 진핵생물과 다르며, 고세균의 유전자가 진핵생물과 더 비슷하다.

14. (1) [바로알기] 바이러스는 핵산과 단백질로 구성되어 있고, 유전 현상이 일어나며 돌연변이를 일으키는 것은 바이러스의 생물적 특성이지만, 세포 구조를 갖추지 못했고 자체 효소가 없어 숙주 밖에서는 단백질 결정체로 추출된다는 무생물적 특성도 가지고 있어 생물과 무생물의 중간 단계로 간주된다.

(2) 세포 구조를 갖추지 못했고 자신의 효소가 없기 때문에 숙주 밖에서는 물질 대사를 하지 못하여 단백질 결정체로 추출된다.

15. 방산충류는 원생생물계의 원생동물에 속한다.

ㄱ. 해양에서 서식하는 단세포 생물이다.

ㄴ. 실 모양의 위족이 몸의 중앙에서 사방으로 뻗어 있다.

ㄷ. [바로알기] 식세포 작용으로 작은 미생물을 섭취하는 종속 영양을 한다.

16. (가)는 개체를 이루는 세포 수가 다양하며 엽록소 a, b를 가지고 있고 운동성이 없으므로 녹조류이다.

(나)는 단세포 생물로 엽록소 a ,b를 가지고 있으면서 운동성이 있으므로 유글레나류이다.

(다)는 대부분 다세포 생물이고 엽록소 a, d 가지고 있으며 운동성이 없으므로 홍조류이다.

ㄱ. (가)의 녹조류는 육상 식물과 같은 종류의 엽록소를 가진다.

ㄴ. [바로알기] (나)의 유글레나류는 엽록소가 있어 광합성이 가능하지만 빛이 없을 때는 식세포 작용으로 외부로부터 먹이를 섭취하기도 한다.

ㄷ. (다)의 홍조류는 부동 포자에 의한 무성 생식과 수정에 의한

유성 생식을 모두 한다.

17. (가)는 녹조류, (나)는 식물이다.

ㄱ. [바로알기] (가) 녹조류의 뿌리는 관다발이 없는 헛뿌리로 양분을 흡수하지 못하고 단지 땅이나 바위에 몸을 부착시키는 역할만 한다.

ㄴ. [바로알기] (나) 식물은 뿌리, 잎, 줄기 등의 기관이 세분화되어 있어 잎에서만 광합성이 일어난다.

ㄷ. (가)와 (나) 모두 엽록소 a, b와 카르티노이드를 이용해 광합성을 하기 때문에 유연관계가 가깝다고 여겨진다.

18. (가)는 염분 농도가 높은 사해, (나)는 온도가 높은 화산 온천 지대, (다)는 산소 농도가 매우 낮은 늪을 나타낸다.

ㄱ. [바로알기] (가)의 고염분 환경에서 서식하는 고세균은 원핵생물로 핵막이 없다.

ㄴ. (나)의 고온 환경에서 서식하는 고세균은 고온에서도 DNA와 단백질이 안정적으로 유지된다.

ㄷ. [바로알기] (다)의 산소가 부족한 환경에서 서식하는 생물은 혐기성 고세균으로 메테인 생성균이 해당되며 CO_2를 이용하여 H_2를 산화하는 과정에서 CH_4를 생성한다. 엽록소가 없어 광합성은 할 수 없다.

19. 원형질성 점균류는 아메바형(변형체), 포자형, 편모형(유주자)의 단계를 거치는 생활사를 가진다.

ㄱ. 변형체(아메바형)은 접합자(2n)가 성장한 것이므로 핵상은 2n이다.

ㄴ. 포자낭의 자실체를 만들어 감수 분열에 의해 포자를 만들어 번식한다.

ㄷ. 아메바형(변형체), 포자형, 편모형의 단계를 거치는 생활사를 가진다.

20. 3역은 세균역, 고세균역, 진핵생물역을 말한다. 핵막이 없고 막성 세포 소기관이 없으며 세포벽에 펩티도글리칸이 있는 (가)는 세균역이고, 핵막도 막성 세포 소기관도 세포벽에 펩티도글리칸도 없는 (나)는 고세균역이다. 그리고 핵막과 막성 세포 소기관이 있고 세포벽의 펩티도글리칸이 없는 (다)는 진핵생물역이다.

ㄱ. (가) 세균역은 핵막과 막성 세포 소기관을 가지지 않은 원핵생물이다.

ㄴ. (나) 고세균역의 생물은 대부분 무기물이나 유기물을 산화시켜 에너지를 얻는 종속 영양 방식으로 생활한다.

ㄷ. [바로알기] (다)의 진핵생물역 중에는 유성 생식으로만 번식하는 생물도 있지만 무성 생식으로만 번식하는 생물이나 세대 교번을 하는 생물 등 다양한 번식 방식을 가지고 있다.

21. ㄱ. [바로알기] 짚신벌레는 섬모충류의 일종으로 섬모로 운동하는 원생동물이다.

ㄴ. 단세포 생물로, 담수나 해양에서 서식하는 생물이다.

ㄷ. 먹이를 섬모로 감싸서 식포로 세포 내 소화를 하고 수축포로 배설하는 식세포 작용으로 영양을 얻는다.

22. (가)는 어린 포자체이고, (나)는 전엽체 뒷면에 붙은 반수체

의 포자 상태이다.

ㄱ. [바로알기] (가)는 2n의 핵상을 가진 어린 포자체이므로 관다발은 가지고 있지만 고사리는 양치식물이기 때문에 형성층을 가지지 않는다.

ㄴ. (나)의 장정기와 장란기 포자는 수정되기 전의 상태로 핵상이 n이다.

ㄷ. [바로알기] 고사리는 유성 생식 뿐만 아니라 감수 분열을 통해 포자가 형성되는 무성 생식도 일어난다.

23. (가)는 포자체(2n), (나)는 배우체(n)이다.

ㄱ. (가) 포자체의 핵상은 2n이다.

ㄴ. (나)의 배우체에서 정자와 난자가 방출된다. 정자는 수배우체에서, 난자는 암배우체에서 방출된다.

ㄷ. [바로알기] (가)는 포자체로 암수 구분이 없지만 (나) 배우체는 암배우체와 수배우체로 나뉘어진다.

24 검색표를 따라가면 A는 조류, B는 점균류나 물곰팡이류, C는 원생동물 중에 섬모를 가진 섬모충류라는 것을 알 수 있다. ㄱ. A는 엽록소가 있으므로 광합성을 통해 스스로 유기물을 합성할 수 있다.

ㄴ. B는 원생생물계 중 균류의 특징을 가진 점균류와 물곰팡이류이다. 이들은 종속 영양 생물이며 주로 포자를 퍼트려 번식하는 무성 생식을 하지만 균사의 접합이나 유주자의 접합 등의 유성 생식을 하기도 한다.

ㄷ. [바로알기] C의 섬모충류에 운동 기관으로 섬모를 가진 짚신벌레가 속한다. 아메바는 위족으로 운동하는 아메바류에 속하는 생물이다.

25. (가)는 관다발의 유무로 나뉘는데 식물계의 분류 중에 관다발이 없는 것은 선태식물 하나뿐이므로 (가)는 선태식물이다. 이후 종자의 유무로 구분하는데 관다발이 있으면서 종자가 없는 것은 양치식물 하나뿐이므로 (나)는 양치식물이다. 관다발이 있고 종자를 가졌지만 중복 수정을 하지 않는 식물은 겉씨식물이고, 중복 수정을 하여 배와 배젖을 포함한 종자를 만들어내는 것은 속씨식물이다. (다)와 (라)는 동등한 위치에 있기 때문에 (다) 겉씨식물 (라) 속씨식물일 수도 있고, (다) 속씨식물 (라) 겉씨식물일 수도 있다.

ㄱ. [바로알기] (가) 선태식물은 암수가 별도로 존재하는 자웅 이주이다.

ㄴ. (나) 양치식물은 체관과 헛물관으로 이루어진 관다발을 가지고 있고, 형성층이 없어 줄기가 굵게 자라지 않는다.

ㄷ. (다)와 (라), 겉씨식물과 속씨식물은 모두 유성 생식을 통해 종자를 만든다. 단지 겉씨식물은 암술과 수술이 다른 꽃에 있는 단성화이고, 속씨식물은 주로 암술과 수술이 한 꽃 안에 있는 양성화라는 것이 다르다(속씨식물 중에도 단성화가 있기는 하다).

26 생물 (가) ~ (다) 중에서 ㉠의 '광합성을 한다'는 특성을 가지는 생물은 우산이끼와 유글레나이고, ㉡의 '운동성이 있다'는 특성을 가지는 생물은 유글레나와 짚신벌레이다. 따라서 (가)는 유글레나, (나)는 우산이끼, (다)는 짚신벌레라는 것을 알 수 있다.

ㄱ. [바로알기] (가)는 유글레나로 세균계가 아니라 원생생물계이다.

ㄴ. (나)우산이끼는 선태식물이므로 세대 교번을 통해 번식한다.

ㄷ. (다)는 짚신벌레로 원생동물에 속하는 단세포 생물이다.

27. B는 가장 먼저 분화된 세균역 진정세균계로 녹색황세균이며, A는 고세균역 고세균계로 메테인생성균이며, 말라리아병원충은 진핵생물역 원생생물계의 원생동물인 C, 옥수수는 진핵생물역 식물계인 D에 속한다.

ㄱ. A 메테인생성균은 수소를 산화시켜 에너지를 얻으며, B 녹색황세균은 광합성을 통해 에너지를 얻는 독립 영양 생물이다.

ㄴ. [바로알기] B 녹색황세균은 분열법으로 번식하는 무성 생식을 하고, C 말라리아병원충은 무성 생식과 유성 생식을 모두 거친다.

ㄷ. C 원생생물계와 D 식물계는 진핵생물역에 속한다.

28. 계통수에서 (다)는 선태식물, (나)는 양치식물, (가)는 겉씨식물이다. 표에서 A는 선태식물, B는 겉씨식물이므로 C는 양치식물이다.

ㄱ. [바로알기] (다) 선태식물과 나머지를 구분하는 기준 ㉠은 '관다발이 있음'이다.

ㄴ. [바로알기] (나) 양치식물과 B 겉씨식물을 분류하는 기준은 '종자로 번식한다'이다. 씨방의 유무는 속씨식물과 B 겉씨식물을 분류하는 기준이다.

ㄷ. B 겉씨식물과 속씨식물의 유연관계는 C 양치식물과 속씨식물의 유연관계보다 가깝다.

29. 답 황세균과 남세균 모두 독립 영양 세균이라는 공통점이 있지만 황세균은 무기물을 산화시켜 얻은 화학 에너지를 이용하고 유기물을 합성하고, 남세균은 빛에너지를 사용하여 유기물을 합성한다.

해설 황세균은 화학 합성 세균이고 남세균은 광합성 세균이다.

30. 답 모기의 몸 안에서 유성 생식을 하고 사람의 적혈구 속에서 무성 생식을 한다. 세대 교번을 하면 무성 생식으로 빠르고 편하게 개체수를 늘리고, 유성 생식으로 유전적 다양성을 확보할 수 있다.

31. 답 (가) 선태식물과 (나) 양치식물은 포자로 번식한다는 공통점이 있지만 선태식물은 관다발이 없고, 양치식물은 관다발이 있다는 차이점이 있다.

32. 답 (가)는 겉씨식물에 속하는 특성이므로 씨방이 없는 특성이 있고, (나)는 속씨식물에 속하는 특성이므로 씨방이 있는 특성이 있다. 그 외에도 겉씨식물은 헛물관과 체관으로 구성된 관다발을 가지고 있지만 속씨식물은 물관과 체관으로 구성된 관다발을 가지고 있다는 차이가 있다.

해설 관다발의 차이 외에도 겉씨식물은 주로 암술과 수술이 다른 꽃에 있는 단성화이고 속씨식물은 암술과 수술이 같은 꽃에 있는 양성화라는 차이점이 있다.

14강. 생물의 다양성 2

개념확인　　　　　　　　　　284 ~ 291 쪽

1. (1) 키틴질 (2) 균사, 포자　　　**2.** 담자기
3. 방사 대칭　　**4.** (1) X (2) X (3) O
5. 자포동물문　　**6.** (1) 없다 (2) 사다리 (3) 개방
7. 두삭동물　　**8.** (1) X (2) O

확인 +　　　　　　　　　　284 ~ 291 쪽

1. 접합균류　　　　**2.** (1) X (2) O
3. (1) O (2) X (3) X　　**4.** ②
5. (1) X (2) O (3) O　　**6.** ②
7. ④　　　　　　　**8.** ③

개념확인

1. (1) 키틴은 갑각소라고도 하며, 균류의 세포벽 외에 절지동물의 표피, 연체 동물의 껍질을 이루는 중요한 구성 성분이다.
(2) 다세포 균류는 버섯, 곰팡이 등이 있으며, 몸이 균사로 이루어져 있고 포자로 번식한다.

2. 담자균류는 갓 안쪽의 많은 주름이 있고 여기에서 형성된 작은 방망이 모양의 담자기에서 4개의 담자 포자가 만들어져서 번식한다.

3. 동물 몸의 구조의 대칭 형태 중 모든 방향에서 주어지는 환경 자극에 반응할 수 있는 것은 방사 대칭이다.

4. (1) [바로알기] 후구 동물은 3배엽성 동물 중 원구가 항문이 되는 동물을 구분하여 분류한 것이다. 따라서 2배엽성 동물에 속할 수 없다.
(2) [바로알기] 체강의 종류에 따른 분류는 3배엽성 동물 중에서 체강의 유무와 종류에 따라 분류한 것이다.
(3) 선형동물은 3배엽성 선구동물이며, 중배엽성 조직으로 완전히 싸이지 않고 난할강이 남아 그대로 체강이 되는 의체강 동물이다.

5. 자포동물문은 낭배 단계의 2배엽성 동물로 몸은 방사 대칭형이고, 산만 신경계, 근육 세포, 감각 세포가 있다.

6. (1) 연체동물문은 체절이 없는 동물이다.
(2) 환형동물문은 3배엽성 진체강 동물로 폐쇄 순환계로 호흡하며 배 쪽에 사다리 신경계가 분포한다.
(3) 절지동물문은 키틴질의 단단한 외골격으로 덮여 있고 아가미나 기관으로 기체 교환을 하는 개방 순환계를 가진다.

7. 척삭동물문에 속한 두삭동물은 유생 시기에 척삭이 나타나는 미삭동물에 비해 일생 동안 척삭이 뚜렷하고 체표면을 통해 기체 교환을 하고, 아가미틈을 가진다.

8. (1) [바로알기] 양서류는 물과 땅 둘 다에서 살 수 있지만 폐와 피부로 호흡하기 때문에 피부로 원활한 기체 교환을 위해 축축한 피부를 가진다.
(2) 조류의 심장은 완전한 2심방 2심실이고 뼈는 속이 비어있어 가벼운 대신 강도가 커서 날기에 유리하다.

확인 +

1. 균사에 격벽이 없이 하나의 세포에 여러 개의 핵이 있는 균류는 접합균류이며, 균사에 격벽이 있는 다세포성 생물은 자낭균류와 담자균류가 있다.

2. (1) [바로알기] 효모는 균사에 격벽이 있는 다세포성 생물이 주로 속하는 자낭균류에 속하지만 단세포 생물이고 균사로 구성되어 있지 않다.
(2) 담자균류는 균사에 격벽이 있는 다세포성 생물이며, 버섯, 동충하초, 깜부기균이 여기에 속한다.

3. (1) 동물계는 다세포 진핵생물이며, 엽록체가 없어 광합성을 하지 못하고, 먹이를 섭취해야 하는 종속 영양 생물이다.
(2) [바로알기] 동물계는 특수화된 신경 세포와 근육 세포를 가져 환경 변화를 수용하며 반응하며, 신경계, 소화계, 근육계, 배설계 등 다양한 기관계가 발달했다.
(3) [바로알기] 발생 과정이 포배 단계에서 끝나므로 배엽을 형성하지 않는 동물은 무배엽성인 해면동물에만 해당된다.

4. 원구가 입이 되고 반대쪽에 항문이 만들어지는 동물은 선구 동물이다. 주어진 동물 중 선구동물이 아닌 것은 척삭동물뿐이다.

5. (1) [바로알기] 해면동물문은 포배 단계의 무배엽성 생물로, 다세포 생물이지만 세포 분화 정도가 낮아 신경, 근육, 감각기가 없다.
(2) 말미잘은 자포동물문으로 방사 대칭형인 몸 안은 텅 비어 있어 원시적인 소화관 역할을 하지만 항문이 없다.
(3) 윤형동물문은 3배엽성 의체강 동물로 입 둘레의 섬모관으로 이동하거나 먹이를 섭취한다.

6. 절지동물문 중 곤충류에 속하는 특성은 몸이 머리, 가슴, 배 3부분으로 나뉘어 진다는 것, 다리의 수는 3쌍인 것, 더듬이는 1쌍인 것, 호흡 기관은 기관으로 이루어지고 변태를 하는 것이지만 눈은 홑눈과 겹눈을 다양하게 가진다.

7. ④ 순환기와 호흡기의 역할을 하는 수관계를 가지고 유생은 좌우 대칭이지만 성체는 방사 대칭이 되는 동물은 극피동물문이며, 여기에 해당하는 동물은 불가사리이다.
① 멍게(우렁쉥이)(미삭동물), ② 미더덕(미삭동물), ⑤ 칠성장어(척추동물)는 모두 척삭동물문에 속한다.

8. ①참새와 ③비둘기는 조류이고 ②고양이와 ⑤오리너구리는 포유류로 모두 체내 수정을 한다. 그러나 ③도롱뇽은 양서류로 체외 수정을 한다.

개념다지기 292 ~ 293 쪽

01. ④ **02.** (1) X (2) O (3) X **03.** (1) ② (2) ④
04. 배엽 **05.** ㉠ 선구동물 ㉡ 후구동물 ㉢ 원장낭
06. (1) O (2) X (3) O **07.** ④ **08.** ⑤

01. ㄱ. 버섯은 담자균류에 속하는 균류로 몸이 균사로 이루어져 있다.
ㄴ. [바로알기] 갓 안쪽의 많은 주름에서 담자기가 형성되고, 담자 포자가 형성되어 번식한다.
ㄷ. 균사체에서 외부로 소화 효소를 분비하여 주변 유기물을 분해한 후 흡수하는 종속 영양 생물이다.

02. (1) [바로알기] 털곰팡이, 검은빵 곰팡이 등이 속한 접합균류는 주로 포자에 의한 무성 생식을 하지만 환경이 나쁠 때에는 접합 포자를 만들어 번식하는 유성 생식도 한다.
(2) 자낭균류는 분생 포자를 만드는 무성 생식이나 감수 분열을 통해 자낭 포자를 만드는 유성 생식을 한다.
(3) [바로알기] 담자균류는 담자 포자를 만들어 번식하며, 깜부기균이나 녹병균 등은 자실체를 만들지 않지만 담자 포자를 만들어 번식하기 때문에 담자균류에 포함시킨다.

03. (1) 핵융합이 일어나 접합 포자가 형성되는 때는 균사가 접촉한 후 접촉 부위가 부풀어오르고 접촉한 두 균사의 끝에서 형성된 배우자가 합쳐진 상태의 ②이다.
(2) ① ~ ③까지는 2개의 균사가 접합하여 핵융합이 일어나고 접합 포자가 발아하는 유성 생식의 과정을 나타낸 것이며, 균사의 끝에서 바로 포자낭을 만들어 번식하는 무성 생식을 나타낸 것은 ④이다.

04. 배엽은 조직과 기관 형성에 필요한 세포층이기 때문에 수정 후 초기 발생 과정에서 일어나는 배엽의 형성 여부와 그 분화 정도에 따라서 무배엽성, 2배엽성, 3배엽성으로 동물을 분류한다.

05. 원구가 입이 되는 동물은 ㉠ 선구동물이고, 원구가 항문이 되는 동물은 ㉡ 후구동물이다. 후구동물의 입 형성과정 중에 내배엽의 일부가 주머니 모양으로 부풀어 오르는 것을 ㉢ 원장낭이라 하고, 후구동물은 이것이 중배엽이 된다.

06. (1) 불가사리, 성게 등이 속하는 극피동물문은 3배엽성 후구동물에 해당하며, 무척삭 동물로 조직의 재생력이 강하다.
(2) [바로알기] 자포동물문은 자세포가 있는 촉수로 먹이를 잡아 몸 안의 빈 공간인 강장에서 소화시키는 세포 외 소화도 일어난다.
(3) 조개, 오징어 등이 속하는 연체동물문은 3배엽성 선구동물로

진체강 동물이며, 몸이 외투막에 싸여 있거나 패각을 가진다.

07. 3배엽성 선구동물 중 체절이 있고 키틴질의 외골격으로 덮여 있는 A는 절지동물문이고, 외골격으로 덮여 있지 않은 B는 환형동물문이다. 그리고 체절이 없으면서 체강도 없는 C는 편형동물문에 속한다.
④ [바로알기] C 편형동물문은 배설기가 원신관이며, 사다리 신경계를 가지고 있다.
① A는 절지동물문이다.
② A 절지동물문과 B 환형동물문은 모두 사다리 신경계를 가지고 있다.
③ B 환형동물문은 발생 과정에서 트로코포라 유생기를 거친다.
⑤ 선형동물은 의체강 동물로 몸이 큐티클층으로 덮여 있기 때문에 자라면서 새로운 큐티클층을 만들어 탈피한다. 때문에 절지동물과 함께 탈피동물로 분류되기도 한다.

08. 몸을 만져 보았을 때 온기가 느껴지는 것은 정온 동물이라는 뜻이고, 2심방 2심실의 심장과 효율적인 순환계, 호흡계를 가졌다는 것은 파충류, 조류, 포유류 중 하나라는 뜻이다. 또한 체내 수정을 하며 젖을 먹여 새끼를 기르는 것은 척추동물 중에서도 포유류의 특성으로, 포유류에 해당하는 것은 오리너구리이다. 오리너구리는 포유류 중에서도 알을 낳는 단공류에 속한다.

유형익히기 & 하브루타 294 ~ 297 쪽

[유형 14-1] ① **01.** (1) O (2) X (3) X **02.** ①
[유형 14-2] ④ **03.** (1) 선 (2) 후 (3) 선
04. 의체강(위체강)
[유형 14-3] ④ **05.** ⑤ **06.** 갑각류
[유형 14-4] ③ **07.** (1) X (2) X (3) O **08.** ①

[유형 14-1] 자낭균류와 담자균류가 포함된 (가) 조건은 균사에 격벽이 있는 다세포성 생물이란 것이고 접합균류가 포함된 (나) 조건은 균사에 격벽이 없는 다핵성 생물이란 것이다.
ㄱ. (가)는 균사에 격벽이 있는 다세포성을 가진 생물을 분류하는 기준이다.
ㄴ. [바로알기] (나)에 해당하는 균류는 접합균류뿐이다. (가)에 분류된 생물이 생식 때 자낭 포자를 만드는지 담자 포자를 만드는지에 따라 2가지로 분류된다.
ㄷ. [바로알기] (가)와 (나)에 해당하는 생물 모두 환경이 나쁠 때는 유성 생식을 통해서 번식할 수 있다.

01. (1) 접합균류는 다른 생물에 기생하거나 편리 공생한다.
(2) [바로알기] 균계 중 자낭균류에 속하는 효모는 단세포 생물이다.
(3) [바로알기] 자낭균류는 분생 포자를 만드는 무성 생식을 하거나 감수 분열을 통해 자낭 포자를 만드는 유성 생식을 할 수 있지만 담자균류는 담자 포자가 발아한 1차 균사체가 접합하여 2차 균사체를 형성해야 담자과를 형성하므로 유성 생식만 한다.

02. ㄱ. 접합균류는 주로 포자를 통한 무성 생식을 하지만 환경이 나쁠 때는 핵융합을 통해 접합 포자를 만드는 유성 생식을 한다.

ㄴ. [바로알기] 효모는 환경이 나쁠 때 2개의 효모가 접합하여 자낭 포자를 형성하는 유성 생식을 하기 때문에 자낭균류에 포함되지만 균사로 이루어져 있지 않은 단세포 생물이다.

ㄷ. [바로알기] 담자균류는 담자기에서 감수 분열에 의해 4개의 담자 포자가 형성되지만 이것이 발아한 1차 균사가 접합하여 2차 균사가 되어서 환경이 좋을 때 땅 위로 자라 자실체를 형성한다.

[유형 14-2] 그림에서 (가)는 해면동물, (나)는 편형동물, (다)는 극피동물, (라)는 척삭동물이다.

ㄱ. (가) 해면동물은 발생 중 배엽을 형성하지 않고 포배 단계에서 발생이 끝나는 무배엽성 동물이다.

ㄴ. [바로알기] (나) 편형동물은 3배엽성 생물로 외배엽과 내배엽 사이에 중배엽을 가진다.

ㄷ. (다) 극피동물과 (라) 척삭동물에 속하는 동물은 3배엽성 동물 중에서도 후구동물로 원구가 항문이 되고 반대쪽에 입이 생기며 내배엽의 일부가 주머니 모양으로 부푼 원장낭이 떨어져 나와 중배엽을 형성한다.

03. (1) 원구가 입이 되고 반대쪽에 항문이 만들어지는 것은 선구동물의 특성이다.

(2) 원장벽의 일부가 원장낭으로 부풀어올라 난할강으로 떨어져 나와 중배엽을 형성하는 것은 후구동물의 특성이다.

(3) 내배엽의 원중배엽 세포가 난할강으로 떨어져 나와 중배엽을 형성하는 것은 선구동물의 특성이다.

04. 3배엽성 동물은 체강의 유무와 종류에 따라 분류할 수 있는데, 그 중 체강이 중배엽성 조직으로 완전히 싸이지 않고 난할강이 그대로 남아 형성되는 체강을 의체강(위체강)이라 하고, 선형동물과 윤형동물이 여기에 해당된다.

[유형 14-3] 플라나리아는 편형동물문에 속하며 3배엽성 무체강 동물이다. 달팽이는 연체동물문(복족류)에, 지렁이는 환형동물문에 속하며 둘 다 3배엽성 진체강 동물이다. 회충은 선형동물문에, 윤충은 윤형동물문에 속하며 둘 다 3배엽성 의체강 동물이다.

④ 달팽이(연체동물문)은 아가미로 기체 교환을 하며, 대부분 개방 순환계를 가진다.

[바로알기] ① 회충(선형동물문)의 배설기는 원신관이 변한 측선관이다. 원신관을 배설기로 가진 생물은 윤형동물문과 편형동물문이다.

② 몸이 큐티클층으로 덮여있어 자라면서 새로운 큐티클층을 만들어 탈피하는 특성을 가진 생물은 선형동물문(회충)이다. 플라나리아는 편형동물문에 속한다.

③ 입 둘레에 섬모환이 있어 이동하거나 먹이를 섭취하는 특성을 가지는 생물은 윤형동물문(윤충)이다. 지렁이는 환형동물문에 속한다.

⑤ 환형동물문(지렁이)이 각 체절마다 배설기인 신관을 가지고, 트로코포라 유생 시기를 거친다. 윤충(윤형동물문)의 배설기는 원신관이다.

05. ㄱ. [바로알기] 자포동물문은 낭배 단계의 2배엽성 동물이 맞지만 산만 신경계를 가지고 있다.

ㄴ. 환형동물문은 진체강 동물로 몸이 길고 원통형이며 크기가 같은 고리 모양의 체절을 지녔다. 이에 속하는 동물에는 지렁이, 거머리, 갯지렁이 등이 있다.

ㄷ. 해면동물문은 운동성이 없고 편모를 가진 동정 세포가 먹이를 잡아 변형 세포에서 세포 내 소화를 통해 영양분을 얻는다.

06. 절지동물문에 속하는 동물은 갑각류, 협각류(거미류), 다지류, 곤충류가 있는데 이 중 다리의 수가 5쌍이고 아가미로 호흡하는 동물은 갑각류이다.

[유형 14-4] 주어진 사진의 동물들은 모두 턱이 있는 척추동물에 속한다. (가)는 어류, (나)는 양서류, (다)는 파충류, (라)는 조류, (마)는 포유류이다.

ㄱ. [바로알기] (가) 어류와 (나) 양서류는 물속에 알을 낳기 때문에 질긴 껍질의 알을 낳지 않는다.

ㄴ. [바로알기] (다) 파충류와 (라) 조류는 대부분 난생이며 체내 수정을 하지만 (라) 조류만 정온 동물이고 (다) 파충류는 변온 동물이다.

ㄷ. (마) 포유류는 몸이 털로 덮여있고 효율적인 호흡계와 순환계를 가져 대사율이 높다.

07. (1) [바로알기] 미삭동물(우렁쉥이)은 유영 생활을 하는 유생 시기에만 척삭이 나타났다가 고착 생활을 하는 성체가 되면 척삭이 사라지는 동물이다. 일생 동안 척삭이 뚜렷하게 나타나는 것은 두삭동물이다.

(2) [바로알기] 외배엽에서 유래된 속이 빈 신경 다발이 등쪽(배쪽이 아닌)에 위치하여 이후 중추 신경계로 발달한다.

(3) 3배엽성 후구동물로 유생 시기 또는 일생 동안 몸을 지지하는 척삭을 가지는 것은 척삭동물문으로 분류한다.

08. ① [바로알기] 포유류 중에서 단공류인 오리너구리는 알을 낳아 새끼를 기른다.

② 양막은 알껍질 내부에서 배를 보호하기 위한 것으로 동물이 육상 생활에 적응하며 진화한 것이므로 양막의 유무에 따라서도 척추동물을 분류할 수 있다.

③ 양서류는 폐와 피부로 호흡하기 때문에 기체 교환을 용이하게 하기 위해 대부분 축축한 피부를 가진다.

④ 어류의 심장은 1심방 1심실이고 물속에서 아가미로 호흡하며 배설기는 중신이다.

⑤ 조류의 뼈는 속이 비어 있어 가벼운 대신 강도가 높고, 방광이 없어 노폐물을 빠르게 몸 밖으로 내보내 무게를 줄임으로써 공중 생활에 유리하다.

창의력 & 토론마당 298 ~ 301 쪽

01 (1) 균류는 외부로 소화 효소를 분비하여 주위의 유기물을 분해한 후 체내로 흡수하여 사용하는 종속 영양 생물이다. 때문에 균사체와 유기물이 들어있는 토양과의 접촉 면적이 넓을수록 먹이를 보다 효

과적으로 흡수할 수 있다.

(2) 흰개미는 셀룰로오스 분해 효소를 가지지 못하며, 균류인 버섯은 외부로 소화 효소를 분비하여 유기물을 분해한 후 이를 흡수하여 살아가는데, 흰개미는 집안에서 버섯을 재배하고 식물을 버섯 곁에 둠으로써 버섯이 식물의 셀룰로오스를 분해하여 에너지원으로 사용할 수 있는 상태로 만들면 이를 섭취한다.

02 (1) 고착형이나 부유형처럼 빠르게 움직일 수 없는 동물들이 모든 방향에서 마주치는 다양한 환경에 대해 적절하게 반응하고 대처할 수 있게 해준다.

(2) 굴 파기, 날기, 헤엄치기 등의 복잡한 운동 양식과 섬세하고 민감한 감각신경이 밀집되어 있는 감각 기관을 특정한 부위에 발달시켜서 모든 방향에서 마주치는 환경 변화에 직접 움직여서 대응할 수 있다.

03 (1) 완전한 개체로 발달할 수 없다. 선구동물은 발생할 때 결정적 난할이 일어나는데, 이것은 초기 난할 때부터 각 배아세포들이 어떤 기관으로 발생될지가 결정되어 있다는 것을 뜻한다. 따라서 배에서 일부 세포가 떨어져나온다면 그 상태 그대로 분열을 반복한 후 그 세포가 원래 분화되어 형성시켰을 기관들이 만들어지지 않아 생존할 수 없는 배가 형성될 것이다.

(2) 중배엽은 순환계, 생식계, 근육, 뼈, 배설계, 척추 등으로 발달한다. 배엽은 이와 같이 진정한 조직과 기관을 형성하는 데 중요한 조직으로, 배엽 분화가 어디까지 일어나느냐에 따라서 생물의 발달 정도가 달라지게 되기 때문에 이를 기준으로 생물을 분류할 수 있다.

해설 (1) 사람은 비결정적 난할이 일어나는 후구동물이기 때문에 수정란이 난할 중간에 둘로 떨어져 나왔을 때 각각 따로 발생하여 일란성 쌍둥이가 태어나게 된다.
(2) 외배엽은 피부, 감각 기관, 신경계로 발달하고 내배엽은 소화계, 호흡계 등으로 발달한다. 배엽이 기관 형성에 중요한 조직인 만큼 무배엽성 동물은 체제 수준이 세포 단계에 그쳐 진정한 조직이 발달되지 않고, 2배엽성 동물도 체제 수준이 조직 단계에서 그친다.

04 (1) 대부분의 포유류는 태생인데, 오리너구리는 알을 낳아 번식하고, 조류는 젖을 먹여 기르지 않는데 오리너구리는 알에서 태어난 새끼에게 젖을 먹여 기르기 때문이다.

(2) 유대류는 태반이 없기 때문에 발생 초기에 일찍 태어나 육아낭 속에서 젖을 먹으며 발생을 완료하게 된다.

해설 (1) 오리너구리는 가시두더지 4종과 함께 현존하는 5종의 단공류이다. 오리너구리의 새끼는 젖을 먹지만 젖꼭지가 없고, 배에 있는 선에서 분비되는 것을 핥아먹는다. (2) 태반은 자궁 내막과 배아로부터 발달한 조직으로, 어미의 혈액으로부터 태아의 혈액으로 영양분과 산소를 공급하고 노폐물과 이산화탄소를 배출하는 장소이다. 따라서 태반이 발달하지 못한 유대류는 태반류처럼 오랫동안 새끼를 자궁 안에서 키울 수 없어 조산을 한 후 육아낭 안에서 젖을 먹으며 발생을 완료하게 된다.

스스로 실력 높이기 302~307쪽

01. 원구 **02.** 윤형동물문 **03.** 극피동물문
04. (1) 체외 (2) 폐 **05.** ③ **06.** (1) O (2) X
07. (1) 다핵성 (2) 무성 **08.** (1) X (2) X
09. (가) 자낭균류 (나) 담자균류 **10.** ③ **11.** ⑤
12. ① **13.** ①, ④, ⑤ **14.** (1) X (2) O
15. ④ **16.** ③ **17.** (가) 방사 대칭 (나) 좌우 대칭
18. ② **19.** ① **20.** ④ **21.** ④ **22.** ②
23. ③ **24.** ① **25.** ⑤ **26.** ⑤ **27.** ⑤
28. ⑤ **29~32.** 〈해설 참조〉

01. 다세포 동물의 발생 과정에서 내배엽을 형성하기 위해 낭배기에 세포들이 말려들어가는 구멍을 원구라고 한다.

02. 선형동물문과 함께 3배엽성 의체강 동물로 윤형동물문은 입둘레의 섬모환으로 이동하거나 먹이를 섭취한다.

03. 극피동물문은 3배엽성 진체강 동물로 후구동물이다. 몸 표면에 가시나 돌기가 많고, 얇은 피부 아래에 석회질의 골편이 있다.

04. 어류와 양서류는 변온 동물로 대부분 난생이며 몸 밖에서 정자와 난자가 수정하는 체외 수정을 한다.
(2) 파충류는 폐로 호흡하는 동물로 심장이 2심방 2심실이지만 심실의 격벽이 불완전하다.

05. ③ [바로알기] 동물계는 신경계, 소화계, 생식계, 근육계, 배설계 등의 다양한 기능을 가진 기관계가 발달했고 각각 특정한 기능을 수행한다. 극피동물문의 경우에는 수관계가 순환기와 호흡기의 역할을 함께 하지만 이것이 동물계의 일반적인 특성은 아니다.
① 식물계는 셀룰로오스로 이루어진 세포벽을 가지고 있지만 동물계는 세포벽이 없다.
② 동물계는 엽록소가 없기 때문에 외부에서 먹이를 섭취해 영양분을 얻는 종속 영양을 한다.
④ 동물계는 대부분 운동 기관이 있어 이동하고 먹이를 잡아 섭취하여 에너지를 얻는다.
⑤ 동물계는 특수화된 신경 세포와 근육 세포가 있어 환경 변화

를 수용하고 반응할 수 있다.

06. (1) 척삭동물문은 배설기로는 신관을 가지고 항문 뒤에 근육질 꼬리가 나타나는 것이 특징이다.
(2) [바로알기] 척삭동물문은 (내배엽이 아니라) 외배엽에서 유래된 속이 빈 신경 다발이 있어 이후 중추 신경계로 발달한다.

07. (1) 접합균류는 균사에 격벽이 없어 하나의 세포에 여러 개의 핵이 있는 다핵성 생물이다.
(2) 자낭균류는 무성 생식을 할 때 균사 끝의 분생자병에서 분생 포자를 만들고, 유성 생식을 할 때는 균사가 접합하여 자낭을 만들고 자낭 포자를 형성한다.

08. (1) [바로알기] 3배엽성 동물을 체강의 유무와 종류에 따라 분류할 때 무체강 동물이 포함된다. 편형동물문은 무체강 동물이지만 3배엽성이다.
(2) [바로알기] 자포동물은 2배엽성 동물로 낭배 단계에서 발생이 끝나므로 체제 주준이 조직 단계에 그친다. 포배기에서 발생이 끝나는 것은 무배엽성인 해면동물이며 체제 수준이 세포 단계에 그친다.

09. 균사에 격벽이 있고 자낭 포자로 번식하는 (가)는 자낭균류이다. 또한 균사에 격벽이 있으면서 담자 포자로 번식하는 (나)는 담자균류이다.

10. ㄱ. [바로알기] 대부분의 균계의 기본 성질이 균사로 몸이 이루어져 있다이므로 (나) 담자균류도 균사로 몸이 이루어져 있다. 따라서 특징 A에 해당될 수 없다.
ㄴ. [바로알기] 특징 B로 분류되는 균류는 자낭균류와 담자균류인데, 이것들은 균사에 격벽이 있어 한 세포에 한 개의 핵이 들어 있는 다세포성 균류이다. 따라서 특징 B에 해당될 수 없다.
ㄷ. 특징 C는 균류의 기본적인 특징으로 균류는 모두 종속 영양 생물이기 때문에 해당될 수 있다.

11. ① 척삭동물문, 극피동물문은 3배엽성 후구동물이다.
② 척삭동물문은 아가미 틈을 통해 기체 교환이 되는 폐쇄 순환계를 가지며, 배설기는 신관이다.
③ 척삭동물문은 발생 초기 등 쪽에 속이 빈 신경 다발, 아가미틈, 항문 뒤쪽의 근육성 꼬리가 나타난다.
④ 척삭동물문 중 척추동물은 발생 초기에만 척삭이 나타나고 성장하면서 척추로 대치된다.
⑤ [바로알기] 두삭동물은 (척삭이 나타났다가 사라지지 않고) 일생 동안 척삭이 뚜렷하며, 그 예로는 창고기가 있다.

12. 절지동물문 중에서 (가)는 갑각류(가재류)이고 (나)는 협각류(거미류)이다.
ㄱ. (가) 갑각류는 몸이 머리가슴과 배로 구분된다.
ㄴ. [바로알기] (나) 협각류는 더듬이를 가지고 있지 않다.
ㄷ. [바로알기] (가)는 변태하지만 (나)는 변태하지 않는다.

13. ① 척삭동물문은 물이 소화관 전체를 통과하지 않고 아가미

틈을 통해 밖으로 나가 기체 교환이 되는 폐쇄 순환계를 가진다.
② [바로알기] 척추동물은 후구동물 중 가장 고등 동물이다.
③ [바로알기] 우렁쉥이 미더덕 등의 미삭동물은 거의 물속에 살며, 폐를 가지고 있지 않다.
④ 극피동물문은 수관계가 순환기와 호흡기의 역할을 하며, 그 끝에 근육질의 관족이 있어 이동하고 먹이를 잡는다.
⑤ 창고기는 두삭동물로 일생 동안 머리에서 꼬리까지 척삭이 뚜렷하며, 체표면을 통해 기체 교환을 하고 아가미 틈을 가진다.

14. (1) [바로알기] 척추동물 중 칠성장어류와 먹장어류는 턱을 가지지 않는다.
(2) 양막은 동물이 육상 생활에 적응하여 진화한 형태로 배를 보호하는 얇은 막이다. 물속에서 살거나 물속에 알을 낳는 어류와 양서류는 양막이 없다.

15. 깜부기균은 격벽이 있고 담자 포자로 번식하는 담자균류, 누룩곰팡이는 격벽이 있고 자낭 포자로 번식하는 자낭균류, 검은빵곰팡이는 격벽이 없고 접합 포자로 번식하는 접합균류이다.
① 세 가지 생물 다 균계에 속하는 다세포 진핵생물이다.
② 균류에 속하는 생물 중 효모 등 일부를 제외하면 대부분 균사로 이루어져 있다.
③ 검은빵곰팡이는 접합균류로 격벽이 없는 다핵성 균사로 이루어져 있다.
④ [바로알기] 깜부기균은 옥수수, 밀 등에 기생하는 생물로 담자 포자를 만들기 때문에 담자균류에 속하지만 담자과(자실체)를 형성하지는 않는다.
⑤ 누룩곰팡이는 자낭균류로 분생 포자를 형성하는 무성 생식도 하지만 자낭에서 핵융합이 일어나 자낭 포자를 형성하는 유성 생식도 한다.

16. ㄱ. [바로알기] 동물은 대부분 스스로 움직일 수 있는 운동성이 있기 때문에 서식지에 따라 분류하는 것이 가장 중요한 분류 기준은 아니다.
ㄴ. [바로알기] 척삭동물문에 속하는 척추동물은 좌우대칭 형태의 몸을 가진 3배엽성 (선구동물이 아닌)후구동물에 해당한다.
ㄷ. 동물은 몸의 대칭성에 따라 무대칭인지 좌우대칭인지 방사대칭인지, 배엽의 수에 따라 무배엽인지 2배엽인지 3배엽인지, 척삭의 유무에 따라 척삭동물인지 무척삭동물인지, 체절이 있는지 양막이 있는지에 따라서 등 다양한 분류 기준을 가진다.

17. 몸의 대칭 형태에 따라 동물을 방사 대칭성(대칭면이 3개 이상)과 좌우 대칭성(대칭면이 1개)으로 나눈다.

18. (가)의 방사 대칭을 가진 동물은 자포동물과 극피동물의 성체(유생 시기에는 좌우 대칭)이고, (나)의 좌우 대칭을 가진 동물은 대칭성이 없는 해면 동물과 방사 대칭을 가진 자포동물, 극피동물의 성체를 제외한 거의 대부분의 동물들이다. 즉 문제의 보기에서 척삭동물, 윤형동물, 편형동물 모두 좌우대칭이다.

19. ㄱ. (가) 방사 대칭을 가진 동물은 주로 고착 생활이나 유영생활을 한다.

ㄴ. [바로알기] (나) 좌우 대칭을 가진 동물은 감각이 집중되는 부위가 생기고 발달하여 중추 신경계와 머리가 형성되었기 때문에 모든 방향의 자극에 공평하게 반응할 수는 없다.

ㄷ. [바로알기] 해면 동물은 대칭성이 없다.

20. 그림은 균사가 접합하여 접합 포자를 형성하는 과정으로 접합균류의 포자 형성 과정이다.

ㄱ. 배우자 안에 여러 개의 반수체 핵이 존재하여 접합할 때 핵융합이 일어난다.

ㄴ. 접합균류는 평소에는 접합 없이 포자낭에서 바로 포자를 만들어 번식하는 무성 생식을 주로 하다가, 환경이 나쁠 때 접합 포자를 만드는 유성 생식을 통해 유전적 다양성을 확보한다.

ㄷ. [바로알기] 접합자가 형성되면 두 배우체의 원형질이 합쳐지고 핵융합이 일어나는데 이때 두 핵의 유전자 모두 살아남는다.

21. (가) 플라나리아는 편형동물문, (나) 지렁이는 환형동물문에 해당한다.

ㄱ. 플라나리아는 편형동물문이므로 3배엽성의 무체강 동물이다.

ㄴ. 지렁이는 환형동물문이므로 수분이 많은 환경에서 축축한 몸 표면으로 기체 교환을 하는 폐쇄 순환계로 호흡한다.

ㄷ. [바로알기] 편형동물문과 환형동물문 모두 3배엽성 선구동물에 속하여 원구가 입이 된다.

22. 체강은 중배엽이 싸고 있는 공간으로 발생 과정에서 내장으로 채워진다. (가)는 의체강, (나)는 진체강을 나타낸 그림이다.

ㄱ. [바로알기] 편형동물은 3배엽성 무체강 동물로 (가)에 해당하지 않는다.

ㄴ. 후구동물은 모두 3배엽성 진체강 동물이므로 (나)의 특징을 가진다.

ㄷ. [바로알기] 체강이 없는 무체강 동물도 존재한다. 무배엽성 생물이나 2배엽성 생물이 이에 해당하며, 3배엽성 생물 중에서도 편형동물문은 무체강 동물이다.

23. 배엽이 형성되지 않아 포배 단계에서 발생이 멈추고 대칭성이 없는 동물 (가)는 해면동물문이고, 3배엽성이면서 의체강인 동물은 선형동물문과 윤형동물문인데 그 중에 연체동물의 유생인 트로코포라와 비슷한 성체의 모습을 가져 유연관계가 있다고 여겨지는 동물 (나)는 윤형동물문이다. 3배엽성이면서 진체강을 가지고 키틴질의 외골격을 가진 동물 (다)는 절지동물문이다.

24. 중배엽이 없이 포배 단계에서 발생이 끝난 (가)는 해면동물문이고, 중배엽이 있고(3배엽성) 원구가 입이 되며(선구동물) 체강이 없는 (나)는 편형동물문이다. (다)와 같이 중배엽이 있고 원구가 항문이 되는 동물(후구동물)에는 극피동물문과 척삭동물문이 해당된다.

ㄱ. (가)는 해면동물문으로 분류된다.

ㄴ. [바로알기] 몸 표면이 큐티클층으로 덮여있는 것은 선형동물문의 특징이다.

ㄷ. [바로알기] (다)의 후구동물에는 척삭동물문뿐만 아니라 척삭을 가지지 않는 극피동물문도 포함되어 있다.

25. (가)는 선구동물, (나)는 후구동물을 나타낸 그림이다.

ㄱ. (가) 선구동물은 중배엽이 원중배엽 세포로부터 형성되며 후구동물은 중배엽이 내배엽의 원장벽으로부터 형성된다.

ㄴ. (나) 후구동물은 원구가 항문이 되고 반대쪽에 입이 생기며, 선구동물은 원구가 입이 되고 반대쪽에 항문이 생긴다.

ㄷ. 척추동물은 3배엽성 진체강 후구동물 중 척삭동물문에 속한다.

26. ㄱ. [바로알기] 담자균류는 무성 생식을 하지 않는다.

ㄴ. 담자기 하나가 감수분열하여 4개의 담자 포자(A 포자)가 형성된다.

ㄷ. 담자 포자가 발아한 1핵성 균사가 B의 접합 과정에서 2핵성 균사가 된다.

27. ㄱ. A 모둠은 해면동물문만 빠져있는데 해면동물문은 무배엽성 생물이므로 이 모임은 배엽을 형성하는 동물임을 알 수 있다.

ㄴ. [바로알기] B 모둠에 포함된 윤형동물문은 의체강 동물이기 때문에 B 모둠의 동물들이 모두 진체강을 가졌다고 할 수 없다.

ㄷ. C 모둠은 3배엽성 선구동물에 해당한다.

28. 불가사리(극피동물), 창고기(두삭동물), 악어(척추동물)은 모두 원구가 항문이 되는 후구동물이고, 플라나리아(편형동물)는 원구가 입이 되는 선구동물이다. 척삭을 형성하는 척삭동물은 창고기와 악어이다. 척추동물은 악어이다. 따라서 (가)는 '원구가 항문이 된다.' (나)는 '척삭이 형성된다.' (다)는 '척추를 가진다'이다. 따라서 A는 플라나리아, B는 불가사리, C는 창고기, D는 악어이다.

ㄱ. A는 3배엽성이므로 발생 과정에서 중배엽을 가진다.

ㄴ. B는 수관계를 가지고, 그와 연결된 관족으로 이동한다.

ㄷ. C는 일생 동안 뚜렷한 척삭이 나타나는 두삭동물이다.

29. 답 (가)는 격벽이 없는 다핵성 균사로 접합균류가 해당한다. (나)는 격벽이 있는 다세포성 균사로 자낭균류와 담자균류가 해당한다.

해설 (가)는 격벽이 없어 하나의 세포에 여러 개의 핵을 가지는 다핵성 균사이고, (나)는 격벽이 존재하여 하나의 세포에 하나의 핵을 가지는 세포가 여러 개인 다세포성 균사이다.

30. 답 창고기는 B에 위치하고, (가)의 조건은 "후구동물이다"

해설 창고기는 두삭동물로 3배엽성 후구동물 중 척삭동물문에 해당하는데, 일생 동안 머리에서 꼬리까지 척삭을 뚜렷하게 가진다. 따라서 '척삭을 갖는 시기가 있다'는 조건에 해당하는 C는 창고기가 들어갈 수 없다. 또한 잉어는 후구동물인 어류인데 비해 오징어는 3배엽성 선구동물인 연체동물이다. 후구동물인 창고기는 잉어보다 오징어와 더 가깝게 위치할 수 없으므로 B에 위치한다는 것을 알 수 있으며, (가)의 조건이 후구동물일 것이라고 짐작할 수 있다.

31. 답 세포 내 소화는 먹이가 세포보다 더 크면 소화시키기 어렵기 때문에 세포 외 소화가 유리하다.

해설 세포 내 소화는 식세포 작용처럼 세포 내로 먹이를 끌어들여 세포 내부에서 소화시킨 후 영양분을 사용하는데, 이것은 먹이가 세포보다 크면 시도할 수 없는 방법이다. 이에 반해 세포 외 소화는 세포 바깥에서 먹이를 분해한 후 세포가 영양분만 흡수하면 되기 때문에 먹이의 크기에 구애받지 않는다.

32. 📗 **답** 분류 기준 A에는 '체내 수정을 한다'와, '폐로만 호흡한다'가 될 수 있고, 분류 기준 B는 '정온동물이다'이다. 마지막으로 분류조건 C는 '젖을 먹여 기른다'이다.

📘 **해설** 척추동물 중 개구리는 양서류, 도마뱀은 파충류, 참새는 조류, 늑대는 포유류이다. 이중 양서류인 개구리는 체외수정을 하고 폐와 피부로 호흡한다. 다른 동물들은 체내 수정을 하고 폐로만 호흡한다. 다음에는 파충류인 도마뱀이 해당하지 않는 조건인데, 도마뱀만 변온동물이므로 B는 정온동물의 조건임을 알 수 있다. 마지막으로 참새가 해당되지 않고 늑대에 해당하는 C는 젖을 먹여 새끼를 기르는 포유류만의 특성임을 알 수 있다.

15강. 진화설

개념확인   308 ~ 311 쪽

1. (1) 퇴화, 발달 (2) 하지 못했다   **2.** ④
3. ③   **4.** (1) O (2) X (3) O

확인 +   308 ~ 311 쪽

1. 자연선택   **2.** (1) X (2) X (3) O
3. (1) X (2) O (3) X   **4.** ④

▶ 개념확인

2. 생물이 후천적으로 얻은 획득 형질은 자손에 전달되지 않는다. 따라서 많이 사용한 기관이 진화하고 많이 사용하지 않은 기관이 퇴화하여 다음 세대에 전달된다고 주장한 용불용설은 현대 종합설에서 인정하지 않는다.

3. 체세포 분열은 개체의 생장을 위해 일어나는 것으로 번식과 유전과는 상관없다. 혹시 체세포 분열 중 돌연변이가 일어나더라도 발생 이후에 얻어지는 후천적 형질은 유전되지 않는다.

4. (1) [바로알기] 유전자풀이 변한다는 것은 집단의 유전적 특성이 달라진다는 것을 뜻하고, 이 결과가 자손에게 전달되므로 진화가 일어난다.

▶ 확인 +

2. (1) [바로알기] 바이스만은 생식 세포에 일어난 변이만이 유전된다는 생식질 연속설을 주장하였다.
(2) [바로알기] 바그너는 바다, 산맥 등에 의한 지리적 격리에 의해 다른 종으로 진화한다고 주장하였다. 생식적 격리에 의해 다른 종으로 진화한다고 주장한 사람은 로마네스이다.
(3) 아이머는 화석 생물의 형질 변화에 근거하여 진화는 환경 변화와 상관없이 내적인 요인에 의해 일어난다고 주장하였다.

3. (1) [바로알기] 자연선택은 무작위적으로 변화할 수 있는 환

경 변화에 잘 적응하는가에 의해 이루어지는 것이기 때문에 일정한 방향성은 존재하지 않는다.
(3) [바로알기] 정자와 난자가 수정하는 것은 무작위적으로 일어나 다양한 유전자 변이를 확보하는 것이고, 이 중에 환경 적응에 유리한 유전자를 가진 개체가 살아남아 진화하는 것이다.

4. 대립유전자 빈도의 합은 항상 1이다.

개념다지기   312 ~ 313 쪽

01. ⑤   **02.** (1) X (2) O (3) X   **03.** ③
04. 유전자풀   **05.** ㉠ 생존 경쟁 ㉡ 자연선택
06. (1) X (2) X (3) O   **07.** ⑤   **08.** ②

01. (가) [바로알기] 다윈의 진화설에서는 개체들 사이에 처음부터 형태나 기능이 조금씩 다른 변이가 존재한다. 많이 써서 기관이 발달하는 것은 라마르크의 용불용설이다.
(나) 목이 짧아 높은 곳에 달린 나뭇잎을 먹지 못하는 기린이 생존 경쟁에서 탈락된 것이다.
(다) 목이 길어 높은 곳의 나뭇잎을 먹을 수 있는 개체들이 자연선택에 의해 누적되어 오늘날의 기린으로 진화하였다.

02. (1) [바로알기] 현대 종합설에서는 진화의 단위를 개체가 아닌 집단으로 생각하는데, 이는 한 개체 내의 유전자는 일생 동안 변하지 않기 때문이다.
(2) 획득형질은 유전되지 않으나, 용불용설에서는 획득형질이 유전된다고 주장하여 인정받지 못했다.
(3) [바로알기] 다윈은 개체의 변이가 다양하여 그 중에 환경에 적합한 개체가 더 많은 자손을 남기는 자연선택설을 주장했지만 유전의 원리나 개체의 변이가 어떻게 나타나는지 그 과정에 대해서는 설명하지 못했다.

03. 갈라파고스 군도에서 흩어진 핀치들이 각각 다른 먹이를 먹게 되면서 그 먹이를 취하기 쉬운 부리를 가진 개체들이 자연선택되어 진화하였다.

04. 한 집단을 구성하는 모든 개체가 가지고 있는 대립 유전자 전체를 유전자풀이라고 하며, 이것이 변하는 과정이 곧 진화를 의미한다.

05. 다윈의 자연선택설은 다음과 같은 과정으로 일어난다.
생물이 실제 살아남을 수 있는 것보다 더 많은 수의 자손을 남기고(과잉 생산) 개체 사이에는 형태나 기능이 조금씩 다른 변이가 존재하게 된다(개체 변이). 이들 개체들은 먹이나 서식 공간을 두고 서로 경쟁하게 된다(생존 경쟁). 그 결과 환경에 보다 잘 적응하는 개체들이 살아남아 더 많은 자손을 남기고 그 결과 개체군 내에는 환경에 유리한 형질의 빈도가 높아진다(자연선택). 자연선택이 여러 세대에 걸쳐 누적되어 새로운 종이 출현한다(진화).

06. (1) [바로알기] 돌연변이는 무작위적으로 일어나는것으로 항상 생존에 유리한 방향으로만 대립 유전자가 변화되는 않는다. 생존에 불리한 방향으로 일어난 돌연변이는 빠르게 생존 경쟁에서 도태되어 사라진다.

(2) [바로알기] 감수 분열 시 상동 염색체 사이에서 유전자를 교환하는 교차는 유전적 변이를 증가시킨다.

(3) 어머니와 아버지로부터 물려받은 상동 염색체가 무작위로 배열되기 때문에 생식 세포가 가질 수 있는 유전자 조합이 훨씬 다양해진다.

07. ① 분꽃 집단의 대립 유전자는 R과 r이다.

② Rr이 100개 이므로 이중 대립 유전자 r의 개수는 100개이고, rr이 50개이므로 대립 유전자 r의 개수는 50×2 = 100개이다. 모두 합쳐 대립 유전자 r의 개수는 200개이다.

③ RR의 개수가 350개이므로 대립 유전자 R의 개수는 350×2 = 700개이고, Rr의 개수가 100개이므로 이 중 대립 유전자 R의 개수는 100개이다. 모두 합쳐 대립 유전자 R의 개수는 800개이다.

④, ⑤ [바로알기] 총 대립 유전자 수는 유전자풀을 의미하는 것으로, 총 개체수가 500개이고 각각의 개체가 2개씩(한 쌍)의 대립 유전자를 가지고 있기 때문에 총 대립 유전자의 수는 1000이다.

대립 유전자 R의 빈도는 800/1000 = 0.8, 대립 유전자 r의 빈도는 200/1000 = 0.2이므로 대립 유전자 빈도의 총합은 0.8+0.2 = 1이다. 한 집단 내에서 대립 유전자 빈도의 합은 항상 1이다.

08. ㄱ. 유전자풀은 각 개체가 가진 모든 대립 유전자를 뜻하는데, 각 개체는 유전자를 한 쌍씩 가지기 때문에 유전자수는 개체 수에 2를 곱한 것과 같다.

ㄴ. 시간이 지나면서 대립 유전자 빈도가 달라지는 것은 유전자풀의 변화를 의미하고, 이것을 '진화'라고 한다.

ㄷ. [바로알기] 한 개체는 대립 유전자를 한 쌍씩 가지지만 동형 접합(우성, 열성)인 경우와 이형 접합인 경우 가지는 대립 유전자는 각각 다르다.

유형익히기 & 하브루타 314 ~ 317 쪽

[유형 15-1] ④
01. (1) X (2) O (3) O   02. ③
[유형 15-2] ④   03. ③   04. 신다윈주의
[유형 15-3] ⑤   05. ②   06. 변이
[유형 15-4] ④   07. 대립 유전자 빈도
08. (1) 0.78 (2) 0.22 (3) 1

[유형 15-1] ④ [바로알기] 다윈의 진화설에서 목이 긴 기린은 변이에 의한 자연선택의 결과이며 돌연변이에 의한 것으로는 생각하지 않았다.

① (가)는 라마르크가 주장한 용불용설에 대한 설명이다.

② (나)는 다윈이 주장한 자연선택설에 대한 설명이다.

③ 라마르크의 용불용설은 개체가 후천적으로 얻은 형질은 유전

되지 않는다는 이유로 현대에는 인정되지 않는다.

⑤ 다윈의 자연선택설에 의해 목이 긴 기린은 목이 짧은 기린보다 더 높은 곳의 잎을 따먹을 수 있어 생존 경쟁에서 더 유리하여 환경에 더 잘 적응할 수 있었다.

01. (1) [바로알기] 라마르크의 용불용설에서는 생물이 살아있는 동안 획득한 형질이 유전되어 진화가 일어난다고 주장한다. 그렇지만 획득 형질은 유전되지 않으므로 인정받지 못했다.

(2) 다윈의 자연선택설에서 먹이와 서식지를 두고 생존 경쟁이 일어나는 것은 생물이 처음부터 살아남을 수 있는 것보다 더 많은 수의 자손을 낳는 과잉 생산 때문이다.

(3) 다윈의 자연선택설에서는 환경에 더 잘 적응하는 형질을 가진 개체가 더 많이 살아남아 자손을 남김으로써 그 형질을 가진 개체가 집단 내 비율이 늘어나고 이것이 누적되어 진화가 일어난다.

02. ㄱ. [바로알기] 다윈은 처음에 태어날 때부터 형태나 습성, 기능면에서 개체마다 차이가 나는 개체 변이가 존재한다고 주장하였다.

ㄴ. [바로알기] 당시에는 유전의 원리가 연구되지 않았기 때문에 다윈은 유전의 원리를 설명하지는 못했다. 멘델은 다윈 이후에 등장하여 멘델의 법칙이라 불리는 유전 법칙을 발표하였다.

ㄷ. 용불용설은 후천적으로 획득한 형질이 유전되지 않기 때문에 현대에 인정되지 않는 진화설이다.

[유형 15-2] ㄱ. (가)의 한 종의 토끼가 (나)에서 강에 의해 격리된 직후이므로 (가)와 (나) 상태의 토끼들은 모두 같은 종으로 교배를 통해 생식 가능한 자손을 낳을 수 있다.

ㄴ. [바로알기] (다)에서 나타난 새로운 형질의 토끼는 돌연변이나 유성 생식의 유전적 변이에 의해 나타나는 것이다. 후천적으로 획득한 형질은 유전되지 않는다.

ㄷ. (라)와 (마)의 새로운 형질의 토끼는 기존에 있던 (가)의 토끼보다 더 환경에 적응하기 유리한 형질을 가지고 있으므로 자연선택을 받아 진화한 것이다.

03. ㄱ. [바로알기] 교잡에 의해서만 새로운 종이 형성된다는 것은 로티의 교잡설이다. 더프리스는 돌연변이설을 주장하였다. ㄴ. [바로알기] 개체의 생식 세포에 일어난 변이만이 유전된다는 것은 생식질 연속설로 바이스만이 주장하였다. 로마네스는 생식적 격리설을 주장한 과학자이다.

ㄷ. 생물은 환경의 변화와 상관없이 내적 요인에 의해 일정한 방향으로 진화한다는 것은 아이머의 정향 진화설이다.

04. 현대 종합설(신다윈주의)는 진화를 유전자의 변화로 생각하고, 생물의 진화를 유전과 연관시켜 종합적으로 설명하는 학설로 진화의 단위를 개체가 아니라 집단으로 본다.

[유형 15-3] ㄱ. [바로알기] 기존 변이보다 새롭게 나타난 변이가 더 환경에 잘 적응하는 형질이었기 때문에 세대가 거듭되면서 새로운 변이의 비율이 늘어난 것이다.

ㄴ. 이와 같이 환경에 더 잘 적응하는 형질을 가진 개체들이 자연선택을 받는 과정을 반복하면서 진화가 일어난다.

ㄷ. 세대가 거듭될수록 보라색 개체가 많아지는 것을 통해 새로운 변이의 형질을 가진 개체들이 많아진 것을 알 수 있다.

05. ㄱ. [바로알기] 진화에서의 변이는 일반적으로 유전 변이이다. 환경 변이는 개체가 환경 변화에 의해 후천적으로 얻은 형질로 자손에게 유전되지 않는다.
ㄴ. 무성 생식은 자신의 유전자로만 번식하므로 변이가 적지만 유성 생식은 감수분열 과정과 배우자의 유전자와 합쳐지는 수정 과정에서 매우 다양한 유전적 변이를 얻을 수 있다.
ㄷ. [바로알기] 자연선택 과정은 환경에 적응하기 유리한 형질이 많이 살아남아 자손을 남기는 것이므로 주위 환경에 큰 영향을 받는다.

06. 같은 생물 종 내에서 개체 간에 나타나는 형질의 차이를 변이라고 한다. 변이는 돌연변이나 유성 생식에 따른 유전자 재조합으로 인해 다양하게 나타나며 환경의 자연선택으로 인한 진화의 자원이 된다.

[유형 15-4] ④ (가)에서 이 집단의 각 개체들이 한 쌍의 대립 유전자를 가지고 있다는 것을 알 수 있는데, 이를 통해 부모 각각으로부터 유전자를 하나씩 물려받는 유성 생식을 했다는 것을 알 수 있다.
[바로알기] ① (가)는 집단의 개체별 유전자형을 나타낸 것이다.
② (나)는 집단의 유전자만을 꺼내놓은 유전자풀로 한 개체가 대립 유전자 한 쌍씩을 가지므로 2로 나누면 집단의 개체수를 알 수 있다.
③ 유전자 A와 a는 대립 유전자로, 염색체 내에서 위치가 같다.
⑤ 개체 내의 유전자형이 동형 접합인 경우는 AA와 aa가 있는데, 두 경우는 같은 형질을 표현한 것이 아니다.

07. 한 집단 내에서 개체들이 가지고 있는 대립 유전자의 상대적 빈도를 대립 유전자 빈도라고 한다. 유전자풀에 있는 유전자 구성을 나타낼 때 사용하여 집단에서 이것이 달라질 때 진화가 일어난다.

08. (1) 대립 유전자 T의 빈도(p)를 구하기 위해서는 집단 내 전체 대립 유전자 수와 T의 갯수를 알아야 한다. 총 개체수가 500이므로 전체 유전자 수는 ×2를 한 1000이고, 이 중 대립 유전자 T의 개수는 300 × 2 + 180 = 780이다. 따라서 대립 유전자 T의 빈도(p)는 $\frac{780}{1000}$ = 0.78이다.
(2) 대립 유전자 t의 빈도(q)를 구하기 위해서는 집단 내 전체 대립 유전자 수와 t의 갯수를 알아야 한다. 전체 유전자 수는 1000이고, 이 중 대립 유전자 t의 개수는 20 × 2 + 180 = 220이다.
따라서 대립 유전자 T의 빈도(p)는 $\frac{220}{1000}$ = 0.22이다.
(3) 대립 유전자 빈도 p와 q의 합은 0.78 + 0.22 = 1이다.

01 (1) 산업 혁명 이후 대기 오염으로 인해 나무껍질의 색이 검게 변했고, 이로 인해 검은색 후추나방보다 흰색 후추나방이 더 잘 보이게 되었다. 이로 인해 천적에게 흰색 후추나방이 더 잡아먹히게 되었고, 살아남은 검은색 후추나방이 번식하여 수가 많아졌다.
(2) 대기 오염 규제가 시작된 후 대기의 오염도가 줄어들고 까맣던 나무껍질의 색이 원래대로 돌아오자 흰색 후추나방이 검은색 후추나방보다 숨기에 더 유리한 환경이 되었고 검은색 후추나방이 천적에게 잡아먹히게 되어, 살아남은 흰색 후추나방은 번식하여 수가 많아졌다.

02 (1) ② ㄱ, ㄴ ③ ㄷ, ㄹ ④ ㅁ
(2) 남아메리카 대륙에서 이주해 온 한 종의 새가 갈라파고스 군도의 여러 섬에 이주한 후, 여러 가지 돌연변이로 인해 다양한 형질을 가진 자손을 낳았다. 이때 각각의 섬이 다른 환경을 가지고 있었기 때문에 섬마다 다른 환경에 적응하는 개체들도 각각 달랐고, 이 개체들이 자손을 많이 낳아 번식하는 자연선택에 의해 세대가 거듭될수록 섬마다 다른 형질의 비율이 늘어나 모두 다른 종으로 진화하게 되었다.

해설 (1) 다윈의 자연선택설은 다음과 같은 과정으로 일어난다.
ㄱ. 과잉 생산 : 생물이 실제 살아남을 수 있는 것보다 더 많은 수의 자손을 낳는다.
ㄴ. 개체 변이 : 개체 사이에는 형태나 기능이 조금씩 다른 변이가 존재하게 된다.
ㄷ. 생존 경쟁 : 이들 개체들은 먹이나 서식 공간을 두고 서로 경쟁하게 된다.
ㄹ. 자연선택 : 그 결과 환경에 보다 잘 적응하는 개체들이 살아남아 더 많은 자손을 남기고 그 결과 개체군 내에는 환경에 유리한 형질의 빈도가 높아진다.
ㅁ. 종의 진화 : 자연선택이 여러 세대에 걸쳐 누적되어 새로운 종이 출현한다.
②는 ㄱ, ㄴ에 해당하고, ③은 ㄷ, ㄹ에 해당하며 ④는 ㅁ과정이다.

03 (1) 낫 모양 적혈구 빈혈증 유전자를 가지지 않은 정상인은 말라리아 병원충을 가진 모기에 물렸을 때 말라리아로 죽을 확률이 더 높은 반면 낫 모양 적혈구 빈혈증 유전자를 가진 사람은 말라리아 병원충에 감염되어도 저항성이 있어 사망할 확률이 낮다.
(2) 원래 낫 모양 적혈구 빈혈증 유전자는 일반적인 지역에서 생존에 불리한 형질이므로 자손을 많이 남

기지 못해 도태되어 사라지지만, 말라리아 발생률이 높은 지역에서 낫 모양 적혈구 빈혈증 유전자는 말라리아에 걸려 죽을 확률이 낮아지는 유리한 형질이 된다. 따라서 말라리아 발생률이 높은 지역에서는 낫 모양 적혈구 빈혈증 유전자가 자연선택되어 자손을 많이 남기게 되었다.

04 (1) 식용으로 재배하는 바나나는 씨가 없어 유성생식을 하지 못하고 뿌리를 잘라 옮기는 무성생식으로만 번식해야 한다. 이 방식으로 늘어난 개체는 처음의 나무와 유전자가 완전히 똑같은 복제체이다. 따라서 한번 치명적인 병의 위협을 받게 되면 여기에 이겨낼 다양한 변이를 가진 개체가 없어 자연선택을 받지 못하고 한꺼번에 말라죽을 수 있다.

(2) 〈예시답안〉 바나나의 병인 파나마병과 신파나마병의 백신을 개발한다. 이전에 캐번디시를 개발했던 것처럼 파나마병과 신파나마병에 견딜 수 있는 새로운 품종을 개발한다. 질병 등의 불리한 환경에도 이겨낼 개체가 존재할 수 있도록 바나나를 유성 생식으로 교배하거나 유전자 조합을 통해 유전적 다양성을 높인다.

스스로 실력 높이기
322 ~ 327 쪽

01. 획득 형질　　**02.** 적자 생존　　**03.** ②, ⑤
04. (1) 돌연변이설 (2) 정향 진화설 (3) 격리설
05. (1) X (2) O (3) X
06. (1) 집단 (2) 유전 (3) 유전자
07. (1) 변이 (2) 용불용설 (3) 환경
08. ②　**09.** ①　**10.** ⑤　**11.** (1) O (2) X
12. ④　**13.** (가) 격리설 (나) 돌연변이설 **14.** ⑤
15. ②　**16.** (1) X (2) O　**17.** ③　**18.** ①
19. ⑤　**20.** ①　**21.** 자연선택설　**22.** ④
23. ②　**24.** ②　**25.** ④　**26.** ③
27. ~ 30. (해설 참조)

01. 생물이 살아있는 동안 환경에 적응한 결과로 나타난 형질을 획득 형질이라고 한다.

02. 적자 생존은 생존 경쟁의 결과로 그 환경에 맞는 것만이 살아남고 그렇지 못한 것은 차차 쇠퇴하여 사라지는 자연의 도태 현상을 뜻한다.

03. 돌연변이나 유성 생식의 유전자 재조합으로 인해 다양한 변

이가 생겨난다. 감수 분열 시 상동 염색체 사이에 일어나 유전적 조합을 다양하게 해주는 ② 교차와 수정란의 다양한 유전자 변이를 가능하게 하는 ⑤ 무작위 수정은 유성 생식 과정에서 일어나는 변이의 원인이지만 단세포 생물에서 일어나는 ① 분열과 ③ 출아법, ④ 품종의 좋은 형질을 그대로 번식시키기 위해 가지를 꺾어 새로운 개체를 만드는 꺾꽂이는 유전자 변이가 일어나지 않는다.

04. (1) 조상에 없던 형질이 자손에게 나타나는 것은 돌연변이다.
(2) 아이머는 생물의 진화는 환경의 변화와 상관없이 내적인 요인에 의해 일정한 방향으로 일어난다는 정향진화설을 주장하였다.
(3) 바그너와 로마네스는 지리적, 생리적으로 오랜 시간에 걸쳐 격리되어 있으면 원래의 종과는 다른 종으로 진화한다는 격리설을 주장하였다.

05. (1) [바로알기] 생물의 진화는 개체 수준이 아니라 집단 수준에서 일어나는 것으로 정의된다.
(2) 자연선택된 형질을 가진 개체는 더 많은 자손을 남기므로 생물 집단 내에서 형질의 비율이 증가하게 된다.
(3) [바로알기] 자연선택은 개체에 작용하지만, 생물의 진화 현상은 집단 수준에서 일어나는 것이다. 생물의 진화가 일어나려면 집단 내에 유전자 빈도가 바뀌어야 하기 때문이다.

06. (1) 유전자풀은 집단의 유전자를 모아놓은 것으로 집단의 유전적 특성을 나타낸다.
(2) 유전 형질에 따라 개체의 생존률과 번식률이 달라질 때 그 형질이 자손에게 이어지는 확률이 달라지므로 집단이 진화할 수 있다. 획득 형질은 자손에게 이어지지 않기 때문에 진화에 영향을 끼치지 못한다.
(3) 유전자풀 집단 내의 개체는 생식 활동을 하면서 현 세대에서 다음 세대로 유전자풀의 유전자를 전달하는 매개체 역할을 한다. 표현형은 전달한 유전자의 조합으로 인해 나타나는 형질이다.

07. (1) 다윈은 처음부터 개체들 간의 다양한 변이가 있어 그 중에 환경에 적응하기 유리한 형질을 가진 개체가 자연선택을 받는다고 주장하였다.
(2) 용불용설은 자주 사용하는 기관이 발달하고 사용하지 않는 기관이 퇴화하여 진화가 일어난다고 주장한 이론이다.
(3) 자연선택설에서는 환경에 더 잘 적응하는 형질을 가지고 있는 개체가 자연선택을 받아 더 많은 자손을 남긴다고 주장하였다.

08. 라마르크의 용불용설은 다윈 이전에 등장한 진화설이다. 나머지 로티의 교잡설, 더프리스의 돌연변이설, 아이머의 정향 진화설, 바이스만의 생식질 연속설은 다윈 이후에 나온 진화설이다.

09. ① [바로알기] 후천적으로 개체가 얻은 획득 형질은 생식 세포의 유전자를 바꾸지 않아 자손에게 전달되지 않는다.
② 용불용설은 라마르크가 다윈 이전에 발표한 진화설로 많이 사용하는 기관은 발달하고 사용하지 않은 기관은 퇴화하여 생물이 진화한다는 가설이다.
③ 자연선택설은 오늘날 현대 종합설에서도 중요한 진화의 원리로 인정받고 있다.

④ 시간이 지날수록 환경 적응에 유리한 형질을 가진 개체가 생존 경쟁에서 자연 선택받아 더 많은 자손을 남김으로써 유리한 형질을 가진 개체가 늘어난다.

⑤ 환경에 더 잘 적응하는 개체가 더 많아 살아남아 자손을 남김으로써 진화가 일어난다.

10. (가)는 후천적으로 얻은 획득 형질은 생식 세포의 유전자를 변형시키는 것이 아니기 때문에 유전되지 않는 것으로 생식질 연속설에 해당한다.

(나) 다리가 긴 양들 중에 다리가 짧은 형질을 가진 양이 태어난 것은 돌연변이가 일어난 것에 해당한다.

11. (1) 집단의 전체 유전자인 유전자풀이 변하는 것은 그 집단의 유전자 비율이 변하는 것으로 집단의 유전적 특성이 달라진다.

(2) [바로알기] (모든 시기가 아닌) 일정 시기의 집단 개체들이 가지고 있는 모든 대립 유전자를 나타낸 것이 유전자풀이다. 시기에 따라 유전자 비율이 달라질 수 있다.

12. ㄱ. [바로알기] 1세대에서 생겨난 새로운 변이가 3세대에서 다수로 늘어난 것으로 색깔 형질 비율이 같지 않다.

ㄴ. 색이 진한 형질이 색이 옅은 형질보다 환경에 적응하기 유리하여 자연선택을 받아 수가 늘어난 것이다.

ㄷ. 3세대를 거치면서 색이 짙은 형질을 가진 개체가 자연선택을 받아 그 비율이 늘어났다.

13. (가)의 핀치는 섬으로 인해 지리적 격리가 일어나 다른 부리 모양과 형태로 각각 진화한 것이고, (나)의 왕달맞이꽃은 기존 달맞이꽃에서 돌연변이가 일어나 나타난 것이다.

14. ㄱ. 총 500개체로 구성된 생물 집단에서 AA 유전자형이 150개체, Aa 유전자형이 300개체이므로 aa 유전자형은 50개체임을 알 수 있다.

ㄴ. 유전자 A의 대립 유전자 빈도를 계산하면 $\dfrac{150 \times 2 + 300 \times 1}{1000}$ 이므로 0.6이다.

ㄷ. 집단 내의 모든 대립 유전자 빈도의 합은 항상 1이다.

15. ② (나)에서 기존 A종과 돌연변이종인 B종 C종이 과잉 생산에 의한 생존 경쟁이 일어나 A가 도태되었다.

[바로알기] ① (가)는 A종만 존재하고 (다)는 A종에서 진화한 B종과 C종이 있으므로 둘 사이의 유전자 구성은 다르다.

③ (가)에서 지역 ㉠과 지역 ㉡이 왕래가 불가능하도록 지리적으로 격리되어 교배가 일어나지 않으므로 각각 독립적으로 진화하였다.

④ (나)에서 B종의 형질과 C종의 형질이 A종의 형질보다 더 환경 적응에 유리했기 때문에 살아남았다.

⑤ (다)에서 종 B와 종 C는 완전히 다른 종이 되었기 때문에 자연 상태에서 교배가 일어나지 않고, 교배가 일어나더라도 생식 능력이 없는 자손이 태어난다.

16. (1) [바로알기] 변이는 같은 종 내에서 개체 간의 나타나는 형질의 차이를 말하는 것으로 다른 종 간의 교잡으로 얻은 형질은

변이에 포함되지 않고, 종간 잡종은 생식 능력을 가지지 못해 번식이 불가능하다.

(2) 생물 집단의 변이가 다양할수록(유전적 다양성이 클수록) 자연선택되는 형질이 존재할 확률이 높다.

17. ㄱ. [바로알기] 집단의 총 개체수가 10개체이므로 총 유전자 수는 20개이다.

ㄴ. [바로알기] Aa 개체가 2개이고 aa 개체가 6개이므로 대립 유전자 a의 빈도는 $\dfrac{6 \times 2 + 2 \times 1}{20}$ = 0.7이다.

ㄷ. 유전자형 Aa가 자연선택된다면 Aa의 수가 늘어나고 AA와 aa의 수가 줄어들 것이다. 자연선택이 반복되어 Aa만 남게 되면 여기서 A 유전자의 빈도는 0.5가 된다. 현재의 A 유전자의 빈도가 0.3이므로 대립 유전자 A의 빈도가 증가할 것이다.

18. (가)는 라마르크가 주장한 용불용설이고 (나)는 다윈이 주장한 자연선택설이다.

ㄱ. (가)는 개체가 후천적으로 얻은 획득 형질이 자손에게 유전된다고 주장하였다.

ㄴ. [바로알기] (나)는 (라마르크가 아니라) 다윈이 주장한 가설이다.

ㄷ. [바로알기] (나)는 현대의 현대 종합설에서 기초 개념으로 인정받고 있지만 (가)는 획득 형질이 유전되지 않는다는 사실 때문에 현재에는 인정받고 있지 않다.

19. (가)는 용불용설, (나)는 현대 종합설, (다)는 자연선택설을 사용하여 설명한 것이다.

⑤ 설명에 해당하는 진화설은 (가) 용불용설, (다) 자연선택설, (나) 현대 종합설의 순서로 발표되었다.

[바로알기] ① (가)는 용불용설로 설명하였다.

② (나)에서 목이 짧은 기린은 높은 가지의 나뭇잎을 따 먹지 못해 도태되었고 긴 목을 가진 기린이 생존 경쟁에서 승리하여 많은 자손을 남겼다.

③ (다)의 진화설에서 개체의 변이는 원래부터 다양했다고 가정하였고 돌연변이의 출현은 생각하지 않았다.

④ (가)의 용불용설은 획득 형질이 자손에 유전되지 않기 때문에 현재에는 인정되지 않는다.

20. ㄱ. DDT에 내성을 가진 돌연변이가 등장하여 많은 자손을 남겼기 때문에 DDT를 사용했을 때의 사망률이 점점 줄어들었다.

ㄴ. [바로알기] 시간이 지나면 DDT에 내성을 가진 모기가 늘어나 DDT의 살충 기능이 소용없게 될 것이다.

ㄷ. [바로알기] 시간이 경과해도 DDT 자체의 독성은 변하지 않았으나, DDT에 대한 모기의 내성이 생겨 효력이 떨어지는 것이다.

21. 핀치의 부리 크기가 커진 것은 가뭄이 일어나면서 작고 연한 씨보다 상대적으로 크고 딱딱한 씨가 많아졌다는 환경의 변화 때문이다. 먹이인 씨앗이 줄어들면서 개체들 사이에 생존 경쟁이 일어나는데, 이때 크고 딱딱한 씨도 먹을 수 있는 부리가 큰 개체가 자연선택받아 많이 살아남고 부리가 작은 핀치는 도태되어 죽었다. 이로 인해 부리가 큰 형질을 가진 개체가 많은 자손을 남기는 자연선택이 일어나 평균 부리 크기가 커졌으므로 자연선택설로

설명할 수 있다.

22. ㄱ. [바로알기] 가뭄 전의 부리가 가뭄 후의 부리보다 작다.
ㄴ. 가뭄 때에 먹이가 줄어들어 핀치 집단 내에서 생존 경쟁이 일어났다.
ㄷ. 그래프를 보면, 가뭄 전의 평균 크기에 비해 가뭄 후의 평균 크기가 커진 것을 볼 수 있다. 가뭄 후 크고 딱딱한 씨도 먹을 수 있는 큰 부리를 가진 개체가 자연선택되어 많은 자손을 남김으로써 핀치 집단 내의 부리 평균 크기가 커졌다.

23. 다윈의 자연선택설의 단계는 과잉 생산 → 개체 변이 → 생존 경쟁 → 자연 선택 → 종의 진화이다. 이 단계에 따라 (마) 생물이 환경에서 실제 생존할 수 있는 것보다 더 많은 자손을 낳는 과잉 생산이 일어나고 → (나) 그 개체들 사이에는 형태, 습성, 기능 등의 성질이 조금씩 다른 개체 변이가 일어나며 → (라) 한정된 먹이나 서식 공간에서 개체 사이의 생존 경쟁이 일어나서 → (다) 적응하기 유리한 형질을 가지지 못한 개체가 도태되어 죽기 때문에 → (가) 환경에 잘 적응하는 유리한 형질을 가진 개체가 살아남아 많은 자손을 남김으로써 형질 빈도가 달라져 진화가 일어난다.

24. ㄱ. [바로알기] 유전자 A의 대립 유전자 빈도는 AA가 4개이고 Aa가 4개이므로 $\frac{4(\bigcirc) \times 2 + 4 \times 1}{20}$ 이 되어야 하므로 ⊙은 4이다.
ㄴ. 유전자 a의 대립 유전자 빈도는 aa가 2개이고 Aa가 4개이므로 $\frac{2 \times 2 + 4(\bigcirc) \times 1}{20}$ 이 되어야 한다. 따라서 ⓒ은 Aa의 유전자형을 가진 개체수를 뜻한다.
ㄷ. [바로알기] 생물 집단의 진화는 유전자풀의 유전자 빈도가 변화하는 것을 의미한다.

25. ㄱ. 정상 유전자인 Hb^{A}는 말라리아가 발생하지 않는 (가)가 말라리아가 자주 발생하는 (나)보다 빈도가 높다.
ㄴ. (가)와 (나) 모두 환경에 적응하여 생존하기 유리한 형질을 가진 개체가 살아남는 자연선택에 의해 인구 구성이 변화한 것이다.
ㄷ. [바로알기] 말라리아가 자주 발생하는 지역에서도 악성 빈혈로 빠르게 사망하는 낫 모양 적혈구 빈혈증 유전자 환자는 자연선택 받지 않는다. 자연선택을 받는 것은 낫 모양 적혈구 빈혈증 유전자를 하나만 가지고 있어 약한 빈혈을 가지고 있으면서 말라리아에 대한 저항성을 가지고 있는 Hb^{A}Hb^S 유전자형인 사람이다.

26. 대기 오염이 일어난 지역은 숲의 나무껍질에 까맣게 먼지가 쌓여 검은색 후추나방의 생존률이 높아진다.
ㄱ. [바로알기] 오염되지 않은 숲에서는 나무껍질이 까맣지 않아 검은색 형질이 더 눈에 잘 띄고 생존하기에 유리하지 않아 개체수 비율이 낮다.
ㄴ. [바로알기] 오염되기 전보다 오염된 후에 검은색 후추나방이 덜 잡아먹혀 개체수가 늘어나 있다.
ㄷ. 오염된 숲의 오염이 줄어들면 까맣게 먼지가 쌓여있던 나무껍질이 원래대로 돌아가 흰색 후추나방의 수가 더 늘어날 것이다.

27. 답 획득 형질은 생식 세포의 유전자 구조에 반영되지 않기

때문에 자손에게 전달될 수 없어 진화에 영향을 끼치지 못한다.

28. 답 〈예시답안〉 핀치새의 조상이 갈라파고스 군도의 각 섬에 이주한 후, 떨어진 섬이기 때문에 지리적 **격리**가 일어나 섬 간의 교배가 이루어지지 않게 되었다. 이후 집단이 번식하는 중에 다른 변이를 가진 **돌연변이**가 등장하게 되는데, 이 돌연변이들 중 각 섬의 다른 환경에 적응하기에 보다 유리한 형질을 가진 돌연변이가 **생존 경쟁**에서 승리하여 보다 많은 자손을 가지게 된다. 이러한 **자연선택**이 세대를 거듭하면서 반복되어 각 섬에 서식하는 핀치새의 형질이 모두 달라지게 되었다.

29. 답 〈예시답안〉 유전자풀은 특정 시기에 한 집단을 구성하는 모든 개체가 가진 대립 유전자 전체를 말한다. 대립 유전자가 바로 집단의 형질을 결정하는 것이므로 이 형질의 비율이 전체적으로 바뀌는 것이 바로 진화이다. 따라서 유전자풀의 변화가 일어나는 것은 집단 내의 형질이 달라져 진화한다는 것을 의미한다.

30. 답 〈예시답안〉 말라리아를 유발하는 모기가 사라진다면 낫 모양 적혈구 유전자를 가지지 않은 정상인의 생존률이 높아지고, 이것이 수명에 영향을 주어 자연선택받으므로 낫 모양 적혈구 빈혈증 유전자를 가진 사람의 비율이 점점 줄어들 것이다.

16강. 진화의 원리

개념확인   328 ~ 333 쪽

1. (1) O (2) X   **2.** (1) 방향성 (2) 유전자 흐름
3. 창시자 효과   **4.** (1) X (2) O (3) X
5. 배수성   **6.** (1) O (2) X (3) O

확인 +   328 ~ 333 쪽

1. 멘델 집단   **2.** ⑤
3. (1) O (2) X (3) O   **4.** 종 분화
5. (1) O (2) X (3) X   **6.** 단속평형설

개념확인

1. (1) 집단의 크기가 충분히 크고, 집단 내에서 교배가 자유롭게 나타나며, 돌연변이가 나타나지 않고, 다른 집단과 유전자 교류가 없으며, 특정 대립 유전자에 대한 자연선택이 일어나지 않는 이상적 조건을 갖춘 멘델 집단에서 하디-바인베르크 법칙이 성립된다.
(2) [바로알기] 하디-바인베르크 법칙이 성립되는 멘델 집단은 실제 생물 집단에서는 거의 존재하지 않는다.

3. 소수의 개체들이 고립된 지역에 정착하여 종의 창시자 역할을 하면서 번식하여 유전자풀이 원래 집단과 달라지게 된다는 것은 유전적 부동 중 창시자 효과에 해당한다.

4. (1) [바로알기] 종 분화가 일어나기 위해서는 유전자풀이 지리적이나 생식적 격리에 의해 분리되어야 한다.

(2) 대진화는 새로운 종의 출현이나 멸종을 뜻하는 것으로 지질시대에 걸쳐 장기간에 일어나는 것이고, 소진화는 집단 내에서의 유전자풀의 변화이어서 수백 년~수천 년 정도의 비교적 짧은 시간에 일어나는 유전적 변화이다.

(3) [바로알기] 같은 종이 두 집단으로 나뉘어도 소진화만 일어나면 종 집단 내부에서의 유전자풀만 변화하는 것이고 종 자체가 변하지는 않으므로 교배가 가능하다.

6 (2) [바로알기] 단속평형설은 중간형 화석이 거의 발견되지 않아 제창된 학설로 종 분화가 급격하게 진행되기 때문이라고 설명하였다.

확인 +

2. 공업 암화는 주위 환경이 바뀌면서 원래 존재하던 형질 사이에 적응에 유리한 조건이 변화하여 자연선택이 일어나는 것을 뜻하는 것이므로, 새로운 형질이 나타나는 돌연변이의 등장 원인은 아니다.

3. (1),(3) 집단의 크기가 작고 고립된 지역일수록 유전적 부동의 효과가 크고 진화 속도가 빠르다.

(2) [바로알기] 자연재해 이후 집단의 크기가 급격히 줄어들면 병목 효과로 인해 특정 대립 유전자가 아예 사라지거나 빈도가 줄어드는 등의 변화가 생겨 유전적 다양성이 줄어든다.

5. (1) 배수성 돌연변이 $4n$과 원래 $2n$의 식물이 교배하면 홀수체인 $3n$ 식물이 나오는데 이는 정상적인 감수분열이 일어날 수 없으므로 생식 능력을 상실하게 된다. 두 개체 사이에 생식 능력이 없는 자손이 태어나는 것은 다른 종임을 뜻하므로 $4n$ 식물과 $2n$ 식물은 다른 종으로 분류된다.

(2) [바로알기] 시클리드는 암컷이 수컷을 색깔과 무늬로 선택하면서 종 분화가 일어났다.

(3) [바로알기] 동소적 종 분화는 같은 장소에서 먹이의 종류나 생식 시기가 달라지는 등의 이유로 분화하는 것으로 지리적 장벽으로 격리되어 진화하는 것은 이소적 종 분화이다.

개념다지기   334 ~ 335 쪽

01. (1) ○ (2) X (3) X   **02.** ⑤   **03.** 병목 효과
04. (가) 분단성 선택 (나) 안정화 선택 (3) 방향성 선택
05. (1) 지리적 (2) 돌연변이, 자연선택   **06.** ③
07. ⑤   **08.** (1) 점 (2) 단 (3) 단

01.

	정자 p(A)	정자 q(a)
난자 p(A)	p^2(AA)	pq(Aa)
난자 q(a)	pq(Aa)	q^2(aa)

(1) 대립 유전자 빈도에 따라 정자와 난자가 만날 확률을 구하면 다음 대에서 유전자형 AA가 나올 확률은 p^2이다.

(2) [바로알기] 하디-바인베르크 법칙에 의해 어버이 세대와 다음 1세대의 대립 유전자 빈도는 같다. 1세대의 대립 유전자 A의 빈도도 p, a의 빈도도 q가 되므로 대립 유전자 빈도에 따라 정자와 난자가 만날 확률을 구하면 2세대 후에 유전자형 Aa가 나올 확률은 2pq이다.

(3) [바로알기] 멘델 집단이 아닌 경우에는 외부에서의 유전자 교류와 돌연변이 등의 변수가 있어 하디-바인베르크 법칙이 적용되지 않는다.

02. (가)는 돌연변이, (나)는 자연선택, (다)는 유전적 부동, (라)는 유전자 흐름이다.

ㄱ. (가) 돌연변이로 인해 새로운 형질 유전자가 생겨나더라도 이것이 환경 변화에 적합하지 않은 형질이라면 (나) 자연선택에 의해 도태되어 사라질 수 있다.

ㄴ. 작은 집단일수록 (다) 유전적 부동에 의한 영향력이 커지므로 작은 집단에서는 특정 형질 유전자가 완전히 사라지는 등의 유전적 다양성이 감소하는 효과가 일어난다.

ㄷ. (라) 유전자 흐름은 생식 능력이 있는 개체가 서로 다른 유전자풀을 가진 두 개체군 사이에서 이동하는 것으로 두 집단 모두의 유전자풀 빈도에 영향을 준다.

03. 홍수, 산불 등의 자연재해에 의해 집단의 크기가 급격히 줄어들면 특정 대립 유전작 사라지거나 살아남은 소수 개체 집단의 유전자 빈도가 이전과 크게 달라지는 유전적 부동을 병목 효과라고 한다.

04. (가)는 중간형의 개체들이 도태되고 양 극단의 형질을 가진 개체들이 자연선택되는 분단성 선택으로 종 분화의 가능성이 높아진다.

(나)는 중간 형질을 가진 개체가 자연선택되는 안정화 선택으로 안정된 환경이 유지될 때 나타난다.

(다)는 한쪽 극단의 형질을 가진 개체들이 지속적으로 선택되는 것이므로 방향성 선택으로 환경이 장기간 지속적으로 변화할 때 발생한다.

05. (1) 그림에서 기존 종 집단이 강이라는 지리적 요인에 의해 격리되어 다른 종으로 분화되었으므로 지리적 격리가 일어났다고 할 수 있다.

(2) (가) 과정에서 기존 종들에게 돌연변이가 일어나 새로운 형질 유전자가 생겨났고, 이 형질이 자연선택에 의해 빈도가 늘어나 새로운 종으로 진화하였다.

06. ㄱ. [바로알기] 생물 종마다 진화 속도가 다르다.

ㄴ.[바로알기] 돌연변이 형질이 생물 집단 내에서만 나타나는 것은 같은 종 내에서의 유전자풀이 변화하는 것으로 소진화이다. 종 자체가 달라지는 대진화에는 해당하지 않는다.

ㄷ. 소진화는 집단 내에서의 유전자풀의 변화로 새로운 형질이 생기거나 대립 유전자 빈도가 달라지는 것을 말하며 종 자체가 달라지지는 않는다.

07. ⑤ 이와 같은 배수성에 의한 종 분화를 통해 비교적 짧은 시간 내에 새로운 종이 생겨날 수 있다.

[바로알기] ① 빵밀의 종 분화 과정에서는 3개의 각기 다른 밀의 교배와 배수성 돌연변이가 출현 등이 일어났다.

② (가) 과정에서 14AA 유전자를 가진 야생밀과 14BB 유전자를 가진 야생밀이 교배하여 잡종이 생겨났다.

③ (나) 과정에서는 14AB 유전자를 가진 잡종 밀에서 배수성 돌연변이가 일어나 28AABB 유전자를 가지게 되었다.

④ (다) 과정에서는 28AABB 유전자를 가진 잡종 밀이 14DD 유전자를 가진 잡종 밀과 교배한 후 배수성 돌연변이가 나타난 것으로 유전자수는 28개에서 42개로 늘어났다.

08. (1) 오랜 시간 동안 변이가 조금씩 축적되어 진화하는 것은 점진주의설에 대한 설명이다.

(2) 종 분화가 일어난 후 오랫동안 변하지 않고 정체되는 것은 단속평형설에 대한 설명이다.

(3) 점진주의설이 주장했던 대로의 중간형 화석은 거의 나타나지 않았다. 굴드와 엘드리지는 단속평형설을 제창함으로서 중간형 화석이 거의 관찰되지 않는 현상을 설명하였다.

유형익히기 & 하브루타   336 ~ 339 쪽

[유형 16-1] ③	**01.** (1) X (2) O (3) X **02.** ②
[유형 16-2] ③	**03.** ④ **04.** (1) 부 (2) 흐 (3) 부
[유형 16-3] ⑤	**05.** ④ **06.** 이소적 종 분화
[유형 16-4] ②	**07.** (1) X (2) X (3) X **08.** ②

[유형 16-1] ③ [바로알기] 멘델 집단은 돌연변이가 일어나지 않아야 한다.

① 대립 유전자 R의 빈도는 $\dfrac{2400 \times 2 + 2200}{5000 \times 2}$ = 0.7이다.

② 대립 유전자 R과 r로 구성된 야생화 집단에서 대립 유전자 R과 r의 빈도의 합은 항상 1이다.

④ 멘델 집단은 원래의 유전자 빈도가 자손에게도 똑같이 이어지는 것이므로 이 집단이 멘델 집단이라면 다음 대의 대립 유전자 r의 빈도는 똑같이 유지된다.

⑤ 멘델 집단이 아니라는 것은 대립 유전자 빈도가 변화하여 진화하는 집단이라는 의미이다.

01. (1) [바로알기] 멘델 집단이 되기 위해서는 확률의 오차가 없어야 하므로 집단의 크기가 확률에 유의미하게 충분히 커야 한다.

(2) 멘델 집단은 기존의 유전자 빈도를 유지해야 하므로 돌연변이를 통한 새로운 유전자의 도입이 일어나지 않아야 한다.

(3) [바로알기] 멘델 집단은 기존의 유전자 빈도를 유지하기 위해 다른 집단과 유전자 교류가 일어나지 않아야 한다.

02. ㄱ. [바로알기] 하디-바인베르크 법칙은 유전자 빈도의 변화가 일어나지 않는 멘델 집단에서 성립되는 것으로 활발하게 유전자 교류와 빈도 변화가 일어나는 실제 야생 동물 집단에서는 거의 적용되지 않는다.

ㄴ. 하디-바인베르크 법칙이 적용되는 집단에서는 집단의 유전자 빈도가 변화하지 않으므로 자손의 유전자 빈도는 조상과 동일하다.

ㄷ. [바로알기] 하디-바인베르크 법칙이 적용되는 동안에는 생물 집단 내의 유전자 빈도가 변화하지 않는데, 이것은 진화하지 않는다는 것을 의미한다.

[유형 16-2] (가)는 돌연변이, (나)는 자연선택, (다)는 유전적 부동, (라)는 유전자 흐름이다.

③ 아메리카 인디언들이 조상이었던 아시아 대륙의 원주민들과 달리 B형이나 AB형이 나타나지 않는 것은 이주할 때 창시자 효과로 인한 것이므로 (다) 유전적 부동이다.

[바로알기] ① 흰 토끼로 이루어진 집단에 검은 토끼가 외부에서 들어와 유전자를 남긴 것으로 (라) 유전자 흐름에 해당한다.

② 살충제에 내성을 가진 파리가 원래 없다가 생겨난 것이므로 (가) 돌연변이에 해당한다.

④ 대기 오염으로 숲이 오염되어 검은색 나방의 생존률이 높아지는 것은 환경의 변화에 따른 형질의 선택이므로 (나) 자연선택이다.

⑤ 무분별한 수렵의 결과 매우 적은 수만 살아남아 그들을 통해서만 개체수가 회복된 북방코끼리바다표범의 대립 유전자 구성이 단순해진 것은 병목 효과로 (다) 유전적 부동에 해당한다.

03. (가)는 안정화 선택, (나)는 방향성 선택, (다)는 분단성 선택에 해당한다.

ㄱ. [바로알기] (가) 안정화 선택은 안정된 환경이 유지될 때 중간 형질을 나타나는 개체가 상대적으로 선택되는 것으로 유전자풀의 급격한 변화는 일어나지 않는다.

ㄴ. (나) 방향성 선택이 지속되면 한쪽 극단의 형질을 가진 개체들이 계속 선택되어 평균 형질이 한쪽으로 치우치게 된다.

ㄷ. (다) 분단성 선택이 지속되면 양쪽 극단의 형질을 가진 개체들이 계속 선택되어 나뉘어진 두 집단 사이의 유전자풀 차이가 증가하게 되어 종 분화의 가능성이 높아진다.

04. (1) 집단의 크기가 작을수록 우연한 사건이나 자연재해에 대립 유전자 빈도에 변화가 일어날 가능성이 높으므로 집단의 크기가 작을수록 유전자 부동의 효과가 크고, 진화의 속도가 빠르다.

(2) 집단 내에 존재하지 않았던 유전자가 외부로부터 유입되는 것은 유전자 흐름(이주)에 해당한다.

(3) 돌연변이나 자연선택 없이, 자연재해 등의 우연한 사건에 의해 유전자 빈도가 급격하게 변하는 것은 유전적 부동이다.

[유형 16-3] ⑤ 해리스영양다람쥐와 흰꼬리영양다람쥐는 서로 다른 종이 되었으므로 같은 장소에 두어도 자연적으로 교배하여 자손을 남기지 않도록 생식적으로 격리되었다.

[바로알기] ① 지리적 격리에 의해 다른 장소로 분리되어 분화한 것으로 이소적 종분화의 예시이다.

② 두 종은 다른 종이 되었기 때문에 같은 장소에 두어도 생식 능력이 있는 자손을 낳지 못한다.

③ 두 종으로 분화되는 과정 중 각 집단에서 환경에 유리한 형질이 자연선택받아 다른 종으로 진화하였다.

④ 협곡이라는 지리적 격리가 일어나지 않았다면 종 분화가 일어

나지 않았을 수도 있다.

05. ㄱ. [바로알기] 지리적으로 분리되지 않아도 먹이 종류나 생식 시기 등이 달라져 생식적 격리가 일어나면 종이 분리될 수 있다.
ㄴ. 새로운 종이 출현하거나 종이 멸종하는 범주의 진화는 대진화로 분류되고, 같은 종 내에서 유전적 변화가 일어나는 것은 소진화로 분류된다.
ㄷ. 자연적으로 서로 교배하여 생식 능력을 가진 자손을 낳을 수 있는 개체들의 집단을 '종'이라 정의한다.

06. 하나의 집단이 바다, 큰 산맥, 협곡 등과 같은 지리적 장벽에 의해 둘 이상의 집단으로 분리되어 오랜 세월 동안 각기 다른 방향으로 진화하여 종이 분화되는 것은 이소적 종 분화라 한다.

[유형 16-4] (가)는 이소적 종 분화이고 (나)는 동소적 종 분화이다. ㄱ. [바로알기] (가)는 지리적 격리가 일어나서 종이 분리되는 것으로 이소적 종 분화에 해당한다.
ㄴ. (나)는 동소적 종 분화로 예로는 같은 장소에서 배수성 돌연변이에 의해 종이 분리되는 것 등이 있다.
ㄷ. [바로알기] (가)에서 이소적 종 분화에 의해 종 분화가 일어난 두 종은 완전히 다른 종이 되었으므로 같은 장소에 두어도 교배하여 생식 능력을 가진 자손을 낳지 못한다.

07. [바로알기] (1) 생식적 격리는 유전자풀의 분리를 유발하여 개별적인 진화를 통해 종 분화가 일어날 수 있게 한다.
(2) 종 분화 속도와 종 분화 횟수와는 아무 관련이 없어 빠르게 종 분화가 일어난 종이라도 계속 다른 종 분화가 일어날 수 있다.
(3) 배수성에 의해 형성된 종은 원래의 조상과 형태적으로는 큰 차이가 없어도 서식지, 세포의 크기, 발생 속도 등에서 차이가 날 수 있다.

08. ② [바로알기] 종 분화 속도는 환경의 변화에도 크게 영향을 받으며 환경 뿐만 아니라 종에 따라서도 그 분화 속도가 천차만별이다.
① 생물학적 종의 정의가 교배하여 생식 능력을 가진 자손을 낳을 수 있다는 것이므로 종 분화가 일어나기 위해서는 반드시 생식적 격리가 일어나 두 집단의 유전자풀이 서로 분리되어야 한다.
③ 점진주의설은 다윈의 자연선택설에 따라 집단이 환경에 적응하는 과정에서 점진적으로 변이가 축적되어 종 분화가 일어난다고 주장하였으므로 중간형 화석을 발견할 수 있다 주장하였다.
④ 염색체 배수성 돌연변이로 태어난 개체는 기존 개체와 교배하였을 때 홀수 배수의 염색체를 갖게 되어 정상적으로 번식할 수 없어 다른 종이 된다.
⑤ 한 생물 집단 일부의 번식기 울음소리가 바뀌어 생식적 격리가 일어나 종 분화가 일어난 것은 같은 장소에서 일어난 것이므로 동소적 종 분화에 해당한다.

01 (1) 0.1
    (2) 1800마리

해설 편의를 위해 다음과 같은 문자를 사용한다.
· 대립 유전자 A의 빈도 : p
· 대립 유전자 a의 빈도 : q
· 대립 유전자 빈도의 합 p + q = 1
· 유전자형 AA(우성 순종)의 빈도 : p^2
· 유전자형 aa(열성 순종)의 빈도 : q^2
· 유전자형 Aa(잡종)의 빈도 : 2pq

(1) 흰 껍질을 가진 달팽이는 유전자형 aa를 가진 열성 순종으로 $q^2 = \dfrac{1}{100}$(100마리 중 1마리)이 된다. 따라서 흰 껍질 유전자인 a의 빈도 $q = \dfrac{1}{10} = 0.1$이다.

(2) 이 달팽이 집단의 개체수가 10000마리일 때, 갈색 껍질을 가진 달팽이이면서 흰 껍질 유전자인 a를 가진 달팽이는 유전자형 Aa를 가진 잡종으로 그 빈도는 2pq이다.
q = 0.1이고 p + q = 1이므로 p = 0.9이다.
따라서 2pq = 2 × 0.1 × 0.9 = 0.18이다.
집단의 총 개체수가 10000마리이므로 유전자형 Aa를 가진 달팽이 수는 10000 × 0.18 = 1800마리임을 알 수 있다.

02 (1) 두 집단이 각각 다른 환경에 지리적으로 격리되어 서로 다른 방향으로 형질 변환이 일어나고 있다는 것을 알 수 있다.
    (2) 같은 조건이 계속된다면 두 집단은 결국 완전히 생식적으로 격리된 다른 종이 될 것이다. 이것은 지리적으로 격리되어 다른 자연 환경에 의해 각각 다르게 진화하면서 종이 분화되는 모형으로 이소적 종 분화에 해당된다.

해설 엿당 배지에서 자란 암컷은 엿당 배지에서 자란 수컷을, 녹말 배지에서 자란 암컷은 녹말 배지에서 자란 수컷을 배우자로 선호하는 것을 보아 두 집단은 생식적으로 다른 형질을 많이 가지게 되었다는 것을 알 수 있다. 하지만 적은 빈도나마 자연적인 교배도 일어나는 것으로 보아 생식적 격리가 완전히 일어난 것은 아니다.

03 (1) 암컷이 수컷의 색을 선택하여 교배하는 성선택이 일어나기 때문이다.
    (2) 유연관계가 매우 가깝다. 자연 상태에서는 교배가 일어나지 않기 때문에 두 종은 각각 다른 종으로 분류되지만 실험실에서 색을 구분하기 힘든 환경을 조성하였을 때 교배하여 생식 능력이 있는 자손을 낳을 수 있다. 이것은 현재 암컷이 수컷의 몸 색깔이라는

형질을 선택하여 생식적 격리를 일으키고 있는 상태이지만 아직 완전히 종 분화가 일어난 것은 아니다.

해설 이 시클리드 물고기는 동아프리카 빅토리아 호수에 생식적 격리가 완전히 일어나지 않은 600여종이 살고 있었다. 그러나 최근 수질 오염이 일어나 물속에서 색을 분간하기 힘들어지자 종간 교배가 일어나 생식 능력이 있는 자손을 낳음으로써 종이 합쳐지는 결과를 가져오고 있다.

04 (1) 원래 수박은 감수 분열을 통해 n 염색체를 가진 생식 세포를 만들고 이 생식 세포가 결합하여 2n의 새로운 개체를 만드는데 콜히친을 처리하면 감수 분열이 일어날 때 염색체 분리를 막아 2n 염색체를 가진 생식 세포를 만들게 된다. 이 2n 염색체를 가진 생식 세포들끼리 결합함으로써 4배수(4n)의 염색체를 가진 개체를 만들게 된다.
(2) 3배수 수박은 염색체가 홀수배이기 때문에 생식 세포를 만들기 위해 감수분열할 때 명확하게 양쪽으로 나뉘어지지 못한다. 따라서 생식 세포가 정상적으로 만들어지지 못하고 수정하여도 유전자가 불완전하여 종자를 제대로 형성하지 못한다. 따라서 씨없는 수박이 나오게 된다.

스스로 실력 높이기 〔344 ~ 349 쪽〕

01. 하디-바인베르크 법칙   **02.** 동소적 종 분화
03. (1) 생식적 (2) 격리   **04.** (1) O (2) X (3) O
05. ⑤   **06.** ③   **07.** ③   **08.** ⑤   **09.** ④
10. ④   **11.** (1) ㉡ (2) ㉢ (3) ㉠   **12.** ②
13. (1) 식물 (2) 단속평형설   **14.** ④   **15.** ①
16. ④   **17.** ②   **18.** ⑤   **19.** ④   **20.** ②
21. (1) O (2) X   **22.** ④   **23.** ③   **24.** ②
25. ④   **26.** ⑤   **27.** (해설 참조)
28. (1) p = 0.9, q = 0.1 (2) 500명 (3) 5%
29.~ 31. (해설 참조)

03. **답** (1) 종 분화가 일어나려면 생식적 격리가 일어나서 유전자풀의 교류가 차단되어야 한다.
(2) 이소적 종 분화는 집단이 지리적으로 다른 집단과 격리가 일어나야 발생한다.

04. (1) 유전적 부동은 진화의 요인 중 하나로 다른 요인으로는 돌연변이, 자연선택, 유전자 흐름 등이 있다.

(2) [바로알기] 병목 효과는 자연재해 등의 우연한 사건으로 인해 기존 집단의 크기가 급격하게 줄어들면서 시작된다.
(3) 창시자 효과는 기존 집단을 그대로 두고 집단의 일부가 새로운 지역으로 이주함으로써 유전자 빈도가 변하는 현상이다.

05. 종 분화가 일어나기 위해서는 먼저 기존 집단의 개체들이 둘 이상의 집단으로 나뉘어져 유전자풀 교류를 막도록 생식적 격리가 이루어져야 하는데, 그 생식적 격리의 방법 중 하나에 이주가 있다. 또한 격리된 집단에서 유전자풀의 대립 유전자 빈도 변화가 일어나야 하는데, 이때 돌연변이와 성선택은 새로운 유전자를 만들어 내거나 특정한 형질 유전자의 빈도를 변화시키는 역할을 하지만 무작위 교배는 유전자풀의 변화를 일으키지 못한다.

06. 하디-바인베르크 법칙은 멘델 집단에서만 적용되는 법칙인데, 이 멘델 집단은 ① 확률적 오차가 적어지도록 집단의 규모가 충분히 커야 하고 ② 유전자풀의 변화인 진화가 일어나지 않아야 하며 ④ 이를 위해 돌연변이로 새로운 대립 유전자가 공급되어서는 안되고 ⑤ 특정 유전자의 빈도가 높아지는 자연선택도 일어나지 않아야 한다.
③ [바로알기] 유전자 흐름(이주)은 외부로 형질 유전자를 내보내거나 새로이 들여보내 집단의 유전자 빈도를 변화시키기 때문에 멘델 집단에서는 일어나지 않는다.

07. ③ [바로알기] 유전자에 돌연변이가 일어나는 것만은 유전자풀의 변화라고 할 수도 있으나 이후 자연선택에서 도태되면 다시 사라지므로 유전자풀이 변화되었다고 할 수 없다.
① 특정 살충제에 내성을 가진 개체가 원래 없었던 집단에서 나타났으므로 돌연변이이다.
② 산에 산불이 일어나는 우연한 사고로 인해 집단의 크기가 급격하게 줄어드는 것으로 유전적 부동의 병목 현상이다.
④ 외부 집단에서 다른 형질을 가진 개체가 들어와 자손을 남기는 것은 외부의 대립 유전자가 유전자풀에 유입되는 것으로 유전자 흐름이다.
⑤ 집단 내 개체들 사이에서 특정 형질을 가진 수컷이 성선택을 받아 더 많은 암컷과의 짝짓기에 성공하면 자손 세대에서 그 형질을 가진 개체가 늘어나 대립 유전자 빈도가 달라지는 자연 선택이 일어난다.

08. 동소적 종 분화가 일어날 수 있는 경우는 다음과 같다.
ㄱ. 집단 일부 개체들의 번식 시기가 달라져서 생식적 격리가 일어나거나 ㄷ. 돌연변이가 일어나 염색체의 배수가 달라짐으로써 기존 조상종과의 교배가 불가능해지는 것 등이 있다.
ㄴ. [바로알기] 큰 강물로 가로막혀 교류가 차단되는 것은 이소적 종 분화에 해당한다.

09. (가)는 유전적 부동, (나)는 돌연변이, (다)는 유전자 흐름, (라)는 자연선택을 나타낸 도식이다.
④ [바로알기] (라) 자연선택에서 개체의 생존 여부는 생존에 유리한 특정 형질을 가지고 있는 여부에 따라 결정된다.
① (가) 유전적 부동에는 병목 효과와 창시자 효과가 있다.
② (나) 돌연변이는 유전자풀에 새로운 대립 유전자를 생성하여

공급한다.
③ (다) 유전자 흐름은 외부에서 다른 대립 유전자를 공급함으로써 유전자풀의 다양성을 증가시킨다.
⑤ (가) 유전적 부동의 과정에는 (나)의 돌연변이는 관여하지 않는다. 기존의 유전자풀에서 일부만 살아남거나 일부만 떨어져 나와 이주하는 과정에서 유전자풀의 유전자 빈도가 달라지는 것이다.

10. 페닐케톤뇨증에 관여하는 대립 유전자를 A(정상 유전자)와 a(페닐케톤뇨증 유발 유전자)라 설정하고 유전자 A의 대립 유전자 빈도를 p, 유전자 a의 대립 유전자 빈도를 q로 설정하면 페닐케톤뇨증이 발병한 환자의 유전자형은 aa이고 그 빈도는 q^2이다.
ㄱ. 특정 집단에서 4만명 당 1명 꼴로 발병한다고 하였으므로
$q^2 = \frac{1}{40000}$이며, 따라서 $q = \frac{1}{200} = 0.005$이다.
ㄴ. 페닐케톤뇨증의 유전자를 가진 정상인은 유전자형이 Aa여야 한다. 이때 유전자 a의 빈도가 0.005이므로 유전자 A의 빈도 p는 1 - 0.005 = 0.995이고, 유전자형 Aa의 빈도는
$2pq = 2 \times \frac{1}{200} \times \frac{199}{200} = \frac{398}{40000}$이 된다. 따라서 4만 명 중 페닐케톤뇨증의 유전자를 가진 정상인은 398명이 존재한다.
ㄷ. [바로알기] 이 집단은 대립 유전자 빈도가 변하지 않는 멘델 집단이므로 세대가 거듭되어도 페닐케톤뇨증 유발 유전자 a의 빈도는 변화하지 않는다.

11. ㉠은 분단성 선택, ㉡은 안정화 선택, ㉢은 방향성 선택이다.
(1) 평균적인 체중을 가진 신생아의 생존율이 높다는 것은 평균적 형질을 가진 개체들이 선택받는 안정화 선택에 해당한다.
(2) 살충제에 대한 내성을 가진 곤충의 개체수가 지속적으로 증가하는 것은 한 쪽 형질이 계속 강화되어 자연선택이 일어나는 것이므로 방향성 선택에 해당한다.
(3) 작은 부리와 큰 부리가 양쪽에서 강화되는 것은 분단성 선택에 해당하며 종 분화 가능성이 크다.

12. ㄱ. [바로알기] ㉠ 분단성 선택은 양쪽 형질이 강화되어 종이 둘 이상으로 분화될 가능성이 가장 높은 유형이다.
ㄴ. ㉡ 안정화 선택이 일어나면 평균값이 계속 강화되고 극단적 형질을 가진 개체가 줄어들 뿐 평균적 표현형은 변하지 않는다.
ㄷ. [바로알기] ㉢ 방향성 선택은 지속적으로 변화하는 환경에 맞추어 선택되는 것이므로 ㉡ 안정화 선택이 보다 더 안정적인 환경에서 일어나는 유형이다.

13. (1) 배수성 돌연변이가 일어나 기존 개체보다 두 배로 많은 염색체를 가지게 된 개체는 기존 야생종들과는 교배할 수 없다. 일어나기 어려운 돌연변이가 가까이 있는 다른 개체에서 또 일어날 확률이 매우 낮기 때문에 자가수분으로 배수성 종자를 만들 수 있는 식물이 번식에 용이하다. 따라서 배수성 종 분화는 식물에게 주로 일어난다.
(2) 중간형의 종 화석이 많이 발견되지 않는 것은 종 분화가 급격하게 일어나 중간형의 종이 오래 존재하지 않았을 것이라 주장하는 단속평형설을 뒷받침해 준다.

14. ④ [바로알기] 14DD는 야생 밀로 돌연변이가 일어나지 않은 정상 종이다.
① (가) 14AA와 (나) 14BB 사이에 잡종 교배가 일어나 14AB가 형성되었다.
② 빵밀은 14AA와 14BB, 14DD 3종류 밀의 염색체를 모두 가진다.
③ 14AB는 종간잡종으로 자신 외의 같은 유전자를 가진 개체가 없기 때문에 자가수분으로 번식하였을 것이다.
⑤ 28AABB는 14AB의 감수분열 과정에서 염색체 비분리가 일어난 결과이다.

15. (가)는 중간 표현형 형질이 많이 적응한 것으로 보아 안정화 선택이고, (나)는 한쪽의 형질만이 적응도가 높은 것으로 보아 방향성 선택이다. (다)는 양쪽 극단의 형질이 적응도가 높은 것으로 보아 분단성 선택이다.
ㄱ. (가) 안정화 선택은 안정적인 환경에서 일어난다.
ㄴ. [바로알기] (나) 방향성 선택은 종 전체가 한쪽으로 진화할 가능성이 높다.
ㄷ. [바로알기] (다)는 분단성 선택으로 종 분화가 일어날 가능성이 높다.

16. 멘델 집단에서 대립 유전자 B의 대립 유전자 빈도를 p, 유전자 b의 대립 유전자 빈도를 q라고 했을 때, $q^2 = \frac{4}{100}$이므로 $q = \frac{2}{10} = 0.2$이다. p + q = 1이기 때문에 p = 0.8이다. 여기서 유전자형 BB의 빈도는 $p^2 = 0.64$인데, 집단의 총 개체수가 1000개체이기 때문에 유전자형 BB인 개체수는 1000 × 0.64 = 640이다.

17. ② 페니실린이라는 환경의 변화가 지속적으로 일어나서 페니실린 내성 형질이 계속해서 자연선택받아 이루어진 결과이므로 방향성 선택이 일어난 것이다.
[바로알기] ① 황색포도상구균이 새로운 종으로 진화한 것이 아니고 종 내에서의 유전자풀의 변화이므로 대진화가 아니라 소진화에 해당한다.
③ 이 예시에서는 종 분화가 일어나지 않았다.
④ 원래 존재하지 않던 페니실린 내성 형질이 나타날 때 돌연변이가 일어났다.
⑤ 페니실린 내성이 없던 1940년의 황색포도상구균의 유전자풀은 페니실린 내성을 가진 다른 형질의 현대의 황색포도상구균과는 다른 유전자풀을 가진다.

18. 자손 중 (가)는 염색체가 짝수배이고 (나)는 홀수배이므로 (나)는 정상적인 생식 세포를 만들 수 없어 도태되고 (가)가 새로운 종으로 분화된다
ㄱ. 새로운 종으로 분화된 것은 짝수의 염색체를 가진 (가)이다.
ㄴ. [바로알기] (나)는 체세포가 3n이고 홀수배의 염색체를 가졌기 때문에 정상적인 생식 세포의 형성이 불가능하다.
ㄷ. 생식 세포 a는 염색체 비분리로 인해 만들어진 배수성 돌연변이이다.

19. ㄱ. [바로알기] X_1과 X_2는 서로 다른 생물학적 종이므로 교배

하였을 때 생식 능력이 없는 자손을 낳는다.

ㄴ. X_3과 X_4는 같은 섬에서 종 분화가 일어났으므로 동소적 종 분화이다.

ㄷ. X_3에서 X_4가 분화되어 유연관계가 매우 가깝지만 X_1과 X_4는 중간에 X_2와 X_3으로의 종 분화를 거쳐오면서 유연관계가 더 멀어졌다.

20. ㄱ. [바로알기] 하디-바인베르크 법칙이 적용되는 멘델 집단에서 대립 유전자 A의 빈도를 p, 유전자 a의 빈도를 q라고 할 때, 유전자형 AA의 빈도 p^2이 0.64이므로 p = 0.8이고, p + q = 1이므로 q = 0.2이다. 이때 유전자형 Aa의 빈도인 ㉠은 2pq = 0.32이고 유전자형 aa의 빈도인 ㉡는 q^2 = 0.04이므로 ㉠ > ㉡이다.

ㄴ. Aa의 빈도 2pq = 0.32이므로 집단의 개체수가 10000일 때 유전자형 Aa를 가진 개체수는 10000 × 0.32 = 3200이다.

ㄷ. [바로알기] 이 집단은 멘델 집단이므로 세대가 거듭되어도 자손 집단에서 AA의 빈도는 변하지 않을 것이다.

21. (1) Ⅰ 기간에 (가) 집단의 대립유전자 T의 빈도는 1이므로 (가) 집단은 유전자 T를 반드시 갖고 있다.

(2) [바로알기] Ⅱ 기간에 (다) 집단에서 대립 유전자 T의 빈도가 급격히 줄어들었으므로 자연선택을 받지 못했다는 것을 알 수 있다.

22. ㄱ. (가) 집단에서 대립 유전자 T의 자연선택이 이루어져 빈도가 1로 증가하여 유지되었다.

ㄴ. 세 집단 중 가장 대립 유전자 빈도의 변화가 적은 (나) 집단이 가장 멘델 집단에 가깝다.

ㄷ. [바로알기] (다) 집단은 세 집단 중 대립 유전자 T의 빈도가 가장 변동이 심한 것으로 보아 자주 바뀌는 환경에서 서식한다는 것을 알 수 있다.

23. ㄱ. [바로알기] 같은 장소에서 일어나는 종 분화로 동소적 종 분화에 해당한다.

ㄴ. [바로알기] 배수성 돌연변이로 인한 종 분화는 자가 수정이 가능해야 번식에 유리하므로 식물에게서 주로 찾아볼 수 있다.

ㄷ. 염색체 비분리로 4n의 염색체를 가지게 된 개체는 자가수분을 통해서 번식할 수도 있지만 다른 4n 염색체를 가진 종과 교배하여 종간 잡종을 만들 수도 있다.

24. ㄱ. 일리노이주 초원에서 수백만 마리에 달하던 대초원닭이 인간의 개입으로 50마리도 안될 정도로 급격하게 집단의 크기가 줄어들면서 형질 다양성이 줄어들었으므로 유전적 부동의 병목 효과 예이다.

ㄴ. 일리노아주 초원의 대초원닭의 유전자 다양성을 증가시키기 위해 외부 집단에서 개체를 들여와 번식시키는 유전자 흐름(이주)이 이용되었다.

ㄷ. [바로알기] 1993년의 50마리도 안되는 소수 집단에서는 대립 유전자가 다양하지 않다.

25. (가)는 단속평형설, (나)는 점진주의설이다.

ㄱ. [바로알기] (가) 단속평형설은 짧은 기간 동안 종 분화가 급격하게 일어난 후 오랜 기간 거의 변화되지 않고 유지되는 정체 시기를

가진다고 주장한다.

ㄴ. (나) 점진주의설은 중간형 종 화석의 존재로 증명할 수 있으나 실제 화석 중 중간형 종 화석이 거의 발견되지 않아 (가)의 단속평형설이 제안되었다.

ㄷ. (나)의 새로운 종은 시간이 지날수록 변이가 더 축적되어 조상 종과의 차이가 더욱 커진다. (가)의 새로운 종은 또 다른 분화가 생기기 전까지는 조상 종과의 차이가 일정하게 유지된다.

26. ㄱ. (가)는 유전병 A가 발병한 환자로 유전자형은 반드시 tt이다.

ㄴ. [바로알기] (다)는 (가)로부터 t 유전자를 반드시 받는데 유전병이 발병하지 않은 정상이므로 (나)로부터 정상 유전자 T를 받아 유전자형이 Tt일 것이라는 것을 알 수 있다. 그러나 (나)는 유전자형이 TT인지 Tt인지 알 수 없다.

ㄷ. 유전병 A가 발병하기 위해서는 유전자형이 반드시 tt이어야 하므로 (다)와 (라) 모두 t 유전자를 가진 정상인 유전자형 Tt여야 하는데, (다)는 반드시 Tt이고 (라)가 TT나 Tt 중에 하나이므로 이 확률을 먼저 구해야 한다. 이 집단은 멘델 집단이므로 하디-바인베르크 법칙을 따른다.

대립 유전자 T의 빈도를 p, t의 빈도를 q라고 할 때

집단 내에서 유전병 A 환자가 나올 확률 $q^2 = \frac{1}{9}$이므로, $q = \frac{1}{3}$이다. p + q = 1이므로 $p = \frac{2}{3}$이다. (라)는 유전병 A가 발병하지 않았으므로 반드시 TT 아니면 Tt의 유전자형을 가지는데, 이 중 Tt의 유전자형을 가질 확률을 구하면 $\frac{2pq}{p^2 + 2pq} \left(= \frac{Tt \ 빈도}{(TT+Tt) 빈도}\right)$ 가 되고, 이를 계산하면 (라)가 유전자형 Tt일 확률은 $\frac{1}{2}$이 된다.

다음으로 (다)와 (라) 둘 다 유전자형 Tt일 때 그들의 자식이 유전병 A를 가질 확률을 구하면 (다), (라)에서 각각 t가 하나씩 와야하므로 (자식이 tt일 확률) = $\frac{1}{2} \times \frac{1}{2} = \frac{1}{4}$이다. 따라서 (다)와 (라) 사이의 자식이 유전병 A를 가질 전체 확률은 $\frac{1}{2} \times \frac{1}{4} = \frac{1}{8}$이 된다.

27. 답 멘델 집단처럼 통제되고 진화하지 않는 이상 집단을 가정한 후 이것을 기준으로 실제 집단과 비교함으로써 생물 집단이 진화하는 원리와 그 과정을 설명할 수 있게 된다.

28. (1) 이 집단의 여자는 5000명이고, 이중 50명의 여자가 적록 색맹인 X^rX^r이므로 $q^2 = \frac{50}{5000} = 0.01$이며, 따라서 q = 0.1이며 p = 1-0.1 = 0.9이다.

(2) 남자는 X^rY이면 모두 색맹이고, X^RY는 모두 정상이므로, 적록 생맹인 남자의 빈도는 q와 같고 적록 생맹인 남자의 수는 5000×0.1 = 500(명)이다.

(3) 태어난 남자 아이는 X^rY인 경우 적록 생맹이다. 다음과 같은 경우 태어난 아이가 적록 색맹 남자 아이일 수 있다. 남자와 여자가 모두 정상(X^RY, X^RX^R) 이면 아이는 정상으로 태어난다.

❶ 남자가 정상인 경우(X^RY) (확률 p = 0.9)

ⅰ. 여자가 X^RX^r이면(확률 2pq = 0.18) 태어난 아이가 남자 아이이고 색맹(X^rY)인 확률은 $\frac{1}{4}$이다.

ii. 여자가 X^rX^r이면(확률 $q^2 = 0.01$) 태어난 아이가 남자 아이이고 색맹(X^rY)인 확률은 $\frac{1}{2}$이다.

❷ 남자가 색맹인 경우 (X^rY) (확률 $q = 0.1$)

i. 여자가 X^RX^r이면(확률 $2pq = 0.18$) 태어난 아이가 남자 아이이고 색맹(X^rY)인 확률은 $\frac{1}{4}$이다.

ii. 여자가 X^rX^r이면(확률 $q^2 = 0.01$) 태어난 아이가 남자 아이이고 색맹(X^rY)인 확률은 $\frac{1}{2}$이다. 아이는 모두 색맹이다.

∴ 이 집단에서 태어난 아이가 적록 색맹 남자 아이일 확률
= (❶-i) + (❶-ii) + (❷-i) + (❷-ii)
= $0.9 \times 0.18 \times \frac{1}{4} + 0.9 \times 0.01 \times \frac{1}{2} + 0.1 \times 0.18 \times \frac{1}{4} + 0.1 \times 0.01 \times \frac{1}{2}$
= 0.05이며 5%이다.

29. 답 안데스 산맥의 원주민 중 PTC의 맛을 느낄 수 있는 사람은 AITC가 들어있는 채소에서 쓴맛을 느껴 잘 먹지 않을 것이고, 미맹인 사람은 쓴맛을 느끼지 못해 AITC가 들어있는 채소도 잘 먹을 것이다. AITC를 많이 섭취하면 인체에 갑상샘종을 유발하여 개체가 생존하기 어렵게 되어서 미맹인 사람들의 자손이 줄어들게 되었다. 그 자연선택이 오랫동안 지속되어 오면서 미맹인 사람들의 비율이 외부에 비해 매우 낮아지게 된 것이다.

30. 답

개체수가 많으면 상대적으로 소수 형질이 남을 가능성이 높다

개체수가 적으면 상대적으로 소수 형질이 남을 가능성이 낮다

그림과 같이 개체수의 크기가 많으면 상대적으로 대립 유전자 빈도가 낮은 유전자의 개체 수도 많다. 따라서 유전자 부동으로 인해 집단의 크기가 급격하게 줄어드는 일이 발생하더라도 수가 적은 대립 유전자를 가진 개체가 살아남을 확률이 높아진다. 반면에 개체수가 적은 집단에서는 대립 유전자 빈도가 낮은 유전자의 개체수도 매우 적기 때문에 유전자 부동이 일어나면 이 수가 적은 대립 유전자를 가진 개체가 살아남을 확률도 낮아져, 아예 소실될 가능성이 높아진다. 따라서 집단의 크기가 작을수록 유전자풀의 변화가 더 크게 일어나고, 빠른 진화가 일어나게 된다.

31. 답 〈예시 답안1〉 점진주의설이 옳다고 생각한다. 생물의 진화 중 유전자풀의 변화에 의해 조금씩 표현형이 달라지면서 일어나는 소진화는 확실히 존재하므로 이 소진화가 누적된다면 생물은 다른 종으로 진화하게 될 것이다.
〈예시 답안2〉 단속평행설이 옳다고 생각한다. 화석을 살펴보아도 중간 종의 화석은 거의 발견되지 않고 완전히 달라진 다른 종 상태의 화석만 발견되어 왔다. 중간형이 존재했다면 많이 남은 화석들 중에 중간 종의 화석이 다수로 발견되었어야 하므로 진화가 빠르게 일어나는 단속평행설이 더 맞다고 생각한다.

17강. Project 2

Project 논/구술
350 ~ 355 쪽

Q1
〈예시 답안〉 수각류 공룡에게서 수많은 새의 조상종이 분리되어 각각 진화하였을 것이며, 시조새도 그 조상종 중의 한 종류였을 것이다.

해설 이전에는 공룡이 깃털을 가지고 있지 않다고 생각했기 때문에 깃털이 없는 공룡으로부터 유일하게 깃털을 가진 공룡인 시조새로 진화가 일어났고, 이 시조새에게서 현재의 조류가 분리되어 진화하였으리라 생각되었다. 그러나 공룡에게 깃털이 처음부터 존재했을 것이라는 연구 결과로부터 수각류 공룡으로부터 진화가 일어나 시조새를 포함한 다양한 조류의 조상종이 나타났으리라 추측된다.

Q2
불가능하다. 최소 몇 천년에서 몇 억년 전의 공룡을 모기가 반드시 물었다는 보장이 없고, 물었다 해도 DNA의 반감기가 약 521년에 불과하기 때문에 아무리 호박 속에서 보존되었다 해도 DNA가 분해되어 복제가 불가능할 것이다.

해설 사실 영화 '쥬라기 공원'에서 과학적 오류는 처음의 DNA 추출뿐만이 아니다. 영화에서도 모기에게서 추출한 공룡 DNA가 공룡을 재생하기에는 매우 부족하다는 것을 알았고, 그 부족한 DNA를 보충하기 위해 현대 생물들의 DNA를 집어넣었다. 때문에 영화에서 등장하는 공룡들은 모두 현존 생물과의 유전자 결합으로 만들어낸 키메라에 가깝다고 할 수 있다. 또한 공원의 이름은 '쥬라기 공원'이지만 그 안에 등장하는 X-렉스나 랩터 등의 뾰족한 스파이크, 뿔, 방패 등을 가진 공룡들은 대부분 백악기의 공룡이다.

Q3
〈예시 답안1〉 성공할 수 있을 것이다. 배아의 발달 과정을 보았을 때 분명히 시조새와 비슷한 손 구조를 가지는 시기가 존재하며, 이때 3개의 손가락뼈를 1개로 합치는 데 기능하는 유전자의 위치를 알게 된다면 그 유전자를 비활성화시킴으로써 손가락뼈가 3개인 닭을 얻을 수 있을 것이다. 이와 같은 연구를 계속한다면 닭의 유전자 속에 숨어있던 과거의 공룡의 모습을 재현할 수 있으리라 생각한다.
〈예시 답안2〉 성공할 수 없을 것이다. 닭의 배아 발달 과정에서 시조새와 비슷한 손 구조를 가지기는 하지만, 하나의 개체로 완성되기 전의 단계이며 이미 1개의 손가락뼈를 가지는 모습으로 완전히 고정된 후이기 때문에, 섣불리 유전자를 건드렸다가 다른 중요한 기능을 망가뜨리는 등의 문제로 인해 닭의 발생이 온전하게 완료될 수 없을 것이다.

Q4 마블 가재는 원래의 종이었던 진창가재의 수컷과 교배를 하지 않고 처녀생식을 하기 때문에 유전자가 섞이지 않는다. 생물학적 종의 정의는 자연 상태에서 자유롭게 교배하고 생식 능력이 있는 자손을 낳을 수 있는 개체들의 집단을 말한다. 그런데 마블 가재는 기존의 종과 자연 상태에서 교배하여 유전자가 섞이고 생식 능력이 있는 자손을 낳을 수 없으며 스스로 번식하면서 자손에게 유전자를 전달시키기 때문에 신종으로 분류될 수 있었다.

Q5 마블 가재는 원래의 종보다 몸집이 크고 환경 적응력이 높으며 단위 생식을 하기 때문에 교배의 절차가 필요없이 번식할 수 있다. 때문에 야생에 유입될 시 그 개체수가 걷잡을 수 없이 늘어나 기존 생태계의 비슷한 생활 반경을 가진 토착종들에게 위협이 되고 자연 생태계가 무너질 수 있다.

해설 마블 가재뿐만 아니라 피라냐, 레드파쿠, 엘리게이터 가아 등도 위해 우려종으로 지정되어 환경부 승인을 거쳐야 국내로 들여올 수 있도록 규제하고 있으며, 애완용으로 허가받아 기를 때에도 야생으로 유입되지 않도록 각별한 주의가 필요하다.

https://sangsangedu.ac

과학의
새로운 기준이 되다